电子封装技术丛书
Series of Electronic Packaging Technology

Introduction to SYSTEM-ON-PACKAGE(SOP)
Miniaturization of the Entire System

系统级封装导论
—— 整体系统微型化

【美】 拉奥 R. 图马拉　　马达范·斯瓦米纳坦　　著
（Rao R. Tummala）　（Madhavan Swaminathan）

中国电子学会电子制造与封装技术分会
《电子封装技术丛书》编辑委员会　　组织翻译

刘胜　等译

U0243912

化学工业出版社

·北京·

内容提要

本书是关于电子封装中系统级封装（System-on-Package，SOP）的一本专业性著作。本书由电子封装领域权威专家——美国工程院资深院士 Rao R. Tummala 教授和 Madhavan Swaminathan 教授编著，由多位长期从事微纳制造、电子封装理论和技术研究的知名学者以及专家编写而成。本书从系统级封装基本思想和概念讲起，陆续通过 13 个章节分别介绍了片上系统封装技术，芯片堆叠技术，射频、光电子、混合信号的集成系统封装技术，多层布线和薄膜元件系统封装技术，MEMS 封装及晶圆级系统级封装技术等，还介绍了系统级封装后续的热管理问题、相关测试方法的研究状况，并在最后介绍了系统级封装技术在生物传感器方面的应用情况。

本书无论是对高校高年级本科生，从事电子封装技术研究的研究生，还是从事相关研究工作的专业技术及研究人员都有较大帮助。

图书在版编目（CIP）数据

系统级封装导论——整体系统微型化/［美］图马拉（Tummala，R. R.），斯瓦米纳坦（Swaminathan，M.）著；中国电子学会电子制造与封装技术分会组织翻译，刘胜等译. —北京：化学工业出版社，2014.2

书名原文：Introduction to System-on-Package（SOP）：Miniaturization of the Entire System

ISBN 978-7-122-19406-0

Ⅰ.①系… Ⅱ.①图…②斯…③中…④刘… Ⅲ.①电子器件-封装工艺 Ⅳ.①TN702.2

中国版本图书馆 CIP 数据核字（2014）第 001119 号

责任编辑：吴　刚		文字编辑：闫　敏	
责任校对：陶燕华		装帧设计：韩　飞	

出版发行：化学工业出版社（北京市东城区青年湖南街 13 号　邮政编码 100011）

印　　装：涿州市殷润文化传播有限公司

710mm×1000mm　1/16　印张 36　字数 782 千字　　2014 年 7 月北京第 1 版第 1 次印刷

购书咨询：010-64518888　　　　　　　　　售后服务：010-64518899

网　　址：http://www.cip.com.cn

凡购买本书，如有缺损质量问题，本社销售中心负责调换。

定　　价：198.00 元　　　　　　　　　　　　　　**版权所有　违者必究**

《电子封装技术丛书》编辑委员会

译 序

半导体产业是国民经济和社会发展的战略性、基础性产业，是电子信息产业的核心与基础，是各国抢占经济制高点、提升综合国力的重要领域，国际上一些国家把它誉为保障国家安全的产业，所以它是一个衡量国家经济科技发展和国家实力的重要标准。继 1947 年发明了晶体管、1958 年发明集成电路之后，半导体产业一直保持着旺盛的生命力。IC 沿着"摩尔定律"的规律发展，已经实现线宽 22nm，正向 11nm 迈进，开始进入后摩尔时代，即延伸摩尔定律：微型化、多样化、低成本、超越 CMOS（互补金属氧化物半导体）器件。

系统级封装（SOP）是摩尔定律以外的多样化发展的结果，它是与片上系统（SOC）并行发展起来的一种新技术。片上系统是指将系统功能进行单片集成的电路芯片，该芯片加以封装就形成一个系统的器件。系统级封装是指将多个半导体裸芯片和可能的无源元件构成的高性能系统集成于一个封装内，形成一个功能性器件，因此可以实现较高的性能密度，集成较多的无源元件，最有效地使用芯片组合，缩短交货周期。SOP 封装还可大大减少开发时间和节约成本，具有广阔的应用前景，因此人们对其寄予厚望，并将其视为 3D 封装的核心技术。SOP 将成为半导体产业创新的重要方向。

为了适应我国电子封装业的发展，满足广大电子封装领域的企业、科研院所工作者对电子封装方面书籍的迫切需求，中国电子学会电子制造与封装技术分会成立了《电子封装技术丛书》编辑委员会，组织系列丛书的编辑、出版工作。

近几年来，丛书编辑委员会已先后组织编写、翻译出版了《集成电路封装试验手册》（1998 年电子工业出版社出版），《微电子封装手册》（2001 年电子工业出版社出版），《微电子封装技术》（2003 年中国科学技术大学出版社出版），《电子封装材料与工艺》（2006 年化学工业出版社出版），《MEMS/MOEMS 封装技术》（2008年化学工业出版社出版），《电子封装工艺设备》（2012 年化学工业出版社出版），《电子封装技术与可靠性》（2012 年化学工业出版社出版）共七本图书。《系统级封装导论》一书是这一系列的第九本。该书出版后，正在编纂中的系列丛书之五《光电子封装技术》、之十《三维电子封装的硅通孔技术》将会陆续出版，以飨读者。

《系统级封装导论》译自美国 Rao R. Tummala（拉奥 R. 图马拉），Madhavan Swaminathan（马达范·斯瓦米纳坦）所著的"Introduction to System-on-Package（SOP）：Miniaturization of the Entire System"。该书的内容涉及片上系统（SOC）、堆叠式 IC 和封装（SIP）、混合信号（SOP）设计、射频系统级封装（RF SOP）、集成芯片到芯片的光电子系统级封装、内嵌多层布线和薄膜元件的 SOP 基板、混合信号（SOP）可靠性、MEMS 封装、晶圆级 SOP、系统级封装（SOP）散热、系统级封装（SOP）模块及系统的电测试、生物传感器 SOP 等技术。该书对从事电子封装业和电子信息装备业以及相关行业的科研、生产、应用工作者都会有较高的使用价值。对高等院校相关师生也有一定的参考意义。

　　我相信本书中译本的出版发行将对我国电子封装及电子信息装备业发展起到积极的推动作用。我也向华中科技大学参与本书译校的刘胜教授及全体师生和出版社的工作人员，表示由衷的感谢。

译者的话

系统级封装（System-on-Package，SOP）是系统层次的封装概念。它是指将器件、封装、系统主板缩小到一个具备所有功能需求的单系统中的封装。这样一个包含多集成电路芯片（ICs）的单系统封装，通过对数字、射频（RF）、光学、微机电系统（MEMS）的协同设计和制造，提供了所有的系统功能以及在集成电路中或者系统封装中的微传感器功能。

本书英文原版"Introduction to System-on-Package（SOP）：Miniaturization of the Entire System"是目前电子封装领域关于系统级封装技术的一本重要著作。原书作者 Rao R. Tummala 教授和 Madhavan Swaminathan 教授都长期从事微电子、微系统研究工作。尤其是 Tummala 教授，他是美国国家工程院院士，IBM 会士，IEEE 会士，佐治亚理工学院材料科学与工程学院讲座教授，美国国家科学基金会工程研究中心（ERC）下的微系统封装研究中心（PRC）主任。他是电子封装领域的权威人士。本书详细收录了国际知名学者近年来在系统级封装领域的最新研究成果。

本书第 1 章首先对系统级封装技术进行了概述性介绍；第 2 章介绍了片上系统（SOC）技术；第 3 章介绍了集成电路和封装的堆叠（SIP）；第 4～6 章分别详细介绍了混合信号、射频、集成芯片到芯片光电子的 SOP 设计及实现；第 7 章介绍多层布线和薄膜元件的 SOP 基板；第 8 章对混合信号 SOP 的可靠性进行了分析；第 9、10 章介绍了 MEMS 封装以及晶圆级 SOP 的最新研究工作；第 11 章着重讲述系统级封装热管理问题；然后，第 12 章对系统级封装模块和系统的电测试各种方法进行了分析；最后，第 13 章介绍了生物传感器系统级封装概念和应用。

本译著是在中国电子科学研究院副院长、中国电子学会常务理事、中国电子学会电子制造与封装技术分会理事长、中国半导体行业协会副理事长毕克允教授的建议和鼓励下，由华中科技大学机械科学与工程学院微系统中心主任刘胜教授牵头，在中心全体师生员工共同努力下，并在非常紧凑的时间内完成的。刘胜教授的几名同事，如能动学院的罗小兵教授等，也提供了大量的帮助，联合他们的研究生们加入翻译工作。本书前言部分和序由王恺主要翻译，第 1 章由万志敏主要翻译，第 2 章由陈浩和陈全主要翻译，第 3 章由曹斌和蔡明先主要翻译，第 4 章由吕植成和赵志力主要翻译，第 5 章由曹钢主要翻译，第 6 章由赵爽和王佳鑫主要翻译，第 7 章由吴步龙、杨亮和焦峰主要翻译，第 8 章由陈星和张芹主要翻译，第 9 章由刘超军和王宇哲主要翻译，第 10 章由刘孝刚和刘川主要翻译，第 11 章由毛章明和陈全主要翻译，第 12 章由宋劭和申智辉主要翻译，第 13 章由高鸣源主要翻译，缩略语部分由胡程志主要翻译。刘胜教授承担全书统稿、审译工作和部分较难章节的翻译工作。另外，刘孝刚参与前言、第 1～3 章、第 11 章审校工作，以及后期全书的修改工作，闻铭参与第 4、5、13 章审校工作，李水明参与第 6 章审校工作，李操参与第 7 章审校工作，陈星参与第 8 章审校工作，曹钢参与第 9 章审校工作，师帅参与第 10 章审校工作，杨元文以及北京信息工程大学缪敏教授参与第 12 章审校工作。对大家一并表示感谢。

同时，也要感谢华中科技大学数字制造装备与技术国家重点实验室对本书的翻译工作给予的大力支持。

需要指出的是，本书的内容仅代表原作者个人的观点和见解，并不代表译者的观点。尤其是书中关于 SOP 以及 SIP（System-in-Package）的概念问题完全遵从英文原文，本书译者不参与对这两个概念的争论。

另外，由于本书内容较多且新，许多术语以及图片尽量维持并体现原义；对原书中的一些印刷错误或明显单词拼写等错误，以及其他需要商榷的地方，以"译者注"表明。同时，由于译者的理解问题以及系统封装内容跨度大等原因，本书难免有错译、误译以及不妥之处，恳请广大读者给予原谅并指正。

译 者

英文版序

　　1994 年，我很荣幸地作为佐治亚理工的新任校长受邀参加了我校第一个国家自然基金（NSF）优秀中心——微系统封装研究中心的开幕式。该中心由拉奥 R. 图马拉（Rao R. Tummala）教授领导，旨在采用创新的方法将众多芯片封装成超级微型化的单一组件系统，以实现多种功效。通过中心的赞助，我校不同领域的专家与来自全国乃至全世界的其他大学或者工业界中有想法的专家们走在一起，组建了一个强大的团队，共同努力扩大单个影响力。这对于佐治亚理工来说是第一次。这是一个大胆的尝试，不仅需要最好的技术理念，而且还需要有一个新方法用于系统试验平台研究，牵涉到教师、学生以及信息管理的高度多元化的团队。这是一个高风险、同时也是高回报的策略。

　　所有佐治亚理工需要的教师专家并不是一开始就可以全部到位。我相信，如此激动人心的前景，将吸引着更多有才华的人员加入我们。我们也认识到需要先进的设备，包括大量特殊用途的超净间基础设施。基于这些投入与 Tummala 教授的领导，将使佐治亚理工在基于系统级封装（System-on-Package，SOP）的超微小系统化这个重要研究领域，在众大学中处于先驱的位置。

　　从 1995 年到 2007 年，本书中所描写的 SOP 技术一直得到了 NSF、工业界与佐治亚理工研究联盟的支持。在该时期内，中心人员来自于佐治亚理工的电气、机械、材料科学与化学化工各个院系，且有 55 位教师和高级研究员来自全球 160 个公司。另外还有 600 名出色的博士生与硕士生参加了开拓性的 SOP 研发工作，同时他们现在正在作为工业界的领导使用他们在佐治亚理工开发出的 SOP 技术来驱动下一个时代的发展。

　　本书介绍的 SOP 技术将使未来 20 年中电子与生物电子系统体积缩小到目前的一千分之一，甚至一百万分之一。它介绍了系统集成定律的概念，被认为是用于整个系统微小化的电子学第二定律。它补充了众所周知的集成电路（IC）摩尔定律，摩尔定律主要应用于系统的小部分。SOP 使得最小化以及系统功能多样化成为可能，它将促使消费电子、医疗、能源与交通等领域新一代产品的诞生。

　　我校以及全世界的教师将会发现本书是教育后辈学生 SOP 技术的有用资源。我要向 Tummala 教授和他的团队带来了佐治亚理工第一个国家自然基金优秀中心表示祝贺，同时为将其带入下一个崭新的阶段而出版这本杰出著作表示祝贺。

Wayne Clough
佐治亚理工学院校长

英文版前言

与在 IC 水平定义的片上系统（SOC）和在模块水平定义的系统封装（SIP）相比较，系统级封装（SOP）是一个正在兴起的系统小型化技术。SOC 主要通过缩小光刻尺度来实现微小化，在 1980 年达到微米量级，而今已达纳米尺度。SIP 通过减薄 IC 实现微小化。晶圆片从 $800\mu m$ 厚减薄到 $50\mu m$，并且沿垂直方向可实现 10 层堆叠，形成一个三维形式。这些 IC 要么通过引线互连，要么通过倒装焊接技术互连。因此，SIP 比 SOC 更小型化。近来硅通孔（TSV）的发展，代替了焊盘到焊盘直接键合的倒装焊接技术，使得 SIP 进一步小型化。然而，SOC 与 SIP 仅仅是系统小型化中一个非常小的部分。因为，IC 的数量或者它的尺寸在一个典型的系统中只有 10％～20％，就如 IC 在手机整体中占的份额一样。所以，对于 SOC 与堆叠 SIP 技术，只解决了整体系统很小的部分。

这本书介绍了用于整体系统微小化的 SOP 概念。它论述了系统微小化后的优点，与目前分立组件封装相比，其成本更低，具有更高电气性能与更好的热-机械可靠性。在本书中描述的 SOP 概念用于小型化系统有两个基本的驱动力：①将 IC、封装和基板的三层结构减少到 IC 与系统封装两个层面。这是通过将 IC 封装与系统主板集成为一体来实现的；②将现有毫米级尺寸的分立式系统组件缩小为嵌入式的微米与纳米尺度的超级薄膜组件。在 SOP 概念中，这些薄膜系统组件将嵌入于 CMOS IC 和系统封装中。此外，基于成本、功能与性能优化考虑，SOP 有力地说明了什么应该集成在 CMOS 中，什么元件应该集成在系统封装中。

这本介绍 SOP 的书是基于佐治亚理工封装研究中心（PRC）12 年的研究工作。该中心的资助来源于国家自然基金（NSF）工程研究中心（ERC）项目、佐治亚州以及来自全球的 100 多个公司。一个由来自电气、机械、材料、化学工程系的 25 名教师与 500 名研究生组成的跨学科团队参与了这项研究。

本书是第一本同时满足工业界与学术界需求的基础性与技术性图书。它尝试定义、对比和区分三种主要的电子系统技术（即 SOC、SIP 与 SOP）在小型化、成本、电气性能与可靠性等方面的影响。通过 13 章内容来介绍 SOP 技术的全部系统体系，第 1 章定义了 SOP 技术，在接下来的两章将它与 SOC 与 SIP 进行比较与区分。然后，本书从 SOP 设计到系统封装上数字、RF 与光学功能的集成方面系统地描述了每种 SOP 技术。接下来的几章通过采用的一系列的互连技术描述了 SOP 材料与工艺过程制作技术、装配、测试与可靠性问题。最后一章的内容关于生物传感器 SOP，介绍了不同生物医学中 SOP 概念的独特应用。

我们感谢 NSF、ERC、佐治亚理工学院以及佐治亚研究联盟在资金上的支持，感谢 40 个科研机构研究人员以及工业界同行在本书描述到的相关技术中所作的贡献。我们感激 PRC 员工，尤其是 Reed Crouch，他从始至终都在协调本书的进展。我们为 Aparna Shukla 专业的编辑工作表示感谢，还有麦格劳-希尔（McGraw-Hill）的出版商 Steve Chapman，他保证了这本书的高质量出版。我们也为我们的妻子 Anne 与 Shailaja 在整本书的写作过程中表现出来的耐心与全力支持表示感谢。

Rao R. Tummala 教授
Madhavan Swaminathan 教授
于佐治亚州亚特兰大市佐治亚理工学院

目　录

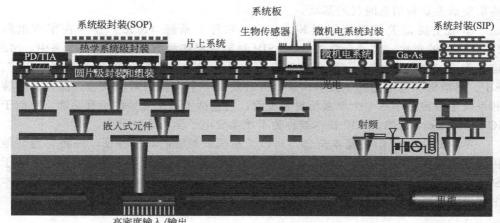

系统级封装(SOP)　　　　　　　　　　系统板

热学系统级封装　　　片上系统　　生物传感器　　微机电系统封装　　　系统封装(SIP)

PD/TIA　　　　　　　　　　　　　　　　　　　微机电系统　　Ga-As

圆片级封装和组装　　　　　　　　　　　　　　　　　　光电

嵌入式元件　　　　　　　　　　　　　　　　　　　　射频

电池

混合信号系统级封装设计　　　　系统级封装电学设计　　　　混合信号可靠性

高密度输入/输出

第1章

系统级封装技术介绍

Rao Tummala，Tapobrata Bandyopadhyay
佐治亚理工学院

　　微系统技术和市场经济是信息时代的主要驱动力。微电子千兆集成、千兆比特无线器件、兆兆比特光电子学、微米-纳米尺寸马达、执行器、传感器、医学内植器件及系统封装概念对所有的这些集成来达到终极微型化，多功能到百万功能这些期望成为是新信息时代的基础。

　　本书主要是关于系统级封装（SOP）和片上系统（SOC）技术在集成电路（IC）方面的对比，以及堆叠式 IC 和 SIP 封装在模块级方面的对比。本书中，SIP定义为 IC 和封装的堆叠。因此，SOP 可以认为是一个总括性的系统技术，SOC、SIP、热结构和电池为其子技术。系统级封装是一个全新的系统概念，器件、封装和系统主板被缩小在一个单系统封装里面，它包括了系统需要的所有功能。类似于IC 中的 Moore 定律，SOP 技术被称为系统集成电子学的第二定律。

　　本章介绍了 SOP 的基本概念，回顾了系统级封装的典型特征，并将它与其他传统的主要系统技术进行比较，介绍了该领域全球研发的现状。最后，列出了基于SOP 的产品所涉及的不同技术。本章综述了所有基本的 SOP 技术，这也形成了本书每个章节的标题。

1.1　引言

　　SOP 的概念源自 20 世纪 90 年代中期的佐治亚理工学院封装研究中心。SOP是一个新兴的系统技术概念，它将器件、封装、系统主板缩小到一个具备所有功能需求的单系统封装里面。类比于 IC 集成中的摩尔（Moore）定律，本书将 SOP 技术描述为系统集成电子学第二定律的基础。SOP 重点是致力于整个系统的微型化，如图 1.1 所示。

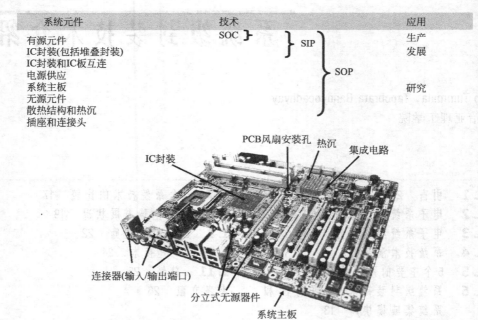

图 1.1　典型的拥有全部系统元件的系统实例-DFL LanParty UT RD600（来源：dailytech.com）

SOP 最初的重点致力于将封装和系统主板微型化并集成到一个系统封装里，因此命名为系统级封装。这样一个包含多集成电路芯片的单系统封装，通过对数字、射频（RF）、光学、微机电系统（MEMS）的协同设计和制造，提供了所有的系统功能以及在集成电路中或者系统封装中的微传感器功能。SOP 运用最好的片上和片下集成技术的优势来发展超微型化、高

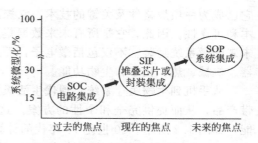

图 1.2　从集成电路（20 世纪 60 年代）到系统（约 2020 年）微型化趋势

性能与多功能化的产品。图 1.2 描绘了自 20 世纪 60 年代以来从 IC 级到微尺度级再发展到低于 40nm 级别的微型化趋势，这被称为"SOC"。单芯片封装以相同的方式微型化，但是速度很慢。直到 20 世纪 90 年代的芯片尺寸封装（CSP）和二维多芯片模块（MCM）以及 10 年后的三维系统封装（3D SIP）被引入，速度才有所改善。这被称为模块级微型化，系统级微型化随后开始发展。

1.2　电子系统数据集成趋势

微电子和信息技术的集成，包括硬件、软件、服务与应用等，已经成为一个万亿美元的产业。几十年以来推动着包括美国、日本、欧洲、韩国和其他国家的科学、技术、工程、先进制造和整体经济的发展。在这个万亿美元的市场上，硬件仍然占 7000 亿美元，其中半导体占 2500 亿美元，被定义为器件和系统封装但不包括半导体的微系统封装占大约 2000 亿美元。定义微系统封装最简单的方法就是将之看作图 1.3 中描述的器件和后端产品的桥梁。

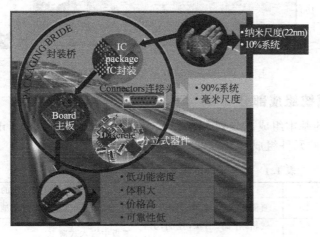

图 1.3　封装是 IC 和系统的桥梁和障碍

2000 亿美元的微系统封装市场，占据整个 IT 产业的 10%。与过去大不相同，

它已成为一项战略性及关键的技术。它控制着所有后端产品系统的体积、性能、成本和可靠性。因此，它是所有未来数据集成电子系统的限制因素和主要障碍之一。未来的微系统封装，不仅包括微电子，而且包括光子学、射频、微机电系统、传感器、机械、热、化学和生物功能。

从手机到生物医疗系统，现代生活极大地依赖于将技术复杂集成于独立的可携带产品，从而提供完全和个性的方案。这个系统有两个标准：系统体积和系统功能，如图 1.2 所示。20 世纪 70 年代的计算机体积庞大，计算能力在每秒百万次指令（MIPS）级别，随后的 80 年代 IC 和封装集成技术带来每秒十亿次指令（BIPS）运算能力，而且带来更小的个人系统，简称为个人电脑（PC）。由 IC 集成到单芯片处理器，封装集成到多层有机薄膜叠加技术，及其他的微型化技术比如倒装焊互连技术集成的这些小型计算系统的聚焦带来新的个人和可携带系统的新时代手机。如图 1.4 所示，这个趋势将继续发展并带来高微型化、多功能乃至超多功能可携带产品，包括计算、通信、生物医学科学与消费功能。图 1.4 展示了一些过去的和未来预期的电子系统。这个趋势将继续朝超多功能系统发展，大小为 1cm³ 体积的封装系统不仅将包括计算和通信能力，而且还有传感、数字化、监视、控制能力，还能通过网络传输到任何人任何地方。

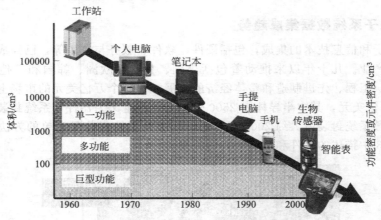

图 1.4　电子系统高微型化数据集成趋势

1.3　电子系统组成部分

电子系统的基本组成部分列于表 1.1，表格总结、对比分析了电子系统传统零件和基于 SOP 的元件组成部分。

表 1.1　传统电子系统和基于 SOP 的系统的组成部分

组成部分	传统技术	基于系统封装的技术
电源	直流适配器，电缆，插座	嵌入式薄膜电池，微流体电池
IC	逻辑，存储，图像，控制，其他 IC，片上系统	基板中嵌入式薄 IC
3D 堆叠式 IC/3D 封装 IC	引线键合和倒装片上系统封装	引线键合和倒装芯片 SIP，硅通孔（TSV）SIP 和基板

续表

组成部分	传统技术	基于系统封装的技术
封装或基板	多层有机板	多层有机板,含TSV的硅基板
无源元件	PCB上的分立无源元件	薄膜嵌入无源元件在有机物,硅晶圆,硅基板上
散热单元	体热沉和热扩散板,用于对流冷却的风扇	高级纳米热界面材料,纳米热沉和热扩散板,薄膜热电冷却装置,基于微流体通道的热交换器
系统主板	基于PCB的主板	封装和PCB集成于系统封装基板
连接器,插座	USB接口,串行口,并行口,闪存孔,扩展卡	超高密度I/O接口
传感器	PCB上的分立传感器	IC和SOP基板里的集成纳米传感器
IC到封装互连	倒装芯片,引线键合	超微型化纳米尺度互连
封装引线	粗糙引线 线宽:25μm 间距:75μm	超细间距,低损耗绝缘引线 线宽2～5μm 间距10～20μm
封装到主板互连	球栅阵列焊点,倒带自动焊	无
主板引线	极粗间距引线(线宽/间距100～200μm)	无PCB引线,封装和PCB用超细间距引线集成于SOP基板

1.4 系统技术演变

从图1.1可看出实现所需微型化的障碍,包括大体积IC、分立式器件、连接器、电缆、电池、输入/输出与大体积热结构,这些组件被装配到印制电路板。这种系统集成方法称为板级封装(SOB)。它构成了传统电子器件系统体积的80%～90%,约占系统制造成本的70%以上。一般来说,如图1.5所示,所有的系统障碍能够用以下三种主要方法解决。

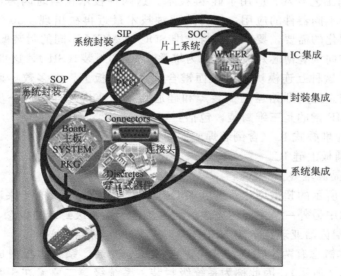

图1.5 三种主要的解决系统障碍的集成方法

① IC集成到片上系统。

② 3D堆叠式IC和封装、2D多芯片模块实现封装模块级集成。

③ 本书介绍的 SOP 系统集成

芯片上的集成通常称为 SOC，只要它是经济的，就期望它会继续发展。在 20 世纪 80 年代和 90 年代，IBM、日立（Hitachi）、富士通（Fujitsu）和 NEC 等公司开发了高度复杂的子系统，称之为多芯片模块（MCM）[1]（如图 1.6）。MCM 在制造过程中是三维结构；由 60～100 层金属化陶瓷预烧制层叠，通过高传导金属如钼、钨或铜互连。但是，制成的 MCM 看起来像 2D 结构，Z 方向与 X、Y 方向相比尺寸超薄。

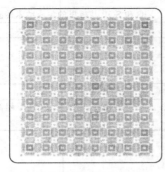 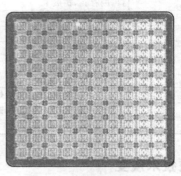

(a) 工业界首款多芯片模块(IBM), 1982　　(b) 61层LTCC/Cu多芯片模块(IBM),1992

图 1.6　多芯片模块（源自：IBM 公司）

在 80 年代，MCM 发展成产品前，Gene Amdahl 试图通过所谓的晶圆级集成（WSI）将封装和 IC 引入到单个大硅片载体上。随后，IBM 和 Bell Labs 通过 CMOS 工具和工艺开发、应用了硅-硅技术。这两种技术在当时因为很多原因被抛弃，但是由于不同器件的应用，使得这两种技术最近再次出现。80 年代手机的出现及其对微型化的需要，要求提出与二维 SOC 或 MCM 不同的封装概念。

第三维方向堆叠薄芯片概念被称为堆叠式 IC 和封装（SIP），这里 IC 被减薄并上下叠起[2]。这种互连模块通过表面键合到系统主板上。大多数早期的 SIP 通过引线键合互连。近期开始运用倒装焊和硅通孔技术实现互连，进一步缩小模块体积。最新的 SIP 指的是三维封装，包括：

① 硅通孔堆叠式 IC（含倒装焊或铜-铜键合）。

② 硅晶圆板上硅 IC。

③ 晶圆-晶圆堆叠。

如图 1.3 所示的超微型化系统（如 Dirk Tracy 表），它具有十来种功能，仍然要求系统技术中另外一个主要的方法。此方法基于系统级封装的概念，这个概念源于 90 年代中期佐治亚理工学院 NSF 基金支持的封装研究中心[3]。

SOP 技术概念有两个特点。首先，它将 IC、封装、系统主板集成到一个系统封装（如图 1.7 所示），因此称为系统级封装。系统级第二要素在于系统级的集成和微型化，如同器件级 IC 集成和微型化一样。SIP 只是 IC 的堆叠而不是真正的封装集成，SOP 集成了所有 IC 或封装的系统元器件与超薄薄膜或结构，包括[4]：

• 无源器件

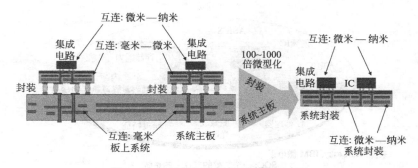

图 1.7　板级封装和系统级封装的对比

- 互连
- 连接器
- 热结构（比如热沉）和热界面材料
- 电源
- 系统主板

这样的单系统封装在单个模块中实现所有的系统功能，比如计算、无线和网络通信、消费和生物医学科学功能等。图 1.8 描绘出过去 50 年 5 个系统技术的历史演变和接下来 15 年的预期发展。

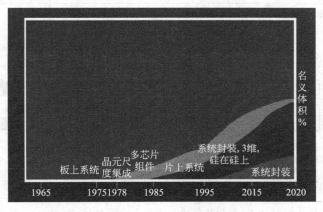

图 1.8　过去 50 年 5 个系统技术的历史演变

1.5　5 个主要的系统技术

电子数字集成的 5 个主要系统技术如图 1.9（a）和（b）所示。

① 板级封装（SOB）。分立式器件在系统主板上互连。

② 片上系统（SOC）。具备 2 个或多功能的单个 IC 上的局部系统。

③ 多芯片模块（MCM）。水平封装或者 2 个或多个 IC 的 2D 集成，以实现系统高电子性能。

④ 堆叠式 IC 和封装（SIP）。堆叠 2 个或多个薄 IC 的 3D 封装，以实现系统小型化。

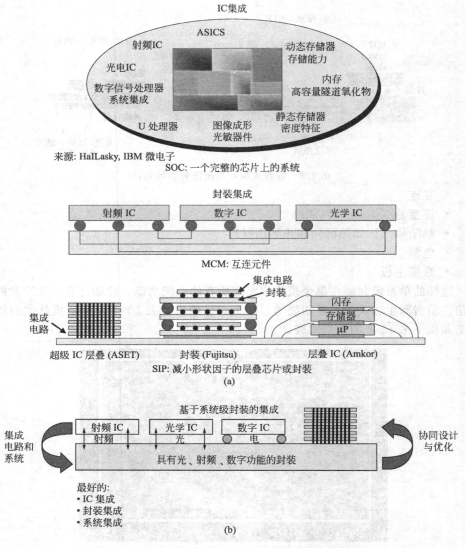

图 1.9　(a) IC 和封装集成互连 2 个或更多 IC 和 (b) SOP:
真正的封装和 IC 集成

　　⑤ 系统级封装（SOP）。IC 和系统的最好集成，以实现超微型化、多功能、超高性能、低成本与高可靠性。

1.5.1　分立式器件的 SOB 技术

　　目前，传统制造系统的方法是先单独制造元器件，然后将它们组装到系统主板上，如图 1.3 所示。这种微型化系统的策略是通过减少每一层输入输出接口间距与引线、绝缘尺寸来减小每个器件的尺寸。但是，这种方法会限制数字集成。提供芯片到系统的 I/O 互连的 IC 封装体积大、造价高，限制了 IC 封装模块的性能和可靠性。系统封装也涉及系统级板上元件的互连，所以，也同样存在体积大、造价高、电和机械性能❶差的问题。

1.5.2 在单芯片上实现两个或多系统功能的 SOC 技术

半导体一直是 IT 产业的脊梁，通常由 Moore 定律支配。自三极管发明以来，微电子技术通过各种电子产品已经影响到人类生活的每个方面，包括汽车、消费品、计算机、电信、航空航天、军事与医药工业领域。如图 1.9 所示，三极管集成度越来越高，单只三极管造价越来越低。微电子产业认为这种集成度和成本发展趋势将一直继续下去，使"片上系统技术"用于所有应用并形成完整终端产品系统成为可能。

比如，如图 1.9（a）所示，SOC 技术试图将很多系统功能水平集成到一个称之为芯片的硅器件上。如果通过集成需要的元件（比如天线，过滤器，开关，波导传输和其他组成一个完整的终端产品系统的元件），然后封装这个系统以提供必要的保护、外部连接、电源和冷却，使其具有计算、通信与其他消费功能（比如处理器、存储、无线和图表功能），同时，可实现这种芯片的低成本设计和制造。那么，片上系统技术将有可能提供大规模制造，实现最高性能、最小体积与低重量的封装系统。这个已经成为 IC 公司的路线，并将继续发展下去[8]。

综上可知，关键的问题是 SOC 能否带来便宜、完整的终端产品系统，比如，未来具有数据、无线、传感能力或生物医学内嵌器件的先进手机。尽管该技术取得了很大的进步，但是全世界的研究者们仍然意识到，从长远来看，片上系统仍然会从根本上限制计算和无线通信集成，而且会额外增加不小的成本。SOC 的挑战包括：集成复杂性造成设计时间长，晶圆制造成本和测试成本高，混合信号处理的复杂性需要多步掩膜工艺，以及知识产权问题。高成本主要来自于需要把分立的有源器件，比如双极、CMOS、硅铬、光电子 IC，集成到一个多电压级的芯片，以及形成数据、射频、光学和 MEMS 元件的多步掩膜工艺。

SOC 给技术、经济、商业和法律等多方面带来的挑战越来越明显，这就要求工业和科研院校的研究者需要为半导体和系统考虑其他选择。预计在 2015 年以后工业将首次不再致力于投资扩展 Moore 定律。这将引导工业界探索其他替代方法来达到系统集成，不仅是水平的 SOC，还有通过 3D 堆叠裸芯片或封装后的 IC 的 SIP 技术形成垂直封装体，以及 SOP 技术。在第 4 章阐述到，已有超过 50 家公司在开发 SIP 技术。

因此，现在急需一个新的能够克服 SOC 和传统系统封装缺点的方法。本书中的 SOP 技术通过 SOP 概念很好地协同 IC 和系统集成。这个技术同样可以应用到 SOC 和 SIP，以及硅晶圆、陶瓷、有机载体或基板上。

1.5.3 多芯片模块（MCM）：两个或多个芯片水平互连封装集成

图 1.6 所示的多芯片模块在 20 世纪 80 年代由 IBM、Fujitsu、NEC 与 Hitachi 发明。因为大芯片并不能以可以接受的成品率在原始的晶圆上制造，所以公司采用

---

❶ 译者注：此处原文为 mechanical performance，译者认为既可译为"机械性能"也可译为"力学性能"。本书统一译成"机械性能"。

MCM 技术互连多个好的裸芯片，从而制造一种看起来和原始晶圆差不多的基板晶圆。这些原始的 MCM 是水平或者二维的。早期开始是所谓的高温共烧陶瓷（HTCC）-多层陶瓷，比如三氧化二铝，金属化并用多层共烧钼或钨互连。随后这些被低温共烧陶瓷（LTCC）等高性能陶瓷 MCM 所取代，它们用更低绝缘常数的陶瓷制造，比如玻璃陶瓷，利用导电性更好的电导体如铜、金或银-钯等进行金属化。第三代 MCM 进一步改进，添加了多层有机绝缘层和更低的介电常数导体，溅射或电镀具有更好电性能的铜。

1.5.4　堆叠式 IC 和封装(SIP)：两个或多个芯片堆叠封装集成(3D Moore 定律)

和水平的 SOC 相比，SIP 被定义为相同或不同的 IC 垂直堆叠。如堆叠芯片的体积、厚度比较小的话，就可克服 SOC 的一些限制，如时延等。SIP 也常常被定义为整个系统封装。如果所有的系统元件，比如无源元件、互连、连接器、热结构（如热沉）和热界面材料、电源以及系统主板，被缩小并集成到一个本书描述的 SOP 的整体系统，那么 SIP 和 SOP 将没有任何差别。知识产权问题以及十几步连续的掩膜工艺和大面积 IC 制造成品率损失也很小。因此，很清楚这是半导体公司短期的梦想。

但是这种方法有一个主要的问题，以上定义为堆叠式 IC 的 SIP 只包括 IC 集成。这种方式通过扩展三维方向的 Moore 定律，只减少了大约 10％～20％ 的系统空间。如果所有的堆叠式 IC 都被限制到 CMOS IC 工艺，那么终端产品将只能通过 CMOS 工艺或低于纳米尺度的工艺来完成。因此，上述的 SOC 集成障碍仍然存在。但是 SIP 有明显的优点：简单的设计和设计验证，最短的掩膜步骤的工艺，最短的产品上市时间，以及最少的知识产权问题。尽管 SIP 的这些优点很有限，但是，仍有大约 50 家 IC 和封装公司一起正加大力度生产基于 SIP 的封装模块(图 1.10 所示)。

（1）SIP 分类

如图 1.10 和图 1.11，SIP 可以被广泛地分为两类：①通过传统的引线键合、载带自动焊和倒装芯片技术实现裸芯片或封装芯片堆叠集成[9~12]；②不用引线或倒装芯片，而是通过硅通孔实现堆叠。SIP 和 3D 封装通常意思相同，都指代垂直裸芯片或封装芯片的堆叠。但是本书提到的 3D 集成是指采用硅通孔技术来堆叠式 IC。

① 引线键合 SIP　三维裸芯片集成能通过如图 1.12 所示的引线键合实现。在这种方法中，不同的堆叠芯片通过一个共同插入层或封装进行引线键合互连。单独的芯片通过引线键合和插入层实现互连。进行密度小于 300 个 I/O 的引线键合互连成本很低，但是该技术缺点是引线会产生很高的寄生电感。密集布置的引线键合带来的电感耦合将破坏器件信号的完整性。

② 倒装芯片和引线键合 SIP　如图 1.13 所示的这种三维集成技术，堆叠底部芯片通过倒装键合连接到封装体。所有其他上面的芯片通过引线键合连接到封装。这样免去了底部芯片的引线键合，但是上面芯片仍然要忍受高的寄生电感。

③ 倒装堆叠芯片 SIP　如图 1.14（a）和图 1.14（b），这种 3D 集成方法中裸芯片通过倒装键合和其他芯片连接。芯片布置为面面相对，后端线区域彼此相对。

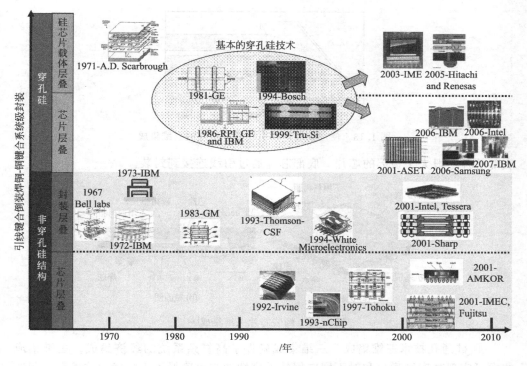

图 1.10 新兴的堆叠式 IC 和封装技术

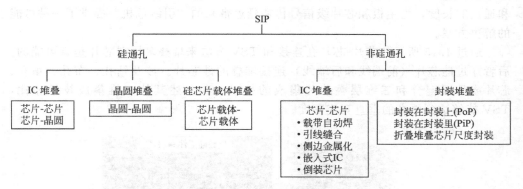

图 1.11 SIP 中不同的集成方法

图 1.12 引线键合三维集成

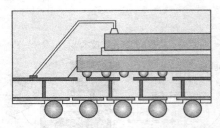

图 1.13　使用倒装焊和引线键合结合的三维集成

底部芯片一般大于顶部的芯片。底部芯片通过引线连接到封装。

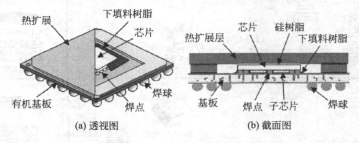

(a) 透视图　　　　　　　(b) 截面图

图 1.14　倒装芯片三维集成[13]

④ 硅通孔技术三维集成　三维集成确保了高复杂系统的经济集成。三维集成技术可实现高度微型化和对不同应用的适应性。它也确保了不同优化技术和低制造成本的结合，带来高成品率、更小的覆盖区与多功能。三维技术也减少了芯片连接和通信的长度，为主板和芯片级信号传播延迟带来的"引线危机"提供了一种可能的解决方案。

通过 1.15 所示的芯片-芯片孔连接和 TSV 方法来堆叠多层裸芯片是有可能的。后者穿过硅芯片（前端线和后端线）连接堆叠的硅芯片。涉及钻孔、布孔、填孔、芯片或晶圆键合和三维层叠芯片集成的技术。和上述其他三维集成技术相比，TSV 能够达到更高的垂直互连密度。

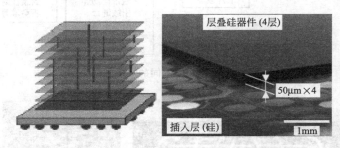

图 1.15　硅通孔三维集成技术

芯片可以通过面对面连接或面对背连接。面对面芯片堆叠中，两个芯片后端线面积（BEOL）面对面而堆叠。面对背芯片堆叠中，一个芯片的 BEOL 面和另一个芯片活性面相对。面对面连接比面对背连接能够达到更高的孔密度，因为两个芯片通过芯片-芯片之间的孔连接，而孔的大小和电特性与传统连接芯片金属布线层的孔相近。另一方面，面对背连接中，两个芯片通过 TSV 结构连接，TSV 孔比 BE-OL 的孔要大。然而如果堆叠芯片超过两个，面对面连接采用 TSV 技术就十分必要了。

三维集成最初主要用于手机薄 CSP 中的堆叠闪存和 SDRAM，后来扩展到高性能处理器的存储/逻辑集成。ASIC 数据信号处理器和 RF/模拟芯片或者 MEMS 的堆叠是下一代三维封装逻辑发展方向。

（2）硅基板或载体

硅芯片载体的概念在 1972 年[14] 由 IBM 提出，硅基板取代绝缘有机或陶瓷基板作为芯片载体。最初，芯片通过外围连接如引线键合连接到芯片载体；后来，连接被倒装芯片连接取代。近来，TSV 被用在芯片和载体中，促进了芯片和载体、载体和主板的高密度互连的发展。目前，硅芯片载体技术包括 TSV、高密度引线、细间距芯片-载体连接、集成有源和无源。TSV 也能堆叠硅芯片载体[15]。

封装堆叠 SIP：通过垂直堆叠单独测试过的 IC 封装可实现三维集成。三维集成有两种结构：封装内封装（PiP）和封装上封装（PoP）。如图 1.16 所示，PiP 通过引线连接层叠封装到一个公共基板上。图 1.17 为封装上封装，堆叠封装通过倒装焊连接。

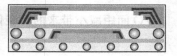

图 1.16　封装内封装（PiP）结构　　　　图 1.17　封装上封装的结构
左边：两个封装堆叠；右边：封装和芯片[16]

1.6　系统级封装技术（最好的 IC 和系统集成模块）

1.6.1　概述

如果系统元件，如电池、封装、主板、散热结构、互连等，采用以上方法通过纳米材料和结构进行微型化，则会引出电子器件的第二定理[17]。本书中描述的 SOP 正是如此，而且它（图 1.18）实现了真正的系统集成。不仅是过去的最好的 IC 集成，而且是最好的系统集成。它解决了前述技术未解决的 $80\% \sim 90\%$ 的系统问题。Moore 定律通过测量每立方厘米中三极管的数量来描述 IC 集成，相比而言，基于 SOP 第二定理则是通过测量每立方厘米的功能或元件数目来解决系统集成挑战。

图 1.18 描述了这两个定理在过去 40 年的发展。从 20 世纪 50 年代到 2010 年，IC 集成的晶体管数量从 1 个迅猛增长到 10 亿多个，这个前所未有的增长速度体现在图中第一电子定律那很陡的坡度。但是，系统集成的增长非常慢，在今天的制造业中系统级主板上每平方厘米的元件数目仍然少于 100 个。如图 1.19 所示，这个缓慢的增长需要很多全球封装产业发展来支持。这些发展总结为：引线孔尺度减小

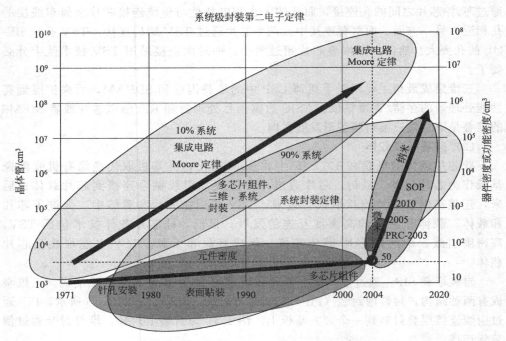

图 1.18 电子产品第二定理与最好的 IC 集成结合取得真正的封装集成

与 I/O 间距减小带来的封装体积减小。

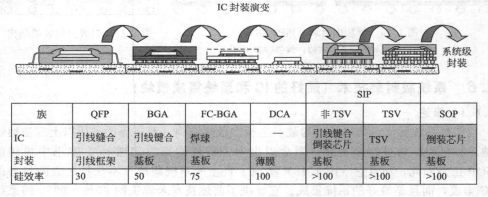

族	QFP	BGA	FC-BGA	DCA	SIP		SOP
					非 TSV	TSV	
IC	引线缝合	引线键合	焊球	—	引线键合倒装芯片	TSV	倒装芯片
封装	引线框架	基板	基板	薄膜	基板	基板	基板
硅效率	30	50	75	100	>100	>100	>100

图 1.19 IC 封装的发展

在 SOP 概念中，系统封装不是庞大的主板，而是整个系统。过去装有成百个器件的体积大的箱子只能完成一项任务，由多个这类箱子组成了系统；但是，SOP概念是由高集成度、微型化的多个器件集成在一个系统封装或模块中，实现系统功能，包括计算、通信、消费、生物医学应用等，而且封装大小不超过 Intel 奔腾处理器的封装尺寸（图 1.19）。因此，SOP 可以被认为是"封装就是系统"。

如图 1.2 所示，结合了封装和系统主板成为系统封装，SOP 基本的结构如图 1.20 所示，包括两个部分：数字 CMOS/IC 和元器件部分，以及系统封装和元器

件部分。对于 SOP 创新和不同之处在于系统封装部分将目前毫米尺度的元件缩小

到微米尺度，以后将发展到纳米尺度（图 1.18）。因此，SOP 在短期内将以 1000 倍（毫米到微米）因子将非 IC 部分的体积减小 80%～90%，长期来看则以 100 万倍比例缩小体积（从毫米到纳米）。

SOP 方法带来 CMOS 和系统集成的协同，这克服了 SOC 和 SIP 受限于 CMOS 造成的集成缺点。尽管硅技术对晶体管的密度逐年增大有益，但硅技术并不能为如电源、热结构、封装、主板

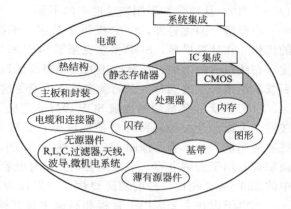

图 1.20　两个部分的系统封装本质及基础：
数字 CMOS IC 体系和系统体系

和无源器件等集成系统器件提供最优平台。这一点已在图 1.20 中强调了。两个很好地来说明 CMOS 不好的例子是前端射频电子和光电子。如同 IC 一样，这个系统封装驱动体积的减小带来更高性能，更低造价，更高可靠性等优点。系统集成相对于拥有相同器件的数字 CMOS 集成的造价优势体现在图 1.21。总之，任何制造技术的成本可以简单地看作生产率驱动的成本和投资驱动的成本。

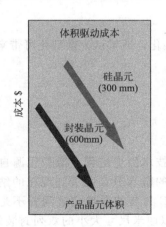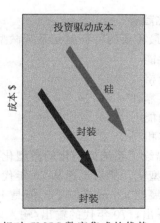

图 1.21　相同器件时封装集成相对 CMOS 数字集成的优势

理论上，还有其他的因素比如成品率、材料、劳动力等。大多数正规制造公司主要的薄膜技术包括液晶显示、等离子屏和前后端 IC 技术等，成品率超过 90%，原材料成本只占很小的一部分，常常小于整个产品最终成本的 5%。尽管劳动力成本很高，但大多数先进的工厂是自动化的，因此可使这部分成本最小化。生产率驱动的成本有两个要素：屏的体积和单位时间屏的数量。基于 SOP 的系统封装集成在这方面有独特的优势，体积一般为 450mm×550mm，而 CMOS 一般为 300mm。这相当于芯片上制造的三倍优势。因为 SOP 晶圆制造的速度比 CMOS 晶圆更慢，

所以封装集成周期时间比 CMOS 长。但是 SOP 的低成本投资仅是 CMOS 晶圆厂的 1/5～1/10，从而弥补了制造速度上的不足。

除经济上的优势外，SOP 提供了数字、无线、基于光电的网络系统等技术上的优势。在计算世界，SOP 概念克服了 SOC 本质的限制。随着 IC 集成达到纳米尺度和布线阻值的增加，计算应用的全局布线延迟时间变得太高[18]。通过将 IC 上的引线从纳米尺度改到封装上的微米尺度可避免这种"延迟"。

SOC 的无线集成限制也被 SOP 很好地解决了[19,20]。射频元件，比如电容、滤波器、天线、开关与高频高 Q 值的电感，在微米厚度封装中比在硅上纳米尺度下更容易制造。为了满足抑制 100W 高性能 IC 的电源噪声的需要，芯片的一大部分面积被专用于去耦电容。半导体公司并没有电容业务，其主营晶体管业务。同封装中的 250～400 相比，硅的最高 Q 因子一般仅为 25～60。

光电子现在主要应用于背板和高速主板互连，有期望进入 SOP 封装，因为芯片-芯片高速互连取代铜可以解决电子 IC 之间的电阻和通信串扰的问题。光电子在 Intel 以硅光子方式进入硅领域，可以看作不是以 CMOS 技术，而是以一种和 SOP 类似的异质技术进入该领域。

在短期内，SOP 可通过薄膜集成将所有系统元件集成到微米尺度，未来将实现纳米尺度。因此 SOP 驱动的系统封装集成可以应用到 CMOS IC，作为薄膜应用到硅晶圆、硅载体、陶瓷、玻璃基板上面，或者嵌入到多层陶瓷、封装和薄层压板中。

1.6.2　微型化趋势

数字集成最重要的特征就是系统微型化，通常认为微型化可带来：

- 更高性能
- 更低价格
- 更高可靠性
- 更多功能
- 更小体积

图 1.22 描绘了系统微型化的微型化技术历史进程。微型化源自在晶体管被发现后器件级微型化，然后迅速从 70 年代的微米节点发展到现在的纳米节点。微型化可能继续发展到 32nm 或以下。但是 IC 封装的微型化进程并不是如此迅猛。从图 1.18 可以看出，70 年代的输出/输入以厘米尺寸大小的双列封装发展到 80 年代的输出/输入在四边的扁平封装，两者都是基于引线框架的，体积都比较大。下一波的微型化将导致焊球连接和表面装配到主板，这通常由 BGA 完成。IC 装配微型化也是同样的路径，从粗间距外围引线键合，发展到细间距，而后是一些公司的面栅阵列引线键合。IC 级进一步的微型化在 IBM 取得突破，通称为"倒装芯片"。倒装芯片微型化开始于 70 年代，开始为毫米间距，正为 2015 年的 10～20μm 间距铺路。所谓的芯片级封装，芯片体积不超过封装 IC 的 20%，是目前正在实施的晶圆级的下一代微型化技术。进一步的微型化由裸芯片、板上芯片或倒装多芯片模块技术实现。

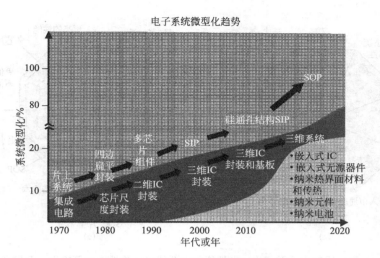

图 1.22　近 40 年来微型化技术发展趋势

下一波微型化是由图 1.5 所示的具有超高计算性能的 2 维多芯片模块组成。两个因素导致这个微型化：①高集成基板和多层细线及布线孔尺寸；②二维，多达 144 个裸芯片互连在 100～144mm 的基板上。手机的市场需要是要把这个二维方法转换为三维，目前层叠已达 9 个超薄芯片，到 2015 年时达到 20 个或更多芯片。两个主要因素推动其微型化：①70μm 厚的薄芯片；②短和细间距倒装芯片装配。通过前述的穿孔硅技术和焊盘-焊盘键合技术取代倒装芯片装配可以进一步微型化。

如图 1.22，以上基于 IC 和 Moore 定律驱动的系统微型化技术只占系统的 10%～20%，其他的 80%体积都很庞大。这 80%的系统元件包括无源，电源，热结构，密封材料，系统间互连，插座。这就是 SOP 所涉及的方向，将这些器件短期内从毫米尺度减小到微米尺度然后长期来看减小到纳米尺度。

1.7　5 个系统技术的比较

图 1.23 （a）列出了系统驱动力：微型化，电性能，电源使用，热性能，可靠性，开发和制造成本，入市时间，弹性。图 1.23 （b）为以上每个系统技术和系统驱动力参数的对比，展示了各个的优点和缺点。

SOC 在电性能和电源使用上是优势明显的技术，在 IC 级别的微型化方面也是优势明显的技术，但是从图 1.23 （b）中看出，在系统级别上它的优势并不明显。这是因为系统技术比如电源供应、热结构等并没有微型化。高的开发成本、较长的产品上市时间和有限的灵活性是它的主要缺点。而且，将射频、数字和光技术完全集成到一个单芯片上将带来非常多的挑战。比如射频电路的性能是无源器件（电感和电容）质量因子（Q）和功率的权衡。移动应用中的低功率电路需要高 Q 值的无源器件。在标准的硅技术中，由于固有的硅损失和超出传统数字 CMOS 的大面积使用使 Q 因子限制在 25 左右[21]。这个能够通过使用比如厚氧化层、高阻值的硅、SiGe 或者 GaAs 等深奥的技术得到改进，但是会显著地增加成本。而且无源器件

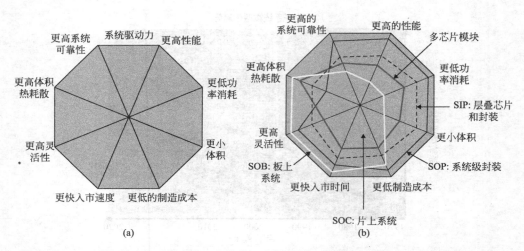

图1.23 (a) 系统驱动力：微型化，电性能，电源使用，热性能，可靠性，开发和制造成本，入市时间，弹性；(b) 系统技术和系统驱动力参数的对比，展示了各个的优点和缺点

消耗相当多的面积资源，占据超过 50% 的硅面积。

由于尺寸限制，天线是一个不能够集成到硅上的例子[20,22~25]。另一个例子就是作用在微伏范围的射频电路。不同信号的集成需要很大的隔离。在标准硅上，一个主要考虑就是硅基板有限阻值的基板耦合。尽管能够通过高阻值硅或者 N 形阱来解决，但是隔离的级别还是不够。对多电压级，分布功率到数字和射频电路同时保证绝缘和低的电磁干扰将是一个主要的挑战[26]。

在 SOP 中通过嵌入过滤和解耦技术能够容易地解决这些问题[27~31]。低损耗绝缘层和铜金属化结构提供了保证低功率的方法，SOP 已经展示出 100~400 之间的 Q 值。随着数字处理速度的进步，嵌入式光学波导有可能将光子学直接引入处理器。封装的集成能够消除数据序列化和非序列化，因此提供一个高数据带宽的紧凑的平台。在支撑大 IC 芯片的同步系统中，一个主要问题就是不同硅逻辑电路的时钟脉冲相位差。这个问题的潜在解决办法就是封装嵌入式光学时钟分布的使用，它对大多数噪声源免疫[32~41]。

以上所说的 SOC、MCM、SIP 有一个主要的缺点，它们在二维或三维尺度扩展 Moore 定律，只解决了 10%~20% 的系统需要，而且在系统封装功能上依赖 CMOS，在互连方面只依赖封装。这将导致系统很庞大，不是因为 IC，而是因为缺乏系统的微型化。集中在系统级的单芯片 CMOS，长期以来本质上局限于数字系统和 RF 及无线系统的集成。因此，尽管 CMOS 对晶体管和一些其他元件，比如功率放大器和低噪声放大器很好，但是对一些其他元器件，比如天线、MEMS、电感、电容、过滤器和波导，它并不是最优的技术平台。

板级封装，一方面展示了在 SOC 比较弱的方面的优势，但是在电性能、功率使用等 SOC 比较占优势的地方 SOB 不太好。SIP 能使这两种技术较好地妥协，同时它是半导体公司的核心，能尽可能满足制造更多晶圆的需要，从而证明其晶圆制造投资是有道理的。另外，SIP 解决了无线手机的"甜点"应用。因此，并不奇怪所有的主要 IC 公司都在制造自己的模块。SIP 主要的缺点在于它只能陈述模块级别但不是系统级别的系统驱动需求。80%~90%的系统问题并没有解决。

从图 1.24 可以看出来，SOP 是比 SIP 更好更优的系统解决方案。它通过在 IC 级别的片上系统集成和封装 SIP 和三维集成，以及在系统级别通过系统微型化技术，比如电源、热结构和无源器件，比如如图 1.5 和图 1.9（b）所示的数字、射频、光学和传感器组件。● 但是不像 SOC，它不需要为了集成这些不同的技术而降低性能，因为这些技术属于分别制造，或者在 IC、或者在封装、或者在随后的 SOP 系统封装中。SOP 概念中，系统设计时间将更短，因为它允许更大的自由度来吸取其他新兴的技术的优点。然而，SOP 必须克服一系列不同的挑战，比如基础设施和投资挑战。

系统技术	器件	封装	系统主板	后端系统
板上系统	集成电路	大体积	大体积	大体积
片上系统	片上系统	大体积	大体积	体积比较大
多芯片模块	集成电路	多芯片模块	大体积	微型化
系统封装	片上系统	系统封装	大体积	微型化
系统级封装	片上系统	系统封装	系统集成	高微型化纳-微系统

图 1.24　5 个系统技术的尺寸比较

1.8　SOP 全球发展状况

SOP 是将不同技术集成到一个单封装上实现多种功能，同时保持低的轮廓和小的形状因子支持数模混合 IC 技术。SOP 通过小于 $5\mu m$ 布线及空间的超高引线密度、多层和大量嵌入式超薄膜元件集成，能将多于 2500 个组件集成到一个平方厘米上面。在 SOP 概念中，这个通过数字、光学、射频和传感器功能在 IC 和系统封装级别的协同设计和制造中实现，因此可以区分某些功能是在 IC 级还是系统封装级实现最好。IC 被认为能达到最好的晶体管密度，而系统封装被认为是最好的系统技术，包括前端射频、光学和数字-功能集成。

除了佐治亚理工，SOP 研究在很多大学、研究所、国家实验室和许多公司的研发部门进行。IBM、Sandia 国家实验室、摩托罗拉（Motorola）、北卡州立大学（NCSU）、比利时的 IMEC 都积极地研发嵌入式无源元器件。瑞士皇家理工学院、韩国 KAIST、美国 Arkansas 大学和阿尔卡特（Alcatel）也都致力于 SOP，新加坡的 IME 研究光电混合信号 SOP。图 1.25 给出了全球的 SOP 研发进展。

1.8.1　光学 SOP

新加坡微电子所（IME）建立了光电 SOP，用于网络和家庭或办公的高速通信[42]。这个方法涉及硅组成的光电路。系统以 1GHz 的速度传输数据。

● 译者注：原文此句子缺少宾语，维持原义。

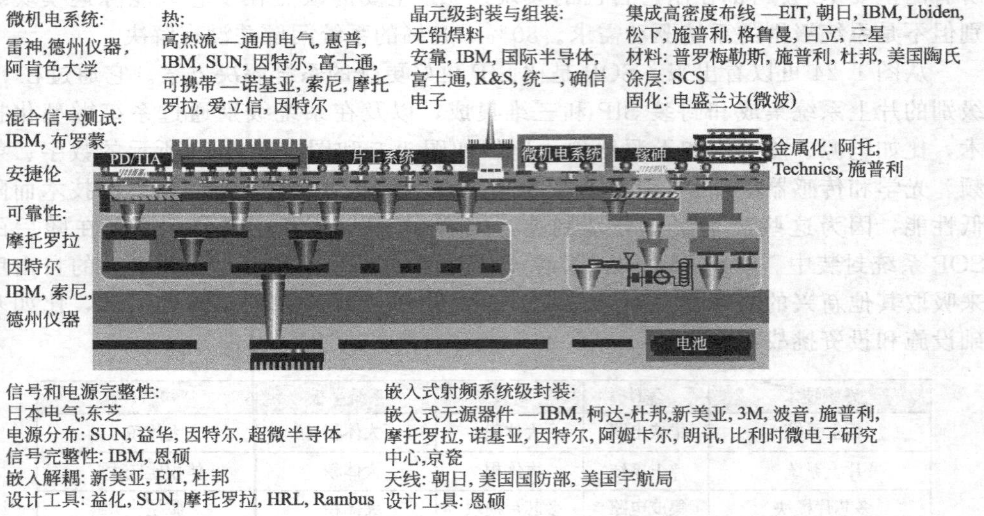

微机电系统:
雷神,德州仪器,
阿肯色大学

热:
高热流—通用电气,惠普,
IBM, SUN, 因特尔, 富士通,
可携带—诺基亚,索尼,摩托
罗拉,爱立信,因特尔

晶元级封装与组装:
无铅焊料
安靠, IBM, 国际半导体,
富士通, K&S, 统一, 确信
电子

集成高密度布线 —EIT, 朝日, IBM, Lbiden,
松下, 施普利, 格鲁曼, 日立, 三星
材料: 普罗梅勒斯, 施普利, 杜邦, 美国陶氏
涂层: SCS
固化: 电盛兰达(微波)

混合信号测试:
IBM, 布罗蒙
安捷伦

可靠性:
摩托罗拉
因特尔
IBM, 索尼,
德州仪器

PD/TIA　片上系统　微机电系统　砷镓

金属化: 阿托,
Technics, 施普利

电池

信号和电源完整性:
日本电气,东芝
电源分布: SUN, 益华, 因特尔, 超微半导体
信号完整性: IBM, 恩硕
嵌入解耦: 新美亚, EIT, 杜邦
设计工具: 益化, SUN, 摩托罗拉, HRL, Rambus

嵌入式射频系统级封装:
嵌入式无源器件 —IBM, 柯达-杜邦,新美亚, 3M, 波音, 施普利,
摩托罗拉, 诺基亚, 因特尔, 阿姆卡尔, 朗讯, 比利时微电子研究
中心,京瓷
天线: 朝日, 美国国防部, 美国宇航局
设计工具: 恩硕

图 1.25　全球 SOP 研发进展

　　Intel 报告了硅光子,运用标准高容量、低价格硅制造技术在硅上制造高容量光学元件的进展。在 2005 年,Intel 公司研发人员用一个硅模块展示了 10Gbps 的数据传输速度。图 1.26 是 Intel 和加州大学圣巴巴拉分校（UCSB）展示的一个电驱动混合硅激光器。这个激光器成功地集成了磷化铟光发射激光能力和硅的光路和低造价优势。

　　最近,IBM 研究人员建立了一个光收发器,如图 1.27 所示,运用目前的 CMOS 技术,将它和其他用铟磷和砷化镓等材料制造的光学元件耦合进一个只有 3.25mm×5.25mm 大小的单个集成封装里。这个紧凑的设计提供了高的数据通道,高的速度。此光收发器芯片设计通过波导通道连接到一个光学板,采用密集分布的高分子波导多通道并采用批量装配工艺,保证了低造价的光学系统。据 IBM 研究表明,这种类型的光学收发器样机能够比现今传统的分立式光学元件速度至少快 8 倍。

图 1.26　混合硅激光器
（来源：Intel）

图 1.27　IBM 公司的光收发器
（来源：IBM）

1.8.2 射频 SOP

在比利时鲁汶的微电子研究中心（IMEC），Robert Mertens 和同事正在研究用系统封装制造最好的 RF 射频天线，来推出一系列无线通信产品。IBM 发展了一种小的低造价芯片组件（见图 1.28）❶，能够允许无线电子器件传输和接收速度达到现有高级 WiFi 网络的 10 倍。天线直接嵌入到封装有助于减少系统造价，因为需要更少的器件了。一个典型的芯片组件，包括接收器、传输器和两个天线，将占据一角硬币大小的面积。通过集成芯片组件和天线到商业 IC 封装，公司能够使用现有的技能和设施来建造这项技术用于其商用产品之中。

图 1.28　IBM 发展的无线芯片组器件（源自：IBM）

1.8.3 嵌入式无源 SOP

位于费耶特维尔的阿肯色（Arkansan）大学，在 SOP 主板多层中发展了嵌入式电容、电阻和电感技术。大学确定系统需要的几乎所有的电阻和大部分电容能够通过 IC 产业的常用真空沉积工艺嵌入到主板。

批量嵌入无源器件的一个产品例子是摩托罗拉的 C650 三波段 GSM/GPRS 和 V220 手持装置。摩托罗拉和 AT&S、WUS 和 Ibiden 在 2004 年将这些带有无源器件的手机引入市场。摩托罗拉采用激光打孔技术通过陶瓷/聚合物厚膜复合材料制造嵌入式电容，容量为 20～450pF，15％公差，击穿电压（BDV）大于 100V，Q 因子在 30～50 之间，测试达到 3GHz。摩托罗拉也开发了嵌入式电感技术，10％公差，以及 10MΩ 的电阻技术，15％公差，修阻公差可达 5％。

2005 年 5 月在日本的关于印制电路板和封装公司的调查指出，2004 年非离散嵌入电容在很多公司生产，而且将快速发展。在 2006 年其他的嵌入式电阻器和电感，或者作为分立式的嵌入，或者作为薄膜已经开始生产。同样的研究表明嵌入式有源器件从 2006 年开始生产，调查表明：在 5 年时间内，嵌入式有源和无源市场会快速扩大。相信这个增长将基于有机板或封装底板技术。

现在有几个基本的嵌入式元件技术专利，从电容、电阻、电感的薄膜嵌入到分立式元件的嵌入。薄膜和厚膜嵌入式电容装置的专利近来已经成为一个热点。Sanmina-SCI 在 1992 年 6 月申请的 No.5079069 专利称拥有嵌入式电容的技术。

1.8.4 MEMS SOP

印度 Jaipur 的 Malaviya 国家技术中心开发出一种导致 SOP 产生的三维 MEMS

---

❶　译者注：原书无对图的呼应，译者根据内容添加。

和微系统集成合成技术，这消除了 MEMS 和其相关电路单独封装所带来的互连相关的问题。

Amkor 已经发展出结合多芯片、MEMS 装置和无源器件到一个封装的技术。这些方法主要是用来减小 MEMS 封装造价，通过更高级别的集成来增加功能。

1.9　SOP 技术实施

SOP 是一个新兴的概念，目前展示了在有限装置中的应用，包括图 1.31 中摩托罗拉手机的 mezzanine 电容器，以及图 1.29（a）、（b）所示的佐治亚理工与图 1.32 中的 Intel 的称为智能网络通信器的概念性的宽带系统。

INC 为学生、教授、研究科学家和工业界可以从设计到制造、集成、测试、成本和可靠性方面来评价 SOP 技术的有效性提供了很好的测试平台，它是一流的研究、教学平台。测试平台探索光学数据转换达到 100GHz，数据信号达到 5～20GHz，解耦电容器集成概念，减小了功率每个芯片超过 100W 同时转换的噪声。可实现用于 RF、微波和毫米波器件的达到 60GHz 嵌入式组件的设计、建模及制造。

到目前为止，至少 50 家公司采用佐治亚理工封装研究中心的 SOP 技术的一部分，并把它们用到汽车、计算机、消费、军事和无线应用中。不同的公司几年来开发了很多测试装置，主要焦点在于将不同的模拟、数据、RF、光学、传感器元件集成到一个单一封装中。

日本公司，比如 Ibiden、Shinko、Matsushita、Casio 和 NEC 已经开始研发 EMAP 技术超过 5 年。Casio 和 Matsushita 已经展示了在叠层中的嵌入式无源和 IC 元件，其大约在 1998～2000 年开始这项研究。图 1.30 是 Matsushita 在 2001 年开发的 SIMPACT 技术的例子，分立式无源和有源器件嵌入电绝缘层，Matsushita 表明它的嵌入式项目运用的是分立式器件，但随着公司制造的完善会演变到薄膜技术。

在美国，Intel 在开发 EMAP 应用到 RF 射频模块和数字方面一直很活跃，在

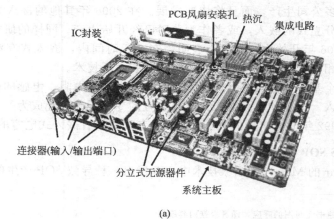

(a)

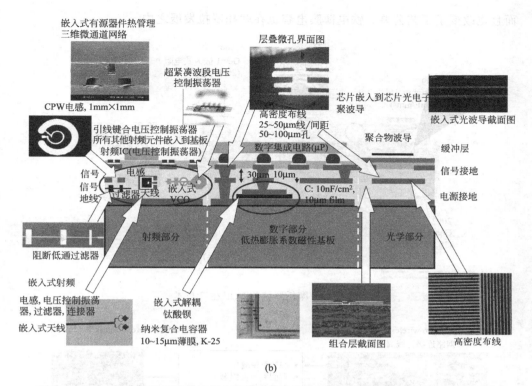

嵌入式有源器件热管理
三维微通道网络

CPW电感, 1mm×1mm

层叠微孔界面图

超紧凑波段电压
控制振荡器

芯片嵌入到芯片光电子
聚波导

嵌入式光波导截面图

引线键合电压控制振荡器
所有其他射频元件嵌入到基板
射频IC(电压控制振荡器)

高密度布线
25~50μm线/间距
50~100μm孔

数字集成电路(μP)

聚合物波导

缓冲层

信号
信号
地线

电感

滤波器天线

嵌入式
VCO

30μm 10μm

C: 10nF/cm²,
10μm 6lm

信号接地

电源接地

阻断低通过滤器

射频部分

数字部分
低热膨胀系数磁性基板

光学部分

嵌入式射频

电感,电压控制振荡
器,过滤器,连接器

嵌入式天线

嵌入式解耦
钛酸钡

纳米复合电容器
10~15μm薄膜, K-25

组合层截面图

高密度布线

(b)

图 1.29 (a) 佐治亚理工开发的概念宽带系统, 称为智能网络交流器; (b) INC 截面图

2~3 年内有望将 EMAP 产品投入市场。3M 和 Oak-Mitsui 等公司已将薄膜电容技术用于生产了。GE 已经占据嵌入式有源技术很长时间, 现在也致力于嵌入式无源器件的开发。TI 已经成为这个领域研究和商业方面的主要竞争对手。即使在汽车产业, 像 Delphi 这样的公司也对 EMAP 技术很感兴趣。欧洲的公司像 Nokia 对此也很感兴趣。

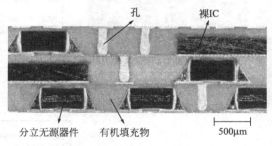

孔　　裸IC

分立无源器件　有机填充物　　500μm

图 1.30 Matsushita 2001 年开发的含有嵌入
式分立无源与有源器件的 SIMPACT

摩托罗拉在 GSM/通用封装无线服务手机的两个模型中运用部分 SOP 技术, 减少了主板面积的 40%。模块包括所有关键的手机功能: 射频处理、基带信号处理、电源管理、声音和存储部分。模块不仅包括给新特征的自由空间, 它也是不同形状和特征 (照相机, 蓝牙) 的新手机能够快速设计的基础。摩托罗拉称它为块上系统, 因为它发展了自己的嵌入式电容技术。据报道其已经生产了超过 2000 万的基于块上系统的手机。

摩托罗拉已经成为射频无源器件研发和制造的全球领先者 (图 1.31)。它的第一代射频无源电容在 1999 年运用到手机, 2002 年的第二代不仅改善了电容密度,而且也改变了工艺公差。铁电薄膜电容也在摩托罗拉发展之中。

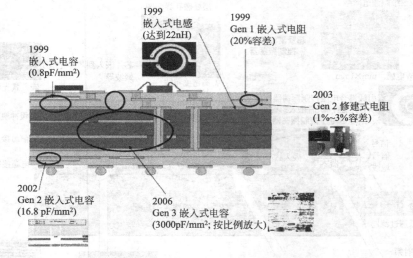

图 1.31　摩托罗拉的 SOP 生产技术

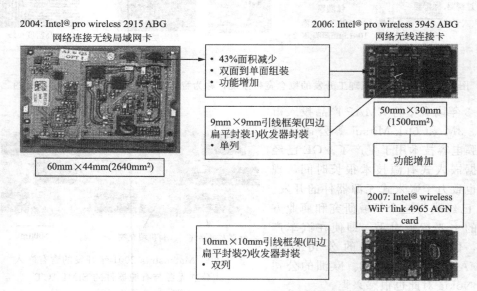

图 1.32　系统级封装在 Intel 无线局域网和无线网络连接卡中的应用

　　Intel 已经报道了无线局域网络中形状因子减少了 43%，功能也得到增加，采用了一种自上而下的系统设计，自我校正技术的应用，RFIC 设计模块化方法，定制的 PCB 板和前段单元，来减少元件数目[44]。

1.10　SOP 技术

　　SOP 概念集成多系统功能到一个紧凑、轻巧、低造价、高性能的封装或模块系统。如图 1.33 的 SOP 概念所示，这样一个系统设计可能要求高性能数字、射频、光学和传感器功能。

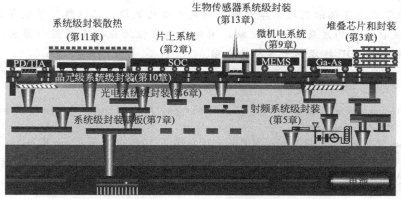

图 1.33　SOP 包括所有的系统模块：SOC、SIP、MEMS、
IC 与基板中的嵌入式器件、热结构、电池、系统互连

本书不同章节中 SOP 概念中包括以下技术：

系统级封装技术（SOP）介绍（第 1 章）

片上系统（SOC）（第 2 章）

堆叠式 IC 和封装（SIP）（第 3 章）

混合信号（SOP）设计（第 4 章）

射频系统级封装（RF SOP）（第 5 章）

集成芯片到芯片的光电子 SOP（第 6 章）

SOP 基板（第 7 章）

混合信号（SOP）可靠性（第 8 章）

MEMS 封装（第 9 章）

晶圆级 SOP（第 10 章）

SOP 散热（第 11 章）

SOP 电测试（第 12 章）

生物传感器 SOP（第 13 章）

1.11　总结

SOP 是通过 IC 和系统集成实现系统的微型化，将元件短期内集成到微米尺度，长期内集成到纳米尺度的技术。有些基于 SOP 的薄膜可以用在 CMOS IC 中作为堆叠，硅晶圆和硅载体上面的薄膜，或者陶瓷或玻璃基板上面的薄膜，或者嵌入到多层陶瓷或者有机层压封装或板上。

本书中 SIP 被定义为 IC 和封装堆叠。但是 SIP 也被指作一个整体的系统技术，微型化和集成所有系统组件如无源、有源、热结构、电源、I/O。如果是这样，

SOP 和 SIP 将是一样的。但是到目前为止，还没法得到证实。

致谢

作者非常感谢佐治亚理工学院封装研究中心的教授、工程师、学生和工业界指导者对 SOP 技术的发展做出的贡献，同时也感谢佐治亚研究联盟和国家科学委工程研究中心对 SOP 技术的十多年的资助。

参 考 文 献

[1] R. R. Tummala et al. , *Ceramic Packaging Technology*, *Microelectronics Packaging Handbook*. New York: Van Nostrand, 1988.

[2] Y. Yano, T. Sugiyama, S. Ishihara, Y. Fukui, H. Juso, K. Miyata, Y. Sota, and K. Fhjita, "Three dimensional very thin stacked packaging technology for SiP," in *Proc. 52nd Electronic Components and Technology Conference*, 2002.

[3] K. Lim, M. F. Davis, M. Maeng, S. Pinel, L. Wan, L. Laskar, V. Sundaram, G. White, M. Swaminathan, and R. Tummala, "Intelligent network communicator: Highly integrated system-on-package (SOP) testbed for RF/digital/opto applications," in *Proc. 2003 Electronic Components and Technology Conference*, pp. 27-30.

[4] R. Tummala, "SOP: Microelectronic systems packaging technology for the 21st century," *Adv. Microelectron.*, vol. 26, no. 3, May-June 1999, pp. 29-37.

[5] R. Tummala, G. White, V. Sundaram, and S. Bhattacharya, "SOP: The microelectronics for the 21st century with integral passive integration," *Adv. Microelectron.*, vol. 27, 2000, pp. 13-19.

[6] R. Tummala and V. Madisetti, "System on chip or system on package," *IEEE Design Test Comput.*, vol. 16, no. 2, Apr. -June 1999, pp. 48-56.

[7] R. Tummala and J. Laskar, "Gigabit wireless: System-on-a-package technology," *Proc. IEEE*, vol. 92, Feb. 2004, pp. 376-387.

[8] ITRS 2006 Update.

[9] H. K. Kwon et al. , "SIP solution for high-end multimedia cellular phone," in *IMAPS Conf. Proc.*, 2003, pp. 165-169.

[10] S. S. Stoukatch et al. , "Miniaturization using 3-D stack structure for sip application," in *SMTA Proc.*, 2003, pp. 613-620.

[11] T. Sugiyama et al. , "Board level reliability of three-dimensional systems in packaging," in *ECTC Proceedings*, 2003, pp. 1106-1111.

[12] K. Tamida et al. , "Ultra-high-density 3D chip stacking technology," in *ECTC Proc.*, 2003, pp. 1084-1089.

[13] Toshihiro Iwasaki, Masaki Watanabe, Shinji Baba, Yasumichi Hatanaka, Shiori Idaka, Yoshinori Yokoyama, and Michitaka Kimura, "Development of 30 micron Pitch Bump Interconnections for COC-FCBGA," *Proceedings IEEE 56th Electronic Components and Technology Conference*, 2006, pp. 1216-1222.

[14] D. J. Bodendorf, K. T. Olson, J. P. Trinko, and J. R. Winnard, "Active Silicon Chip Carrier, *IBM Tech. Disclosure Bull.* vol. 7, 1972, p. 656.

[15] Vaidyanathan Kripesh et al. , "Three-Dimensional System-in-Package Using Stacked Silicon Platform Technology," *IEEE Transactions on Advanced Packaging*, vol. 28, no. 3, August 2005, pp. 377-386.

[16] Marcos Karnezos and Rajendra Pendse, "3D Packaging Promises Performance, Reliability Gains with Small Footprints and Lower Profiles," *Chip Scale Review*, January/February 2005.

[17] R. R. Tummala, "Moore's law meets its match(system-on-package)," *Spectrum*, IEEE, vol. 43, issue

6，June 2006，pp. 44-49.

[18] R. Tummala and J. Laskar，"Gigabit wireless: System-on-a-package technology," *Proc. IEEE*，vol. 92，Feb. 2004，pp. 376-387.

[19] M. F. Davis，A. Sutono，A. Obatoyinbo，S. Chakraborty，K. Lim，S. Pinel，J. Laskar，and R. Tummala，"Integrated RF architectures in fully-organic SOP technology," in *Proc.* 2001 *IEEE EPEP Topical Meeting*，Boston，MA，Oct. 2001，pp. 93-96.

[20] K. Lim，A. Obatoyinbo，M. F. Davis，J. Laskar，and R. Tummala，"Development of planar antennas in multi-layer package for RF-system on-a-package applications," in *Proc.* 2001 *IEEE EPEP Topical Meeting*，Boston，MA，Oct. 2001，pp. 101-104.

[21] R. L. Li，G. DeJean，M. M. Tentzeris，and J. Laskar，"Integration of miniaturized patch antennas with high dielectric constant multilayer packages and soft-and-hard surfaces (SHS)," in *Conf. Proc.* 2003 *IEEE-ECTC Symp.*，New Orleans，LA，May 2003，pp. 474-477.

[22] R. L. Li，K. Lim，M. Maeng，E. Tsai，G. DeJean，M. Tentzeris，and J. Laskar，"Design of compact stacked-patch antennas on LTCC technology for wireless communication applications," in *Conf. Proc.* 2002 *IEEE AP-S Symp.*，San Antonio，TX，June 2002，pp. II. 500-503.

[23] M. F. Davis，A. Sutono，K. Lim，J. Laskar，V. Sundaram，J. Hobbs，G. E. White，and R. Tummala，"RF-microwave multi-layer integrated passives using fully organic system on package (SOP) technology," in *IEEE Int. Microwave Symp.*，vol. 3，Phoenix，AZ，May 2001，pp. 1731-1734.

[24] K. Lim，M. F. Davis，M. Maeng，S.-W. Yoon，S. Pinel，L. Wan，D. Guidotti，D. Ravi，J. Laskar，M. Tentzeris，V. Sundaram，G. White，M. Swaminathan，M. Brook，N. Jokerst，and R. Tummala，"Development of intelligent network communicator for mixed signal communications using the system-on-a-package (SOP) technology," in *Proc.* 2003 *IEEE Asian Pacific Microwave Conf.*，Seoul，Korea，Nov. 2003.

[25] M. F. Davis，A. Sutono，K. Lim，J. Laskar，and R. Tummala，"Multi-layer fully organic-based system-on-package (SOP) technology for rf applications," in 2000 *IEEE EPEP Topical Meeting*，Scottsdale，AZ，Oct. 2000，pp. 103-106.

[26] M. Alexander，"Power distribution system (PDS) design: Using bypass/decoupling capacitors," in *XAPP*623 (*v.* 1. 0)，Aug. 2002.

[27] J. M. Hobbs，S. Dalmia，V. Sundaram，V. L. Wan，W. Kim，G. White，M. Swaminathan，and R. Tummala，"Development and characterization of embedded thin-film capacitors for mixed signal applications on fully organic system-on-package technology," in *Radio and Wireless Conf. Proc.*，2002. *RAWCON*，Aug. 11-14，2002，pp. 201-204.

[28] M. F. Davis，A. Sutono，S.-W. Yoon，S. Mandal，N. Bushyager，C. H. Lee，L. Lim，S. Pinel，M. Maeng，A. Obatoyinbo，S. Chakraborty，J. Laskar，M. Tentzeris，T. Nonaka，and R. R. Tummala，"Integrated RF architectures in fully-organic SOP technology," *IEEE Trans. Adv. Packag.*，vol. 25，May 2002，pp. 136-142.

[29] R. Ulrich and L. Schaper，"Decoupling with embedded capacitors," *CircuiTree*，vol. 16，no. 7，July 2003，p. 26.

[30] A. Murphy and F. Young，"High frequency performance of multilayer capacitors," *IEEE Trans. Microwave Theory Tech.*，vol. 43，Sept. 1995，pp. 2007-2015.

[31] R. Ulrich and L. Schaper，eds.，*Integrated Passive Component Technology*. New York: IEEE/Wiley，2003.

[32] D. A. B. Miller，"Rationale and challenges for optical interconnects to electronic chips," *IEEE Proc.*，vol. 88，2000，pp. 728-749.

[33] S.-Y. Cho and M. A. Brooke，"Optical interconnections on electrical boards using embedded active optolectronic components," *IEEE J. Select. Top. Quantum Electron.*，vol. 9，2003，p. 465.

[34] Z. Huang，Y. Ueno，K. Kaneko，N. M. Jokerst，and S. Tanahashi，"Embedded optical interconnections

using thin film InGaAs MSM photodetectors," *Electron. Lett.*，vol. 38，2002，p. 1708.

[35] R. T. Chen，L. L. C. Choi，Y. J. Liu，B. Bihari，L. Wu，S. Tang，R. Wickman，B. Picor，M. K. Hibbs-Brenner，J. Bristow，and Y. S. Liu，"Fully embedded board-level guided-wave optoelectronic interconnects," *IEEE Proc.*，vol. 88，2000，p. 780.

[36] J. J. Liu，Z. Kalayjian，B. Riely，W. Chang，G. J. Simonis，A. Apsel，and A. Andreou，"Multichannel ultrathin silicon-on-sapphire optical interconnects," *IEEE J. Select. Top. Quantum Electron.*，vol. 9，2003，pp. 380-386.

[37] H. Takahara，"Optoelectronic multichip module packaging technologies and optical input/output interface chip-level packages for the next generation of hardware systems," *IEEE J. Select. Top. Quantum Electron.*，vol. 9，2003，pp. 443-451.

[38] X. Han，G. Kim，G. J. Lipovaski，and R. T. Chen，"An optical centralized shared-bus architecture demonstrator for microprocessor-to-memory interconnects," *IEEE J. Select. Top. Quantum Electron.*，vol. 9，2003，pp. 512-517.

[39] H. Schroeder，J. Bauer，F. Ebling，and W. Scheel，"Polymer optical interconnects for PCB," in *First Int. IEEE Conf. Polymers and Adhesives in Microelectronics and Photonics. Incorporating POLY，PEP and Adhesives in Electronics*，Potsdam，Germany，Oct. 21-24，2002，p. 3337.

[40] M. Koyanagi，T. Matsumoto，T. Shimatani，K. Hirano，H. Kurino，R. Aibara，Y. Kuwana，N. Kuroishi，T. Kawata，and N. Miyakawa，"Multi-chip module with optical interconnection for parallel processor system," in *IEEE Int. Solid-State Circuits Conf. Proc.*，San Francisco，CA，Feb. 5-7，1998，pp. 92-93.

[41] T. Suzuki，T. Nonaka，S. Y. Cho，and N. M. Jokerst，"Embedded optical interconnects on printed wiring boards," in *Conf. Proc. 53th ECEC*，2003，pp. 1153-1155.

[42] Mahadevan K. Iyer et al.，"Design and development of optoelectronic mixed signal system-on-package (SOP)," in *IEEE Transactions on Advanced Packaging*，vol. 27，no. 2，May 2004，pp. 278-285.

[43] Lesley A. Polka，Rockwell Hsu，Todd B. Myers，Jing H. Chen，Andy Bao，Cheng-Chieh Hsieh，Emile Davies-Venn，and Eric Palmer，"Technology options for next-generation high pin count RF packaging," 2007 *Electronic Components and Technology Conference*，pp. 1000-1006.

[44] M. Ruberto，R. Sover，J. Myszne，A. Sloutsky，Y. Shemesh，"WLAN system，HW，and RFIC architecture for the Intel pro/wireless 3945ABG network connection," *Intel Technology Journal*，vol. 10，issue 2，2006，pp. 147-156.

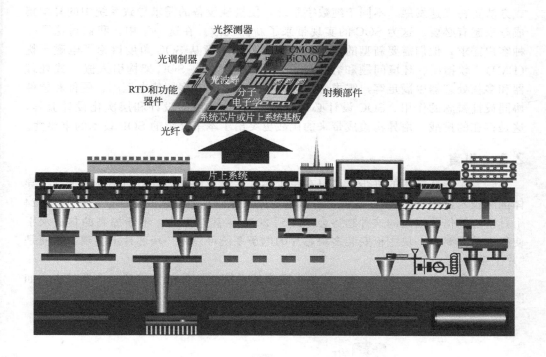

光探测器
光调制器
CMOS/
BiCMOS
RTD和功能
器件
光波导
分子
电子学
射频部件
系统芯片或片上系统基板
光纤
片上系统

第2章

片上系统 (SOC) 简介

Mahesh Mehendale, Jagdish Rao
德州仪器

　　摩尔定律——微处理器的晶体管数目每 18 到 24 个月翻一番，一直推动着半导体行业的发展。由于在单个芯片上集成十亿个晶体管变得可行，因此各种 SOC 集成方法正在飞速发展。不同于纯数字系统，便携性设备的需求导致系统中的异构集成越来越有必要。这为 SOC 的实现带来了新的挑战。在这一章中，我们讨论了一种客户需求，他们需要新型的便携的特定器件。本章从 SOC 角度讨论了电磁干扰（EMI）、软错误、环境问题和容错等影响系统的因素。SOC 架构引入嵌入式处理器和多核处理器以满足客户需求。还讨论了漏电功耗、多阈值电压库、硬件和软件协同设计概念的作用。SOC 设计必须考虑芯片-封装协同设计和层次化设计流程，这是存在的挑战。由异构集成带来的挑战更突出了本书介绍的 SOP 技术的重要性。

2.1　引言

　　随着半导体技术的进步，可以在单个芯片上集成的晶体管数目不断增加。半导体国际技术蓝图（ITRS）显示，由摩尔定律（即芯片上集成的器件数目每 18 到 24 个月增加一倍）描绘的这种趋势会延续到 2010 年甚至更远。不断提高的集成水平使得以前需要在一块主板安装多块芯片的电子系统可以在一块芯片上实现，这便是"片上系统"。

　　SOC 的定义不断演变，每一代越来越多的系统元器件被集成到单个器件中。如图 2.1 所示的数字用户线（DSL）调制解调器系统三代的演变就是很好的一个例子。

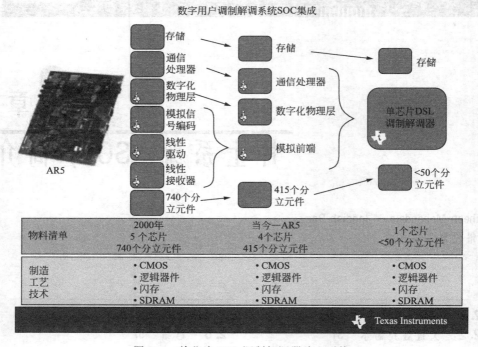

图 2.1　单芯片 DSL 调制解调器片上系统

从最初的 5 个芯片、内存和其他分立元件组成的系统，到下一代 DSL 解决方案集成了模拟编解码器、线路驱动器和输入到一个模拟前端（AFE）的线路接受器，使一体化向前迈进了一大步，将通信处理器、数字化物理层以及模拟前端全部集成到基于 SOC 的单芯片数字处理器（DSP）调制解调器。这个旅程还在继续，随着 SOC 不断发展，系统本身也在不断发展。DSL 系统也需要提供语音和视频处理能力，那将推动 SOC 集成的下一代技术。展望未来，该系统将演变成一个"三网合一（数据、语音和视频）住宅网关"，而且将推动 SOC 把无线局域网（IEEE 802.11）元器件和 DSL 调制解调器、语音和视频处理引擎集成在一起。

SOC 重要的目标对象是那些由互联网时代驱动并反过来驱动互联网时代的应用。这些应用可被认为是通信（包括无线和宽带有线）和消费者（数字多媒体内容）的融合，其中还包括驱动与汽车驾驶空间融合的远程信息处理技术。图 2.2 显示了这些应用范围。

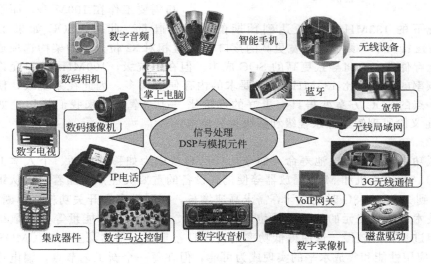

图 2.2　互联网时代的 SOC 应用

在所有这些应用中，信号处理是一个关键的常规功能，而 DSP 和模拟电路则为这些 SOC 芯片的关键组成部分。在这一章中，我们将集中讨论这些采用 CMOS 技术的 SOC 应用。

本章的其余部分组织如下：首先讨论客户的要求（成本、低功耗、性能、外形等），并重点讨论 SOC 如何通过集成特殊应用的知识产权和嵌入式处理器内核满足这些需求，我们将通过一些 SOC 具体例子来说明；然后，我们将展现多维优化问题的 SOC 设计，并讨论如何使用并行工程（软-硬件协同设计、芯片-封装协同设计……）解决它。虽说 CMOS 工艺尺度的缩小实现了更高的集成水平，但其同时构成了实现 SOC 的独特挑战。我们将重点介绍这些影响，并通过讨论最佳系统划分的趋势来给出结论，从而与各种 SIP 和 SOP 联系起来。

2.2　关键客户需求

在我们深入讨论 SOC 的架构和发展过程的细节之前，理解各种 SOC 芯片怎样在各种应用中满足关键客户需求（图2.3）是很重要的。这些包括如下。

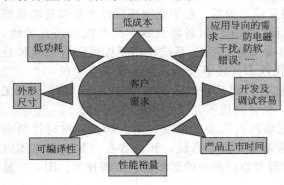

图 2.3　客户需求

（1）成本

尽管用户很明显关心低成本，但不得不注意到成本不仅仅与SOC芯片成本相关，而且与整个系统的材料成本紧密联系。例如，考虑一个系统处理如视频和图像处理这种数据密集型的应用时的两种情况，其中这个系统是由一个SOC芯片和大量片外存储器搭建而成。第一种情况，该SOC的外部存储器接口需要工作在100MHz，而不是其他情况下的133MHz，以便达到预期的系统吞吐量。此时，SOC如果工作在100MHz接口下，则需要带宽更高的接口（64位相对32位）的微架构选项或更高的片上存储器，它将导致更高的SOC成本。但在系统级，100MHz接口允许使用更低频率的内存，比133MHz接口要求的内存便宜得多。因此在系统级，使用稍微贵一点的SOC方案变得具有更好的性价比。这一章接下来我们将讨论如何在SOC定义阶段理解这种系统级和板级封装技术。

（2）功耗

低功率意味着长电池寿命，如今功耗已日益成为如移动电话、个人掌上电脑（PDA）、数码相机和MP3播放器等便携式设备的重要关注点。随着手机从第二代（2G）到2.5G与3G时代，计算需求高速增长，同时动态和开关功耗也不断增长。电池技术在单位美元的能量、单位重量的能量、单位体积的能量等方面取得了进展，但进步相对较慢。这使得低功率的需求日益重要。虽然深亚微米CMOS技术使3G应用性能和集成水平的实现成为可能，但在每一个新工艺节点，漏电也在显著地增长。这会影响移动应用的一个重要的考虑因素：手机的待机时间，所以，SOC设计人员需要采用积极的电源管理技术来降低漏电功耗。

"待机模式"的功耗也是汽车应用的一个重要需求，即使汽车熄火了，系统的小元器件也需要继续运行。

在无线基站、DSL中心局和电缆调制解调器终端系统（CMTS）等基础设施设备中，系统采用SOC阵列来支持成千上万的通信通道。对这些应用来说，每通道功耗是一个重要的度量标准。虽然性能是这些基础设施设备的关键优化变量，但需要在提高性能的同时考虑功耗限制。

（3）尺寸因素

尺寸因素是如手机、MP3播放器和PDA等手持便携式设备的另一个重要考虑因素。这些应用需要系统电路采取尽可能小的电路板。这不仅推动SOC集成技术不断发展，减少了板上器件数量；也推动了突破性封装技术（如晶圆级封装）的发展，可使得SOC上的芯片面积最小化。这些应用和其他应用要求对厚度有所限制，就如同那些要求PCMCIA（个人计算机存储卡国际协会）尺寸因素的应用一样。

在基础设施的应用中，系统使用单板或多板上多个 SOC 阵列搭建成阵列架，尺寸又是一个重要因素，因为它决定了每平方英寸板面积支持的通道数。

（4）可编程性和性能裕量

在相同设备实现不同功能的应用中（例如，多功能设备作为打印机-扫描仪-复印机-传真机操作），可编程性使相同的硬件可以有效地执行这些不同功能。不同应用要求的可编程性需要满足不同标准。例如在视频领域，除了 MPEG2、MPEG4、H.263 标准外，有的应用还使用专有标准。对于标准不断变化的应用场合，可编程性很有价值，因为通过软件升级可以优先支持标准。可编程性在系统的基本功能上还允许用户有定制、细分和增值能力。因此，定制要求相应的性能提升空间，以便能够提供额外的性能，同时还能满足基本功能的性能要求。虽然可编程性主要由嵌入到系统中的可编程处理器内核支持，但是使用现场可编程门阵列（FPGA）技术的硬件编程也是可行的。

（5）产品上市时间、易于开发、调试

在大多数市场，率先推出的系统拥有较高的市场份额和更高的利润。这意味着，硬件应足够健全，以便迅速批量生产，并应提供必要的钩子程序，以便能够进行快速调试。大多数客户也期望硬件和一个参考设计、低层次的软件驱动程序、算法内核捆绑起来，这样可以大大缩短开发周期。

（6）特定的应用需求

除了上述的适用于大多数应用程序的要求外，一些特定领域还有特定的要求。

① 电磁干扰（EMI）是有关汽车市场以及移动手机的关键问题。这些应用要求设备的辐射应低于指定的限度，典型辐射的频带受到严格限制。

② 软错误是在设备操作时引起的瞬时缺陷。软错误最常见的形式是内存位的运转。此错误的严重性取决于被影响的内存是否包含程序或数据。在使用大量的内存并有严格鲁棒性要求的应用程序中，软错误率（误码率）需要通过提供在线误码检测和纠正机制来管理。

③ 开发无铅器件的需求主要是由环境因素所推动，并日益成为市场的强制要求，尤其是在欧洲和日本市场。这推动了含铅焊料封装工艺的改进，它们的工艺温度比无铅焊料低。

④ 汽车应用要求系统的每百万缺陷数（DPPM）接近零。随着晶体管数量和性能方面的增加，系统复杂性在不断上升，实现零 DPPM 越来越具有挑战性。

⑤ 对于关键任务应用和严格要求停机时间的基础设施类的应用，容错是一个重要的要求。容错指设备正在运行时检测错误（瞬时或永久）发生的能力和错误发生后继续正确运行的能力。通常在 SOC 或系统级中提供冗余可解决容错需求。

2.3　SOC 架构

图 2.4 显示了一个通用 SOC 架构的关键组成部分。其中包括带有相关数据和程序存储器的嵌入式处理器内核、专用硬件加速器和协处理器、客户特定 IP、行业标准接口、外部存储器控制器、模拟或 RF IP。

SOC 主要通过以下途径解决客户要求。

图 2.4　SOC 架构

（1）集成水平

由于 SOC 把多个芯片集成在一个器件上，单一器件的成本通常低于多个芯片的成本。由于减少了主板上的器件数量，系统实现更简单（减少市场投放时间），也使更小的尺寸成为可能。主板上多片系统里的片外互连被 SOC 芯片内的片内互连取代。这将显著降低开关电容，减小功耗，因为片外互连延迟明显高于片内互连；同时，这可以改善系统性能。

图 2.1 所示的单芯片 DSL 调制解调器是一个通过提高集成水平以降低成本和缩短系统开发周期的很好例子。

无线手机电子多年来的发展伴随着 SOC 的演变。每一代主板上有更多的芯片被集成到单一的器件中。前一代采用四芯片方案，目前采用单芯片解决方案，包括：①数字基带和应用处理；②一个数字 RF；③一个模拟基带和电源管理；④一个集成着嵌入式或堆叠式非易失内存的静态随机存取存储器（SRAM）。这种集成降低了成本、功耗和尺寸，满足了市场的迫切要求。这种无线手机的 SOC 演化将随着更多功能不断集成而继续进行，这些功能包括如数码相机、无线局域网（WLAN）和全球定位系统（GPS）连接功能，以及数字电视。图 2.5 显示了通信融合、连接，以及手持设备应用。不断发展的集成水平，使这些设备的单芯片解决方案变得可行。

（2）特定应用 IP

SOC 是针对一个特定的应用领域，采用该技术搭建和集成 IP 模块，可有效地实现性能、功耗和芯片尺寸等特定领域功能。这些特定的 IP 模块包括硬件加速器和协处理器，能实现重要但又标准化的功能。例如 Viterbi 与 Turbo 协处理器，它们显著帮助提高每台在无线基础设施空间设备的通道数。在视频领域，一个运动评估加速器可以在最佳的功耗和裸片尺寸条件下满足每秒帧的性能要求。在数码相机领域，当改善拍照延迟和图片分辨率等性能参数时，图像处理管道作为专用的硬件加速器可以保证低功耗。特定应用的 IP 还包括符合 BT656 标准视频端口的特定应用接口，可以无缝连接视频编码器-解码器，以及音频数字-模拟转换器（DAC）多

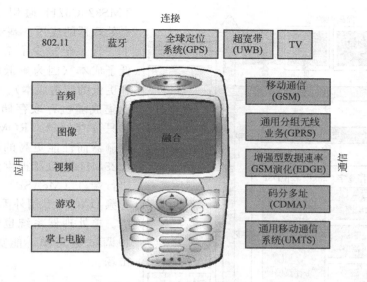

图 2.5 手机里的功能集合

通道音频串行端口。

以下将讨论一种高性能的音频系统。图 2.6 显示了一个基于德州仪器

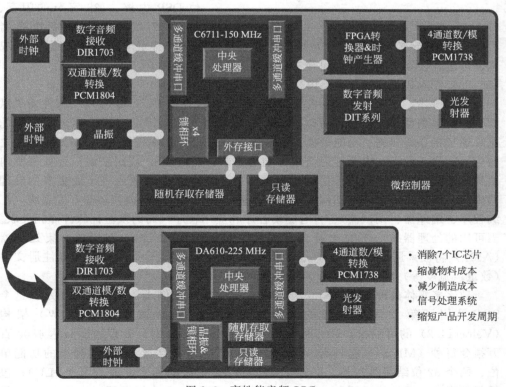

图 2.6 高性能音频 SOC

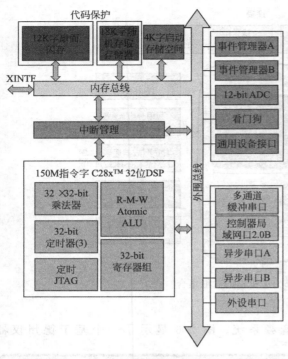

图 2.7　数字控制 SOC

TMS320C6711 通用 150MHz 浮点处理器的应用。基于 DA610 的下一代系统减少了 7 个器件，降低了成本（因为更低的材料成本和更低的制造成本）。这是通过片上集成随机存取存储器（RAM）和只读存储器（ROM）、无需微控制器而性能更高的浮点处理器（225MHz）以及提供多声道音频串行端口（McASP）与无缝接口音频 DAC 等专用外围设备来实现的。单处理器系统也使软件开发和调试更简单，能更快地进入市场。

图 2.7 显示了采用的 SOC TMS320F2812，这是针对嵌入式控制市场而开发的。它集成了专门为控制型应用设计的高性能 32 位 DSP 内核、128 字节的闪存、一个 12 位模拟至数字转换器（ADC）和特定控制外设。这是另一种通过集成水平和特定应用 IP 以满足系统成本、可编程性和市场投放时间等主要客户需求的 SOC 例子。

（3）嵌入式可编程处理器内核

如前所述，嵌入式处理器内核可满足软件编程性的要求。由于可编程性需要以面积、功率和性能为代价，所以，处理器内核需要依据特定应用目标来定制和优化。通过指令集架构、功能单位、流水线和内存管理架构完成定制。对于控制为主的代码，代码大小和中断延迟需求推动着定制，而对 DSP 应用来说，计算密集内核的性能推动着优化发展。根据应用需求的不同，SOC 将嵌入一个或更多的处理器内核。周期时间需求推动预构建处理器内核的使用。这些内核还与开发系统（汇编程序、编译器、调试器）、含有驱动程序和应用程序代码的预验证软件库相关联。当可用的处理器核心不完全符合面积、功率和性能需求时，专用指令集处理器（ASIP）将被采用。这种 ASIP 通常允许定制应用程序指令、功能单位和注册文件（数量、宽度等）的基本架构。

数字多媒体处理器 TMS320DM642 就是个很好的例子，如图 2.8 所示。这个 SOC 采用了第二代高性能的先进的 VelociTI 超长指令字（VLIW）架构（VelociTI. 2）的可编程 DSP，时钟频率达到 600 MHz 时，处理速度高达 4800 百万指令每秒（MIPS）。它具有 64 个 32 位字长通用寄存器、8 高度独立的功能单位、两个 32 位结果乘法器、6 带 VelociTI. 2 扩展的算术逻辑单元（ALU）；包括新的指令，以加速视频和成像性能的提升。DM642 每个周期可以生产 4 个 16 位乘法累积（MACs），每秒总数达到 2400 百万 MAC（MMACS），或每一个周期 8 个 8 位 MAC，总计 4800 MMAC。

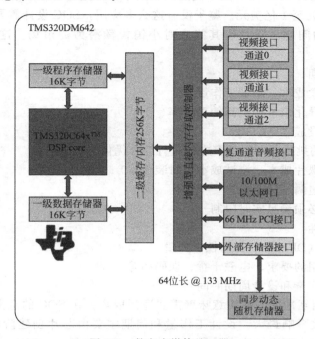

图 2.8 数字多媒体处理器

内存子系统（片上存储）包括 2 级缓存的架构。1 级程序高速缓存（L1P 高速）是 128kbit 的直接映射缓存，1 级数据高速缓存（L1D 高速）是 128kbit 2 路组相联高速缓存。2 级存储器/高速缓存（二级）包括 2 Mbit 由程序和数据空间共享的记忆体空间。L2 存储器可以配置为映射的内存、缓存或二者的结合。

该接口引擎由 3 个可配置的具有输出或输入的传输流能力的视频输入端口组成，实现与通用视频解码器和编码器设备的无缝连接。视频端口支持多种分辨率及视频标准（如 CCIR601、ITU-BT.656、BT.1120、SMPTE 125M、260M、274M 和 296M）。

该数字多媒体处理器的高性能可编程 DSP 内核为视频和成像应用进行优化，为满足各种视频处理算法的实时限制对内存子系统进行调整，如视频端口特定应用的外设。这可使其成为业界领先的 SOC，可应用于视频 IP 电话、监控数字录像机和视频点播机顶盒等高性能数字媒体。

2.4 SOC 设计挑战

SOC 单芯片上集成了系统的多个芯片，针对特定的应用领域。虽然 SOC 更好地满足应用需求（在成本、功率、外形以及其他因素方面），但它的搭建涉及大量投资，所以 SOC 设计过程面临重要的挑战——商业化。

在先进的 CMOS 工艺中构建复杂的 SOC 通常需要超过 1000 万美元的开发成

本，从开始设计到准备生产的周期超过 18 个月。假设毛利率（GPM）为 40%，SOC 的收入要超过 2500 万美元才能达到收支平衡；这等价于现有的目标市场需要超过 7500 万美元至 1 亿美元。鉴于没有这么多应用，SOC 设计需要解决加快、最大化投资回报的问题，同时使其能应对小销售额潜力的市场。这意味着要重点考虑：

- 缩短周期
- 降低开发成本（降低工作量）
- 提供差异化来掌握更高的毛利率
- 降低建设成本（COB）

SOC 设计的挑战是对以下多方面进行综合优化：

- 成本（裸片成本、测试成本、封装成本）
- 功耗（泄漏、动态）
- 性能（必须满足实时限制）
- 可测试性
- 零缺陷（DPPM）、可靠性、产量
- 特定应用的要求、电磁干扰、误码率等
- 设计工作量和设计周期时间

这些要求相互冲突的性质意味着需要适当取舍。在 SOC 的定义阶段所采取的决定对优化参数影响最大。设计工作量和周期主要由芯片创建阶段决定。因此，SOC 设计的挑战主要通过两个阶段来解决：在第一阶段——SOC 定义，做出微架构级别的决定以满足如晶圆尺寸、功耗和性能的关键产品参数目标。在第二阶段——SOC 创建，采用基于平台的设计方法以减少设计工作量和周期。在下面的部分，我们将强调在这两个阶段的 SOC 设计挑战。

2.4.1　SOC 设计阶段 1——SOC 定义与挑战

如前所述，成本、功耗、性能和尺寸的客户要求，不仅仅适用于单个芯片，也适用于整个系统。因此 SOC 定义阶段需要理解 SOC 微架构的决策对系统级的影响。在大多数情况下 SOC 和系统是同时开发的，从而构成并行工程的挑战。这些挑战如果处理好，则可以推动系统的最优定义。图 2.9 显示了多并行工程的挑战。

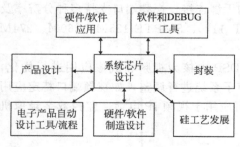

图 2.9　并行工程

对于大多数 DSP 应用，实时性能是一个关键的系统要求。该系统的性能通常取决于 SOC 的微架构以及嵌入式处理器上运行的软件。因此 SOC 定义阶段的工作包括与软件应用团队的密切合作，制定代码框架，确认性能瓶颈，驱动相应的硬件—软件分割的决策。

SOC 系统嵌入式处理器上运行的软件数量多年来不断增加。对于用户友好的应用，其开发环境的关键性也随之上升。因此，SOC 需要在硬件提供适当挂钩以便调试软件。调试架构是一个 SOC 的微架构的重要组成部分，结合开发 SOC 应用开发环境的团队定义它是最好的。

市场投放时间是大多数客户的重要关注点，尤其是在消费电子领域。搭建功能性的硅片并不足够，它需要紧接着大批量生产设计功能的产品。SOC 设计团队从 SOC 的定义阶段开始与产品工程小组密切合作，在 SOC 的微架构建立适当的钩子，提供必要的信息以便及时准备好硅片测试程序，以便迅速投入大批量生产。

电子设计自动化（EDA）非常重要，有助于实现有竞争力的周期时间。由于每一代的设计复杂性不断地显著上升，在许多情况下，自动化设计流程和方法在芯片创建进程中同时搭建。从设计周期的角度来看，在芯片创建进程之前准备好所有 IP 是值得的；但是在许多情况下，IP 是与芯片同时开发的，这有助于缩短整个周期，同时使得芯片制造团队与 IP 团队密切合作变得极其重要，以确保 IP 的开发满足芯片要求。

在积极采用新工艺技术的 SOC 中，芯片设计甚至在生产前就完全限定了，晶体管和互连特性也十分稳定。因此，设计团队需要和硅技术开发团队密切合作，以迅速适应工艺的变化。这也可以用并行工程的杠杆来调整生产工艺，以满足 SOC 对泄漏功率、性能等关键要求。封装是 SOC 成本、性能、功耗、尺寸的关键因素，SOC 设计与封装设计的协同设计日益重要。

在下面的部分，我们将更详细地讨论两个并行工程挑战的例子。

（1）软硬件协同设计——内存子系统定义

内存子系统大大影响着 SOC 的性能、芯片大小与功耗，是 SOC 的重要组成部分。图 2.10 显示了一个通用的内存子系统，它有两个层级。

对于目标是一系列应用的 SOC，内存子系统的设计主要目的是在最小化裸片尺寸和功耗时满足性能要求。考虑到内存子系统的逻辑和物理架构相关的大量可选项，这是一个重要的任务。基于图 2.10 我们列出了一些选项。

① 记忆体类型：在 L1 和 L2 两级有 SRAM、ROM、闪存、嵌入式 DRAM（eDRAM）和铁电 DRAM（FEDRAM）。如何选择取决于具体的应用需求、给定技术节点的可用性、性能和成本。

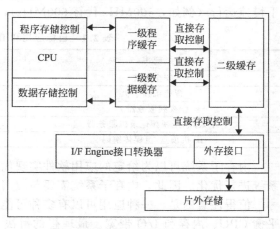

图 2.10　内存子系统

② 对于 L1 和 L2：

- 大小（kbit）
- 统一的（程序和数据）、单纯程序、纯数据、组合
- 物理块数、模块大小
- 密集（但更慢）或更快（但更大）的内存选择

- 单口、双端口或多端口存储器
- 决定物理模块性能和长宽比的 MUX 因子
- 缓存、映射、组合
- 缓存情况、缓存类型、行列大小等
- 中央处理单元（CPU）相关的时钟速度和每个物理块会改变的等待状态数

③ 对于外部存储器接口（EMIF）：

- 互通存储器的类型
- 片外存储器物理块的尺寸和数量
- EMIF 接口的宽度（16，32 或 64 位）
- 时钟频率

由于性能和吞吐量必须满足一个应用的环境，内存子系统的设计需要与应用团队紧密合作。虽然可以有多种可行的解决方案，一个最佳的解决办法是均衡设计 CPU、内存和 I/O 的带宽，使它们中间没有瓶颈。这就需要建立一个指令集架构、内存子系统、直接内存访问（DMA）、外部存储器接口和片外存储器的模型（软件仿真器）。虽然设计期望模型循环准确，但这与更快软件仿真的要求相冲突。后者允许在适当的循环周期完成性能分析。设计、应用和软件开发工具团队必须紧密合作来做出正确的权衡，为不同系统组件采用合适的抽象层级。

如果 SOC 的目标是基于不同核心算法的应用，达到最佳内存子系统设计将来会迎来更大的挑战。表 2.1 显示了 DM642 数字媒体处理器的不同应用和针对每个应用的关键算法。不同应用的 CPU、内存和 I/O 带宽要求也不同。内存子系统是由性能要求最严格的应用决定。当启用其他应用时，CPU 可以在较低的电源电压下慢速运行（例如，500MHz 代替 600MHz），从而降低功耗。

表 2.1　目标应用和 DM642 算法

应用	算法
安全系统	4 * GIF 移动图像编码/解码
智能视频手机	H.263 编码
视频服务器	多频道移动图像编码/流媒体解码
个人/家用视频记录机服务器	移动图像编码/解码
IP 机顶盒/流媒体解码	流媒体解码

内存子系统可以为给定的应用软件实现优化，反之，软件也可为给定的内存子系统进行优化。因此，内存子系统需要与应用开发同时设计。

值得注意的是，一种应用可以有多种可能的解决方案，以满足性能要求，同时平衡 CPU、内存和 I/O 带宽。最理想的解决方案是由成本和功耗决定的。例如，一个较小的 L1P 可减少芯片尺寸；然而，由于越来越多的高速缓存错误，它可能需要 CPU 更高的时钟运行速度，这就要求芯片在一个较高的电压下运行，导致功耗的增加。在视频处理时，数据很密集，二级缓存的大小可以影响外部存储器接口的带宽要求；较小的二级缓存意味着芯片成本的降低，但会增加外部存储器接口时钟频率，导致系统级的成本增长，因为，例如频率从 100MHz 增加到 133MHz 时，片外存储器就需要在更高的数据速率下运行，从而增加成本。通常来说，对于相同应用吞吐量，不同的二级缓存大小可以导致外部存储器接口带宽的范围从 100MHz32 位到 133MHz64 位。由于 64 位 I/O 开关导致噪声增加（封装影响）和更高功耗，对内存子系统的决定必须折中考虑成本和功耗。

（2）芯片-封装协同设计

由于封装是 SOC 成本、功耗和性能的一个重要因素，在这一节中我们讨论以优化系统为目标的芯片-封装协同设计。芯片的性能（MHz）依赖于电阻下降，电阻下降反过来又取决于封装。倒装芯片封装比引线键合封装提供了更低的电压降，因此提供了更好的性能。

倒装芯片封装明显比引线键合封装昂贵（图 2.11）。但是，通过使用低成本倒装芯片封装，有可能把总成本控制在一定范围。倒装芯片封装成本由驱动层数、标准基板和允许微通孔的组合基板（图 2.12）、基板尺寸、凸点间距以及其他因素决定。封装选择从输出引脚的角度看是封装成本（基板尺寸）、尺寸因素和板级成本的折中。虽然更小的球距转化为更小的封装尺寸，但是，焊球间距下限通常受板级工艺和可靠性的要求所限制。更小的焊球间距和更多的焊球行数可以帮助减少封装尺寸，但是，它们会使板级布线困难，某些情况下还会迫使电路板层数增加，从系统成本的角度看这不是一个好的折中方式。

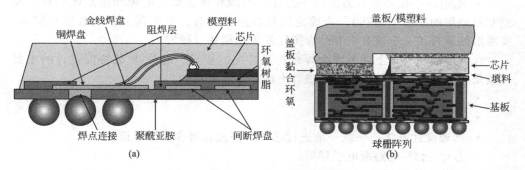

图 2.11　（a）金属键合球栅阵列（BGA）和（b）倒装芯片 BGA 封装

封装设计的关键步骤之一是引脚定义，需要考虑以下情况。

• 电路板布局的考虑决定引脚分配（位置，排序），从而简化布线和得到更短的线长和更少的层数（低系统成本）。

• 引脚分配需要满足现有设备的兼容性要求。

• 引脚分配决定芯片级的金属凸点分配。对于低成本基板，信号凸点被限制在外两行并且信号均匀分布在四个方向以便简化布线。

• 芯片平面设计决定 I/O，进而决定引脚分配。平面设计要考虑快速开关 I/O 相关的时钟和锁相环输入的位置，以及如何减轻芯片级布线拥塞程度。

• 凸点间距和每个方向的信号数量转化为芯片尺寸的下限。当芯片凸点数受限制时，可以通过减少 I/O 数量（尽可能引脚复用、丢弃或减少接口）或增加内核尺寸（添加功能，增加二级缓存大小等）来解决瓶颈。

• 如果芯片的功耗超过了封装散热能力，则可采用如中心添加热球等技术。但是这些球将占用用来放置去耦电容以减少电源噪声的电路板空间。

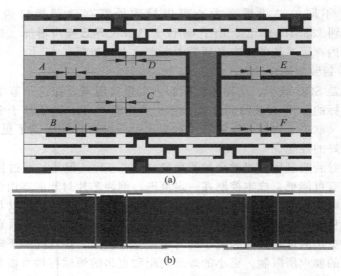

(a)

(b)

图 2.12 （a）建设多层（6～12 层）基板和（b）低成本印刷电路板为基础的（2～4 层）基板

• 电阻最小化要求合适的以下连接：电源和地引脚，电源和接地区凸点以及到基板地层的连接（通孔）。当确定区域凸点位置时，要求其下禁止放置存储器，要考虑能够再用一个带有自有凸点图样的大型模块（硬宏）。

在许多情况下，上述考虑会导致相互冲突的要求。芯片-封装协同设计的主要挑战是正确地权衡利弊。该协同设计方法需要以下功能：

• 芯片尺寸估计
• 功率估计
• 物理设计方法——统一地进行芯片、基板和潜在的板级设计
• 芯片-封装-电路板电学建模
• 封装散热建模
• 推动适当折中的成本模型

SOC 定义阶段对面积、功率和性能参数影响最大，而 SOC 设计阶段的目标则是实现给定的 SOC 微处理器架构技术的权利最大化。设计阶段，不仅对周期时间和工作量影响最大，并且在保证鲁棒性和百万分之几的失效率的同时解决可靠性和可测性方面的问题。

2.4.2 SOC 设计阶段 2——SOC 创建过程与挑战

在这一节，我们将讨论在 SOC 设计中芯片创造阶段面临的挑战以及阐述应对这些挑战的方法。首先，我们先描述整体的 SOC 设计方法，特别是硬件、软件协同设计方面。然后，我们专注于 SOC 的各个组成部分。SOC 的创建过程从芯片集成、验证和可测试性设计的考虑开始。虽然技术进步使更高水平的集成变得可行，但它给每一代设计带来了独特的挑战。因此，我们将阐述技术进步的影响，并讨论一种管理日益复杂的芯片创建的机制概念。然后，我们将提出 SOC 创建过程中物理设计阶段的挑战，包括设计规划和设计结束。我们最后讨论在单片集成带有复杂

数字逻辑的模拟模块的挑战（特别是噪声）。

（1）SOC 的软-硬件协同设计与架构级别划分

由于 SOC 是使用一个或更多的嵌入式处理器建立的，软-硬件协同设计和验证是开发一个最佳的整体解决方案的重要组成部分。图 2.13 显示了协同设计的流程，从软-硬件划分开始，对硬件和软件组件的创造，最终为系统级集成和验证。

几个现代的应用，特别是如汽车、通信、消费电子的嵌入式应用，同时涉及软件和硬件组件。软件一般影响功能和灵活性，而硬件提供性能。传统上，都是依次、孤立开发软件和硬件。这导致整个系统不兼容，而且在许多情况下并未实现最理想的系统架构。导致的重复和返工直接影响了市场投放时间。为了解决复杂 SOC 设计中不断产生的问题，以及满足基于处理器设计的可扩展性和可配置性的需要，电子系统级（ESL）的方法正变得非常普遍。图 2.13 描述了一个典型的系统级设计，以及涉及的组件和数据流。

该系统级设计流程通常从在各种要求下搭建的系统的描述开始，这些要求由用户的使用环境决定，然后转换为在行为层次捕捉系统的功能方面。下一步是定义系统架构，主要涉及讨论所需的硬件平台和系统划分为硬件和软件组件。这是一个非常关键的系统设计阶段，要在例如性能、成本和功率的限制环境下完成。在这个阶段正确的折中是解决整体 SOC 设计要求和满足客户产品规格所绝对必需的。硬件的要求然后转化为 SOC 设计架构的详述，那通常是由如 VHDL 或 Verilog 的硬件描述语言（HDL）描述的。该描述的正确性通过用于验证应用硬件功能的模拟工具来验证。该硬件的 HDL 描述然后合成为一个目标技术库，紧接着在掩膜层完成设计的物理实现。在硬件设计流程的每一个阶段，使用功能对等检查工具来确保功能不被下游逻辑、物理综合和实现工具改变。软件组件通常使用例如 C/C＋＋甚至汇编等编程语言编写，然后仿真验证正确性。获得硬件和软件两个部件保证整个系统正确性的关键是硬件和软件协同仿真。这通常是使用硬件加速系统或电路仿真进行的，以便共同核实硬件和嵌入式软件。

（2）SOC 集成

如前所述，就像 CMOS 工艺尺寸在过去 20 年推动了 PC 时代，数字和模拟/RF 功能大规模在 SOC 上集成将推动互联网时代前进。如果我们把前面所述的技术尺度问题和 SOC 集成挑战的高度复杂性结合起来，这将构成一个巨大的挑战。

SOC 设计的最关键因素之一是预先开发的叫做知识产权（IP）功能模块的集成。这些 IP 模块可以为设计师构建不同应用的 SOC 设计提供巨大的差异化，并有助于显著减少开发周期。然而，在试图整合多个 IP 时，SOC 设计人员正面临着理解这些预定义功能 IP 的巨大挑战，同时，他们还需要应对使这些 IP 与 SOC 其他部分通信的问题，最后验证这个系统。使问题复杂的是知识产权的开发者和 SOC 设计者分布在世界各地。这很多时候抵消了重复使用 IP 模块以减少开发周期的优势。如今业内已采取几项举措来解决这个 IP 重用的主要问题。这样一个称为虚拟插座接口联盟（VSIA）的行业协会于 1996 年 9 月成立，［这个协会也称为虚拟组

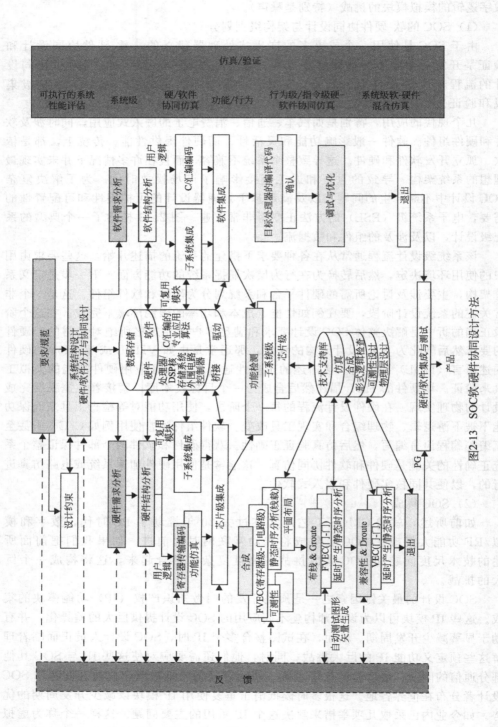

图2-13　SOC软-硬件协同设计方法

件（VC）] 以把 IP 开发者和 SOC 研发团队联合起来为设计和可重用 IP 的集成定义标准。几个 IP 为中心的总线定义和互连策略已被建议，以便对于 SOC 设计者来说 IP 重用尽可能无缝化。一个虚拟组件质量一览表也已被这个协会创建，用来量化这些组件重用的"准备情况"。这集中从开发者的角度和集成合并的角度，用尽可能多的最佳做法来评价一个 IP。另一个在 2004 年设计自动化大会发起的协会，其为封装、集成和使用工具流（SPIRIT）复用 IP 的机构，涉及实现自动 IP 集成和多工具集 IP 可操作性的寄存器传输级（RTL）封装。这包括系统级设计、验证以及模拟和综合的工具。IP 内核或模块可以集成在 SOC 的三个变种上：

- 硬　这些 IP 核是在一个特定的工艺节点由物理设计完成并优化的。因此，尽管这些模块可以在速度、功率和面积方面有差异性，但纵览整个技术节点和 SOC 设计，它们是最不灵活和最难移植的，如果它们的大小和长宽比等物理属性不能改变的话。

- 软　这些 IP 核作为 IP 的寄存器传输级代表被重用，使用必要的综合约束和测试台在 SOC 环境下实施并验证这些 IP 核。相对于硬核，这些 IP 组件在 SOC 设计阶段具有最大的灵活性和可移植性，并且服从与 SOC 最佳功率-速度-面积参数的物理优化。

- 固定　这种类型的 IP 复用结合了上述两个复用方案的最佳优势，这些 IP 在工序节点为功耗-速度-面积优化。然而，鉴于物理布局未确定，这些 IP 可配置为多种"使用"情况。

从这些 IP 重用的变化可以明显看出，考虑市场投放时间、性能要求和可移植性的正确 SOC 折中需要在决定复用策略中做出。

一个为 SOC 设计的知识产权复用领域的重要发展，是基于平台的设计概念。它带来的优点和挑战引起了重大的辩论和分析。基于平台的 SOC 设计需要一些基础，如果你有一个架构，一组预定义构造模块，包括一个处理器或 DSP、标准总线、内存控制器和软件工具，这将很容易针对应用程序部分快速生成几个衍生芯片。不用说，这满足了一些市场部门快速 SOC 开发和市场投放时间的需求。例如，手机和汽车制造商可以很容易地部署一个基于平台的发展模式，迅速将他们不断增长的变化模型推向市场，而不必从头开始设计每个芯片。系统级的工作方法直接有利于在 SOC 设计过程中促进架构级分析和权衡，让人们知道应该从系统层次的角度来看待 SOC 设计与验证。基于平台的 SOC 开发的关键好处是降低了风险。由于 90nm 或 45nm 工艺节点的掩膜成本巨大，任何错误设计都会造成代价高昂的返工，导致产品投向市场的时间延迟 6 个多月。在 SOC 设计送去制造之前，客户就能够在系统上模拟应用程序代码，这就是 SOC 软件共同开发模式带来的好处。基于平台的方案允许在制造硅之前准备好软件，进行软硬件并行设计，这也减少软件的开发周期。表 2.2 举例说明基于平台的 90nm 设计如何有助于减少一些 SOC 的开发成本、缩短产品上市时间。从某种意义上说，基于平台的"重用"已经应用到硬件-软件级别，不再局限于一个 IP 的水平。平台方案的一个主要缺点是无论是提供一个平台所需的人力-时间投入还是其复杂性，都需要较大的前期投资。这意味着需要有大量精心的早期规划和分析，特别是在架构级。所有的硬件和软件平台的组件需要预验证一直到硅，这增加了前期的成本。我们将更多地描述这些挑战和关注，设计的抽象层次将在下一节进行讨论。

表 2.2 基于平台的 SOC 设计的优势

项目	半导体工艺时间	开发成本	物料成本缩减	转折点数量	产品上市时间
基于 90nm 的 SOC 纳米平台	2～3 年	$1000 万	$40	250000	3 年
基于内核、平台的 SOC	6～9 月	$400 万	$40	100000	1 年

资料来源：东芝美国电子元件公司。

为了确定平台属性、提供平台分类的定义，VSIA 协会基于平台的设计开发小组已经开展了一段时间的工作。目前所出现的两个主要类型是"应用驱动"和"技术驱动"平台，如图 2.14 所示。在应用驱动方案下，不同架构级家族由一定的应用领域和创建的产品线族来定义。预验证的硬件和软件 IP 模块可通过自上而下的工艺实例化。在单个芯片上集成、建立特定应用的衍生产品。这个工序独立于用于建立这种系统的工艺技术。相反，一个技术驱动的平台是自下而上建立，其旨在扩展功能、性能，或者往后续的技术迁移设计，不论应用需求如何。

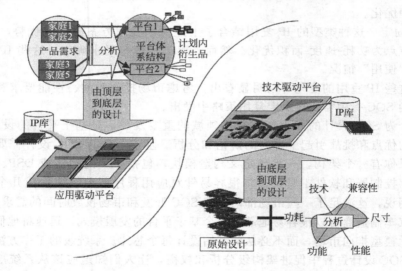

图 2.14 主要平台类型

（3）SOC 验证

SOC 功能验证由两个部分组成：首先，验证实施是否符合规格；其次，验证该规格满足系统功能的真正目的。由于系统功能是由 SOC 中的嵌入式处理器运行软件来实现，所以，硬-软件协同验证非常重要。软件实现了系统的部分方案，此外，还需要提供软件开发环境以便客户和用户开发、整合一些分化的、增值的软件。因此，必须验证软件要求的合适的硬件钩子（例如调试）能够按要求运行。图 2.15 展示了带有嵌入式处理器的 SOC 软件环境，其包括运行于 SOC 的软件组件，也包括基于 PC 的主机端用来应用开发的软件。SOC 验证需要确保这两个软件组件与 SOC 的硬件连接和交互，以便提供所需的系统功能。

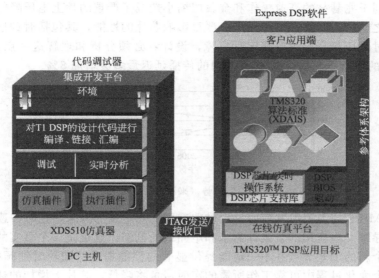

图 2.15 软硬件协同验证

（4）测试设计

鉴于 SOC 技术路线图是朝着更小的硅特征尺寸迅速发展，涉及如铜和低 K 介质的互连材料的新物理处理方法，复杂 IP 和各种来源的内存的集成和重用，确保硅的质量和可靠性变得越来越重要。同时为了减少整个 SOC 的成本，测定质量水平的成本也需要降下来。正确的矢量集产生和应用很重要，不仅可确保制造缺陷检测的简易度，而且减少了整个测试时间。集成功能或逻辑，使上述变得可行的过程被称为"可测试性设计"。内建自我测试（BIST）的存储器技术已被使用，越来越多的设计师也采用内建自我测试技术测试逻辑，以较低的成本实现较高的质量。

（5）技术尺寸缩小

每一代工艺技术尺寸约线性收缩 70%。与上一代技术节点相比，新一代技术可在一半芯片面积上实现逻辑功能，降低了成本。

虽然每一个先进的工艺技术节点提供了 70% 的线性缩小，键合焊盘间距（对引线键合封装）和凸点间距（倒装芯片封装）并没有相应地缩小。此外，输入输出和模拟组件没有标准逻辑器件缩小的多。在评估搬迁到一个新技术节点的成本效益时，需要考虑这些因素。

每一个新的工艺节点增加了光刻成本，提高了生产周期时间。晶圆制造成本取决于诸如采购光刻机和扫描仪的资产成本、工艺材料和制造设施成本等因素。晶圆产量也影响了生产成本，产量直接依赖于印在晶圆上"步骤"的大小和数目。通常，一套 130nm 掩膜设备花费大约 75 万美元，而 90nm 掩膜设备的成本超过 100 万美元。

如图 2.16 所示，工艺缩小导致了更精细的几何尺寸，这反过来又导致了导线和通孔电阻的增加。当前的技术节点支持的金属层数还增加了交叉耦合电容对地电容的比例。更低的器件阈值，造成更低的噪声裕量。此外，由于 SOC 芯片尺寸巨大，运行到千兆赫兹的高速操作和金属层缩小造成了严重的片上电压降的问题。在电源和地之间分布网络上的电压降会严重影响芯片的性能，其包括时钟信号。电源网络上的过度压降会导致电路定时故障，设计者必须分析和理解这一点。据发现，在 180nm 的设计下电压降为 10%，门的传播延迟最多会增加 8%。

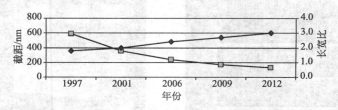

图 2.16   互连几何趋势（来源：ICCAD 2000 教程）

对于 MIPS 的渴望引发前面讨论过的应用不断增长的需求，把时钟速率推向越来越高，导致一些应用的新设计需求和电路级的创新。这也是一个事实的结果，即提升到一个新的工艺节点并不一定能提供显著的性能提升。随着时钟频率的增加，电路在整个变化过程中可靠工作所需的定时裕量将降低。芯片上增加的速度、加快的转换速率需要比以前的工艺节点更全面地去处理如串扰、接地反弹等问题。仿真和分析工具需要处理例如时间、信号完整性以及如电磁干扰（EMI）等问题。

漏电功耗继续主宰如 90nm、65nm 以及 45nm 新工艺节点，如图 2.17 所示。这主要是由于随着阈值电压（Vt）的下降、温度的升高和晶体管通道长度缩短，源极到漏极漏电流增加了。此外，在这些较新的工艺节点上，随着栅氧化层厚度的减少，栅极的电压必须降低，防止绝缘材料的电场变得过大。较低的 Vt 与栅氧化层厚度会按指数增加晶体管的漏电流。解决漏电问题的新设计技术已经诞生。该设计是将多种电源管理技术集成到 SOC。解决漏电功耗最常见的办法之一是大部分专用集成电路（ASIC）供应商在 130nm 以下提供的多 Vt 库的使用。除了库支持多 Vt 单元，设计工具还需要通过合理使用高阈值电压单元来处理优化技术以减少泄漏功率。通常，支持多 Vt 优化的单元库既有低阈值电压（但更高泄漏）的快速单元，也有更高阈值电压（因此更小泄漏组件）的低速单元。在设计过程中常用的一种减少泄漏功率的方法是在初始逻辑综合阶段配置快速单元；然后在电路路径的时钟优化阶段，在不影响时钟的情况下，切换使用低漏电（但性能较差）的单元。当进行这种功耗优化时，需要意识到芯片的面积（成本）、成品率对工序变化的敏感性。由于硅技术尺寸缩小，栅氧化层厚度也减小，导致氧化层成了非完美绝缘体，有泄漏电流通过它。这可以通过使用高介电常数氧化物克服，厚氧化层的结果便是泄漏电流减至最低。除了泄漏功率，芯片功率密度随之呈指数上升，看看奔腾芯片的例子：P-4 芯片有 46W/cm² 的功率密度，这是 Intel 486 的 7 倍。降低开关功耗的几种技术最近正被考虑。减少活动性、电容和电源电压都是众所周知的一些方法。例如时钟门控、功率门控、考虑功率物理设计的设计方法以及电压调整已被用于解决如无线手机、PDA 和个人多媒体播放器的敏感手持应用 SOC 功率效率问题。

由于工艺缩小趋势，需求越来越高的性能，越来越多的晶体管封装在一个单芯片上，控制功耗正在成为一个非常关键的问题。多种电源管理技术已被用于遏制这一问题，利用能够关闭在芯片操作时并不总是需要的功能模块的固有特点，如图 2.18。然而，另一个今天被大量采用的方法，特别是在微处理器领域，是多个 CPU 引擎，俗称"双核"架构，多 CPU 内核集成在同一硅芯片。这提供了更多的灵活性来管理和分配功耗，特别是作为减少工作电压和性能的一种选项。双核心处理器架构允许设备一次运行多个"线程"，因此，需要确定什

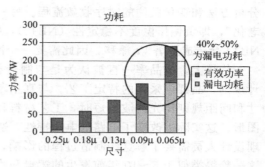

图 2.17　功耗趋势（来源：英特尔公司）

么是线程级并行。此外，在一个芯片集成多个 CPU 内核提高了电路的性能，由于信号没有传递到片外，与两个分立的芯片相比，能更有效地利用系统中的电路板空间。即使在数字信号处理器 SOC 世界，集成了一个微控制器的 RISC 数字信号处理器，例如 ARM 或 MIPS，也非常普遍，而 DSP 则可作为硬件加速器。

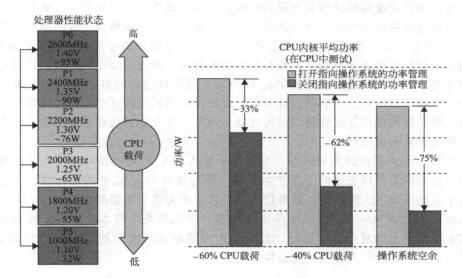

图 2.18　处理器"性能状态"

　　随着 90nm 以下工艺节点的到来，芯片片内变化正在成为一个需要解决的大问题，它把 SOC 的可制造性置于险境。如果芯片片内的变化及其影响没有正确地建模，将很可能出现很大的硅失效，导致掩膜返工造成成本增加。布局的一个关键线宽变化取决于导线段的宽度和相邻线的间距。这种变化被称为选择性工艺偏差（SPB）。电阻和电容（RC）提取引擎使用宽度和间距的两维表格来模拟这些线宽变化。设计专家现在讨论硅上发现的故障，归结于相邻层金属 RC 变化。鉴于最近的 SOC 设计可以支持 7～8 个金属层，使用传统的分析工具难以通过计算来了解这些影响。同时，传统的单一（通常最坏情况）角时序分析方法不再足以应付这些芯片上或芯片内变化。因此，人们已正在为 90nm 及以下的 SOC 设计研发统计时序

分析方法和变化关注的时序收敛流程。另一个日益威胁设备可靠性的问题是"芯片老化",即负偏压温度不稳定性(NBTI),特别容易发生在较低的工作电压。已知 NBTI 会造成显著 V_t 漂移,因此需要一个准确的方法来模拟这种影响。

　　传统上,成品率一直被认为是与制造相关的问题。SOC 的可制造性受限于设计规则、晶圆厂采用的特定工艺。与真正印于硅片的图形相对比,当设计的特征尺寸和间距规则比光的波长短时,工艺材料和光刻效果将大大改变版图设计者创建的图形。这实际上改变了电路的电气特性,造成可靠性和运行速度的问题。因此,物理设计人员需要了解这些制造过程的影响,并预先处理布局和分析过程中的影响。这一趋势类似于 5～10 年前发生的逻辑和物理的设计合并,这种合并是为了解决时序收敛问题。化学机械抛光(CMP)一直是制造过程中众所周知的一步工艺,它确保硅片表面平坦化,从而提高成品率。然而,这将导致金属层之间的电介质厚度和互连电阻发生变化,因此影响芯片成品率。这个问题可以通过使用虚拟金属条后处理版图来使芯片的金属密度平坦化。插入虚拟金属可以反过来影响到芯片上的关键信号时序,甚至导致现有信号产生额外的寄生耦合,可能导致功能性的问题。因此,版图设计者应理解这种在布局和布线阶段虚拟填充插入的影响,并确保时序分析考虑到这些额外的寄生效应的影响。这在行业今天开始被称为"成品率驱动的布局"。关注芯片成品率的另一个重要原因是增加的相邻金属互连的"通孔"结构。因为介电材料有很大的热膨胀系数和较差的附着力,所以,应用时热应力可同时影响铜互连以及今天工艺技术使用的低 K 材料。这可能会导致在通孔结构下面产生空隙,电路可靠性较差。版图设计者在物理设计时需要关注这些影响。通常可通过确保直线连接来优化互连线路以尽可能减少通孔,并在添加通孔的地方插入冗余过孔来提高设计的可靠性。

　　相对于令人振奋的发展机遇,支持这种复杂 SOC 创建的设计工程人才并没有增加,这是因为使用先进的工艺技术集成、搭建复杂 SOC 设备的可行性,以及上述几个问题都是巨大的挑战。这种巨大的设计生产力差距需要解决。

　　SOC 设计方法学在过去三十年不断演变,它试图跟上技术进步的步伐和亚微米工艺技术节点的复杂性。不过,设计生产力差距在继续增加,如图 2.19 所示,生产力的增长速度不足以应付复杂性的增长。

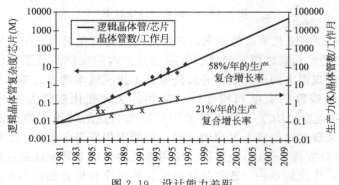

图 2.19　设计能力差距

（6）解决 SOC 创建设计复杂性

前面章节描述过的一个重要引擎是设计抽象，用于应付各种复杂 SOC 设计。在过去 20 年中，设计工程师从一个抽象层升级到另一个，试图理解不断增加的复杂组件与功能如何在单芯片上实现集成。

如图 2.20 中所述，每个抽象层对最终 SOC 的行为有至关重要的影响。虽然完成工作量和复杂性在设计抽象的更高层次明显减少，但在下一级能有效地创建和验证前确保每一级的功能正确性是非常重要的。这是如何通过分层设计方法处理复杂 SOC 设计的基本方面之一，这种方法将在后面介绍到。

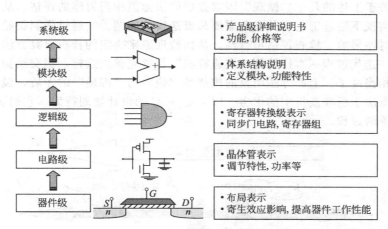

图 2.20　设计抽象层次

（7）SOC 挑战与深亚微米（DSM）技术挑战的矛盾

虽然我们已经看到，为什么复杂性使得 SOC 集成需要一个很好的分层抽象化设计，90nm 以下的亚微米工艺问题需要透彻理解所涉及的根本问题以及正确处理这些问题。在图 2.21 中，左侧框总结了 SOC 设计"宏观"的整套挑战，这里通过设计抽象化来强制性地管理和处理这些问题。另外，在右边的框中列出了被称为"微观"的 SOC 设计挑战的一整套 DSM 问题，为了满足设计目标，对这些影响的详细分析是必不可少的。从某种期望来说，这是一种分类矛盾，并导致通过发展出两个关键的 SOC 设计方法学以解决这一难题：

图 2.21　SOC 与技术挑战

a. 设计规划。早期的 SOC 规划技术和程序，这样适当水平的折中是可以理解的，并采取适当的决定。

b. 设计收敛。实现与优化技术，在 DSM 影响存在的情况下满足 SOC 的性能、面积和功率需求。

① 设计规划　设计规划是 SOC 开发最关键的一个阶段，早期折中和决定在这个时候做出，使下游集成和实施与整体设计完成实现无缝对接，如图 2.22 所示。因此，在某种意义上，精心规划设计可以帮助解决上述"宏观"挑战，避免昂贵耗时的重复，以满足 SOC 的目标。设计规划最重要的一个方面是评估过程。设计规划是整个关于上述的几个"微观"因素提供的快速但相当得体的评估。从而能以最小惊喜来实现下游硅工艺，并避免需要昂贵迭代的问题。它通过强制初始决策、评估物理和时序影响、检查评估可行性，从而验证原来决定的样机研究方法是否达到目标。这一迭代过程一直持续到"实施样机"足够完善，这样，提交给初始决策的信任度就相当高了。上面方法明显的挑战是"快"与"准确"的矛盾，设计规划的成功完全取决于所涉及折中的优劣。以下是 SOC 的设计规划行为，它们属于输入、评估、完善的过程。

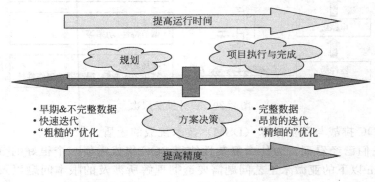

图 2.22　SOC 原型和折中

• 底层规划。规划设计的第一步是物理上规划 SOC 的组成部分。这涉及确定将要进入的硬 IP、内存块、混合信号或其他自定义块、外部 I/O 单元占用的芯片面积。对这些组件的初始布局是基于它们之间的基本连接信息，形成了最初的"被迫"基线，来估计总体规模、时序、功率和其他因素以便检查物理可行性。基于得到的评估，这种原始平面规划可以改进或变动，直到很有信心实现芯片尺寸（或面积）、时序和功耗这些重要目标。

• 尺寸评估。这一过程涉及计算需要的最小硅面积，以容纳所有部件（逻辑、内存、I/O 单元、IP 模块、接口逻辑、其他特殊宏等）以及连接所有这些组件所需的全部互连线。由于这是重用"硬"的形式，估计这些组件的尺寸改变是轻而易举的。估计逻辑面积就没有那么简单了，伴随着为特定的逻辑库和工艺技术制定的可行的逻辑密度，准确估计集成的逻辑总数非常有必要。估计互连布线面积需要使用布线效率因素，该因素代表了满足设计规则连接所有上述组件相关所需的总的考虑。其他考虑包括来自芯片要求的电网物理分布，以满足 SOC 的电源和性能目标，以及在物理集成过程中关注的任何其他特殊间距，以解决如噪声、串扰，以及其他类似效果的问题。

• 功耗评估。鉴于几个 SOC 的应用，如手机和便携式设备，需要严格控制消耗的功率，早期对 SOC 架构或系统级的功耗估计相当重要。这个级别对做出正确的减小功耗折中影响最大，调整应用算法或者决定需要的电压尺度来解决功耗。一旦一个技术节点和库被 SOC 实施选中，就可通过确定开关逻辑和每块开关活动量的总数完成功耗估计。开关活动的信息可以来自代表 SOC 最坏工作情况的应用测试状态所生成的矢量。

• 时序评估。鉴于金属每单位长度的电阻按比例增加，而门的输出电阻降低，加上平均线长度没有下降的事实，互连的延迟贡献不断增加。这使得时序估计成为设计规划非常关键的组成部分。估计互连延迟的传统方法是基于线负载模型（WLM）的概念。这些模型是统计生成的，并提供与扇出相关的线寄生效应的估计，因此可用于估计芯片上互连线的延迟。但是，这种方法早已被更为准确的互连延迟计算模型与方法取代。前面讨论过的多种工艺和微型化效果，连线的 RC 寄生效应取决于很多因素，不仅仅是扇出数。因此，WLM 被认为模拟这些影响是很不准确的。在物理实施阶段，评估的不准确性将造成时间显著推迟，因此，设计流程衔接很差。如线长、导线间的耦合电容和时钟信号偏差等是影响电路和互连延迟的物理方面临界点，需要获得更多的物理实现信息以便合理估计互连延迟。这开创了物理综合技术，使基本逻辑综合和 SOC 元件的布局同时进行，从而提供了更准确的时延估计，有更大的信心满足设计时序可行性。除了时延估计，SOC 实施的时序可行性还取决于设计和推动时序优化的 IP 限制。设计规划还包括核实 SOC 的时序规范、验证这些约束和预算编制顶层约束，其中顶层约束集成在 SOC 的软性以及固定 IP 之间。此过程中应用到硬 IP 的时序抽象。

• 可布线性评估。决定原 SOC 的物理尺寸估计是否足以达到设计收敛的过程是通过互连线路由资源的可用量与需求分析完成，也称为拥塞分析。给定初始平面图、时序和其他物理限制，各种软 IP 和硬 IP 物理和时序抽象的预算、快速电网分布和全局布局就算完成了。然后以这个全局布局作为一个起点，实现所有组件之间的互连，并要牢记时序或其他限制。这一虚拟布线对可用性和布线资源的需求提供了很好的评估，最终连通了 SOC 的组件，因而是可布线性的很好估量。如果有拥塞"热点"，则可通过改变布局来消除；重复进行另一个设计规划，以验证 SOC 的设计目标。

② 分层 SOC 设计　人们渴望现代电子能继续在单一芯片上集成更多的逻辑。经常可以看到要求 SOC 设计集成超过 1000 万到 2000 万个门。这造成 SOC "创建"流程的高度复杂性和巨大挑战，需要分而治之的办法来解决这一问题。使用层次化设计方法使大型 SOC 的设计规划与实现变得可行，如图 2.23 所示。分层设计的基本原则是使用上面描述的设计规划框架把 SOC 分解成独立的模块，这些模块可以通过顶层实施的设计收敛同时完成。显而易见的是，引入的硬 IP、自定义宏和存储器在这个过程中不要拆散，设计规划过程应该用它们自己的时序，物理和其他方面的抽象将它们视为"黑箱"，使 SOC 平面图和设计收敛的评估与可行性分析变为

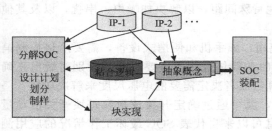

图 2.23　分层 SOC 设计

可行。一旦 SOC 的逻辑被分成更小的块，也被称为"软块"，它们将同集成在设计之中的软 IP 完全一样地对待。这些软块被称为 SOC 的分区。简单的准则可以用来决定分区，如：

- 设计工具的逻辑门计数容量限制。
- 逻辑时序临界状态需要更多本地和控制的设计收敛。
- 通过改变那些受影响的部分本地化，尽量减少设计变化对整体设计周期时间的影响。
- 以物理形式重用潜在或已知的未来 SOC 软块（作为硬 IP）。
- 多实例软块可一次性达到设计收敛和物理实现。

一旦分区过程完成后，所有分区的"软块"处理类似于芯片上其他硬 IP 和宏。上面讨论的设计规划技术用来确定整体的 SOC 平面图、布局和分区决定的可行性，使这些组件（软块、硬 IP、内存、I/O 等）对设计收敛是无缝组装的。由于这些组件采用时序和物理模型进行抽象，所以，层次化设计的重点在于互连优化和这些组件之间的时序，从而减少复杂性。

③ 设计收敛　如图 2.24 所示，SOC 设计收敛的定义是满足设备速度、功耗、面积、信号完整性和可靠性要求的同步过程，而在同一时间，确保关键的产品推向市场时间的目标得以实现。科莱特国际早在 1999 年做的研究中就指出实现上述目标的复杂性，如图 2.25 所示。其调查了几个 SOC 设计团队，了解他们解决并行优化问题时采用的迭代努力次数，技术尺寸低

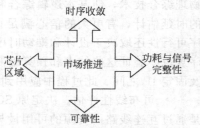

图 2.24　设计收敛的定义

于 180nm 时，DSM 的影响变得更加突出，随之这个问题变得更加严重。

如前所述，技术尺寸缩小造成特征尺寸越来越小，使得互连线的电气行为正变得越来越重要。如图 2.16，虽然连线越来越密集，它们目前的电流输送需求造成更高的长宽比，从而导致相邻信号之间的耦合电容大大增加。当邻近线的信号开关时，耦合电容导致它们之间的电荷转移。根据不同的开关转换，产生的主要串扰噪声可能导致信号传播延迟以及故障，产生功能问题。在布局时，要考虑这些连线的物理方面。在做时序优化时，布线对于避免信号完整性问题是至关重要的。注意所要求解决方案的并发性质。剧烈的互连线缩放也增加了这些电线每单位长度的电阻和平均电流密度。随着逻辑开关高速操作，真正的电源电压大小取决于在电网中流过的电流大小和电网的长度、宽度和电阻，比开关逻辑看到的电压大得多。这将降低晶体管的性能，从而可能导致电路中的时序冲突。这个问题可以通过在 SOC 设计强大的电网保证整个芯片有一个最低电压等级来克服，确保设备的性能在该电压得到满足。不过，由于不是所有的 SOC 逻辑是时间上同样重要，这会导致电网过

度设计,因此要严格限制所需的布线资源以确保 SOC 可布线性和面积目标达到要求。再次,注意实现整体设计收敛需要的优化的并行性(如前面所定义)。在高互连电流密度和高速 SOC 部件存在的另一个关键现象是信号或电源电迁移问题。电流导致的电子流引起金属离子迁移,这样会导致相邻互连线之间产生空隙(开路)或异常析出(短路),从而有可能导致功能失效。一个共同的解决电迁移问题的方法是增加互连线宽度或在电网上添加更多的通孔,这会再次影响总布线资源。电迁移并不是一个初始时间现象,即是说,设备将在生产后的运行中不会出现电迁移。由于这些可靠性问题,设备的长期操作寿命具有风险。因此 SOC 设计的设计收敛是一个多优化问题,必须采取集成的办法来解决所有的关注点。从市场投放时间的角度来看,采取一种方法可以使上述信号的完整性和可靠性问题都可以在物理设计过程中避免是很关键的。若是事后解决或维修它们,则将导致痛苦的设计迭代并增加开发周期时间。

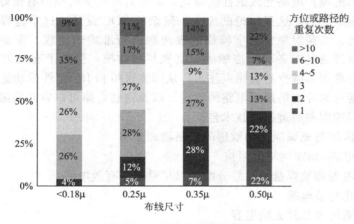

图 2.25　设计收敛的复杂性

(8) 混合信号集成

SOC 设计最近的挑战之一是在同一芯片上集成复杂数字电路和模拟或 RF 元件。随着对无线听筒、无线局域网产品、单芯片卫星电视安装盒和蓝牙等功能产品应用需求的不断增长,这已经成为一种必然的趋势。集成混合信号元件可以是高性能锁相环(PLL)模块、高速 I/O 接口、RF 模块或高速高分辨率的模拟至数字转换器(ADC)和数字至模拟转换器(DAC)。基板是一块单片硅所有电路之间的连接层。因此,当高速数字开关元件注入噪声或产生高低不平的信号时,它们就注入共同的基板。这种噪声会影响同一个芯片上敏感的模拟电路。进一步使问题复杂化的是技术尺寸缩小的趋势,它允许更高的频率和降低的工作电压,如图 2.26 所示。所有这些问题导致混合信号、RF 集成 SOC 设计出现硅片失效或成品率下降。

注入 SOC 基板的数字噪声的重要来源是电源,因为 CMOS 核心和 I/O 逻辑在连接到基板的电源线上会产生尖峰。另一个重要来源是封装键合引线电感(L)会增加产生 $L \times (\mathrm{d}i/\mathrm{d}t)$ 噪声,其中 $\mathrm{d}i/\mathrm{d}t$ 是电流变化率。不合适的电网结构、高时钟频率和时钟偏差以及信号高速转换次数都可能在芯片上产生噪声。由于基板噪声问

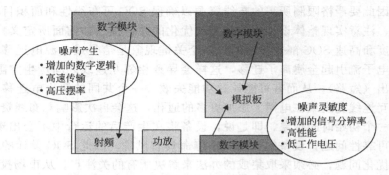

图 2.26　SOC 混合信号尺寸缩小的挑战

题的严重程度，所以这里讨论了一些用于减小或者消除噪声的技术和方法。为了分析噪声对敏感的模拟电路导致的性能退化，需要对所产生的噪声有很好的测量，这个是很大的挑战。对于这里讨论的庞大、复杂的 SOC 设计，这个过程是很难进行计算的，因此，必须对来自数字模块的噪声源进行准确的建模。重要的是，SOC 的设计规划阶段通过对各种噪声敏感认真规划和建模，抓住了有利的噪声管理过程，确保遵守准则以减少基板噪声注入，从而使模拟和 RF 元件成功集成。噪声敏感度分析包括对芯片上的敏感电路的鉴定，以及这些电路可以容忍的最大基板噪声的规范。共同准则和所遵循的技术包括：

- 电源区域与充满噪声和敏感的电路物理分离
- 减少电源/地面网络的阻抗
- 确保电源和地焊盘的良好分配，以尽量减少有效电感
- 最小化封装电感
- 尽可能增加芯片去耦电容
- 布置保护环电路，确保敏感电路周围安静的电源
- 使用低阻抗背面接触，以获得良好的噪声抑制

为了克服在先进 CMOS 技术中集成 RF 组件的挑战，发展数字 RF 技术已成为混合信号集成领域的技术方向之一。RF 元件今天占据了 40% 以上的手机印刷电路板。这只会增加包括蓝牙、无线局域网和全球定位系统在内的功能集成。虽然在一个双极 CMOS 工艺（BiCMOS）集成这样的组件是可能的，但它满足不了像手机这样的大批量应用的巨大产量和测试成本目标。在先进的 BiCMOS 工艺中，如 SiGe 的集成是可能的，但这种技术通常比数字工艺技术落后一两个工艺节点。

虽然 CMOS 将继续成为移动应用的首选技术，但想要跟上别的替代技术发展步伐，如混合信号和 RF 元件中考虑功耗、高性能的双极型（SiGe）技术或进入无线系统的功率放大电路所需的砷化镓（GaAs）工艺，还需要继续投入工作。封装的进步也将影响这个路线图的前进，因为 SIP 和 SOP 方法正迅速成为可行的解决方案，它们将集成 RF 组件到单一封装上，而不是在同一裸片上。把功能分解成独立的数字和模拟组件提供了快速缩小 SOC 器件的灵活性，不必限定于模拟电路的缩小要求。

2.5 总结

在这一章中，我们提出片上系统（SOC），以此为互联网时代各种电子系统提供最佳的定制解决方案。我们讨论了关键的客户需求并展示了 SOC 如何通过从板上多个芯片发展到单芯片来满足应用需求。由于 CMOS 制造技术的进步，这种级别的集成是可行的。然而，在验证和测试这些复杂的系统方面，这些进步也带来了设计挑战，其中包括嵌入式处理器上运行的软件、芯片制造和设计执行，后者可以使深亚微米芯片技术的效果最大化。我们强调了这些设计挑战，并提出解决这些问题的办法。

虽然 CMOS 尺寸缩小可促进集成水平的不断增长，但单芯片集成不一定是最优的解决方案。对于需要模拟、RF、闪存、带有数字模块的电源管理类型组件的异构系统来说，这是毫无疑问的。例如，模拟设计就不能够像数字模块那样充分利用 CMOS 尺寸缩小带来的优势。如果考虑功率、性能要求以及系统成本，也许采用系统级封装概念、跨越多芯片的合适的系统划分会提供一个更好的解决方案。

参 考 文 献

［1］ "International Technology Roadmap for Semiconductors (ITRS) -2004 Update," http: //www. itrs. net/Links/2004Update/2004Update. htm.

［2］ Vijay K. Madisetti and Chonlameth Arpikanondt, *A Platform-Centric Approach to System-on-Chip (SOC) Design*, Springer, 2005.

［3］ Henry Chang et al. , *Surviving the SOC Revolution-A Guide to Platform-Based Design*, Kluwer Academic Publishers, 1999.

［4］ Rochit Rajsuman, *System-on-a-Chip：Design and Test*, Artech House, 2000.

［5］ Wayne Wolf, *Modern VLSI Design：System-on-Chip Design*, 3rd ed. , Prentice Hall, 2002.

［6］ Ricardo Reis and Jochen Jess, *Design of System on a Chip：Devices & Components*, Springer, 2004.

［7］ Farzad Nekoogar and Faranak Nekoogar, *From ASICs to SOCs：A Practical Approach*, Prentice Hall Modern Semiconductor Design Series, 2003.

［8］ Michael Keating and Pierre Bricaud, *Reuse Methodology Manual for System-on-a-Chip Designs*, Springer, 2007.

［9］ Andreas Meyer, "Principles of Functional Verification," Newnes, 2003.

［10］ Sadiq M. Sait and Habib Youssef, *VLSI Physical Design Automation：Theory and Practice*, McGraw-Hill, 1995.

［11］ Naveed A. Sherwani, *Algorithms for VLSI Physical Design Automation*, 3rd ed. , Springer, 1998.

［12］ Giovanni De Micheli, *Synthesis and Optimization of Digital Circuits*, McGraw-Hill, 1994.

［13］ Jan M. Rabaey, Anantha Chandrakasan, and Borivoje Nikolic, *Digital Integrated Circuits*, 2nd ed. , Prentice hall, 2002.

［14］ Neil H. E. Weste and Kamran Eshraghian, *Principles of CMOS VLSI Design*, Addison-Wesley, 1994.

［15］ John L. Hennessy and David A. Patterson, *Computer Architecture：A Quantitative Approach*, Morgan Kaufmann Pub, 1996.

［16］ H. B. Bakoglu, *Circuits, Interconnections, and Packaging for Vlsi*, Addison-Wesley VLSI Systems Series. 1990.

［17］ Jari Nurmi et al. , *Interconnect-Centric Design for Advanced SOC and NOC*, Springer Publisher, 2004.

［18］ Nozard Karim and Tania Van Bever, "System-in-package (SIP) design for higher integra-tion," *IMAP*,

2002.

[19] Jun-Dong Cho and Paul D. Franzon, *High Performance Design Automation for Multi-Chip Modules and Packages*（*Current Topics in Electronics and Systems*, Vol. 5）World Scientific Pub, 1996.

[20] John H. Lau et al., *Chip Scale Package*: *Design*, *Materials*, *Process*, *Reliability*, *and Applications*, McGraw-Hill, 1999.

[21] "System-in-package or system-on-chip," *EETimes*, http: //www. eetimes. com/design _ library/da/soc/ OEG20030919S0049.

[22] Giovanni De Micheli and Mariagiovanni Sami, *Hardware/Software Codesign*, Springer, 1996.

[23] M. Abramovici, M. A. Breuer, and A. D. Friedman, *Digital Systems Testing and Testable Design*, New York: IEEE Press, 1990.

[24] Eric Bogatin, *Signal Integrity-Simplified*, Prentice Hall PTR, September 2003.

[25] "System-in-package (SIP): Challenges and opportunities," *Proceedings on the* 2000 *Conference on Asia and South Pacific Design Automation*, January 2000.

[26] Alfred Crouch, *Design-for-Test for Digital ICs and Embedded Core Systems*, Prentice Hall PTR, 1999.

[27] M. A. Norwell, *Electronic Testing*: *Theory and Applications*, Kluwer Academic Press, 1995.

[28] Abromovici Miron, Melvin A. Breuer, and Arthur D. Friedman, *Digital Systems Testing and Testable Design*, New York Computer Press, 1990.

[29] K. Keutzer, S. Malik, A. R. Newton, J. Rabaey, and A. Sangiovanni-Vincentelli, "System-level design: orthogonalization of concerns and platform-based designs," *IEEE Transactions on Computer-Aided Design*, vol. 19, no. 12, December 2000.

[30] Alberto Sangiovanni-Vincentelli et al., "Platform-based design," http: //www. gigascale. org/pubs/ 141/platformv7eetimes. pdf.

[31] Alberto Sangiovanni-Vincentelli et al., "Benefits and Challenges for Platform-Based Designs," *Proceedings of the* 2004 *Design Automation Conference*.

[32] G. Carpenter, "Low Power SOC for IBM's PowerPC Information Appliance Platform," http: // www. research. ibm. com/arl.

[33] Wayne Wolf, "The future of multiprocessor systems-on-chips," *Proceedings of the* 2004 *Design Automation Conference*, pp. 681-685.

[34] Gary Smith, "Platform-based design: does it answer the entire SOC challenge?" *Design Automation Conference*, 2004.

[35] A. Sangiovanni-Vincentelli and G. Martin, "A vision for embedded systems: Platform-based design and software methodology," *IEEE Design and Test of Computers*, vol. 18, no. 6, 2001, pp. 23-33.

[36] F. Vahid and T. Givargis, "Platform tuning for embedded systems design," *IEEE Computer*, vol. 34, no. 3, March 2001, pp. 112-114.

[37] Jan Crols and Michiel Steyaert, *CMOS Wireless Transceiver Design*, Springer, 1997.

[38] R. Saleh, S. Z. Hussain, S. Rochel and D. Overhauser, *Clock skew verification in the presence of IR-drop in the power distribution network*, IEEE Transactions on Computer Aided Design of Integrated Circuits and Systems, vol. 19, issue 6, June 2000, pp. 635-644.

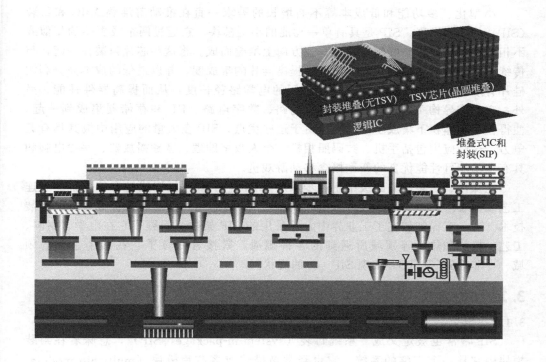

封装堆叠(无TSV)　TSV芯片(晶圆堆叠)

逻辑IC

堆叠式IC和封装(SIP)

第3章

堆叠式IC和封装 (SIP)

Baik-Woo Lee， Tapobrata Bandyopadhyay， Chong K. Yoon， Rao R. Tummala
佐治亚理工学院
Kenneth M Brown
英特尔 (Intel) 公司

　　小型化、多功能和低成本等不断增长的需求一直在推动着堆叠式 IC 和封装（SIP）的技术发展。SIP 是具有单一功能的小型模块，它通过两个或更多的相似或不相似的裸片或封装好的芯片在垂直方向上堆叠而成。将这些芯片封装在一起，与传统独立的封装相比，能最大限度地提高硅片的集成度，并以最低的成本充分利用硅片有效面积。SIP 还可以减小芯片间的电学路径长度，从而提高器件性能。另外，它容许异构 IC 的集成，将模拟电路、数字电路、RF 和存储器集成到一起，使得在特定体积下集成多个功能。由于这些优点，SIP 在大量的应用中极其具有竞争力，这些应用包括手机、数码照相机、个人数字助理、音频播放器、手提电脑和具有多功能且性能优良的新型概念移动游戏机。

　　在裸片、封装或晶圆级中正逐步采用 SIP，它引入包括引线键合等传统的互连工艺或倒装芯片（参考非 TSV SIP）或像 TSV 和晶圆到晶圆的键合等先进的封装技术。这一章详细叙述了工业界中大量采用的 SIP 架构，回顾了它在电学、材料、工艺、机械和热学等领域所遇到的各种挑战。紧接着回顾了它在两个主要的领域——非 TSV 和 TSV 实现 SIP——的现状。

3.1　SIP 定义

3.1.1　定义

　　SIP 常常也被定义成"系统封装（system-in-package，SIP）"，意味着在封装模块中它是一个完整的系统。它也经常被描述成多芯片模块（multichip module，MCM）。多芯片模块是一个巨大的、数十亿美元的市场，回顾 20 世纪 80 年代和 90 年代，IBM、日立（Hitachi）、富士通（Fujitsu）和日本电气公司（NEC）投入数十亿美元来开发二维多芯片模块工艺，将多达 144 个芯片集成到单衬底上以满足超级计算机的需求。这种工艺到现在仍被使用，并且在将来继续被使用，因为本章所描述的三维技术，在多芯片处理器系统中每一个芯片在 $150\sim200W$ 功率下的热问题还没有解决。另一方面，一个系统的任意一种封装方式，都必须实现系统插板上的所有功能。这不仅包括有源器件和无源器件，也包括多层板的引线互连、热结构、系统 I/O 或插孔和驱动供给。但是到目前为止，这些在 SIP 中都没有被论证。大多数 SIP 工艺经常描述为裸片或封装好的芯片在三维方向上的堆叠。本章考虑了SIP 在后续工艺背景下的情况。它可以分为两类：①通过传统的芯片组装工艺实现堆叠芯片的互连，诸如引线键合、载带自动键合（TAB）和倒装芯片；②通过更高级的芯片组装工艺实现堆叠芯片的互连，诸如 TSV 和两个芯片之间的直接键合，无需传统的导线连接或倒装芯片工艺，其中前者涉及非 TSV，后者则涉及 TSV。非 TSV 工艺可以进一步分为芯片堆叠和封装堆叠，这将在下文中详细叙述。TSV工艺，正如本章所述，不仅可以用来连接裸 IC，也可以连接晶圆和硅芯片载体，然后形成更多功能的子系统或者完整的系统。

3.1.2　应用

　　由于 SIP 包括相似的 IC（例如动态随机存储器，DRAM）和不相似的 IC（如逻辑和内存），其应用像 IC 一样广泛。这些应用包括移动消费产品的大批量生产，例如多功能手提设备、MP3 播放器、视频-音频设备、便携式游戏控制器和数字摄像机等。

3.1.3　SIP 的主要发展图和分类

图 3.1 显示了 SIP 工艺技术在过去 40 年里的大致发展历程。SIP 技术可以分为两个主要的部分：非 TSV 和 TSV 技术。这已在上文中定义。

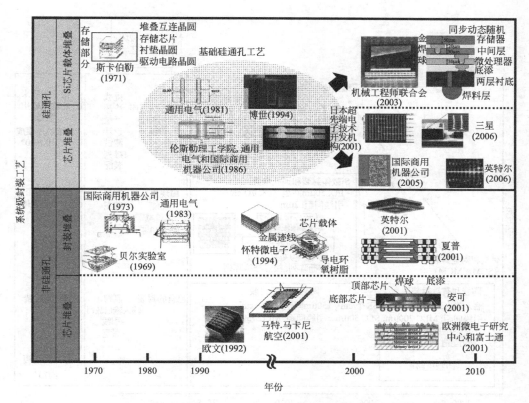

图 3.1　SIP 技术在过去 40 年里的发展（来源：佐治亚理工 PRC 中心）

如图 3.1 所示，IC 的 SIP 或三维集成的概念是由贝尔实验室和 IBM 在 40 多年前首次提出。然而，现代的三维非 TSV 芯片堆叠是由欧文在 1992 年成功引入，其中芯片被堆叠并且通过侧面金属化实现互连。随后，由于大量基础工艺的使用，基于引线键合工艺的芯片堆叠技术被广泛采用。这导致更先进的芯片堆叠方式的出现，堆叠的芯片数量可超过 20 个。如希望的一样，为了更好的性能和小型化，引线键合堆叠引出了倒装芯片堆叠方式。

通过 TSV 工艺的硅芯片载体堆叠由斯卡伯勒在 1971 年首次提出，如图 3.1 所示。约十年之后，由通用电气（GE）、IBM 和伦斯勒理工学院（RPI）实现了它的关键性步骤，在芯片堆叠中引入 TSV 技术。早期的硅 TSV 通过硅的双面各向异性化学刻蚀的方法制作。随着它在模块小型化方面的价值日益凸显，大量公司和研究机构，包括博世（Bosch）、日本超先端电子技术开发机构（ASET）、三星和 Tru-Silicon 都开始研究其他更先进的工艺制作通孔，以及通过 TSV 实现芯片互连，如图 3.1 所示。现在，这些公司开始认为 TSV 不仅是内存的三维堆叠的解决方案，而且是性能更优良的系统的完整解决方案，这种系统将取代传统的陶瓷或有机衬底和高密度的导线、电介质、通孔、I/O 和薄膜元件。IBM 做出的一个比较如图 3.2 所示。

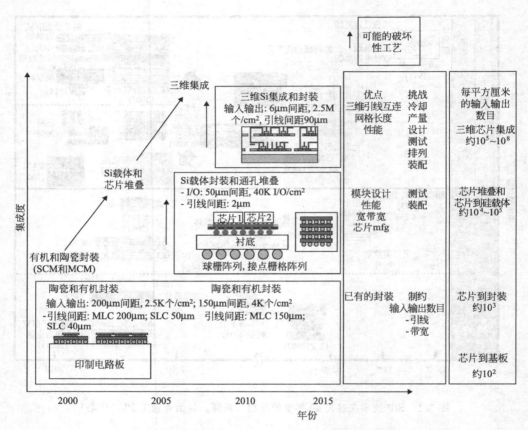

图 3.2　硅集成与陶瓷和有机衬底封装，硅载体和芯片堆叠，
以及三维硅电路和引线（来源：IBM 公司）[1]

图 3.3 显示了 SIP 技术分类：非 TSV 和 TSV 技术。非 TSV 技术包括传统的芯片封装技术-引线键合、倒装芯片、载带自动焊和侧边连接。非 TSV 技术也包括封装上封装（package-on-package，PoP）、封装内封装（package-in-package，PiP）和折叠-堆叠式芯片级封装（folded-stacked chip-scale package，FSCSP），如英特尔（Intel）和特斯拉（Tessera）所采用。

　　另一方面，TSV 技术通过硅穿孔的内部互连形成三维结构。这些结构包括芯片与芯片、芯片与晶圆、晶圆与晶圆、芯片载体与芯片载体以及最终的带硅器件、封装、插入组件的硅电路板。

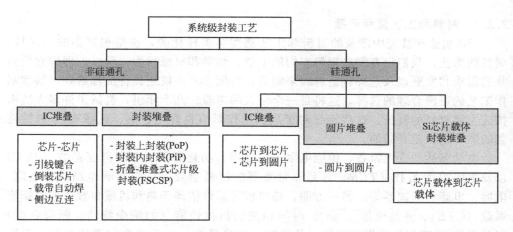

图 3.3 堆叠的芯片、封装、晶圆和硅芯片载体在 SIP 技术分类非 TSV 和 TSV 的划分

3.2 SIP 面临的挑战

图 3.4 显示了 SIP 面临的主要挑战，包括材料和工艺流程、机械、电学和热学等问题。

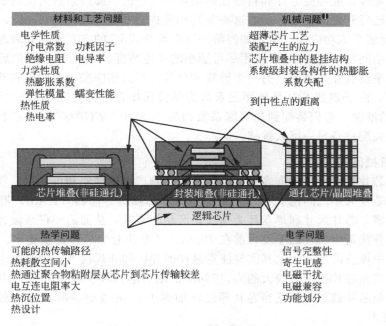

图 3.4 SIP 工艺面临的主要挑战

---

❶ 译者注：此处原文为 Mechanical，译者认为既可译为"机械问题"也可译为"力学问题"，本书统一译为"机械问题"。

3.2.1 材料和工艺流程问题

SIP 制造和装配中涉及的材料和工艺流程是多样化的，也是很复杂的。并且，到目前为止，我们没有彻底理解它们的电学、热学和机械行为。所以，理解它所面临的需求和发展以及选择合适材料来制造、装配 SIP 并描述其特征都需要材料和制作工艺的正确合理的选择，这将是一个巨大的考验。几十年里，尝试了许多方法来描述主要材料的特征，这些特征对于成功制作具有良好电、热、机械和热-机械性能的器件模块是必需的。

电学参数如介电常数、绝缘电阻、电导率、功耗因子、电容温度系数（TCC）以及电阻温度系数（TCR）等是非常重要的材料参数，它们影响绝缘体、电阻、电容、电感和滤波器等。另一方面，热机械可靠性依赖于热和机械参数［如热膨胀系数（CTE）、弹性模量］、温度-时间相关的机械性能（如蠕变特性、断裂强度）以及温度-湿度相关的疲劳特性。热参数，如热导率，也是非常重要的参数，它影响热从芯片到衬底再到模块和系统的有效传导。此外，材料所有本征与外在的特征，如微观结构、多孔性、晶粒尺寸、合金作用和失效的物理机制等，都必须考虑。

互连工艺的热机械可靠性是可靠性问题的一个主要因素。铜和铝等互连材料，无铅焊料等焊接、装配材料，以及各向异性导电薄膜（ACF）都被成功地应用到互连中。此外，能经受芯片和衬底在热循环测试中的热膨胀系数失配的多种柔性互连的方法已经开发出来了。所有这些及其相关内容将在第 10 章中描述，虽然已在传统 IC 封装中成功应用，但是如何解决带有堆叠式 IC 的 SIP 互连和装配的可靠性依然是一个问题，这些 IC 要使用尽可能小的互连高度。TSV 或许是最后的解决方案，它几乎没有互连高度。另一个挑战来自具有不同热膨胀系数的硅和砷化镓芯片的共堆叠。由于多数 SIP 是热膨胀系数为每摄氏度百万分之三（$3 \times 10^{-6}/℃$）量级的硅 IC 的堆叠，它们装配到热膨胀系数约为 $16 \times 10^{-6}/℃$ 的有机衬底上造成的热膨胀系数失配将是另一巨大挑战。

3.2.2 机械问题

堆叠芯片封装引出的许多机械问题都会影响产品的性能和可靠性。首先，是芯片厚度和芯片大小之间的关系。由于不同类型的随机存储器（RAM）有不同的堆叠设计方案，芯片尺寸和焊盘环必须满足产品的需求，从而需要仔细设计。在高级的芯片堆叠构造中芯片的厚度目前在 $75\mu m$，可堆叠七个芯片甚至更多。当在导线互连封装中堆叠薄芯片，尤其需要注意悬挂的焊接和非焊接处，因为在生产过程引线互连方式在芯片上引入较大的力。$75\mu m$ 的堆叠芯片在引线互连工序中通常不必悬挂以避免芯片破裂，但是当芯片厚度增加到 $150\mu m$ 或更高时，悬空高度将达到 $2mm$ 或更大。

如果封装中的堆叠、悬空和材料的选择没有经过仔细选择，硅功能和晶体管的性能也会反过来影响薄芯片。由于硅压阻效应的影响，装配引起的应力会反过来影响器件的性能。硅、衬底、塑封材料和芯片黏结层之间的 TCE 失配将会产生额外的热机械应力。尤其是隔离垫片和黏结材料在硅上受的总应力中扮演着重要的角色。此外，这些封装材料都是高分子材料，在玻璃化转变温度以上或以下具有大小不同的机械性能（弹性模量和 TCE）。减小封装导致的应力涉及材料和工艺步骤的正确选择。应力评估是通过测试封装后的器件性能得出，或者是通过预先的有限元模型计算得出。有限元模型能够评估由于复杂的装配而产生的残余应力，但是这需要经过验证。验证通过封装的翘曲测试和面内测试比较得出，比如运用云纹干涉测量技术。

焦点连接可靠性（SJR）是芯片的封装堆叠应用中需要关注的另一领域。焊点连接的材料选择、焊点的设计、中间金属层化合物的形成、模塑材料和衬底核材料都在焊点疲劳寿命中起着重要作用。芯片和封装材料以及封装和基板的 TCE 失配都会在焊点处产生疲劳剪切应力。两个相互竞争的因素决定着焊点最终的可靠性，它们是由 DNP（到中性点的距离）效应引起的整体的 TCE 失配和封装与衬底之间的局部 TCE 失配。焊球图案和

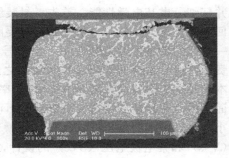

图 3.5　温度循环下剪应力
导致的焊点处失效

芯片大小是在温度循环测试中决定最差焊点寿命的关键因素。而芯片大小和局部 TCE 失配在边缘阵列逻辑封装中是主要影响因子。对于内存的封装，焊球图案通常要小于逻辑封装，因为作为焊点寿命的主要驱动者其到中性点的距离要小一些。除了这些，模盖的高度对薄的柔性衬底有重要影响。从铅锡共晶焊料到无铅锡银铜焊料的改变将会提高封装在温度循环下的性能，因为无铅焊料有更好的蠕变特性。在温度循环中，由于剪应力导致的焊料封装失效的一个典型例子如图 3.5 所示。

在周期性的弯曲和跌落测试下，封装的刚度起着重要的作用，一个刚度较大的封装导致更多的力被转移到焊球处，使其更快失效。在跌落试验中通常具有高应变率，刚度大得多的无铅焊料比含铅焊料更快失效。在跌落试验中，焊料的柔性和较脆的中间金属层也控制着失效模式。图 3.6 显示了一个典型的脆性中间金属层失效。

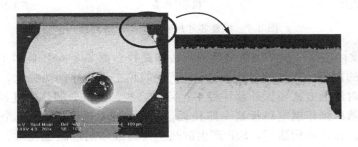

图 3.6　跌落试验中焊点处失效

3.2.3　电学问题

随着堆叠芯片的增加，I/O 互连的密度也在急剧增加。而且，基于更高性能的

要求，诸如引线键合、导线、通孔或焊球等每一个互连的传输速度都必须增加。因为封装尺寸和层数的系统参数要求以及成本的要求，从信息完整的要求出发，更高的互连速度意味着更加困难的封装设计。例如，在 50MHz 下的速率，芯片级封装可以通过电阻 R、电感 L、电容 C 等元素调整，并且对信号的完整性的影响十分有限。但是，当频率达到 500MHz 或更高后，封装不再是信号传输路径上可以忽略的小部分，必须考虑"全波"理论。结果，封装设计和相关的工艺都需要重新设计并仔细考虑其电学性能。首先，封装级别的信号路径需要很好的设计参考路径和返回路径。例如，每一个信号线都需要附近的电位或接地做参考，像串扰屏蔽一样。一个好的参考设计意味着每一个信号有更多的电位或接地，这将使得测试更加昂贵。所以，精确的预测信号和功率之比不仅可以提供更好的性能，也可以降低成本。其次，封装设计需要为高 IC 功率的传输提供一个路径。从成本和形成因子方面考虑，在封装中设置去耦电容是不可取的。封装中的寄生感应必须非常慢，以减小电路开关中的电压波动。保证堆叠芯片封装的电压供应主要取决于源电极电压（Vss）和集电极电压（Vcc）的设计，它们要有尽可能小的回路自感。虽然芯片上解耦电容有助于降低功率噪声，但其并非首选方案，因为附加成本增加了。第三，电学封装设计需要考虑电磁干扰（EMI）和电磁兼容（EMC）。对高密度的引线互连来说，导线间的耦合非常显著。当高功率回路与低功率回路非常接近时，这个问题就非常严重。例如，当 RF 回路和数字回路封装在一起时，电学设计需要为隔离数字和 RF 回路做特殊考虑，以降低电磁屏蔽和电磁兼容影响。

3.2.4 热学问题

随着芯片和无源器件被紧紧堆叠和组装，热管理的问题将成为一个瓶颈。从图 3.7 可以看出，堆叠芯片封装引出的热管理问题，包括电互连的大电阻、芯片间聚合物黏结层的差的热传导以及较小的热耗散空间。

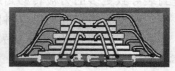

单芯片　　　　　　　　三颗芯片堆叠　　　　　　七颗芯片堆叠

图 3.7　堆叠芯片封装的典型发展趋势

SIP 热设计的第一步是理解可能的热传输路径。图 3.8（a）显示了一个热沉置于 SIP 上方的例子。在这种构造下，SIP 产生的热主要传导到热沉上，然后以自然对流或强制对流的方式传到外部环境中。除了这些，小部分的热通过封装衬底、通孔、焊球，然后到印制电路板这一路径耗散。图 3.8（b）显示了一个 SIP 上没有热沉的例子。在这种构造下，SIP 产生的热主要通过印制电路板耗散。封装表面的热耗散主要以自然对流以及辐射方式进行。在这种特定的构造下，辐射在帮助热耗散过程中起着重要的作用。忽略辐射效应可能会导致重大错误。所以，热耗散路径强烈依赖热设计。理解可能的热传输路径并充分利用它们将会有效提高 SIP 的热-机械性能。

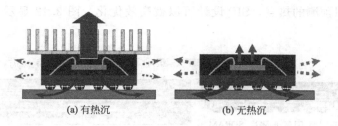

(a) 有热沉   (b) 无热沉

图 3.8 不同的热传输路径

SIP 热设计的第二步是将发热元件靠近主要的热传输路径。图 3.9 显示了发热元件在不同位置的系统设计的例子。如果大量的热通过基板和自然对流耗散，发热元件就应该靠近封装衬底。如果主要的热传输路径是通过上表面以辐射等方式耗散，发热元件就应该封装在顶部。

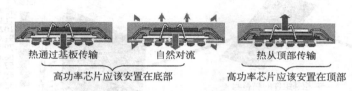

热通过基板传输   自然对流   热从顶部传输
高功率芯片应该安置在底部   高功率芯片应该安置在顶部

图 3.9 发热元件在不同系统设计下的例子

SIP 热设计的第三步是理解 SIP 的热特征。其热特征有两方面。一是封装级热特征，另一个是系统级热特征。封装级热特征因为不同的封装结构、热界面材料和操作环境，能够方便我们更好地理解封装热行为。在 JEDEC JC15 会议上定义了几种封装级测试表征，如下文：

JESD51-2。集成电路热测试环境条件——自然对流（静止空气）[2]。这个文件的目的是强调在自然对流条件下结-环境热阻测量标准中保证测试准确性和可靠性的重要性。

JESD51-6。集成电路热测试环境条件——强制对流（流动空气）[3]。这个标准指出环境条件为在标准测试基板置于强制对流环境中时决定集成电路器件的热性能的环境条件。

JESD51-8。集成电路热测试环境条件——结-基板[4]。这个标准指出决定结-基板热阻 $R_{\theta JB}$ 的必要环境条件和该热阻的定义。$R_{\theta JB}$ 热阻是比较不同表面贴装封装件在标准基板上的热性能的度量。

所有测试标准完全为了在标准环境中比较一个封装与其他封装相比的热性能。这个方法并不意味着能预言一个封装在特殊应用环境下的准确性能。但是，在标准环境下产生的这些数据对数值模型检验非常有用，对比较不同产品的封装热特性以及量化可靠性测试中热性能的恶化都是非常有用的。

SIP 热设计的第四步是使用热模拟来加速 SIP 的设计优化。基于以上描述的热特征，数值模型可以用商用流体软件和有限元软件获得。图 3.10 显示了一个 SIP 热模型的典型例子。模型应该获得尽可能多的所需细节，这样任意一个对 SIP 热性能有重要影响的因子都不会被遗漏。图 3.11 显示了热模拟的温度等高线的例子。

基于数字模拟预测的热点，SIP 设计可以被高效优化。图 3.12 显示了 SIP 优化设计的典型过程。

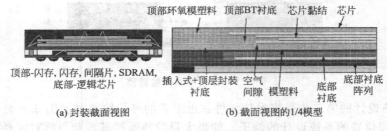

(a) 封装截面视图　　　　　　　　(b) 截面视图的1/4模型

图 3.10　SIP 热模型的典型例子

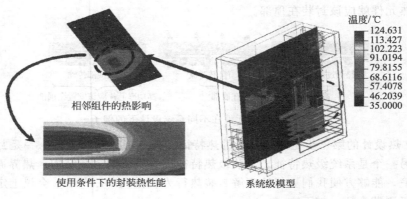

图 3.11　热仿真得到的温度等高线例子

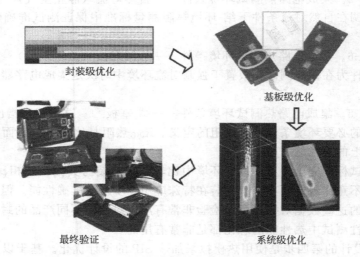

图 3.12　SIP 热设计优化的典型过程

最后，验证通过模拟得到的优化后的 SIP 设计是非常重要的，验证可以对实际产品进行热测试来实现。这是保证产品满足所有需求的唯一方法。

3.3　非 TSV SIP 技术

3.3.1　非 TSV SIP 的历史变革

非 TSV 芯片的传统堆叠方式（这里指非 TSV SIP）是紧密伴随着封装工艺发展而不断前进的。IC 和系统的整体装配趋势如图 3.13 所示，图中也反映了这种紧密的发展关系。例如，早期的芯片堆叠以引线互连来实现，现在则向倒装芯片、最优的间距与无凸点互连形式转变。

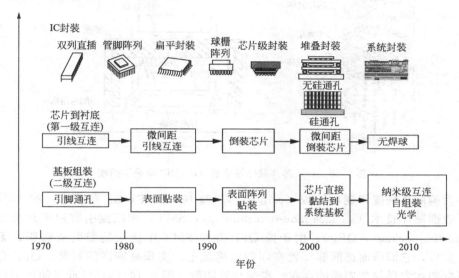

图 3.13　封装发展历程（依 [5] 做修改）

在 20 世纪 60 年代，双列直插式封装（dual-in-line package，DIP）在 IC 级发展，通孔插装（pin-through-hole，PTH）在系统级发展，将双列直插式封装置于印制电路板上。早期的 SIP 与引脚通孔互连密切相关，如图 3.14 所示[6]。每一个基板通过插针相连，于是产生板上堆叠。

随着 DIP 和 PTH 互连在 70 年代变得越来越普通，这种 PTH 互连在堆叠中的应用也随之增加。图 3.15（a）显示了使用 PTH 技术的芯片载体堆叠[7]。芯片载体通过插脚实现电互连，电镀缺口插针穿过插孔插入芯片载体的小孔中。随着 DIP 越来越广泛的使

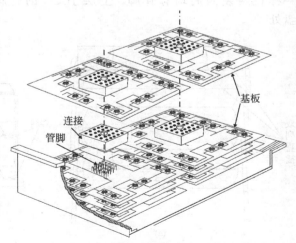

图 3.14　通过 PTH 互连堆叠的早期基板（1967 年申请的专利）

用，其堆叠结构开始出现［如图 3.15（b）所示］[8]。它插入到所谓的背驮式插座中，而背驮式插座则是插到印制电路板（PCB）上的一个插座中。在背驮式插座下面，另一个 DIP 直接插入到印制电路板中或传统插座中。

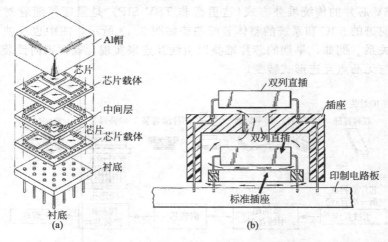

图 3.15　(a) 芯片载体堆叠和 (b) DIP 堆叠于插座

为响应高密度印制电路板（printed wiring board，PWB）的需求，80 年代发展了表面贴片技术（surface-mount technology，SMT）和四侧引脚扁平封装工艺（quad-flat package，QFP）。由于像 QFP 等在 SMT 中使用的封装有管脚，无插针，所以，它们两面都能够安置在印制电路板上，实现高密度的封装。QFP 允许引线框架在方形封装四面的存在，实现高管脚数。图 3.16（a）显示了使用铅焊焊接 DIP 的管脚，而不需要 PTH 互连或者如图 3.15 所示的插孔[9]。图 3.16（b）显示了 J 形管脚芯片载体（J-leaded chip carrier，JLCC）的堆叠结构，它像 QFP 一样在封装四周均有管脚，上层 JLCC 的管脚用回流焊置于下层 JLCC 的焊盘处[10]。

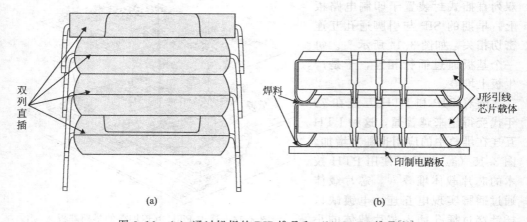

图 3.16　(a) 通过铅焊的 DIP 堆叠和 (b) JLCC 堆叠[10]

直到 80 年代，多数堆叠工艺都涉及基板或者完整的 IC 封装，像 DIP 和 JL-CC。在那个时代，封装实际上是取代在 PCB 上 xy 平面上的叠加，改为在 z 方向上的简单堆叠。并没有太多人致力于研究降低堆叠高度或减小堆叠封装之间互连长度的研究，像今天真正的 SIP 工艺实现的那样。专注于叠层高度的新一代 SIP 工艺的努力始于 90 年代。

新一代芯片堆叠始于 90 年代，这是由裸片的堆叠产生高堆叠密度引发的。电学性能也因较短的互连长度而极大加强，这些互连包括引线键合、载带自动键合（TAB），或者新引进的侧边端接方法。虽然引线键合工艺从 70 年代就开始使用，但是在 90 年代当它被用于 SIP 工艺时才开始商业化。相同结构的芯片堆叠的侧边端接互连的封装堆叠也被论证。

在 2000 年左右，在引线键合芯片堆叠互连的引导下，SIP 开始采用倒装芯片互连，那时倒装工艺开始变成了大批量装配工艺。嵌入式 IC 工艺应用于芯片堆叠使得芯片级封装（CSP）堆叠变成可能。几乎与此同时，一些限制芯片堆叠工艺的问题开始出现。这导致与芯片堆叠不同的方案，这包括封装上封装（PoP）、封装内封装（PiP）和折叠-堆叠芯片级封装（FSCSP）。

接下来的两节将描述目前广泛使用的非 TSV 芯片和封装堆叠工艺技术。

3.3.2　芯片堆叠

在过去的几年里，涌现出的芯片堆叠技术为集成相似或不相似的芯片提供一个有效的解决方案。单封装芯片垂直集成技术能使更多的硅片集中到一个给定的封装尺寸里，从而能节省电路板的面积。与此同时，它还能缩短芯片互连的距离，提高它们之间的信号传输速度。芯片堆叠技术的最初应用是在闪存和 SRAM 中两块内存芯片联合上。内存芯片堆叠技术直到现在仍然非常流行，并且有新的应用，如闪存芯片的联合。最近，这种技术的应用又得到了扩展，除去应用于内存，还应用于逻辑电路和模拟 IC。在本节中，基于优先的芯片堆叠技术的各种芯片堆叠结构都给出介绍。

（1）晶圆减薄、处理以及划片

芯片堆叠的最新技术使得在一定高度内能将更多的芯片堆叠起来。为了达到这一目标，研究出各种各样的基本技术，包括下文将要描述的晶圆减薄、薄晶圆处理以及划片技术。

① 晶圆减薄　在 SIP 模块的芯片或封装堆叠之前，晶圆减薄是一个非常重要的工艺过程，因为它能减小堆叠高度，并在不增加总堆叠高度的前提下堆叠更多的芯片。堆叠更多的芯片能减小封装 x、y 方向的尺寸，同时更能减小 z 方向的总高度。图 3.17 显示了过去 50 年晶圆制造的进展，包括其直径、厚度、晶圆减薄的尺寸[11]。大的晶圆要求较厚的硅以承受晶圆制造过程中的应力，而新的封装技术趋势如 SIP 则要求最终的芯片较薄。工业界每年将芯片的厚度减小了 5%。期望这种趋势能得到继续，以至于到 2015 年晶圆厚度可以达到 $20\mu m$。图 3.18 显示了 SIP 中期望的芯片数目和堆叠要求的 Si 芯片厚度[12]。未来的 SIP 肯定要求堆叠大量的薄芯片。

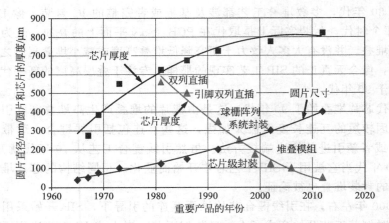

图 3.17 晶圆尺寸，最初的和最终的厚度在过去 50 年里的发展演化

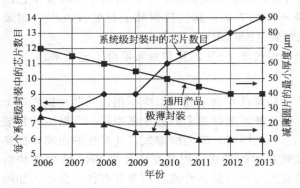

图 3.18 SIP 技术的趋势与 SIP 上
芯片数和硅晶圆厚度的要求[12]

之前，背面研磨是减薄晶圆的最有效方法，直到最近在减薄到大约 $100\mu m$ 的情况下，它遇到了晶圆翘曲和脆裂的限制。研磨包括两个步骤：a. 粗磨；b. 精磨。粗磨采用较大的金刚石颗粒，因而能较快地去除多余的硅，但是这个步骤会引入大量的损伤。精磨可除去粗磨引入的损伤，还能提高晶圆表面光洁度和划片的强度。精磨采用较小的金刚石颗粒，能在小于粗磨的速度下除去晶圆上多余的硅，从而得到更光滑的表面。值得注意的是粗糙和精细的背面都能导致晶圆翘曲，原因是由于研磨导致晶圆产生损伤层。这种损伤在芯片受到应力时成为裂纹扩展的源头。

研磨之后的下一步为抛光，它能移除或减小晶圆上由于精磨导致的损伤，增强晶圆的强度和减小翘曲。几种不同的抛光方法被应用于晶圆的抛光，包括化学机械抛光（CMP）、干法抛光和湿法抛光、干法刻蚀（顺流式等离子体）和湿法刻蚀。

化学机械抛光（CMP）[13]。CMP 采用一个特别的平垫和含有氢氧化铵的浆料同时对晶圆进行化学腐蚀和机械作用。这种 CMP 中的化学和机械过程产生的协同作用减小了抛光所需的机械力。CMP 除去了粗磨和精磨产生的大部分晶圆损伤，恢复了晶圆的机械强度并使之回到原始状态，同时让晶圆达到光滑的镜面效果。

干法抛光。顾名思义，干法抛光采用不带有化学试剂的研磨垫。经历了干法抛光的晶圆消除了应力，与仅仅精磨过的晶圆相比，它有更高的划片强度、低的表面粗糙度以及低的翘曲度。

湿法抛光[14]。湿法抛光是一个发展得很完善的工艺。它使用由 SiO_2 和水

（SiO$_2$ 质量分数约为 40％～50％）组成的浆料。SiO$_2$ 颗粒的直径从 5nm 到 100nm，平均粒径约为 30～50nm。此工艺与 CMP 类似，需要较低的资本投入，工艺花费少，但是生产能力也较低。

干法刻蚀（顺流式等离子体）[15]。微波激发的等离子体与晶圆表面上的硅反应并除去硅。反应气体为 SF$_6$ 与氧气的混合物。通过化学反应：Si＋4F→SiF$_4$，除去晶圆上的硅。混合物中氧气的作用是移走反应的产物。这种顺流式等离子体工艺将晶圆的加热温度降低到 90℃，防止了表面的烧伤。与湿法刻蚀相比，它还具有相对较高的去除 Si 的速度。这种工艺是非接触式的反应，它不需要在晶圆上表面应用保护胶带，这能减少附加工艺消耗，还可进行已布凸点的晶圆加工。

湿法刻蚀。湿法刻蚀可应用于能承受物理操作的相对厚的晶圆上。腐蚀剂一般包括氢氟酸和硝酸的混合液，其操作过程比较困难而限制了湿法腐蚀的工艺。

② 薄晶圆的装卸　在减薄之前，通常将晶圆的正面暂时性地键合到一块坚硬的载片上然后对其操作和处理。通常的方法是采用聚合物黏结剂，比如石蜡、热释放胶带、可溶解的胶水等[16]。尽管石蜡比较普遍，但是它比较耗时，且需要特别的工序以清除键合层上的残留物。应用热释放胶带成为一种越来越普遍的方法，因为它能够在减薄过程中保护好形貌比较低的晶圆。将载片采用双面胶带黏附到要处理的晶圆上，胶带的一个面为热释放型。通过加热到 90～150℃ 可去除载片。可溶解的胶是另外一种薄晶圆的键合材料。通过旋涂方式在晶圆上形成非常薄且均匀的涂层，对于最终厚度在 10μm 范围的晶圆非常重要。这种方法同样用于嵌入表面形貌。薄片从载片上分离下来不是通过机械方法，而是将晶圆浸入到溶液中溶解胶水进行剥离的。紫外敏感键合材料可通过紫外光透过透明玻璃载片（如石英）辐射对其进行剥离[17]。不过这些基于聚合物的键合技术一般限制在 200℃ 的温度下。晶圆背部金属材料的烧结或者等离子体刻蚀介电层要求对其进一步增加热稳定性。更高级的薄晶圆操作理念是基于静电力上的，这样就不需要任何聚合物键合材料[18]。晶圆与静电载片之间的键合与解键合在非常短的时间里进行，具有可重复性，并且键合剂不会引入表面污染，于是在使用中没有任何限制。在高于 400℃ 时静电吸引作用依旧有效果。

③ 薄晶圆的划片　堆叠前晶圆的划片是另外一个主要工艺。现在应用的传统划片方法是采用一个镶有金刚石的轮子完全切断晶圆并传送到传送带上。这种机械式的划片方法导致很多问题，比如在划片正面和背面造成的高比率的碎片、机械脆性层的脱层（比如低 K 的内部介电层）、微裂纹的形成等。这种裂纹和碎片对薄芯片非常有害。此外，还有几种可选的切片方法，包括研磨前划片（DBG）[19]和激光划片[20]。研磨前划片能减少超薄芯片的碎片。研磨前，在晶圆的正面部分切片，然后其背面进行磨片，从而完成芯片的划片。由于前期划片是部分切割的，所以划片自由边的应力能得到释放。但是研磨前划片需要特别的切片工具，增加了成本并提高了工艺的复杂程度。基于激光的划片提供了一个简单的工艺，能够使操作处理的薄晶圆最小化。晶圆采用标准晶圆载片和聚烯烃进行切片，不需要特别的载带。激光切片的好处是使碎片减少，成品率高，切口宽度小，芯片强度高。但是激光划片形成了大的热影响区（HAZ），造成低 K 层脱层和裂纹。为了避免这类问题，研

发出导引喷水激光切片技术，这种技术能够减小 HAZ。

（2）引线键合堆叠

引线键合堆叠方法对堆叠芯片内部垂直方向采用传统的引线键合技术。引线键合是堆叠芯片最通用的内部互连技术，因为它对设备要求低，灵活性好。这种堆叠技术被很多公司采用，包括日立、夏普、安可、英特尔和海力士。它也不仅仅应用于内存芯片，比如 DRAM、SRAM 和移动电话的快速 EPROM，它同样应用于逻辑和内存芯片中异质芯片的堆叠。

引线键合堆叠经常应用于同样尺寸的芯片或底部是较大芯片的金字塔结构或者悬挂堆叠结构中，如图 3.19 所示[22]。金字塔形堆叠是最流行的芯片排列方式，因为对小芯片与大芯片之间的引线键合能非常方便地进行。悬挂堆叠方式中，需要垫片或者旋转的芯片保证清洁，使引线键合能够进行。应用引线键合需要采用合适的参数，如芯片厚度、垫片厚度、芯片悬挂、划片堆叠次序、引线长度、引线轮廓以及芯片上焊盘的位置。图 3.20 展示了几例堆叠芯片的引线键合。图 3.20（a）中，四个芯片和一个硅衬垫堆叠在一起[23]，展示了金字塔和垂直混合堆叠的外形图。图 3.20（b）显示了一种能够堆叠 20 个内存芯片的高级引线键合技术，单一厚度为 $25\mu m$，使总的堆叠高度保持在 $1.4mm$ [24]。

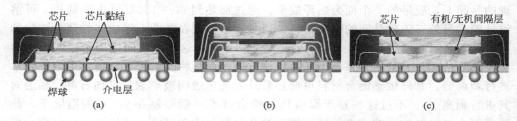

图 3.19　堆叠引线键合的外形图
（a）金字塔形堆叠；（b）、（c）垂直堆叠；（c）中芯片的尺寸一样，而（a）和（b）中不一样

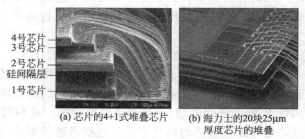

(a) 芯片的4+1式堆叠芯片　　(b) 海力士的20块25μm
　　　　　　　　　　　　　　　　　厚度芯片的堆叠

图 3.20　堆叠芯片的引线键合

早期引线键合堆叠芯片的发展是应用于低成本内存芯片。但是这种技术已经延伸应用到逻辑和内存芯片堆叠上。图 3.21 显示了一块逻辑 IC 与两块内存芯片堆叠的引线键合[25]。这种装配技术与内存芯片堆叠相似。但是也有一些重大的区别和挑战，包括：

• 逻辑芯片装配的复杂性导致内部互连层的增加，从而引入了新的开片和堆叠工艺。

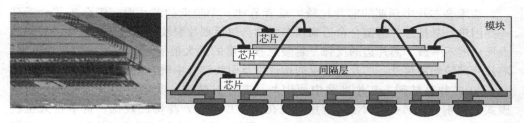

图 3.21 英特尔的堆叠 SIP 逻辑-内存芯片
[由一个逻辑划片（顶部的划片）和两个内存划片组成]

- 由于逻辑处理器的高 I/O 数导致需要高密度的基板去传输所有的信号。
- 堆叠大量不同的硅芯片导致集成硅和封装的应力。

这种混合式的芯片堆叠与单芯片封装比较，引线键合需要更多地考虑键合材料和工艺过程，比如黏结剂、垫片、模塑材料以及电学路径变更。

① 堆叠芯片的引线键合　引线键合应用于堆叠芯片中由于受到高度限制以及增加的堆叠外形的复杂性，使其遭遇一些独特的挑战。由于芯片厚度的减小，不同的引线环层之间的空间也相应降低。较低层的引线键合环的高度需要降低，以避免不同环层之间引线的短路。顶层环也需要降低，以避免使露出的引线伸出到模塑复合物之外。器件环高度的最大值不能高于芯片的厚度，这样才能保证环层之间最佳的空隙。

引线可以采用正向或反向的方式键合，如图 3.22 所示，两者都有各自的长度限制。正向键合是一种传统的方法，它能够处理长的引线，并具有高的装配速度。键合从芯片到基板终端［图 3.22 (a)］。这种键合的缺点是引线环高于硅，增加了整个封装体的厚度。反向键合或者针脚高度键合，引线从基板键合到芯片，使得硅上形成的环较低，基板上形成的环较高［图 3.22 (b)］。这种结构允许多个引线支架存在，能形成更多的引线到引线的空间并减小封装体厚度。反向引线键合工艺的缺点是制造工艺相对比较耗时。图 3.23 显示了一个四芯片的堆叠，其中第二个芯片含有一个正向的键合引线，顶部的芯片则采用的反向引线键合。堆叠芯片的顶部采用反向引线键合能够减小整个封装体的厚度。

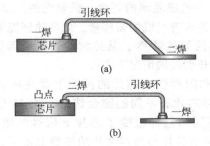

图 3.22 堆叠芯片的 (a) 正向和 (b) 倒转引线键合

图 3.23 引线键合环的高度轮廓

当堆叠芯片中顶部的芯片比较大或者悬挂一个较低的芯片时，键合工艺会遇到一些困难。悬挂芯片的键合会遇到很多困难，包括划片裂纹、引线环的破坏、焊料凸点形成的不一致、芯片边的反弹。封装悬挂长度的最大值受到其应用、芯片的厚度、芯片背部缺陷的尺寸、芯片附着层的特性以及引线键合中键合力等因素共同的影响。

② 芯片黏结剂　芯片堆叠中使用两种芯片黏结剂：非导电环氧（NCE）和薄膜式黏结剂（FA）[27]。NCE 应用于现在的芯片键合，花费比较低，资本投入也较低。其工艺弱点在于空隙的控制、切片的覆盖、环氧键合层厚度的控制、芯片倾斜等，这些是影响芯片堆叠成功的所有关键因素。另外，树脂的渗出还会污染芯片-键合焊盘，并加大引线键合的难度。换个角度说，芯片堆叠中联合应用 FA 与 NCE 技术能够处理上述工艺问题。由于在尺寸相似的芯片堆叠中树脂渗出是主要问题，使 FA 成为唯一的选择。另外，FA 提供了统一的键合层厚度，不会有空隙并能够 100% 地覆盖所有边。FA 还能够吸收划片之间的应力。但是它的技术需要初期的资本投入，进行晶圆背面的叠层与贴片机的调整，还需要较高的材料成本。对高质量堆叠芯片逐渐增加的需求能够抵消掉这些额外的成本。

③ 间隔层技术　堆叠不同尺寸的芯片时，当顶部芯片的尺寸大于或等于底部芯片的尺寸，需要在它们之间放置间隔层，这样能够避免引线受到损坏。大量不同材料的间隔层得到了应用，包括硅、黏结膏以及厚带。每一样都存在优点和缺点。硅由于有好的普适性、设备简单和高性价比而受到广泛应用。但是它有更多的工艺步骤。带垫片球的环氧需要较少的工艺步骤，但是会有较多的环氧渗出。胶带不存在渗出，但是成本更高。带垫片球的环氧适合用于芯片厚度小于 $100\mu m$ 的情况，因为它使芯片上部的悬垂距离最小化，从而使引线键合能够进行[28]。间隔层的应用影响了模盖的厚度和整个封装体的高度。控制引线环高度和模塑流动的工艺性决定了间隔层的厚度。大的模塑空隙与封装高度的减小化趋势相背离。选择一个合理的间距对于模塑复合物的流动非常重要，因为在模具腔中模塑复合物都是湍流流动。

④ 成形　堆叠芯片中引线键合导致的引线密度和引线长度的增加使得模塑成形相对于单芯片封装更加困难。不同层的键合引线环遭受着大量的不同阻力的作用，导致引线偏移量形成差别。这种情况增加了引线短路的可能性。另外，各种芯片元件之间的空隙使得模塑工艺中无孔隙形成平衡流动更加困难。与门设计、布线优化一样，模塑料的开发和选择必须满足使得模塑达到更好的成品率的要求。低黏性的模塑料、含小尺寸填料的模塑料以及低的模塑流动速度能改善引线的偏移量。侧环轨迹能够通过引线在预测偏移方向上的预变形而减小成形的偏移量[26]。从传统的底栅到顶部中心浇口的设计改变能减小引线偏移量，特别是长引线的情况下[29]。

⑤ 电路布线考虑因素　通常，DRAM 和闪存仅在芯片的两面上存在内部互连，以此分离出地址和数据总线。另外，内存芯片有不同的键合选择，如 16 位或 32 位，也可以选择单面或双面键合。这种不同的选择改变了芯片上信号的顺序，要求必须在堆叠芯片引线键合中进行设计。逻辑芯片与内存芯片的堆叠也要考虑电路路径。通常在逻辑 IC 的一侧为闪存总线，另一侧为双数据速率（DDR）总线，其与外部的 DDR 总线及双面的闪存进行堆叠，这种焊盘位置的极大差异导致了基

板布线和集成变得更加困难。

为了使芯片堆叠更加高效，不同芯片焊盘环的顺序应该能允许键合引线在键合指针上具有最小的重叠和交叉。通过简化互连方法，保证了可堆叠性、可布线性、最好的电性能和最低的成本。这套方法应该能使多条引线键合在同一个键合焊盘上。当两路或多路信号只需要一个键指时，键指数减少使得基板布线更加灵活。

（3）倒装芯片堆叠

芯片堆叠中除引线键合互连的另外一个技术是倒装芯片。倒装芯片已经应用了30 多年，它通过减小芯片与系统间电互连的长度，允许更高数量的互连，以及充分利用芯片的整个面积，来增加芯片的电性能。倒装芯片的互连同样应用于芯片堆叠，或是全用倒装芯片，或是作为引线键合的一个补充。这种堆叠技术可能的应用是高性能的工作站、服务器、数据交换产品、互联网路由器或者其他高频器件和RF 系统。

倒装芯片和引线键合堆叠。倒装芯片互连可以与引线键合一起应用于堆叠芯片。倒装芯片的布局可能应用于上部芯片或者下部的芯片（图 3.24），这取决于设计的意图。顶部芯片的倒装消除了与基板互连的长引线［图 3.24（a）］，同时底部芯片直接在基板上的倒装使得芯片工作更加高速［图 3.24（b）］。

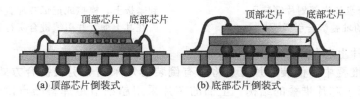

图 3.24 两种不同类型的混杂堆叠芯片

堆叠芯片中顶部芯片的倒装是为了芯片-芯片间的通信。如图 3.25（a）所示，芯片间倒装芯片互连提供了倒装芯片技术的传统且内在的优点，比如高频工作、低的寄生效应、较小的封装尺寸具有高的 I/O 密度。另外，通过减小长互连线的跨度缩短互连，使得器件更加小型化，长互连线可能应用于键合顶部的芯片。对于这种类型的堆叠芯片，底部芯片同时需要引线键合和倒装芯片焊盘，如图 3.26 所示。在这种堆叠中，底部芯片首先贴装在基板上并用引线键合与之互连。然后顶部芯片面朝下贴装在底部芯片的上表面上。如图 3.25（b）所示，两芯片间采用倒装芯片

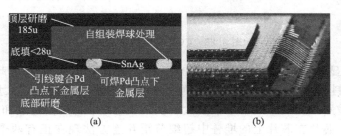

图 3.25 （a）倒装芯片结构中两个通过微米凸点面对面进行互连的芯片。
（b）堆叠中底部芯片与基板采用引线键合进行互连

互连进行堆叠，底部芯片与基板间采用引线键合实现互连。

图 3.27 显示了堆叠芯片中底部芯片的倒装键合[32]。在这种堆叠中，底部芯片能在高的 I/O 数下快速工作。这种堆叠技术通过将基板的密度重新分配到两个不同的区域：倒装芯片里划片下的区域，后为芯片引线键合的区域，同样能够降低基板上同一集中区域上键指的拥挤程度。这种堆叠技术已经发展应用到未来下一代手机或其他的延伸产品上。

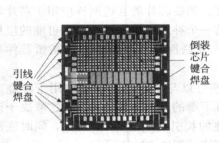

图 3.26　倒装芯片中底部划片的
键合盘和底部划片倒装后
的堆叠键合引线[31]

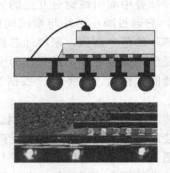

图 3.27　混杂芯片堆叠，DSP 倒装连接
到基板上，模拟或记忆芯片直接堆叠
在其上面，并引线键合实行互连

（4）芯片上芯片（COC）堆叠

在芯片堆叠中，倒装芯片互连将所有倒装芯片采用非引线键合方式进行连接。图 3.28 显示了芯片堆叠的结构，上面的芯片采用超细节距焊料凸点倒装键合到基础芯片上，基础芯片同样采用倒装方式键合到封装基板上。这种方法使得拥有大量 I/O 数的堆叠芯片能进行互连，还能极大提高芯片间的数据传输速度。

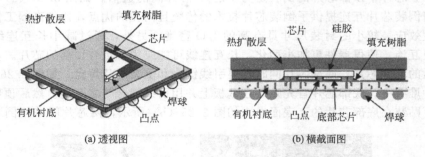

(a) 透视图　　　　　　　　　　　　　(b) 横截面图

图 3.28　COC 堆叠的示意图

图 3.29 显示了基础芯片包围着的上部芯片，它们之间采用超细节距（约 $30\mu m$）的焊料凸点进行芯片到芯片的互连。在这种芯片堆叠中，大量的焊料凸点使得数据传输路径变短，这对于堆叠大规模集成电路芯片的高速度和宽频带数据传输至关重要。芯片在芯片上的堆叠中超细节距互连方法现在正有两个方面的进展。运用融化焊料注入技术形成微米级焊料凸点的方法制造小的焊料球[33]。熔结技术同样可用来得到细节距凸点连接，并具有高的可靠性和无需回流的无铅焊料技术的

低损伤性，这种技术同时采用了加热和压力来进行[34]。

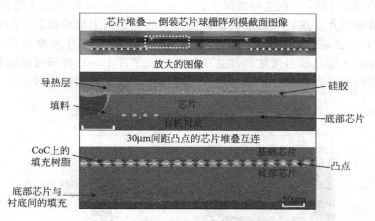

图 3.29 芯片在芯片上的堆叠中采用 30μm 节距凸点互连的横截面图

（5）侧面端接堆叠

侧面端接堆叠需要在芯片上进行金属重新布线，以提供与外界进行电互连的边键合盘。芯片堆叠后，互连这些边键合盘就能提供堆叠芯片间的垂直互连。在这种边终止型堆叠方法中依据边的互连有三种情况：金属化，导电聚合物，焊料。

金属化堆叠。裸芯片的堆叠可以采用淀积在堆叠芯片一侧的金属迹线进行互连。图 3.30 显示了一个欧文传感器公司发明的采用边金属化的 19 层闪存芯片[35]。图 3.31 显示了这种芯片堆叠方法的流程图。先在晶圆级别重新布置芯片焊盘，然后晶圆被减薄，并在薄晶圆背面淀积一层钝化层。从晶圆上分解出单个芯片，并将这些裸芯片一个一个地堆叠起来。如要对于堆叠芯片的边进行终止互连，则需要对堆叠芯片的侧边进行抛光。然后再在所有堆叠芯片

图 3.30 通过边金属化
的闪存堆叠芯片[35]

的抛光侧壁上淀积一层钝化层，并在钝化层上根据电互连焊盘的需要进行开口。最终，堆叠的垂直互连芯片可以通过在侧壁上淀积金属层进行电互连。最后将堆叠集成到基板上。

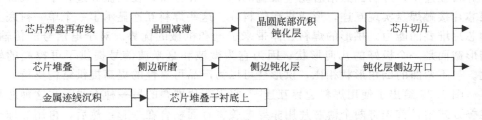

图 3.31 侧面金属化的芯片堆叠的工艺流程

这种金属化堆叠方法最初是研发用来堆叠同尺寸的硅芯片。但是随后也应用到不同尺寸的芯片上[36]。在这种情况下，生成一个与标准晶圆同尺寸的模塑料基体，在其中磨进薄芯片。这种号称新的晶圆能跟普通硅晶圆上堆叠裸芯片的过程一样进行加工。图3.32显示了不同尺寸芯片通过边金属化进行芯片堆叠的截面图。边金属化将所有输入输出信号传输到堆叠顶部的帽式芯片上。这种新式晶圆的堆叠允许异构芯片进行堆叠，能够轻松适应芯片尺寸的变化且无需大量的再加工。

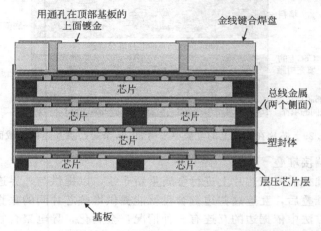

图3.32　通过边金属化的不同尺寸和型号的芯片堆叠的截面示意图[36]

（6）采用导电聚合物进行堆叠

边金属化垂直互连的堆叠芯片同样可以用导电聚合物进行互连。金属导电物从重新布线的芯片焊盘进行延伸，比如键合引线或者键合带，嵌入到导电聚合物中，如此为堆叠芯片之间提供电互连，如图3.33所示。通常，边金属化的过程需要光刻工艺，以获得堆叠芯片侧壁小面积上所需的金属化图形，包括使用光刻胶材料、曝光、显影、金属刻蚀、去除光刻胶等过程。这种边互连应用的导电聚合物能够消除芯片堆叠过程中的光刻工艺步骤。典型的导电聚合物可以由导电环氧添加金属粒子（如银或金粒子）而形成[37]。

（7）边焊料互连的堆叠

焊球或凸点已经广泛应用于电子元件之间的机械和电互连上，包括芯片、功能模块和基板等。图3.34显示了芯片在底部基础芯片上边装配的焊料互连[38]。在这种焊料互连中，焊料凸点沿着垂直放置的芯片边界分布，在回流焊过程中与底部基层芯片接触焊盘实现互连，形成拱形焊料柱。这些焊料互连显示了一个单一衬底上的芯片堆叠的能力。拱形的焊料柱体带来了电和机械的优势。对于电信号的传输，圆形截面是一个极好的几何形状，因为它为微波和毫米波信号提供了可控制的转化。与不弯曲的倒角形状相比，拱形柱可以为产品可靠性的提高提供结构支持。

图3.35给出了使用焊料边界互连[39]实现芯片堆叠的另一种方式。在这种芯片堆叠方式中，首先将两个薄芯片用非导电胶将背面粘合在一起；然后，再用焊球或凸点连接这些芯片外表面的焊盘实现堆叠。对于外部的电互连，这些周边的焊料凸

点也提供了键合点。有两种不同的芯片堆叠结构：凸点上引线（WOB）和柔性面上凸点（BOF）。前者堆叠芯片通过焊料与金、铜等金属线键合形成电互连。后者，则是通过铜线和焊盘形成的柔性电路实现垂直互连。与引线键合相比，这些新的三维芯片堆叠技术实现垂直方向上缩短信号路径，具有不限芯片数量的三维可堆叠性。另外，通过薄膜无源元件和芯片堆叠的嵌入，BOF 柔性电路可以实现更多元件的集成。

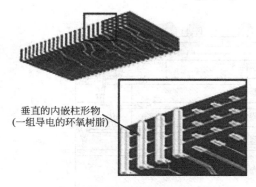

图 3.33 用于芯片堆叠的导电环氧树脂的垂直互连过程[37]

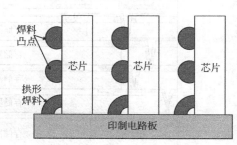

图 3.34 用拱形焊料柱互连的芯片堆叠

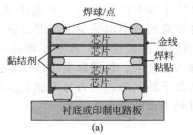

(a)

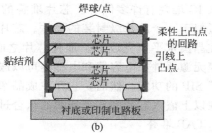

(b)

图 3.35 （a）WOB 和（b）BOF 实现三维芯片堆叠的截面示意图

（8）嵌入式 IC 堆叠

嵌入式 IC 堆叠能够将芯片嵌入到基板或堆积层中，具有小型化、高性能和多功能等优点，进而得到广泛关注。嵌入式 IC 技术的细节见第 7 章。这种技术已应用在芯片堆叠中。图 3.36 和图 3.37 分别显示了两个嵌入式 IC 堆叠，其是为综合逻辑存储功能、堆叠存储器而设计的。嵌入式 IC 堆叠概念使用一个带有大芯片的硅晶圆作为基板。在这个晶圆上，完全处理过的薄的 IC 通过黏结剂贴到其背面上。然后，堆积层互连在芯片和晶圆顶面进行处理和实现，包括保证贴装的薄芯片平坦的绝缘聚合物的涂覆，制作通孔、金属化填充通孔和薄膜金属布线。薄 IC 的贴装和叠加过程可以重复进行，一直达到堆叠所需芯片的数量。一旦芯片堆叠过程在晶圆上完成，晶圆将会被切成单个的堆叠模块。最终，用焊料凸点把堆叠单位贴装在基板上。

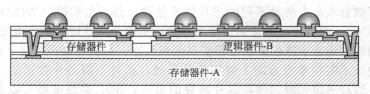

图 3.36　用于高端应用的嵌入集成电路堆叠，在这个集成电路中，
两个逻辑设备被相互堆叠放置，边上放置一个存储芯片[40]

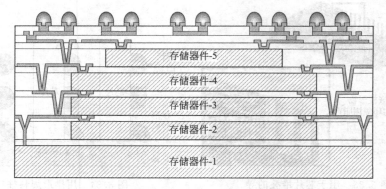

图 3.37　一个 5 层、高容量存储器的嵌入式芯片堆叠，
带有 4 芯片堆叠在基准面存储芯片的顶部[40]

　　嵌入 IC 堆叠有许多优势。芯片堆叠的尺寸等于或稍微大于堆叠中底部芯片，其大小近似于一个芯片级封装的尺寸。芯片堆叠的成本也减少了，因为所有堆叠过程都是在晶圆水平上完成的。堆叠芯片之间的互连长度短，改善了堆叠中的电性能。薄膜无源器件如电容器和电感等可以嵌入组合层，然后集成在芯片堆叠中，这样增加了 SIP 的功能。然而，它存在成品率低下的隐患，因为每个加工步骤的成品率损失在以上嵌入芯片的几个连续的组合过程中逐渐累积。

　　（9）TAB 堆叠

　　除了引线键合和倒装芯片键合以外，载带自动键合（TAB）已经成为实现芯片、基板互连（第一级互连）中最常见的一种技术。它是以金属化的柔性聚合物载带的使用为基础。在载带自动焊中，刻蚀的金属引线一端和芯片键合，另外一端和基板键合。由于它的几个优点包括处理芯片上小的键合焊盘和微小引脚的能力，不需要大引线环，对于薄封装实现低位互连，改善的热传导，在器件交托前可实现载带上烧焊的能力，所以在芯片堆叠中得到了应用。TAB 芯片堆叠方法进一步划分为 PCB 上堆叠 TAB[41]和引线框架上堆叠 TAB[42]，分别如图 3.38（a）、图 3.38（b）所示。图 3.38（a）显示了有内部 TAB 引线键合的芯片，这些芯片先被堆叠，然后这些堆叠芯片所有外部的 TAB 引线被键合到 PCB 上，实现印制电路板焊盘与堆叠芯片的电互连。另一方面，如图 3.38（b）所示，芯片首先通过 TAB 贴装于引线框架的两个面上，然后将这些引线框架键合在一起，最终建立芯片堆叠结构。

　　然而，各种不同的问题导致 TAB 技术在芯片堆叠中的应用受到了限制，其包括大 I/O 导致封装尺寸的增加，互连长度长、TAB 生产设备少，还需要额外的晶

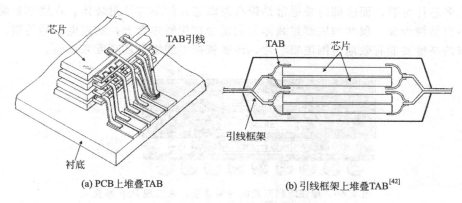

(a) PCB上堆叠TAB

(b) 引线框架上堆叠TAB[42]

图 3.38　两种 TAB 键合堆叠芯片的方法[41]

圆生产工艺来形成凸点以配合 TAB 技术的应用。

3.3.3　封装堆叠

芯片堆叠具有小形状因子、高性能和低成本等诸多优点，但它也面临着一些挑战，包括在堆叠前缺乏芯片可测性，堆叠工艺成品率更低，集成异构芯片比较困难。通过采用封装堆叠技术，则可解决这些问题。因为独立芯片是预封装的，可得到供应，可测试，可独立生产，并且一旦测试通过就可以组合封装。封装堆叠具有很多不同的实现方式，例如 PoP、PiP、FSCSP。

（1）封装上封装（PoP）

PoP 由单独封装好的芯片构成，可以在一个现有的封装顶部直接堆叠另一个封装体。图 3.39 显示了一个 PoP 的最初结构，通过侧面端接实现互连，与芯片堆叠相似。在堆叠封装体的侧壁，使用导电环氧树脂［如图 3.39（a）所示］[43]，或者分布金属迹线［如图 3.39（b）所示］[44]。

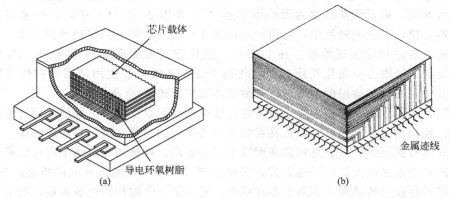

(a)　　　　　　　　　　(b)

图 3.39　最早的 PoP 结构，使用（a）导电聚合物[43] 和（b）金属迹线[44] 的侧面端接互连方法

然而，如今的 PoP 结构与如图 3.40 中所示的结构更像。堆叠封装叠层通常是通过焊球连接，提供间隙的同时实现电气互连。这种 PoP 已被认为是移动应用封装设计中的一种突破（图 3.41）。在典型的 PoP 中，顶部封装是堆叠着闪存、存储

器的多芯片封装，而底部封装通常是带有逻辑芯片的单芯片封装体。在底部封装的前端有接触焊盘，顶部和底部封装体分别键合在接触焊盘上，实现电信号传递。焊料球的高度要能有效地包围逻辑芯片，还要依据引线键合环高度来调整。

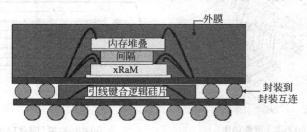

图 3.40　球栅阵列互连的封装叠层，来实现 PoP 堆叠

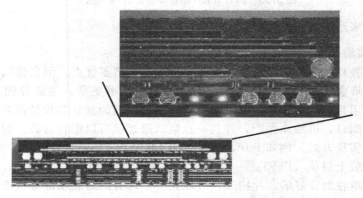

图 3.41　一个手机上的四芯片 PoP 的横截面[45]

图 3.42 显示了 PoP 堆叠结构的变化。图 3.42（a）显示它通过非常短的互连实现堆叠。用于封装互连的焊球被植入到衬底中，并且芯片焊盘通过电镀直接与基板迹线互连，后者常常被称为无凸点互连[46]。在图 3.42（b）中，芯片通过聚合物材料注模，在注模过程中，电信号通过通孔从芯片前端引到模塑料的背面。这些塑封模块通过焊球实现堆叠。在 PoP 中，这种方式可实现阵列互连[47]。图 3.42（c）显示了使用边金属化互连的现代化的 PoP。这种封装使用薄柔性膜作为转接板，其中，在封装叠层侧壁通过激光刻蚀图形化形成镍-金迹线[48]。

PoP 的优点之一是每个单独封装在它被堆叠前可以作为一个球栅阵列封装进行测试。换句话说，采用已知的优良封装来准备最终的封装，可以提高成品率。该堆叠方式具有扩展性。只要总封装高度满足产品要求，堆叠的封装体个数可以超出两个。PoP 技术提供大量的互连方式，实现不同尺寸和功能的芯片间的堆叠。然而，这种技术存在一些缺点。相对于芯片堆叠，它需要一个附加的封装基板，增加了封装总高度，并且由于互连方法的限制，其尺寸相对较大。

（2）封装内封装（PiP）

PiP 与 PoP 很像，但是 PiP 是将测试过的封装体通过倒装、堆叠方式封装到基板上，然后通过引线键合进行连续的互连，如图 3.43 所示。在 PiP 结构汇总中，

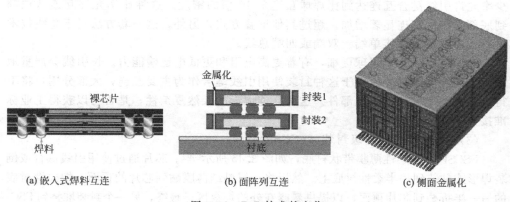

图 3.42 PoP 技术的变化

(a) 嵌入式焊料互连　　　(b) 面阵列互连　　　(c) 侧面金属化

顶部为工业标准的无焊球的存储器封装。这个封装被翻转并堆叠到已键合的底部基板的逻辑芯片上；顶部封装基板的背面有暴露着的焊盘，其可与底部封装直接进行引线键合；最后，注模包覆整个封装。如图 3.44 所示，为封装着 ASIC 芯片和堆叠存储芯片的 PiP 结构[49]。

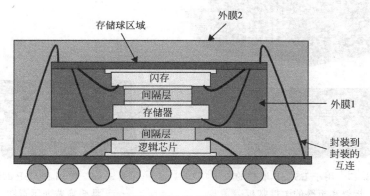

图 3.43 使用引线键合互连的封装内封装的横截面示意图

图 3.44 使用 ASIC 芯片（底部封装）和堆叠的存储器（顶部封装）的封装内封装横截面[49]

　　这种方法允许先测试每个封装体以保证最终产品的成品率，这与 PoP 技术优势一样。此外，它还有别的重要优势。首先，顶部封装可以是作为唯一区别暴露的引线键合焊点的工业标准封装。由于引线键合互连，PiP 比竞争的 PoP 稍厚一些。注模后的引线键合比焊球互连更安全，因为焊球可能在应力下开裂。互连尺寸在 xy 平面也更小。焊球具有 $300\sim400\mu m$ 的直径，而引线键合更接近 $25\mu m$。这一减少率允许引线键合互连达到比焊球互连多 10 倍的密度。这种比率允许互连从顶部到底部封装的互连显著增加，超过其他堆叠方式。另外，这一套方法对于总线技术也不敏感。可以连接单端、双端或四端总线。

然而，引线比起焊球更细，有着更高电阻和更低电运输能力。长引线会严重地影响高频性能。另外，由于这种封装使用引线键合作为主要互连，大部分用户将不得不购买一个完整的系统部件。这种互连成形的天然复杂性，是否可以获得工业标准接口是值得怀疑的。

（3）折叠-堆叠芯片级封装（FSCSP）

FSCSP 使用柔性薄膜带状衬底，如图 3.45 所示[50]。芯片通过使用引线键合或倒装焊形式贴装到一半柔性衬底上。然后将一层黏结薄膜贴到芯片的顶面，把柔性衬底的另一半折叠到芯片顶面，以提供暴露在外的焊盘区。最终，另一个封装堆叠到 FSCSP 封装体上。图 3.46 显示了底部堆叠着 FSCSP 的封装。代替 FSCSP 中的单芯片，多芯片也可安装在柔性衬底上，如图 3.47 所示[51]。折叠衬底可形成堆叠封装结构。

图 3.45　用于 FSCSP 堆叠的未
折叠和折叠的柔性基板

图 3.46　使用 FSCSP 的封装
堆叠横截面示意图

FSCSP 堆叠具有易测性、柔韧性及类似 PoP、PiP 的更高的成品率等优势。它的平面尺寸仅仅比堆叠中最大芯片稍微大一些，因为它不需要为 PoP 中的焊球和 PiP 中的引线键合提供额外的封装面积。另一个优点是通过使用柔性载带增加了布线密度，因为柔性载带衬底加工允许比印制电路板更细的线和空间。

然而，若要得到广泛应用，必须先解决一些问题。其中一个是双面载带衬底的可用性和成本问题，由于它牵涉到附加工艺步骤和不同的生产线，增加了额外的成本。另一个问题是预封装芯片上的总线信号布线。FSCSP 的设计通常包含逻辑芯片。这要求逻辑芯片应该有单端总线，以便于在折叠边周围布线实现其与顶部封装的互连。一个两端甚至四端总线的逻辑芯片设计不适合这种封装类型，因为封装设计者想要利用 IC 所有四边，以便在最小面积中提供最多的互连。最后的问题是折叠衬底与电气布线的协调有关。衬底是固定的宽度，差不多等于芯片的宽度，这限制了布线到顶部封装的信号容量的总数。受限于衬底线和空间设计规则以及电气防护层和功率传输的要求，这个可能就更成问题了。图 3.48 显示一种 FSCSP 堆叠的结构。折叠在芯片侧面的柔性衬底可以改善 FSCSP 堆叠中芯片和衬底的电气布线[52]。

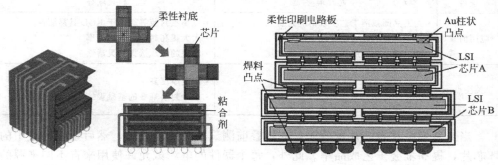

图 3.47 贴装在柔性衬底上
的多芯片 FSCSP[51]

图 3.48 日本电气公司研发的
FSCSP 结构的变化[52]

表 3.1 比较了 3 种封装堆叠技术——PoP、PiP 和 FSCSP。

表 3.1 3 种封装堆叠技术的比较：PoP、PiP 和 FSCSP

项目	PoP	PiP	FSCSP
测试和成品率	存储筛选能力	存储筛选能力	存储筛选能力
大小和厚度	更厚封装，小 xy 尺寸	更厚封装，小 xy 尺寸	更厚封装，小 xy 尺寸
硅片总线结构	4 侧面要求互连	1 或 4 侧面可能	仅仅 1 侧边（折叠边）
封装到封装连接	大量的连接但增加了封装尺寸	大量，仅仅受到引线键合节距的限制	150，受到电源和接地比率以及折叠尺寸的限制
设计复杂性	最简单，2 个键合壳，好的球栅阵列互连，大衬底	与芯片堆叠相比不太复杂；需要专用的设计工具	比芯片堆叠更简单，但一侧面折叠使设计复杂
扩展性	通过增加 xy 尺寸而有更多互连，BGA 节距减少，并且 z 高度堆叠	随着增加的封装，没有扩展性，但更多有能力封装到封装互连	在 z 方向堆叠 2＋封装到封装上
机械可靠性	更柔性封装，由于多互连	刚性，由于带有单互连，附加厚度硅划片	更柔性封装，由于多互连
电性能	比芯片堆叠更长痕迹长度，由于更大 xy 封装尺寸	更短痕迹长度，除了芯片堆叠，长封装到封装引线	在要求壳体的折叠周围痕迹长度长

3.3.4 芯片堆叠与封装堆叠

表 3.2 比较了芯片和封装堆叠的大量封装参数。能在尺寸和芯片大小基本相同的封装体上堆叠芯片的技术在系统集成、性能和成本等方面具有很多优势。即使堆叠本身携带附加成本，但由于其减小了基板和其他相关成本，所以带来了系统级别的成本节省。另一个优势是可使用已有的基础设施实现芯片堆叠工艺。芯片堆叠成品率主要取决于已知优良芯片（KGD）的可用性。是否能以晶圆形式获得 KGD 是芯片堆叠中的一个关键问题。现在不存在没有 KGD 问题，所以芯片堆叠已成为获得高成品率的存储芯片的有效堆叠方法。然而，关于芯片堆叠仍然存在担心，包

括：可测性差，当堆叠大量芯片时成品率低，异构芯片的堆叠（逻辑 IC 和内存）灵活性差；进入市场耗时长。封装堆叠解决了其中部分问题。

表 3.2　芯片堆叠与封装堆叠的比较

项目	芯片堆叠	封装堆叠
应用前景	· 先进晶圆减薄工艺实现薄的封装 · 可用现有的表面贴装线基础设施 · 通过最小化衬底消耗以减低成本	· 在单独封装等级对于 KGD 具易测性 · 大大提高封装堆叠成品率 · 堆叠的芯片选择具灵活性
关注点	· 高成品率要求 KGD · 单源产品 · 堆叠器件需要新的研发工作	· 封装厚度高 · 缺少封装堆叠的基础设施

当封装堆叠代替芯片堆叠时，在堆叠前测试芯片是可能的，然后剔除堆叠中的坏芯片，提高堆叠工艺成品率。此外，每个器件的电测试允许使用来自不同来源的大规模集成电路芯片。它能够方便地调节芯片尺寸和设计而使得产品升级具有灵活性。这使得在解决成品率问题时，内存和逻辑器件能够分别从不同的、甚至竞争的供应商处获得。在芯片堆叠中，当一个新的芯片尺寸和焊盘位置布局发生变化时，可能要求封装、组装过程、甚至系统板进行大量的重新设计以适应变化。此外，系统设计者注意到了封装堆叠可提供应对新应用和后代的产品进行再使用的平台。因此与芯片堆叠相比，它可以提供更好的市场投放时间。然而，由于封装中转接板和焊球的使用，导致其通常比芯片堆叠更厚。缺少用于封装堆叠的基础设施是另一个令人担心的问题。

图 3.49 为选择芯片堆叠或封装堆叠提供了一些指南。对于少数 IC 堆叠（两个或三个芯片），芯片堆叠在内存堆叠和逻辑 IC 与内存堆叠这两者上更有竞争力。对于堆叠更大数量的芯片，芯片堆叠可能对低成本高成品率存储芯片仍然具有竞争力，但对昂贵的结合了存储芯片的逻辑 IC 而言，封装堆叠绝对更可取。总之，平衡和优化成本、灵活性、性能、物理尺寸和形状以及市场投放时间，可在芯片和封装堆叠技术之间选出最佳应用解决方案。

3.4　TSV SIP 技术

3.4.1　引言

封装中三维互连的主要驱动力是：①尺寸减少，②解决"互连瓶颈"，③不同技术的异构集成，④更高电性能。作为一种不需要进一步缩小晶体管特征尺寸而能得到更好的电性能的方法，三维芯片堆叠已得到半导体国际技术蓝图（ITRS）的认同。TSV 已被确认为通过三维集成实现以上目标的主要技术之一。TSV 是一个在硅（芯片、晶圆或硅芯片载片）上钻的通孔，并填充导电材料以在模块或子系统中形成垂直电互连。TSV 贯穿硅芯片并被用以连接垂直堆叠的芯片、晶圆或硅芯片载片。

图 3.50 显示了系统集成的历史潮流导致以 TSV 为基础的三维集成。第一个二维互连是 20 世纪 80 年代通过 MCM 实现的水平互连的例子。这个满足了当时的需

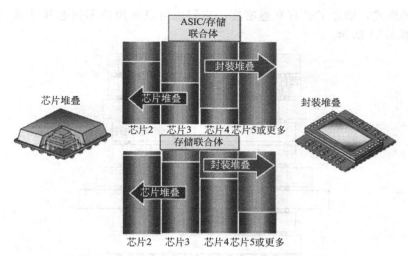

图 3.49　非 TSV SIP 解决方案的选择[53]

要，这种二维 MCM 方法的互连很长，如图 3.50 所示为逻辑和存储的芯片间的互连。MCM 衬底之间的互连长度至少有 10mm。除了长的衬底引线的延迟，在芯片-封装界面也存在电损失。MCM 在下一代技术中被 SOC 所替代。SOC 在同一个芯片中集成 MCM 的功能，消除了封装中的长互连。然而，SOC 仍然有长的全局布线，达几毫米尺度，连接了芯片上的功能块。

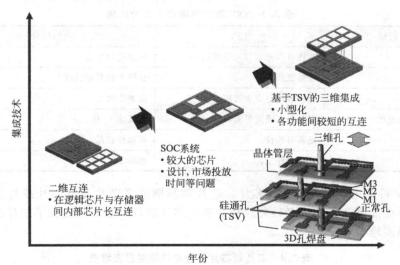

图 3.50　与多芯片模块和单片系统相比，使用 TSV 的三维集成优势
（来源：比利时微电子研究中心等）

TSV 使芯片（或晶圆）能够垂直堆叠，因此使引线长度减小到芯片厚度，目前是在 70μm 水平。存储芯片可以恰好堆叠在处理器芯片顶部以提供高速、低损失的存储-处理器接口，这是因为 TSV 垂直互连降低了寄生效应。TSV 可以开发成

面阵列的形式，增加了垂直互连密度。它们也可以被用作不同芯片技术的异构集成，如图 3.51 所示。

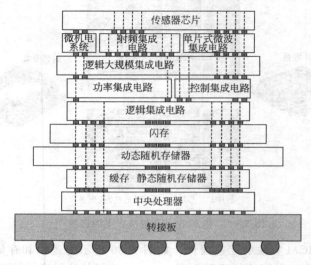

图 3.51　通过三维 TSV 技术的异构集成（来源：Zycube）

表 3.3 比较了 TSV 和传统引线键合的特征。显然，TSV 技术相对于引线键合有一些重要的优势。

表 3.3　TSV 与引线键合之间的比较

特征	TSV	引线键合
互连布置	互连可以是面阵列或周边的	仅仅周边互连
互连长度	较短互连	长得多的互连长度
电寄生效应	低得多的电寄生效应	高寄生效应
输入/输出密度	潜在的高密度可实现	更低输入/输出密度
可靠性	更高可靠性	可靠性较低
制造工艺	芯片制作工艺	封装工艺

TSV 可以用于堆叠芯片和芯片、芯片和晶圆或者芯片和硅芯片载片。它也可以用来堆叠晶圆和晶圆或者硅芯片载片和硅芯片载片。表 3.4 比较了芯片到芯片和晶圆到晶圆堆叠特征。

表 3.4　芯片到芯片堆叠与晶圆到晶圆堆叠

芯片到芯片堆叠	晶圆到晶圆堆叠
①不同尺寸芯片可被堆叠	①单独芯片尺寸必须匹配
②对准简单	②对准比较困难
③它使用 KGD 堆叠，因此成品率高	③KGD 问题造成较低的成品率
④生产量较低	④生产量比较高

图 3.52 比较了芯片到晶圆堆叠和晶圆到晶圆堆叠的产能[54]。可以看到,对于每片晶圆堆叠 1000 或更多芯片,晶圆到晶圆堆叠工艺相比芯片到晶圆堆叠有高得多的产能。然而,通常晶圆到晶圆堆叠中的成品率会低得多。

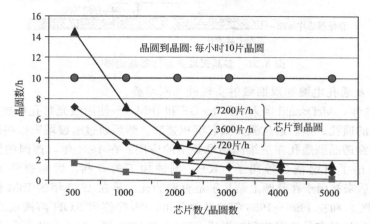

图 3.52　芯片到晶圆和晶圆到晶圆堆叠产能的对比[54]

3.4.2　三维 TSV 技术的历史演变

三维 TSV 技术发展最早可以追溯到 1971 年 2 月 Alfred D. Scarbrough 的一个美国专利[55]文件(在 1972 年 11 月份被接受),如图 3.53 所示。这个专利引入了使用穿过晶圆互连的晶圆堆叠概念。这显示了使用带载有存储芯片的晶圆和仅有互连层的晶圆交替层的三维堆叠方式。

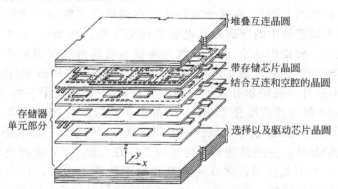

图 3.53　多晶圆堆叠的半导体存储器预想图[55]

图 3.54 为晶圆堆叠横截面示意图。存储芯片键合到芯片载体晶圆上。穿透晶圆的通孔填满了导体。可延展的接触连接了两个晶圆上的穿透晶圆的通孔(芯片载体晶圆、结合互连、间隔晶圆)。在压力和温度下进行键合,实现晶圆堆叠。

在 1980 年,GE 的 T. R. Anthony[56,57]验证了通过激光钻孔技术可在蓝宝石上硅晶圆(SoS)上得到穿透晶圆的通孔。在 1981 年,他又研究了六种不同的技术在所钻的通孔中形成导电层,并且通过插入引线、化学镀、毛细管润湿、楔形挤

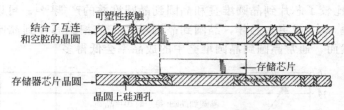

可塑性接触

结合了互连
和空腔的晶圆

存储芯片

存储器芯片晶圆

晶圆上硅通孔

图 3.54　多晶圆堆叠存储器截面图[55]

出、电铸以及通孔电镀加双面溅射实现硅晶圆堆叠。

在 1986 年，McDonald 等人（RPI、GE 和 IBM）[59]使用激光打孔形成 1~3mil 锥形穿透晶圆的通孔，然后通过激光溅射沉积金属。然后通过电镀填充这些通孔。他们考虑了这些穿透晶圆通孔在三维晶圆堆叠中的应用。在 1994 年，德国的罗伯特博世有限公司申请了电感耦合等离子（ICP）刻蚀加工的专利，后来被称为"博世工艺"[60]。它后来被用于在晶圆上钻几乎是直壁的孔。早在 1985 年的 IBM 德国制造实验室（GMTC）和在 1995~1996 年的其他公司[61,62]曾使用 KOH 溶液或乙二胺-吡嗪组合溶液的硅的各向异性湿法刻蚀形成 TSV。在 1997 年，Gobet 等人[63]使用快速各向异性等离子刻蚀以形成穿过晶圆的通孔。这种技术利用标准光刻步骤。

市场上已有不少以三维 TSV 技术推出的产品。Tre-Si 公司在 1999 年开始销售它的穿孔硅[64]。超先进电子技术协会（ASET）开发了三维芯片堆叠模块；在这个模块中，四个超薄芯片（50μm 厚）被垂直地堆叠，并用铜填充通孔以形成电互连[65]。新加坡微电子研究所（IME）在 2003 年开发了三维硅芯片载片堆叠技术（使用 TSV）[66]。在 2005 年，日立和瑞萨公司开发了另一个使用 TSV 的三维堆叠技术，使用金柱状凸点[67]。在这个方法中，室温条件下施加压力使得上面芯片的金柱状凸点与下面芯片中的穿透通孔电极实现电互连。在 2006 年 4 月，三星电子宣布它已开发了一种使用基于 TSV 三维互连技术的高密度存储芯片的晶圆级加工堆叠封装（WSP）[68]。它堆叠了八个 2Gbit 互连 NAND 芯片的 16Gbit 存储解决方案。在 2006 年 9 月，英特尔开发了一种 8 处理器[69]。它使用三维 TSV 技术直接在每个芯片的 80 核的顶部堆叠 256Kbit 的静态存储器。在 2007 年 6 月，IBM 公司宣布 SiGe BiCMOS 5PAe 技术，该技术使用穿透 TSV 用于三维堆叠[70]。

除了上述情况外，一些其他公司也积极工作在三维 TSV 集成技术领域。如美国的美光科技、太子龙公司、林肯实验室和伦斯勒理工学院；日本的日本电气公司、冲电气、艾尔皮迪亚、东芝公司等；欧洲的比利时微电子研究中心、弗朗霍夫研究院以及电子和资讯技术实验室。

3.4.3　基本的 TSV 技术

在三维集成里面有几种基本的 TSV 技术。TSV 主要有四个工艺过程：①形成通孔；②通孔填充；③带 TSV 的芯片键合；④减薄。图 3.55 更详细地描述了这四种不同的工艺过程。

（1）通孔刻蚀

在 TSV 里面，形成通孔可以采用博世的反应离子刻蚀[60]、低温反应离子刻

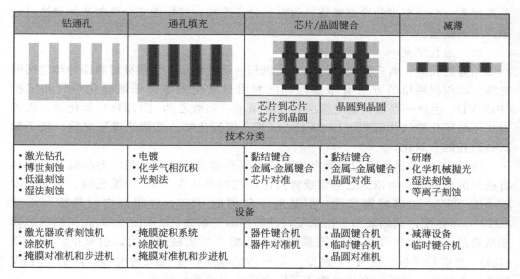

钻通孔	通孔填充	芯片/晶圆键合		减薄
		芯片到芯片 芯片到晶圆	晶圆到晶圆	
技术分类				
· 激光钻孔 · 博世刻蚀 · 低温刻蚀 · 湿法刻蚀	· 电镀 · 化学气相沉积 · 光刻法	· 黏结键合 · 金属-金属键合 · 芯片对准	· 黏结键合 · 金属-金属键合 · 晶圆对准	· 研磨 · 化学机械抛光 · 湿法刻蚀 · 等离子刻蚀
设备				
· 激光器或者刻蚀机 · 涂胶机 · 掩膜对准和步进机	· 掩膜淀积系统 · 涂胶机 · 掩膜对准机和步进机	· 器件键合机 · 器件对准机	· 晶圆键合机 · 临时键合机 · 晶圆对准机	· 减薄设备 · 临时键合机

图 3.55 不同的 TSV 工艺（由耶鲁大学发展中心提供）

蚀、激光钻孔或者是各种各样的湿法刻蚀（各向同性和各向异性）工艺。激光钻孔最早是在 80 年代中期发展起来的，前面有过介绍。图 3.56 是一些利用激光钻孔工艺形成通孔的 SEM 图片。激光钻孔由于材料的"熔化"会在 Si 上留下"斑点"。激光钻孔时，为了防止对有源器件性能产生影响，必须保证通孔跟有源器件的距离至少 $2\mu m$。通孔壁的倾角为 $1.3° \sim 1.6°$ 之间。

博世的深硅刻蚀工艺，利用钝化过程和刻蚀过程交替进行，能够形成平滑的具有垂直侧壁的 TSV。图 3.57 是博世的工艺流程和利用该工艺制作的通孔的扫描电镜图。

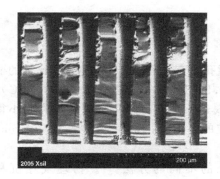

图 3.56 激光打 TSV 后的扫描电镜图

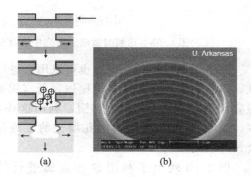

图 3.57 （a）博世工艺步骤和（b）阿堪萨斯大学利用博世工艺制作 TSV 的扫描电镜图

低温反应离子刻蚀工艺跟普通的反应离子刻蚀很相像，主要的不同是晶圆温度较低（$-110℃$），较低的温度能够减小入射离子在撞击表面后的移动性，因此能够减少离子对侧边的刻蚀。而且，刻蚀的各向异性也严重依赖于温度。因此，这项工艺需要有一个强有力的冷却系统，通常是分步冷却，这样能充分地驱散掉刻蚀过程中产生的热量。

（2）通孔填充

钻好通孔后，首先需要在通孔里面沉积一层绝缘层，提供硅材料跟导体之间的绝缘。沉积绝缘层的方法有很多，可以利用热氧化或等离子增强化学气相沉积（PECVD）生成一层氧化物绝缘层，或者采用正硅酸乙酯（TEOS）氧化物，也可以采用低压化学气相沉积（LPCVD）沉积一层氮化物。沉积绝缘层之后，接下来就是通孔的金属化。

在 TSV 技术里面可用于导电填充的材料有很多，如铜、钨、多晶硅等。铜具有很好的电导率，可以通过电镀或者膏体填充的办法在 TSV 中填充铜。对于深度较小的 TSV，能够将铜填满，但是对于较深的 TSV，硅跟铜之间热膨胀系数（CTE）不匹配的问题就凸显出来了，硅的热膨胀系数是 $3 \times 10^{-6}/℃$，而铜的热膨胀系数是 $17 \times 10^{-6}/℃$。热膨胀系数的不匹配产生机械热应力，引起层间电介质（ILD）及硅的开裂。在 TSV 侧壁上淀积的绝缘层产生很大的电容，降低了 TSV 互连的电性能。另外，利用电镀工艺完全填充大通孔相当慢。

比利时微电子研究中心（IMEC）在进行通孔填充时使用了一层 $2 \sim 5\mu m$ 厚的聚合物隔离层，只对通孔部分电镀上铜，余下的部分用聚合物填满，图 3.58 是利用这种方法进行填充的断面框架图，由于使用了低介电常数的厚隔离层，这种 TSV 的电容比较小。并且在 TSV 结构中，铜的百分比含量比较少，这样由机械热应力引起的问题也减少了。这种方法跟晶圆级封装也是兼容的。

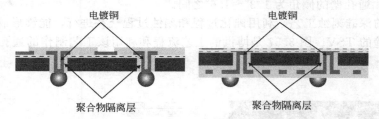

图 3.58　比利时微电子研究中心 TSV 部分填充铜工艺断面框架图[71]

除了铜以外，钨或者钼也可以用来进行通孔填充。虽然它们的电导率比铜的要低，但它们的热膨胀系数也比铜要低（钨是 $4.5 \times 10^{-6}/℃$，钼是 $4.8 \times 10^{-6}/℃$），跟硅比较接近。因此相比起铜，利用这些金属进行填充时产生机械热应力要小得多，图 3.59 就是采用钨通孔填充的三维集成的断面图，是由太子龙（Tezzaron）公司开发的[72]。

图 3.60 列出了利用这些金属进行填充的不同的方法[73]。物理气相沉积（PVD）或者溅射一般用于小孔，但是填充过程很慢，并且无法进行理想的保形填充。而激光辅助化学气相沉积（CVD）对钼或者钨进行深孔填充的速度比较快。另外还有金属-陶瓷复合材料，可以得到比较低的热膨胀系数（远小于 $16 \times 10^{-6}/℃$）。而要填充高深宽比（>5：1）的盲孔很困难，需要有特殊的工艺。图 3.61 展示了用这种方法制造的不同 TSV[74] 的扫描电镜图。

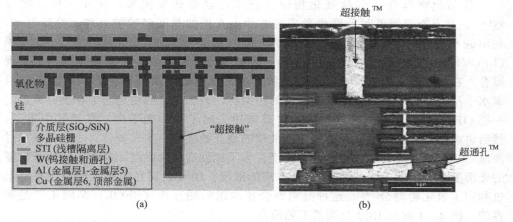

图 3.59　(a) W 填充 TSV 三维集成断面示意图和 (b) 利用太子龙公司三维工艺平台制作的晶圆内互连的扫描电镜断面图，显示分别是 W 超接触和 Cu-Cu 的超通孔[72]

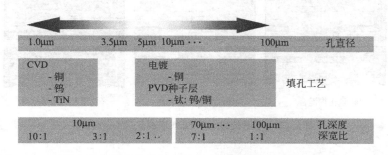

图 3.60　不同直径及深宽比情况下的各种填孔技术（来源：Fraunhofer)[73]

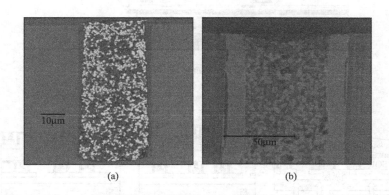

图 3.61　(a) 小的铜-陶瓷填充通孔和 (b) 部分铜电镀的混合填充通孔[74]

（3）晶圆键合

芯片-晶圆、芯片-芯片或者晶圆-晶圆之间的键合方法有很多，从文献中看主要可以分为三类：硅氧化物（SiO_2）熔融键合、金属-金属键合以及聚合物黏结键合。金属-金属键合又可以分为两类：金属（主要是铜）熔融键合和金属共晶键合，比如说铜锡共晶。图 3.62 描述了三种不同的键合方法。

① 氧化物键合 多种氧化物键合技术已经被研发出来，比如在林肯实验室[75]。具有有源器件和一层或者多层芯片上互连的晶圆经过前处理，然后对准，利用硅氧化物实现键合。被键合的晶圆覆盖有一层通过低压化学气相沉积（LPCVD）生长的低温氧化层（LTO）。表面抛光到粗糙度小于 0.4nm。为了实现键合，在两晶圆表面上都必须存在高浓度的 OH 基团，所以需要把晶圆放入到双氧水中浸泡，一方面是去除晶圆表面的污染物，另一个目的就是为了在表面覆盖上一层 OH 基团。经过这样处理后，将晶圆用去离子水冲洗干净，在氮气中甩干。然后将两晶圆对准，通过在晶圆中间部位的最开始接触，实现键合。之后可以通过高温处理生成共价键来提高键合的强度。为了达到高键合强度，晶圆表面原子尺度的光滑度是必需的。图 3.63 是这种方法的框图。IBM 公司在它的三维集成平台上也利用了氧化物键合[76]，这种晶圆键合技术跟后端互连（BEOL）晶圆工艺是兼容的。图 3.64 就是 IBM 公司的工艺流程。

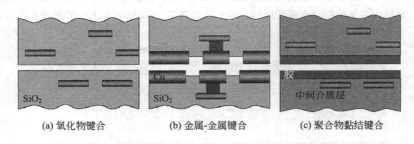

(a) 氧化物键合   (b) 金属-金属键合   (c) 聚合物黏结键合

图 3.62 不同的键合方法（来源：P. Garrou.）

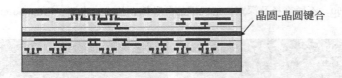

图 3.63 氧化物晶圆键合断面图[75]

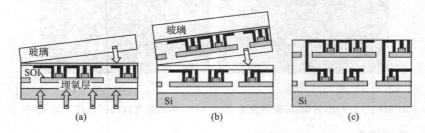

(a)   (b)   (c)

图 3.64 IBM 公司利用氧化物键合的后通孔三维集成技术

② 金属-金属键合

a. 铜锡共晶键合。硅的三维集成，经常利用像锡这样的低熔点金属的扩散或者焊料熔化来进行键合。将带有铜凸点的垂直互连线采用铜-锡扩散键合，用通孔实现铜-铜的连接，这种方法消除了在芯片背面制作凸点的步骤[78]。图 3.65 中，ASET 采用锡基接触，实现了间距小于 $50\mu m$ 的高深宽比铜通孔的键合。采用树脂塑封以后，键合的可靠性可以得到进一步的提高。通过结合铜焊盘和电镀无铅焊料，IBM 公司验证了间距在 $50\mu m$ 时的可靠性。

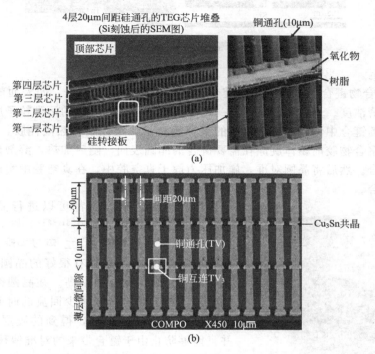

图 3.65　日本超先端电子技术开发机构（ASET）的芯片间通孔示例，采用铜电镀和铜锡共晶键合

b. 铜-铜直接键合。铜-铜直接键合消除了制作锡或者金凸点的步骤，同时也消除了由于焊料和金属间化合物带来的电学及机械可靠性问题。这种方法使得三维集成跟标准的晶圆工艺更加兼容。早期的基础研究主要是由 Reif 等进行的铜的热压键合[79]。图 3.66 中的透射电镜图显示了在晶圆键合和退火两个阶段不同的界面形态的演变过程。在键合和退火阶段，都有明显的晶粒生长现象，在最初的键合阶段，存在一些界面晶粒之间的互扩散，但并没有得到完全的熔化和晶粒生长，键合后退火步骤能进一步诱导铜-铜界面的扩散、晶粒的生长和再结晶，这对于完成整个键合界面的结晶化十分关键。

最近，IBM 公司的陈等人报道，采用较低的升温速率（6℃/min）得到的键合质量比采用较高速率（32℃/min）时要好。他们的研究也表明在升温之前，施加较小的压力，在达到键合温度后再施加较大的压力，这样能提高键合的强度。键合时互连图形越密，键合界面的质量越好，但是这跟铜互连的尺寸大小关系不大。微量的铜氧化物会影响铜-铜键合，因此在键合前用稀释的柠檬酸处理铜表面能够得到键合后的最好的剪切强度。IMEC 已经把这项工艺应用到含有 $10\mu m$ 间距 TSV

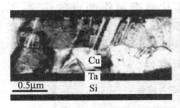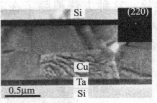

图 3.66　铜-铜键合的显微分析[79]

的超薄硅上。

　　③ 聚合物键合　聚合物黏结键合不要求特殊的表面处理，如表面的平坦化或者过度的清洁度。聚合物胶可以在一定程度上补偿晶圆表面的污染粒子所造成的影响。在晶圆键合中使用的两种主要的聚合物胶是热塑性胶和热固性胶，在使用时，将液态的聚合物胶前驱体旋涂在需要键合的晶圆表面，随后加热，溶剂被蒸发，形成交联聚合。然后将晶圆对准，施加压力放于真空腔中，在真空腔中实现固化，形成强的键合。

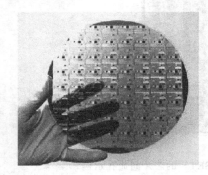

图 3.67　黏结键合后的晶圆[64]

很多种聚合物材料都可以进行晶圆黏结键合，包括负性光刻胶[81,82]、苯丙环丁烯（BCB）[64,83~85]、聚对二甲苯[76]、聚酰亚胺[77,86]。苯丙环丁烯具有很好的晶圆键合能力，化学稳定性好，键合强度高。在晶圆键合前部分固化苯丙环丁烯胶可以减少回流的时间，而且采用部分固化的晶圆键合，得到的胶层均匀性好，并且能够防止由于键合带来的对准偏移[84]。负性光刻胶和聚酰亚胺都能被等离子刻蚀，所以它们比较适合作为键合牺牲层，或者作为在三维集成平台里面进行临时键合的黏结剂，比如在一些微机电系统应用里面，就要用到这种临时键合。图 3.67 就是采用苯丙环丁烯胶实现具有铜-氧化物互连线结构的硅晶圆跟玻璃之间的键合，在键合之后，通过减薄、抛光和湿法刻蚀工艺去除硅基板。

　　黏结键合有许多优点，包括跟集成电路晶圆兼容、低的键合温度、基本上可以用来键合任何材料、对键合表面要求不高。缺点是在键合和胶固化过程中可能造成对准的错位。

3.4.4　采用 TSV 的各种三维集成技术

　　采用 TSV 技术可以有几种不同的三维集成工艺。这些工艺可以分为两大类：前通孔工艺和后通孔工艺。前通孔工艺，就是在载体上进行后线（BEOL）之前打通孔。相反的，后通孔工艺就是在后线（BEOL）之后再打通孔。表 3.5 中列出了两种工艺的主要步骤。

　　世界上有几个公司、研究组织和大学开发了许多种不同的工艺流程。表 3.6 中简要概括了各种不同的工艺，以及进行这些研究的单位。

表 3.5　前通孔和后通孔工艺的比较

步骤	前通孔	后通孔
1	钻 TSV	晶圆后线制程
2	沉积绝缘层	将晶圆粘在载片上,减薄
3	在通孔侧壁淀积钝化层填充导电材料	从晶圆背面打 TSV
4	晶圆后线制程	淀积绝缘层
5	晶圆减薄,实现与 TSV 之间的接触	在通孔侧壁淀积钝化层填充导电材料
6	晶圆背面制作互连线	晶圆背面制作互连线

表 3.6　TSV 技术中不同的三维集成工艺

步骤	前通孔工艺 1	前通孔工艺 2	后通孔工艺 1	后通孔工艺 2	后通孔工艺 3
1	钻通孔	钻通孔	键合	减薄	减薄
2	通孔填充	通孔填充	减薄	键合	钻通孔
3	键合	减薄	钻通孔	钻通孔	通孔填充
4	减薄	键合	通孔填充	通孔填充	键合
例子	太子龙公司	IMEC、ASET,Fraunhofer	RPI	RTI	英飞凌科技

（1）前通孔工艺 1

在前通孔工艺里，最开始采用的是面对面晶圆堆叠形式。图 3.68 是太子龙公司开发的利用铜-铜垂直互连的三维集成工艺流程。除了在 MEMS 制造里面用得比较多的 EVG 对准机和键合机外，大多数的工艺都是采用传统的设备。

第一步，在晶圆上制作器件。第二步，沉积金属间介电层，在氧化物上利用化学机械抛光平坦化。第三步，在介电叠层中刻蚀超级孔。第四步，在硅基底上继续刻蚀 $4 \sim 9 \mu m$。第五步，沉积一层氧化物和 SiN，作为阻挡层和钝化层。第六步和第七步是钻沟道和孔，为后面晶圆键合作准备。第八步，沉积一层 Ta 或者 TaN 作为电镀铜的种子层，然后电镀铜填充通孔。第九步，用化学机械抛光去掉多余的 Ta 和 Cu。在这时候，晶圆已经完成了后线工艺，包含有铝和铜的布线层。在第十步中，利用化学镀淀积铜焊盘作为键合时的接触焊盘。也可以通过化学机械抛光去除介电层来形成这些晶圆对晶圆接触。接下来，将晶圆对准，进行铜-铜热扩散键合（第十一步）。然后将上晶圆的硅层通过研磨和化学机械抛光减薄。再化学刻蚀另外 $1 \mu m$（第十二步），在减薄的晶圆背面通过等离子体增强化学气相沉积（PECVD）沉积一层氧化物，可以防止在堆叠下一晶圆时造成硅的污染（第十三步）。第十四步，刻蚀第十三步中沉积的氧化层，形成沟道，用来沉积铜连接。最后一步，制作铜焊盘以便在堆叠上面连接下一个晶圆。

（2）前通孔工艺 2

使用这种工艺的有 ASET、Fraunhofer 和 IMEC。和工艺 1 相比，其不同点是晶圆键合是在晶圆减薄之后进行。所以在工艺 2 中，工艺 1 的那些步骤都反过来了。图 3.69 是 ASET 的工艺流程，以及用这种工艺流程制作的三维结构的断面示意图。

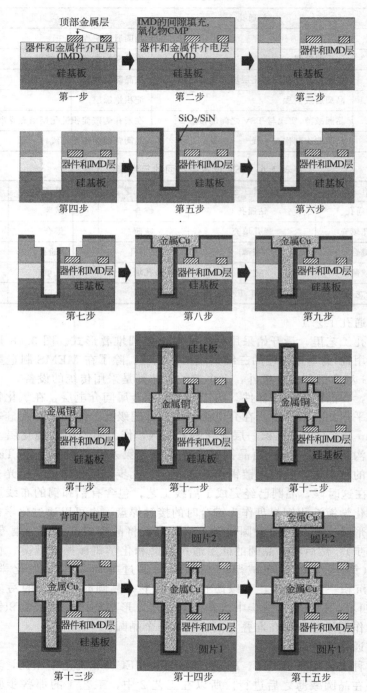

图 3.68　太子龙公司的 TSV 三维集成工艺[87]

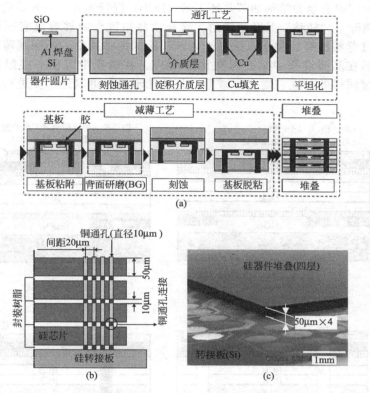

图 3.69 （a）ASET 的三维集成工艺步骤[88]、（b）截面示意图和（c）三维堆叠结构 SEM 图

利用电镀的方法填充铜，采用化学机械抛光进行抛光，采用金凸点或者是铜锡共晶进行键合。图 3.70 中，IMEC 也采用了跟 ASET 相同的方法，利用博世的等离子体刻蚀-反应离子刻蚀工艺钻通孔，采用改进的铜/介质层大马士革工艺进行通孔填充，标准的前线和后线工艺。通过载体晶圆实现夹持，以及铜-铜直接晶圆键合。

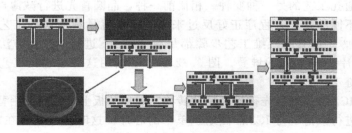

图 3.70　IMEC 的前通孔工艺[71]

（3）后通孔工艺 1

在本例中，RPI、IBM 和 Albany 大学联合开发了一种基于绝缘衬底上硅（SOI）的工艺[83]，图 3.71 是简化的工艺流程。带有有源器件和后线互连的晶圆

对准后，利用聚合物黏结剂如苯并环丁烯（BCB）进行键合。一开始的面对面晶圆键合步骤消除了"转移"晶圆的使用。聚合物黏结键合能够容忍表面污染粒子的存在。通过背端研磨、化学机械抛光以及湿法刻蚀将其中一晶圆减薄到刻蚀阻挡区域。然后在晶圆堆叠中钻高深宽比的 TSV。在通孔中沉积一层阻挡层，再填充铜。通过同样的对准、键合、减薄、打通孔步骤，可以进一步进行另外一个晶圆堆叠。

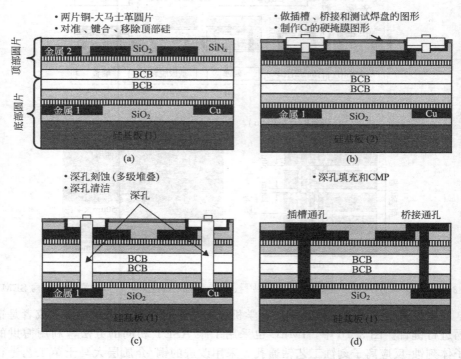

图 3.71 RPI 和 Albany 大学合作的 TSV 三维集成工艺流程

（4）后通孔工艺 2

这是后通孔工艺的另一种变种。相比前一种，晶圆首先进行减薄再键合，和之前一种方法不同的是工艺程序正好反过来了。RTI 就是利用这种工艺实现薄的芯片层的堆叠[89]。所有的三维工艺步骤都是在 250℃ 下进行。这种方法可以用于芯片-芯片和芯片-晶圆之间的堆叠。图 3.72 示出了利用这种后通孔工艺进行三维集成工艺的关键工艺步骤。

标示为 IC2 的晶圆首先被键合到"转移"载片基板上，然后使用背端研磨和化学机械抛光进行减薄，将 IC2 晶圆划成单个的芯片，这时仍然键合在载片基板上。将单个的芯片与 IC1 晶圆仔细对准，然后键合。高深宽比的孔穿过 IC2 的芯片被刻蚀出来。孔表面保形涂覆上一层绝缘层。在孔内填充金属之前，选择性去除孔底部绝缘层。最后一步，将上表面的金属层制作成所需的图形，钝化，然后再与下一个芯片进行键合。图 3.73 是采用这种方法集成的堆叠芯片的扫描电镜（SEM）图。

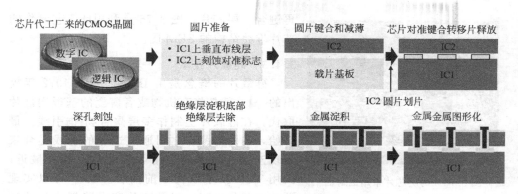

图 3.72 RTI 三维集成方法工艺流程示意[89]

（5）后通孔工艺 3

这一工艺由英飞凌开发[90]，首先进行晶圆减薄、打通孔，再进行晶圆键合。图3.74 描述了这一工艺的重要步骤。

首先在晶圆上制作对准标志，然后利用外延生长一层硅，将晶圆切片后贴到载片上。然后通过快速机械研磨和湿法刻蚀进行减薄。减薄完成后，可以看到对准标志。利用各向异性刻蚀在硅基板上刻蚀孔，

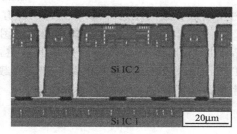

图 3.73 堆叠芯片断面 SEM[89]

然后在露出的芯片和孔表面沉积一层氧化物作为绝缘层，再沉积一层钛钨作为阻挡层，接下来沉积一层铜作为种子层，电镀铜填充孔。利用对准标志，将晶圆对准，利用铜-锡-铜共晶键合。最后，移掉载片。通过同样的工艺可以在这个结构上

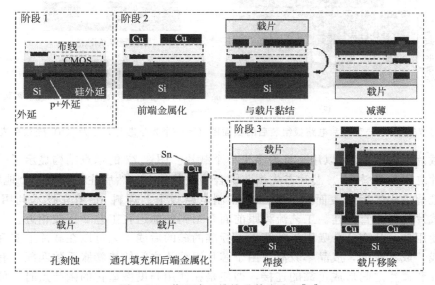

图 3.74 英飞凌三维堆叠技术流程[90]

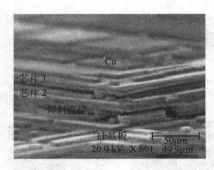

图 3.75　两层芯片采用面对面
焊料连接的 SEM 图

再键合一层芯片。图 3.75 是利用此工艺制作的芯片堆叠结构的 SEM 图。

3.4.5　硅载片技术

硅载片的概念是由 IBM 公司在 1972 年提出的[91]，就是将有机物或者陶瓷的基板用硅片取代，在硅载片上制作多层聚合物-铜引线。最开始，芯片与载片之间通过边缘的引线键合来实现连接，后来，改用倒装芯片互连。最近，又用 TSV 技术取代了前两者。TSV 可以实现芯片和载片之间，以及载片和电路板之间的高密度的互连。目前硅载片技术包括 TSV、超高密度引线、细间距芯片-载片互连以及有源器件和无源器件的集成等。

图 3.76 显示了硅芯片载片的截面图，以及开发带有 TSV 的硅载片及其工艺流程[92]。利用铜-铜键合或者焊接凸点将芯片倒装键合在硅载片上。采用前通孔的 TSV 技术，TSV 提供从电路板到芯片载片上端信号和电源。硅载片上的高速和高密度的引线给芯片提供信号和电源。

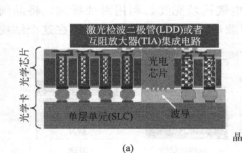

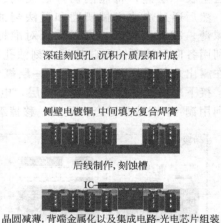

深硅刻蚀孔，沉积介质层和衬底

侧壁电镀铜，中间填充复合焊膏

后线制作，刻蚀槽

晶圆减薄，背端金属化以及集成电路-光电芯片组装

(b)

图 3.76　(a) 硅载片和电路板组装后的截面图（带一个光学芯片）以及 (b) 硅载片流程

载片上的 TSV 可以用来堆叠多个单个载片。图 3.77 的示意结构显示了一种芯片载片之间的堆叠[93]。芯片首先倒装键合到硅载片上，然后往上一个一个地堆叠。整个堆叠结构最后用表面贴装到一个印制电路板上。焊料-孔-填充技术利用 TSV 充当载片间的垂直互连。工艺流程跟前面介绍到的前通孔工艺 2 比较相近。

使用硅载片有几个吸引人的特点。标准的硅的后线工艺可以在载片上实现高密度布线，成本较低，成品率较高。由于芯片跟载片之间的热膨胀系数匹配，有助于在芯片和载片之间形成可靠的连接，即使是在使用高度微型化的微凸点时，可靠性也很高。载片上还可以制作有源器件，因此可以制作高度集成的多功能系统。

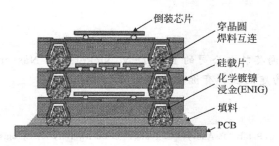

图 3.77　三维堆叠硅载片模组的示意图及其左侧视截面（ENIG＝化学镀镍浸金）[93]

3.5　未来趋势

SIP 就是实现两片或者多片同样芯片或者不同芯片之间的堆叠，相比起其他模组形式，SIP 的模块小型化、性能更高、成本也更低。关键是，SIP 允许摩尔定律延续，不是在过去的二维，而是在三维领域。正如这一章中所看到的，堆叠技术开始于 1960 年后期的板上堆叠，后来发展到模组层次堆叠。SIP 最开始的芯片堆叠采用的是引线键合，然后在 90 年代，发展了倒装芯片和侧面端接。同时，减薄技术的发展使得芯片堆叠更加小型化。接下来的突破性技术就是 TSV，使得小型化再往前进了一步。

随着过去 40 年间 SIP 技术的演变，如果我们放眼未来电子市场，如移动产品、高端计算机、汽车、平板高清电视、安全传感器、医疗健康、环境等，在未来 10 年或者 20 年间，SIP 技术的发展趋势就很明显了。移动消费产品将会最先变得多功能化，采用柔性的显示屏，LED 作为光源，使用薄膜或者是纳米电池，实现整个数字融合的梦想。同时，为了满足高速的数字、声音及视频传输，无线信号的传输速度将高达 10GHz。随着芯片与芯片之间实现光学互连，高端计算机的运行速度将超过太比特每秒。而在汽车行业，希望在高速行驶时实现稳固可靠的车载系统与因特网、卫星及手机之间的无缝无线连接。未来的高清平板电视，将会是一个计算枢纽，用于家庭内外管理和控制通过有线或者无线的数字化数据传输。基于纳米材料的未来生物传感器将会用于个人安全、医疗以及环境等领域。

所有上面介绍到的一些新技术都可以归结为下一代小型化技术。为了满足持续增长的小型化需求，每立方厘米需要有成千上万的组件，或者说在功能密度上要提高到以前的 100～1000 倍。为了要达到这样的参数，就需要基于模块化芯片堆叠的 SIP 概念的后续技术，即系统级的 SOP 概念。SOP 技术主要有几点要求：

- 3～10μm 厚的超薄芯片
- 三维堆叠超过 100 片的存储和逻辑芯片
- 系统电线线路和间距在亚微米级
- TSV 的直径和间距在亚微米级

这样的一种 SOP 模组是由 IBM 公司提出来的[1]，如图 3.1 所示。主要的技术挑战是：混合电学设计，多功能材料和工艺，超高密度布线，小型化系统的新颖的热管理，热机械可靠性，无凸点互连，混合信号测试和表征，低成本制造技术等[94]。本书用 13 章的内容综述了这些方面的技术发展水平，并且预测了下一代技术的演变。

致谢

作者诚恳地感谢英特尔公司的 Robert M Nickerson，Nasser Grayeli 和 Johanna M Swann 提出的建设性和有价值的意见。

参 考 文 献

［1］ J. Knickerbocker，C. Patel，P. Andry，C. Tsang，L. Buchwalter，E. Sprogis，H. Gan，R. Horton，R. Polastre，S. Wright，C. Baks，F. Doany，J. Rosner, and S. Cordes, "Three dimensional silicon integration using fine pitch interconnection, silicon processing and silicon carrier packaging technology," *IEEE* 2005 *Custom Integrated Circuit Conference*，pp. 659-662.

［2］ EIA/JEDEC Standard，JESD51-2：Integrated Circuits Thermal Test Method Environment Conditions—Natural Convection (Still Air)，December 1995.

［3］ EIA/JEDEC Standard，JESD51-6：Integrated Circuit Thermal Test Method Environmental Conditions—Forced Convection (Moving Air)，March 1999.

［4］ EIA/JEDEC Standard，JESD51-8：Integrated Circuit Thermal Test Method Environmental Conditions—Junction-to-Board，October 1999.

［5］ R. R. Tummala，E. J. Rymaszewski, and A. G. Klopfenstein (eds.), *Microelectronics Packaging Handbook*，3 vols.：*Technology Drivers*，*Semiconductor Packaging*，and *Subsystem Packaging*，New York：Chapman and Hall，1997.

［6］ J. P. Focarie，"Modular Circuit Assembly," US Patent 3，459，998，1969.

［7］ R. A. Jarvela，G. E. Lee, and J. W. Schmieg, "Stacked high-density multichip module," *IBM Technical Disclosure Bulletin*，vol. 14，no. 10，1972，pp. 2896-2897.

［8］ D. J. McAtee，"Dual-in-line package socket piggyback structure," *IBM Technical Disclosure Bulletin*，vol. 16，no. 4，1973，p. 1315.

［9］ P. A. Lutz，P. R. Motz, and E. H. Sayers, "Vertical integrated circuit package integration," US Patent 4，398，235，1983.

［10］ IBM Corporation， "Stackable J leaded chip carrier," *IBM Technical Disclosure Bulletin*，vol. 28，no. 12，1986，pp. 5174-5175.

［11］ S. Savastiouk，O. Siniaguine, and E. Korczynski, "3-D stacked wafer-level packaging," *Advanced Packaging*，March 2000，pp. 28-34.

［12］ International Technology Roadmap for Semiconductors (ITRS)，2006 Update.

［13］ N. R Draney，J. Liu, and T. Jiang， "Experimental investigation of bare silicon wafer warp," *IEEE Workshop on Microelectronics and Electron Devices*，April 2005.

［14］ Larry Wu，Jacky Chan, and C. S. Hsiao, "Cost-performance wafer thinning technology," *Proc. 53rd Electronic Components and Technology Conference*，May 27-30，2003，pp. 1463-1467.

［15］ S. Sandireddy and T. Jiang， "Advanced wafer thinning technologies to enable multichip packages," *Microelectronics and Electron Devices*，2005. WMED 2005 IEEE Workshop on April 15，2005，pp. 24-27.

［16］ C. Landesberger，S. Scherbaum, and K. Bock, "Carrier techniques for thin wafer processing," *International Conference on Compound Semiconductor Manufacturing Technology* "GaAs Mantech," May 14-17，2007，pp. 33-36.

［17］ M. Yan，M. Bartlett, and B. Harnish， "UV Induced Attachment of Ultrathin Polymer Films on Silicon Wafers," *Proc. 8th International Symposium on Advanced Packaging Materials*，March 3-6，2002，pp. 311-316.

［18］ K. Bock, .C. Landesberger，M. Bleier，D. Bollmann, and D. Hemmetzberger， "Characterization of electrostatic carrier substrates to be used as a support for thin semiconductor wafers," *International Conference on Compound Semiconductor Manufacturing Technology "GaAs Mantech*," April 2005.

[19] Disco Corporation，"Dicing Before Grinding (DBG) Process" available on *http：//www.disco.co.jp/eg/solution/library/dbg.htm* (Access date：Dec. 4，2007).

[20] J. Sillanp，J. Kangastupa，A. Salokatve，and H. Asonen，"Ultra short pulse laser meeting the requirements for high speed and high quality dicing of Low-k wafers," *Advanced Semiconductor Manufacturing Conference and Workshop*，2005 IEEE/SEMI，April 11-12，2005，pp. 194-196.

[21] D. Perrottet，S. Green，and B. Richerzhagen，"Clean dicing of compound semiconductors using the waterjet guided laser technology," *17th Annual SEMI/IEEE Advanced Semiconductor Manufacturing Conference*，2006，ASMC，May 22-24，2006，pp. 233-236.

[22] Amkor Technology，"Stacked CSP (LFBGA/TFBGA/SCSP) Data Sheet" available on *http：//www.amkor.com/products/all_datasheets/SCSp.pdf* (Access date：Dec. 4，2007).

[23] E. J. Vardaman，"Trends in 3-D packaging" *available on http：//www.napakgd.com/previous/kgd2004/pdf/vardaman.pdf* (Access date：Dec. 4，2007).

[24] J. Demmin，"Packaging beat：Industry leaders vie for memory-stacking bragging rights," *Solid State Technology*，*available on http：//sst.pennnet.com/articles/article_display.cfm? Section = ARCHI&C=TETAK&ARTICLE_ID=*295133 (Access date：Dec. 4，2007).

[25] K. M. Brown，"System in package the rebirth of SIP," *Proc. IEEE Custom Integrated Circuits Conference*，2004，Oct. 3-6，2004，pp. 681-686.

[26] B. Chylak and I. W. Qin，"Packaging for multi-stack die applications," Semiconductor International，June 2004，*available on http：//www.semiconductor.net/article/CA420735.html* (Access date：Dec. 4，2007).

[27] B. Miles，V. Perelman，Y. W. Heo，A. Yoshida，and R. Groover，"3-D packaging for wireless applications," *Semiconductor International*，February 2004，pp. 11-14.

[28] M. Karnezos，"Stacked-die packaging：Technology toolbox，step 8," *Advanced Packaging*，vol. 13，no. 8，2004，pp. 41-44.

[29] B. Chylak，S. Tang，L. Smith，and F. Keller，"Overcoming the key barriers in 35 μm pitch wire bond packaging：Probe，mold，and substrate solutions and trade-offs," *27th Annual IEEE/SEMI International Electronics Manufacturing Technology Symposium*，2002. July 17-18，2002，pp. 177-182.

[30] W. Weber，"Three-dimensional integration of silicon chips for automotive applications," *Mater. Res. Soc. Symp. Proc.*，vol. 970，2007，p. 0970-Y03-01.

[31] D. Zoba，"Stacked flip chip CSP development," *8th Annual KGD Workshop*，September 10，2001，*available on http：//www.napakgd.com/previous/kgd2001/pdf/5-3_Zoba.pdf* (Access date：Dec. 4，2007).

[32] M. Karnezos，F. Carson，and R. Pendse，"3D packaging promises performance，reliability gains with small footprints and lower profiles," *Chip Scale Review*，*January*/February 2005，*available on http：//www.chipscalereview.com/archives/*0105/article.php? type = feature&article = f6 (Access date：Dec. 4，2007).

[33] T. Iwasaki，M. Watanabe，S. Baba，Y. Hatanaka，S. Idaka，Y. Yokoyama，and M. Kimura，"Development of 30 micron pitch bump interconnections for COC-FCBGA," *Proc. 56th Electronic Components and Technology Conference*，May 30-June 2，2006，pp. 1216-1222.

[34] Renesas Technology，"Focus on：Packaging new SiP structure：chip-on-chip technology achieves world-leading fine-pitch connections," Renesas edge，vol. 13，2006，p. 20.

[35] K. D. Gann，"Neo-Stacking Technology," *available on http：//www.irvine-sensors.com/pdf/NeoStacking%20Technology%20HDI-3.pdf* (Access date：Dec. 04，2007).

[36] K. D. Gann，"High density packaging of flash memory," *Proc. Seventh Biennial IEEE Nonvolatile Memory Technology Conference*，June 22-24，1998，pp. 96-98.

［37］ A. Vindasius, M. Robinson, L. Jacobsen, and D. Almen, "Stacked die BGA or LGA component assembly," US Patent 7, 215, 018 B2, 2007.

［38］ G. A. Rinne and P. A. Deane, "Microelectronic packaging using arched solder columns," US Patent 5, 963, 793, 1999.

［39］ B.-W. Lee, J.-Y. Tsai, H. Jin, C. K. Yoon, and R. R. Tummala, "New 3D chip stacking SIP technology by wire-on-bump (WOB) and bump-on-flex (BOF)," *Proc. 56th Electronic Components and Technology Conference*, May 30-June 2, 2006, pp. 819-824.

［40］ P. Garrou, "Future ICs Go Vertical," *Semiconductor International*, *February* 2005, *available on http: //www. semiconductor. net/article/CA499680. html* (Access date: Dec. 4, 2007).

［41］ K. Hatada, "Stack type semiconductor package," US Patent 4, 996, 583, 1991.

［42］ M. Waki, J. Kasai, T. Aoki, T. Honda, and H. Sato, "Semiconductor device having a plurality of chips," US Patent 5, 530, 292, 1996.

［43］ H. Shokrgozar, L. Reeves, and B. Heggli, "Stacked silicon die carrier assembly," US Patent 5, 434, 745, 1995.

［44］ C. Val, "3D interconnection process for electronic component package and resulting 3D components," US Patent 5, 526, 230, 1996.

［45］ L. J. Smith, "Package-on-package: The story behind this industry hit," *Semiconductor International*, *June* 2007, *available on http: //www. semiconductor. net/article/CA6445430. html* (Access date: Dec. 04, 2007).

［46］ C. W. C. Lin, S. C. L. Chiang, and T. K. A. Yang, "3D stacked high density packages with bumpless interconnect technology," *IEEE Nuclear Science Symposium Conference Record*, vol. 1, Oct. 19-25, 2003, pp. 73-77.

［47］ K.-F. Becker, T. Braun, A. Neumann, A. Ostmann, M. Koch, V. Bader, R. Aschenbrenner, H. Reichl, and E. Jung, "Duromer MID technology for system-in-package generation," *IEEE Transactions on Electronics Packaging Manufacturing*, vol. 28, no. 4, 2005, pp. 291-296.

［48］ C. Val, "Three dimensional interconnection method and electronic device obtained by same," US Patent 6, 716, 672 B2, 2004.

［49］ M. Karnezos, "Package-in-package: A 3-D stacked package module," *11th Annual International KGD Packaging and Test Workshop*, *September* 12-15, 2004, *available on http: //www. napakgd. com/ previous/kgd2004/pdf/karnezos. pdf* (Access date: Dec. 04, 2007).

［50］ Intel Corporation, "Packaging Overview" *available on http: //download. intel. com/design/flcomp/ packdata/wccp/download/chpt1. pdf (Access date: Dec. 04, 2007)*.

［51］ Tessera Technologies, "Folded die stack" *available on http: //www. tessera. com/technologies/products/z_mcp/folded_stacked. htm* (Access date: Dec. 04, 2007).

［52］ T. Yamazaki, Y. Sogawa, R. Yoshino, K. Kata, I. Hazeyama, and S. Kitajo, "Real chip size three-dimensional stacked package," *IEEE Transactions on Advanced Packaging*, vol. 28, no. 3, 2005, pp. 397-403.

［53］ Y. Yano, T. Sugiyama, S. Ishihara, Y. Fukui, H. Juso, K. Miyata, Y. Sota, and K. Fujita, "Three-dimensional very thin stacked packaging technology for SiP," *Proc. 52nd Electronic Components and Technology Conference*, May 28-31, 2002, pp. 1329-1334.

［54］ T. Matthias et al., "3D process integration—wafer-to-wafer and chip-to-wafer bonding," *Mater. Res. Soc. Symp. Proc.*, vol. 970, 2007, p. 0970-Y04-08.

［55］ A. D. Scarbrough, "3D-coaxial memory construction and method of making," US Patent 3704455, 1972.

［56］ T. R. Anthony, "The random walk of a drilling laser beam", *Journal of Applied Physics*, vol. 51, 1980, p. 1170.

［57］ T. R. Anthony and P. A. Lindner, "The reverse laser drilling of transparent materials," *Journal of Ap-*

plied Physics, vol. 51, 1980, p. 5970.

[58] T. R. Anthony, "Forming electrical interconnections through semiconductor wafers," *Journal of Applied Physics*, vol. 52, no. 8, 1981, pp. 5340-5349.

[59] J. F. McDonald et al., "Multilevel interconnections for wafer scale integration," *Journal of Vacuum Science & Technology A (Vacuum, Surfaces, and Films)*, vol. 4, no. 6, 1986, pp. 3127-3138.

[60] F. Laermer and P. Schilp, "Method of anisotropically etching silicon," U. S. Patent 5501893, 1994.

[61] C. Christensen, P. Kersten, S. Henke, and S. Bouwstra, "Wafer through-hole interconnections with high vertical wiring densities," *IEEE Trans. Components, Packaging and Manufacturing Technol. A*, vol. 19, 1996, pp. 516-522.

[62] P. Kersten, S. Bouwstra, and J. W. Petersen, "Photolithography on micromachined 3D surfaces using electrodeposited photoresists," *Sensors and Actuators A*, vol. 51, 1995, p. 51-54.

[63] J. Gobet et al., "IC compatible fabrication of through-wafer conductive vias," *Proceedings of the SPIE—The International Society for Optical Engineering*, vol. 3223, 1997, pp. 17-25.

[64] Tru-Si Technologies, "Through-silicon vias" available on *http: //www. trusi. com/ frames. asp?* 5 (Access date: Dec. 4, 2007).

[65] K. Takahashi et al., "Development of advanced 3D chip stacking technology with ultra-fine interconnection," *Proc. 51st Electronic Components and Technology Conference*, 2001, pp. 541-546.

[66] V. Kripesh et al., "Three dimensional stacked modules using silicon carrier," *Proc. 2003 Electronics Packaging Technology Conference*, 2003, pp. 24-29.

[67] N. Tanaka et al., "Ultra-thin 3D-stacked sip formed using room-temperature bonding between stacked chips," *Proc. 2005 Electronic Components and Technology Conference*, 2005, pp. 788-794.

[68] PhysOrg, "Samsung Develops 3D Memory Package that Greatly Improves Performance Using Less Space" available on *http: // www. physorg. com/news*64161294. *html* (Access date: Dec. 4, 2007).

[69] S. Vangal et al., "An 80-tile 1. 28 TFLOPS network-on-chip in 65nm CMOS," *Solid-State Circuits Conference*, 2007. ISSCC 2007. *Digest of Technical Papers. IEEE International*, 2007, p. 98.

[70] IBM Corporation, "SiGe BiCMOS 5PAe: advanced through-silicon via technology for RF power applications", available on *http://www-* 01. *ibm. com/chips/techlib/techlib. nsf/techdocs/*6B994C8F42D91314002572E900707987/ $*file/*5PAe_Aug2207_final.pdf (Access date: Dec. 4, 2007).

[71] B. Swinnen and E. Beyne, "Introduction to IMEC's research programs on 3D-technology," available on *www. emc3d. org/documents/library/technical/IMEC%20Technical%20Review_3D_introduction. pdf* (Access date: Dec. 4, 2007).

[72] F. Niklaus, J.-Q. Lu, J. J. McMahon, J. Yu, S. H. Lee, T. S. Cale, R. J. Gutmann, "Wafer-level 3D integration technology platforms for ICs and MEMs," *Proceedings of the Twenty Second International VLSI Multilevel Interconnect Conference (VMIC), T. Wade (ed.)*, IMIC 2005, pp. 486-493.

[73] A. Klumpp, P. Ramm, R. Wieland, and R. Merkel, "Integration Technologies for 3D Systems" FEE 2006, May 17-20, 2006, Perugia, Italy. Available on *www. mppmu. mpg. de/~sct/welcomeaux/activities/pixel/3DSystemIntegration_FEE*2006. *pdf* (Access date: Dec. 4, 2007).

[74] J. U. Knickerbocker et al., "Development of next-generation system-on-package (SOP) technology based on silicon carriers with fine-pitch chip interconnection," *IBM J. Research and Development*, vol. 49, no. 4/5, 2005, pp. 725-753.

[75] J. A. Burns et al., "A wafer-scale 3-D circuit integration technology," *IEEE Transactions on Electron Devices*, vol. 53, no. 10, 2006, pp. 2507-2516.

[76] H. Noh, Kyoung-sik Moon, A. Cannon, P. J. Hesketh, and C. P. Wong, *Proc. IEEE Electronic Components and Technology Conference*, vol. 1, 2004, pp. 924-930.

[77] K. W. Guarini, A. W. Topol, M. Ieong, R. Yu, L. Shi, M. R. Newport, D. J. Frank, D. V. Singh, G. M. Cohen, S. V. Nitta, D. C. Boyd, P. A. O'Neil, S. L. Tempest, H. B. Pogge, S. Purushothaman, and W. E. Haensch, *Proc. IEDM*, 2002, pp. 943-945.

［78］ M. Umemoto，K. Tanida，Y. Nemoto，and M. Hoshino，"High performance vertical interconnection for high-density 3D chip stacking package," *Proc. Electronic Components and Technology Conference ECTC*，2004，pp. 616-623.

［79］ K. N. Chen，A. Fan，and R. Reif，"Microstructure examination of copper wafer bonding," *Journal of Electronics Materials*，vol. 30，2001，pp. 331-335.

［80］ K. -N. Chen，S. H. Lee，P. S Andry，C. K. Tsang，A. W. Topol，Y. -M. Lin，J. -Q. Lu，A. M. Young，M. Ieong，and W. Haensch，"Structure, design and process control for Cu bonded interconnects in 3D integrated circuits," *IEEE IEDM*，2007，pp. 13. 5. 1-13. 5. 3.

［81］ F. Niklaus，S. Haasl，and G. Stemme，"Arrays of monocrystalline silicon micromirrors fabricated using CMOS compatible transfer bonding," *IEEE Journal of Microelectromechanical Systems*，vol. 12，no. 4，2003，pp. 465-469.

［82］ F. Niklaus，J. Pejnefors，M. Dainese，M. Häggblad，P. -E. Hellström，U. Wållgren，and G. Stemme，"Characterization of transfer-bonded silicon bolometer arrays," *Proc. SPIE*，vol. 5406，2004，pp. 521-530.

［83］ J. -Q. Lu，A. Jindal，P. D. Persans，T. S. Cale，and R. J. Gutmann，"Wafer-level assembly of heterogeneous technologies," *The International Conference on Compound Semiconductor Manufacturing Technology*，2003，*available on http：//www. gaasmantech. org/Digests/2003/index. htm*（Access date：Dec. 4，2007）.

［84］ C. Christensen，P. Kersten，S. Henke，and S. Bouwstra，"Wafer through-hole interconnections with high vertical wiring densities," *IEEE Trans. Components，Packaging and Manufacturing Technol. A*，vol. 19，1996，p. 516.

［85］ J. Gobet et al.，"IC compatible fabrication of through-wafer conductive vias," *Proc. SPIE—The International Society for Optical Engineering*，vol. 3223，1997，pp. 17-25.

［86］ M. Despont，U. Drechsler，R. Yu，H. B. Pogge，and P. Vettiger，*Journal of Microelectomechanical Systems*，vol. 13，no. 6，2004，pp. 895-901.

［87］ S. Gupta，M. Hilbert，S. Hong，and R. Patti，"Techniques for producing 3D ICs with high-density interconnect," *Proc. 21st International VLSI Multilevel Interconnection Conference*，Waikoloa Beach，HI，2004. pp. 93-97.

［88］ K. Takahashi et al.，"Process integration of 3D chip stack with vertical interconnection," *Proc. 54th Electronic Components and Technology Conference*，2004，vol. 1，pt. 1，pp. 601-609.

［89］ C. A. Bower et al.，"High density vertical interconnects for 3-D integration of silicon integrated circuits," *Proc. 56th Electronic Components and Technology Conference*，2006，pp. 399-403.

［90］ P. Benkart et al.，"3D chip stack technology using through-chip interconnects," *IEEE Design & Test of Computers*，vol. 22，no. 6，2005，pp. 512-518.

［91］ D. J. Bodendorf，K. T. Olson，J. P. Trinko，and J. R. Winnard，"Active silicon chip carrier," *IBM Tech. Disclosure Bull.*，vol. 7，1972，p. 656.

［92］ J. U. Knickerbocker et al.，"Three dimensional silicon integration using fine pitch interconnection，silicon processing and silicon carrier packaging technology," *Proc. IEEE Custom Integrated Circuits Conference*，2005，pp. 659-662.

［93］ V. Kripesh et al.，"Three-dimensional system-in-package using stacked silicon platform technology," *IEEE Transactions on Advanced Packaging*，vol. 28，no. 3，2005，pp. 377-386.

［94］ P. Garrou，private communication，2007.

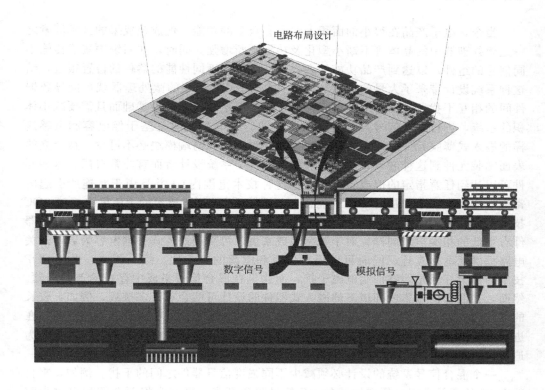

电路布局设计

数字信号　　　模拟信号

第4章

混合信号 (SOP) 设计

Madhavan Swaminathan, A. Ege Engin

当今，电子产品在很小的面积上包含有众多的功能。促成该成果的技术因素之一是微处理器中的晶体管不断小型化及功能不断增强。同时，在系统中集成传输不同信号的组件，以达到产品功能的多样化。系统中不同性能的器件的位置很近，给这种系统设计带来了大量的挑战，例如一个含有 RF 前端的微处理器就可能导致器件间的相互干扰。正由于上述原因，对于那些以系统级封装为基础而且需要减小体积的系统，进行混合信号设计是必不可少的。SOP 的概念是基于像电容和电感这样的嵌入式薄膜元件而建立的，而这些元件对于射频前端模块必不可少。从分立的表面贴装元件到这种嵌入式薄膜元件的转变对于系统设计者而言非常有用。这些元件可以达到任意指定的值或者指标（在这种技术范围内），并且由于互连所引起的寄生效应大大减小，最终器件性能得到提升。采用 SOP 技术的 RF 集成相对 SOC 技术而言，薄膜滤波器的插入损耗低，而且杂波抑制功能好，振荡器等薄膜有源器件有更低的相噪声。同样，对于数字集成来说，可采用嵌入式去耦电容为数字开关电路提供低电感互连，同时可以提高信号和电源的完整性。综上所述，采用 SOP 技术的最大好处是能够抑制电磁干扰，而这是在混合信号集成中存在的首要问题。然而，在混合信号集成环境下的嵌入式器件的设计可能会有许多挑战，例如，较长的设计时间、需要更加深入的电磁分析等。新的技术需要新的设计工具的支撑，在进行嵌入式元件的设计和缩短设计时间方面，设计人员对设计工具的需求显得尤为迫切。

一个混合信号系统的设计必须减少不同强度信号器件之间的干扰。例如，来自数字 IC 的开关电流必须和敏感的 RF 信号隔离开来。在本章将要介绍的电磁带隙（EBG）结构能够实现信号隔离，这种结构可以在特定频率范围的功率传输网络中形成孤岛。

本章给出了一些先进的设计概念，其中包括采用 SOP 技术制作的嵌入式元件。介绍了一种芯片-封装协同设计的方法以提高系统的性能和应用领域。同时，本章还在新的设计工具方面给出了一些算法和思想，这些是成功及高效设计混合信号系统所必备的。而且，这些工具可以使嵌入式无源元件的设计自动化，有助于分析 EBG 结构，可对封装互连和功率传输网络进行快速的电磁分析。

4.1　引言

最近几年，高速计算和无线通信的融合对全球电子工业起到了令人惊叹的推动作用。这一融合使得拥有计算和通信能力的产品不断涌现，还激起了人们对于混合信号领域市场的巨大兴趣[1]。图 4.1 给出了全球的混合信号市场及其组成[2]。通信产品成为了主要驱动力，在全球混合信号总市场中约占 89 亿美元。

随着通信、计算和生物医疗领域应用的汇聚，未来的器件中自然地会有更多的混合信号出现。例如，当前最大的微处理器生产厂商——英特尔公司，就提出了一种"英特尔无线自由（Radio Free Intel）"的倡议，这一倡议是通过将 CMOS 无线电模块和微处理器芯片组进行融合来使高性能的微处理器拥有通信能力[3]。英特尔对未来进行了展望，认为那时拥有一部移动计算终端的用户可以在不同的无线网络之间进行无缝连接（无论是长距离还是短距离），从而使一个计算终端达到"真

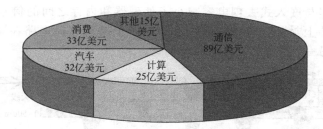

图 4.1　混合信号市场

正普遍的无线网络连接"。类似的，世界最大手机生产商——诺基亚公司也宣布了一项名为"N-Gage"的游戏机平台，在这一平台上，全世界的手机用户可以通过无线网络进行比赛[4]。而随着这些游戏控制器中处理器处理能力有望达到或超过消费型笔记本电脑，商用无线通信器件的计算能力也将迎来前所未有的增加。

4.1.1　混合信号器件与系统

"混合信号"这一名词代表了对多种信号领域的集成。例如，蜂窝电话或者无线手持设备就代表了一个支持 RF 和数字信号的混合信号系统。在手持设备中，RF 部分接收模拟信号，然后将其变频并将信号数字化用于数据处理。另一个混合信号器件的例子就是模-数转换器，它可以处理模拟和数字信号。在器件内部，采用数字信号进行数据处理是最好的方式。然而，由于我们生活在一个模拟的世界中，自然界的信号的传输和接收都是模拟的。因此，要想把通信与计算进行融合，就要求对多种信号领域进行集成，而这也推动着混合信号器件的出现。

在手持设备中，如果融合趋势继续发展，下一代混合信号器件和系统将有望为手机移动用户提供高性能的计算和无线连接功能。随着通信标准向不同的应用进行扩展，这些计算与通信的混合体就需要在多频段上支持多种通信协议[5]，从而达到通用连接的目的。例如，如果一个手机用户想通过手机参加一个视频会议，其手机就需要能够像一个人在停车场中行走一样，能够在一个宽带码分多路（WCD-MA）的网络中进行通行，而且也能够像人们进入办公室一样准确无误地与WLAN 进行相连。同时，卫星传输的 GPS 信号不间断地向手机传送着其位置信息，而蓝牙协议则用来实现手机的日程表内容与办公室一台电脑的同步。

相应地，计算工业则在过去的 15 年间一直遵循着摩尔定律，即 IC 中晶体管的数量每 18 个月将增长一倍。然而，尺寸小于 90nm 这一结点则会引发漏电流、信号延迟等相关的巨大挑战，这激发着工程师们去发明新的结构。随着这一趋势向多核处理器发展，以及在系统中对于低延迟、大容量存储器的需求，多功能系统的封装就变得越来越重要。目前，封装必须能够支持传输速率超过 3Gbyte/s 的高速串行或并行 I/O 口。随着计算与通信能力的结合，对高速处理器、存储器以及无线IC 进行单片封装是必要的，以及将带有天线和 RF 前端的无源器件在封装中集成变得非常关键。大量这种集成式的封装实体如图 4.2 所示。图 4.2(a) 给出了一个含有 RF 集成电路和数字基带的集成无线模块。RF 前端的无源器件也在封装中集成。图 4.2(b) 则是一个处理器的封装，其中将存储堆叠装配在同一封装之上。封装中的高速互连与嵌入式去耦电容减小了处理器和内存之间的信号延迟。图 4.2 (c) 是一个封装上封装（PoP），其中高速逻辑电路和存储电路在同一封装体内，无线模块则在另一封装体内，二者彼此堆叠。

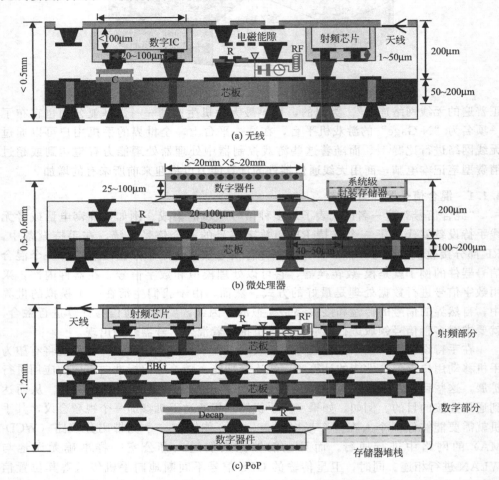

(a) 无线

(b) 微处理器

(c) PoP

图 4.2　集成化的模块或子系统

　　本节涵盖了诸如手持设备和笔记本电脑等低功耗移动通信系统中嵌入式无源器件的设计。然后，叙述了处理器类型应用的封装设计，并重点强调了嵌入式去耦。对任意高频封装的设计都需要设计工具，这一点着重从信号完整性、功率分配以及 RF 设计方面进行详细的探讨。分析了微系统中的集成 RF 与混合信号电路耦合问题，最后是讨论如何减小干扰。

4.1.2　移动应用集成的重要性

　　这一节将讨论与手持设备和其他移动应用设备相关的混合信号设计问题。手持设备发展的推动力（排序不分先后）有：①尺寸；②性能；③成本；④可靠性。随着手持设备向支持一个多频带结构的"世界电话"发展，对多频带的需求是非常明确的。这包括：① 蜂窝通信的频带，如 850MHz、900MHz、1800MHz 和 1900MHz，能够服务于全球移动通信生活系统（GSM）、扩展的 GSM（EGSM）、数字蜂窝系统（DCS）以及个人通信服务（PCS）；② 工作在 2.1GHz 频带的 WC-DMA；③ 诸如工作在 2.4GHz 和 5.2GHz 频带的支持 802.11 a/b/g 标准的无线局域网（WLAN）；④ 工作在 1575MHz 的 GPS 全球定位系统；⑤ 支持从 3.1GHz 到 10.6GHz 频段的超宽带（UWB）。如图 4.3 所示，另外还有全球微波互通接入（WiMAX）；随着手持设备技术的演变，对手持设备的主要要求是高度限制，目前是不能超过 1.2mm，这一要求还在迅速减小。类似的趋势也可以在笔记本电脑中看到，在笔记本电脑中带多个传送和接收链的 WLAN 和 WiMAX 都同小型的 PCI 高速芯片组进行集成。

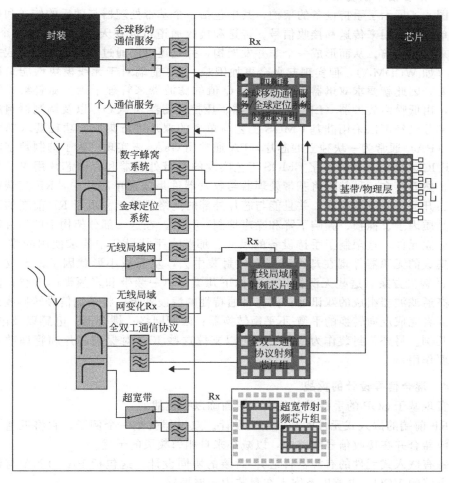

图 4.3 多频带系统

实现手持设备需要两个基本的器件，即：① 有源器件，如晶体管；② 无源网络，如电感、电容、电阻以及传输线。虽然晶体管的密度经历了一代又一代的增长，促进了 IC 的小型化，但对于系统而言却并不是如此。这一点在诸如手持设备等混合信号系统中尤为明显。因为 RF 和模拟前端的大小由无源器件所决定，而这同时决定了这种系统的尺寸。由于尺寸和性能等原因，很难将每一个无源器件都集成到硅片（或者 GaAs，SiGe 以及其他的 IC 技术）上，这在后面将要讨论到。混合信号系统的微小型化对封装提出了新的技术要求。因此，当一个系统采用这种方式时，可以部分地进行集成，其中封装就被用作一个无源器件集成的平台而晶体管则如图 4.3 所示那样集成在硅片上。通常提到的实现方法是系统级封装（SOP），它可以提供 IC 和封装的最佳集成，可以促进系统小型化。应用这种实现方法，某些电路就可以同时含有封装和 IC 元件，这些将在本节的后半部分进行讨论。

4.1.3　混合信号系统架构

图 4.4 展示了手持设备的架构，其中包括一个基带处理器与随后的传送和接收链。单个天线用来传送和接收信号。传送和接收通道可以在天线后面采用一个 RF 开关来进行隔离，从而形成一个非并发架构，并且还可以通过适当的滤波形成并发架构（如 WCDMA），但实现起来会更加困难。RF 前端对于无线模块性能来说至关重要，因此就要求双讯器以及一个高 Q 值的滤波器来管理干扰。随着集成度的提高，由低噪声放大器（LNA）、混频器、压控振荡器（VCO）以及调制器组成的收发部分已经可以采用硅基 CMOS 工艺与单个的裸片进行集成。功耗要求功率放大器（PA）通常为一块独立的芯片，PA 通常用 GaAs 来实现。为了抑制数字电路和 RF IC 之间的干扰，数字 CMOS 工艺实现的基带处理器和存储芯片用单芯片来实现。然而存在一种趋势将基带处理器与收发器件集成在单芯片中，RF 前端将由天线、开关、滤波器组成，并且能与芯片外部的网络相匹配。由于 RF 前端的高性能（品质因子、插损、频响下降和噪声抑制）要求，在这一部分架构中的组件通常采用分立元件，这限制了手持设备的尺寸。那些在手持设备中要求使用的难与 IC 进行集成的无源器件现在却可以嵌入到封装中去，从而减小形状因子，形成一种 SOP 的解决方案。这些无源器件包括如下几类：单一频带和多频带的天线；由低通和高通滤波器组成的双讯器；拥有带通特性的滤波器组；将单端信号转换成差分形式或者完成反向转换的平衡-不平衡转换器；匹配网络；耦合器；电感以及电容，仅举几例。另外，封装作为一个平台可以支撑这些 IC，对保护芯片和管理散热起着重要作用。

4.1.4　混合信号设计的挑战

实现基于 SOP 的手持设备的设计将面临以下挑战。

RF 前端的嵌入式元件的高度集成设计。双讯器就是一个例子，它将低通和高通滤波器合并在接收信号线路中，以减小来自相邻频段的干扰。

带有嵌入式元件的有源器件芯片-封装的协同设计。这包括 PA、LNA 与带有匹配电路的 VCO、电感以及嵌入在封装中的谐振器。

管理模拟与模拟信号之间以及数字与数字信号之间的耦合。通过基板进行的耦合就是一例，它导致数字电路和射频 IC 之间形成干扰。

芯片与封装的互连形成的寄生电感和电容相当重要。在高频时它们会导致信号

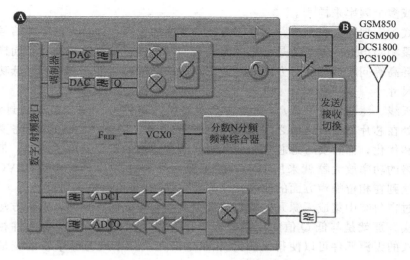

图 4.4　混合信号系统架构

衰减。在封装和芯片所在区域界面上形成干扰。这对于 LNA、VCO 和 PA 这样的电路来说意义重大。信号在封装与芯片区域之间来回传输，这就需要一个基于划分方法学的设计来决定电路器件的分布是在封装之内还是在芯片之内。在基板上采用多种嵌入式无源器件也会产生不必要的振荡和反馈，从而破坏系统的功能[6]。

封装水平的集成导致设计阶段优先级的更改。随着封装嵌入高 Q 值的无源器件成为可能，与每个元件的值相比，分立元件的数目已不再那么重要了。相反，采用分立的无源器件的设计更注重于无源器件的数目而不是每一个单独元件的数值；所以组装的成本就仅仅只依赖于焊接在基板上的分立元件的数目，而且对于市场上的分立器件，不同数值的电容或者电感，总可以找到同样尺寸的封装。这就要求采用这些嵌入式的无源元件设计的射频组件有新型的设计，使得首要任务从降低元件数目转换到保证无源元件有低的数值。

数字和模拟电路的噪声耦合依然是一个棘手的问题，甚至在基于 SOP 的实现方法中也是如此。虽然通过在 SOC 芯片的硅基进行耦合可以减小噪声，但是，如来自高速信号线的电磁干扰和电源平面的扰动，还是会产生新的噪声源。这需要通过认真的建模和仔细的分析加以解决。

无线装备包含多个标准，成为了多频带器件。由于远离噪声源，下一代的混合信号系统同样提出了许多的架构上的挑战。器件的多频带功能可以通过大量的方式来获得。例如：

① 采用可以工作在多频段的高带宽器件实现。

② 在输入和输出部分采用匹配网络以形成单入单出的器件实现多个单频段的器件。每一个单频段器件有一个很窄的工作带宽，而通过在不同的单频电路之间进行切换来达到多频段的功能。在这些实现方式中，在任意给定的时间内，器件的输出只有单一的频段[7]。

③ 利用同步器件来达到模拟多频段功能，但在一段时间内，取决于应用，可

对一个或多个频率采样[8]。

方式①实现起来很困难，这是因为技术方面的原因，而且大的阻断信号与所关心的频段相隔很近。方式②是一个多频段器件架构在器件级的复制品，同样有尺寸大及功耗高等问题。相反，方式③（采用真实的多频段器件）则可以降低功耗并大大减小尺寸。

像天线、滤波器和平衡/非平衡转换器等无源器件可以完全集成到封装中去。而对于处在芯片与封装区域之间的电路元件（LNA、VCO 和 PA），就需要进行设计划分和优化，而且要考虑芯片和封装之间信号传输的寄生效应。例如，带有输出匹配网络的功率放大器就采用嵌入式的无源元件和有高 Q 值的电感的 VCO 来实现，以达到在相位噪声方面的改进，这些在文献[9～11]当中报道过。

通过在封装中集成无源元件实现完全集成是有可能的。然而，这种方法忽略了一个事实，那就是与低 Q 值的片上电感和有固定 Q 值的分立的无源元件相比，采用嵌入式的无源元件可以使得无源元件的 Q 值在设计中成为一个新的变量。Q 值可以在 20～200 之间改变[12]，对于特定的应用，设计者就可以对其所需的 Q 值进行选择。高的 Q 值可以引出一个新的折中设计，特别是在器件的尺寸方面。新的设计划分和优化方案要保证封装基板的高效利用。这必须引入到每一个电路的设计方法中去，以优化整体系统的性能。例如，通过在封装中嵌入无源元件可以实现 CMOS 低噪声放大器的完全集成设计。但是，高 Q 值电感的尺寸很大，设计需要考虑这个因素进行折中设计，所以，通常需要改进 CMOS 低噪声放大器的设计方法。

无线模块电路对高密度的要求，急切需要处理微瓦级的输入功率。这种情况下，来自数模转换区域的噪声耦合则成为混合信号集成的一个巨大阻碍。当许多静态门同时进行状态转换时，数字电路将产生噪声，然后通过电路中的寄生电阻和电感效应在信号中形成一个电流尖峰。这种噪声还可能出现在模拟电路中，并通过电容进行耦合，而且在 SOC 系统中采用的高掺杂的硅衬底也可能形成噪声。

然而，随着基于 SOP 的设计方案的使用，新的噪声耦合和传播机制开始发挥作用。封装中电源平面分割的应用，则使得接地反弹和同步开关噪声（SSN）成为混合信号系统设计的重要因素。由于共模电流的存在，高速信号线在终端会辐射能量，导致 EMI。在基于 SOP 设计的混合信号系统中，主要的数字和模拟电路之间的噪声耦合机制可以归为以下几类：①通过共用电源的耦合；②通过来自高速信号线的电磁干扰；③通过电容或电感的耦合。基于 SOP 系统的低损耗电源分配网络会形成尖锐的谐振，但这在高损耗的基于 SOC 的电源系统中是不存在的[23]。此外，在模拟信号区域内部通过相近的多个嵌入式无源器件形成的耦合同样将导致 RF 电路性能的下降。

在混合信号 SOP 设计中，主要的挑战来自于设计工具的缺乏；设计工具可以进行精确建模、分析，以及对信号完整性、功率传输、串扰、辐射、品质因子、工艺变化以及成品率等复杂效应进行评估。随着架构、电容以及版图级别的体系的延续，设计工具必须提供快速的周转时间，以缩短设计循环周期。

4.1.5　制造技术

设计方法通常根据制造技术的功能进行选择。这是因为所选择的技术决定了基本的工艺规程，如线宽、线的厚度、过孔直径以及堆叠式样，这些都是物理上实现设计所要求的。对于移动通信方面的应用，有成本效益的解决方案要求在尺寸、性能以及可靠性方面有巨大的改进。目前，有五种不同的技术平台可以用于移动通信方面的集成：①在印刷线路板（PWB）上采用分立的无源元件；②SOC 技术，将所有的无源和有源器件都集成在硅片上；③低温共烧陶瓷（LTCC）；④在硅片上制作薄膜（TFOS）；⑤采用基于 PWB 的有机工艺。由于封装和 PWB 可以通过采用相似类别的材料进行结合，最后一种技术方案近来得到人们的重视。表 4.1 只是纯粹从设计的观点给出了五种方案的定性对比，并没有给出更多的细节。本章也将讨论到基于 PWB 的有机工艺实现设计的方法，它采用了液晶聚合物（LCP）电介质材料。

在表 4.1 中，采用基于 PCB 的有机工艺（如 LCP）的主要优点是：基板可以最终变成 PCB，IC 的裸片可以直接装配在上面；而且这种方法还可用于 PCB 的相关设备中以制造高密度基板。

表 4.1　基于设计灵活性的各种技术的对比

技　术	优　点	缺　点
PWB 上的分立式器件	· 低到中等的 Q 值的无源器件 · 可获取	· 密度低，尺寸大 · 元件改变
SOC	· 紧凑 · 数字电路集成度高	· 低 Q 值无源器件 · 没有单一的技术可以满足所有混合信号的系统的要求
LTCC	· 高 Q 值无源器件 · 集成度高 · 密度高	· 热膨胀系统不匹配（LTCC 与 PCB 不匹配）
TFOS	· 密度高	· 低 Q 值无源器件 · 低集成度
基于 PCB 的有机工艺	· 高 Q 值无源器件 · 集成度高 · 密度高 · 可用的大金属面 · 大幅面制造	· 气密性

4.2　用于 RF 前端的嵌入式无源器件设计

RF 前端由天线、双路器、滤波器、滤波器组以及匹配电路组成。如果采用分立式的表面贴装元件，这些器件的选择范围就相当广泛。如果这些器件集成到 IC 封装中，则可以减小系统尺寸。除天线外，其他器件的尺寸还决定于实现这些器件的最基本的单元，即电感和电容。由于尺寸的限制，在 $1\sim10\mathrm{GHz}$ 的频率范围，这些器件是不能采用传输线来实现的。电感和电容的特性可以由其无载品质因子来衡量，这是一种器件损耗测量。然而硅基的 IC 技术却限制了电感的品质因子只能在 5～15 之间，这是因为其所用的衬底会形成涡流，从而降低电感值并增加电感损耗。同时，电感还会在硅片上占去大量面积，进而增加工艺成本。因此，需要将这些器件与基板进行集成。标准的基于 BT（双马来酰亚胺三嗪）树脂层板（如 FR4）的工艺不能用于上述集成，因为电感损耗（如刻蚀线轮廓、表面粗糙度、容差）和介电常数损耗（如损耗角正切）会加剧电感和电容 Q 值的下降。这就要求有低损耗的高频电介质材料、高电导率的金属以及会形成好的表面光洁度与所需的矩形线条轮廓的工艺。通常 IC 都是表面贴装于 PCB 上，基于有机基板的封装技术则更加可取，因为这个最终将替代 PCB。所谓的 SOP 则是将各种裸片 IC 直接集成在包含嵌入式薄膜元件的基板上。

在本节中，LCP 材料已经被用来进行集成。这种材料的相对介电常数为 2.95，损耗角正切值为 0.002，二者随频率从 1GHz 到 100GHz 的变化而改变；其吸湿度小于 0.04%；且热膨胀系数与 PCB 相匹配[24]，介电层的厚度为 1～8mil（1mil＝25.4×10⁻⁶ m）。可以与铜金属化一起采用平行工艺，以形成具有最小表面粗糙度的矩形轮廓。图 4.5 为一个平衡的 LCP 基板的截面图。两层平衡的 LCP 层上分别制作电路和微孔，然后用有机物预浸料材料（图 4.5 中的芯）实现 LCP 各层的层压。预浸

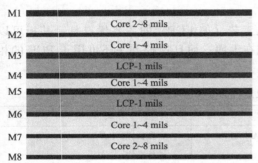

图 4.5　液晶聚合物（LCP）基板截面图

料的损耗角正切较小，只有 0.0035，且介电常数为 3.38。对通过机械钻孔得到的通孔进行电镀，实现各层的互连。基板焊盘和焊端的处理则采用一种液态的光成像阻焊层和化学镍金表面处理工艺。包括层压（＜200℃）、化学镀和电镀铜工艺以及干膜光阻工艺，这些都与标准的 FR4/PWB 制造工艺相兼容。利用大幅面 PWB 工具可以将板材做成 12in×18in（1in＝0.0254m）和 9in×12in 的大小，可降低制作成本，并使得 18in×24in 大小的板材的制造成本继续降低。

叠层是由 LCP 和预浸料层组成的，其截面是不均匀的。因此，需要有新的设计方法利用 LCP 层，将需要高 Q 值的电感和电容嵌入其中。而在预浸料上的金属则可用来布线。同质层实现堆叠是有可能的，这可以采用不同熔化温度的 LCP 键合不同层来实现。

4.2.1　嵌入式电感

电感是 RF 前端模块设计中的一个基本的元件。虽然采用共轴[25]和线绕[26]方式制作电感是可行的，但电感的典型制作方式是在基板的一层或多层制作平面螺形线圈来实现。电感的特性受特定频率电感值、特定频率空载品质因子以及电感的自谐振频率制约。所以电感最好工作在其最大的 Q 值附近，即约为自谐振频率中心的 30%～50% 的范围内。电感的设计要求对寄生效应进行仔细优化，而这些效应

又来自于寄生的电容、电感损耗以及电介质损耗。

例如，考虑如图 4.6 所示的在 LCP 层上制作螺形线圈形成的电感。电感的二端口宽带等效电路如图 4.7 所示，这是电感几何形状的物理模型。在图 4.7 中，L_s 为电感，R_s 为串联电阻，C_s 为输入与输出之间的耦合电容，C_{p1} 和 C_{p2} 为对地电容，R_{p1} 和 R_{p2} 代表介电损耗。电阻 R_{sa} 是附加因子，以优化基于模拟可测量数据的电路模型。对于固定的 1mil 厚 LCP 和任意面对地面约为 8mil 距离时，1mil 线宽，间距为 1mil，圈数为 1.5 的电感的寄生效应对应值分别为：$C_s = 2.7\text{fF}$，$C_{p1} = 33.7\text{fF}$，$C_{p2} = 492.1\text{fF}$，$L_s = 2.5\text{nH}$，$R_s = 1.39\Omega$，$R_{sa} = 6.6\text{k}\Omega$，$R_{p1} = R_{p2} = 10\text{M}\Omega$。

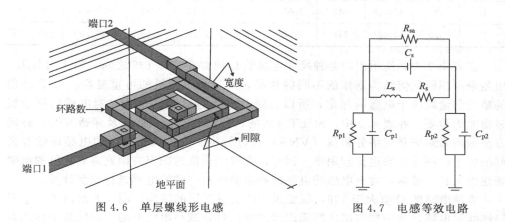

图 4.6　单层螺线形电感　　　　图 4.7　电感等效电路

对于图 4.7 所示的二端口电感模型，有效电感 L_{eff} 和 Q 值可以由下式计算：

$$L_{\text{eff}} = \text{Imag}\left(\frac{1}{2\pi f \gamma_{nn}}\right) \quad n = 1, 2 \tag{4.1}$$

$$Q = \left|\frac{\text{Imag}(\gamma_{nn})}{\text{Real}(\gamma_{nn})}\right| \quad n = 1, 2 \tag{4.2}$$

此处 γ 表示端口 1 或端口 2 的导纳参数，f 为频率。

由于存在寄生电容，电感的有效值为频率的函数。对于单端口电感，其端口 1 或端口 2 是接地的。在图 4.7 所示的电路模型中，L_{eff} 和 Q 可以得到解析解，或者能通过任何电路模拟软件模拟得到响应。而对于之前定义的电感参数，当有效电感为 2.7nH 时，在 4～5GHz 的频率范围内可以得到的最大 Q 值为 36。显然，电感的性能受到串联电阻和接地电容的影响。这些参数可以通过采用新的拓扑结构（如多层螺线电感）或者最大化与地平面的间距来减小。

通过采用新的拓扑结构和将电感与地平面分开，可以利用电磁场模拟软件对电感的版图进行优化。单层螺线电感的模拟结果见表 4.2[27]。电感 A 和电感 B 有同样的尺寸，但采用不同的层进行制作：电感 A 在最上层 M1，如图 4.5 所示，以得到更高的 Q 值；而电感 B 则嵌入在顶层的 LCP 层 M3 中，低于最顶层 12mil。如表 4.2 所示，Q 值可以从 75 增加至 126。这一结果清楚显示了采用 3D 集成式电感的可伸缩性。

表 4.2　嵌入式电感结果归纳

电感	圈数	尺寸/mils	金属层	电感值/nH		SRF/GHz		Q 值@频率/GHz	
				组 1	组 2	组 1	组 2	组 1	组 2
A	1	54×30	M1	2.74	2.74	9.57	9.52	126@3.68	122@3.6
B	1	54×30	M3	2.97	2.92	6.99	6.91	75@2.52	74@2.33
C	1	75×51	M1	4.32	4.32	6.57	6.57	122@2.91	119@2.18
D	1	75×51	M3	4.74	4.72	4.93	4.88	69@2.12	67@2.01
E	2	45×45	M1	9.05	9.33	3.82	3.81	58@1.7	65@1.5
F	3.5	60×61	M1	17.7	17.8	2.56	2.55	65@1.38	65@1.05

在表 4.2 中，所示出的各种尺寸电感的 Q 值都在 58~126 之间。第 1 组与第 2 组是采用相同几何结构制作的不同的样品，其显示了测量的可重复性。由于 Q 值的精确测量取决于电感的标定，所以，随着电感的 Q 值的增加，对电感的标定就显得尤为重要。在表 4.2 中，SOLT（短的、开路的、有载的以及穿透式的）标定方法被用来对矢量网络分析仪（VNA）进行标定。Q 值大于 100 的电感即使有良好的标定，测量起来也比较困难。因此，在对测量值的确定方面就需要良好的电磁场建模工具。通常，含有电感的电路的响应要求对空载的电感进行反演计算。

为使电感的 Q 值大于 126，就要采用两层或多层的结构。图 4.8 给出了一个双层螺线形电感，其中层与层之间采用增加电感量，减小串联电阻，去除地平面的方式进行互连。图 4.9 中所示为电感的频率响应，其中在 3.7GHz 频率处得到的 Q 值为 165。模型到硬件的相关度相当好。采用电磁场求解器 Sonnet 进行模拟得到了结果[28]。

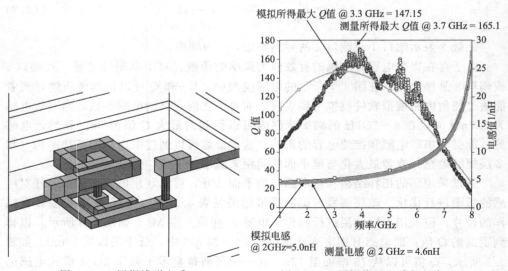

图 4.8　双层螺线形电感　　　　图 4.9　双层螺线形电感的频率响应

4.2.2　嵌入式电容

　　像电感一样，嵌入式电容所关心的参数是其在给定频率下的电容量、特定频率的空载品质因子以及电容的自谐振频率。最好让电容工作在其最大 Q 值的频率处。导体和电介质都可以影响电容的特性。对于一个可完美导电的平面电容板，其可以达到的最大空载品质因子是 $1/\tan\delta$，这里 $\tan\delta$ 为电介质材料的损耗角正切。既然 LCP 在较宽的频段中都有 $\tan\delta=0.002$，其上电容的最大的空载品质因子可达 500。

　　虽然单层金属可以用来构建插指电容，但由于相互平行的平面结构有更小的尺寸及最小的电导损耗，所以成了更好的选择。含有两个电极的平行式的平板电容的物理结构如图 4.10 所示。附加的电极可以用来增加电容值。例如，通过在顶层和底层的电极上增加一层额外的电极，如图 4.10 所示，并缩短顶层和底层电极的间距，就可以在不增加面积（但需要通过增加层数）的情况下以平行板的方式构建电容。图 4.10 中还示出了 RF 地平面，其用来作为模拟和测量电容频响的参考。

　　电容的等效电路示于图 4.11，其中包含了所有的寄生效应。电容 C_s 为电容电极之间的电容值，C_{p1} 和 C_{p2} 为对地的寄生电容，L_{s1} 和 L_{s2} 为电极板的扩散电感，R_{s1} 和 R_{s2} 为电极板因导体损耗引起的串联电阻，R_{s1a} 为介电损耗。等效电路中没有包含对地平面的介电损耗，因为这一效应对电容影响可以忽略。例如，对于一个 $HL1=VL1=23$ mils，LCP 厚度为 0.92mil、对地距离约为 8mil 的电容，如图 4.11 所示，其相应参数为：$C_s=2.4\text{pF}$，$C_{p1}=497\text{fF}$，$C_{p2}=47\text{fF}$，$L_{s1}=55.9\text{pH}$，$L_{s1}=56.6\text{pH}$，$R_{s1}=140\text{m}\Omega$，$R_{s2}=1\text{m}\Omega$，$R_{s1a}=66.7\text{k}\Omega$。这些参数都可以通过对等效电路参数进行优化以匹配由 Sonnet[28] 或其他的电磁场模拟软件得到的频率响应而得到。

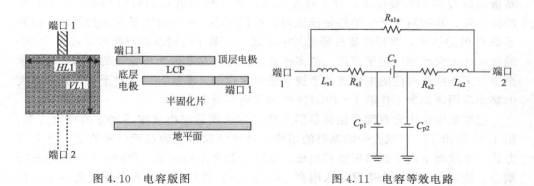

图 4.10　电容版图　　　　　　　　图 4.11　电容等效电路

　　利用等效电路或由电磁模拟软件得到的频率响应，电容的有效值及 Q 值可以计算如下：

$$C_{\text{eff}}=\left(\dfrac{1}{2\pi f \text{Imag}\left(\dfrac{1}{\gamma_{nn}}\right)}\right) \qquad n=1,2 \tag{4.3}$$

$$Q=\left|\dfrac{\text{Imag}(\gamma_{nn})}{\text{Real}(\gamma_{nn})}\right| \qquad n1,2 \tag{4.4}$$

　　上述方程频率响应范围为 1～9GHz，如图 4.12 所示。可以看到电容是频率的函数，随频率的增加而增加，并在约 9GHz 处产生振荡，大于 9GHz 时，则表现为电感性。最大的 Q 值为 320，约在 1GHz 处。

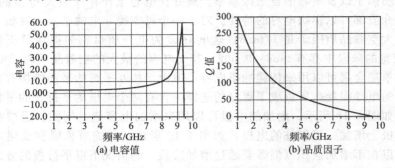

图 4.12　电容的频率响应

4.2.3　嵌入式滤波器

　　除了许多性能上的改进之外，多模式无线架构可有效地节能和节省尺寸空间。多模式无线要求诸如 LNA[5]、振荡器[29] 及滤波器等关键的 RF 器件[30～33] 可以在多频段进行工作。多模式的滤波器是一种含多个可控带通频段的滤波器，且同时只有一个输入和一个输出口。在经济型和小尺寸为主要考虑因素的多种无线局域网（WLAN，如 IEEE 802.a/b/g）的设计中，这种滤波器非常可行。许多双频带的滤波器可以在文献[30～33]中找到，其中两个双行态传输线式共振器（DBR）用来合成不同的频带。同样的理论也可用于三频带的滤波器的制作[33]。当前，单一频带的射频前端滤波器的解决方案是采用基于陶瓷和带有尺寸在 6～14mm² 的聚合物基板的高 Q 值的封装技术。对于商用无线产品中使用的双频带滤波器，除了有小的插损外，其相对于两个单频带滤波器，面积更小。由于有大量的谐振器，所以对于高 Q 值的技术，双频带滤波器是其需求之一。基于传输线的双频带滤波器[30～33]通常尺寸太大而难以用于商用化的多模式系统中，这是因为传输线的物理尺寸要求至少与工作频率对应的电磁波的半波长是可比拟的，而这种尺寸对于大多数消费类的移动应用产品所工作的 1～10GHz 的频带而言就太大了。

　　能够采用集中元双频带振荡器部分替代传输线是减小滤波器尺寸的可行方案。图 4.13 示出了一种双频带滤波器的结构，这种结构是得到双频带特性的一种有效方式。滤波器由两个四阶振荡器组成，这两个振荡器间在输入和输出端以电容进行耦合。滤波器采用两个串联输入电容（C_1 和 C_2）进行匹配并控制滤波器的中心频率。滤波器的较低的通带的带宽和通带纹波可以通过控制连接在两个四阶分流振荡器间的耦合电容（C_c）的值进行调整。由于滤波器采用了相同的无源元件的组合形式工作于宽频范围（约 3～5GHz），就要求无源元件在很宽的频率范围内有高的 Q 值和稳定的电气特性。双频带滤波器设计的基本思想是从两个四阶的振荡器中分别合成出两个不同的等效电感，以使其能够与匹配的电容产生谐振。由于采用相同的无源元件的组成形式来同时产生两个带通，因此，这种方式对于未来的多频带、多功能的系统而言是一个小尺寸且具有性价比好的解决方案。在输入和输出端之间的交叉耦合器件在较高的频带提供了另一个传输零点，从而能够对高频段的带宽进行控制。

　　一个单输入单输出（SISO）的滤波器原型已经设计出来，它可以同时通过 2.4GHz 和 5.2GHz。图 4.14 给出了这种滤波器在 Sonnet 软件中的版图[28]，Sonnet 为一款商业化的电磁模拟软件，可以对本章中所讨论的各种结构给出精确的模拟结果。LCP 积层排列可以实现在两层 LCP 上对无源元件进行 3D 集成。这种工艺将双面镀铜的两层 25μm 厚的 LCP 层和带有多个低损耗的经玻璃纤维增强的预浸料（芯）结合在一起，形成一个有 8 层金属层的层结构。这种叠层结构是平衡（机械和电气）的，并且还可以在顶层和底层（带状线结构）将滤波器和地平面一起进行设计，从而可以减小与辐射相关的损耗并且同时减小电磁干扰。图 4.14 给出了完整的版图，其中 25μm 厚的电介质层（LCP）双面镀有金属（铜），每一面上有预浸料（介电层）。电感采用在单层金属层上制作螺形线圈制成，且在与其相对的层上没有地层。电感和电容的一端通过电镀通孔以微带线与地相连。四阶的振荡器的设计可以增强电感之间的串联电感间相互耦合，从而最小化振荡器面积并最大化振荡器的 Q 值。为最小化电感耦合，两个振荡器对称地分布于相对于电容的任意一侧。

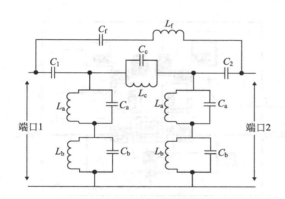

图 4.13　双频带滤波器

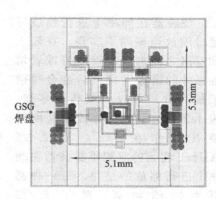

图 4.14　滤波器版图

　　图 4.15 给出了双频带滤波器的测量与模拟的结果。在对滤波器特性进行模拟时，建立包含寄生效应在内的整个结构模型十分关键。这些寄生效应包括过孔过渡、金属导电损耗以及寄生电容影响的回弹等。由图 4.15 可以看出，滤波器有两个可控的频带，其中心频率分别为 2.4GHz 和 5.3GHz。这种滤波器的设计可以通过两次或更多次的频段分离来进行。较高的频段的带宽约为 530MHz（为中心频率的 10%），带内插损为 1.1dB。较低的频段的带宽则为 525MHz，带内插损约为 1.3dB。图 4.16 给出了滤波器在其阻带 0.5GHz 处的电流分布。从图中可以看到在阻带内，电路的表现为短路，此时大部分电流直接通过振荡器形成的电感到地。为了改善插损，同时减小特别是在高功率应用中器件的过热现象，滤波器的设计就需要高 Q 值的电感。如图 4.15 所示，仔细地对结构进行建模可以得到模型到硬件的优异的关联性。然而，并不是所有的结构都可以采用电磁模拟软件进行建模。特别是在有很多器件集成的情况下，这种做法会导致计算时间相当长。因此，在设计

阶段，需要加入电路级别的模拟这一中间步骤，这样做还可以在对性能进行评估的基础上加快版图的修改。如果上述步骤在对整个版图的建模之后进行，可能需要花一整天去完成。

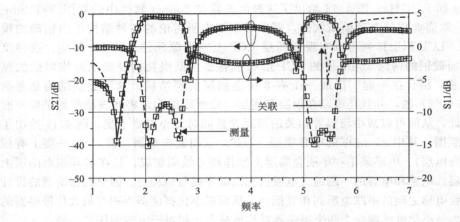

图 4.15　滤波器的模型到测量关联

滤波器在频率上进行缩放可通过缩放谐振网络实现。在输入和输出之间加入反馈电容或者增加额外的谐振网络（后者会稍微增加尺寸）可以增加传输零点。表 4.3 总结了通过修改谐振网络使其工作在 1/2.4 和 2.4/5（GHz）得到的双频带滤波器在频率上进行缩放的结果，每一种都有不同的频宽。对于 2.4/5（GHz）的滤波器，已可以制作成

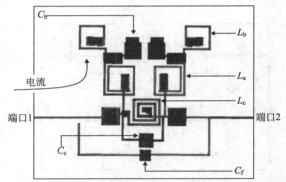

图 4.16　阻带内 0.5GHz 处的电流密度

5.1mm×5.4mm 大小的尺寸，且插入损耗为 1.1～1.5dB。

表 4.3　双频带滤波器的特性及各种制作技术的对比

参考面	中心频率/GHz	3dB 带宽/MHz	插入损耗/dB	占用面积/mm²
	1	80	0.8	6×6
	2.4	625	1.2	
多层 LCP 板	2.4	965	1.5	5.1×5.4
	5	1250	1.2	
	2.4	525	1.3	5.1×5.4
	5	500	1.1	
铝板	1.5	不适用	1	48×24
	2		4	
有机层压板	2.4	不适用	2.4	15×8
	5		1.8	

4.2.4　嵌入式平衡-非平衡转换器

平衡-非平衡转换器（Balun）是一种三端口器件，其功能是将非平衡的输入转换成平衡的输出，如图 4.17 所示。电气特性上，这意味着输入信号被分成了两路，两路输出信号的功率在幅度上是相等的，相位相反，即有 180° 的相位差。这些特性几乎在所有的 RF 结构中都会用到。基于 SOP 集成的多频段的无线架构中，Balun 的设计正面临重大的挑战。

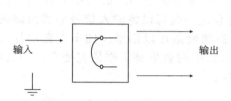

图 4.17　平衡-非平衡转换器功能示意图

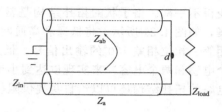

图 4.18　Marchand 式 Balun

传统的 Balun 一直采用分立式元件实现。功能的 Balun 可以通过捕获传输线中的信号和接地的差分输出来实现。然而，电流的回弹通路难以控制，这会导致实际制作的这种器件的输出信号的差的振幅和相位不平衡。针对这一问题，N. Marchand 给出了一种带补偿的 Balun 的解决方案。他利用一个与第一级传输线的电气特性相同的二级传输线来对参考地的效应进行补偿从而形成输出信号的匹配[34]。如图 4.18 所示，Marchand 式 Balun 采用了两个 λ/4 耦合线对。采用补偿架构可以保证好的相位和振幅平衡，这时，设计方程主要来保证在通带内能够有好的回波损耗。从 d 点看进去的阻抗可以推为[35]：

$$Z_d = \frac{Z_{load}}{\dfrac{Z_{load}^2}{Z_{ab}^2\tan^2\theta}+1} + \frac{jZ_{load}^2 Z_{ab}\tan\theta}{Z_{load}^2 + Z_{ab}^2\tan^2\theta} - jZ_b\cot\theta \tag{4.5}$$

此处 θ 为传输线段的电长度，其他的变量如图 4.18 所示。从源端看进去的阻抗（Z_{in}）可以通过将 Z_d 以特征阻抗 Z_a 经传输线的长度进行变换得到（假设工作在无损耗情况下）：

$$Z_{in} = Z_a \frac{Z_d + jZ_a\tan\theta}{Z_a + jZ_d\tan\theta} \tag{4.6}$$

输入回波损耗 S_{11} 为 Z_a，Z_b，Z_{ab}，Z_{load}，Z_{source} 和 θ 的函数。当 $Z_a = (Z_{source} Z_{load})^{1/2}$ 且传输线的电长度的取值使得 $\theta = 90°$ 时，输入将完美匹配［即 $Im(Z_b) = 0$ 且 $Re(Z_{in}) = Z_{source}$，此时 $S_{11} = 0$］。

由于采用了分立式元件，低频时分立式的 Balun 的尺寸相当大。虽然有许多方法（阻抗变化、容性负载等）用于减小 Balun 的尺寸[36,37]，但这些方法都会牺牲百分比带宽。文献[38]给出了一种可以同时兼顾大带宽、小尺寸的 Balun 结构。

采用基于有机 LCP 的 SOP 工艺，阻抗缩放技术可以得到在 4.9～5.9GHz 这一无线局域网的频带中使用的无线局域网 Balun，并且在保证 53% 的带宽的同时减小 64% 的尺寸。图 4.19 给出了用来实现这种 Balun 的平面形式和多层 LCP 积层结构形式的版图。图 4.20 给出 A—A' 轴对应的截面和带装线拓扑的耦合线段。图中，h 表示基板的总厚度，s 表示耦合线的间距，d 表示耦合线线段之间的距离。电磁模拟软件用来决定阻抗 Z_a、Z_b 和 Z_{ab} 的值。表 4.4 给出了制作的 Balun 与商业化的 Marchand 式 Balun 的对比，二者都采用有机物基板制作。从表中可以看到，相对而言，所制作的 Balun 的尺寸减小了 42%，它还可以嵌入到 LCP 层中。采用阻抗匹配网络的集中元件方法的实现方式已经成为一种减小尺寸的方法[39]。由于集中元件的形状十分接近，这种方式将导致性能的恶化，当全频段时，特别的振幅会变得不平衡。格子状的拓扑结构是常用的小尺寸窄带 Balun 的集中元件的解决方案，如图 4.21 所示。将低通和高通网络结合在一起可以将输入信号分成两路振幅相等、相位相差 180° 的输出信号。低通和高通网络可以用至少四个无源器件（两个电感和两个电容）来实现以达到小尺寸（折中的效果是工作带宽变窄）的目的。电路的拓扑结构还可以给自身提供阻抗变换。

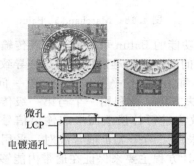

图 4.19　宽带 LCP 式 Balun 及其积层结构

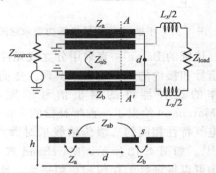

图 4.20　平面式的 Balun 的版图结构及由 A—A' 轴看过去的截面图

表 4.4　Balun 的性能对比

器　件	商用 Balun		LCP Balun	
频率	4.8GHz	5.9GHz	4.8GHz	5.9GHz
回波损耗(S_{11})(最小值)	16　dB		−15.5　dB	
插入损耗(最大值)	0.6　dB		0.57　dB	
振幅不平衡度(最大值)	0.6　dB		0.33　dB	
相位不平衡度(最大值)	5°		6°	
面积	9mm²		5.16mm²	

这种器件的设计方程如下：

$$Z_0 = \sqrt{R_{\text{source}} R_{\text{load}}} \tag{4.7}$$

$$L = \frac{Z_0}{\omega_0} \quad C = \frac{1}{Z_0 \omega_0} \tag{4.8}$$

其中，R_{source} 和 R_{load} 分别为源和负载的阻抗，且 $\omega_0 = 2\pi f_0$ 为工作频率。

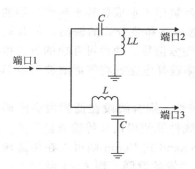

图 4.21 含有电感和电容
的窄带 Balun 拓扑图

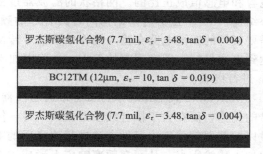

图 4.22 采用高 K 材料所实现
的 Balun 的堆叠结构图

为演示集中元件 Balun 的工作特性，设计了一个可以工作在 2.44GHz 的中心频率，带宽为 100MHz 频率范围的 Balun。对于分别为 50Ω 和 100Ω 的 R_{source} 和 R_{load}，将分别产生 0.92pF 的寄生电容和 4.6nH 的寄生电感。随着对厚度的限制越来越严格，多层电介质使用尺寸的限制更加制约了低 K 材料的使用，这使得采用均匀介电材料制作这种 Balun 变得困难。图 4.22 给出了一个 0.5mm 厚的堆叠式结构，其中引入了高介电常数的材料（Oak-Mitsui's FaradFlex BC-12TM）。由于材料损耗角正切为 0.019，相对介电常数为 10（在 1MHz 时）且厚度为 12 μm，这种材料已经被用在嵌入式数字去耦应用中。然而，过高的电容密度（1MHz 时为 11 nF/in2）使得这种材料适合于尺寸小、高度低的 Balun 备选设计。与带通的结构相比，采用低通和高通结构具有更多的电介质损耗容差，所以格子状的拓扑结构特别适合于采用这种材料的设计。经屏蔽的器件测得其面积为 1.25mm×2mm，厚度为 0.507mm，插损为 1dB，振幅不平衡度为 2dB，相位不平衡度为 ±10°。

Balun 设计的第三种可以替代的方式就是采用变压器。虽然进行紧凑的设计可以实现，但以这种方式实现的 Balun 的特性强烈依赖于初级和次级线圈之间的耦合。于是通过减少的金属间的间距，或低电介质厚度，或二者的结合，达到高耦合系数的 SOP 就成为实现这种 Balun 的必要技术。

4.2.5 滤波器-Balun 网络

在接收机中，由天线进来的信号实质上是单端信号，但有源电路（LNA 为始端）一般是差分形式的，如图 4.23 所示。单端信号先通过带通滤波器进行滤波，然后再通过 Balun 将其转换成差分形式的信号。随着基于 SOP 工艺的采用，嵌入电路的基板可以用来将 Balun 和滤波器的功能进行整合。任何单端口的电路都能利用网络理论变为（差分输入和差分输出）平衡的网络[40]。平衡式带通滤波器也能按照这种方式进行设计。然而，这种技术也会导致器件数目的增加。从而使得串联通路上电容值翻

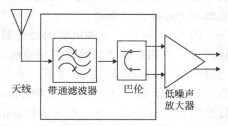

天线　带通滤波器　巴伦　低噪声
放大器

图 4.23 接收机前端的滤波器-Balun 网络

倍[40]，而这又会导致嵌入到电路中器件尺寸变大，因为元件的尺寸是与所要求的电容和电感值成正比的。网格状的滤波器过去已经被用于形成各种平衡滤波器的拓扑结构[41,42]。虽然这些结构同时具有好的频率选择性和差分式的输出，但其同样需要额外的匹配电路在输入端将单端信号转换成差分信号。两种可互换的方法可以达到上述目标，即在现存的 Balun 电路中加入频率选择电路或将带通滤波器与 Balun 进行级联。

　　Marchand 式 Balun 本身带有带通滤波器的特性。耦合线段在低频段会阻碍信号的传输，而在大于耦合线段谐振频率时，传输线性能使得信号传输质量下降。通过以振荡器替代集中元件方法进行改良后的 Marchand 式 Balun 则可以在传递函数中加入传输零点，从而在频率响应上形成一个很尖锐的滚降。图 4.24 示出了一个工作在 5～6GHz 频带的经改良的 Marchand 式 Balun 的设计。为了增加高频抑制，采用振荡器制作原来的集中元件。电容用两个振荡器（分别由 0.72nH 的电感和 0.13pF 的电容进行串联、2.3nH 的电感和 0.1pF 的电容进行串联组成）进行替换，以在约 16.5GHz 和 10.5GHz 处形成两个零点，从而得到在 9.5GHz 处的阻带。

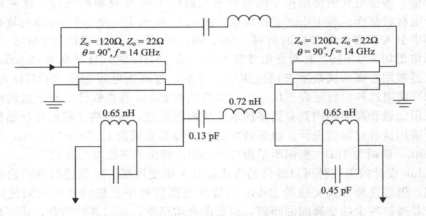

图 4.24　集成滤波器的 Marchand 式 Balun

　　振荡器在工作频率的二次和三次谐波（10～12GHz 和 15～18GHz）处对信号有足够好的抑制。然而在低于 5GHz 的频率（特别是在 2.44GHz 的频带）处的抑制仍然很低。因此可以清楚地看到，在现有的 Balun 的设计中采用振荡器进行设计只能提供有限的频率抑制。而另一个实现滤波器-Balun 网络的方式则是将带通滤波器与 Balun 进行级联。

　　图 4.25 展示了一种级联的滤波器-Balun 网络的实现。滤波器（在文献[43]中描述过）由相互耦合的容性振荡器组成，且在输入与输出端连接（译者注：此处原为有两个 connected，疑多写了一个）有一个小的电容以在传递函数中形成两个零点（1.8GHz 和 3GHz 处）。这种 Balun 采用了交错式的拓扑结构，单端到差分的转换阻抗为 50～100Ω。滤波器和 Balun 都设计成在 2.4～2.5GHz 频带工作。滤波器在蜂窝电话工作频带提供 20dB 的带内抑制，同时，结合滤波器对 Balun 进行

了优化，以降低插入损耗。

一种基于 LCP 的堆叠式的结构已用来实现这种器件，最初是因为滤波的谐振网络要求高的 Q 值，如图 4.26 所示。为了保证器件的尺寸可以控制，Balun 的设计采用六层金属层实现，具体是电容嵌入在 LCP 层，电感则在金属层 2 和金属层 5 中用环形线制成。

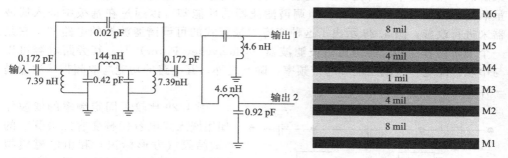

图 4.25　级联滤波器-Balun 的电路　　　　图 4.26　积层结构

最终所制作的器件尺寸为 $4mm \times 1.5mm$，厚度为 $0.75mm$。器件的 S_{12} 和 S_{13} 的测试结果如图 4.27 所示[❶]。其中，滤波器在所有蜂窝电话（GSM、EGSM、PCS 以及 DCS）的工作频带提供了最少 20dB 的带内抑制，而插损则保持低于 2dB。需要注意的是在文献[43]中，滤波器自身的损耗接近 1.7dB。通过对 Balun 进行认真设计，最小化回波损耗，有望将器件的总损耗保持在低于 2dB 的水平。

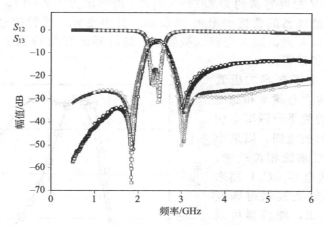

图 4.27　模型与硬件的关系（虚线为 Sonnet 软件模拟结果，实线为测试结果）

4.2.6　可调谐滤波器

可调谐滤波器不仅能够进行带内调谐，而且能为滤波器的输入和输出提供更好的匹配，还可以修正生产过程中相关缺陷（如频率偏移）。调谐功能可以通过可变

❶　译者注：此处原文为 S_{21}、S_{31}，错误。应为 S_{12}、S_{13}，分别为信号强度和信号质量。

电容器（如变容二极管）或者电子开关来实现。变容二极管是一种反向偏压的二极管，其电容可以随着电压的改变而改变。变容二极管还有低的 Q 值（10～15），可以将滤波器作为负载，因而会增加插入损耗及带内的波纹。而电子开关，如 GaAs 和 CMOS 开关，则可以用来在电容器阵列中进行切换。这种开关的插损也较高。但这些与器件相关的问题都可以分别通过采用 MEMS 可变电容器或者 MEMS 开关来解决。在本节中，对在 LCP 基板中的嵌入式滤波器上采用的可变电容进行论述。虽然变容二极管的 Q 值较低，但调谐滤波器的性能却可以通过在基板中嵌入滤波器来进行改善。图 4.28 示出了这种变容二极管式的可调谐滤波器的电路图。它是一个二阶的容性耦合的切比雪夫滤波器（Chebychev Filter）[44]。其旁路电容可以与串联匹配电容去耦匹配和通带频率，除此之外，其电路的功能与双频带滤波器是一样的。

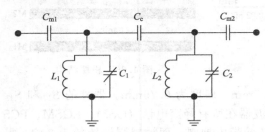

图 4.28   可调谐滤波器

图 4.29 比较了固定频率的滤波器（如用嵌入式电容代替变容二极管）的测试结果（方形标识）和由电磁模拟软件 Sonnet 进行模拟的结果（实线）。×形标识的线为一个类似的滤波器的测试结果，其中用 Skyworks 公司出品的硅基的变容二极管（模型为 SMV1405）替代了电容 C_1（1.1pF）和 C_2（1.1pF）。每种突变结型二极管在节点偏压为 0～30V 时电容都约为 2.7～0.6pF（调谐比为 4.2：1）。当调谐电压为 6V 时，可调谐滤波器的数据如图 4.29 所示，其中变容二极管的电容为 1.05pF。从图 4.29 中可以看到，加入变容二极管后，滤波器的有载 Q 值从 5.5 减小到了 2.6，进而增加了带宽。

图 4.30 给出了变容二极管偏压与滤波器的中心频率和滤波器的带宽之间的关系。调谐电压通过表面贴装的扼流圈，以最小化偏压调制所带来的相位畸变。2.2pF 的嵌入式电容（C_g）用来在二极管抑制结处提供射频接地。图 4.30 示出，滤波器可以在 1.75～2.03GHz 之间进行调谐，调谐灵敏度为 12MHz/V。图 4.30 还表明，虽然有损变容二极管的 Q 值会随频率改变，但在整个调谐频率范围内，滤波器的带宽（Q 值也因此）几乎为常

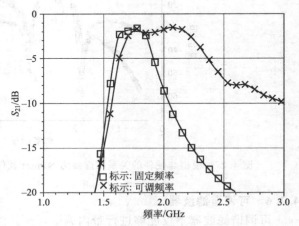

图 4.29   固定频率及可调谐滤波器
的测试和电磁模拟结果

数，尽管较差的变容二极管的 Q 值也随频率改变。这是因为在 LCP 基板中嵌入的

无源元件本身具有 Q 值的宽带本质。C_g 的另一个功能就是增加带宽。因此对于高的 C_g 值，可以得到更高的有载 Q 值，因为调谐端口和地之间的交流电阻减小了。这种调谐滤波器占用的体积为 $(5 \times 5 \times 0.76) mm^3$，而固定频率的滤波器则需要 $(3.9 \times 5 \times 0.76) mm^3$ 的空间。可调谐滤波器的频率响应还可以通过电容与电感之间的耦合给传递函数引入零点来进行改善。

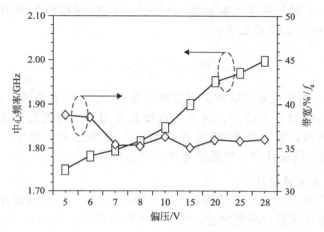

图 4.30　滤波器可调谐性能测试结果

4.3　芯片-封装协同设计

芯片-封装协同设计表示 IC 和封装设计并发进行，这样的 IC 封装能够支持性能规范。对于数字 IC，性能规范可能是 I/O 速率或误码率（BER），对于 RF IC 要求可能是噪声系数、相位噪声、功耗等。芯片-封装协同设计还表示电路的划分，子系统，或者系统的部分功能可以嵌入到封装中，其余功能仍保留在 IC 上。芯片-封装协同设计经常被误认为是对芯片和封装间进行尺寸匹配。虽然这从物理设计的观点来看十分重要，但这并不代表真正的芯片-封装协同设计。对于数字系统，同时考虑 I/O 的驱动和封装互连参数就是芯片-封装协同设计的一个例子，因为这样可以获得更快的 I/O 速度，优化功耗。类似的，在封装中嵌入去耦电容是芯片-封装协同设计的另一个例子，因为这种封装降低了噪声，并提高了由 BER 测量的性能。由于集成化趋势的发展，芯片-封装协同设计已经成为 RF 电路的一个要求，因为射频性能会因为硅基 IC 的半导体特性而衰减。例如，用标准的硅工艺集成电感会在硅基中产生涡旋电流，从而导致 Q 值下降。但是高 Q 值的集成电感可以在封装中实现，所以将这些电感放置在封装中可以提高器件性能。一般来说，有源 RF 电路包含大量的无源元件，其中有电感、电容和电阻。电阻主要用来进行偏压，而电感和电容对电路的高频运行很必要。虽然 RF 电路需要低损耗无源器件，但不是每一个无源器件都需要高 Q 值。因此，在系统划分时，只有需要高 Q 值的器件才被集成到封装中。封装中的嵌入式无源器件可以与硅中的电路元件协同设计来满足性能要求。芯片-封装协同设计的另一个例子是应用无源器件对于空间的需求。如果无源器件所占据的区域占据了晶体管区域很大的部分，那么将这些无源器件集成到硅上就是不经济的，因此可以将这些器件移到封装里去。

在这一节，两类射频电路的设计用到了芯片-封装协同设计。第一类是低噪声放大器，这是任何接受器架构的第一个有源阶段。这里门电容被嵌入到封装中来获取低噪声系数。这样的应用也是更为经济的，因为硅上 70% 的空间可能就是被门电容占据。第二个例子是压控振荡器（VCO）。VCO 的相位噪声和无源器件的功耗以及 Q 值有关[45]，关系如下：

$$L\{\Delta\omega\} \propto \frac{F}{Q^2 g P_0} \tag{4.9}$$

对于 VCO，需要低相位噪声。可以通过提高 P_0，P_0 和直流（dc）功耗有关，或者提高无源器件 Q 值来达到。对于移动设备应用，低功耗是很重要的。由于对于平方定律的依赖，需要在 VCO 电路中使用高 Q 值的无源器件。因此有必要在 VCO 芯片-封装协同设计中，将无源器件集成到封装中。

4.3.1　低噪声放大器设计

低噪声放大器（LNA）是任何射频前-后架构的第一个有源器件。对于一个放大器电路的基本要求是合理的增益、好的输入阻抗匹配、线性和尽可能低的噪声系

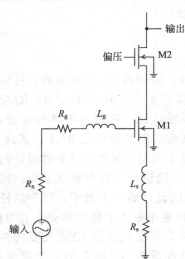

图 4.31　CMOS 级联低
噪声放大器

数（NF）。如果器件被应用在一个移动设备中，低功耗的要求也变得十分重要。一个 LNA 的噪声因子（F）是对电路加入到输入信号中的噪声的数量的一个量度，它被定义为器件输入端信噪比（SNR）与输出端信噪比（SNR）的比例。

图 4.31 中的级联 LNA 结构被广泛地应用，由于其低 NF 和高输入-输出隔离度，尤其在单芯片方案中需要严格控制晶体管参数的情况。电感退化 LNA 的设计过程包含减少 NF 相对于晶体管（M1）的门限。

如果寄生电阻可以被忽略，输入阻抗的实部就可以通过选择合适的 L_s 值或与源电阻直接等值来匹配控制。门电感由此选择为 L_T（电感 L_s 和 L_g 的和）与 C_{GS}（门-源电容）在工作频率共振，因此消去虚部使得输入阻抗在工作频率仅有实部。

CMOS LNA 优化策略广为人知[46,47]。所有这些设计方法都假定电感的 Q_S 是固定的。SOP 在封装基板中提供了嵌入式电感，这就给设计者提供一个额外的设计变量，即电感的 Q 值。取决于对特定应用的性能贡献，像 NF 和增益，在 LNA 电路中任何一个或者所有的三个电感都可以放在芯片上或者嵌入到封装中。但是选择一个特定的 Q 值也是出于尺寸和布局折中的需要。为了将这些因素考虑到优化方法中去，有必要将 F 推导为 R_g 和 R_s 的函数。

对于场效应晶体管（FET）所有噪声的贡献因素，包括电感的寄生电阻，噪声

因子 (F) 可以由以下公式推导[48]：

$$F = 1 + \frac{R_g}{R_x} + \frac{R_{gate}}{R_x} + \frac{R_s}{R_x} + \frac{\beta\omega_0^2 C_{GS}^2[\omega_0^2 L_T^2 + (R_x + R_g + R_{gate} + R_s)^2]}{5 R_x g_{do}} +$$

$$\frac{2c\omega_0^2 C_{GS}^2(R_x + R_g + R_{gate} + R_{ch} + R_s)(R_x + R_g + R_{gate} + R_s)}{g_m R_x}\sqrt{\frac{\beta\gamma}{5}} +$$

$$\frac{\omega_0^2 C_{GS}^2(R_x + R_g + R_{gate} + R_{ch} + R_s)^2}{g_m^2} \times \frac{\gamma g_{do}}{R_x} \tag{4.10}$$

这里 R_x 是源电阻，典型值是 50Ω；β 和 γ 是 MOSFET 偏置依赖的噪声参数；g_{do} 是 $V_{ds} = 0V$ 时的输出电导。在公式(4.10) 中，C 是 FET 的漏极噪声电流与门极噪声电流间的相关系数。

公式(4.10) 表明 F 同等依赖于门和源电容的寄生电阻 (R_g 和 R_s)。但是，实际上 L_s 比 L_g 小得多，并且可以应用在芯片上或者键合引线上。但是，工作频率下，L_g 可以高达 $35nH$。L_g 的寄生电阻 (R_g) 因此对于 LNA 的 F 有很重要的贡献。由于无法将这样的电感应用在芯片上，所以更好的方式是将其嵌入到封装中。一个电感的 Q 值是器件中信号损失的函数。电感中的损耗包含两个部分：金属中的损耗和电介质中的损耗。研究表明，电感可以被优化以获得最大的 Q 值。在这些条件下，导体损耗在总损耗中占主导地位（因而 Q 也如此）。导体损耗可以通过增加导体宽度来降低（这样将降低串联电阻），这将导致电感尺寸的增加，因此必须在更大尺寸和更高的 Q 值间做折中。通过将电感嵌入封装中取代芯片中的电感 L_g，设计者可以控制要求的空载的电感 Q 值。但是，因为对于尺寸的折中，使用最大 Q 值的电感可能不是最佳的策略并且可能导致 LNA 封装不必要的尺寸增大。

公式(4.10) 可以用来找出最合适的 Q_g，以满足特定的 NF 需求。图 4.32 表示了 NF 根据最合适的晶体管门限变化的情况，对于一个 $1.9GHz$ CMOS LNA 设计为 $0.5\mu m$ 工艺。在 Q_g 小的时候，NF 随着 Q_g 的增加迅速下降。但是当 Q_g 比较大的时候，NF 下降的比率会减小。因此 NF 的减小在超过特定的电感 Q 值后就很微弱了。公式(4.10) 和图 4.32 提供了满足特定电路敏感要求的最小 Q 值。图 4.33 描绘了在一个六层金属有机 SOP 工艺中不同 Q 值区域中噪声的变化。

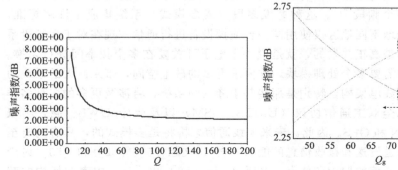

图 4.32 噪声指数（NF）与 Q 值的关系 图 4.33 噪声指数（NF）与 Q 面积的关系

　　到目前为止作为芯片-封装协同设计方法的一个例子，我们设计了应用于 GSM 的 LNA，利用了 $0.5\mu m$ CMOS 技术，标准源电阻为 50Ω，工作在 1.9GHz，这使得电感值 L_g 和 L_s 分别为 9nH 和 1.2nH。L_s 足够小可以在芯片上实现；但是 L_g 太大了不能在芯片上实现，否则电路的 NF 会急剧增加。

　　通过画出 LNA 的 NF 值与门电感的 Q 值的关系曲线，可发现当门电感的 Q 值从 10 上升到 200 时，NF 从大概 5.2dB 降低到 2.1dB。但是在设计、制造和测量中对门电感使用的是不同的拓扑结构（在前面提到的有机基板上），电感的尺寸从品质因子 $Q=110$ 时的 9mm^2，增加到品质因子 $Q=170$ 时的 280mm^2。因为 LNA 的 NF 在 Q_g 超过 70～90 以后就不受 Q_g 增加的影响了，并且封装器件的尺寸将限制在 3.5mm×3.5mm 的区域内，所以电感应选择能提供合适 Q 值的最小尺寸。

　　图 4.34 展示了 LNA 的布局图，含有增益和 NF 的数值。嵌入式电感有一个双循环共面波导（CPW）布局（地和电感在一层上），占据了大约 9mm^2 的区域，品质因子 Q 为 110。

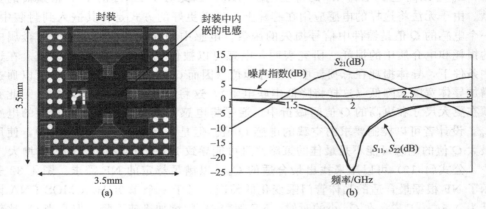

图 4.34　（a）封装内嵌入了一个电感的低噪声放大器和（b）GSM 应用的响应

4.3.2　并发振荡器设计

　　在文献[45，49，50]中展示了许多基于 LCP 的单带振荡器，其相位噪声低，功耗低。但是下一代无线通信发射机需要能灵活调整频率，并且需要根据全球不同的标准无缝跨越多个频段[51]。这种并发多段（或多模式）系统集成了许多标准，使得用户可以在全球不同地区仅使用同一台便携设备进行通信。现在对于多频段系统的解决方案并不是真正并发的，就是说一个电子开关要在多个频率间进行切换。这样的发射机架构需要多个处理模块，这要求更多的硅上空间，带来巨大的系统功耗压力。未来的无线电架构，特别是那些基于蜂窝的系统，将涉及更多的多种多样的通信标准，例如全双工通信协议（UMTS、GSM）以及蓝牙/UWB、混合半双工协议，如 WLAN 和 GPS。因此，未来无线通信架构将是多模式的，具有同时至少通过两个通信信道发送和接收信息的能力[51,52]。文献 [5]、[52] 和 [53] 讨论了无线多频段并发通信的架构和优点。文献 [5]、[52] 和 [53] 中表明架构的基本核心是每个射频前-后端模块的并发多频段操作。因此，多模式收发机同时需要电路级别的创新（最小化功耗和尺寸）以及封装级别的创新（不影响性能的情况下降低成本）。

多模式收发机的一个核心部件是多模式振荡器，这要求同时上行和下行-变换。这样的双频振荡器的振荡电路同时可以发出两种不同的频率。因此取代了机械式开关或分离调谐电路，双频振荡使得振荡器可以同时在 1.79GHz 和 900MHz 工作。振荡器的样机使用了高 Q 值的集中无源元件，它们通过一种液晶聚合物技术嵌入在有机封装中。

图 4.35 为可以双频工作的振荡器的电路示意图。本节将介绍一种同时产生两个频率的方法，这和文献[54]中展示的理论一致。电路是一个普通基础类型的负阻振荡器。振荡器包括四个基本部件：①一个四阶共振器，包含 L_1C_1 和 L_2C_2，连接在收发器的基端（基础共振器）；②二阶串联 LC 共振器（输入振荡器），包括 L_i 和 C_i，在收发器的发射端；③输出滤波电路网络；④晶体管。由于电路原理图精度的限制，偏置电路和其他寄生组件没有表示出来。

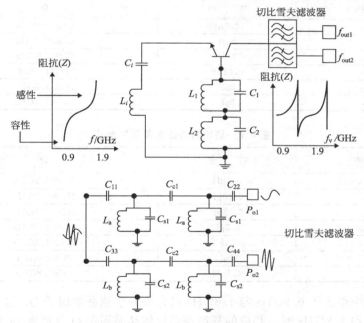

图 4.35　并发振荡电路，可产生 0.9～1.8GHz 信号

人们扩展了文献[53]中讨论的负阻单频振荡器的设计理念，采用两个频率来设计双频振荡器。设计中要注意晶体管的发射端的有效负阻抗 (Z_{in})[53]，这个取决于基端的电感数值以及集电极一端的负载阻抗值。对于持续振荡，产品的 $S_{in}\Gamma_r$ 应该大于 1

$$S_{in}\Gamma_r \geqslant 1 \quad \angle 0° \qquad (4.11)$$

在公式(4.11) 中，S_{in} 是与输入阻抗 Z_{in} 有关的响应系数，Γ_r 是输入振荡器的

反射系数。基本的思想是在两个频率产生不稳定性，然后调整振荡电路以在两个频率上来满足（4.11）式。电路模拟表明基端需要 29nH 的电感（900MHz）和 19nH 的电感（1.8GHz），来分别产生 900MHz 和 1.8GHz 时的不稳定性。对于持续振荡器，集电极的负载应该也是依赖于频率。因此，在集电端采用一个双频切比雪夫带通滤波器来匹配网络，如图 4.35 所示。滤波器被设计用来在它们的设计核心频率上匹配振荡器核心，并且提供非常低的插入损耗（约为 1.5dB）。设计输入振荡器以便在 900MHz 提供容抗，在 1.8GHz 提供感抗。输入振荡器的电抗抵消了发射端的电抗，因此能够满足式(4.11)中的振荡器条件。

设计前评估满足功能所需的元件值及其相应空载品质因子是非常重要的。这个评估工作可以利用任何 RF 电路模拟器来完成，如安捷伦公司的先进设计系统（ADS）或者 Cadence 公司的 Spectre。对于 VCO 的结果列在表 4.5 中，表 4.6 列出了设计切比雪夫滤波器元件的参数。

表 4.5 振荡器元件参数

器件	数 值	Q
L_1	12.5nH	60@0.9GHz
L_2	8nH	57@0.9GHz
L_i	7nH	62@0.9GHz
C_1	0.22pF	260@1.8GHz
C_2	2pF	247@1.8GHz
C_i	2pF	253@1.8GHz

表 4.6 切比雪夫滤波器元件参数

器件	数 值	Q
$C_{11},C_{22},C_{33},C_{44}$	0.6pH	260@0.9GHz
C_{c1}	0.18pF	269@0.9GHz
C_{c2}	0.23pF	262@0.9GHz
C_{s1}	1.5pF	245@0.9GHz
C_{s2}	1pF	247@1.8GHz
L_a	13nH	59@0.9GHz
L_b	4.2nH	79@1.8GHz

表 4.5 中给出了 0.9GHz 与 1.8GHz 时元件的空载品质因子 Q。这就可以评估在 0.9GHz 和 1.8GHz 时，相应的基振荡器总体品质因子 Q 分别为 48 和 36。

图 4.36 为用来实现 VCO 的多 LCP 层封装的横截面。这个工艺涉及两层双面镀铜 LCP 层以及低损耗角正切的玻璃加强的有机预浸料（芯）的多叠层结构。总体来说，有 8 个金属层，其最底部的金属层作为微带参考地。每个双面镀铜 LCP 层有 $25\mu m$ 厚，使用了 0.5oz（1oz＝28.35g）铜。LCP 介电层的介电常数为 2.95，损耗角正切为 0.002。低损耗角正切和厚金属层保证了高品质因子 Q（$Q>100$）的电感与高品质因子 Q（$Q>200$）的电容。不仅如此，设计中使用了微通孔和直径小于 $100\mu m$ 的埋孔。设计版图如图 4.37 所示。图中可以看到很多嵌入式器件，详细的电磁场模拟会非常耗时，所以这时电路模拟尤为必要。

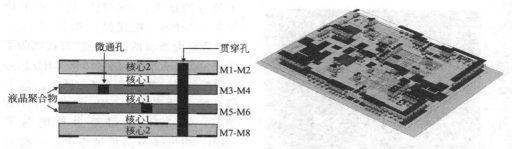

图 4.36　含电感及电容的 8 层金属封装截面图

图 4.37　VCO 设计版图

　　电路使用两个台式直流电源供电，发射极电压为 −1.5V，集电极电压为 +1V。通过微波偏置基座与表面贴装的去耦电容对电源噪声进行过滤。双频振荡器的设计采用了安捷伦公司的硅双极晶体管，SOT-343 封装的双极晶体管（HBFP0420）。

　　在稳态下，电压为 2.5V 时，振荡器有 10mA 的偏置。图 4.38（b）为 900MHz

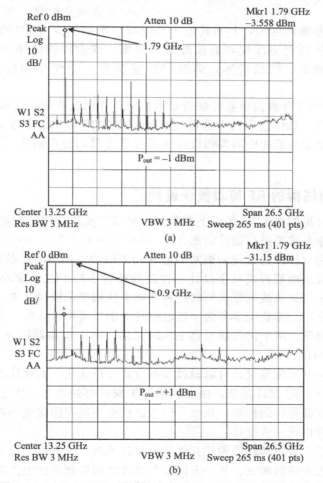

图 4.38　(a) 1.8GHz 通道的响应和 (b) 0.9GHz 通道的响应

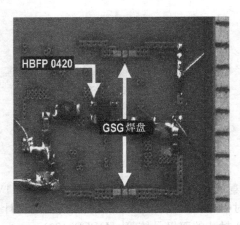

图 4.39　基板嵌入电容及电感的并发振荡器，
其表面只贴装有晶体管和两个去耦电容

下测量的结果。900MHz 信号输出功率为 +1dBm，在线路上损耗了 2dB。可以观察到所有的高阶谐波都被削弱了至少 30dB。1.8GHz 信号和 900MHz 信号同时被测量，如图 4.38(a) 所示。这个信号输出功率为 −1dBm。在 1.8GHz 端口，900MHz 信号至少被削弱了 50dB。相位噪声测量过程中，一次只在一个端口进行，以最小化相位噪声测量中振荡器频率拉升。在 1MHz 的偏移下，两个信号探测到的相位噪声大致为 120dBc/Hz。这里所有的测量都使用了 E4407B 谱线分析仪和 8594E 谱线分析仪。每两个二阶切比雪夫滤波器的带宽都可调，其在其他中心频段可抑制至少 30dB 的衰减。带通滤波器被使用来提供网络匹配和谐波抑制（频域）或者提供纯净的时域响应。因此，通过谐波抑制、谱线清零，滤波器能够获得一个纯净和精确的相位噪声测量。

　　图 4.39 展示了双频振荡器的制造原型样机，在封装上嵌入了电容、电感及三个表面贴装元件（晶体管和两个旁路电容）。制造的 VCO 尺寸为 10mm×14mm。将电感和电容集成到芯片中的类似设计将承受重金属和介电损失，致使性能降低，功耗增大。

4.4　无线局域网的 RF 前端模块设计

　　基于前面讨论的在 LCP 基板上制作的各种 RF 模块，用于射频前端的完整的模块可以经济地系统地进行设计。图 4.40 示出了一个 1×1（一个发送模块和一个接收模块）的双频带的无线局域网多输入和多输出（MIMO）前端模块结构图。将这种功能集成到前端模块对于设计一种新的非常小的 PCI 高速小型卡的 MIMO 非常关键。所面临的挑战则是如何将这种功能集成到单个模块之中。前端模块包括两个发射路径上的功率放大器和两个接收路径上的低噪声放大器、两个附加的发射滤波器 Balun 网络、两个接收滤波器 Balun 网络、两个双路器以及一个 64mm² 的双刀双掷（DPDT）开关。

　　前端模块的方式使得设计可以通过多种方式进行优化。在模块内部，设计不必局限于用于 I/O 口的 50Ω 阻抗，因而网络匹配损耗可最小化。由于设计者完全可以控制无源和有源器件的位置，从而可以考虑模型中所有的寄生和耦合效应，所以模块的性能还可以进一步优化。

　　这种水平的集成将形成两种相互矛盾的设计挑战。一方面小尺寸的要求将需要前所未有的无源元件的密度。另一方面这些元件之间如此近的距离需要仔细地设计以抑制串扰和耦合。图 4.41 中的 X 射线图像显示，由 97 个嵌入式的电感和电容用于双路器、滤波器及 Balun 的制作，如图 4.40 所示。镀铜的通孔为功率放大器提供散热通道。

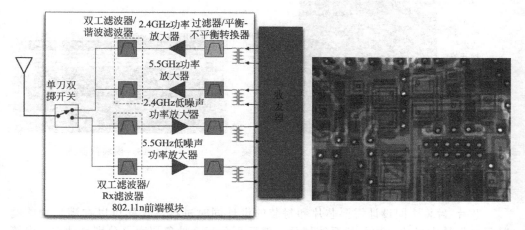

图 4.40　无线局域网多输入和　　　　图 4.41　基板的 X 射线图
多输出前端模块的结构图

双路器、滤波器和 Balun 都嵌入在有多层有机基板的内层。而 PA、LNA 及开关芯片与许多用于去耦和偏置的分立式的元件一起表面贴装于基板上。这种模块比采用分立式设计的 1/4 还要小。

图 4.42 示出了封装注模前的装配模块。有源器件（双频段 LNA、开关及 PA）都由 Anadigics 公司制作。模块设计时对所有特性都做了优化。在 2.4GHz 和 5GHz 的接收模式，模块的总增益分别为 15dB 和 12dB。接收滤波器分割为位于 LNA 之前的预选频级和 LNA 之后的高抑制级。预选频级接收双路器的一部分，用于对低损耗性能的优化，以保证接收器的低 NF 及高灵敏度。出于相同的原因，使用了两个低噪声的 pHEMT LNA，从而使得总的 NF 值在 2.4GHz 频段内好于 3dB，而在 5GHz 频段内好于 3.5dB。位于双频带的 PA 之前的发射滤波器用于对 RFIC 中的本振（LO）噪声信号进行抑制，同时在功放的输出端，有一个低损耗的带通滤波器用来对发射信号的谐波和尖峰进行抑制。这种最小化插损和在放大器之后进行抑制的方法可以提供可能的最高输出功率并减小❶电流消耗，这一点对于手持设备来说相当重要。

图 4.43 示出了一个成品模块的截面图。下面一部分为基板，上面一部分则为环氧树脂注模。基板含 6 层金属层。电容和电感在双面金属镀铜的 LCP 板上进行制作，以形成两个内金属层。另外两层金属则用于接地，这样做可以屏蔽关键无源器件的耦合，达到简化应用的目的。最后两层则用来做 I/O 口、布线以及顶层芯片的连接。

❶　译者注：此处原文为最高的，疑错，因与后面手持设备要求不符。

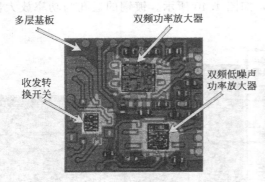

多层基板

双频功率放大器

收发转换开关

双频低噪声功率放大器

图 4.42　装配好的多输入多输出的 1×1 前端模块　　图 4.43　模块截面图

4.5　设计工具

芯片-封装协同设计需要芯片和封装的设计同时进行，这样可以在满足功能情况下获得最小尺寸。这包括系统划分，然后再分三个抽象层次（分别是动作、电路层和布局层）进行模拟仿真，如图 4.44 所示。布局层的电磁场分析可以提取寄生参数，用于构建电路层的模拟模型。电路模拟结果可以用于更高级别的系统行为模

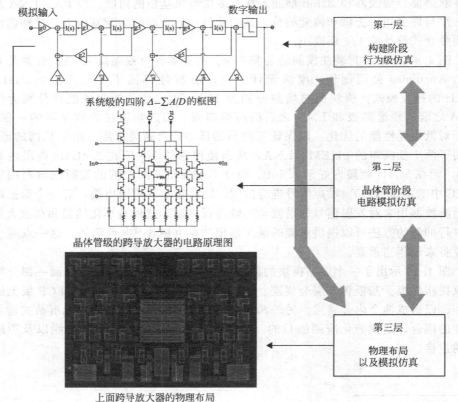

模拟输入　　　　　　　　数字输出

系统级的四阶 $\Delta-\sum A/D$ 的框图

晶体管级的跨导放大器的电路原理图

上面跨导放大器的物理布局

第一层

构建阶段
行为级仿真

第二层

晶体管阶段
电路模拟仿真

第三层

物理布局
以及模拟仿真

图 4.44　分层设计流程

拟模型。三个层次之间需要交换信息，因为彼此会影响对方的结果。例如 3 层提取的互连耦合会在 2 层产生额外的噪声，因此需要改变 3 层的布局。利用图 4.44 中的三层设计，既可以使用自下而上也可以采用自上而下的方法来设计复杂电路。

为了减少设计周期，可以采用一种自动的自上而下的方式进行设计，这样电功能要求可以自动产生布局。但是对于射频和混合信号电路，0.1dB 的改变或者 10MHz 的频移都会造成电路不可用，仅仅使用自上而下的设计方法是不够的，也是不切实际的。因此，需要对第 3 层产生的版图进行修改，并且将修改的信息反馈到 2 层和 1 层，来保证设计符合功能要求。因此需要一个三个层次间持续的反馈循环。这就意味着设计周期，并且大多数情况下需要迭代过程时间可以降到最小。自动电子设计（EDA）工具具有基于 SOP 系统设计的自上而下和自下而上的设计方法，下面的段落将进行介绍。

4.5.1　嵌入式 RF 电路尺寸设计

电路尺寸设计是一个从电气标准中提取元件或电路的网络和布局层参数的过程。这个过程对数字电路设计十分普遍，也正在被越来越多地应用于低频模拟电路。这个趋势的主要原因是设计单元尺寸的可测量性允许自动层次设计流程。但是，由于布局层寄生效应和耦合效应对电路性能的影响，使得 RF 设计缺乏这种可测量性。一种传统的设计流程努力在布局层优化电路性能，付出的代价是电磁场迭代的大量时间花费。相反，另一种设计方式可以从电学要求中提取版图的物理尺寸，所采用的中间步骤包括电路级模型、优化方法和映射。在下面的段落中，我们设计电感和滤波器的时候会使用这种设计方式。

（1）电感版图尺寸设计

① 利用人工神经网络-前向布局　人工神经网络（ANN）自出现之时起，即成为了一种强大的除数值与解析建模技术外的方法。一个典型的神经网络由权重函数组成，这些函数在训练过程中可以调整，以便结合神经层的活动状态，绘制出高度非线性的输入输出关系[55]。多层前馈感知器可以用来实现 RF 电路的神经元。在前向布局中，一个电感的几何参数被映射到电参数中。这需要一个布局参数可步进改变的原始电感库，布局参数可以由电磁模拟器产生。产生的数据用来训练和测试神经网络。一个初始的敏感分析可以用来识别主要几何参数对电感典型电学参数 [L、Q 和任何频率下的自振荡频率（SRF）] 的影响。数据的绝大部分（超过 80%）可以用来训练神经网络，剩余的数据可以用来验证模型。通过调整神经网络结构中隐藏层的数量，可以得到适度的训练，限制验证错误。基于设计规范对于元件数值的准确性的要求，我们可以基于 ANN 模型采样，利用差值进一步产生原始数据。这种方法是可行的，因为电感参数如 L、Q 和 SRF 作为主要几何尺寸参数的函数是分段单一获得的。

② 反向映射　反向布局是从电参数到几何参数的映射过程。训练过以及验证过的神经元模型可以用来得出几何参数，其符合面积限制并可以使电感参数最大化，如品质因子。在反向映射中，几何参数是由电特性在满足设计限制下得到的。解决方案不是唯一的，因为同一个电感值（但是 Q 值和 SRF 不同）对应着多重电

感版图参数组合。电感参数的公式或限制的基础知识可以概括在模型中，这样一个多变量优化可以快速收敛并可产生唯一解。反向映射合成的几何尺寸可能不合理或者不能制造。这时设计值可根据工艺规定加以修改，近似取到最接近可以制造的物理尺寸。该操作可通过在综合过程中加入物理尺寸强制限制来实现。

以图 4.6 所示的电感为例。决定电感电响应的物理尺寸参数是线宽、线空间和转弯的数量。到地平面的距离是固定的，因为这取决于堆叠，而堆叠的厚度通常是固定的。电感器和寄生单元的等效电路如图 4.7 所示。大多数射频电路模拟器都有优化器，用频率响应作为输入，就可提取到电路参数。通过电磁解算器可以求出频率响应。因此，图 4.7 所示的等效电路是独立于频率的，可在图 4.6 中的物理尺寸和图 4.7 中的电参数之间前向进行映射或者反向映射。前向映射在物理参数（自变量，作输入）和电参数（因变量，作输出）之间建立函数关系。这个过程与反向映射过程是相反的。如果数据是单调的，人工神经网络将是建立关系的好办法。在图 4.7 中，电路参数和电导特性如 L 和 Q（SRF 很少作为特性使用，只要其是电感使用频率的 2 倍）间可以建立一个函数关系。这种方法也可以用于电容。描述的综合方法可以用来产生电感和电容库。在图 4.44 中记录了三层模型，其中第三层有电感布局。这一布局中的寄生效应映射到了第二层中的电路元件中，这样第一层的参数电感 L 和 Q 就可以从中推出了。

（2）滤波器版图缩放

① 基于集中电路模型和多项式拟合的前向映射　对于减少 RF 电路布局缩放设计的设计周期，精确地提取描述版图物理效应的集中单元模型非常重要。例如，在射频带通滤波器缩放中，可以通过物理布局分割（如图 4.45 所示）来产生一个外延的集中电路模型。版图被分解为电路单元，在假设耦合很弱的条件下彼此隔

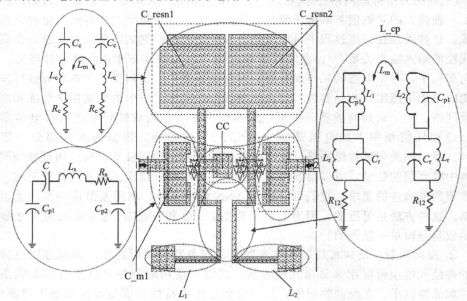

图 4.45　分割滤波器布局成集中元件

离。虚线表示了电路单元的界限。例如，L 振荡器就被划入到耦合电感器单元 L_cp和非耦合电感器单元 L_1、L_2 中。这项技术允许几何部分相互独立缩放与映射，而它们之间几乎没有电磁干扰。

基于模块的双端口和单端口模型，使用一个电磁解算器就可以得到集中电路模型，包括寄生参数和耦合的效应。因为使用了分段模型，在电路层的快速优化有可能满足设计需要，同时不会损失物理层对电路性能的影响。

通过图 4.45 我们可以很好地解释前向映射。在这幅图中一个非耦合电感器分块在集中感应器模型下半部分的右边（并联的 L_r 和 C_r 与 R_{12} 串联），它可以映射到感应器的几何尺寸为

$$L_r = -0.0024(\Delta L)^3 + 0.0273(\Delta L)^2 + 0.0674(\Delta L) + 0.8104 \quad (4.12)$$
$$C_r = -0.0009(\Delta L)^3 + 0.0051(\Delta L)^2 + 0.0009(\Delta L) + 0.023 \quad (4.13)$$
$$R_{12} = 0.0007(\Delta L)^3 + 0.111(\Delta L)^2 + 0.1082(\Delta L) + 0.0942 \quad (4.14)$$

这里 ΔL 是电感器长度 L_1 和 L_2 的增量。对于 $\Delta L = 0$ 的时候，电感为大约 0.8nH。

② 利用多项式拟合反向映射 利用安捷伦的先进设计系统，结合可缩放集中单元模型可以对滤波器电路进行优化。在优化过程的每个阶段需要对组件进行调整，并且相关的多项式-映射几何尺寸和寄生参数都会被更新。在优化过程结束的时候，构件的几何增量可以利用反向映射函数从模型的元件值获得。例如感应器的长度（ΔL）和面积（ΔS）以及电容的宽度（ΔW），展示在前面的数值例子中，可以从构件参数反向映射如下

$$\Delta L = 0.039(L_r)^3 + 0.982(L_r)^2 - 0.0674(L_r) + 0.6104 \quad (4.15)$$
$$\Delta S = 0.0231(C_r)^3 + 0.051(C_r)^2 - 0.0012(C_r) + 0.032 \quad (4.16)$$
$$\Delta W = -0.0009(k)^3 + 0.35(k)^2 - 0.013(k) + 0.0123 \quad (4.17)$$

图 4.46 展示了一个 5.5GHz 带通滤波器缩放设计的例子。其中参考设计用于

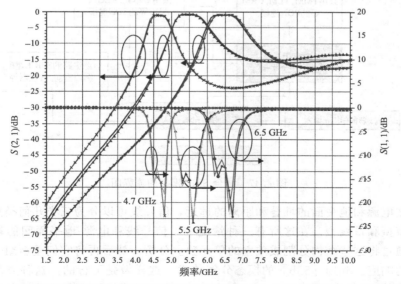

图 4.46　与全波模拟和缩放：缩放的结果相关性均产生了一个参考设计为 5.5GHz 的滤波器

得到精确的模型。利用公式(4.12)～公式(4.17)来缩放物理尺寸，并产生前向和后向映射函数。图4.46中展示了两个缩放设计的例子。经过缩放的设计与布局模型的电磁模拟结果对比发现，其具有很好的一致性，这表明对于特定的拓扑，用上面描述的映射方法可以从电参数方面很好实现布局的缩放。

4.5.2　信号模型和电源传送网络

在无线通信模块中，所有的信号处理都是数字化的。这一过程可以通过在接收器的模-数转换器以及在发射端的数-模转换器来达到数据数字化。大多数情况下，一个普通电源分配网络（PDN）或者一个分离电源分配网络被用来同时给数字电路和射频电路供电。当数字电路同时进行转换时，电源分布系统产生的噪声会直接通过PDN或者分离岛间的间隙，从系统的数字部分传播到RF部分。这个噪声也可能耦合到数字信号线上，导致串扰和反馈以外的干扰。因此有必要模拟在有电源和接地情况下的数字信号线。这一节将在混合信号模块（如移动无线通信单元）、微处理器和其他高速通信链接的范围内讨论信号和电源输送网络的建模。设计的详细描述和电源输送网络的分析可以在［55a］中找到。

图4.47表示了对于混合信号完整性（Si）-电源完整性（Pi）模拟方法的流程图。通过模态分解方法，信号分配网络（SDN）和电源分配网络（PDN）可以分别建模，然后可以结合起来。

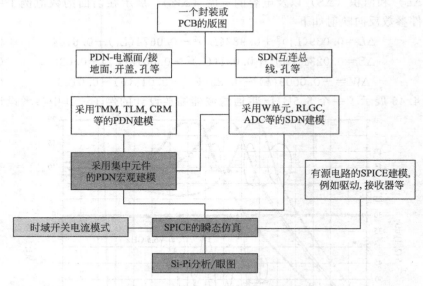

图4.47　结合Si-Pi模拟的流程图

根据电源和地平面的堆叠和距离的远近，信号线可以分为三类几何类型：共面型、微带型和带线型。在这所有三种情况中，信号线和电源-地平面间的耦合关系都可以通过将这些结构分割成独立的单元独立分析，然后再将它们重新组合起来得到总体的响应。利用［55b］的模态分解技术，这样做是可行的。这种方法使我们能够计算SDN和PDN之间的相互影响以及它们对于信号的传输和噪声的影响。这一节通过电源和地平面之间一条带线连接来展示模态分解方法，如图 4.48。这种方法可以推广到所有的互连结构。

一根距离 V_{dd} 为 h_1 并且距离地 h_2 的互连线可以利用图 4.48（b）中的等效电路代表。其中，平行板式波导模式在电源-地平面中传播，带线模式则在互连方向传播（假设为理想平面）。利用系数 k，结合两种模式通过电压源、电流源得到总电压和总电流。可以通过导纳参数表达这种结构，如图中所示。电压和电流也可以利用图 4.48（b）中的等效电路，通过 SPICE（或任何电路模拟器）计算得到。

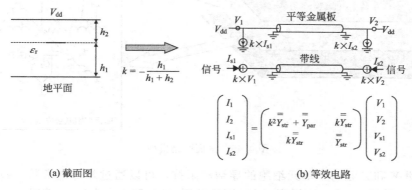

(a) 截面图   (b) 等效电路

图 4.48　带线结构模态分解

带线模式中的 Y 参数（Y_{str}，图 4.48 中）可以通过 2D 和 3D 电磁解算器获得，其在 SPICE 中代表传输线单元。但是要得到电源分配的频率响应要更困难一些（Y_{par}，图 4.48 中）。两平面对（三平面）系统的单元细胞（最小可重复图案）如图 4.49 所示。整个系统的等效电路模型可以通过这样的电源细胞互连组成。电路参数可以通过物理尺寸的解析解得到。图 4.48 中的单平面对的点导纳矩阵对可以写成：

$$
\overline{\overline{Y}} = \begin{bmatrix} \overline{A} & \overline{B} & & & & \\ \overline{B} & \overline{A}+\overline{1}/Z & \overline{B} & & & \\ & \overline{B} & 0 & 0 & & \\ & & 0 & 0 & \overline{B} & \\ & & & \overline{B} & \overline{A}+\overline{1}/Z & \overline{B} \\ & & & & \overline{B} & \overline{A} \end{bmatrix}
$$

$$
\overline{A} = \begin{bmatrix} Y+2/Z & -1/Z & & & & \\ -1/Z & Y+3/Z & -1/Z & & & \\ & -1/Z & Y+3/Z & 0 & & \\ & & 0 & 0 & -1/Z & \\ & & & -1/Z & Y+3/Z & -1/Z \\ & & & & -1/Z & Y+3/Z \end{bmatrix}
$$

$$
\overline{B} = \overline{1}/Z
$$

$$(4.18)$$

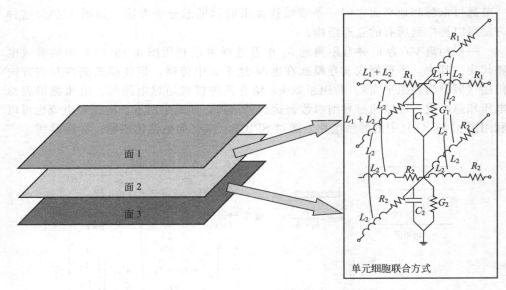

图 4.49　多面回路模型

这里 Y 和 Z 是每个单元细胞的导纳和阻抗，可以通过复介电常数（ε）、磁导率（μ）、面间距（d）、面厚度（t）、网格长度（h）和电导率（σ）获得 [55c]：

$$\left.\begin{array}{l} Y = j\omega\varepsilon\dfrac{h^2}{d} \\[3mm] Z = j\omega\mu d + \dfrac{2}{\sigma t} + 2\sqrt{\dfrac{j\omega\mu}{\sigma}} \end{array}\right\} \tag{4.19}$$

如果是多平面对的情况，如图 4.49 所示，Y 和 Z 也是反映多层结构的矩阵。

这个公式基于多层有限差分法（MFDM）[55c]，在分析复杂形状的平面和孔洞时很有用。当带线被引入三个平面，如图 4.49 所示，模态分解仍然可以通过叠加得以应用。现在，下面的矩阵要被加入基于模态分解的平面导纳矩阵中：

$$\begin{pmatrix} I_1 \\ I_2 \\ I_3 \\ I_4 \\ I_5 \\ I_6 \end{pmatrix} = \begin{pmatrix} k^2\,\overline{Y}_{\text{str}} & (-k^2-k)\overline{Y}_{\text{str}} & k\,\overline{Y}_{\text{str}} \\ (-k^2-k)\overline{Y}_{\text{str}} & (k^2+2k+1) & (-k-1)\overline{Y}_{\text{str}} \\ k\,\overline{Y}_{\text{str}} & (-1-k)\overline{Y}_{\text{str}} & \overline{Y}_{\text{str}} \end{pmatrix} \begin{pmatrix} V_1 \\ V_2 \\ V_3 \\ V_4 \\ V_5 \\ V_6 \end{pmatrix} \tag{4.20}$$

图 4.50 中定义了电流和电压。

例如，考虑图 4.51 中的结构，在电源地平面间有一条带线，地平面底部有一个孔。端口定义在带线上的输入（端口 1）和输出（端口 2），还有个附加端口（端口 3）定义在相对于理想地平面的底部平面上。参数 S 在图 4.52 中计算得到。将 MFDM 和 Sonnet（一种电磁场解算器）的计算结果进行了比较。

很好的相关性表明了模态分解的正确性。端口 1 和端口 3 之间的耦合（信号线和电源-地平面间的耦合）清楚地展现在图 4.52 中。与全波解算器相比，模态分解

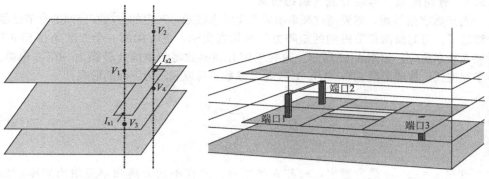

图 4.50　任意多面板的带线型结构　　　　图 4.51　测试结构

以及有限差分方法在计算复杂结构时耗费的时间降低了两到三个数量级。这个概念可以扩展到对于多个平面上的多条信号进行分析[56]。

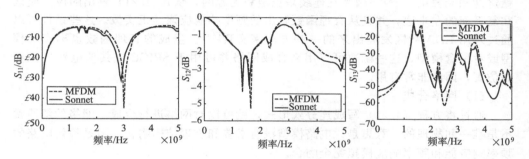

图 4.52　测试结构的结果

对于电源-地平面建模，表 4.7 给出了基于 2D 赫尔姆霍茨方程的几种可行方法间的定性比较。对于有孔洞和裂缝的复杂平面结构，有限差分方法非常有效，并且基于 MFDM 可以用于多层结构。基于矩形平面格林方程的共振腔方法提供了一个代表平面的电路，这样就可以很容易地吸收进电路模拟器。有限元法（FEM）允许三角网格；但是在开放边界上的边缘电容仍然被忽略了，所以利用三角网格对精度提高可能不大。

表 4.7　基于 2D 赫尔姆霍茨方程的建模方法对比

项　　目	有限差分方法	共振腔	有限元
任意面尺寸	好	差	很好(三角形面元)
电路仿真的网络状况	好	很好	差
各节点噪声电压分布的计算	很好	差	很好
速度	好	与几何尺寸相关	好

总的来说，利用全波模拟器来分析实际几何结构的代价不菲，所以全波模拟器通常用于模拟几何模型的一小部分。

4.5.3　有理函数、网络合成与瞬态仿真

对于数字信号线，需要通过频率响应产生瞬态波形，产生的方法在前面的章节已经介绍过了。可对前面章节得到的矩阵方程来仿真实现。更有用的一个方法是在 SPICE 中插入频率响应，如图 4.47 所示。这要求用有理函数将频率响应转换为 SPICE 电路。对于互连线，传递函数 $H(s)$（S、Y 或者 Z 参数）可以表示为下面的形式：

$$H(s) = \frac{\sum_{k=0}^{P} a_k s^k}{\sum_{l=0}^{Q} b_l s^l} \tag{4.21}$$

这里 $s = j\omega$，ω 是角频率，a_k 和 b_l 是系数。要在不同分离频率点给出频率响应 $H(s)$，目标是计算响应的有理函数的系数［公式（4.21）的右面］，系数应该符合离散点的频率响应。可以通过解矩阵方程来计算得到，细节可参考文献［57～58］。如果要在求解有理方程的过程中保持等效电路原始数据的各个性质，那就必须满足稳定性和无源条件[58]。因为互连线是稳定和无源的，从式（4.21）解出的极点应该在复平面的左半边，并且从有理函数解出的频率响应应该是正实数。这些条件可以通过采用 EDA 社区发展出来的一些方法来实现[58]。生成的有理函数也称作宏模型或者黑盒模型，这些函数可以用来合成网络并可用于 SPICE 或其他电路模拟器的仿真，因此非常有用。

（1）网络合成

通过将方程（4.21）写成连分式形式，就可以对网络进行合成。网络的解通常不是唯一和物理的，意思是说电路模型没有必要和物理结构吻合。但是等效电路的频率响应能和频率响应模拟完全吻合。

以一个单端口嵌入式电感为例，图 4.53 展示了其阻抗幅值与相位。这个响应可以用来产生一个可以合成到等效电路中的有理函数。因为图 4.52 中的频率响应只有一个谐振点，所以需要的极点数量很少（这个例子中，需要一个实极点和一个共轭极点对）。总体而言，对于嵌入式电感和电容，需要的极点数量在三到五个。因此，在合成电路中组件的数量也很少。五个不同的单端口嵌入式电感设计的合成

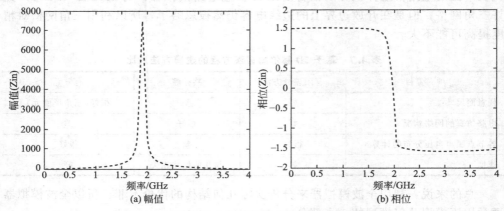

图 4.53　单端口电容的近似有理函数和频率响应

电路如图 4.54 所示[57]。不论什么情况，首先可以利用电磁模拟器模拟电感得到频

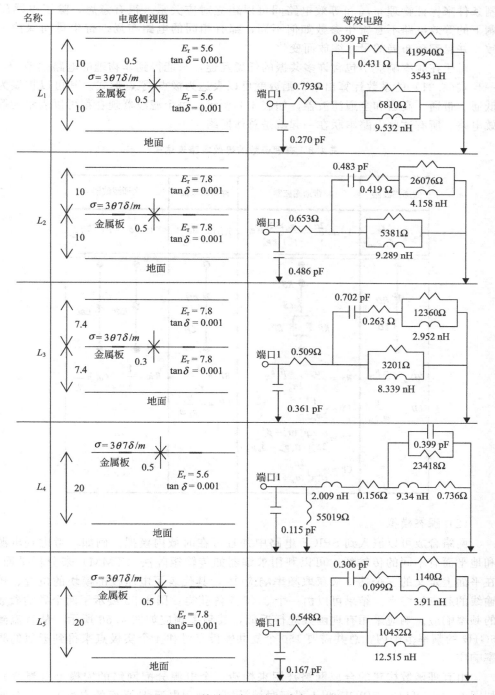

图 4.54　单端口嵌入式电感合成网络

率响应，然后从中产生一个有理函数，从频率响应合成得到等效电路。需要设置限制条件来保证物理布局和等效电路间可以建立对应关系。很有意思，除了电感L_4'剩下的等效电路不管寄生参数如何不同，都有相同的电路布局。寄生量间保持一致，并且都随布局的尺寸缩放而变化。

对于在频率响应中包含许多共振的任意互连，只能得到非物理的电路模型[58]。一旦式(4.21)的系数计算出来，函数就可以表达为极点-零点形式。其可以扩展为低通、带通、高通和全通滤波器，如表4.8所示。每个滤波器现在都可以表示为等效电路。所有这些电路串联在一起就是总体网络。

表 4.8　有理函数的等效电路表达式

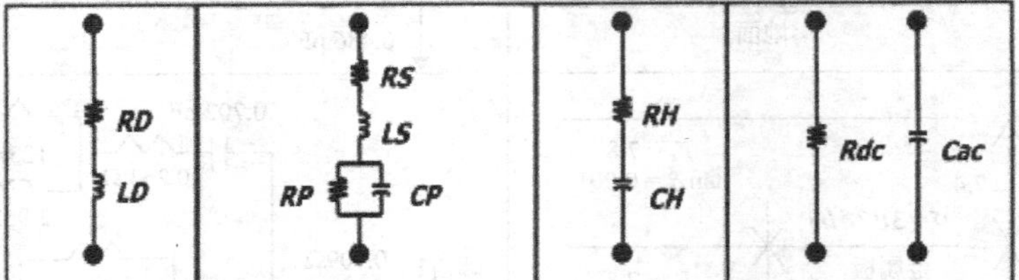

低通滤波器	带通滤波器	高通滤波器	全通滤波器
$Y_m(s) = \dfrac{\gamma_m}{s - p_{mr}}$	$Y_n(s) = \dfrac{2\alpha_n(s - p_{nr}) - 2\beta_n p_{ni}}{(s - p_{nr})^2 + p_{ni}^2}$	$Y_k(s) = \dfrac{s\psi_k}{s - p_{kr}}$	$Y(s) = \delta \quad Y(s) = \eta s$
RD, LD	*RS, LS, RP, CP*	*RH, CH*	*Rdc, Cac*
$RD_m = \dfrac{-p_{mr}}{\gamma_m}$ $LD_m = \dfrac{1}{\omega_o \gamma_m}$	$RS = \dfrac{-\alpha_n p_{nr} + \beta_n p_{ni}}{2\alpha_n^2}$ $LS = \dfrac{1}{2\omega_o \alpha_n}$ $RP = \dfrac{p_{ni}^2(\alpha_n^2 + \beta_n^2)}{2\alpha_n^2(-\alpha_n p_{nr} - \beta_n p_{ni})}$ $CP = \dfrac{2\alpha_n^3}{\omega_o p_{ni}^2(\alpha_n^2 + \beta_n^2)}$	$RH = \dfrac{1}{\psi_k}$ $CH = -\dfrac{\psi_k}{p_{kr}\omega_o}$	$Rdc = \dfrac{1}{\delta} \quad Cac = \dfrac{\eta}{\omega_o}$

（2）瞬态模拟

网络合成可以嵌入到SPICE电路中并且可在时域内模拟。例如，考虑到电源和地平面有不同的传输线，可以利用求解器如传输矩阵法（TMM）来分析平面。在平面上定义的三个端口来获取频率响应[59]，其代表了电压校准模块的位置、传输线的起点和终点。结果可以由一个3×3矩阵获得。图4.55展示了两个导纳参数的频率响应。响应采用有理函数进行近似，其频率响应如图4.56所示。从直流到6GHz的频率范围内，总共需要150个复共轭极点对和4个实极点来得到近似的频率响应。

由有理函数构建的合成网络被用来构造一个电源分配网络的宏模型（黑盒），如图4.56。可以在SPICE[60]上进行时域模拟，利用电源-地平面的宏模型、差分驱动器和导线来计算电源噪声和其他信号完整性效果。在图4.56中，展示了电源的

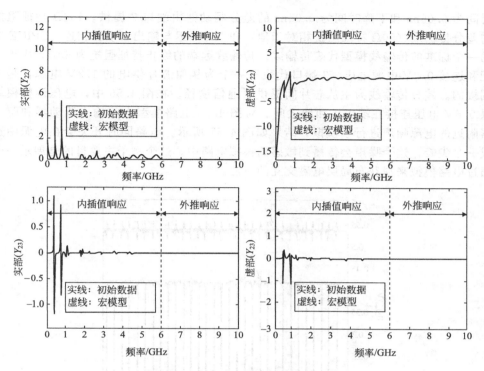

图 4.55 频率响应和内插值有理函数

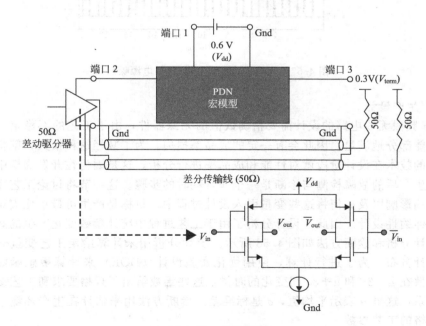

图 4.56 典型电路

噪声模拟图。驱动模型使用了依赖于时间的阻抗开关代表了四个差分驱动器。上升时间为 0.05ns 和下降时间为 0.05ns 的差分驱动器由端口 2 提供。100Ω 特征阻抗的差分传输线（50Ω 特征阻抗相对于地）和 1ns 延迟与输出驱动器相连。SPICE 中的一个标准的传输线模型代表传输线。传输线远端的终止特征阻抗为 50Ω，用于匹配和连接 0.3V 电源电压。3 端口代表了一个为从属芯片供电的 1.2V 电源，是无端接的。差分传输线为主从芯片间提供了通信途径。在图 4.56 中，电压调整模块以 0.6V 电压连接在端口 1 和地之间。对图 4.56 电路模型中的输出驱动器和驱动器附近的电源噪声进行了模拟，结果如图 4.57 所示。电路同时开关会在电源中造成一个尖峰，这个噪声会传播到敏感的模拟电路中。这个例子主要目的是展示一个通过电路模拟来捕获布局层电磁交互的方法。

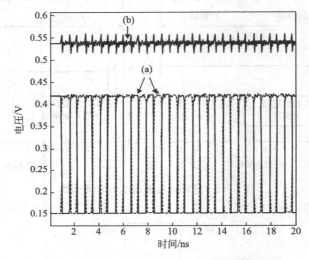

图 4.57　(a) 驱动器输出和 (b) 电源噪声

4.5.4　生产设计

RF 频段无线电路的设计需要精确数值的无源器件，由于工艺的不稳定，这个要求只能部分地满足，因此会有一定的成品率损失。为了减轻这种损失，就得要求新出现的技术在设计阶段就对性能和成品率进行分析，这是因为在开发周期中对射频电路生产后的故障检测与诊断是一个非常耗时的步骤。这一节将讨论工艺变量对电性能的影响以及如何将这些变量引入设计过程中。目标是产生可最小化灾难性缺陷的可伸缩性设计。因此，设计分析了由于工艺过程中统计参数变化产生的影响。

统计分析和诊断方法如图 4.58 所示。统计分析用来计算给定工艺变量分布决定的统计分布。为了进行计算，使用优化实验设计（DOE）来计算敏感函数。当工艺参数在 $\mu-3\sigma$ 和 $\mu+3\sigma$ 间变化的时候，这些函数给出了规格要求和工艺参数之间的关系，这里 μ 表示平均值，σ 是标准差。诊断方法用来估计在生产环境中导致偏离规格的工艺参数。

（1）统计分析

利用优化实验设计的原则可以得到一个电磁分析的流程，这将有利于将工艺变

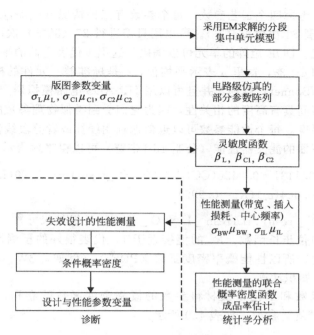

图 4.58　统计分析和诊断方法

量映射到性能变量。图 4.45 中的滤波器就是一个例子。统计分析通过以下的步骤对生产工艺变量和滤波器性能进行关联：①利用电磁模拟来填充 DOE 矩阵。当工艺参数在 $\mu-3\sigma$ 和 $\mu+3\sigma$ 间变化的时候，DOE 矩阵将包含有滤波器响应。填充矩阵或者可以直接通过电磁（EM）分析完成，或者利用包含电路模型的中间步骤进行，如图 4.45。大多数 EM 模拟工作需要划分网格，细网格允许分析的几何形状包含小细节（如小的线宽增量），但这将非常困难，耗时长。因此，将电路布局模型分割成段（如图 4.45 所示）更加实用。②使用退化模型来获得 DOE 矩阵，利用分析方法或蒙特卡洛方法可以将滤波器性能变量和制造变量联系起来。③参数成品率可以通过联合概率密度函数和滤波器性能来计算。DOE 可以利用 Taguchi 矩阵、部分因子法或者全因子平面分析得到[60a~60d]。这些平面联系着工艺变量和电性能变量，这些在大多数统计分析的书中都可以找到。DOE 可以用来得到工艺变量和洞察工艺参数的规范间的敏感函数，而这正可以引起滤波器响应最大偏差[60e~60f]。

　　传统上，参数化成品率可以通过对独立工艺变量施加微扰来估计，这些工艺参数有线宽、线厚、线间距、介电层厚度和层间对准。假设工艺参数具有某种分布（高斯等），然后在分布中重复随机采样进行电路模拟，可以得到性能关于微扰工艺变量的函数。随机选取每一工艺参数，MC 方法利用敏感度函数和工艺分布建立了关于工艺变量和性能参数之间的关系，这通常被叫做蒙特卡洛（MC）分析。将这个过程随机重复很多遍（例如 1000）来获取性能参数的分布。对于复杂版图，这个过程可能非常昂贵。

　　敏感分析可以用来减少仿真数量及仿真时间，通过回归方程来计算滤波器参数的分布。例如，考虑四个工艺参数，每个参数有三种情况（$-3\sigma, \mu, +3\sigma$）[1]。一个全因子 DOE 需要 81 次模拟（3^4）。可以用只需进行 27（3^{4-1}）次电磁模拟的部分因子方法来取代。DOE 矩阵的单元可以编码，这里 1 代表它们的平均值，0 和 2 分别代表 $\mu-3\sigma$ 和 $\mu+3\sigma$，这里 μ 表示平均值，σ 是标准差。元件的模型参数可以通过电磁模拟器（Sonnet）得到，并且可以用 HP-ADS 电路模拟器产生滤波器响应。元件的统计分布间具有高度的相关性，因为它们受到类似物理参数的影响，例如金属线宽和基底厚度。每个性能参数可以近似地利用线性或者分段线性方式来形成回归方程。例如下面的滤波器性能（公制 1dB 带宽）可以粗略地表示为：

$$BW\_1dB = 0.1131 - 0.0426(CC) + 0.0023(C\_resnl) + 0.0020(L1)U(L1) - 0.004(\varepsilon_r)(R^2 = 0.995) \tag{4.22}$$

这里 CC、C_resn1、L1resn_L 和 C_match 是组件尺寸[2]。这里 R^2 代表回归系数，U 是单位步长函数。R^2 的值接近于 1，代表很好的预测性。因为版图参数变量彼此独立，所以性能概率密度函数（PDFs）（例如，BW_1dB）可通过版图参数的 PDFs 卷积计算。

使用敏感函数和工艺以及材料参数的概率密度函数的卷积，可计算得到图 4.45 中的滤波器统计参数，如表 4.9 所示。

表 4.9   滤波器的统计参数

滤波器性能	平均值（μ）	标准差（σ）
Min_attn/dB	2.1714	0.0743
Ripple/dB	0.4894	0.10613
F_1/GHz	2.3525	0.0437
F_2/GHz	2.4271	0.0474
BW_1dB/GHz	0.1139	0.0041
BW_3dB/GHz	0.135	0.0065

在表 4.9 中 Min_attn 是通带的最小衰减，纹波是通带允许的纹波，F_1 和 F_2 是滤波器的特定频率，BW_1dB 是 1dB 带宽，BW_3dB 是 3dB 带宽。

（2）参数成品率

参数成品率定义为功能滤波器满足性能特性的百分比。这里需要满足多种限制，例如带宽、纹波和中心频率。但是因为制造变量，给定参数会在频率放大谱中偏移。在这样的情况下，性能指标的联合概率密度函数（PDF）可以利用多元正态分布粗略得到，在文献[60g~60i]中定义：

$$f_Y(Y) = \frac{\text{Exp}\{-1/2([Y]-\mu_Y)^T[\text{Cov}(Y,Y)^{-1}]([Y]-\mu_Y)\}}{(2\pi)^2|\text{Cov}(Y,Y)|^{1/2}} \tag{4.23}$$

这里 Y 是性能测量的向量，μ_Y 是向量 Y 的期望值，Cov 是性能参数的协方差。

---

❶ 译者注：此处原文为（$+3\sigma, \mu, +3\sigma$）。

❷ 译者注：此处原文如此，疑有误。

成品率是通过 $f_Y(Y)$ 在可接受的性能区间积分来计算得到。例如，滤波器对于一套指定限制的成品率计算如下[60j]：

$$\int_{-\infty}^{2.35}\int_{2.45}^{\infty}\int_{-\infty}^{2.8}\int_{30}^{\infty}f_Y(Y)d_{\text{f\_1db\_1}}d_{\text{f\_1dB\_2}}d_{\text{min\_attn}}d_{\text{attn\_2.1GHz}}=55\% \tag{4.24}$$

这里的限制包括带宽至少从 2.35GHz 至 2.45GHz，最大衰减为 2.8dB，最小衰减为位于 2.1GHz 的 30dB。在这个例子中，制造滤波器的 55% 将满足性能指标。

（3）概率诊断

由于一批产品制造中的工艺统计变化，将会造成一些嵌入式电路表现出不可接受的性能变化。对于参数缺陷，可以利用前文提到的统计分析作为诊断工具获取信息。利用诊断方法，可以系统地查找最有可能造成不可接受性能变化的版图参数。

为了解释诊断方法，让 $[X]$ 和 $[Y]$ 为代表 m 版图参数和 n 性能参数的随机向量。$[X]$ 和 $[Y]$（$R^m \to R^n$）之间的函数关系可以通过前面解释过的敏感度模拟来获得。如果 n 小于 m，则不存在对于一个不可接受性能的测量列向量 $[Y]$ 的唯一 $[X]$ 解向量。因此，真正导致失效的参数不能确定。但是因为所有设计参数都与 PDF 相关联，所以最有可能的解决方法是可以寻找的。对于测量性能 y，参数向量 $[X]$ 的条件 PDF 定义为：

$$f(X|Y=y)=\frac{f(X,Y)}{f(Y)} \tag{4.25}$$

这里 $f(X,Y)$ 是设计参数和性能测量随机向量 $[X^T Y^T]^T$ 的联合 PDF。在公式（4.25）中，$f(Y)$ 是在式（4.24）中计算得到的性能联合 PDF。那么，$f(X/Y=y)$ 的期望值就是最有可能导致失效的参数集。

设 $Y=[p^1 \, p^2 \cdots p^n]^T$ 为一系列不可接受的性能参数。性能参数的公式可以写成从 Y 中减去截断部分，如 [60g] 所示：

$$Y=\beta X+\varepsilon \tag{4.26}$$

这里 X 是参数向量，Y 是性能向量，β 是没有截断部分的敏感系数矩阵。误差列向量 ε 是从近似误差计算得到的以零为平均值的高斯随机向量。因为 X 和 Y 都是高斯随机向量，一个新随机向量 Z 可以定义为 $Z_{\text{mx1}}=[X^T Y^T]^T$。$Z$ 的 PDF 与 X 和 Y 的联合 PDF 相等。

期待的条件 PDF 可以按下式计算

$$E[X|Y=y]=\mu_X+\text{Cov}(X,Y)[\text{Cov}(Y,Y)]^{-1}(Y-\mu_Y) \tag{4.27}$$

诊断技术不能给出在批量生产中确切的版图参数统计变化，但是可以捕捉到主要的变化。

考虑到表 4.9 中滤波器的变化。我们假设生产后，滤波器参数测量值为 Min_attn=1.9933dB，纹波=0.6513dB，F_2（截止频率高端 1dB）=2.35GHz。对于这个滤波器，中心频率漂移到了更高的频率并且因此不能通过期望的频率带。测量结果可捕捉有效的参数变化，如本节所述的。表 4.10 所示为基于测量的估计制造变化（从诊断方法得出）。从中可找到造成滤波器响应移动的主要参数变化。通过附加测量无相关性的滤波器的响应，可以改进诊断。

表 4.10　滤波器概率诊断

版图参数	估计参数	实际参数
L1	$\mu+2.26\sigma$	$\mu+2.29\sigma$
C_resen1/Cren2	$\mu-1.66\sigma$	$\mu-1.34\sigma$
CC	$\mu-0.35\sigma$	$\mu-0.71\sigma$
C_m1/C_m2	$\mu+2.27\sigma$	$\mu+1.92\sigma$

4.6　耦合

采用混合信号系统在数字域和模拟域进行耦合，也在模拟域内部进行耦合。模块或信号可从邻近布线耦合，可穿透基板耦合，可在无源元件间电磁耦合。本节将讨论耦合及其在系统和模块性能方面的不良影响。

4.6.1　模拟-模拟耦合

随着高水平系统集成的发展，多种无源器件在封装中的嵌入是必需的。SOP技术可让 LNA 和 VCO 的接收器都能嵌入无源器件。如前所述，多个嵌入式无源器件在封装中能导致像反馈和共振这样系统级别的问题，其中的许多问题在片上系统（SOC）上并不明显。为了更好地了解这些影响，本节所述将讨论在 2.1GHz 和 2.4GHz 频带工作的电路。

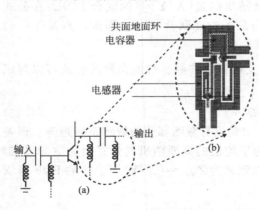

图 4.59　（a）含阻抗匹配网络的低噪声放大器和（b）输出端 pi 网络的版图

图 4.59 显示了 LNA 的原理图，LNA 在 SOT-343 封装中采用的是离散的 HBFP-0420 双发射极晶体管，使用高 Q 值的嵌入式电感和电容实现阻抗变换网络。晶体管被配置为共射极偏置。使用封装中嵌入的 LC 的 pi 形网络，可实现晶体管的输入端和输出端匹配到 50Ω。设计输出端 pi 的目的是最大化功率转移，然后实现从集电极阻抗的复共轭到 50Ω 的阻抗变换。设计输入端 pi 是为了最小化噪声系数，并使晶体管栅极连接的阻抗为 Z_{opt}。

为了研究地返回电流的影响，就要建模和实施具有不同参考地布局的 pi，分析其对 LNA 性能的影响。图 4.60（a）显示实现输出 pi 的两个拓扑，图 4.60（b）显示了 pi 布局的电磁模拟。如图 4.60（b）所示，在关心的频段中，两个拓扑结构的 S 参数有轻微的差异。图 4.61 显示两个 pi 拓扑结构放大电路的测量到的响应。拓扑 2 布线的改变导致放大器工作不稳定，这不能简单地单独使用全波电磁场解算器预测得到。晶体管电路返回电流的影响导致了不稳定。

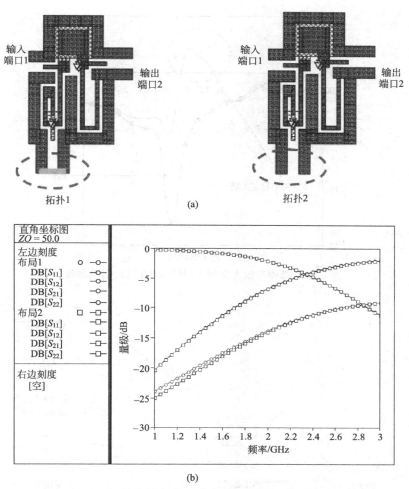

图 4.60　(a) 输出端 pi 的两个参考地版图和 (b) 电磁模拟

由于参考地的版图能造成系统性能的剧变，这使得在设计阶段建模分析其影响变得很必要，因而任何系统级的不稳定问题都可被识别和矫正。这需要将参考地面版图纳入到设计中，还涉及良好模拟方法的开发。

如 HFSS [60k] 和 Sonnet[28] 场解算器能用来得到整个布局的 n 端口 S 参数文件，然后再将该文件用在基于电路的仿真工具如安捷伦的 ADS 中。但是，目前的建模工具在为内部端口求解时确有局限性，特别对于配置为共面波导 (CPW) 拓扑的器件。反而，参考地的版图可被建模为输入输出 pi 网络的互感，它们的互感系数取决于电路元件的空间取向以及返回电流的路径。

对不稳定 LNA 完整版图的电磁模拟显示在输入端 pi 和一个输出端 pi 的电感间存在相当大的耦合。对拓扑 2 的 pi，参考地的版图 (及此后的返回电流路径) 在输入 pi 端和输出 pi 端引起电流拥堵和信号耦合，导致正反馈和不稳定。在输入 pi 端和输出 pi 端的电流密度比转换为耦合系数是 0.2，被用来在 ADS 中模拟不稳定性，如图 4.62 所示。

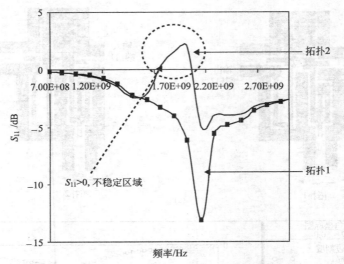

图 4.61 低噪声放大器的不同输出端 pi 的 S_{11} 测量值

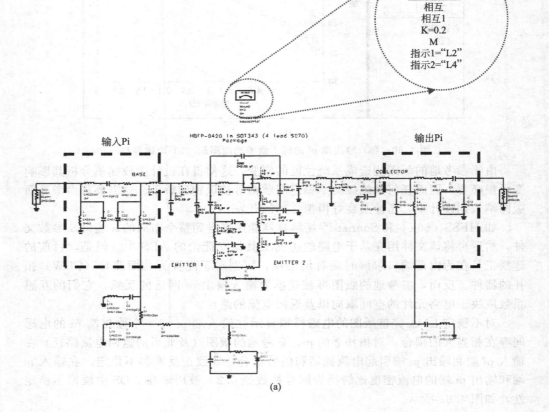

(a)

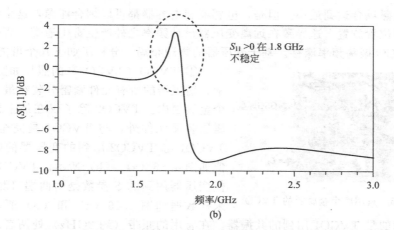

(b)

图 4.62 （a）低噪声放大器互感的 ADS 模型和（b）显示不稳定性 S_{11} 的模拟结果

为防止耦合，对过载电流重新布线（通过使用跳线），可以稳定放大器。需要注意的是，对如图 4.63 所示的 LNA 使用跳线，有着更好的接地布线，电磁模拟耦合系数小于 0.05。LNA 的测量结果表明其操作稳定且在 2.1GHz 时有 12dB 增益，这证明了返回电流路径导致的不稳定性在前一个例子中确实存在。

另一个模拟到模拟耦合的例子（或无源元件之间的耦合）在压控振荡器中可观察到。一般压控振荡器使用多个无源元件，以达到精确的频率控制和更高的频率稳定度。变压器-反馈压控振荡器（TVCO）就是其中一个例子。图 4.64 展示了 TVCO 的原理图[50]。

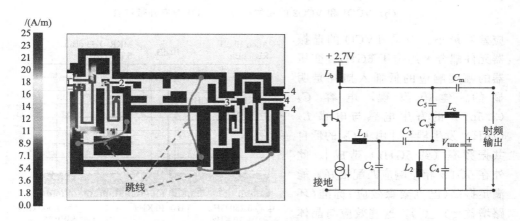

图 4.63 使用跳线为电流改道的不稳定版图的电磁模拟　　图 4.64 TVCO 原理图[50]

TVCO 使用多个无源元件，元件之间存在磁的和电的耦合。造成变压器在其外带（阻带）区域的波段频率响应变得有意义，并且对 VCO 的振荡频率也很重要。因此，在振荡器的设计阶段重点是要验证很宽的频率范围内的振荡条件[50]。

TVCO 中变压器拥有许多元件，这些元件排布非常紧密，从而最小化振荡器的面积。在此例中，变压器元件分布于不同的金属层并通过通孔连接，使元件之间的寄生电磁耦合达到最小。但是，电感器和电容器都可以耦合能源，这个取决于元件的物理位置放置。这导致在远离变压器设计频率之外产生寄生通带。寄生通带导致了 TVCO 振荡频率漂移。基于变压器的物理布局，分析了如下几个可能的情况。

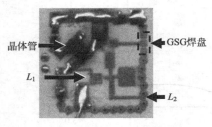

图 4.65　只用两个金属层的 TVCO

① TVCO（TVCO2）的照片如图 4.65 所示，谐振器的所有元件紧密分装在最上面的两个金属层内。TVCO2 除了仅在最上面两个金属层装配元件外，与 TVCO1 是完全相同的。TVCO1 与 TVCO2 用到的变压器的响应测量值如图 4.66（a）、（b）所示。TVCO2 设计的仅变压器用到的 S 参数是由两端口测量到的，采样数据如图 4.66（a）和（b）所示，其中实线表示的是 TVCO1 用到的共振器。在有用的频带（约 2GHz）处两者之间的响

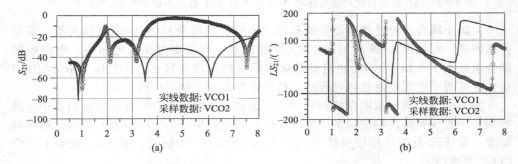

图 4.66　变压器频率响应：（a）VCO1 和 VCO2 的幅值响应，
（b）VCO1 和 VCO2 的相位响应。VCO1 没有外带耦合

应差异最小。但是 TVCO 的谐振器元件耦合大约位于 6GHz。变压器的幅度响应的低插入损耗是明显的。建模发现，电容 C_2（2.5pF）的寄生电感与电感 L_2（2nH）发生耦合［由于 C_2 的低自共振频率（约 5GHz）造成］。此外在 6GHz 相位响应匹配很好，能满足振荡（巴克豪森效应）标准（环路增益＝1∠0°）。这些效应与晶体管 Gm 的宽带自然特性共同作用，使 TVCO2 的中心频率转移到 6.1GHz。使用 HP 8563E 频谱分析仪得到 TVCO2 的测量结果如图 4.67 所示。因为耦合和变压器的相位特性使测

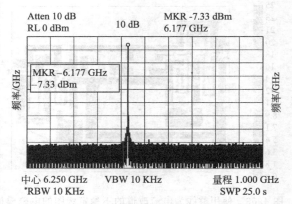

图 4.67　TVCO 的频谱测量，因为电磁
耦合 f_0 转变为 6.1GHz

到的中心频率从 1.9GHz 转变为 6.1GHz。

通过在空间上的平面方向分离组件（特别是 C_2 和 L_2）或者把微带设计改为带

状线式设计，可以减少 TVCO2 谐振器元素间的电磁耦合。通过比较 TVCO1 和 TVCO2，可知在 LCP 多层上的谐振器进行三维分离，既能减少不好的电磁耦合，又能减小 VCO 的尺寸。

② 当耦合电容 C_1 和 C_m 的间距不同时，两个变压器（1 型和 2 型）的电流密度结果（Sonnet 模拟）如图 4.68 所示。在这两种类型的变压器中，电容 C_1 跨接着用于谐波抑制以增加传输零点的电感 L_1。从结果中可以看出，在非调和频率（4.95GHz）处，输出端 C_m 有相当大的电流，这造成环路幅度增益和相位增益的极大转变。图 4.69 所示为带有这两种变压器的 TVCO2 的实测谱。可知，基频已经从 1.9GHz 的设计频率转变为 5.1GHz。

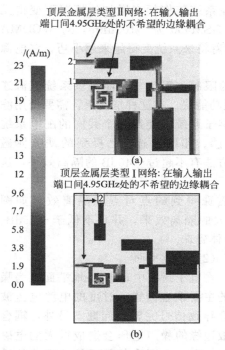

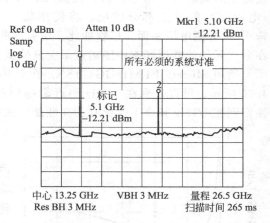

图 4.68　耦合电容 C_1 和 C_m 的 Sonnet 仿真结果

图 4.69　两种变压器 TVCO2 的实测谱（f_0 从 1.9GHz 的设计频率转变为 5.1GHz）

4.6.2　数字-模拟耦合

电源供电产生的噪声耦合是个很难解决的问题，这主要是因为在 RF 和数字部分之间存在物理连接。理想情况下，RF 部分应与数字电路分开，使它们之间不发生耦合。随着运行频率增加，电磁耦合变得非常重要，它不可能完全孤立于系统的任何两个区域之外。

随着频率的增加，电源和地平面都必须支持一个低电感电力传输系统。虽然表面有高频率低电感性能，特别是在其谐振频率，它们还会耦合能量。已有若干技术被用来解决这个隔离问题。经典的方法是使用分裂平面。如果需要一个 DC 连接，分裂平面则使用一个低通功能模块来连接。这需要额外的组件，而且提供的隔离效果并不好。一个非常有前途的隔离方法是基于 EBG 结构，它在电源和地面间呈现周期特征。EBG 通常提供更好的隔离并且不需要任何额外的元件，这在以后将会描述到。

在这部分，将提及在数字和模拟域直接通过电源-地平面进行耦合的各种机制，包括分离平面耦合、电源-地平面的横向和纵向耦合。

（1）分离平面

分离电源和/或地平面（使用多个电源）已经被用来分隔电源-地平面的各个区域[61]。尽管如此，尤其是在高频率段，部分电磁能量仍能跨过裂缝耦合[62]。分离平面的共振频率仍然有增加的耦合。所以这种方法只在频率超过 1GHz 时提供效果不好的隔离（－20dB 约到－60dB），并且会在系统工作频率增加的情况下变得无效。随着长途通信协议高灵敏度的要求（对 GSM900 为－102dBm，对 WCDMA 为－116dBm），系统级的隔离要求会更高。随着将来系统变得越来越小巧，多电源将变成设计者不能承担的一种奢侈。

随着对数字和 RF 电路单电源供电使用的限制，需要一种能提供系统直流连接，并且能阻止高频率的噪声成分转移的低通功能块。在这种情况下，需要使用滤波器阻隔高频信号功率转移，模拟/RF 和数字子系统将使用一个共同的配电系统（电源层）的分立部分供电。将使用集中电感、印刷电感，已提到的铁氧体磁珠[63,64]分割电源平面。尽管如此，所有这些方法有不超过－40dB 的隔离效果，这在分立元件的共振频率中隔离效果明显偏低。

使用 Murata BLM18GG471SN1 铁氧体磁珠得到的点对点的隔离效果如图 4.70 所示。可以看到在 1GHz 附近能得到最大的隔离效果，并且不低于－25dB。注意到在 1GHz 频率下优化有"高性能"铁氧体磁珠。

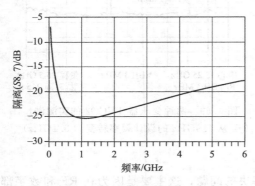

图 4.70　铁氧体磁珠分离

（2）连续平面

在电子封装中，电源-地平面成为噪声的主要耦合因素。过度的电源电压波动会导致信号完整性问题。另外，耦合到板边缘的噪声电压会造成重大的电磁干扰。在一个混合信号系统，准确估计电源-地平面的性能是关键问题。

一块 47mm×47mm 平板的相反边缘上两个端口的 S 参数的模拟结果如图 4.71 所示。平板间采用 FR4 绝缘，其介电常数为 4.6，损耗正切为 0.02，厚度为 50μm。对实心平面和 EBG 图案平面（在后面的讨论中提到）的传输系数幅值如图所示。实心平面的两个端口间有大量的耦合。相反，EBG 图案平面明显抑制从 1GHz 到 4GHz 波段的耦合，它可以被设计为 EBG 的阻带。所以在运行的频率范围内，如果射频电路靠近平板的一个端口，它们将不会受到连接到其他端口的数字电路开关所产生噪声的影响。

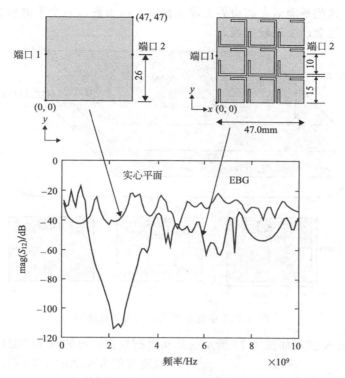

图 4.71　实体平面和 EBG 图案平面两点之间的耦合（单位 mm）

（3）孔径耦合

一个由理想导体制成的具有无限横向尺寸的实心平面可完全屏蔽从一边到另一边的所有区域。因此没有必要去考虑多平面对的耦合影响。实际上为了减小平面的有效电感，相同的 DC 水平的平面彼此必须通过导通孔（via）来连接。为了避免短路，这样的导通孔必须穿透具有不同的 DC 电平平面的通孔（via hole）。通过这种导通孔以及通孔，不同的平面场能互相得到耦合。结果，不仅在两个平面的横向方向有噪声耦合，在通过平面对的孔径和通孔的纵向方向也有噪声耦合。采用谐振腔模型[65]、传输矩阵法[66]和耦合传输线[67]能分析具有通孔的耦合多平面对。

对于一个个多层堆叠封装，因为其表面的深度远小于平面的厚度，所以封装在某些频率工作时产生的渗透入导体的场可以忽略。但是，在低频段，这个场渗透必须要考虑[68]。一般而言，封装中常用的铜平面在超过几兆赫兹后，表面效应是显著的。

此外，平面一般具有不规则的几何形状。在平面上通常有很大的孔径和分裂。通过这些孔径在不同平面对的场效应会发生耦合。在平面边缘通过返转电流的方式进行耦合。对窄槽、层间耦合需要考虑传输线式的模型[69]。耦合计算也需考虑到通过小切口的极化电流的电场和磁场[70]。

考虑图 4.72 所示的三层平面结构，有一孔位于中间平面（平面 2）。端口 1 定义在平面 1 和平面 2 之间，端口 2 定义在平面 2 和平面 3 之间。这样的三面结构有三个平面对。这些平面对在其边界上发生耦合。电流流入一个平面对边界能蔓延到另一平面对，这会产生返转电流。

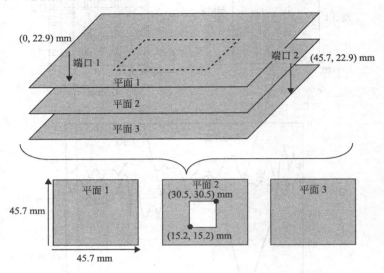

图 4.72　中间层带孔的三层平面结构

用 Sonnet 模拟对如图 4.72 所示的结构进行模拟，可知在 1.5GHz 工作时，电流密度的大小如图 4.73 所示。只有中间层和最底层的端口 2 是活跃的。顶层的大量的电流表明平面对通过返转电流发生耦合。

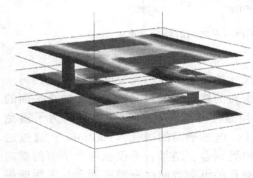

图 4.73　端口 2 活跃时返转电流的模拟

图 4.72 的多平面结构由 $\varepsilon_r = 4$，$\tan\delta = 0.02$，每层厚度为 5mil 的 FR4 介质层制作而成。通过多层有限差分法测量和模拟得到的透射系数 S_{12} 有极佳的一致性，如图 4.74 所示。S_{12} 完全是由于孔径耦合产生并且能很准确地捕捉到的。如顶层和底层将被分配不同的电位，这种大量的耦合将造成信号完整问题。

4.7　去耦合

电源分配网络（PDN）的设计对系统正常的功能非常关键。PDN 设计中的主要问题是在很宽的频率范围内使网络的阻抗低于计算的目标阻抗。通常为了降低阻抗，在一个典型的 PDN 系统中会应用到去耦电容器、低阻抗互连和平板。给出目标阻抗为[71]：

$$Z = \frac{V_{\text{core}} \times 5\%}{I_{\text{avg}} \times 50\%} \tag{4.28}$$

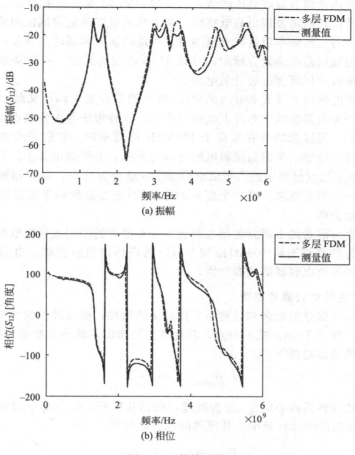

图 4.74 传输系数

V_{core} 为有源器件的核心电压，I_{avg} 为设备的平均电流。PDN 的容限噪声电压假定为核心电压 V_{core} 的 5%。假设 50% 的开关电流出现在时钟边缘的上升和下降时段，分别地，100% 的开关电流出现在整个时钟周期[71]。在电流瞬变存在的所有频率上，目标阻抗必须满足要求。这些可能导致电流瞬变的操作包括硬盘或内存的数据传入和传出，或芯片上的处理。这说明频率范围会在直流到复合芯片工作频率之间波动。电路的快速开关导致电流需求的增加。PDN 供应电流设计不当将导致 PDN 电源波动过大。一种能确保正确设计 PDN 的方法是使目标阻抗在整个频段符合要求。文献 [72] 强调了 PDN 设计中的去耦电容的辅助作用。在这部分介绍的去耦方法是以微处理器为背景。微处理器可以是一个在板上的独立封装，也可以和无线设备集成在同一封装中。在第二种情况中，微处理器一词代表着支持信号处理和计算功能的 IC 基带。

当今系统的电源分配去耦合主要是通过使用电压调节器模组（VRM）和表面贴装分立电容实现的。VRM 是直流到直流的转换器，它能感应负载附近的电压，调节输出电流达到调节负载电压的效果。一般，VRM 是十分有效的，但是在低于千赫兹区域时，它们将表现出高电感性。表面贴装电容器的去耦区间是从千赫兹到几百兆赫兹。当工作频率超过以上范围时，电流将从电容器流向开关电路再回到电容器，相应地则回路电感效应增加，导致 SMD 将变得无效。一种降低环路电感的方法是把去耦电容尽可能靠近开关电路。

一种可能的解决方法是提供 100MHz 以上的芯片上去耦。文献［73～76］已经说明了在开关电路去耦中芯片上电容的作用。这种做法的主要缺点是片上电容器的电容值很低。但这意味着在远高于 100MHz 的频率时，它们是有效的。可以增加芯片上电容的数量，考虑到逻辑电路占据的面积，必须做出折中。另一种研究方法[77～81]是在平板或封装中嵌入平面电容器。在这种方法中，电容器被假定为平板或封装内的一个薄介电层。另一个新颖的方法[82]是在芯片和平板之间使用电容插来为开关电路去耦。

一个非常有前景的去耦方法是在封装中分布散列的厚膜或薄膜电容器阵列，这种方法可以为频率范围从 100MHz 到 2GHz 的高性能电路去耦。电容器阵列能控制宽带去耦中每个电容器的共振行为。

4.7.1 数字应用中去耦的需要

随着晶体管数量的增多和处理器工作频率的增加，微处理器的功率密度多年来一直在增大。在亚 100nm 技术节点，功耗的主要来源是动态和静态功耗。

处理器的动态功耗[83]为

$$P_{\text{active}} = \alpha C V_{\text{core}}^2 f \tag{4.29}$$

V_{core} 为处理器的核心电压，α 为处理器的活化因子，C 为每个时钟周期的开关电容，f 为处理器的运行频率。处理器的静态功耗为

$$P_{\text{static}} = V_{\text{core}} \times I_{\text{leakage}} \tag{4.30}$$

I_{leakage} 为处理器的总漏电流。

处理器的平均电流和核心电压相乘能计算得到处理器的功耗。处理器的平均功耗为

$$P = V_{\text{core}} \times I_{\text{avg}} \tag{4.31}$$

根据参考文献［85］，在 65nm 节点性价比的处理器的功率消耗估计是 103.6W，V_{core} 为 0.9V。由公式（4.31），处理器的平均电流 I_{avg} 为 115.1A。把 I_{vore} 和 I_{avg} 的值带入公式（4.28）可得到处理器的目标阻抗。表 4.11 列出了处理器在 90nm、65nm 和 45nm 节点的不同参数。

从表中可以明显地看出目标阻抗随着技术节点的进步而减小。如前所述，满足目标阻抗的方法是在 PDN 中放置去耦电容。去耦电容所需的数量和类型取决于目标频段和每个电容器的等效串联电阻。各类型的电容的 ESR 决定各类型电容器数目，目标阻抗由下式给出：

$$N_{\text{cap}} = \text{目标阻抗} / {ESR}_{\text{cap}} \tag{4.32}$$

表 4.11 不同的技术节点

年份	特征尺寸/nm	功率/W	V_{core}/V	I_{avg}/A	目标阻抗/mΩ
2004	90	84	1.2	70	1.7
2007	65	103.6	0.9	115.11	0.781
2010	45	119	0.6	198.33	0.302

4.7.2 贴片电容的问题

本节将简要介绍当今的 PDN 中的去耦设计及其限制。为了说明去耦方法，就要先进行不同的去耦元件的系统模拟。该结构的原理图如图 4.75 所示。

该结构含有一个带有 0.8mm 厚的介电层以及 30μm 厚金属层的一个 10cm×10cm 的电路板。一个 4cm×4cm 的封装和一个贴装于封装上的 11.8mm×11.8mm 处理器也包括在模拟中。模拟中的输入端口是从处理器看向封装和基板。SMD 和 VRM 去耦器件被使用在现在的系统中。在 2007 年使用的上述器件的处理器中，设计了满足 0.78mΩ 目标阻抗的 PDN。SMD 分散在靠近封装的电路板上，低串联电感值的电容放置在更为靠近封装的地方。这样可以减小平面电感在电容器性能上的传播效果。如图 4.76 所示，在 100MHz 附近的频率，它变得越来越难以满足目标阻抗。这是由于有源电路和电容器间的回路电感增大造成的影响。

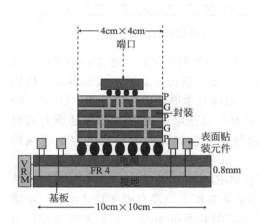

图 4.75 当今系统的去耦设计

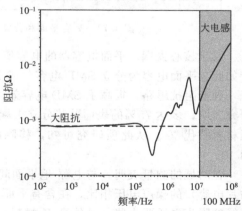

图 4.76 贴片电容的去耦限制

为了在超过 100MHz 的频段提供有效的去耦，就必须减小伴随电容的有效电感。一种解决方案是在封装中嵌入电容器。嵌入式电容器能减少电流路径，并能在 100MHz 以上的频率去耦。

4.7.3 嵌入式去耦

这一节的重点是关于嵌入式电容器的性能。嵌入式电容器大致能分成两类：

① 平面电容。在封装或基板中的电源-地平面被用作一层薄的高 K（或低 K）的电容层。

② 单个厚膜或薄膜电容器。在封装层，不同尺寸的电容器用来去耦。

（1）平面介电质薄膜电容器

平面电容被用作电源-地平面和传输线参考。连接到 PCB 的封装上有两个有源芯片，如图 4.77 所示。传输线必须连接到信号导通孔，以实现一个芯片与另一芯片连接，或与 PCB 上的其他元件的连接。当信号导通孔穿过电源-地平面时，在这些位置的电源噪声电压将和信号电压相耦合，这会使信号波形退化。既然电源平面阻抗线性正比于介电层厚度，通过使用薄介质（这里将被称作"平面电容"）分离的电源-地平面就能有效减小平面间的噪声电压。即使一个特定的信号网没有导通孔过渡，驱动传输线的开关电路仍会产生返回电流。一个宽带低阻抗电源-地平面系统必须在这样的开关周期内提供足够的电流。结果，特别对高速信号，平面电容可用于提高信号的完整性。自从 1990 年以来，平面电容已经被应用在包括服务器基板在内[80~83,87]的各种产品上。

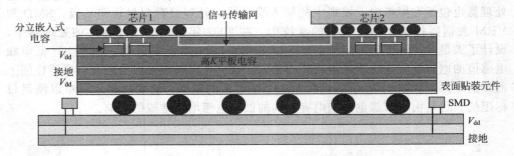

图 4.77   具有平面和分立嵌入式电容器的封装设计

对于核心去耦，平面电容器的电容值提供的电荷对开关电路通常是不够的。尽管如此，平面电容为分立 SMD 电容（或下一节将介绍的分立嵌入式电容器）提供了一种低阻抗思路，提高了 SMD 电容效力。通过几个原始设备制造商（OEM）的研究表明，多达 75% 的表面贴装分立去耦电容可以被电源-地平面间的超薄有载层压材料替代[97]。从此项研究可知，移除的分立电容与添加的平面电容的比例约为 10。

在时域的测量表明，与电源-地平面间有厚 FR4 层的基板上（其中包含了一些贴片电容）的噪声电压相比，在含有平面电容的基板上（没有表面贴装电容）电源总线的噪声电压要小些。虽然高 K 材料在给定的频率范围内产生更多的谐振，但该谐振受到薄介质[98]的衰减。电磁场仿真结果表明，即使移除相当数量的贴片电容，采用带或不带高 K 材料的薄电介质取代厚 FR4 层都可使平民谐振减小[99]。

一般来说，对核心去耦，平面电容需要高电容值的分立元件补充。下一部分内容涵盖嵌入式分立电容器。

（2）嵌入式分立电容器

如图 4.78 所示，为了克服这些缺点，封装中的厚膜（或薄膜）电容层可用于去耦。在这些层能实现嵌入式分立电容器。这些电容大小尺寸可变，有不同的电容值，所以能在不同的频率产生谐振。与 SMD 器件相比，靠近有源器件的嵌入式分立电容器能减小回路电感，所以在指定的 100MHz 以上的频率是有效的。使用嵌入式分立厚膜电容器的另一个优点是使用此技术能得到高电容值。选择适当电容尺寸，可实现在 100MHz 到 2GHz 的中频频段去耦。

嵌入式分立电容器有各种可用的工艺和材料。新型聚合物-陶瓷纳米复合电介质已经被用来制造厚度为 $10\mu m$ 和介电常数为 30、电容密度可达 $2.6nF/cm^2$ 的薄膜电容器。目前正在开发低温工艺以制作超薄薄膜高 K 电介质材料，以支持 200W

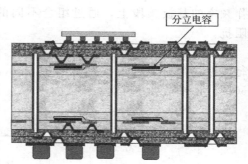

图 4.78　封装中的分立电容层

以上的功率水平。水热法和溶胶凝胶的合成方法和快速热处理，可以使薄膜厚度 $<1\mu m$，电容密度达到 $500nF/cm^2$。低工艺温度非常适于整合到低成本的有机 SOP 基板上[100]。嵌入式分立电容器的另一个例子，Motorola 开发了一种电容密度为 $16.8pF/mm^2$ 的已经应用在射频设计中的夹层式电容器[101]（@$12\mu m$ 介电厚度）。Oak Mitsui 已经论证电容密度为 $17pF/mm^2$（@$16\mu m$ 介电厚度）嵌入式分立电容器[99]是可实现的。作为一个嵌入式去耦电容封装设计的案例研究，我们在接下来的段落中使用 DuPont 嵌入式分立电容器。

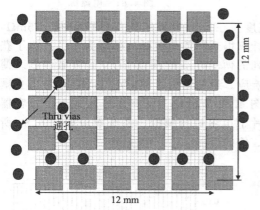

图 4.79　封装中分立电容层的版图

为了实现 100MHz 到 2GHz 频段的目标阻抗，封装电容网络设计中采用的是 DuPont[84]嵌入式厚膜电容器。电容器和开关电路的布置应尽可能近。电容网络可以被设计为，所有分立式电容直接安放于它们在封装中被分配的两层芯片投影的区域内。对 65nm 节点的性价比处理器芯片尺寸是 11.8mm × 11.8mm[85]。电容放置在芯片投影的下面是为了减小封装平面的电感扩散影响。每个分立电容层的电容网络由 18 个 1mm×1mm 电容和 18 个 0.75mm× 0.75mm 电容组成。在封装底层的分立电容通过盲孔和通孔实现与电源和处理器的凸块相连接。分立层的布局如图 4.79 所示。网络被设计为其中的大部分电容器导通孔直接与处理器的倒装焊料凸点相连接。这些导通孔使用 FastHenry[86]（一种电感提取程序）建模。

嵌入式电容器网络的工作频段设计在 100MHz 到 2GHz 之间。VRM、表面贴装和芯片上电容也是必需的，以在整个频带去耦。此例中的表面贴装和芯片上电容各自在低于 100MHz 和高于 2GHz 的频段是有效的。完整的频率响应如图 4.80 所示。在频段上方各自的去耦元件是有效的。

在低于千赫兹区域外，VRM 是有效的。表面贴装分立式能在千赫兹到 100MHz 的频段去耦。而片上电容能在超过 2GHz 的频段去耦。从 DC 到芯片工作频率的基板频段上，通过组合不同的去耦器件显然能实现约为 $1m\Omega$ 的目标阻抗。

接下来将研究电容网络的时域性能。以 2GHz 的时钟信号作为系统输入，并进行模拟获得时域性能。如图 4.81 所示，电流脉冲的上升时间和下降时间各是50ps，时钟周期为 500ps。

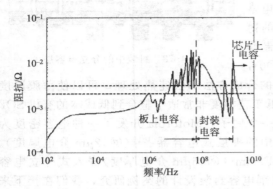

图 4.80　VRM、表面贴装，嵌入式封装
和芯片上电容的阻抗分曲线

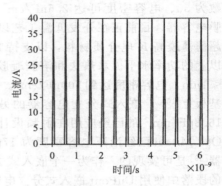

图 4.81　电流源

合适的目标阻抗取决于电流脉冲幅度。在模拟中采用的目标阻抗是 $2.5m\Omega$。假定核心电压为 1V，由公式(4.28)经计算得到当前电流脉冲幅度为 40A。为了获得系统的时域响应，将输入电流脉冲序列的傅里叶变换乘以 PDN 的频域数据。傅里叶逆变换所产生的频谱用来得到时域响应。最初进行了 VRM、SMD 和片上去耦电容的系统模拟。系统的时域的性能如图 4.82 所示。为了突出嵌入式封装电容器的作用，系统采用封装 VRM、SMD 和片上电容进行模拟。系统响应如图 4.83 所示。模拟结果显示嵌入式电容器提高了 5 倍的性能。

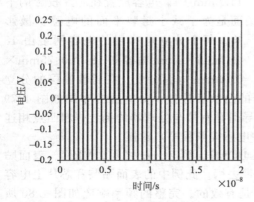

图 4.82　VRM、芯片上电容以
及表面贴装电容的噪声

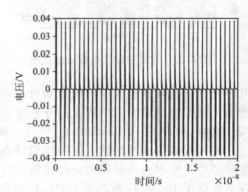

图 4.83　VRM、表面贴装、嵌入
式封装和片上电容的噪声

4.7.4 嵌入式电容的特征

为确保该集成具有良好的性能，嵌入式电容器层要求有精确的测量方法和精确的模型。两端口频域测量方法能精确测量电容结构阻抗[87]。

本节描述使用双端口测量方法的测量实例。测量设备使用的是安捷伦（Agilent）8720ES 矢量网络分析仪（VNA），其带宽为 50MHz～20.5GHz，探针为 500μm 的 GS-SG Cascade 探针。通过使用阻抗标准基板（ISS）得到一个标准的 SOLT（短路、开路、负载和直通）校准。用来描述电容器结构的基本方程如下：

$$\text{Re}(Z_{11}) = 25 \times \frac{\text{Re}(S_{21}) \times [1 - \text{Re}(S_{21})] - [\text{Im}(S_{21})]^2}{[1 - \text{Re}(S_{21})]^2 + [\text{Im}(S_{21})]^2} \tag{4.33}$$

$$\text{Im}(Z_{11}) = 25 \times \frac{\text{Im}(S_{21})}{[1 - \text{Re}(S_{21})]^2 + [\text{Im}(S_{21})]^2} \tag{4.34}$$

Re（Z_{11}）和 Im（Z_{11}）是该设备在测试下的实部和虚部。测量电容结构特征的装置如图 4.84 所示。探头 1 是发射器，探头 2 测量一个测量周期内设备两端的电压下降幅度。在下一个 VNA 测量周期，该端口的功能被倒过来使用。S_{21} 是在每个频率点设备两端测量的插入损耗。利用这些方程可以得到在测量频带阻抗的实部和虚部。

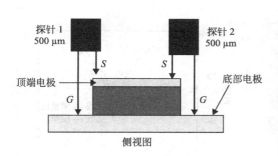

图 4.84 电容特征测量装置

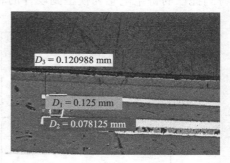

图 4.85 嵌入式电容叠层

厚膜电容器可从 DuPont[84] 测量中得到。如图 4.85 所示，它们是与标准 FR4/BT 层压印制电路板技术相兼容的，并且能集成到 BT 层压中。电容的横截面如图 4.86 所示。介电层的厚度为 20～24μm，介电常数为 3000。电介质的损耗正切在 1MHz 是小于 0.05 的。顶端铜箔的厚度为 35μm，底部电极的厚度为 3～5μm。在离散图形介质和电极的铜箔上电容器是有效的。工艺的基本规则定义了电容的最大和最小尺寸，转化成每边分别是 3mm 和 0.5mm(译者注：此处原文为 0.5mm 和 3mm)。

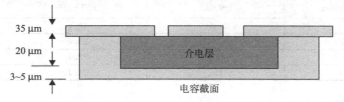

图 4.86 电容的横截面

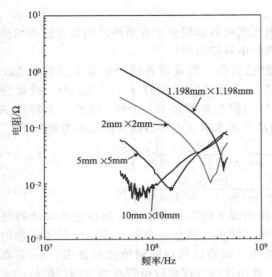

图 4.87　不同尺寸电容的频率响应

使用双端口技术得到的不同的电容器的阻抗曲线如图 4.87 所示。提取的介电常数值如图 4.88 所示，可知介电常数保持相对稳定。

电容器利用传输矩阵法（TMM）[88]进行建模。在电容结构的模拟中，因为这些结构的高宽比较大，所以能忽略边缘的影响。图 4.89 显示了一个 2mm×2mm 测量并建模的电容模型到硬件的相关性。为了获得正确的模型到硬件的相关性，端口被适当地定义在模型中。定义的端口与测量结构上探针的确切坐标相对应。为了获得模型和测量之间良好的相关性，探针设备的寄生电感已经包含在模型中了。在文献［89］中能得到提取的寄生电感和模型到硬件的相关性的细节。

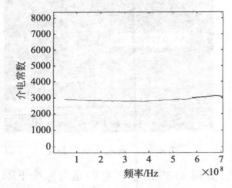

图 4.88　提取的介电常数
与频率的关系图

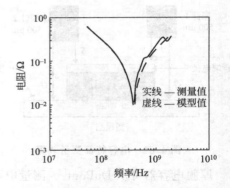

图 4.89　对 2mm×2mm 电容的
模拟与测量的相关性

电容、电感和各种尺寸的电容的电阻可由测量结果得到，如表 4.12 所列。

表 4.12　从测量中得到的参数

电容尺寸/mm	ESC/nF	ESL/pH	ESR/mΩ
❶	2.84	42.6	16
2×2	8.772	23.8	10.36
5×5	53.93	22.1	7.22
10×10	191	24.1	5

---

❶　译者注：原著此处无数据，疑漏。

4.8 电磁带隙（EBG）结构

电磁带隙（EBG）结构是一种实现 RF 隔离的分布式方法。其周期性结构可以禁止电磁波在某些频段传播[62]。在过去，基于 EBG 的设计方法已经被用于实现天线设计的 RF 隔离[90]。最近以来 Kamgaing 和 Ramahi[91] 已经用一个 3 层"蘑菇形"EBG来抑制 SSN 在数字产品中的传播。具有良好的点到点隔离性和使用单电源供电的能力，在基于混合信号集成的系统级封装，EBG 具有解决电源噪声耦合的潜力。

文献 [62] 中介绍了一种 EBG 结构具有超过 60dB 极优的隔离效果。嵌入式 EBG 结构通常有导通孔[91]，但文献[62]中的 EBG 结构由图形化的电源-地平面对组成，没有额外的导通孔。经济的标准 PCB 制造技术容易在应用中实现。

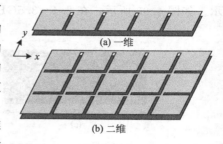

图 4.90 EBG 格子

一对电源-地平面形成的一维格子和二维格子 EBG 结构实例如图 4.90 所示。这些格子由大金属片和与之相连的小金属枝组成。EBG模式既能应用在电源面也能应用在接地面，这取决于设计。

一维和二维色散图分析能用来评估阻带特性。如果 EBG 的结构单元代表的是多端口网络，那么这种分析对任何 EBG 结构都是可行的。既然分析的重点在于结构单元，相对于整个 EBG 结构的电磁场（EM）计算，它大大减少了计算时间。

应用在 EBG 电源-地平面中的各单位结构如图 4.91 所示。这些代表的只是应用在 EBG 上少数的几种可能的形状。在电源-地平面可作为一个周期性模式的任何

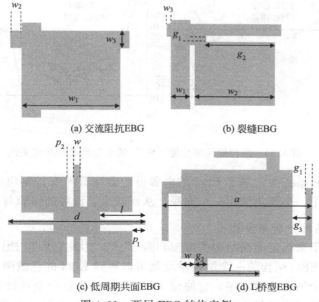

(a) 交流阻抗EBG   (b) 裂缝EBG

(c) 低周期共面EBG   (d) L桥型EBG

图 4.91 两层 EBG 结构实例

其他结构单元将展现例如交换通带和阻带的特性。

对所有四种结构，单元结构通过窄桥互连的特性是相同的。所以，把它们作为多端口网络分析是便捷的。通过单位结构测量和电磁模拟可以得到这样一个多端口网络的参数。

相对于文献［64］的"蘑菇式"EBG 结构，图 4.91 中的两层 EBG 结构只使用两个金属层并且不需要任何微导通孔。最重要的是它们的隔离性能更好。在两层FR4 工艺（$\tan\delta = 0.02$，1MHz 的 $\varepsilon_r = 4.4$）下 AI-EBG 实现的照片如图 4.92 所示。如图 4.93 所示，在 2.4～3.5GHz 频率段 EBG 提供了约 80dB 的隔离效果。

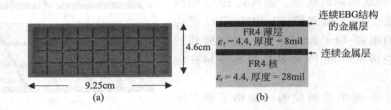

图 4.92 （a）AI-EBG 实现的照片和（b）层叠结构的 FR4

（注：1mil = 25.4×10⁻⁶m）

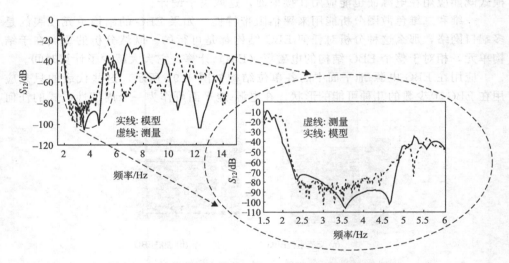

图 4.93 结构的隔离性能（S_{12}）的模型到硬件的相关性

在混合信号系统中，基于 EBG 的电源分配方案显然有抑制电源噪声传播的潜力。这也保证了一个模块使用一个电源，从而减少了设备的体积与成本。

4.8.1 EBG 结构分析与设计

色散图能用来确定周期结构的通带和阻带[92]，因此它们在 EBG 设计中是很有用的。只模拟 EBG 结构的一个结构单元就可以得到 EBG 的色散图，所以它从数字意义上讲是一个很有效的程序。它使得 EBG 的设计具备一个系统的方法：利用色散图可以确定具有所需阻带频率的结构单元。结构单元通过互相级联形成 EBG 结构，从而使所需的 EBG 频率响应的隔离级别达到要求。

（1）一维结构单元的分析

一维结构单元的色散图可通过下式得到

$$\cosh(\alpha d + j\beta d) = \frac{Z_{11} + Z_{22}}{2Z_{12}} \tag{4.35}$$

α 和 β 是衰减和相位常数，d 是两端口之间的距离，Z_{11} 和 Z_{12} 分别是结构单元输入端口和输出端口的自阻抗和转移阻抗。在结构单元的模拟过程中假定导体为理想导体，介质为无损介质。

此分析的优点在于只需知道结构单元的 Z 参数，而不需计算整个 EBG 结构，就能评估周期性 EBG 结构的阻带。通过全波 EM 解算器或者 SPICE 模型计算可得到结构单元的 Z 参数。利用传输矩阵法（TMM）[93] 或多层有限差分法（MFDM）[94] 可使 SPICE 模型更有效地解得 Z 参数。所以，基于色散图的分析方法能可观地缩短计算时间。

为表明通过色散图获得的阻带是准确的，给出了一维 EBG 结构如图 4.94 所示。如图 4.94（b）所示是用作测量的 DUT 的照片。该结构单元有以下参数：$w_1 = 15.2\text{mm}（600\text{mil}）$，$w_2 = 0.127（5\text{mil}）$，$w_3 = 0.254（10\text{mil}）$，介质厚度 $= 0.127\text{mm}(5\text{mil})$。在计算结构单元的 Z 参数过程中忽略了材料损耗，介电常数 ε_r 为 4.0。此例的色散图如图 4.95（a）所示。在图中，阻带是深色区域，因为色散图中的点对应着波沿 x 方向传播（沿 x 轴的 Γ-X 代表传播常数）。测量的 S_{21}（实线）和用 Sonnet 电磁集群[28] 模拟得到的 S_{21}（虚线）如图 4.95（b）所示。在 Sonnet 计算中，采用参数介质损耗 $\tan\delta = 0.02$，铜电导率 $\sigma_c = 5.8 \times 10^7\text{S/m}$。图 4.95（a）预测的阻带叠加到了图 4.95（b）中。由图可知由色散图预测的阻带与测量和模拟数据十分吻合。

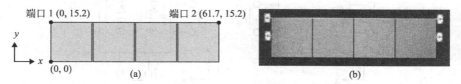

图 4.94　（a）4×1 几何结构的一维 EBG 格子（单位 mm）和（b）用作测量的 DUT 的照片

（2）二维结构单元的分析

对于互相连接的结构单元形成的二维网格，一维色散图的分析并不正确，因为一维 EBG 结构波是线性传播，但在二维 EBG 平面上波能朝任何方向传播。所以，要将一维结构的分析扩展到二维结构。一维和二维 EBG 定义的端口如图 4.96 所示。现在只考虑 x 和 y 方向，利用以下矩阵：

$$\begin{pmatrix} V_1 \\ I_1 \\ V_2 \\ I_2 \end{pmatrix} = \overline{\overline{F}} \begin{pmatrix} V_3 \\ -I_3 \\ V_4 \\ -I_4 \end{pmatrix} \tag{4.36}$$

基于此矩阵，以下的本征值方程可以用来生成二维色散图：

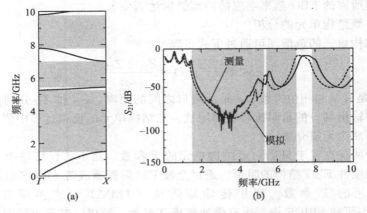

图 4.95　(a) 一维 EBG 结构单元计算得到的色散图，结构单元的片尺寸 = 15.2mm，
枝尺寸 = 0.254mm，介质厚度 = 127mm，$\varepsilon_r = 4.0$，阻带是深色区域；
(b) 测量和用 Sonnet 模拟得到的传输系数 S_{21} 对比，
通过色散图预测的阻带用深色区域表示

$$\left\{ \overline{\overline{F}} - \begin{pmatrix} e^{r_x d_x} & & & \\ & e^{r_x d_x} & & \\ & & e^{r_y d_y} & \\ & & & e^{r_y d_y} \end{pmatrix} \right\} \begin{pmatrix} V_3 \\ -I_3 \\ V_4 \\ -I_4 \end{pmatrix} = 0 \qquad (4.37)$$

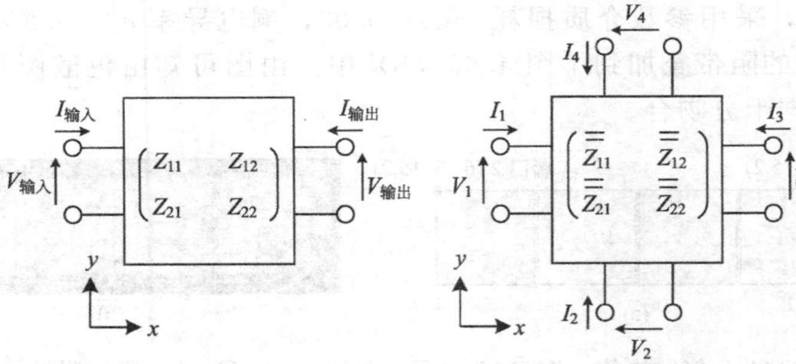

图 4.96　典型的网络结构 2 端口和 4 端口

等式中的传播因子 $e^{-r_x d_x}$ 对应于 x 正方向间隔 d_x，$e^{-r_y d_y}$ 对应于 y 正方向间隔 d_y。

基于二维色散图分析，带狭缝的二维 EBG 结构的阻带如图 4.97 (a)、(b) 所示。结构单元有以下的结构参数：$w_1 = 0.25\text{mm}$，$w_2 = 14.73\text{mm}$，$w_3 = 0.13\text{mm}$，$g_1 = 0.25\text{mm}$，$g_2 = 7.62\text{mm}$。介电材料是 FR4，其厚度为 $127\mu\text{m}$。绘制的占据 Brillouin 区[94a] 的二维色散图如图 4.97 (c) 所示。如图 4.97 (c) 所示，深色区域是完全的阻带，说明没有任何方向的波传播。此完整的阻带被认为是二维 EBG 结构的阻带。由图 4.97 (a) 的从端口 1 到端口 2 和端口 3 以及有色区域测得的传输系数 S_{21} 如图 4.97 (d) 所示，它指明由分析色散图预测得到的阻带。如图 4.97

（d）所示，分析二维色散图可以很好地预测阻带。

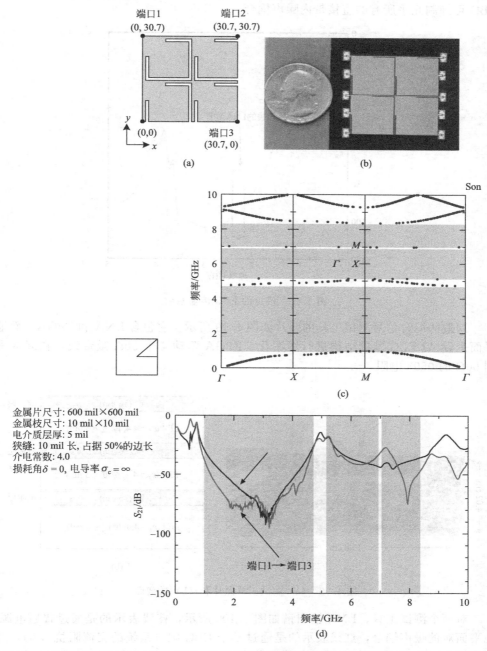

图 4.97 （a）二维 EBG；（b）照片；（c）色散图；（d）测得的 S_{21}

4.8.2 EBG 在抑制电源噪声方面的应用

具有如图 4.98 所示频率响应的 EBG 结构被用在试验台上以隔离 FPGA 与

LNA。在 LNA 相关的频带（中心频带约 2.14GHz）有 90dB 的隔离效果，因此 EBG 可抑制几乎所有的直接带内噪声耦合。

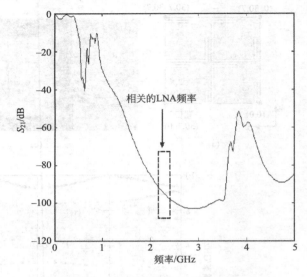

图 4.98 模拟的 EBG 传输系数

制造的混合信号测试工具的照片如图 4.99 所示。它包含 LNA 和 FPGA，而地平面是以 AI-EBG 基础结构进行图案化。FPGA 驱动 4 个 50Ω 微带线，在终端采用 50Ω 的 0603 电阻。

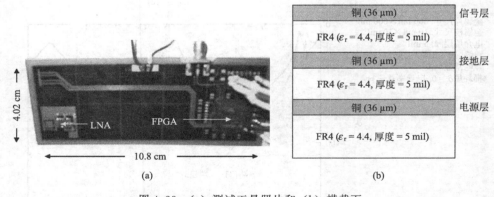

图 4.99 （a）测试工具照片和（b）横截面

对两个测试工具，LNA 输出谱如图 4.100 所示，蓝线表示的是通过普通电源-地平面对的噪声耦合，红线表示的是通过基于 EBG 配电系统的交流阻抗（AI）的噪声耦合。在低频率段，EBG 不能提供足够的隔离，所以所有的测量都很相似。然而，在约 2GHz 处（EBG 开始有阻带特性），耦合噪声功率的大小有明显的区别。对 2.1GHz 及以上的频率，在 AI-EBG 结构的测试工具中，传输的噪声功率几乎为 0，展现了极佳的 EMI 控制能力。

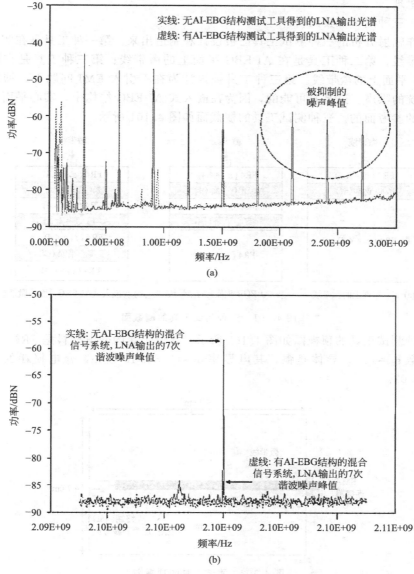

图 4.100 (a) 有和没有 AI-EBG 时的 LNA 输出频谱和
(b) 在 LNA 输出端的 7 次谐波噪声对比

4.8.3 EBG 的辐射分析

如果 AI-EBG 结构被用作一个参考面，AI-EBG 结构因具有周期性间隙而能够辐射能量。这是因为返回的电流不得不绕着裂缝流动，电荷在边缘发生积累[95]，从而产生了一个远场辐射源[96]。我们可以把参考平面上的裂缝和间隙看作缝隙天线，对其他设备产生干扰。这会导致电磁干扰（EMI）问题。通过对三种测试工具的模拟和测量，可得到它们的近场和远场分析结果，从而更好地了解 AI-EBG 结构的辐射机理。

（1）三种测试工具的设计

用作辐射分析的三种测试工具已被设计和制造出来。第一种工具是在实心平面上的微带线；第二种工具是在 AI-EBG 平面上的微带线；第三种工具是在嵌入式 AI-EBG 平面上的微带线。第三种工具被设计为在不引入 EMI 问题下，抑制混合信号系统的噪声。这是有可能的，因为在嵌入式 AI-EBG 结构中，实心平面是作为微带线的参考面的。三种测试工具的横截面如图 4.101 所示。

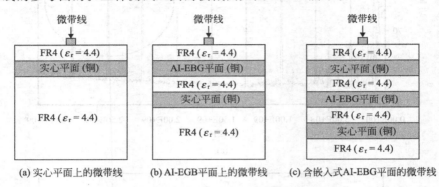

(a) 实心平面上的微带线　(b) AI-EGB 平面上的微带线　(c) 含嵌入式 AI-EBG 平面的微带线

图 4.101　三种测试工具的横截面

三种测试工具的顶视图如图 4.102 所示。测试工具的介电材料是 FR4，其相对介电常数 $\varepsilon_r = 4.4$，导体是铜，其电导率 $\sigma_c = 5.8 \times 10^7 \mathrm{S/m}$，介电损耗的正切值 $\tan\delta = 0.02$。

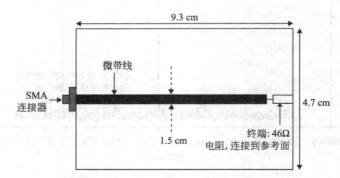

图 4.102　测试工具的顶视图

测试工具的微带线、实心平面和 AI-EBG 面中的铜厚度为 $35\mu m$，两导体间的介质厚度是 5mil，最底层的介质厚度是 28mil。第二种和第三种测试工具的 AI-EBG 结构的金属片尺寸为 $1.5cm \times 1.5cm$，金属枝的尺寸为 $0.1cm \times 0.1cm$。注意到靠近 SMA 连接器的第一列的金属片的尺寸为 $1.3cm \times 1.5cm$。

（2）EMI 模拟和测量

全波解算器（Sonnet）已经被用在三种测试工具的 EMI 分析上。第二种测试工具的 AI-EBG 平面电流密度如图 4.103 所示。由图可看出参考面上的 EBG 结构上的裂缝导致返回通路的不连续。因为实心参考面在下面，所以第一种和第二种测试工具表现出相同的微带线特性。

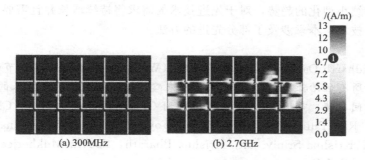

(a) 300MHz   (b) 2.7GHz

图 4.103 第二种测试工具的模拟结果

已完成测试工具的远场测量。在远场测量中，利用了电波暗室中的 Anritsu MG3642A RF 信号发生器（带宽：125kHz～2080MHz）、安捷伦的 E4440A 频谱分析仪（带宽：3 kHz～26.5GHz）和天线。远场测量的装置如图 4.104 (a) 所示。既然射频信号发生器能工作到 2GHz，远场测量也能做到 2GHz。本例中的 EUT（受测设备）和天线间的距离是 3m。射频信号发生器作为信号源连接到 EUT，连接到天线的频谱分析仪记录测试工具表面的场强。如图 4.104 (b) 所示，第二种测试工具的辐射强度在三种测试工具中是最强的，第一种和第三种测试工具的辐射强度几乎是相同的，这是因为这两种测试工具是把实心平面作为参考面。

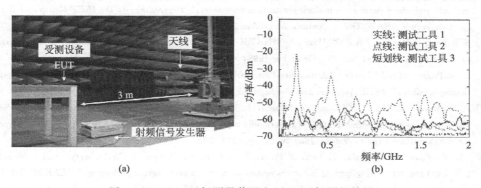

(a)   (b)

图 4.104 (a) 远场测量装置和 (b) 远场测量结果

最后，在三种测量工具中，第二种测量工具（以 AI-EBG 平面作为参考面）近场和远场的模拟和测量显示了最大辐射强度，这可能会导致 EMI 问题。为了最小化 EMI 产生的影响，可在测量工具中嵌入 AI-EBG 结构（第三种测量工具）抑制混合信号系统的噪声。

4.9 总结

这一章讨论了混合信号模块的设计。包括了RF电路中嵌入式无源器件的设计、芯片-封装协同设计、设计工具、数字电路中嵌入式去耦电容、噪声耦合，还

---

❶ 译者注：此数据疑有误。

有限制 EMI 的 EBG 结构。很多设计方法和电学问题可通过模拟和测量进行定量分析。由于持续小型化的趋势，对于先进技术的需求将持续增长并且需要更加巧妙的设计方法和技术。本章涉及了部分先进的方法。

致谢

感谢 Sidharth Dalmia 对于无线局域网 （WLAN） 前端模块这一节的贡献。作者还想感谢所有佐治亚理工学院封装研究中心以及 Epsilon 研究团队的所有学生、工程师和访问学者。特别地，作者希望感谢 George White，Jinwoo Choi，Venky Sundaram，Raj Pulugurtha，Yoshitaka Toyota，Takayuki Watanabe，Rohan Mandrekar，Krishna Srinivasan，Krishna Bharath，Souvik Mukherjee 以及 Prathap Muthana 的贡献。

参 考 文 献

[1] The Electronics Industry Report，Prismark Partners LLC，2004.

[2] World Semiconductor Trade Statistics，http：//www. wsts. org.

[3] Intel Corporation，http：//www. intel. com/labs/features/cn09031. htm.

[4] N-Gage，http：//www. n-gage. com.

[5] H. Hashemi and A. Hajimiri，"Concurrent multiband low-noise amplifiers-theory，design，and applications"，*IEEE Trans. Microw. Theory Tech.*，vol. 50，no. 1，January 2002，pp. 288-301.

[6] V. Govind，S. Dalmia，J. Choi，and M. Swaminathan，"Design and implementation of RF subsystems with multiple embedded passives in multi-layer organic substrates，" *Proceedings of the IEEE Radio and Wireless Conference* （RAWCON），Boston，MA，August 2003，pp. 325-328.

[7] S. Wu and B. Razavi，"A 900-MHz/1. 8-GHz CMOS receiver for dual-band applications，" *IEEE Journal of Solid-State Circuits*，vol. 33，December 1998，pp. 2178-2185.

[8] D. M. Pozar and S. M. Duffy，"A dual-band circularly polarized stacked microstrip antenna for global positioning satellite，" *IEEE Antennas and Propagation*，vol. 45，November 1997，pp. 1618-1625.

[9] A. Raghavan，D. Heo，M. Maeng，A. Sutono，K. Lim，and J. Laskar，"A 2. 4GHz high efficiency SiGe HBT power amplifier with high-Q LTCC harmonic suppression filter，" *IEEE MTT-S International Microwave Symposium Digest*，vol. 2，June 2002，pp. 1019-1022.

[10] S. -W. Yoon，M. F. Davis，K. Lim，S. Pinel，M. Maeng，C. -H. Lee，S. Chakraborty，and S. Mekela，"C-band oscillator using high-Q inductors embedded in multilayer organic packaging，" *IEEE MTT-S International Microwave Symposium Digest*，vol. 2，June 2002，pp. 703-706.

[11] A. ，S. Dalmia，and M. Swaminathan，"A 3G/WLAN VCO with high Q embedded passives in high performance organic substrate，" *Proceedings of the IEEE Asia Pacific Microwave Conference* （APMC），Seoul，S. Korea，November 2003，pp. NA.

[12] P. Pieters，K. Vaesen，G. Carchon，S. Brebels，W. de Raedt，E. Beyne，M. Engels，and I. Bolsens，"Accurate modeling of high-Q spiral inductors in thin-film multilayer technology for wireless telecommunication applications，" *IEEE Transactions on Microwave Theory and Techniques*，vol. 49，April 2001，pp. 589-599.

[13] A. L. L. Pun，T. Yeung，J. Lau，F. J. R. Clement，and D. K. Su，"Substrate noise coupling through planar spiral inductor，" *IEEE Journal of Solid-State Circuits*，vol. 33，June 1998，pp. 877-884.

[14] M. Xu，D. K. Su，D. K. Shaeffer，T. H. Lee，and B. A. Wooley，"Measurement and modeling the effects of substrate noise on the LNA for a CMOS GPS receiver，" *IEEE Journal of Solid-State Circuits*，vol. 36，March 2001，pp. 473-485.

[15] N. K. Verghese and D. J. Allstot, "Computer-aided design considerations for mixed-signal coupling in RF integrated circuits," *IEEE Journal of Solid-State Circuits*, vol. 33, March 1988, pp. 314-323.

[16] D. K. Su, M. J. Loinaz, S. Masui, and B. A. Wooley, "Experimental results and modeling techniques for substrate noise in mixed-signal integrated circuits," *IEEE Journal of Solid-State Circuits*, vol. 28, April 1993, pp. 420-429.

[17] T. Liu, J. D. Carothers, and W. T. Holman, "Active substrate coupling noise reduction method for ICs," *IEEE Electronic Letters*, vol. 35, September 1999, pp. 1633-1634.

[18] M. Felder and J. Ganger, "Analysis of ground-bounce induced substrate noise coupling in a low resistive bulk epitaxial process: Design strategies to minimize noise effects on a mixed-signal chip," *IEEE Transactions on Circuits and System-II. Analog and Digital Signal Processing*, vol. 46, November 1999, pp. 1427-1436.

[19] R. C. Frye, "Integration and electrical isolation in CMOS mixed-signal wireless chips," *Proceedings of the IEEE*, vol. 89, April 2001, pp. 444-455.

[20] M. Nagata, J. Nagai, T. Morie, and A. Iwata, "Measurements and analyses of substrate noise waveform in mixed-signal IC environment," *IEEE Transactions on Computer-Aided Design of Integrated Circuits and Systems*, vol. 19, June 2000, pp. 671-678.

[21] M Nagata, J. Nagai, K. Hijikata, T. Morie, and A. Iwata, "Physical design guides for substrate noise reduction in CMOS digital circuits," *IEEE Journal of Solid-State Circuits*, vol. 36, March 2001, pp. 539-549.

[22] J. Briaire and K. S. Krisch, "Principles of substrate crosstalk generation in CMOS circuits," *IEEE Transactions on Computer-Aided Design of Integrated Circuits and Systems*, vol. 19, June 2000, pp. 645-653.

[23] J. Mao, "Modeling of Simultaneous Switching Noise in On-Chip and Package Power Distribution Networks Using Conformal Mapping, Finite Difference Time Domain and Cavity Resonator Methods", PhD Dissertation, School of Electrical and Computer Engineering, Georgia Institute of Technology, 2004.

[24] D. C. Thompson, O. Tantot, H. Jallageas, G. E. Ponchak, M. M. Tentezeris, and J. Papapolymerou, "Characterization of liquid crystal polymer (LCP) material and transmission lines on LCP substrates from 30 to 110 GHz," *IEEE Trans. Microwave Theory and Tech.*, vol. 52, April 2004, pp. 1343-1352.

[25] http://www.skyworksinc.com/products_detailpop2.asp? pid=8723, March 2006.

[26] http://www.coilcraft.com/prod_rf.cfm, March 2006.

[27] W. Yun, A. Bavisi, V. Sundaram, M. Swaminathan, and E. Engin, "3D integration and characterization of high Q passives on multilayer LCP substrate," *IEEE AsiaPacific Microw. Conf.*, December 2005, pp. 327-330.

[28] http://www.sonnetusa.com.

[29] A. Bavisi, V. Sundaram, M. Swaminathan, S. Dalmia, and G. White, "Design of a dual frequency oscillator for simultaneous multi-band radio communication on a multi-layer liquid crystalline polymer substrate," *IEEE Radio Wireless Symp.*, January 2006, pp. 431-434.

[30] V. Palazzari, S. Pinela, J. Laskar, L. Roselli, and M. Tentezeris, "Design of an asymmetrical dual-band WLAN filter in liquid crystal polymer (LCP) system-onpackage technology", *IEEE Microw. and Wireless Comp. Lett.*, vol. 15, March 2005, pp. 165-167.

[31] R. Bairasubramaniam, S. Pinel, J. Papapolymerou, J. Laskar, C. Quendo, E. Rius, A. Manchec, and C. Person, "Dual-band filters for WLAN applications on LCP technology," *in IEEE MTT-S Int. Microwave Symp. Dig.*, June 2005.

[32] C. Quendo, E. Rius, and C. Person, "An original topology of dual-band filter with transmission zeros," *IEEE IMS*, June 2003, pp. 1093-1096.

[33] C. Quendo, E. Rius, A. Manchec, Y. Clavet, B. Potelon, J.-F. Fanvennec, and C. Person, "Planar tri-

band filter based on dual behavior resonator (DBR)" *EUMC*, October 2005, pp. NA.

[34] N. Marchand, "Transmission-line conversion transformers," *Electronics*, vol. 17, no. 12, December 1944, pp. 142-145.

[35] G. Oltman, "The compensated balun," *IEEE Transactions on Microwave Theory and Techniques*, vol. 44, no. 3, March 1966, pp. 112-119.

[36] K. S. Ang, Y. C. Leong, and C. H. Lee, "Analysis and design of miniaturized lumped-distributed impedance-transforming baluns," *IEEE Transactions on Microwave Theory and Techniques*, vol. 51, March 2003, pp. 1009-1017.

[37] J.-W. Lee and K. J. Webb, "Analysis and design of low-loss planar microwave baluns having three symmetric coupled lines," *IEEE MTT-S International Microwave Symposium Digest*, June 2002, pp. 117-120.

[38] V. Govind, W. S. Yun, S. Dalmia, V. Sundaram, G. E. White, and M. Swaminathan, "Analysis and design of compact wideband baluns on multilayer liquid crystalline polymer (LCP) based substrates," *IEEE MTT-S International Microwave Symposium (IMS) Digest*, Long Beach, CA, June 2005.

[39] D.-W. Lew, J.-S. Park, D. Ahn, N.-K. Ahn, C. S. Yoo, and J.-B. Lim, "A design of the ceramic chip balun using the multilayer configuration," *IEEE Transactions on Microwave Theory and Techniques*, vol. 49, January 2001, pp. 220-224.

[40] R. K. Feeney, *Private Communication*, Course RF Engineering I, Georgia Institute of Technology.

[41] K. Wang, M. Frank, P. Bradley, R. Ruby, W. Mueller, A. Barfknecht, and M. Gat, "FBAR Rx filters for handset front-end modules with wafer-level packaging," *Proceedings of the IEEE Symposium on Ultrasonics*, October 2003, pp. 162-165.

[42] J. Kaitila, M. Ylilammi, J. Molarius, J. Ella, and T. Makkonen, "ZnO based thin film bulk acoustic wave filters for EGSM band," *Proceedings of the IEEE symposium on Ultrasonics*, October 2001, pp. 803-806.

[43] S. Dalmia, "Design and Implementation of High-Q Passive Devices for Wireless Applications using System-on-Package (SOP) based Organic Methodologies," PhD Dissertation, School of Electrical and Computer Engineering, Georgia Institute of Technology, Atlanta, 2002.

[44] S. Dalmia, V. Sundaram, M. Swaminathan, and G. White, "Liquid crystalline polymer (LCP) based lumped-element bandpass filters for multiple wireless applications," *IEEE Int. Microw. Symp.*, June 2004, pp. 1991-1994.

[45] A. Bavisi, S. Dalmia, V. Sundaram, M. Swaminathan, and G. White, "Chip-package codesign of integrated voltage-controlled oscillator in LCP substrate," *IEEE Trans. Adv. Packaging*, vol. 29, issue 3, Aug. 2006, pp. 390-402.

[46] D. K. Shaeffer and T. H. Lee, "A 1.5-V 1.5-GHz CMOS low noise amplifier," *IEEE Journal of Solid-State Circuits*, vol. 32, May 1997, pp. 745-759.

[47] J.-S. Goo, K.-H. Oh, C.-H. Choi, Z. Yu, T. H Lee, and R. W. Dutton, "Guidelines for the power-constrained design of a CMOS tuned LNA," *Proc. Int. Conference on Simulation of Semiconductor Processes and Devices (SISPAD)*, Seattle, WA, September 2000, pp. 269-272.

[48] V. Govind, S. Dalmia, and M. Swaminathan, "Design of integrated low noise amplifiers (LNA) using embedded passives in organic substrates," *IEEE Transactions on Advanced Packaging*, vol. 27, February 2004, pp. 79-89.

[49] A. Bavisi, V. Sundaram, and M. Swaminathan, "A miniaturized novel feedback LC oscillator for UMTS type applications in a 3-D stacked liquid crystalline polymer technology," *Int. Journal RF and Microw. Comp. Aided Engg.*, Wiley Interscience, published on-line on February 2006., pp. NA.

[50] A. Bavisi, V. Sundaram, and M. Swaminathan, "Design of a system-in-package based low phase noise VCO using 3-D integrated passives on a multi-layer LCP substrate," *35th European Microwave Conf.*,

October 2005.

[51] UMA Technology，[on-line document]，available at http：//www. umatechnology. org.

[52] H. Hashemi，"Integrated Concurrent Multi-band Radios and Multiple Antenna Systems," Ph. D. Thesis，California Institute of Technology，Sept. 2003.

[53] A. Bavisi，V. Sundaram，M. Swaminathan，S. Dalmia，and G. White，"Design of a dual frequency oscillator for simultaneous multi-band radio communication on a multi-layer liquid crystalline polymer substrate," *IEEE Radio Wireless Symp.* ，January 2006，pp. 431-434.

[54] J. S. Schaffner，"Simultaneous Oscillations in Oscillators," *IRE Tran. Circuit Theory*，vol. 1，no. 2，June 1954，pp. 2-8.

[55] Simon Haykin，Neural Networks：*A Comprehensive Foundation*，2nd ed. ，Prentice Hall，1998.

[55a] Madhavan Swaminathan and A. Ege Engin，*Power Integrity Modeling and Design for Semiconductors and Systems*，Prentice Hall，December 2007.

[55b] A. E. Engin，W. John，G. Sommer，W. Mathis，and H. Reichl，"Modeling of striplines between a power and a ground plane," *IEEE Transactions on Advanced Packaging*，vol. 29，no. 3，August 2006，pp. 415-426.

[55c] A. E. Engin，K. Bharath，and M. Swaminathan，"Multilayered finite difference method (M-FDM) for modeling of package and printed circuit board planes," *IEEE Transactions on Electromagnetic Compatibility*，vol. 49，no. 2，May 2007，pages 441-447.

[56] Rohan Mandrekar，"Modeling and Co-simulation of Signal Distribution and Power Delivery in Package Based Systems," PhD thesis，Georgia Institute of Technology，May 2006.

[57] Kwan Choi，Modeling and Simulation of Embedded Passives Using Rational Functions in Multi-layered Substrates，PhD thesis，Georgia Institute of Technology，August 1999.

[58] Sung-Hwan Min，"Automated Construction of Macro Models of Distributed Interconnect Networks," PhD Thesis，Georgia Institute of Technology，2004.

[59] Jinwoo Choi，"Noise Suppression and Isolation in Mixed-signal Systems Using Alternating Impedance-electromagnetic Bandgap Structure (AI-EBG)," PhD thesis，Georgia Institute of Technology，December 2005.

[60] http：//www. synopsys. com/products/mixedsignal/hspice/hspice. html.

[60a] G. Taguchi，Introduction to Quality Engineering. Dearborn，*MI*：*Distributed by American Supplier Institute*，Inc. ，1986.

[60b] M. S. Phadke，*Quality Engineering Using Robust Design*. Englewood，NJ：Prentice Hall，1989.

[60c] Tomas Berling，Per Runeson：Efficient Evaluation of Multifactor Dependent System Performance Using Fractional Factorial Design. *IEEE Trans. Software Eng.* 29 (9)：769-781 (2003) .

[60d] John Neter，William Wasserman：Applied Linear Statistical Models：*Regression*，*Analysis of Variance*，*and Experimental Designs*. Homewood，Ill. ，R. D. Irwin，1974.

[60e] J. P. C. Kleijnen，"Sensitivity analysis and optimization in simulation：design of experiments and case studies," in IEEE Proc. of Winter Simulation Conference 1995，pp. 133-140，1995.

[60f] R. L. Mason，R. F. Gunst，and J. L. Hess，Statistical design and analysis of experiments：with applications to engineering and science. New York：Wiley Eastern Limited，1989.

[60g] A. Leon-Garcia，*Probability and Random Processes for Electrical Engineering*. Toronto：Addison-Wesley，1989.

[60h] A. Papoulis，*Probability*，*Random Variables*，*and Stochastic Processes*. New York：McGraw-Hill，1984.

[60i] S. M. Ross，*Introduction to Probability Models*. San Diego，CA：Harcourt Academic Press，2000.

[60j] S. Mukherjee，M. Swaminathan，E. Matoglu，"Statistical Analysis and Diagnosis Methodology for RF Circuits in LCP Substrates," IEEE Transactions on Microwave *Theory and Techniques*，2005.

[60k] HFSS (tm) v10. 1，Ansoft Corporation.

[60] http：//eesof. tm. agilent. com/applications/sip-b. html.

[61] H. Liaw and H. Merkelo, "Signal integrity issues at split ground and power planes," Proc. *IEEE Electronic Components and Technology Conference* (ECTC), May 1996, pp. 752-755.

[62] J. Choi, V. Govind, and M. Swaminathan, "A novel electromagnetic bandgap (EBG) structure for mixed-signal system applications," *Proc. IEEE Radio and Wireless Conference* (RAWCON), Atlanta, GA, September 2004, pp. 243-246.

[63] M. Swaminathan, J. Kim, I. Novak, and J. P. Libous, "Power distribution networks for system-on-package: status and challenges," *IEEE Transactions on Advanced Packaging*, vol. 27, May 2004, pp. 286-300.

[64] Y. Jeong, H. Kim, J. Kim, J. Park, and J. Kim, "Analysis of noise isolation methods on split power/ground plane of multi-layer package and PCB for low jitter mixed mode system," *Proc. IEEE Topical Meeting on Electrical Performance of Electronic Packaging* (EPEP), October 2003, pp. 199-202.

[65] S. Chun, M. Swaminathan, L. D. Smith, J. Srinivasan, Z. Jin, and M. K. Iyer, "Modeling of simultaneous switching noise in high speed systems," *IEEE Transactions on Advanced Packaging*, vol. 24, May 2001, pp. 132-142.

[66] J. Kim and M. Swaminathan, "Modeling of multilayered power distribution planes using transmission matrix method," *IEEE Transactions on Advanced Packaging*, vol. 25, no. 2, May 2002, pp. 189-199.

[67] H. H. Wu, J. W. Meyer, K. Lee, and A. Barber, "Accurate power supply and ground plane pair models," *IEEE Transactions on Advanced Packaging*, vol. 22, August 1999, pp. 259-266.

[68] J. Mao, J. Srinivasan, J. Choi, M. Swaminathan, and N. Do, "Modeling of field penetration through planes in multilayered packages," *IEEE Transactions on Advanced Packaging*, vol. 24, no. 3, August 2001, pp. 326-333.

[69] R. Ito and R. W. Jackson, "Parallel plate slot coupler modeling using two dimensional frequency domain transmission line matrix method," *Proc. IEEE EPEP*, 2004, pp. 41-44.

[70] J. Lee, M. D. Rotaru, M. K. Iyer, H. Kim, and J. Kim, "Analysis and suppression of SSN noise coupling between power/ground plane cavities through cutouts in multilayer packages and PCBs," *IEEE Transactions on Advanced Packaging*, vol. 28, no. 2, May 2005, pp. 298-309.

[71] SungJun Chun, "*Methodologies for Modeling Simultaneous Switching Noise in Multilayered Packages and Boards*," PhD Dissertation, Georgia Institute of Technology, April 2002.

[72] Larry Smith, Raymond Anderson, Doug Forehand, Tom Pelc, and Tanmoy Roy, "Power distribution system design methodology and capacitor selection for modern CMOS technology," *IEEE Transactions on Advanced Packaging*, vol. 22, no. 3, August 1999, pp. 284-291.

[73] Bernd Garben, George A. Katopis, and Wiren D. Becker, "Package and chip design optimization for mid-frequency power distribution decoupling," *Electrical Performance of Electronic Packaging*, 2002, pp. 245-248.

[74] Om P. Mandhana and Jin Zhao, "Comparative study on the effectiveness of onchip, on package and PCB decoupling for core noise reduction by using broadband power delivery network models," *Electronic Components and Technology Conference*, 2005, pp. 732-739.

[75] Nanju Na, Timothy Budell, Charles Chiu, Eric Tremble, and Ivan Wemple, "The effects of on-chip and package decoupling capacitors and an efficient ASIC decoupling methodology," *Electronic Components and Technology Conference*, 2004, pp. 556-567.

[76] Tawfik Rahal-Arabi, Greg Taylor, Matthew Ma, Jeff Jones, and Clair Webb, "Design and validation of the core and I/O's decoupling of the Pentium$_R$ 3 and Pentium$_R$ 4 Processors," *Electrical Performance of Electronic Packaging*, 2002, pp. 249-252.

[77] Richard Ulrich, "Embedded resistors and capacitors for organic-based SOP," *IEEE Transactions on Ad-*

vanced Packaging, vol. 27, no. 2, May 2004, pp. 326-331.

[78] Istvan Novak, "Lossy power distribution networks with thin dielectric layers and/or thin conductive layers," *IEEE Transactions on Advanced Packaging*, vol. 23, no. 3, August 2000, pp. 353-360.

[79] Hyungsoo Kim, Byung Kook Sun, and Joungho Kim, "Suppresion of GHz range power/ground inductive and simultaneous switching noise using embedded film capacitors in multilayer packages and PCBs," *IEEE Microwave and Wireless Components Letters*, vol. 14, no. 2, February 2004, pp. 71-73.

[80] K. Y. Chen, William D. Brown, Leonard W. Schaper, Simon S. Ang, and Hameed A. Naseem, "A study of high frequency performance of thin film capacitors for electronic packaging," *IEEE Transactions on Advanced Packaging*, vol. 23, no. 2, May 2000, pp. 293-302.

[81] Joel S. Peiffer, William Balliette, and 3M Company, "Decoupling of high speed digital electronics with embedded capacitance," 38*th International Symposium on Microelectronics*, September 2005.

[82] Josh G. Nickel, "Decoupling capacitance platform for substrates, sockets and interposers," *DesignCon*, 2005.

[83] Prathap Muthana, Madhavan Swaminathan, Rao Tummala, Venkatesh Sundaram, Lixi Wan, S. K. Bhattacharya, and P. M. Raj, "Packaging of multi-core processors: tradeoffs and potential solutions," *Electronic Components and Technology Conference*, 2005, pp. 1895-1903.

[84] P. Muthana, A. E. Engin, M. Swaminathan, R. Tummala, V. Sundaram, B. Wiedenman, D. Amey, K. Dietz, and S. Banerji, "Design, modeling and characterization of embedded capacitor networks for core decoupling in the package." *IEEE Transactions on Advanced Packaging*, vol. 30, no. 4, pp. 809-822, Nov. 2007.

[85] International Roadmap for Semiconductors (ITRS) -2004 Update. http: //public. itrs. net.

[86] M. Kamon, M. J. Ttsuk, and J. K. White, "FASTHENRY: a mutipole accelerated 3D-inductance extraction program," *IEEE Transactions on Microwave Theory and Techniques*, vol. 42, issue 9, part 1-2, September 1994, pp. 1750-1758.

[87] Istvan Novak and Jason R. Miller, "Frequency dependent characterization of bulk and ceramic bypass capacitors," Poster Material for the 12*th Topical Meeting on Electrical Performance of Electronic Packaging*, October 2003, pp. 101-104.

[88] Joong Ho Kim and Madhavan Swaminathan, "Modeling of irregular shaped power distribution planes using transmission matrix method," *IEEE Transactions on Advanced Packaging*, vol. 24, no. 3, August 2001.

[89] Prathap Muthana, Madhavan Swaminathan, Rao Tummala, P. M. Raj, Ege Engin, Lixi Wan, D. Balaraman, and S. Bhattacharya, "Design, modeling and characterization of embedded capacitors for midfrequency decoupling in semiconductor systems," *Electromagnetic Compatibility*, 2005, pp. 638-643.

[90] D. Sievenpiper, R. Broas, and E. Yablonovitch, "Antennas on high-impedance ground planes," *IEEE MTT-S International Microwave Symposium (IMS) Digest*, June 1999, pp. 1245-1248.

[91] T. Kamgaing and O. M. Ramahi, "A novel power plane with integrated simultaneous switching noise mitigation capability using high impedance surface," *IEEE Microwave and Wireless Components and Letters*, vol. 13, January 2003, pp. 21-23.

[92] R. E. Collin, *Foundations for Microwave Engineering*, IEEE Press, 2001.

[93] J. Kim and M. Swaminathan, "Modeling of irregular shaped power distribution planes using transmission matrix method," *IEEE Transactions on Advanced Packaging*, vol. 24, no. 3, 2001, pp. 334-346.

[94] A. E. Engin, M. Swaminathan, and Y. Toyota, "Finite difference modeling of multiple planes in packages," *Proc. 17th International Zurich Symposium on Electromagnetic Compatibility*, Singapore, March 2006, pages 549-552.

[94a] Yoshitaka Toyota, A. Ege Engin, Tae Hong Kim, Madhavan Swaminathan, and Swapan Bhatta-

charya, "Size reduction of electromagnetic bandgap (EBG) structures with new geometries and materials," ECTC 2006, pages 1784-1789.

[95] T. E. Moran, K. L. Virga, G. Aguirre, and J. L. Prince, "Methods to reduce radiation from split ground planes in RF and mixed-signal packaging structures," *IEEE Transactions on Advanced Packaging*, vol. 25, no. 3, August 2002, pp. 409-416.

[96] P. Fornberg, A. Byers, M. Piket-May, and C. Holloway, "FDTD modeling of printed circuit board signal integrity and radiation," *IEEE International Symposium on Electromagnetic Compatibility*, August 2000, pp. 307-312.

[97] Joel S. Peiffer, "Ultra-thin, loaded epoxy materials for use as embedded capacitor layers," *Printed Circuit Design & Manufacture*, April 2004, pp. 40-42.

[98] M. Xu, T. H. Hubing, J. Chen, T. P. Van Doren, J. L. Drewnial, and R. E. DuBroff, "Power-bus decoupling with embedded capacitance in printed circuit board design," *IEEE Trans. Electromag. Compat.*, vol. 45, no. 1, February 2003, pp. 22-30.

[99] John Andresakis, Takuya Yamamoto, Kaz Yamazaki, Yoshi Fukawa, and Glenn Bennik, "Simulation of resonance reduction in PCBs utilizing embedded capacitance," IPCWorks 2005.

[100] R. R. Tummala, M. Swaminathan, M. M. Tentzeris, J. Laskar, S. Gee-Kung, Chang Sitaraman, D. Keezer, D. Guidotti, Zhaoran Huang Kyutae Lim, Lixi Wan, S. K. Bhattacharya, V. Sundaram, Fuhan Liu, and P. M. Raj, "The SOP for miniaturized, mixed-signal computing, communication, and consumer systems of the next decade," *IEEE Transactions on Advanced Packaging*, vol. 27, issue 2, May 2004, pp. 250-267.

[101] John Savic, Robert T. Croswell, Aroon Tungare, Greg Dunn, Tom Tang, Robert Lempkowski, Max Zhang, and Tien Lee, "Embedded passives technology implementation in RF applications," *IPC Printed Circuits Expo*, 2002.

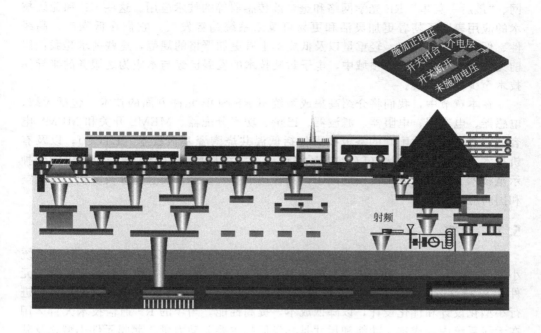

施加正电压
开关闭合
介电层

开关断开
未施加电压

射频

第5章
射频系统级封装 (RF SOP)

Papapolymerou, Manos Tentzeris, Joy Laskar, Swapan Bhattacharya
佐治亚理工学院

人们对数据、声音、视频的高速率传输与便携无线技术（数字、模拟、RF 和光学的）的小型化的追求，推动着高性能技术的应用，诸如个人通信网、无线局域网、"最后一英里" RF 光学网络和毫米波传感器等的技术应用。这些 RF 和无线技术的应用表明了朝着更加灵活和更易可重组系统趋势发展。它们在低噪声、高线性、低能耗、小体积、轻重量以及低成本上有更加严格的规范，这些要求是我们以前无法达到的。在这个领域中，电子封装技术的发展已经与本应为之服务的半导体技术至少同等重要。

在本章节中，我们将介绍高集成系统里 RF SOP 元件方面的技术，包括天线、电感器、电容器、电阻器、滤波器、巴伦、功率分配器、MEMS 开关和 MEMS 电容器。与这些元件配套的基板技术包括低温共烧陶瓷基板技术（LTCC），以及有机技术，如液晶聚合物（LCP）。还将讨论在无线局域网和个人通信应用中的两种示范技术。本章节并不仅仅局限于讨论普通消费者应用，而且还涉及多频带的太空和国防应用。

5.1 引言

RF 指的是无线电频谱，频率范围是从 300kHz 到 300GHz。SOP 是一种系统小型化技术。因此，对于无线系统来说，RF SOP 指的就是一种基于嵌入式薄膜元件 SOP 概念的小型化技术。SOP 概念有两个基本点——对 IC 与基板之间的元件进行小型化设计和优化设计，以降低成本，提高性能。当今的 RF 通信技术大量运用在无线系统中，成本、功能和尺寸是其发展的主要驱动力量。薄膜元件小型化及其在 RF 模块上的集成是满足这三个要求的关键因素。这些成本、功能和尺寸压力是 SOP 背后的主要驱动力。SOP 是通过应用嵌入式薄膜元件、纳米技术电池、热结构和互连来解决这些问题的。SOP 概念给我们提供了一种系统技术平台，实现比互补模块级的 SIP 和 SOC 技术更小的封装。SOP 的关键点是集成，而这种集成能带来更好的性能和可靠性，降低成本和减小体积，就像 CMOS 晶圆制造一样。

本章节介绍了基于 SOP 在陶瓷、有机板或者硅片上制作的 RF 元件所取得的进步。RF 元件包括电感器、电容器、电阻器、天线、滤波器、开关、巴伦、组合器和射频辨别（RFID）器件，它们通过陶瓷和有机技术来实现。在这里会讨论 RF 和无线技术的发展史和 RF SOP 技术未来发展的趋势和方向。同时，回顾了 RF SOP 技术中设计、建模、仿真和元件集成方面的挑战。

5.2 RF SOP 概念

现在有一个新兴的趋势，也就是将计算机、通信、感应和生物医药功能组合到一个系统封装中，正如书中所描述的那样，我们将它称为 SOP。图 5.1 描绘了怎样将这个概念应用于 RF 系统小型化，展示了从一个基于分立元件的系统（如手机）到更加集成和小型化的系统的趋势，这样的系统能够完成一系列的功能，包括无线电话、无线网络、导航系统和传感系统等[1~3]。

阻碍获得这些拥有很多功能的超小型化系统的不是数字电路或者 CMOS 硅方面的因素，而是系统封装技术领域的一些因素，如图 5.2 所示。RF 系统利用无源

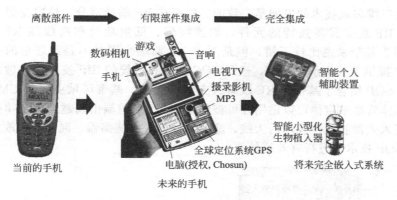

图 5.1　RF 小型化和功能化的发展趋势

元件来进行匹配、调谐、滤波和偏置。例如，一个移动电话只有大概 6～10 个有源元件却有 400～600 个无源元件，这取决于系统集成的程度。目前，这些无源元件全是表面贴装器件（SMD），占据着 90% 多的系统元件和 80% 多的系统电路板的面积[4]。如果 RF 元件从现在的毫米量级的厚膜技术小型化为微米量级薄膜技术，SOP 就能够使得 RF 系统中非 CMOS 部分大小减少 1000 倍。由于这个非 CMOS 部分占据全部系统尺寸的 80%，而且占据着系统成本的 70%，所以 SOP 技术能大幅度改善系统尺寸及成本。如果将来，这些非 CMOS 元件被进一步小型化到纳米量级，那么 RF 系统就能够再缩小 1000 倍，那么就可以在今天同样大小的手机装置中获得更多功能。

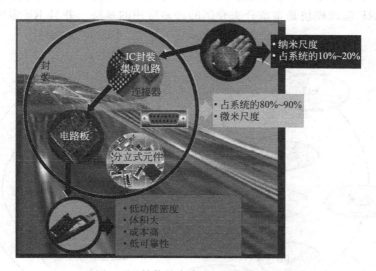

图 5.2　封装是未来 RF 系统的阻碍

图 5.3 展示了 RF 通信系统中利用 SOP 来提升性能和降低成本的状况。在基带部分，一些主要功能，如微处理器、DSP、静态随机存储器（SRAM）和闪存都是基于硅技术，它们的发展跟 SOC 从 65nm 降低到 22nm 的进展以及利用 TSV 堆

叠芯片的三维集成技术的发展是一致的。然而在 RF 前端部分，情况变得更加具有挑战性。RF 系统需要独特的元件，如滤波器、低损功放和高线性 RF 开关[5]。CMOS 对于基带来说比较不错，但是对于 RF 前端来说并不是最理想的平台。这里，SOP 提供了一个解决方案，这是 SOC 技术和传统的 SIP 技术无法做到的。简单地说，SOP 结合了基带和 RF 域解决方法的优点。基带区域主要是 CMOS 技术主导，晶体管摩尔定律可以适用并可被利用，而 RF 前端由超越摩尔定律决定，例如运用嵌入式薄膜元件技术的天线、滤波器、巴伦、振荡器、混合器和放大器都能够利用 SOP 技术来进行有效地封装。

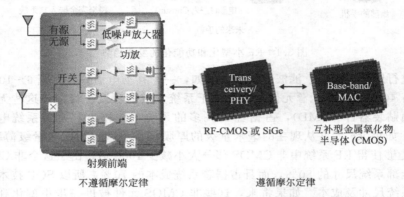

图 5.3　在 RF 前端的 CMOS 限制及 SOP 如何实现小型化

图 5.4 展示了运用 SOP 概念的 RF 前端模块中从芯片到封装间元件的分布图[6~10]。RF 前端模块是本章开头介绍的许多应用的基础，并且 RF 多样元件的集

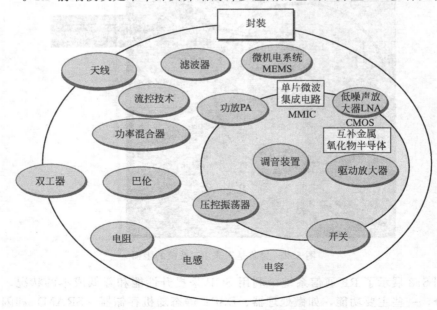

图 5.4　RF SOP 概念-半导体与封装分区

成带来了严峻的挑战。SOC 概念就是想要在单芯片上获得全部系统元件的集成。但是，这种方案受到两个主要的制约：RF 系统的成本和性能。由于数字电路和 RF 混合信号集成电路的高成本导致 SOC 成本比较高。性能方面的制约则是源于元件的低性能，如硅片上制得的低 Q 电感。但 SOP 技术解决了这两方面的问题。它允许 IC 的多样化，不要求单片集成，并且考虑如何获得性能最好的元件，在 IC 和封装间进行优化。同时，它也考虑到了整个 RF 系统的小型化。IC 和封装之间的优化概念如图 5.4 所示，图中是两者最佳划分体系。例如，封装集成还没有应用到现在的手机和 PDA 的生产中，这不同于可用微尺度薄膜嵌入式元件取代大体积分立元件，这些薄膜元件例如滤波器、开关、天线、电感器、电容器和电阻器，本章稍后将提到。

5.3　RF 封装技术的历史演变

从发展趋势来看，无线通信系统一直是朝着多功能、低成本和小体积的方向发展。例如，第一代蜂窝电话（1G）通过模拟调制技术只能传输语音。第二代（2G）通过数字调制技术，尽管只能提供有限的数字通信速率，但它主要还是适合语音传输。数字技术带来的进展使得可以容纳更多的使用者接入，因此随之而来的是人们的迅速适应[5]。发展到第三代（3G）后，增加了数据传输的可用带宽，但是所需基础设施的成本也大大提升。目前手机的销售量已接近 10 亿部，考虑到世界 60 亿的人口，我们完全可以期待手机的销售量将实现每年 20%～30% 的增长，而这也将极大地推动 RF 元件技术份额提升。而且，手机不仅仅局限于传统声音的传输服务，它正在迅速地成为可以联网的多媒体终端，而且现在正变得越来越小，从市场中的例子也能看出，如摩托罗拉 Razor 系列手机和三星最近的 11.9mm 厚的超薄手机。最近最能抓住消费者心理而且冲击了其他所有制造商的是苹果的 iPhone，它拥有非常好用的用户界面。

为了及时跟上小型化及功能化的趋势，封装在最近 30 年也经历了巨大的改变，从大体积封装到薄膜元件及器件。图 5.5 显示了封装技术的发展史。在 20 世纪 70 年代，元件体积都比较大，器件封装是两面的 DIP，后来转变为四方扁平封装（QFP），通过面板上钻孔并继之以印刷通孔连接。下一代技术开始在分立无源及有源元件中使用表面贴装技术（SMT）。下一步涉及独立元件本身集成单独的预封装形成集成无源器件（IPD），这样能够减小形状因子。随着 20 世纪 80 年代多芯片模块（MCM）的发展，集成程度是以前的分立封装的 5 倍，能够将 100～144 个芯片通过倒装芯片技术键合在单陶瓷或薄膜基板上。下一代集成技术将直接在一个晶圆上进行，即所谓的晶圆级封装，这导致了芯片尺寸封装（CSP），CSP 的定义是晶圆封装大小只比其封装的芯片大 20%。下一波发展就是进一步提高封装集成程度，涉及在板上裸芯片封装和同类或非同类 IC 芯片堆叠，称之为 SIP。这种堆叠式 IC 封装通过最小化或消除单个 IC 中功能异构集成的需求来解决 SOC 所面临的一些局限。

分立元件如电容器和滤波器同样面临着小型化的趋势。开始是使用厚膜陶瓷技术，通过层层顺序构造或者陶瓷和金属共烧形成内互连来构成分立元件。紧接着是

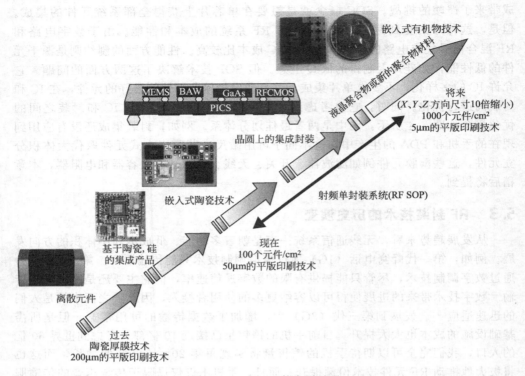

图 5.5　RF SOP 的发展过程

IPD 技术，这在上面已经提到，它将许多分立元件集成到一个封装中。然而最明显的改进是继嵌入式元件之后，开始是嵌入式分立元件，现在是嵌入式薄膜元件。嵌入式薄膜元件分为几个种类，分别是嵌入在陶瓷、有机封装、硅或者玻璃晶圆上。这本书中所涉及的 SOP 技术完全是薄膜嵌入式，如嵌入式无源、有源元件、热结构和电源。随着 SOP 技术的使用，利用薄膜嵌入集成使得元件越来越密集（跟硅片上晶体管的增长趋势差不多），小型化的 RF 系统（如 iPhone）发展得非常好，如图 5.5 所示。

5.4　RF SOP 技术

SOP 为 RF 前端元件小型化提供了一个理想的平台，比第 1 章提到的其他可选技术如 SOB、SIP、SOC 更具优势。但是，基于 SOP 的小型化技术仍然有很多挑战待应对，包括：①设计、建模和仿真；②薄膜元件的材料及工艺；③基板制造的可靠性。如图 5.6 所示。

5.4.1　建模与优化

RF SOP 的优化需要对复杂结构进行有效建模，包括机械运动和波动传导。由于计算机技术的约束，许多商业模拟器运用近似来获得快速而又相对精确的结果。常见的电磁模拟工具，如高频结构模拟器（HFSS）[11]、Sonnet[12]、Micros-tripes[13]、IE3D[14]，经常要限制可建模的电路的大小及类型。要么就是由于近似

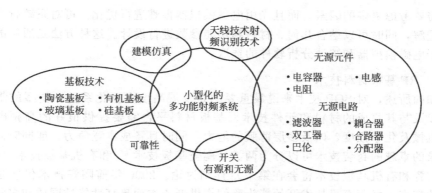

图 5.6　RF SOP 所面临的技术挑战

处理导致不能解决一些特殊问题，要么就是模拟时间过长。为了解决复杂三维问题，人们运用了全波技术的定制模拟器。运用专门的定制代码，进行可选择性的近似，从而决定对精度的影响。流行的模拟技术包括矩量法（MoM）、频域有限单元法（FEM）、时域有限差分法（FDTD）、传输线矩阵法（TLM）和时域多分辨率法（MRTD）[16]。频域方法经常被用于模拟复杂的结构，显然它也能处理依赖频率变化的参数问题，如损耗等。另外，时域模拟技术对于复杂的结构只用简单的网格，可在便宜的硬件上并行处理，并且通过傅里叶变换，只一次模拟就能够对宽频得到结果[15,16]。虽然两者的复杂度不一样，但两者都可解决大部分问题。

现在 RF 三维模块和封装都要求高度的密集性和多功能性。全波电磁数值工具要求计算的复杂性，导致这种设计方法不切实际。另外，低频 RF 封装设计过程经常要求封装本身的电路具备可伸缩性。很多与集成相关的问题包含了更多需要考虑的问题，所以设计和优化此系统需要全面而又精细的工具。现在设计及优化的方法，使用了商业电磁模拟器，并没有考虑设计过程中所涉及的因素的特殊效应、因素之间的相互作用，以及它们的取值范围。只有对整个系统有了全面的理解才能够对处于不同情况下的模块进行优化、合成。例如，可将设计实验（DOE）和响应面方法（RSM）结合[17]。在这种情况下，首先，影响系统性能以及输出结果的因素要明确。下一步涉及因子实验的设计，重点在于分析这些因子参数的影响，相互作用，确定对每一信号输出有重要的影响的有哪些参数。实验通过使用电磁模拟法与/或微波测量，记录结果，然后输入到统计分析软件中。通过统计分析数据，我们可以找到对品质因数影响很大的一些因素。然后通过响应面（RSM）统计方法来进行优化。得到的结果是一组显式方程组，它们展示了输出与输入变量的关系，通过它同时也能优化品质因数。只要在实验设计空间内，需要优化的品质因数和设计参数就能确定。

由于系统的非线性，以及缺乏输入输出的解析法描述的原因，暗示了要使用软计算算法。遗传算法作为其中之一的优化方法也可以被使用。这些算法通过随机地在参数空间中进行搜索计算，获得一个接近最佳解答的结果。这些方法用于有效解决那种小微扰就能对优化结果造成巨大影响的问题。

这些技术对任何类型的设计都有适用性，尤其是复杂的 RF 微系统及封装，因它们需要考虑更多的因素，而且光用电磁模拟器很难进行优化。可对系统行为有全面的理解，同时可以结合几何、材料和功能参数进行设计。这种方法是通用的，并独立于电磁模拟器和统计分析软件的选取。

5.4.2　RF 基板材料技术

如前所述，对 SOP 技术来说最重要的是发展高度小型化系统、新型的集成技术，以及与其集成的材料和元件技术。基板材料平台需要提供很好的高频电子性能、机械及化学强度，以及多层薄膜的能力，同时具备成本竞争力。能同时满足这些要求的卓越的封装技术可以分为两类：陶瓷基板技术[18]和有机基板技术[19]。

陶瓷和有机基板技术将会在第 7 章详细讨论。2000 年前陶瓷技术仍然是人们关注的焦点，然而有机技术开始能为我们提供低成本而且高性能的同质和多相多层 SOP 结构[20]。陶瓷基板包括低温共烧陶瓷（LTCC）和高温共烧陶瓷（HTCC），有机基板包括多种聚合物，如液晶聚合物（LCP）[21]。

LCP 作为高频基板材料最近备受关注[21,22]。它有好的电学性能，具有环境不变性。它能够提供几乎稳定的介电常数（约 2.97），且有低的介电损耗[23]；在 125℃高温下 110GHz 频率范围内依然保持稳定性。它的热膨胀系数（CTE）可设计成与铜、硅或砷化镓匹配。作为一种聚合物，它比陶瓷材料便宜很多[25]。它具有柔性，可回收性，不渗透大部分化学物质；有低的吸水性[26]；在 315℃高温下依然具有物理稳定性。两种可用的不同熔化温度的 LCP 基板能够得到有限多层结构。作为 Rogers R/flex 3850 商业应用的 LCP 核层，其熔点接近 315℃，而作为 Rogers R/flex 3600 商业应用的连接 LCP 层，其熔点接近 285℃。两者除了熔点，其他性质都相同。LCP 是一种少见的有机技术，它可产生同质多层结构。

虽然 LCP 是一种新兴的 RF 材料技术，但是 HTCC 和 LTCC 已经被验证并在 RF 和微波系统方面有多年的广泛应用历史[27,28]。LTCC 在大概 850℃下与合适的低温导体如 AgPd、Cu 或 Au 共烧，能够形成多达 100 层的堆叠结构。它具有其他大部分材料族所没有的电、热、化学和机械性能。下面是它的一些可应用的特性：

- RF，微波和毫米波宽频稳定的介电常数
- 对毫米波低介电损耗
- 可调 CTE
- 多层间通过导通孔和线实现垂直集成
- 低吸水、吸湿特性

这个技术允许有大量的堆叠层数，目前，像 IBM、Kyocera、TDK 和 NTK 这些公司已经拥有高成品率的生产技术。HTCC 基于氧化铝（也称为矾土）从 20 世纪 60 年代起成为主要的技术，直到 20 世纪 80 年代 LTCC 开始成熟。HTCC 使用具有高熔点的可共烧导体，如钼、钨，在 1600℃下共熔，使该技术具有恶劣环境下比较高的稳定与可靠性。这些导体的缺点是在高频下损耗高。

5.4.3　天线

通过使用多层工艺和新的内连接方法集成所有功能块；SOP 能够为 RF 前端模块提供很好的灵活性。然而一个大的问题就是如何在高效率模块上低成本地集成天

线。还有低频应用如手机通信和 WiFi 中的天线的物理尺寸给小型化造成了严峻的考验。在封装上直接制造天线的优点是：损耗低，可压缩模块的大小。但是，却有其他的问题需要考虑，比如高介电常数的基板造成的窄带特性（因集成电容固有的尺寸优势而优先采用），以及天线与 RF 其他模块高度集成时产生的干扰。

随着电感器及电容器在基板上的集成，天线的集成已经变为一个限制大小的主要因素。天线增益是电气尺寸的函数。常用天线，如贴片天线，要求电气尺寸是 $\lambda/2$，λ 是电气波长。这一要求使得天线有很大的物理尺寸。比如，在 2GHz 下，FR4 电介质（介电常数为 4）下电动波长是 74mm，那么天线的物理尺寸就应该为 37mm。现在有很多技术能够使 RF 前端从天线端口到接收器集成到 5mm×5mm 大小的尺寸或者更小（见第 4 章）的尺寸，并具有多接收发射链，而且比天线本身小接近 7 倍。因此现在天线是制约 RF 前端大小的主要原因。

天线作为消费应用的重要属性有：①小的物理尺寸，②合适的带宽，③良好的增益。

① 物理尺寸。基板上的印刷天线的尺寸是其基板材料属性的函数。其物理尺寸大小满足：

$$l \propto \frac{\lambda}{\sqrt{\mu_r \varepsilon_r}}$$

式中，l 是天线的物理尺寸，λ 是天线在空气中的电气尺寸，μ_r 是相对磁导率，ε_r 是相对介电常数。如果介电材料的介电常数 $\varepsilon_r = 9$，那么天线尺寸就可以减小到空气中的天线物理尺寸的 1/3(因为 $\mu_r = 1$)。当介电常数增加，基板上的电磁场就被限制，导致天线的增益减小，带宽变窄。

② 带宽。天线的带宽（BW）经常被描述为有关中心频率的百分数，如下：

$$BW = \frac{F_{high} - F_{low}}{F_{center}} \times 100$$

式中，F_{high} 是最高频率，F_{low} 是最低频率，F_{center} 是中心频率。带宽决定天线正确工作的频率范围。在使用中，依滤波技术而决定使用窄带（$5\%BW$）和宽带（$30\%BW$）。

③ 增益。增益一般是根据一个标准天线（比如无方向性天线或者偶极天线）来计算的。如果以无方向性天线为参照，使用的单位是 dBi。因为天线在空间分配能量的不均匀性，增益将会是方向的函数，因此既有正值也有负值。对于消费应用来说，最好是全向辐射模式。天线的增益是许多因素的函数，其中最重要的是天线匹配。为天线提供的传输线要跟天线的输入相当匹配，那样才能得到最大传输能量。这对于天线小型化来说是个非常有挑战性的任务。

总的来说，小物理尺寸的天线要求材料具有高磁导率及高介电常数。然而，这种材料产生寄生衬底模式，那样的话会减小天线的增益。同样，具有好的增益的天线要求天线输入端口的匹配使得从传输线到天线有最大传输能量。对于高磁导率高介电常数的材料，在窄的布线下要想获得 50Ω 的阻抗是很困难的。因为要求的冲突，使得天线的设计变得棘手。所以对天线的小型化，许多研究者提出很多方案，比如说在单个天线单元中结合多个频带[29,30]，使用共形天线，使用磁介电材料，使用电磁带隙结构来提高性能。在模块上集成天线时，另外一个值得注意的是寄生背部辐射或者串扰的抑制，要不然两者就将与基板上灵敏的 RF 块发生耦合。使用前-后比来衡量它，也就是天线取最大值的方向与相反方向的比值。

在 WiFi 的应用中，为了天线尺寸的小型化，与其他 RF 前端模块进行集成，三个重要的天线技术阐述如下，它们分别是多频带天线技术、共形天线技术和磁介电基板上的天线技术。

（1）多频带天线

由于 RF 前端集成了多个通信标准，所以天线必须要兼容多个频率。除了能通过所要求的频率外，还必须抑制临近的频带来最小化串扰。为了减小天线的尺寸，可通过使用多频带天线（而不是多个单频带天线）来控制天线单元的长度。在图 5.7 中，展示了在 RT/Duroid 基板上研发的三重频带天线。天线在 900MHz（蜂窝电话）、2GHz（802.11b/g）、5GHz（802.11a）上谐振，而且基本上具有无方向性辐射模式。

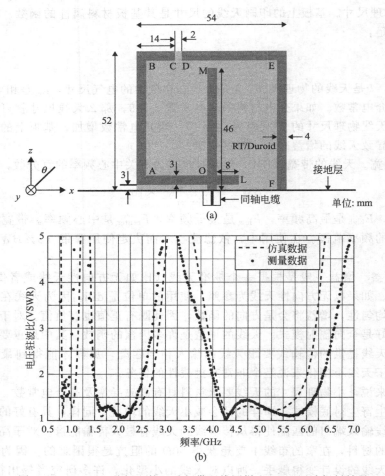

图 5.7 （a）SOP 基板上的三重频带天线图样和（b）回波损耗结果

（2）共形天线

在 SOP 中，刚性基板和柔性基板相结合是可能的。可以应用这个理念来将 RF 前端嵌入到模块的刚性部位，而在柔性基板上的天线可以折叠或者按照跟刚性部分匹配来制造。这一方法减小了包含集成天线的模块的大小。图 5.8 是一个蜿蜒曲折的单级天线的例子，利用它可以在特定谐振频率下获得要求的电流通路长度，而且保持紧凑的尺寸。天线基板由两层电介质构成，如图所示。上面一层是 $25\mu m$ 厚的 LCP 层，尺寸为 $18mm \times 25mm$，下面一层是 $508\mu m$ 厚的刚性的玻璃纤维增强有机预浸料层（芯层），尺寸为 $18mm \times 9mm$。LCP 层的介电常数是 2.95，正切损耗是 0.002。而芯层正切损耗为 0.0037，介电常数为 3.48。从图中可见，16mm 长的 LCP 层不受芯层支撑，并由于 LCP 的柔韧性，能够很容易做到共形。天线被印制在 LCP 的柔韧部分，使得天线可以被弯曲，折叠和卷曲，如图 5.9 所示，那么就可以得到小型的天线并能与模块集成。

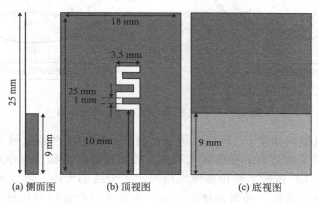

(a) 侧面图　　(b) 顶视图　　(c) 底视图

图 5.8　天线设计的详情

天线的全长为 16.5mm，在共振频率下等于 $0.33\lambda_0$（λ_0 是空气中的波长）。制作样品的尺寸和图片分别在图 5.8 和图 5.9 中显示。天线受基板由芯层支撑的刚性部分上印制的 50Ω 的微带线所激励。信号线的水平投影覆盖了芯层的背面，大小为 $18mm \times 9mm$。

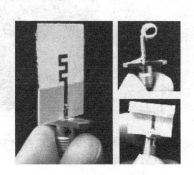

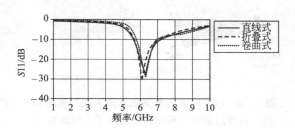

图 5.9　直立和卷曲方案下制作的样品照片　　图 5.10　不同形状配置下天线的回波损耗

对于折叠和卷曲情形下天线回波损耗的测量如图 5.10 所示。由图可知，折叠或卷曲情况下天线回波损耗并没有改变多少。天线远场模式的模拟图如图 5.11 所示。如同偶极子一样，天线具有几乎全方向特性，在共振频率 6GHz 下，具有模拟峰值增益 2.5dBi。

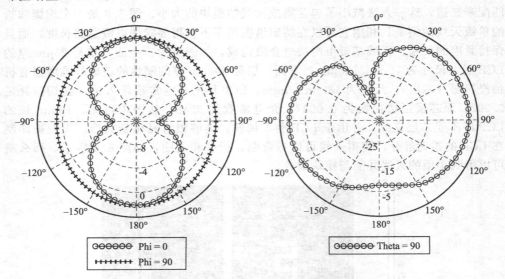

图 5.11　天线在 6GHz 下远场模式模拟

天线集成进模块如图 5.12（a）所示，包含天线的柔性基板被折叠到金属配线盒之上。金属配线盒是为了避免嵌入基板上的前端滤波器和匹配电路受到 RF 的干扰。如图 5.12（b）所示，使用曲线天线减小了天线的大小，在这种设计下，金属盒不再是天线的接地面。如果设计不仔细，金属盒就会使得天线具有方向性，会减小带宽。

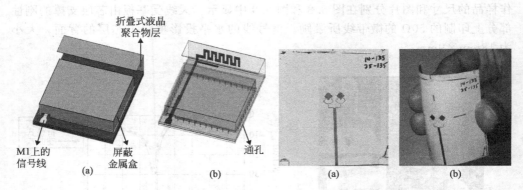

图 5.12　（a）LCP 基板集成共形天线与模块和　　图 5.13　照片（a）装配式的天线阵列和
（b）折叠过后的机械结构，展示了天线的位置　　（b）机械柔韧性展示

共形天线又可以作为高频应用，比如使用 LCP 技术的双频（14GHz 和 35GHz）、双极化的微带共形天线，如图 5.13[31] 所示。这种独特的天线阵是为了

空间雷达应用而设计的，首次展示了有机材料上多层天线阵技术。LCP 层的粘合是在制造过程中最关键的一步，为了获得可靠多层 LCP 结构，必须对此具有充分的认识。通过多次实验来优化其温度、工具压力及过程次数而获得好的粘合，同时又能避免收缩、起泡和芯层的熔化问题。气泡会产生空气间隙，影响毫米波频率下的天线阵列性能。图中位于顶层可见的是 35GHz 天线。14GHz 天线与其类似，但嵌在最下面一层。

14GHz 和 35GHz 天线阵的模拟及测量的回波损耗图形分别如图 5.14（a）和（b）所示。14GHz 和 35GHz 天线阵的模拟及二维辐射图如图 5.15（a）和（b）所示。这些结果展示了天线能够利用 LCP 技术得到的优良辐射特性。

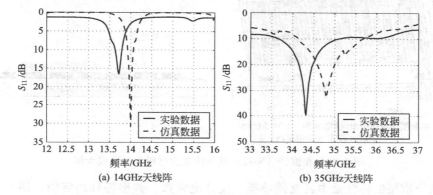

图 5.14　利用多层 LCP 技术获得的天线阵回波损耗曲线

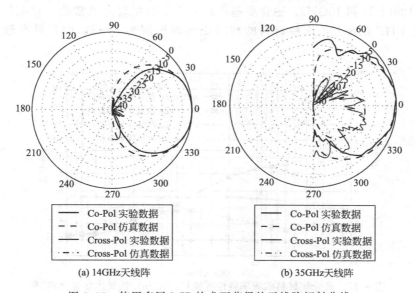

图 5.15　使用多层 LCP 技术而获得的天线阵辐射曲线

（3）磁介电基板上的天线

如前面讲到的，如果仅增加材料的介电常数来减小天线大小，电磁场就会受限于基板上。因此，天线更多的是像电容器，而不是能量辐射器。如果仅当基板材料的磁导率增加时，类似的情形也会发生。然而，当基板的磁导率与介电常数同时增加而且相互匹配时，当尺寸减小，也仍能保持天线的辐射特性。这种基板材料叫做磁介电材料，其在减小天线尺寸上有很大的优势。这种磁介电材料的特性决定其很容易与该天线相匹配。

图 5.16 是一个在 NiZn 铁氧体复合材料（磁介质）上制作曲线天线的例子，是基于 VHF（30～300MHz）使用的。

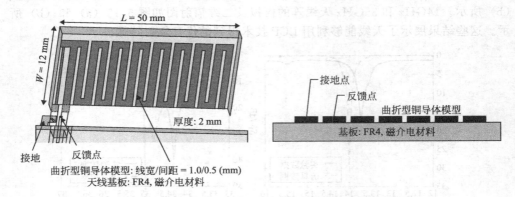

图 5.16　在镍锌（NiZn）铁氧体复合材料上的曲线天线

磁介质层的特性是由其复磁导率、复介电常数、频率特性决定的。图 5.17 展示了磁介质材料的频率特性。铁氧体复合材料由镍锌铁氧体粉和介电树脂混合而成。从 100MHz 到 10GHz，磁介质基板具有 5.3 的相对介电常数，介电损耗小于 0.1。在 VHF 频带上，这种材料的相对磁导率取值为 5～8，而且具有较合理的损耗。

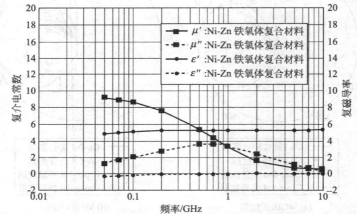

图 5.17　磁介质材料的频率特性［镍锌（NiZn）铁氧体复合材料］❶

---

❶　译者注：原图两侧纵轴均为复磁导率。

虽然使用磁介质材料来小型化天线是极其吸引人的方法，但是这种材料的性质在超过 1GHz 后就会越来越差，以至于在高频下就几乎变成非磁性，如图 5.17 所示。因此，对于 WiFi 应用来说，必须要求复合材料在 1GHz 范围外具备匹配特性。

另外，一种新的软硬表面材料（SHS）被研究出来解决小型化问题，消除基板串扰模式，提高平板天线的效率，抑制背部辐射达 10~15dB[32]。为了得到宽带天线而研发了堆叠式构造[33]。由以上例子可知，为了得到完全集成的高性能 RF SOP 系统，我们必须将新兴设计方法与实现技术结合在一起。

5.4.4　电感器

RF 前端模块的集成是发展下一代无线通信系统的关键推动因素。高性能 RF 模块的一个重要构成元件就是电感器，它是滤波器、电压控制振荡器、功率放大器和低噪声放大器的重要组成部分。在着手电感器性能时，要涉及以下性能系数：

- 电感（L）
- 自谐振频率（SRF）
- 品质因数（Q）

高效 RF 电感器要具有很高的自谐频率（SRF）下高的品质因数（Q）。由于 Q 值会受封装寄生现象的影响，所以建模和制造电感器时需要对基板材料如硅、LTCC 和有机材料进行最大程度的精心选择。

直至现在，硅和陶瓷依然是制作电感器的主要材料。由于硅材料已经作为一种非常成熟的技术被用于晶圆制造中，它有优良的表面、平面特性，使得其应用于倒装芯片凸块和键合技术中，具有好的导热性，而且能实现多层化。但是主要由于半导体基板的损耗原因，硅不是设计和制造高 Q 值电感器的良好平台。因此，需要进行一些改进。可以使用高阻抗氧化硅比如绝缘体上硅（SOI），厚介电层，或者厚的多层导体线。许多研究者已经在硅上制造出单层和双层电感器[34]。一个典型用于单层和双层电感器的硅基板如图 5.18 所示。

通过这个方法，已经实现单层和多层螺旋电感器的三维加工技术。同预期的一样，单层电感器的电感值比双层电感器的要大一些。对于线宽 20μm、间距 5μm、基板厚度为 625μm 的电感器，在 13.6GHz 以及 SRF 为 24.7GHz 下观测到的品质因数为 52.8。在无线应用中为了获得 Q 值大于 12 的电感器，引入了高速互

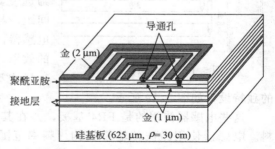

图 5.18　硅基板上的电感器例子[34]

补双极工艺[35]。在这一例子中，外形尺寸为 300μm 的测试阵列上构造了 16 个方形电感器，每个电感器间隔为 4μm。为了得到高性能的平面电感器，我们在 SiO_2 基板上使用了 25μm 厚的多孔氧化硅层[36]。具有 13.8GHz 共振频率的 6.29nH 电

感器，我们获得了 13.3 的品质因子 Q。在制作厚氧化层中我们使用多孔硅氧化工艺而没有直接对体硅进行氧化。

当与铜封装在一起的多晶硅螺旋电感器悬浮于硅基板底层 $30\mu m$ 深的洞时，我们可以得到超过 30 的 Q 值和高于 10GHz 的自振频率[37]。金属化过程中同时在洞上镀铜能够获得好的 RF 地和电磁屏蔽。

为了减小成本和尺寸，开发了 RF 电感器低成本制造技术，用到了无源集成工艺，使用了苯并环丁烯（BCB）夹层电介质，还有镀铜工艺[38]。在这一例子中，为了得到低损电感器使用了 $10\mu m$ 厚镀铜工艺。电感器制作库展示的最大 Q 值为从 30 到 120，4GHz 下电感为从 $0.35\sim31.5nH$。

在有机基板上制造的大部分电感器都是设计为板上元件[39,40]。其中大部分的结构要么是按微带线设计的，要么是按共面线设计的，每种结构都有其优点和局限。微波传输带结构具有好的功率处理能力和低色散。然而，电感器需要导通孔来提供与接地层的连接。这些导通孔不仅增加了工序步骤，而且引入了制程变异和寄生效应。可是共面波导结构与其相比，更容易增加分流器和串联元件。

如上所述，LCP 是一种很吸引人的高频电路基板材料，具有高频率范围内超低损耗和低介电常数，具有超强的抗湿气特性以致接近密封，灵活的互连，以及具有获得高密度的互连的微导通孔结构[39]。C 波段中已经发现其最大 Q 值超过 70。Nelco N4000-6 是另外一种有机材料，在其上制作得到的共面波导（CPW）环电感器在 5GHz 范围内能达到高达 85 的品质因数[40]。

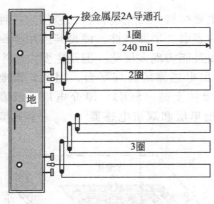

图 5.19　环电感器图样

有另外一种方法来获得高 Q 值，它通过使用 Dupont Vialux 材料来堆积成标准 FR4 基板，使得在 1.8GHz 下 3.6nH 电感器可以得到最大 Q 值 100[41,42]。该工艺使用的是基于大面积叠层多芯片模块技术（MCM-L）的低成本技术。自谐振频率为 10.6GHz。在这种测试板上开发了 150 多个变种电感器，进行筛选使其仅有参量变化，这些参量有线宽、间距、与地间距及电感器匝数。对于级联环电感器，采用 Dupont Vialux 材料能产生很好的效果。2.2GHz 下自谐振频率为 3.6GHz 的 1nH 电感器的 Q 值为 103[41]。采用级联结构的独特设计如图 5.19 所示。

这些电感器使用的是 FR4 基板，并在其上构造多层 Dupont Vialux 电介质材料。电感器使用微波传输带结构。频率范围从 1GHz 到 3GHz，电感范围为 $1\sim20nH$ 的情况下，能获得高达 180 的 Q 值[42]。现在已经设计出来了具有中空接地层的电感器包括微波传输带环电感器、微波传输带螺旋电感器和 CPW 环电感器。在此，只使用一层 Dupont Vialux 材料，这是为了最小化导通孔配准和对齐问题。宽 6mil、间隔 4mil 的微波传输带环电感器可获得 110 的 Q 值。2.4GHz 下面积为 $3.2mm^2$、SRF 为 8.5GHz 的微波传输带螺旋电感器能产生 170 的 Q 值。在

2.2GHz 下，面积为 9mm^2、SRF 为 5.5GHz 的 CPW 环电感器能获得最高的 Q 值，高达 180。如图 5.19 展示了组合环电感器。利用淀积多芯片模块方法（MCM-D），IMEC 可以使得电感器获得大于 100 的品质因数[43]。

如前所述，对于应用于手机及基站的 RF 模块来说，LTCC 是最佳选择。在微波封装应用中，它能做到紧凑、高性能及多功能。它的两大主要优势是：超低损耗与允许高层数多层结构的制作工艺。文献上已经报道过许多 LTCC 设计。文献报道过一种在螺旋线与接地层之间引入空气腔结构的完全嵌入式 LTCC 螺旋电感器能够获得 51 的 Q 值以及 9.1GHz 的 SRF[44]。在螺旋线下引入的空气腔能够减小电感器分流寄生电容，从而使嵌入式电感器具有高 Q 值以及高 SRF。设计时，使用 114μm 厚的低损 LTCC 介电材料以及 12μm 厚的银导体。这与其他无空气腔电感器一样，含空气腔螺旋电感器被完全嵌入到 5 层 LTCC 块中。该结构的横截面结构如图 5.20 所示。

另外一个 LTCC 的例子是在 2a 0 层 LTCC-951-AT 陶瓷上制作的带环匝的三维螺旋电感器。在 1.1GHz 下，Q 值为 93，SRF 为 3.11GHz[45]。此三维螺旋电感器占空间更小，能获得大约 9.6nH 的电感值。图 5.21 是该螺旋电感器的图样。除了体积小之外，螺旋构型通过增加顶部与下层环匝之间的距离，可减小耦合电容，因此避免了 SRF 的大幅度减小。为了获得高 Q 值，许多研究人员在制作电感器时都引入了 MEMS 技术[46~53]。得到的器件表现出很好的性能，如 Q 值大于 100，SRF 高达 50GHz[46]。

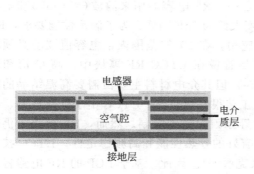

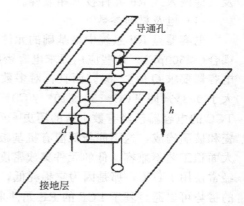

图 5.20　LTCC 平台上含封闭空气腔电感器　　　图 5.21　螺旋电感器的三维图样

表 5.1　电感器集成技术的对比

项目	品质因素	电感值/nH	频率/GHz
硅			
低电阻率	52.8[94]	1.38	13.6
高电阻率	30[95]	4	1~2
微制造	150[79]	1	8~23
晶圆级封装	38[80]	1	4.7
低温共烧陶瓷	93[81]	9.6	1.15
有机层压板	180[42]	4.8	2.2

如前所述，在设计电感器中我们关心的参数是其电感值、Q 值和自谐振频率（SRF）。通过结合全波电磁解算器，比如基于矩量法的工具和准横向电磁场（TEM）方法，我们可以优化任何基板的电感器设计。准-TEM 方法比全波解算器要快一些，在低频下（<8GHz）它能为厚金属化（>10μm）设备的关联损耗提供更好的近似。对于使用环形拓扑的无源设备来说，则经常应用 Sonnet 的全波解算器来进行优化。

表 5.1 对比了不同电感器技术的最高 Q 值。相应的电感值及工作频率也在表中列出。该表并没有列出该技术的极限状态而只提供了已经得到的一些数值。基于硅的制作工艺包括低阻硅、高阻硅和微制造。晶圆级封装是指在钝化层上通过使用硅片的薄膜后处理技术制作电感器。LTCC 和有机层压板是前面讨论的基板技术。

5.4.5　RF 电容器

RF 的应用（比如滤波、谐振器）要求严格的公差、低的电容温度系数（TCC）、高 Q 值（品质因数）。这跟去耦电容器形成鲜明对比，后者不需要这些严格的要求，只需要高的电容密度。现在的 RF 电容器都是基于聚合物低电容密度或者高温真空沉积的聚合物［如金属有机化学气相淀积（MOCVD）得到的基于 LTCC 的薄膜、厚膜混合物］，这限制了 RF 集成应用。在嵌入式 RF 无源器件中，嵌入式 RF 电容器一些新的应用要求开发具有热稳定性、高介电常数、低损耗、良好电性能的有机兼容性电介质材料。因此，薄膜及厚膜工艺必须与低成本基板布线及其他嵌入式 RF 元件技术相兼容。

（1）电及材料参数

电容器是 RF 系统中最基础的元件之一。RF 电容器用来滤波（<10pF）和电容耦合（<500pF）。这些应用要求电容密度大约为 1nF/cm^2。为了满足性能要求，RF 电容器要求 Q 值≥200。而且，对多数应用，在 100℃ 范围内，电容值波动必须不大于 0.3%（即 $TCC < 30 \times 10^{-6}$/℃）。尽管说在 LTCC RF 模块中，高 Q 值和低 TCC 的电容器已经有数十载的历史[82,83]，但其介电材料主要由需要高温结晶的陶瓷和玻璃构成，这不能与低温有机基板工艺很好地兼容。LTCC 由于其高成本、与大面积工艺不兼容、低的元件集成密度等原因而受到限制。然而，RF 模块中仍然经常使用 LTCC，那是因为它损耗低，有好的导热性能和高频稳定性。LTCC 技术的劣势可以通过基于 LCP 的 RF 元件来克服[84]。因此，基于 LCP 的 RF 电路将成为一种趋势。然而，由于该材料的低介电常数，使得 RF 元件和模块体的体积比较大，所以会限制元件集成的密度，增加元件之间的耦合，降低整个系统的性能。如果不提高电学性能，那么 LCP、PTFE 等低损耗、低 TCC 的聚合物就不能很容易地适用于薄膜。

RF 晶圆级 SOP 应用中，通过使用薄膜 BCB 制造结构，在硅平台上已经获得了低损耗、高 Q 值的电容器[85]。在有机基板上也获得了高 K 值、低损耗的烧绿石薄膜[86]。这一技术使得 RF 集成应用于很多方面，诸如匹配网络、滤波器，甚至如移相器等可调谐元件。另外，通过混合使用陶瓷填充料和低损、高 Q 值的聚合物可得到一些新的具有高 Q 值、低 TCC 的合成物。例如，基于 LCP 聚合物的合成材料已被设计应用于取代 LTCC 元件，如电容器。

（2）MIM（金属-绝缘体-金属）结构和平行板结构

如图 5.22 (a) 是一种典型的 RF 电容器，是一种金属-绝缘体-金属（MIM）电容器。电容器的顶板与底板都有电连接。通过平行板电容方程式可以计算金属-绝缘体-金属电容器结构的电容值。

$$C = \varepsilon_0 A K / t$$

式中，C 是电容值（单位 F），ε_0 是自由空间中的介电常数（8.854×10^{-12} F/m），A 是面积（m^2），t 是厚度（m）。在两平行板之间插入电介质，从而增加其电容，大小与介电常数 K 成正比。介电常数大小 $K = \varepsilon / \varepsilon_0$，$\varepsilon$ 是电介质的介电常数。然而，对于如 RF 接地电容等大电容，由于其电极过大而不适于金属-绝缘体-金属（MIM）构造。不像在 MIM 中，电通量是沿垂直方向产生的，允许更多的电极覆盖面积；在叉指拓扑中电通量是侧向产生的，因此需要更大的面积。

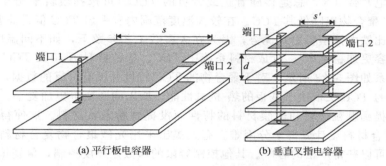

(a) 平行板电容器　　　　　(b) 垂直叉指电容器

图 5.22　金属-绝缘体-金属（MIM）三维图和垂直叉指电容器（VIC）构造[5]

如图 5.22 (b) 所示，提出了另外一种异于 MIM 拓扑结构的放置电容方法，该方法使用了垂直叉指结构（VIC）。如图 5.22 (a) 所示，MIM 结构由两个方形板再夹上一层电介质构成，形成电容器，这种结构可忽略高阶激励模式。这种电容器也可由小面积的板平行组合构成。由于在电介质层上采用了很多板，所以可以减小板的面积。与前面的 MIM 相比，VIC 结构占据的面积要小一个量级，而且能同时保持同等的性能。

（3）TCC 属性

对于 RF 元件来说，电容温度系数（TCC）是非常重要的参数[88]。元件性能参数随温度的偏差都会对 RF 模块中滤波器或者共振器电路的频率选择特性产生不利的影响。由于设计的更为严格的要求，对各种 RF 应用来说，TCC 变得越来越关键。可通过不同温度下测量的电容数据来计算 TCC，其方程式如下。这一定义既可用于离散式电容，也可应用于嵌入式电容：

$$TCC = \frac{C_{85℃} - C_{25℃}}{\Delta T \times C_{25℃}} \times 10^6$$

TCC 是电容温度系数（$\times 10^{-6} / ℃$），$C_{85℃}$ 是 85℃ 下的电容值，$C_{25℃}$ 是 25℃ 下的电容值。ΔT 是 85℃ 与 25℃ 之间的温差，也就是 60℃。依材料结构而定，聚合物和陶瓷的 TCC 可正可负。例如，在温度范围 25～125℃ 内，BCB 的 TCC 为负

值，其值约为 $-250×10^{-6}/℃^{[89]}$。虽然大多数顺电体的电容温度系数都为负，但是铁电体的 TCC 很大，而且为正值。类似的，与别的一些聚合物不同，环氧树脂、聚酰亚胺等聚合物的 TCC 为正值。适合 RF 元件的 TCC 可通过认真选择、设计材料成分来实现。表 5.2 是典型聚合物和顺电陶瓷的 TCC 值。

表 5.2　典型材料的 TCC 值

材料	苯并环丁烯[88]	聚四氟乙烯[88]	液晶聚合物[90]	二氧化硅[88]	三氧化二铝[88,91]	五氧化二钽[92]	二氧化钛[92]
TCC /$(10^{-6}/℃)$	-250	-100	-42	<100	<390	$200\sim400$	-750

（4）材料和 TCC 属性的对照

高介电常数（K）总是伴随着正或者负的 TCC。可选择填料来相互补偿或者补偿 TCC 聚合物以降低其 TCC。在较大温度范围内有平坦 TCC 值是非常重要的。顺电填料比铁电体填料更具优势，因为在大多数工艺参数下，如不同温度和频率，它们的电容更加稳定[93]。合成材料系统中 TCC、各种材料 K 值及 TCC 补偿三者之间的关系如图 5.23 所示。对于聚合物的 TCC 特性并没有可靠的数据，因为堆叠层电容器的 TCC 又取决于基板的热-机械性能，所以问题变得更加复杂。相关文献数据也只提到颗粒材料和薄膜材料的特性而没提到粉末状材料。这使得低损、低 TCC 的复合材料设计变得十分困难。有人提出采用光敏聚合物复合材料。通过薄膜光刻法可以获得严格的容限。其他控制容限的参数是厚度控制，陶瓷填料的均匀分布，以此来消除材料不均匀性。

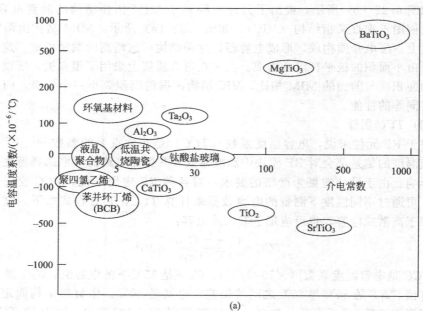

(a)

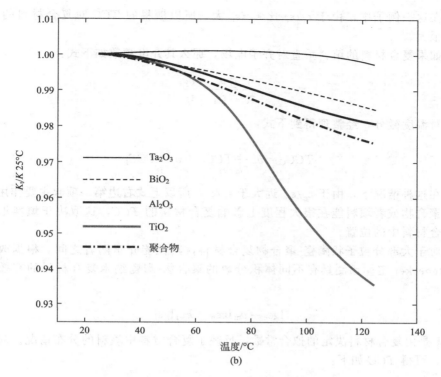

图 5.23　（a）不同材料的介电常数与 TCC 值和
（b）不同填料聚合物复合材料的介电常数的温度稳定性

（5）聚合物复合材料的 TCC 补偿

各填料对净复合材料 TCC 的贡献是由其体积因子与复合材料中各填料的分布决定的。填充料与电场平行时，复合材料的介电常数如下式所示：

$$\varepsilon_c = v_m \varepsilon_m + v_f \varepsilon_f$$

ε_c、ε_m、ε_f 分别是纳米复合材料、基质、陶瓷填料的介电常数。v_m、v_f 是基质和陶瓷填料所占的体积比。在这一例子中，复合材料的 TCC 通过对温度简单的微分，再对方程进行重新整理即得：

$$\frac{d\varepsilon_c}{dT} = v_m \frac{d\varepsilon_m}{dT} + v_f \frac{d\varepsilon_f}{dT}$$

将方程式除以 ε_c，重新得到下式：

$$TCC_C = \frac{1}{\varepsilon_c} \frac{d\varepsilon_c}{dT}$$

$$TCC_C = v_m \frac{\varepsilon_m}{\varepsilon_c} TCC_m + v_f \frac{\varepsilon_f}{\varepsilon_c} TCC_f$$

在这一例子中，由于 $\varepsilon_f/\varepsilon_c$ 比 $\varepsilon_m/\varepsilon_c$ 大，所以填料的 TCC 对复合材料的 TCC 影响很大。

如果复合材料的填料垂直对齐于电场，那么其介电常数如下式：

$$\frac{1}{\varepsilon_c}=\frac{v_m}{\varepsilon_m}+\frac{v_f}{\varepsilon_f}$$

对温度微分，经整理得到下式：

$$TCC_C=v_m\frac{\varepsilon_c}{\varepsilon_m}TCC_m+v_f\frac{\varepsilon_c}{\varepsilon_f}TCC_f$$

在这种情况下，由于 $\varepsilon_c/\varepsilon_m$ 远大于 $\varepsilon_c/\varepsilon_f$，所以上式右边第一项起主要作用。因此，聚合物或者填料能在很大程度上影响复合材料的 TCC，这取决于填料形态及在复合材料中的位置。

对于大部分粒子状陶瓷-聚合物复合材料，其性能介于两者之间。根据改进的 Lichtenecker 定律预测具有不同体积分数的聚合物-陶瓷纳米复合材料的有效介电常数：

$$\lg\varepsilon_c=v_m\lg\varepsilon_m+kv_f\lg\varepsilon_f$$

k 是由复合材料决定的拟合常数，反映了复合材料中填料的分布情况。对温度微分，可得 TCC 如下：

$$TCC_C=v_mTCC_m+kv_fTCC_f$$

这种情况下，复合材料的 TCC 跟填料和复合材料的体积分数是线性关系。填料对净复合材料 TCC 的影响同时受 K 和体积分数影响。对于分散良好的悬浮剂，填料之间有很强的耦合作用，从而导致很高的 K 值。因此，填料对介电常数和 TCC 有很大的影响。对于聚合悬浮剂，基质的介电常数对复合材料的介电常数和 TCC 有很强的影响。换句话说，具有疏散填料的聚合体复合材料，由于聚合之间弱的介电耦合，其行为近似于当填料与电场垂直的情况。在这种情况下，TCC 与填料不再呈线性比例关系。

利用基于 LCP 的 RF 电路可以克服（$LTCC$）的一些缺陷。现在的有机兼容嵌入式电容器技术，例如含陶瓷填料的环氧复合材料不再满足高性能（高 Q 值和低 TCC）RF 电容器的要求了，因为即使用最好的陶瓷填料，它们也有可能得不到低于 0.02 的介电损耗和 300×10^{-6}/℃ 以内的 TCC[54]。低损耗聚合物例如苯并环丁烯（BCB）、聚四氟乙烯（PTFE）很适合厚膜结构，方便填充陶瓷填料。

复合型集成电容要实现应用必须满足电容可精确控制的要求，该电容可以基于简单混合聚合物与顺电性陶瓷颗粒来实现。顺电性陶瓷例如 Ta_2O_5、SiO_2 和 Al_2O_3 是能满足这些应用要求的。虽然与铁电体陶瓷颗粒相比，它们介电常数低很多，但是在大部分工艺情况下，它们的电容值具有更好的稳定性。它们之中，Ta_2O_5 很有前景，因为它的介电常数为 24，比其他顺电体相对来说高一些，而且显示出较为适度的正值 TCC，范围为 $+200 \sim +400 \times 10^{-6}/℃$[55]。$Ta_2O_5$ 的正值 TCC 能够抵消具有高 Q 值聚合物的负值 TCC，从而提高 TCC 到接近于 0。因此，将 Ta_2O_5 加入到 BCB 聚合物中可改善电容的温度稳定性，同时也能改善其电容密度，如图 5.24 所示。

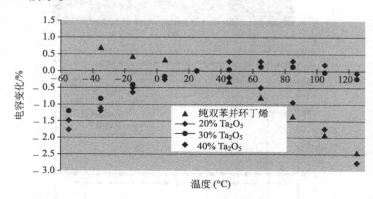

图 5.24　不同 Ta_2O_5 含量的苯并环丁烯（BCB）复合材料电容温度特性[55]

5.4.6　电阻

（1）电阻技术

总的来说，RF 电阻可以通过三种主要的工艺来制备：聚合物厚膜（PTF）丝网印刷、化学镀和直接箔片叠压。

聚合物厚膜具有吸湿特性，所以在微波频段存在不稳定性问题。但是，这种厚膜电阻可以作为在上拉、下拉和电路隔离时所需要的大电阻。正因如此，PTF 电阻已经成为一种成熟的技术被广泛应用于各种产品[56]。例如，摩托罗拉使用碳-酚醛聚合物厚膜（PTF）墨汁，采用丝网印刷来制作高互连密度印刷线路板的内部电路层电阻。PTF 墨汁被印刷在经过特殊界面处理的铜靶板上，该处理可增强可靠性和环境稳定性。在摩托罗拉的产品应用中，一块 $(18 \times 24) in^2 (1 in = 0.0254 m)$ 的平板经过一步丝网印刷，就可以印刷出 $8000 \sim 20000$ 个电阻，产生了巨大规模的经济效益，节省了很多相关开支。PTF 电阻在内部层可以被修正到 1% 以内的容差。

相比于以上介绍的厚膜电阻，薄膜电阻可以通过化学镀和直接箔片叠压而成[57]。为了沉积能够形成薄的电阻层（厚度通常在 $0.3 \sim 1\mu m$ 之间），化学镀需要先进行电介质层表面的准备，然后进行化学处理，接着进行图案化电阻层，最后电镀上回路来确定电阻。图 5.25 所示的就是在环氧树脂介电层上制成的由 NiWP 组成的电阻[58]。

使用 HP 8510C 矢量网络分析仪和间距为 $200\mu m$ 的地-信号-地（GSG）共面波导探针来测量其高频性能，无地层结构的 NiP/NiWP 电阻测量结果如图 5.25（b）所示❶。该合金的电阻温度系数值接近为零，这对于电路设计者来说是个巨大的优

---

❶　译者注：此处原文为图 15.24b，错误。应为图 5.25（b）。

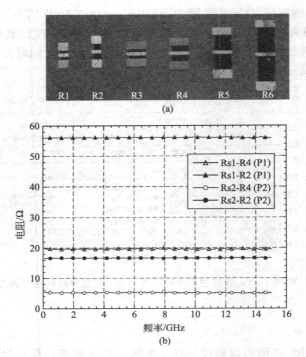

图 5.25　(a) GSG 电阻结构的显微照片
(NiP/NiWP 电阻薄膜呈黑色，用于高频测量设备中) 和 (b) 测试结果

势。已经有报道称化学镀可以在其他的一些聚合物上使用，比如 BCB、LCP。

另外一个形成电阻的方法是对在铜箔片上预淀积的薄膜电阻进行叠压。在经过叠压后，电阻被印刷和图形化[60]。在 LCP 基板上使用叠压工艺，已经设计、制作和应用了各种 RF 电阻。在铜箔上溅射的 $25\Omega/\square$ NiCr 的薄膜，在高达 40GHz 的频率范围内的测试结果如图 5.26 所示。

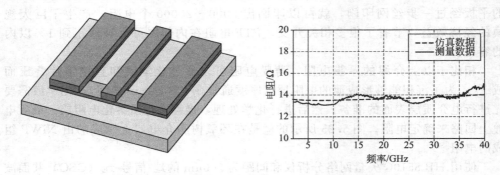

图 5.26　在高达 40GHz 下设计、仿真和测量的电阻[60]

(2) 应用

电阻在高频电路（包括衰减器、终端、功率分配器和晶体振荡器）中有很多应用。RF 电阻的主要挑战来源于小外形、衬底的光滑度、宽频带范围内的性能稳定

性、可重复性以及低损耗衬底材料的可用性。

① 端接电阻　为了提供 50Ω 的负载，并保证在宽广频率范围内寄生响应最小，进行了多种拓扑结构的仿真。因为 CPW 拓扑结构被认为具有最好的频率响应，所以终端的结构通常被制作成如图 5.27 所示的结构，并使用直通，反射，延迟线（TRL）校准且进行测量。

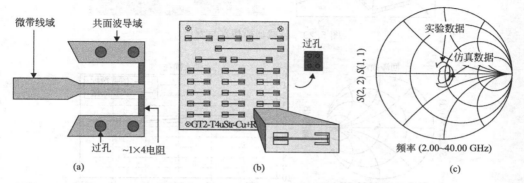

图 5.27　(a) 设计图、(b) 制作的终端结构和 (c) 测试及仿真数据

② 衰减器　衰减器通常使用电阻箔片来设计制作。这种电路有两种形式，一种是 T 型网络，另一种是 π 型网络。与其他 RF 系统元器件一样，衰减器用分贝来衡量。为了计算所需的电阻值，衰减值需要从分贝转换成数值量，还要求解系统方程。对于 T 型网络，系统方程是：

$$a = 50R_{\mathrm{p}}(R_{\mathrm{s}} + R_{\mathrm{p}})(R_{\mathrm{s}} + 50)$$

和

$$50 = [(50 + R_{\mathrm{s}}) \parallel R_{\mathrm{p}}] + R_{\mathrm{s}}$$

公式中，a 表示所需要衰减值的数值量；$\parallel$ 表示并连关系。对于 π 型网络也可以列出一组类似的方程。第一个是衰减条件的方程，而第二个是匹配条件的方程，保证复合阻抗大约是 50Ω。T 型和 π 型网络的 R_{s}、R_{p} 版图如图 5.28 所示。

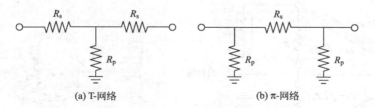

(a) T-网络　　　　　(b) π-网络

图 5.28　衰减器电路

高频结构模拟器（HFSS）仿真版图和制作电路如图 5.29 所示。这种衰减器十分简单，如果仿真合理，甚至在很高的毫米波频率下也能够很好地工作。测量的数据见图 5.30。

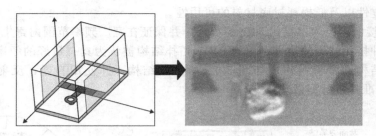

图 5.29　衰减器的仿真与制作

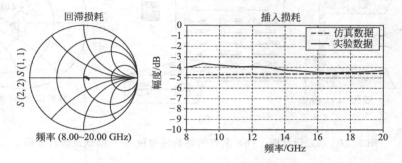

图 5.30　衰减器测试数据[60]

③ Wilkinson 功率分配器　Wilkinson 功率分配器一般设计在 X 波段和 W 波段下工作。图 5.31 是一个 Wilkinson 分配器的电路原理图。在这个例子中，一个电阻被放置在输出端的分支上，以隔离它们之间任何返回信号。这种差分式布局使得 Wilkinson 分配器在制作巴伦中十分实用。在前一个实例中，分配器通过 T 形节点进行分割输入信号的工作。在每一条支路上串联一个 $\lambda/4$ 的匹配器，其阻抗的设计可以将信号放大到两倍系统阻抗。然后，让这些信号通过由奇偶模态叠加而成的两倍系统阻抗的电阻。这使得原系统阻抗上的信号减半，每条支路上的输入功率也减半。K_a 带宽电路的制作图片如图 5.32 所示。测试数据在图 5.33 中给出。当频率在 $28 \sim 40\mathrm{GHz}$ 范围时，插入损耗大约为 $0.35\mathrm{dB}$。

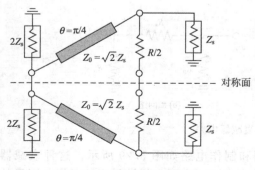

图 5.31　Wilkinson 功率
分配器原理图

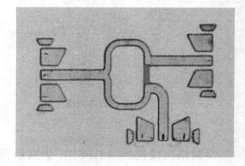

图 5.32　制作的 K_a
频带 Wilkinson 分配器

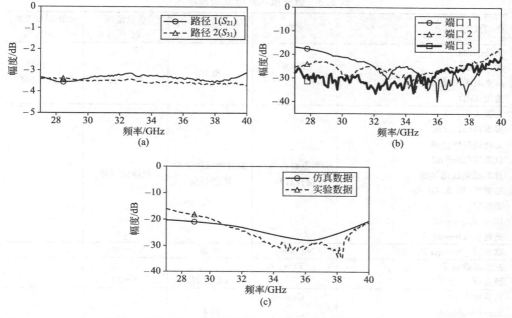

图 5.33　(a)插入损耗、(b) 回波损耗和
(c) K_a 频带 Wilkinson 分配器的隔离测量[60]

（3）电阻温度系数（TCR）属性

嵌入式电阻的最大障碍是使用单一材料系统来满足整个电阻要求范围（从接近零到 200kΩ）。在没有单一材料的情况下，可以采用多种材料替代。这些材料各有自己的优缺点，比如电阻温度系数（TCR）属性。例如，聚合物厚膜（PTF）可以提供低成本和宽阻值范围电阻，但是存在着温度、湿度、界面氧化、CTE 失配、高频稳定性以及高 TCR 等方面的问题。前面讨论过的预沉积在铜箔片上的电阻的应用受到低电阻范围限制。化学镀具有成本上的优势，但是在当前技术条件限制下，仅限于在小淀积面积上制作小阻值电阻。

用于嵌入式电阻的材料系列，总的说来可以分为金属和合金、半导体、陶瓷、聚合物厚膜等几种[56]。从工艺的角度来说，它们被分成薄膜、可印刷的材料和可镀的材料。在商业化材料中，关注比较多的是欧米茄（Ohmega）公司的 Ply（电镀 NiP），杜邦（DuPont）公司的 Interra（可丝网印刷的 LaB6），麦德美（MacDermid）公司的 M-Pass（化学镀 NiP），日本旭化成（Ashai）公司的 Chemical（PTF），希普利（Shipley）公司的 Insite（通过 CVD 在 Cu 中掺杂 Pt）和古尔德（Gould）公司在铜箔片上的镍铬铁合金（Nichrome）。然而，低 TCR（$<100\times10^{-6}$/℃）和高容差（$<5\%$）的目标目前还没有达到。如果不增加额外激光修阻的费用，在模拟电路的应用中所要求的 $1\%\sim2\%$ 的容差是不可能达到的。表 5.3 展示了当前嵌入式电阻的发展技术水平。在表中所展示的大多数技术中，没有经过修正的工艺容差大约是 $10\%\sim15\%$。

表 5.3 当前嵌入式电阻的技术水平

公司或组织名称	材料	工艺方法	参量范围 /(Ω/□)	电阻温度系数 /(10⁻⁶/℃)
银达尔西雅 波音(boeing) 日本电话电报(NTT) 通用(GE)	Ta2N	溅射	10～100 20 25～125	(±100) (-75～100)
大阪大学 美泰科(Metech) 艾奇逊胶体公司 以莱特(Electra) 日本旭化成化学部 格雷斯(W. R. Grace) 道康宁 瑞凯(Rayccem) 奥梅特(Ormet)	导电聚合物 混合材料	聚合物厚膜工艺 液相烧结	绝缘到可导	
欧米茄(Ohmega Ply)	Nip alloy	电镀	25～500	
新加坡微电子 研究所	TaSi	DC 溅射	10～40 8～20	
阿肯色大学 射达(Sheldahl)	CrSi	溅射		-40
戈尔(W. L. Gore)	TiW	溅射	2.4～3.2	
希普利(Shipley)	Doped Pt on Cu foil	等离子体增强 化学气相沉积	达到 1000	100
德国宇航公司(Deutsche Aerospace)	NiCr NiCr NiCrAlSi CrSiO3	溅射	35～100 25～1000	
乔治亚理工学院 麦德美(Macdermid)	NiWp NiP	非电镀技术	10～50 25～100	几乎为零
杜邦(Dupont)	LaB6	丝网印刷和 箔转移技术	达到 10000	±200

5.4.7 滤波器

滤波器是许多通信系统中关键的元器件，它承担着通道选取（或者排除）和信号分离的重要任务。当前有用陶瓷、硅和有机物三种物质来制备滤波器的可用技术。每一种技术可以制造用于表面贴装分立式(IPD)的或者基板嵌入式的滤波器元件，不管是分立的还是薄膜层，嵌入封装滤波器或集成多层滤波器，相比于片上和分立式的滤波器，获得了更加引人注目的应用。滤波器的设计及其在有机基板上的实现已在第 4 章中详细讨论过。在这里，我们将讨论使用 LTCC 和 SOP 技术来制作滤波器。

图 5.34 展示的是 RF 镜像抑制滤波器的例子，其采用按带状线路布局的六层 LTCC 技术制作[61]。第 6 层和第 0 层分别是顶层和底层，分别承担顶层和底层地线层 [图 5.34（a）]。两个并联电感通过在第 4 层和第 3 层制作的 U 形带来实现，这两层依次位于顶层地线层下两层和三层。带状末端通过导通孔连接到两个地线层

上。VIC 拓扑结构使用两个串联电容。在本例中，哑铃状布线被插入在位于第 3 层和第 1 层间的第 2 层上，它作为 VIC 结构的底面。图 5.34（b）所示的滤波器样品，在 2.4GHz 下测得的插入损耗为 3dB [图 5.34（c）]，在 2GHz 下的抑制增益为 40dB[61]。

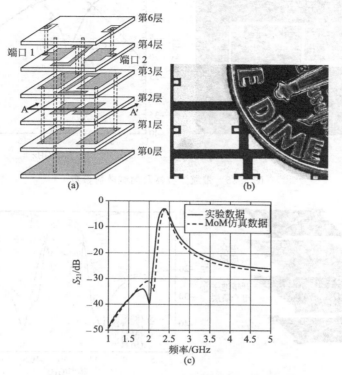

图 5.34　（a）多层滤波器结构的三维叠层视图、
（b）制作的滤波器的照片和（c）滤波器 S_{21} 仿真及测量数据

　　佐治亚理工学院使用环氧材料作为堆叠层开发了几种嵌入式滤波器。其中一种结构是如图 5.35 所示[62~64]的用在 C 波段的带通滤波器，它含有一个方形块和一些插入馈线。这种插入的缺口作为小电容，可以让滤波器在通频带的两侧都具有传输零点的伪椭圆响应。这种结构还具有可调谐的带宽。馈线的长度由输入和输出匹配的要求来决定。内插物的长度和彼此之间的距离是主要的控制因素，它有效地控制了谐振场中模式分裂扰动的大小。测量结果显示，在中心频率为 5.8GHz 下，带宽可达 1.5GHz，并且最小插入损耗为 3dB[62]。在 X 波段工作的微带伪椭圆带通滤波器在多层 LCP 上已经被设计和制作出来了[64]。印刷在不同电介质表面上，并且共用同一地线层的折叠式开环谐振器通过在地线层上进行沟槽刻蚀耦合起来。通过内部非谐振节点的引入，具有完全标准的滤波器和模块已经实现。通过 LCP 薄片的热压键合，可以实现多层结构。设计的四阶滤波器在 9.9GHz 下具有 3.2dB 的低插入损耗[65]。另外，在 LCP 基板上使用双模谐振器制作的多层准椭圆滤波器在近期也被展示出来[65]。这种滤波器只需使用两个垂直堆叠起来的谐振器就可以提供四极点滤波器的性能，从而节省了大量的空间。这种滤波器在 X 波段具有 3.9dB 的插入损耗。该滤波器及其测量和仿真的结果如图 5.36 所示。

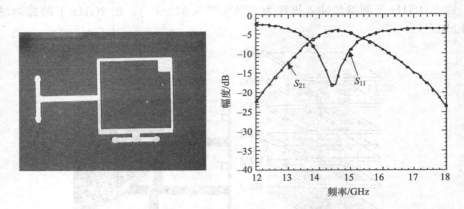

图 5.35　带通滤波器及测试散射参数

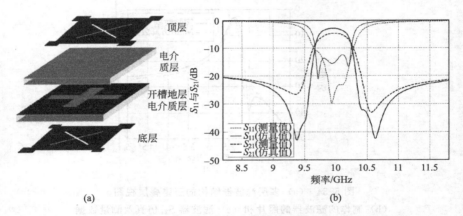

(a)　　　　　　　　　　　(b)

图 5.36　(a) LCP 上三维四极点滤波器叠层和 (b) 滤波器结果

5.4.8　平衡-不平衡变换器

平衡-不平衡变换器（Balun）在微波器件领域有着广泛的应用，比如平衡混频器，推挽放大器，乘法器和移相器。在第 4 章中，我们详细讨论了 Balun 在有机基板上的设计和实现。在这一节，我们将讨论 Balun 在 LTCC 技术中的实现。

图 5.37 表示的是一个运用 LTCC 技术实现带状线式的多层 Balun 的例子[61]。两根短路线被安放在一根开路线旁边，这样它能够耦合开路线的能量。这些线分别通过上下两面的导通孔接地。从图 5.38 中可以看到仿真结果和测量数据吻合得很好。

测量得到的插入损耗是 3.4dB，和 69％的仿真数据相比，计算得到了测量带宽的 41％[62,65]。测量的带宽是 75％，仿真结果是 92％。

5.4.9　组合器

组合器是任何收发模块中很重要的一个元件，它将多路 RF 信号合成为单路

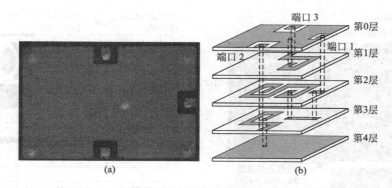

图 5.37 （a）带状线多层 Balun 照片和（b）内部结构

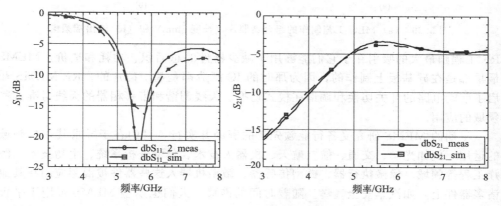

图 5.38 设计为 5.8GHz 的带状线 Balun 测试与仿真结果

RF 信号。传统的组合器受限于有限的带宽和基带的弱耦合性能。为了克服这个问题，如图 5.39（a）所示，我们将传统耦合的线路耦合器改进为在 SOP 平台上的垂直耦合结构，这个耦合的线路耦合器的输出端口作为 RF 信号的输入，并且隔离端口也接地了。在设计中，把在基带的输入端口的 9 阶贝塞尔低通滤波器作为 14 GHz 的 RF 信号的带阻滤波器，在这个低通滤波器的输出端反射 RF 信号[61,65]。这个 14 GHz 的 RF 信号已经被优化为同相，这样通过调整垂直和低通滤波器相连的嵌入式微带线，可以在输出端获得加强信号。测量获得的组合器的输出端口的插入损耗是 1.9dB。组合器的端口 1 和端口 2 在基带和 14GHz 的隔离分别是 10dB 和 38dB（VNA HP8510）。实现的端口 1 和 3 的 3dB 带宽为 7GHz。图 5.39（b）表示的是当以 14GHz 的正弦波为载波发射 7Gbyte/s 的概率随机比特序列（PRBS）时，在组合器的输出端口测得的频谱图。这幅图也显示了此时输出端口的信号眼图。

5.4.10 RF MEMS 开关

（1）MEMS 开关的历史以及角色

MEMS 开关的概念在 20 世纪 80 年代末 90 年代初就已经被提出。这些开关对

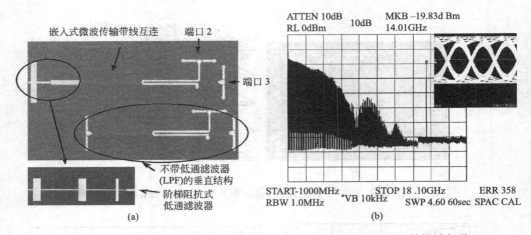

图 5.39 (a) MLO 工艺制作的组合器照片（长度 5mm）和（b）输出端频谱

RF 工程师最大的吸引在于它们能够用于减少器件的总面积、功耗和造价。MEMS 最早都是在硅基板上制作的，因为那时的 IC 制造都是基于硅片的。RF MEMS 开启了前端电路的开关切换和调谐在模式切换、天线调谐和带移相器的天线对准这些领域的应用。

早期的 MEMS 研究受各行业领先者的资助并实行，目的在于寻求其在各领域的运用，例如光学、交通、航空航天、机器人技术、化学分析系统、生物技术、医疗工程等领域。像微执行器、微型传感器、微型机器人这些器件被渴望应用在其他诸多器件上，如汽车安全气囊。随着时间的推移，人们也期望 MEMS 可用于平板显示器、光开关、光纤和集成传感器。不难理解，只有这些技术的可靠性问题得到解决，它们才能得到成功运用。早期的 MEMS 开关受困于许多电气和机械问题，比如电解质电荷积累，衬底分层，裂缝及疲劳损坏。

在新千年之前，没有精确的数值解算器可用于 MEMS 设计。研究主要重复着制造、测试和重新设计这一循环过程。这当然是一个缓慢而昂贵的过程。1996 年，美国国防部高级研究计划局（DARPA）在美国资助了旨在改善 MEMS 器件的计算机辅助设计技术的研究项目。这个项目开发了很多有用的软件，比如 MEMCAD（MIT 和 Microcosm 开发）、IntelliCAD（IntelliSense 开发）和 CAEMEMS（密西根大学开发）。MEMS 器件很快超过了等效的晶体管器件的 RF 性能。早期 MEMS 开关在 20GHz 时的插入损耗为 0.15dB；相比，典型的 GaAs 场效应晶体管器件或者 PIN 二极管开关在同样的频率下的开态插入损耗约为 1dB。今天，很多器件已经商业化了。MEMS 开关可以工作 5 千亿个循环，并保持低功耗，在 50GHz 的频率范围内，保持 0.1dB 的插入损耗。

对于许多 MEMS 设计者来说，手机市场是重中之重。利用一系列 RFMEMS 开关、电容器、电感器，一部手机可以提供无与伦比的可重构性。手机可以在任何频率上，任何频道，以任何标准，在任何位置随心所欲地工作。通话掉线早已是过去的事情。

（2）工作原理

RF MEMS 开关是一种利用单支撑（悬臂）或双支撑（空中桥梁）梁悬挂在金属焊盘上的 MEMS 器件。由于 MEMS 开关只使用一个单一的运动部件，它是目前使用最简单的设备之一。相比之下，一个典型的传感器可以有几十个运动部件。开关有各种形状、尺寸和材料。有两个主要的 RF MEMS 开关驱动机制类型：热和静电。

大部分材料在加热时膨胀，冷却时收缩。这是在开关薄膜上使用电阻材料的热开关的基本原理。当电流通过开关后，电阻材料温度升高，随之膨胀。膨胀使梁倾斜。当电流降低（或消除），开关返回到稳定状态。这种开关类型并未得到广泛使用，因为与其他开关相比，它动作慢，损耗大，带宽窄，能耗大，并且比静电驱动更难以控制。但是它可以低电压驱动，这对于片上系统的运用具有吸引力。

静电驱动的原理是异电相吸。如图 5.40，有一个金属梁悬挂在金属焊盘上，一种电压施加在梁上，金属底盘接地，或者倒过来。静电电荷将引起电压，这将产生一个层间的静电力。随着电压增加，静电力增强。当这股力量超过了梁的抗变形能力，金属层被拉在一起。如果金属层允许直接接触，此开关变成了"欧姆导通"，直流电流能够流过开关。如果接触板间隔着一薄层电介质层，通常是氮化硅，那么开关是"电容性的"，不容许直流电流流动。由于电容器是这个设计的基础，频率必须足够高，以便 RF 能量可以通过。这种类型的开关通常用于 5～100GHz 的工作频段。改变介电层厚度是一种调整开关谐振频率的方法。过滤器设计者特别喜欢电容开关，因为它没有电阻并且 Q 值较高。

MEMS 开关设计人员掌握了很多参数，可为特定应用进行优化[66]。在隔离、开关速度和驱动电压之间有一个基本的折中。改善开关隔离的最好方法是增加梁和金属焊盘之间的垂直距离。此距离通常为 1～3μm。这个距离增加，开关时间和驱动电压也增加，反之类似的，会减少开关时间和驱动电压。速度和电压也可以通过改变梁的材料来改善。很软的金属（如铝）比更硬的金属（如金）更容易用于制作开关。材料的硬度通常用弹性模量衡量（这个值越高，材料越硬）。

图 5.40　单支撑、电容式 MEMS 开关的基本操作（当膜上没有施加电压，没有激励发生。当施加电压时，电压产生静电力，把膜拉向它下面的接地线。一个介质材料薄层阻止层之间的直接接触）

预测悬臂、双支撑梁弯曲的方程已经诞生了几十年。不幸的是，试图对复杂的 MEMS 器件运用简单的方程式是难以实现的。MEMS 开关最重要的一个机械参数是下拉电压。这个数值可以通过把 MEMS 开关当作一个机械弹簧来估算。为了计算下拉电压，必须将静电力看成是直接作用在梁上：

$$f_{\text{down}} = \frac{\varepsilon A V^2}{2g^2} \tag{5.1}$$

弹簧的上推力（胡克定律）：

$$f_{up} = -k(g_0 - g) \tag{5.2}$$

在这些方程中，ε 为介电常数，A 是面积，V 是电压，k 为弹簧劲度系数，g_0 是初始间距，g 是等效间距。电荷密度（以及静电力）在整个电容区域是均一的，所以可以利用这些简单、空间独立的方程。众所周知，对于平行板静电驱动，当间距缩短到原来的 2/3 时，梁会变得不稳定并产生"吸合"效果。也就是说，当间距达到一定阈值时，即原始间距的 2/3 时，开关将猛然合上。磁铁有同样的效果。当两个相反极性的磁铁放在一起，除非它们离得够近，否则吸引力几乎注意不到。在这个距离点，它们会扣合在一起，而且吸引力很大。

使方程（5.1）和方程（5.2）相等，间距（g）是初始间距（g_0）的 2/3，计算下拉电压得

$$V_{PD} = \sqrt{\frac{8kg_0{}^3}{27\varepsilon A}} \tag{5.3}$$

为了减小下拉电压，设计工程师可以减小弹簧劲度系数，减小开关间距，或增大开关面积。

（3）技术比较：机电与固态

目前市场上有多种开关元件可用。为了选择正确类型的开关，必须考虑所需的性能规格，如频率、带宽、线性度、功率处理能力、功耗、开关速度、信号水平和容许的损失。一个典型的 RF MEMS、PIN 二极管和场效应晶体管开关元件的比较总结在表 5.4 里[67]。

表 5.4　典型 RF MEMS、PIN 二极管和场效应晶体管开关元件电气性能的比较[67]

参　　数	RF MEMS	PIN 二极管	场效应晶体管
电压/V	20～80	±3～5	3～5
电流/mA	0	0～20	0
功耗/mW	<0.5	5～100	−0.5～0.1
开关时间	1～300μs	1～100ns	1～100 ns
Cup(串联)/fF	1～6	40～80	70～140
Rs(串联)/Ω	0.5～2	2～4	4～6
电容比	40～500	10	N/A
关断频率/THz	20～80	1～4	0.5～2
隔离(1～10GHz)	非常高	高	中等
隔离(10～40GHz)	非常高	中等	低
隔离(60～100GHz)	高	中等	无
插入损耗(1～100GHz)/dB	0.05～0.2	0.3～1.2	0.4～2.5
承载功率/W	<1	<10	<10
三阶截断/dBm	+66～80	+27～45	+27～45

PIN 二极管是很有用的开关元件，其开关速度快，成本低，坚固耐用，在商业上得到了广泛应用。PIN 二极管的主要限制之一是插入损耗。在几千兆赫兹以上，PIN 二极管就开始具有较大的插入损耗。这在高于 X 波段（8～10GHz）变得十分

显著，此时集肤效应导致开关电阻增大。在高频率下，二极管往往产生线性度、带宽和功耗等方面的问题。

像 PIN 二极管一样，场效应管也得到了广泛应用，因为它们便于使用，速度快，成本低，寿命长。它们的功耗远远低于 PIN 二极管，但它们不能在和二极管相同的频率范围内使用。也就是说，它们在有限的 K$_a$ 波段使用（26～40GHz），在 U 波段（40～60GHz）以上几乎无法使用[67]。

MEMS 开关正迅速成为首选的 RF 设备开关元件。它们能提供最低的插入损耗，最高的隔离，极高的线性度，可忽略的功耗和小尺寸。开关时间、功率处理能力和封装要求是限制 MEMS 开关使用的三个主要的因素。由于物理方面的限制（隔离越好，开关时间越慢），用于 MEMS 器件的开关时间通常随隔离要求而变化。但是，对于可以容忍微秒到毫秒范围开关时间的微波系统，MEMS 是合适的。在数百纳秒的开关时间也被证实[68]。此外，如果一个无线系统的信号放大在传播之前已完成（从而消除了开关元件的高功率问题），那么 MEMS 也适用。封装 MEMS 不像封装固态器件一样简单，本书的 MEMS 篇章已经提到了。

（4）挑战

MEMS 设计的最严峻挑战之一是克服介质充电。所有静电 MEMS 开关都是使用某种电介质维持电势。随着时间的推移，介质将存储电荷，开关将保持在启动的状态。电荷自然扩散到基板，但它可以从毫秒到数小时内在任何地方发生，这取决于驱动电压、基板材料以及充电程度。低驱动电压和具有良好电荷流动性的材料往往使电荷消散更快。循环测试能很好地度量一个开关的寿命，但它不是一个良好的可靠性指标。开关循环千亿次的寿命已被证实[69]。一个开关，可以操作 1 千亿次循环肯定有很长的寿命，但如果开关在启动状态一分钟后变成"梗塞"状态，那么它就不是一个非常可靠的开关。对于一个不是经常被重新配置的系统来说，这是一个很大的问题。研究人员目前正在研究更好消除电荷积累的方法[70]，提出了许多改进技术，包括使用新型电介质材料。

解决长时间激励问题的另一个方法是利用混合激励技术，即使用静电和热学机制。首先使用静电激励使得开关能够快速闭合，然后利用热激励使得开关能够保持闭合，接着便可以撤去静电激励。这种开关既有静电开关切换速度快的优点，也有功耗略微增加（由电阻性材料带来）的缺点。因为静电只存在很短的时间，所以这种开关可靠得多。

对于工程人员来说，鲁棒性也是一个很大的挑战。一个产品要想成功，它必须能够承受各种不正常的使用。现代手机在受到车和房子钥匙、零钱、多次跌落的影响，甚至短时间暴露于水的情况下，仍然能够工作多年。MEMS 开关在如此情况下能正常工作吗？很多专家认为，由于 MEMS 开关的体积很小，因此它几乎不受日常生活中振动的影响。而其他一些专家对此更多地持怀疑态度。

最后一个值得提及的制约因素是 MEMS 的承载功率的能力。通常，MEMS 开关的几何结构需要 RF 信号直接在金属膜下传输。随着 RF 信号功率的增加，它可能会对金属膜产生影响。在某一功率下，RF 信号可以强烈到"自己驱动"开关。这是一个基本的制约，也正是热门的研究。目前，MEMS 开关的功率主要是几十或几百毫瓦[71]，尽管功率超过1W的开关已经出现了[72]。

通过建模优化 MEMS 开关的电学、力学和可靠性性能是个十分困难的任务，所以通常使用一个精度稍低的方法来代替。MEMS 开关通常被设计成最优电学性能（如较小的 RC 时间常数）或者是最优的机械特性（如较低的激励电压）。当在一个问题中牵涉到多个物理领域时，最好的解决办法是利用仿真工具在更复杂的物理领域中解决问题，然后用简单物理领域中的理论将这些结果综合起来[73~76]。

（5）应用

MEMS 开关的一个重要用途是用作电子扫描天线阵列中的移相器。图 5.41 所示的是一个 4 位 MEMS 移相器的例子。它使用有机柔性低介电常数基板（LCP）进行封装[73,74]。图 5.41 中微带开关线移相器在 14GHz 进行了尺寸方面的优化，并且具有良好的性能。经过结构改进后的移相器体积比传统的开关线移相器的体积

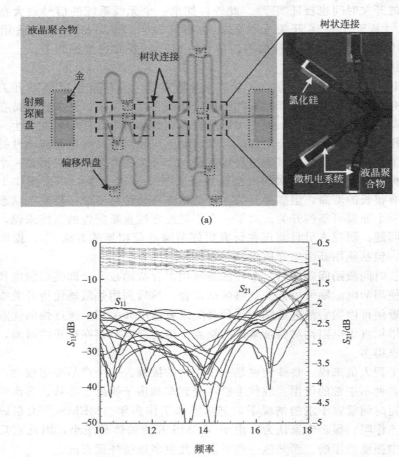

(a)

(b)

图 5.41 （a）制备的 MEMS 移相器衬底。外壳被移除，虚线框表示空腔和探针窗口的位置；
（b）使用张力或环氧树脂键合的 MEMS 开关的测试结果。
环氧树脂的存在增加了非常少量的插入损耗[76]

小了 2.8 倍，并且损耗更低。这个 4 位移相器，在最坏的情况下回波损耗可高于 19.7dB，并且平均插入损耗小于 0.96dB（0.24dB/位，或者 280/dB）。MEMS 器件的封装比较难处理，因为封装有可能使其性能恶化。图 5.41 所示的例子中，额外 LCP 封装的损耗低，其影响可以忽略，但是它保留了器件柔性特征，可以更好地在各种环境条件下对器件进行保护。图 5.41（b）是张力及环氧树脂封装的 MEMS 开关的损耗测试对比图。S_{11} 和 S_{21} 在 14GHz 下的平均变化依次是 3.69dB 和 0.087dB。

5.4.11　电子标签（RFID）技术

由于在众多领域中，如物流跟踪、出入控制、电子收费（ETC）、汽车安全等，自动识别的需要使对 RFID 标签的需求高速增长。相比于频率更低的 LF 和 HF 频段下有限的读取距离[1～2ft(1ft＝0.3048m)]，RFID 在特高频（UHF）频段具有较大的读取距离（超过 10ft）和较高的传输速率，从而得到更加广泛地应用。目前 RFID 技术在实际运用中存在着两个主要的挑战。其一是能与 IC 芯片匹配较好的阻抗（并且具有较高的容抗）的高效率的标签天线的设计。这是使 RFID 技术系统性能最大化所必需的。另外一个主要的挑战是超低成本 RFID 标签的实现。经济应用需要单个的标签成本降低到 1 或者 2 美分。下文描述了三种专门用来提高 RFID 技术性能的天线设计（相比于前面介绍的为 WiFi 应用而设计的天线)[77,78]。

（1）曲折线

通常 RFID 技术的设计首先要实现半波长谐振，以便优化效率。这大约相当于偶极子天线拉伸后从一端到另一端的最大长度。在 UHF 频段，半波偶极子天线在自由空间中的长度差不多是 16cm。为了减小标签的尺寸，曲折线的结构是一种吸引人的选择。弧形结构是对曲折线的一种改进。它使得辐射条具有较为光滑的转角。这种类型的天线以增益的轻微下降（由于较短的有效辐射长度，通常是下降 5%）为代价，以便可以在所需的频率下最大限度地降低尺寸（降至 1/4 波长）。

（2）双极化结构

特高频（UHF）频段 RFID 标签的天线都被线性极化（垂直方向或者水平方向）。由于环境反射的存在，会引起多径效应，导致发射和接收平面波的极化方向会发生改变。例如，一束垂直极化的发射波会遇到标签盲点，即辐射无效。这导致 RFID 标签不能被读取。为了防止这种情况的发生，多样极化便被采用，这需要同时使用垂直方向和线性极化的天线。这两个天线具有同样的形状和尺寸，因此当同一信号到达两个不同的分支后具有相同的相位，并且没有相互关联，如图 5.42 所示。这对于 IC 中的解调器来说至关重要，因为从两个天线组

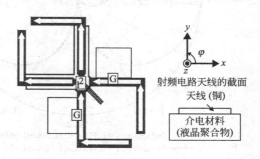

图 5.42　双极化天线
（箭头指示电流方向）

合起来的接收器中得到的相同数据没有相位差。

图 5.43 是 3in(1in＝0.0254m)×3in 的双极化天线。连接左上臂（RF 端口）的短接线既可以提供感性共轭匹配，又能用来直流短接两个正交的偶极子天线。右下臂连接至地线上用来产生地信号的激励。这种双天线的输入阻抗为

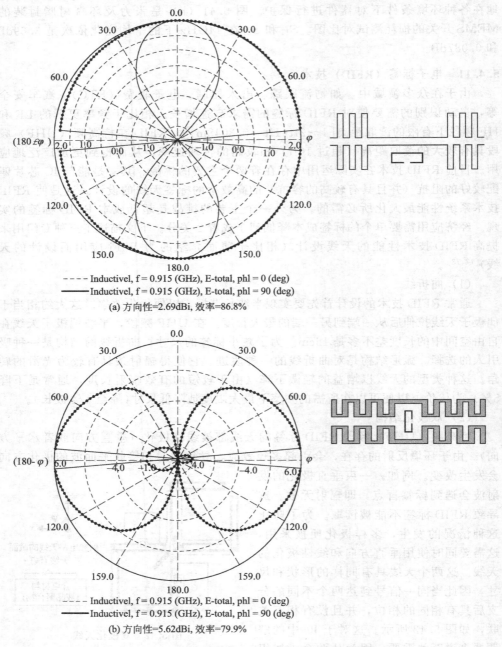

(a) 方向性=2.69dBi，效率=86.8%

(b) 方向性=5.62dBi，效率=79.9%

图 5.43　两种辐射模式的双辐射体 RFID 天线

$20+j112.5\Omega$，与集成电路（IC）的输入阻抗 $20-j113\Omega$ 匹配。发射效率为 98%，因为图中所示的电流有效增加了远场电磁辐射，这导致读取距离和环境的灵活性方面的优化。这种双极化天线的辐射模式在 yz 平面内是全向的，并且最大方向性为 2.25dBi。

（3）双体结构

设计高指向性 RFID 天线是提高标签读取有效范围的一个有效途径。然而，大多数 RFID 技术天线受到与生俱来的偶极子特性与高度方向性的制约，性能很难得到提升，尤其应用在窄波束宽度传送带表现得更加明显。增加另外一个辐射体就是用于解决这个问题的。图 5.43 所示的是被称为双体结构的新布局。两个曲折线被放置在反馈回路的同侧，就可得到 2.69dBi 的方向性。在图 5.43（b）中，两个曲折线被放置在反馈回路的两侧。在这种情况下，电流沿着两臂反向流动，其辐射模式在大部分方向上彼此抵消。从而在这个感性耦合 RFID 技术天线里，辐射能量集中在一个哑铃形的方向里，并且测得其方向性高达 5.62dBi 且辐射效率为 79.9%。总的来说，使用这种结构的 RFID 技术天线，其有效距离有望大幅度提高。另外，双体结构也可以提升天线的带宽性能。通过调节每条臂的长度可使辐射体在邻近的频率下发生谐振。通过这种方法，天线可以在多频率范围内发生谐振，从而扩展带宽，多频带和多标准 RFID 标签也就成为可能。

5.5 RF 模块集成

5.5.1 无线局域网（WLAN）

WLAN 因为无需线路就可提供无缝连接而变得非常流行。在笔记本电脑中植入 PCI（周边元件扩展接口）卡和 mini-PCI express 卡，提高移动性已成为趋势，对无线电收发装置的小型化变得尤其重要。随着多输入输出结构（MIMO）的不断发展，对笔记本电脑中包含多个无线收发装置而无需增加插卡可用空间的需求越来越急迫。SOP 技术可以用来使这种系统实现低成本小型化而又不降低 RF 的性能，尤其对于那些工作在 5.8GHz（IEEE 802.11a）或 2.4GHz（IEEE 802.11b）的系统。

基于 SOP 的 3D 集成天线收发器模块如图 5.44 所示。系统由三个不同的子系统构成：收发器、滤波器和天线。它们垂直堆叠并用导通孔互连［图 5.44（a）］。所示的模块使用了 20 个 LTCC 层。天线、滤波器和收发器分别使用了 8、10 和 2 层。单元包含了所有的 RF 功能模块[29,30]，总大小为 $14\text{mm}\times19\text{mm}\times2\text{mm}$。所有的地都采用导通孔相连，以来抑制不希望的寄生模态。

为了能够有效利用模块的空间，无源元件的形状都经过仔细选择。专门为模块设计了一个背后贴装的腔状天线（CBPA），一个三段耦合带状滤波器，其嵌入到 LTCC 封装中，输入和输出端口采用导通孔与天线、双路开关相连接。RF 功能模块，包括 PA、LNA、混合器和 VCO 都贴装在 LTCC 板底部。功能模块的设计规范通过基于 IEEE 802.11a 标准的系统模拟和验证而确定。集成模块如图 5.44（b）所示。为了评估模块的性能，模块的每一部分制造完成都和接收器一起进行性能测试，如图 5.44（c）所示。

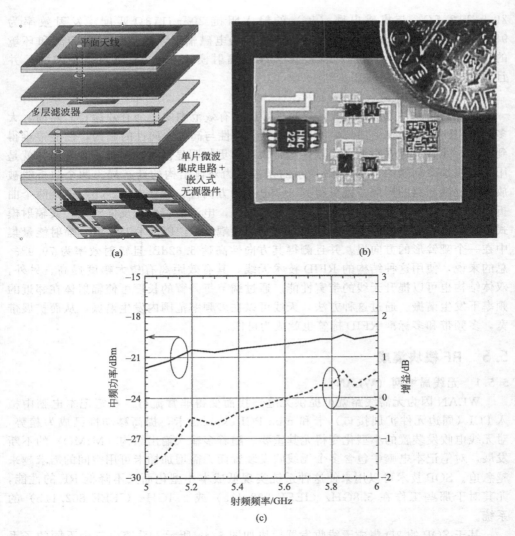

图 5.44 （a）多层 RF 前端架构的示意图、（b）802.11a 无线局域网使用的 3D
集成低温共烧陶瓷 RF 前端模块和（c）测量的接收器增益与频率之间的关系

5.5.2 智能网络传输器（INC）

开发一个高度集成混合信号的测试平台可以用来验证 SOP 概念，实现 SOP 封装[6]。这个实验系统称为智能网络传输器（INC），它在单一的封装平台中要处理三种不同的信号（数字、RF 和光）。INC 通过嵌入的光波导通道发射、接收高速的数字信号和无线信号。系统使用高级封装和组装工艺制造，全部功能的正确性都可得到验证。在进行最后测试之前，每一个子模块都是单独开发和测试的。测试结果清晰表明所开发的系统性能达到了目标。数字模块产生高达 3.2Gbyte/s 的数据流，RF 模块在高达 6GHz 的频率时插入损失小于−1.5dB。在低成本有机基板上嵌入光波导得到了光学模块，其吞吐量达到 10Gbyte/s。

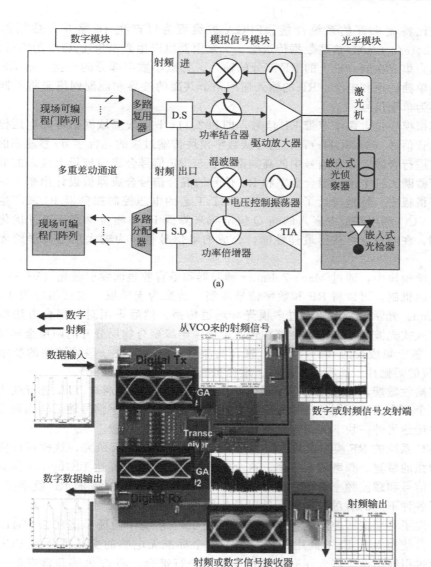

图 5.45 (a) INC 系统结构和 (b) 带有测试信号特性的系统级原型

INC 系统的配置如图 5.45 所示。在数字模块中，一块现场可编程门阵列 (FP-GA) 用于产生上千兆位级的伪随机数字比特流；并与通过模拟和光学模块后的接收到的信号进行比较。通过包含复用器和解复用器的发射器 IC (TI 的 TLK 2701)，将 FPGA (Xilinx[❶] 的 Virtex 50E)，产生的多通道信号转换为串行数据流，然后送给模拟模块。FPGA 在接收端通过比较已知的输入数据流和从接收器接收到

---

❶ 译者注：此处原文为 Xlinx。

的数据比特流来评估系统性能。FPGA 被编程为可产生 16 路并行数据的通道（150Mbyte/s/c/s），这些数据传送给一个复用器以产生 2.488Gbyte/s 的串行信号。信号作为集成在同一板上的 RF 部分的输入。为减小数字部分的干扰，给 RF 模块设计了单独的地和电源。RF 的输入使用一个共面的波导和匹配网络来将不同的信号转换为单端信号。

模拟模块包含两个窄带 RF 信号，即 802.11a/b 无线局域网信号和电压控制的振荡单音信号（5～6GHz），它们与从数字模块传输过来的几吉字节/秒速率的数字数据流进行合成。数字信号中的高频部分在与 RF 信号合成前被板上嵌入的低通滤波器所截断。一个用来混合数字和 RF 信号的混合信号合成器被设计出来，并嵌入多层有机板中。特地设计了一个 MESFET 工艺的电压控制振荡器 IC 来产生单调信号。VCO 利用基板中嵌入的高 Q 值电感来降低 IC 的相位噪声。通过优化嵌入式电感，在 5GHz 可获得最佳性能。合成的电信号被作为输入信号传送给光学调制器。

光学模块中，通过 Mach-Zehnder 调制器和垂直腔表面发射激光（VCSEL）的直接调制机制，可以将 RF 和数字信号调制、转换为光学域，波长相应为 1550nm 和 870nm。光学信号最初通过多模光纤通道传播，然后采用对接耦合方法将其耦合到嵌入式光波导中。为了能够在包含由低温绝缘聚合物层分开的两层金属层的柔性 FR4 板上集成长的（5～15cm）聚合物波导，需要解决一些关键性的技术问题（包括板的柔韧性、长程不平整性、短程粗糙和热膨胀系数匹配）。

在接收器端，通过光电探测器可获取电信号。电信号通过 TIA 进行放大，然后用一个与合成器相同的信号分离器进行分离。复原的数字信号然后转向独立的通道，并传给另外一块 FPGA，目的是与传输的信号进行比较。

INC 系统的 RF 模拟模块主要用来对混合信号结构进行研究，这样可以实时地提供增强的带宽、频率和数据率。这个模块的目的是混合高达 10Gbyte/s 的高速宽带数字信号和载波频率为 5～14GHz 的 RF 信号。在设计高效的 RF-数字接口时，实现了各种不同的有源、无源元件以及各种频率下的设计规则。

开发了一个电压控制的振荡模块，并在 INC 系统中验证了能在 5.8GHz 下成功工作。使用 MESFET 商用工艺制造了一个标准无电感的交叉耦合的 VCO。IC 裸片通过引线与两个嵌入在有机基板的电感进行键合。高 Q 电感非常有助于降低 VCO 相位噪声，第 4 章提到了这点。集成于 INC 平台的 VCO 模块在 6MHz 频率偏移时工作的相位噪声为 110dBc，输出功率为 -10dBm。

5.6 未来发展趋势

无线应用快速增长，与此同时，硅加工技术也得到了巨大发展，可以预见一种完全集成在一块微小硅片上的 RF CMOS 无线电通信设备必将诞生。但是，由于成本和技术上的挑战，这一趋势似乎又变得不太可能，这些技术上的挑战就包括硅天然的损耗，45～22nm 刻蚀工艺的低成品率，以及热力学可靠性的问题。最近一个趋势是发展多频段和多模式的无线解决方法，该方法可以有效利用带宽，并且可以根据需要调整适当的数据率，还可以在不同的国家自由切换使用不同的频段。软件无线电技术的出现，为多频段、多模式的个人通信系统提供了平台，而认知无线电技术通过一种无线电知识的表述语言进一步提升其为个人服务的灵活性。认知无线电可以作为无线通信的一种范式，在这个范式里，网络和无线节点更改它的传输和接收参数，进行有效通信，并且不会与许可用户相互干扰。这些参数的改变是基于对外部和内部的无线电环境的几个影响因素的主动监控，例如无线电频谱、用户行为和网络状态。认知无线电语言代表了日益复杂的知识，这些知识包括无线电规则、设备、软件模块、传播、网络、用户需求，以及支持对用户需求进行自动推理的应用方案。尽管如此，认知无线电技术已经在现实世界中取得了进展。一些公司如英特尔正在开发一种可重构的芯片，它可以用软件来分析应用环境，并且选择最好的协议和频率，在高阻塞的情况下完成数据传输。

高集成系统技术将被用来减少系统芯片的尺寸。这些技术的进展包括：①基于 Si 和 SiGe 的芯片系统（SOC）技术，在器件和线路级别上的性能较以前均有所提升；②堆叠芯片，使得 IC 分离到独立的功能单元中，但是通过薄芯片的堆叠实现微型化；③在封装或电路板中嵌入薄的有源芯片；④嵌入离散的无源电路；⑤最终以薄膜的方式嵌入所有的无源和有源元件。嵌入式薄膜元件已经开始使用在硅或玻璃晶圆上，这样做的公司有半导体公司（如飞利浦、ST）、陶瓷公司（如日本的 Murata、TDK）、有机公司（如日本的一些与摩托罗拉合作的封装公司）。SOP 作为一种战略方向的出现主要是受到小型化系统和功能提升的驱动。最近高级 3D 封装技术的发展，比如 TSV，这将给微型化和 SOP 概念上的功率损耗提供额外的解决方案。SOP 概念允许具有不同架构和不同工艺特征的不同器件进行异构集成。佐治亚理工最近研究出了一种在 LCP 内封装的微波放大器[73]。将一个 $13\sim25GHz$ 的砷化镓的芯片裸露的 LNA 嵌入由 7 层薄膜 LCP 制成的多层 LCP 封装中。这种新的封装布局有其固有的独特性质，在一些情况下，可成为对传统金属和陶瓷的密封封装具有吸引力的替代。在这个例子中，这个有源器件被包围在一个由几个 CO_2 激光加工的 LCP 薄层组成的封装中。测试证明 LCP 封装和它的 285℃ 的封装工艺对单片微波集成电路的 RF 性能影响极小。这些研究成果表明有源器件和无源器件可以集成在一块多层薄片封装中，这是一种形成紧密垂直的 3D RF SOP 模块的独特的方法[73]。

RF-MEMS 集成和封装等新的挑战已经成为了封装研究的前沿领域。各个大学和领先的封装公司发明了各种不同的方法。然而，始终缺乏一种标准，从而造成了最后产品开发的成本浪费。理想的封装技术将伴随着新的标准的出现而出现，这些标准包括环境保护、密封封印、加速测试和机械稳定性等。

创新的防护措施随着运用金属化的洞穴或电磁带隙（EBG）结构的出现而出现，同时伴随着用先进的模拟仿真平台预测在复杂而微小的微系统中的电磁干扰和串扰失真。EBG 的拓扑结构也是用于限定天线元件的辐射场而出现的，其对剩余器件的模块的隔离更加有效，同时实现天线的微型化。

基于优化算法的新设计方法也出现了，例如实验设计（DOE）、前馈神经网络和遗传算法，它们被用来产生综合的模型。这些模型考虑了设计和布置参数，以及它们对多层结构电性能的影响。

除了智能和微型化系统封装，新的材料和化学工艺也是非常重要的技术。这些技术不仅可以通过超薄膜来实现微型化，而且可以实现从未实现的 RF 器件的特性。这种薄膜纳米材料在电容、电感和电阻上所具有的无与伦比的属性，将带给我们不可想象的广泛的新应用。

致谢

本文作者要感谢封装研究中心（Packaging Research Center）、美国国家科学基金会（NSF）、美国国家航空航天局（NASA）和美国国防部先进研究项目局（DARPA）的经费资助。作者还要感谢 Ramanan Bairavasubramanian、Nickolas Kingsley、Stephen Horst、Daniela Staiculescu、Stephan Pinel 和 Kyutae Lim，他们为本章中报道的技术做出了较大的贡献，Dhanya Athreya 编写了电感部分，Jin Hyun Hwang 编写了电容部分。

参 考 文 献

[1] R. Tummala and V. Madisetti, "SOC vs SOP," *IEEE Design, Test, and Comp.*, vol. 16, June 1999, pp. 48-56.

[2] R. Tummala and J. Laskar, "Gigabit wireless SOP technology," *IEEE Proceed.*, vol. 92, February 2004, pp. 376-87.

[3] K. Lyne, "Cellular handset integration, SiP vs SOC," *IEEE Custom Integrated Circuit Conference*, 2005, pp. 765-70.

[4] iNEMI 2004 Roadmap.

[5] J. Laskar, B. Matinpour, and S. Chakraborty, *Modern Receiver Front-Ends*, *Wiley-Interscience*, 2004.

[6] K. Lim, M. F. Davis, M. Maeng, S. Pinel, L. Wan, J. Laskar, V. Sundaram, G. White, M. Swaminathan, and R. Tummala, "Intelligent Network Communicator: Highly integrated system-on-package (SOP) testbed for RF/digital/opto applications," *Proc. 53rd Electronic Components and Technology Conference*, *New Orleans*, LA, 2003, pp. 1594-98.

[7] R. Tummala, V. Sundaram, G. White, P. M. Raj, F. Liu, and S. Bhattacharya, "High density packaging for 2010 and beyond," *4th International Electronics Packaging and Technology Conference*, Singapore, December 2002, pp. 1-10.

[8] V. Sundaram, F. Liu, S. Dalmia, G. White, and R. R. Tummala, "Process integration for low-cost system on a package (SOP) substrate," *Proc. 51st Electronic Components and Technology Conference*, Orlando, FL, 2001, pp. 53-40.

[9] V. Sundaram, S. Dalmia, J. Hobbs, E. Matoglu, M. Davis, T. Nonaka, J. Laskar, M. Swaminathan, G. E. White, and R. R. Tummala, "Digital and RF integration in system-on-a-package (SOP)," *52nd Electronic Components and Technology Conference*, *San Diego*, CA, 2002, pp. 646-50.

[10] R. Tummala, G. White, and V. Sundaram, "SOP: microelectronics system packaging technology for 21st century: prospects and progress," *Proc. 12th European Microelectronics and Packaging Conference*, *Harrogate*, England, 1999, pp. 327-35.

[11] http://www. ansoft. com/products/hf/hfss/.

[12] http://www. sonnetusa. com/.

[13] http://www. microstripes. com/.

[14] http://www. bay-technology. com/ie3d. htm.

[15] T. Itoh, *Numerical Techniques for Microwave and Millimeter-Wave Passive Structures*, John Wiley & Sons, 1989.

[16] M. Krumpholz and L. P. B. Katehi, "New time domain schemes based on multiresolution analysis," *IEEE*

Trans. Microwave Theory Tech.，vol. 44，April 1996，pp. 555-61.

[17] N. Bushyager, L. Martin, S. Khushrushahi, S. Basat, and M. M. Tentzeris, "Design of RF and wireless packages using fast hybrid electromagnetic/statistical methods," *Proc. IEEE-ECTC Symposium*, May 2003, pp. 1546-49.

[18] O. Salmela and P. Ikalainen, "Ceramic packaging technologies for microwave applications," *Proc. Wireless Communications Conference*, August 11-13, 1997, pp. 162-64.

[19] M. F. Davis, A. Sutono, S.-W. Yoon, S. Mandal, N. Bushyager, C.-H. Lee, K. Lim, S. Pinel, M. Maeng, A. Obatoyinbo, S. Chakraborty, J. Laskar, E. M. Tentzeris, T. Nonaka, and R. R. Tummala, "Integrated RF architectures in fully-organic SOP technology," *IEEE Transactions on Advanced Packaging*, vol. 25, issue 2, May 2002, pp. 136-42.

[20] S. Pinel, K. Lim, M. Maeng, M. F. Davis, R. Li, M. Tentzeris, and J. Laskar, "RF system-on-package (SOP) development for compact low cost wireless front-end systems," *European Microwave Conference*, September 23-27, 2002.

[21] S. Pinel, M. Davis, V. Sundaram, K. Lim, J. Laskar, G. White, and R. Tummala, "High Q passives on liquid crystal polymer substrates and BGA technology for 3D integrated RF front-end module," *IEICE Transactions on Electronics*.

[22] L. M. Higgins-III, "Hermetic and optoelectronic packaging concepts using multilayer and active polymer systems," *Advancing Microelectronics*, vol. 30, July 2003, pp. 6-13.

[23] D. C. Thompson, O. Tantot, H. Jallageas, G. E. Ponchak, M. M. Tentzeris, and J. Papapolymerou, "Characterization of liquid crystal polymer (LCP) material and transmission lines on LCP substrates from 30-110 GHz," *IEEE Trans. Microwave Theory Tech.*, vol. 52, April 2004, pp. 1343-52.

[24] D. C. Thompson, J. Papapolymerou, and M. M. Tentzeris, "High temperature dielectric stability of liquid crystal polymer at mm-wave frequencies," *IEEE Microwave Wireless Compon. Lett.*, vol. 15, September 2005, pp. 561-63.

[25] C. Murphy, Rogers Corporation, private communication. January 2004.

[26] B. Farrell and M. S. Lawrence, "The processing of liquid crystalline polymer printed circuits," *IEEE Electronic Components and Technology Conf.*, May 2002, pp. 667-71.

[27] B. Hunt and L. Devlin, "LTCC for RF module," *IEE Seminar on Packaging and Interconnects at Microwave and mm-Wave Frequencies*, June 2000.

[28] C. Q. Scrantom and J. C. Lawson, "LTCC technology: where we are and where we are going-II," *Technologies for Wireless Applications*, IEEE MTT-S Symp., February 1999, pp. 193-200.

[29] J. P. Gianvittorio and Y. Rahmat-Samii, "Fractal antennas: a novel antenna miniaturization technique, and applications," *IEEE Antennas and Propagation Magazine*, vol. 44, issue. 1, February 2002, pp. 20-36.

[30] R. L. Li, G. DeJean, M. M. Tentzeris, and J. Laskar, "Novel multi-band broadband planar wire antennas for wireless communication handheld terminals," *IEEE Antennas and Propagation Society International Symposium*, vol. 3, June 2003, pp. 44-47.

[31] G. DeJean, R. Bairavasubramanian, D. Thompson, G. E. Ponchak, M. M. Tentzeris, and J. Papapolymerou, "Liquid crystal polymer (LCP): A new organic material for the development of multilayer dual frequency/dual polarization flexible antenna arrays," *IEEE Antennas and Wireless Propagation Letters*, vol. 4, May 2005, pp. 22-26.

[32] R. Li, G. DeJean, M. Tentzeris, and J. Laskar, "Integration of miniaturized patch antennas with high dielectric constant multilayer packages and soft-and-hardsurfaces (SHS)," *Proc. 2003 IEEE-ECTC Symposium*, May 2003, pp. 474-77.

[33] M. Tentzeris, R. Li, K. Lim, M. Maeng, E. Tsai, G. DeJean, and J. Laskar, "Design of compact stacked-patch antennas on LTCC technology for wireless communication applications," *Proc. 2002 IEEE*

AP-S Symposium, vol. 2, 2002, pp. 500-503.

[34] B. Piernas, K. Nishikawa, K. Kamogawa, T. Nakagawa, and K. Araki, "High-Q factor three-dimensional inductors," *IEEE Transactions on Microwave Theory and Techniques*, vol. 50, issue 8, August 2002, pp. 1942-49.

[35] K. B. Ashby, I. A. Koullias, W. C. Finley, J. J. Bastek, and S. Moinian, "High Q inductors for wireless applications in a complementary silicon bipolar process," *IEEE Journal of Solid-State Circuits*, vol. 31, issue 1, January 1996, pp. 4-9.

[36] Choong-Mo Nam and Young-Se Kwon "High-performance planar inductor on thick oxidized porous silicon (OPS) substrate," *IEEE Microwave and Guided Wave Letters*, vol. 7, issue. 8, August 1997, pp. 236-238.

[37] H. Jiang, Y. Wang, J.-L. A. Yeh, and N. C. Tien, "Fabrication of high-performance onchip suspended spiral inductors by micromachining and electroless copper plating," *Microwave Symposium Digest.*, 2000 IEEE MTT-S International, vol. 1, 2000, pp. 279-82.

[38] Dong-Wook Kim, In-Ho Jeong, Ho-Sung Sung, Tong-Ook Kong, Jong-Soo Lee, Choong-Mo Nam, and Young-Se Kwon, "High performance RF passive integration on Si smart substrate," 2002 *IEEE MTT-S International Microwave Symposium Digest*, vol. 3, 2002, pp. 1561-1564.

[39] M. F. Davis, S.-W. Yoon, S. Pinel, K. Lim, and J. Laskar, "Liquid crystal polymer-based integrated passive development for RF applications," 2003 *IEEE MTT-S International Microwave Symposium Digest*, vol. 2, issue 8, June 13, 2003, pp. 1155-58.

[40] S. Dalmia, Lee Seock Hee, V. Sundaram, Min Sung Hwan, M. Swaminathan, and R. Tummala, "CPW high Q inductors on organic substrates," *Electrical Performance of Electronic Packaging*, 2001, vol. , issue 2001, pp. 105-108.

[41] S. H. Lee, S. Min, D. Kim, S. Dalmia, W. Kim, V. Sundaram, S. Bhattacharya, G. White, F. Ayazi, J. S. Kenney, M. Swaminathan, and R. R. Tummala, "High performance spiral inductors embedded on organic substrates for SOP applications," 2002 *IEEE MTT-S International Microwave Symposium Digest*, vol. 3, 2002, pp. 2229-32.

[42] S. Dalmia, F. Ayazi, M. Swaminathan, Min Sung Hwan, Lee Seock Hee, Kim Woopoung, Kim Dongsu, S. Bhattacharya, V. Sundaram, G. White, and R. Tummala, "Design of inductors in organic substrates for 1-3 GHz wireless applications," 2002 *IEEE MTT-S International Microwave Symposium Digest*, vol. 3, 2002, pp. 1405-08.

[43] K. C. Eun, Y. C. Lee, J. W. Lee, M. S. Song, and C. S. Park, "Fully embedded LTCC spiral inductors incorporating air cavity for high Q-factor and SRF," *Proc. 54th Electronic Components and Technology Conference*, vol. 1, June 2004, pp. 1101-03.

[44] G. Carchon, S. Brebels, K. Vaesen, W. De Raedt, and E. Beyne, "Spiral inductors in multi-layer thin film MCM-D," presented at IMAPS Europe, Krakow, Poland, September 4-6, 2002.

[45] S. Dalmia, Kim Woopoung, Min Sung Hwan, M. Swaminathan, V. Sundaraman, Liu Fuhan, G. White, and R. Tummala, "Design of embedded high Q-inductors in MCM-L technology," 2001 *IEEE MTT-S International Microwave Symposium Digest*, vol. 3, 2001, pp. 1735-38.

[46] S. Pinel, F. Cros, S. Nuttinck, S.-W. Yoon, M. G. Allen, and J. Laskar, 2003 *IEEE MTT-S International Microwave Symposium Digest*, vol. 3, June 8-13, 2003, pp. 1497-1500.

[47] Yong-Jun Kim and Mark G. Allen, "Surface micromachined solenoid inductors for high frequency applications," *IEEE Transaction on Component Packaging and Manufacturing Technology*, Part C, vol. 21, issue 1, January 1998.

[48] C. H. Ahn and M. G. Allen, *IEEE Transactions on Industrial Electronics*, vol. 45, issue 6, December 1998, pp. 866-76.

[49] K. Yanagisawa, A. Tago, T. Ohkubo, and H. Kuwano, "Magnetic microactuator," *Proc. 4th IEEE Workshop on Microelectromechanical Systems*, Nara, Japan, 1991, pp. 120-24.

[50]　H. Guckel, K. J. Skrobis, T. R. Christenson, J. Klein, S. Han, B. Choi, E. G. Novell, and T. W. Chapman, "On the application of deep X-ray lithography with sacrificial layers to sensor and actuator construction," *J. Micromech. Microeng.*, vol. 1, no. 4, 1991, pp. 135-38.

[51]　B. Wagner, M. Kreutzer, and W. Benecke, "Linear and rotational magnetic micromotors fabricated using silicon technology," *Proc. IEEE Microelectromechanical Systems Workshop*, 1992, pp. 183-89.

[52]　H. Lakdawala, X. Zhu, S. Santanham, L. Carley, and G. Fedder, "Micromachined high Q inductors," *IEEE J. Solid State Circuits*, vol. 37, 2002, pp. 394-403.

[53]　C. Chi and G. Rebeiz, "Planar microwave and mm wave lumped elements and coupled line filters using micromachined techniques," *IEEE Transactions on Microwave Theory and Techniques*, vol. 43, 1995, pp. 730-38.

[54]　Y. Rao, J. Yue, and C. P. Wong, "Materials characterizations of high dielectric constant polymer-ceramic composite for embedded capacitor for RF application," *Active and Passive Elec. Comp.*, vol. 25, 2002, pp. 123-29.

[55]　J. Hwang, I. Abothu, P. Raj, and R. Tummala, "Organic-based RF capacitors with ceramic-like properties," *57th Electronic Components and Technology Conference*, Reno, May 29-June 1, 2007.

[56]　R. Ulrich, "Integrated Passive Component Technology," R. Ulrich and L. Schaper, Edited, IEEE Press, 2003.

[57]　S. K. Bhattacharya, M. Varadarajan, P. Chahal, G. Jha, and R. Tummala, "A novel electroless plating for embedding thin film resistors on BCB," *Journal of Electronic Materials*, vol. 36, no. 3, March 2007, pp. 242-44.

[58]　S. K. Bhattacharya, M. Varadarajan, P. Chahal, G. Jha, and R. Tummala, "A novel electroless plating for embedding thin film resistors on BCB," *Journal of Electronic Materials*, vol. 36, no. 3, March 2007, pp. 242-44.

[59]　P. Chahal, R. Tummala, M. Allen, and G. White, "Electroless Ni-P and Ni-W-P thin film resistors for MCM-L based technologies," *ECTC*, 1998, pp. 232-39.

[60]　S. Horst, S. K. Bhattacharya, J. Papapolymerou, and M. Tentzeris, "Monolithic low cost Ka band Wilkinson power divider on flexible organic substrates," *57th Electronic Components and Technology Conference*, Reno, May 2007.

[61]　K. Lim, S. Pinel, M. Davis, A. Sutono, C. Lee, Deukhyoun Heo, A. Obatoynbo, J. Laskar, M. Tentzeris, and R. Tummala "RF-system-on-package (SOP) for wireless communications," *IEEE Microwave Magazine*, March 2002, pp. 88-99.

[62]　R. Tummala, M. Swaminathan, M. Tentzeris, J. Laskar, G. Chang, S. Sitaraman, D. Keezer, D. Giudotti, R. Huang, K. Lim, L. Wan, S. Bhattacharya, Sundaram, F. Liu, and P. M. Raj, "SOP for Miniaturized Mixed-Signal Computing, Communication and Consumer Systems of the Next Decade," *IEEE Transaction on Advanced Packaging*, vol. 27, no. 2, 2004, pp. 250-67.

[63]　K. Lim, M. F. Davis, M. Maeng, S-W. Yoon, S. Pinel, L. Wan, D. Guidotti, D. Ravi, J. Laskar, E. Tentzeris, V. Sundaram, G. White, M. Swaminathan, M. Brook, N. Jokerst, and R. Tummala, "Development of intelligent network communicator for the mixed signal communications using the system-on-a-packaging technology," *Asia-Pacific Microwave Conference Digest*, 2003, pp. 1003-06.

[64]　M. Maeng, K. Lim, Y. Hur, M. Davis, N. Lal, S. -W. Yoon, and J. Laskar, "Novel combiner for hybrid digital/RF fiber-optic application," *2002 IEEE Radio and Wireless Conference*, 2002, pp. 193-96.

[65]　R. Bairavasubramanian and J. Papapolymerou, "Fully canonical pseudo-elliptic bandpass filters on multilayer liquid crystal polymer technology," *IEEE Microwave and Wireless Components Letters*, vol. 17, issue 3, March 2007, pp. 190-92.

[66]　S. Senturia, *Microsystem Design*, Kluwer Academic Publishers, 2001.

[67] NASA 2003 Internal Report.

[68] D. Mercier, K. Van Caekenberghe, and G. Rebeiz, "Miniature RF MEMS switch capacitors," 2005 *IEEE MTT-S International Microwave Symposium Digest*, June 2005.

[69] Radant 2006 MEMS Switch, http://www.radantmems.com.

[70] G. Papaioannou, M. Exarchos, V. Theonas, G. Wang, and J. Papapolymerou, "On the dielectric polarization effects on capacitive mems switches," *IEEE MTT-S*, 2005.

[71] Radiant MEMS 2006, http://www.radantmems.com.

[72] B. Ducarouge, D. Dubuc, F. Flourens, S. Melle, E. Ongareau, K. Grenier, A. Boukabache, V. Conedera, and P. Pons, "Power capabilities of RF MEMS," *International Conference on Microelectronics*, 2004.

[73] D. Thompson, M. Tentzeris, and J. Papapolymerou, "Packaging of MMICs in multilayer LCP substrates," *IEEE Microwave and Wireless Components Letters* [*see also IEEE Microwave and Guided Wave Letters*], vol. 16, issue 7, July 2006, pp. 410-12.

[74] N. Kingsley, "Development of miniature, multilayer, integrated, reconfigurable RF MEMS communication module on liquid crystal polymer (LCP) substrate," Doctoral dissertation, Georgia Institute of Technology, Atlanta, GA.

[75] N. D. Kingsley, G. Wang, and J. Papapolymerou, "Comparative study of analytical and simulated doubly-supported RF MEMS switches for mechanical and electrical performance," *Applied Computational Electromagnetics Society Journal*, vol. 21, no. 1, March 2006, pp. 9-15.

[76] N. D. Kingsley and J. Papapolymerou, "Organic 'wafer-scale' packaged miniature 4-bit RF MEMS phase shifter," *IEEE Transactions on Microwave Theory and Techniques*, vol. 54, issue 3, March 2006, pp. 1229-36.

[77] S. Basat, S. K. Bhattacharya, A. Rida, T. Vidal, R. Vyas, L. Yang, and M. Tentzeris, "Characterization of paper substrates for ultra-low-cost integrated RFID tags for chemical, pharmaceutical, and bio-sensing applications," *57th Electronic Components and Technology Conference*, Reno, May 2007.

[78] S. Basat, S. K. Bhattacharya, L. Yang, A. Rida, M. Tentzeris, and J. Laskar, "Design of a novel high-efficiency UHF RFID antenna on flexible LCP substrate with high readrange capability," *IEEE Antennas and Propagation Society International Symposium*, July 9-14, 2006, Albuquerque, NM, pp. 1031-34.

[79] Mina Rais-Zadeh, Paul A. Kohl, and Farrokh Ayazi, "High-Q micromachined silver passives and filters," *International Electron Devices Meeting*, vol. , no. , December 11-13, 2006, pp. 1-4.

[80] G. J. Carchon, Walter De Raedt, and E. Beyne, "Wafer-level packaging technology for high-Q on-chip inductors and transmission lines," *IEEE Transactions on Microwave Theory and Techniques*, vol. 52, issue 4, April 2004, pp. 1244-51.

[81] A. Sutono, A. Pham, J. Laskar, and W. R. Smith, "Development of three dimensional ceramic-based MCM inductors for hybrid RF/microwave applications," 1999 *IEEE Radio Frequency Integrated Circuits (RFIC) Symposium*, vol. , Iss. , 1999, pp. 175-78.

[82] J. Harada, Y. Sugimoto, Y. Higuchi, and Y. Sakabe, "Novel LTCC system of cofired low/high materials for wireless communications," *IMAPS/ACerS 2nd International Conference and Exhibition on Ceramic Interconnect and Ceramic Microsystems Technologies*, Denver, CO, April 2006.

[83] T. Oda and M. Tomita, "New LTCC technology with integrated components-developments and future trends-module miniaturization for wireless network applications," *IMAPS/ACerS 2nd International Conference and Exhibition on Ceramic Interconnect and Ceramic Microsystems Technologies*, Denver, CO, April 2006.

[84] L. Jauniskis, B. Farrell, A. Harvey, and S. Kennedy, "LCP PCB-based packaging for high-performance protection," *Advanced Packaging*, October 2006, pp. 40-42.

[85] Kai Zoschke, Jürgen Wolf, Michael Töpper, Oswin Ehrmann, Thomas Fritzsch, Katrin Scherpinski, Herbert Reichl, and Franz-Josef Schmückle, "Fabrication of application specific integrated passive devices using wafer level packaging technologies," 2005, pp. 1594-1601.

[86] P. M. Raj, K. Coulter, J. H. Hwang, I. R. Abothu, S. Wellinghoff, M. Iyer, and R. Tummala, "A low temperature process to integrate high K-low loss pyrochlore films in organic substrates for thin film RF capacitors," *IMAPS Advanced Technology Workshop on Integrated/Embedded Passives*, San Jose, CA, November 15-16, 2007.

[87] L. Wang, R. M. Xu, and B. Yan, "MIM capacitor simple scalable model determination for MMIC application on GAAS," *Progress in Electromagnetics Research*, PIER 66, 2006, pp. 173-78.

[88] A. G. Cockbain and P. J. Harrop, "The temperature coefficient of capacitance," *Brit. J. Appl. Phys.*, ser. 2, vol. 1, 1968, pp. 1109-15.

[89] J. H. Hwang, P. M. Raj, I. R. Abothu, C. Yoon, M. Iyer, H. M. Jung, J. K. Hong, and R. Tummala, "Organic-based RF capacitors with ceramic-like properties," *57th Electronic Components and Technology Conference*, Reno, NV, May 29-June 1, 2007.

[90] D. C. Thompson, J. Papapolymerou, and M. M. Tentzeris, "High temperature dielectric stability of liquid crystal polymer at mm-wave frequencies," *IEEE Microwave and Wireless Components Letters*, vol. 15, issue 9, 2005, pp. 561-63.

[91] R. K. Ulrich and L. W. Schaper, *Integrated Passive Component Technology*, Wiley-Interscience, *IEEE Press*, NJ, 2003, p. 80.

[92] R. Kambe, R. Imai, T. Takada, M. Arakawa, and M. Kuroda, "MCM substrate with high capacitance," *Proc. 1994 International Conference on Multichip Modules*, Denver, CO, April 13-15, 1994, pp. 136-41.

[93] R. Ulrich, L. Schaper, D. Nelms, and M. Leftwich, "Comparison of paraelectric and ferroelectric materials for applications as dielectrics in thin film integrated capacitors," *International Journal of Microcircuits and Electronic Packaging*, vol. 23, no. 2, 2000, pp. 172-80.

[94] B. Piernas, K. Nishikawa, K. Kamogawa, T. Nakagawa, and K. Araki, "High-Q factor three-dimensional inductors," *IEEE Transactions on Microwave Theory and Techniques*, vol. 50, issue 8, August 2002, pp. 1942-49.

[95] L. Zu, Lu Yicheng, R. C. Frye, M. Y. Lau, S. -C. S. Chen, D. P. Kossives, Lin Jenshan, and K. L. Tai, "High Q-factor inductors integrated on MCM Si substrates," *IEEE Transactions on Components, Packaging, and Manufacturing Technology*, Part B: *Advanced Packaging* [see also *IEEE Transactions on Components, Hybrids, and Manufacturing Technology*], vol. 19, issue 3, August 1996, pp. 635-43.

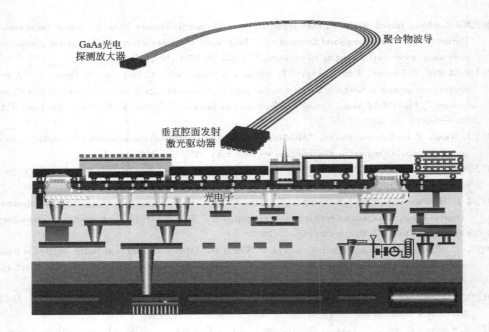

GaAs光电
探测放大器

聚合物波导

垂直腔面发射
激光驱动器

光电子

第6章

集成芯片到芯片的光电子系统级封装

Gee-Kung Chang, Thomas Gaylord, Ricardo Vallalaz, Daniel Guidotti,
佐治亚理工学院，亚特兰大，佐治亚
Ray T. Chen
德州大学，奥斯丁，德州

众所周知，现代经济建立在能源、农业与工业的基础之上，缺少这三者中的任何一个经济都会衰败。同时我们也深知，及时与详尽的信息会使得现代经济能够更有效地运作，信息本身已变成了经济的一个基础。因此，如人们期待的那样，那些可以收集、产生、处理以及传播信息的设备必须变得能够更有效率地完成它们的工作。常用的关键衡量标准分别是用兆瓦衡量能量，粮食产量衡量农业，产出效率衡量工业，带宽衡量信息。在工业经济中，近年来，信息的高速增长（使用年增长百分比来衡量）预示着经济巨大的进步。我们最有效的获取信息的渠道之一在 20 世纪的后半叶变得没有用处，并且被一个具有更宽带宽的渠道所代替。长距离的电话线被光纤所代替，本地数据传送也被代替。到目前为止，甚至在现代电脑中使用的铜互连技术也正在变得不能胜任，同时我们也在寻找能够替代它的光学结构。系统级封装（SOP）技术包括了协同设计、协同集成和超级微型化，这种技术能够及时地解决当前的问题。在这一章中，我们提供了一个最新的视角，尝试介绍现代信息网络中的光电子体系结构，用以保持领先的信道带宽，同时，我们也会尝试去对近期的趋势做合理的预测。

6.1　引言

光电子系统级封装（SOP）是在微型化和集成化的基础上来产生一个性能更优的系统，同时具有成本低的特点。光电子系统级封装（SOP）通过在数字与模拟电路中嵌入薄层光电组件，以取得高的功能密度来达到它的目的。薄层光电子组件的例子，比如激光器、探测器、波导、光栅、微透镜、微反光镜、光学放大器等，所有这些都能够共存在厚度为 $30\mu m$ 的封装内。本章将描述光电子系统级封装（SOP）的历史，过去的基板-基板和芯片-芯片的光学内部互连技术如今通过集成分离元件，已发展成了一个高度集成的多处理器光网络。甚至在其发展历程的早期阶段，光电子系统级封装（SOP）就因为使用简单的材料，简化后的数字集成，以及光学带宽在距离和微型化方面的独立性带来的可扩展架构选择，使得 SOP 具有更高的性能和更低的成本。

光电子系统级封装（SOP）系统依靠光学、数字、电磁波功能的协同设计与集成的策略。每一个激光器、光探测器、放大器与被动波导交界面都工作在最佳性能。因为在集成过程中不相容的限制，设计上并没有做出折中。与此同时，SOP 设计者与集成人员寻找各种超级微型化方法来提高封装性能。这通常意味着发展与实现薄膜光学技术，如薄膜激光器、薄膜光探测器、薄膜柔性光接收器、全彩色 OLED、可以嵌入手机中的低功率高清晰的显示器、个人数据处理器（PDA）和无线移动图像处理器，这些都可以在四个方向折叠，并能够装在口袋中。很明显，传统由软铜制成的互连会受到强烈的串扰限制，尤其在带宽较高的情况下。而屏蔽的铜线与表面贴装组件有较大的电容值，通常用于电气隔离。但其应用变得越来越少了，这是因为现在可携带的数字电子产品都要求高互连密度与低功耗。

尽管光电子系统级封装（SOP）最常与高度微型化的传感产品联系在一起，但是，SOP 概念同样可以应用在较大的系统中，促进它们的微型化，扩大设计选择，提高封装效率。举例来说，对于一个铜材质的数据连接线，我们可以用光波导来替代铜线。它能够支持更长的数据连接，同时没有明显的信号衰减，用更窄的总线，同时在每根线上有更高的比特传输容量，更少的串扰，更少的屏蔽，与更少的去耦电容器，所有这些都可布置在一个不昂贵的带有更少通孔的基板上。然而，系统仍然没有完全优化，因为这种结构没有考虑到集成光学的优点与长处，为了优化系统，我们可以移除在处理器上的耗能电子序列化与无序列化器件以及噪声铜数据总线。这些能够用更少更快的 CMOS 激光器驱动器与光探测放大器来取代。数据总线现在只用更少的能够延展到更长距离的高速光连接实现，消除了一些多互连、通孔、电容器以及铜技术中必要的屏蔽部件。另外，灵活的光学互连能够在全带宽、三维方向实现基板到基板与芯片到芯片的通信。使用现有的技术，一个优化的系统可以很容易地缩小，变成 $125\mu m$ 的信道，其带有一个信道和 $40G/s$ 的单色带宽。

光学连接器朝着处理器的方向发展，如图 6.1 所示。铜线的带宽强烈依靠线的长度。现在的光学互连器"在盒子里"有了越来越多的应用。如光学收发器等修正后通信已被用到一些银行和超级计算机节点上，可以提供高比特率数字信号传输。用于盒中机架间的高速数字信号传输的光学基板正在开发当中，而板上或者板间的处理器到处理器的光学通信正处于开始阶段。芯片上的光学时钟分布对于减小内部时钟速度在 10GHz 以上的时钟脉冲相位差与抖动是非常必要的。尽管使用光学器件代替铜线能够提高器件性能，但在数字-光学驱动的结构方面的简化带来的更大的影响必须要注意到。以下将对其中的一些观点进行讨论。

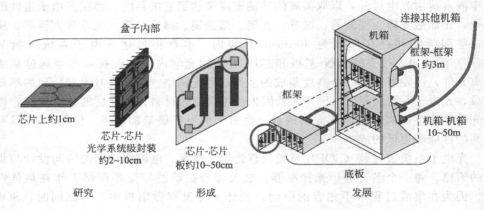

图 6.1 光学互连结构的发展过程

（这个可能是一个单一的计算机或者路由器或者一集群中的一个。高速局域区域连接
或者与其他簇组件的高速通信通过 1310nm 边发射激光器实现。光电子系统级封装（SOP）
可以将混合的光学与电子信号集成在盒子里，在机架之内，在基板上，并最终集成在处理器上）

6.2 光电子系统级封装（SOP）的应用

6.2.1 高速数字系统与高性能计算

大量平行计算与高端服务器都将需要不断使数据传输速度在"盒子"之间或者在"计算终端"之间达到太赫兹每秒的水平。这个只有在未来通过光学与电学协同设计并集成在封装与芯片的层次才能达到。可以预想在芯片之间或者在一个多处理

器板上与板间"在盒子之内",计算机与路由器将会使用光学传输器和光学互连来常规地处理与分享数据,届时,数据流将达每秒几个太赫兹。名词"在盒子之内"总体上指在由许多节点外壳组成的超级计算机的内层。它也可以指一个定义了物理空间的单独的计算机,比如一个刀片中心服务器。"在盒子之外"光学互连将会继续使用平行的通信类型的光学收发器,该收发器需要通过修改以适应高信道密度。

光电子系统级封装(SOP)提供的选项不能在传导数据传输上获取。①因为光学信号带宽是与距离无关的,扩展的存储可以被放在一个单独的盒子之内;②光学连接不需要屏蔽和分离来减少串扰。对于所有的数据带宽,小于 $10\mu m$ 的包层分离是足够用以屏蔽干扰的;③因为平行光学连接可以达到很高的密度,可能达到 $60\mu m$ 的间距;同时具有柔性特征,通常回转半径达到 1cm;理论上,它们能在多处理器核心模组上提供直接的处理器到处理器的布线;④高密度的柔性的光学互连会减小对通过板子上的高速信号路由选择的依赖性。

"在盒子之内"的光学-数字信号最终将迁移到芯片水平的光学-数字信号。当内部处理器速度超过 10GHz 时,时钟的同步性和处理器温度变得很难控制的时候,这个范式变化就将可能发生。那时,光学协同设计将会集成片内、片外的光学信号,信号传输将与内部处理器时钟同速,达到比特率量级。这种情况下,片内、片外的同步性将会变得同样重要。即使采用异步处理方式,对增长带宽的需求仍然不减。我们需要明白的是,在不久的将来,因特网每年传输的信息总量预期将超过 10^{21} byte 水平。目前的传输水平是 10^{18} byte[1]。为了达到这个信息密度,以太网的电子和光学的基础设施公司都忙于发展全世界范围内 100Gb/s 的传输能力。

6.2.2 RF-光学通信系统

光学是数字领域里有效的技术。光学不仅超过了基于铜线传递信号的限制(带宽×距离),而且突破了阻抗在三维方向上的匹配限制。阻抗匹配限制了在两个维度方向上的传输线。任何长的没有屏蔽的传输线在信号路径上不是不连续的,阻抗匹配变得困难。柔性高速高密度的铜互连增加了挑战,因为其存在放射信号损失、干扰、信号变形等[3,4]。而灵活的光学互连存在的限制就很少了:①光学的信号损失是与比特速率无关的。而弯曲的铜线就不一样了,因为它的辐射损耗会随着频率增长而增加[3,4]。举例来说,聚合物波导有一个相对小的折射率差 0.03,在纤芯与薄层间能够支持半径为 1cm 的弯曲,而且损耗仅为 0.12dB[5]。②直的或者弯曲的铜线对于提取信号很不利,也容易产生信号串扰,主要是由电容耦合造成的。因此在设计过程中,依据具体应用选择最小的分离和最小的屏蔽很有必要。另外,当一个瞬态场覆盖了另外一个瞬态场时,串扰就会在两个相邻的波导之间发生,这种覆盖范围大约为在传输介质里光的几个波长。因此,平行波导需要有几微米的间距。光学波导的灵活性与密度特性最终将会应用到电脑、手机上,这主要因为它能够有效地避免电磁干扰。

移动通信 SOP 硬件中的光学频率分离是个先进的理念,在未来将会实现商业化。目前为止,光-射频系统级封装的概念体现在快速增长"光纤上 RF"的领域里。当 RF 波频大于几个吉赫兹时,在大气中会被强烈地吸收。然而,当传输比特率高于几个吉比特每秒时，RF 必须工作在高频范围内。一个解决办法是把高频率的振幅-相位调制的 RF 波变为相同的振幅-相位调制的光学波。最终，光学信号再变为初始的 RF 信号，然后通过局域传输、广播，比如在一个会议室里，如图 6.2 所示。在源头，光学信号可以通过容易得到的外部调制器进行编码。在目的地，高频光学探测器与微波放大器用来存储、传播原来的 RF 信息。在有些配置结构中，可以重新利用光功率，用于传输地面返回的信号。这种双方向的 RF 光纤技术总结在文献[6]中。

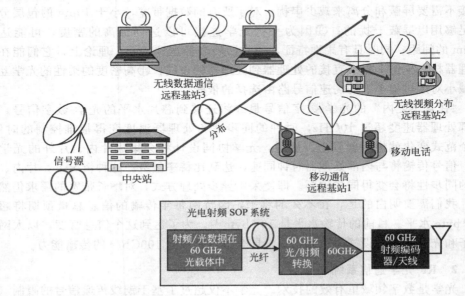

图 6.2   高频射频信息的长距分布首先通过将射频编码转换为光编码，在光纤中传输信息；
然后在终端广播解码射频信号。地面信号回应是通过回收基带光信号中可获得的能量实现的

6.3   薄层光电子 SOP 的挑战

与导体信号传输相比，短距离光学传输（少于 1m）这个概念还是相对比较新的。所以，将光电子有源器件集成到无源光波电路所需的工艺、材料和结构是比较新的，正处在实验阶段。然而，光学传输存在两个主要挑战。第一个就是光学对准，在导体技术中没有这样的难题；第二个就是光学波导材料的选择，这里粗略地与铝和铜互连作对比：前者是一个已经发展成熟的技术，而后者是更好的导体，但是后者存在氧化问题、电子迁移、电化学沉积和平坦化问题，这些问题都需要系统地解决。光学信号分布结构还未被确定好是设置在板间还是在板内。每一种方法都有它的优点与缺点。

6.3.1   光学对准

光学对准的难度由光电元件的选择来决定。有两种集成方法，第一种是使用现有的元件，最著名的是垂直腔面发射激光器（VCSEL）与平面光二极管，可尝试将垂直发射方向的光束传到平面水平波导中，然后从波导中出射，返回进入垂直传

输方向，耦合到顶部光电二极管中。每次平面出射光 90°转弯都要一个 45°倾斜的平面镜和准直透镜，并且这会产生模式耦合损耗。然而，在全世界范围内，大部分的集成工作都是基于这个繁琐的方法的。在很大程度上是因为，1980 年中期，全部的高速激光光源都在 850～980nm 区间工作，属于 VCSEL 类型激光器。在这个时期之前，砷化镓（GaAs）边发射激光器在这个波长可以工作。正如我们在 6.3.2 节讨论的那样，850～980nm 的波长范围与大多数已知的光学聚合物最小吸收区相吻合。

第二种集成方法的指导原理是由佐治亚理工专门提出与实践的，其主要是严格保持光线在平面上传输。因此，边发射激光器与边观测光学探测器都是端耦合到波导中。这种集成方法中，没有采用透镜与平面镜。有报道称激光器波导的耦合效率达到 70%[7]。近期，波长为 1310nm、传输速率达 10Gb/s 的边发射激光光源在速度、可使用度以及光学吸收方面提供了很好的折中。这些激光通常应用于本地网络中。在今天，唯一可得到的商业化的单边发射光学探测器是一个反射性的监控光探测器，它在 1300～1600nm 波段工作，速度达到 1Gb/s。佐治亚理工已经设计出了斜面受光探测器（EVPD）。它带有一个外延 PIN 结构，生长在一个小的高地边带上，工作波长为 850nm。日立（HITAchi）已经报道可以将边发射激光耦合到多元聚合物光学波导上，这为局域网应用中耦合激光发射到光纤提供了一种方法。

6.3.2　薄膜光学波导材料的关键物理和光学特性

作者知道所有的光学波导由有机高分子材料构成，但有个特例，这就是 PPC 电子 AG，它使用玻璃层压板同时作为多层电路板与光学波导电路[9]。

从性能和制造方面考虑，希望有机聚合物波导有如下特性。

① 从一个已经公开发表的调查数据可知，当波长在 1000nm 与 1300nm 之间时，实用的较低限制的吸收系数看起来要达到 0.01dB/cm，当波长在 1300nm 与 1600nm 之间时，该系数大约为 0.3dB/cm。这是受限于 O—H、C—H 和 C=O 化学键的伸展振动泛音的出现。

② 纤芯与包层的玻璃转化温度最好在 300℃以上，同时希望聚合物分解温度在 350℃以上，这是为了在时间、压力、温度条件下，保证波导的形状与组合的完整性。

③ 一个低体积弹性模量也是需要的，这可防止柔性的波导出现裂纹；而且，聚合物在几年的工作时段里，应该有相对较慢的流速。

④ 单体应该是没有溶解物的液体，同时，聚合反应由紫外线激活的催化剂进行催化。这从生产效率的角度来说是有用的，但是并不是必需的。

⑤ 单体需要旋转涂覆在基板上，或者通过挤压形成一个 30～50μm 的芯和准确覆盖纤芯的顶部覆盖。从这个角度来说，黏性在 1000cP 与 10000cP 中应该是比较适当的。在纤芯形成前，可以用一个不同的较低黏性的聚合物来制作欠覆盖层。

⑥ 纤芯聚合物由于应力产生的双折射应该小于 10^{-4}，同时热光系数应该小于 10^{-4}/℃。

⑦ 如果可能的话，纤芯与包层聚合物的热膨胀系数（CTE）都应该与基板相

匹配。但是，当基板是刚性的并且热膨胀系数为 $20 \times 10^{-6}/℃$ 时，其 CTE 应该不多于 $150 \times 10^{-6}/℃$。柔软的基板如聚酰亚胺，也许能够容纳较大的不匹配，这取决于基板的厚度。

⑧ 纤芯与包层的折射率之差在较大的范围内应该是可调谐的，而且不能有明显的衰减。在短的弯曲半径内，对于高限制、低损失的情况，高反差的组合是比较理想的。在有机聚合物波导中，当波长是 1310nm 时，一个实用的折射率区域是 $1.47\sim1.55$。

⑨ 从生产效率来看，不需要黏度促进剂。

⑩ 对于聚合物波导来说，理想的其他特性就是低湿度含量，以达到最小化 O—H 键的衰减、低廉的基本化学物质、长寿命和环境友好的特性。

许多聚合物材料已经被研究几年了，大多用于制作低损失的光学波导材料。除了层压玻璃波导，得到深入研究的所有聚合物都有近红外吸收波谱的特性，如图 6.3 所示。然而，总体上来说，最好的聚合物对光的吸收比最好的光纤大 10^5 倍。报道的最好有机光学聚合物的归一化光吸收情况如下：在 $850\sim980$nm 带宽，光损失为 $0.02\sim0.05$dB/cm；在 1310nm 附近，光损失为 $0.2\sim0.3$dB/cm；在接近 1550nm 时，光损失为 $0.4\sim0.5$dB/cm。

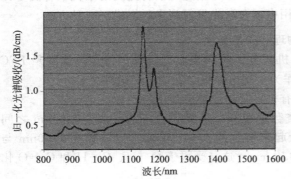

图 6.3　大多数有机光学聚合物中
具有代表性的波谱吸收

适合的光学聚合物从广义上可分为聚合物、烯烃、聚碳酸酯、聚甲基丙烯酸甲酯、硅氧烷、有机修正陶瓷（ORMOCER）、BCB 以及它们的氟化物，具体例子见文献[13]。近期聚合物特性的综合性描述可见文献[10，14]。

这里给出四种与有机聚合物波导有关的基本的功率损失机制。

① 电子吸收主要是由于氢原子会吸收光，它在 $2000\sim4000$Å（1Å$=10^{-10}$m）的波长范围内是有效的[14]，可见光部分主要是被电子吸收。

② 基本分子振动（通常都是伸展振动）的泛音吸收波长碰巧落在 $1100\sim1600$nm 区域。这与 O—H、C—H 和 C═O 化学键的伸展振动有关。在化学键中引入氟或其他原子，基本的伸展吸收频率就会发生偏移，相对的泛音也会产生偏移。

③ 来自许多内部与外部光源的光散射，包括合成的或密度的波动变化，大多数是因为溶剂不均匀造成的。特别是在原始液体单体中有粒子污染，工艺不完美造成气泡等，各个部分之间的不一致，以及侧壁粗糙（主要是反应离子刻蚀工艺导致的）的情况下，光散射更为严重。

④ 最后，应力引起的双折射主要是由于薄膜压力引起的，其来源是 PCB 板中各层不同的聚合物与板芯材料的 CTE 不同，还有热循环引起的板的实际翘曲和弯

曲。它还随着波导材料的弹性模量以及它的各项同性压电-光学张量系数的改变而改变。总体上来说，在多模波导中的双折射会引起功率损失，这是因为双折射现象会将导模的偏振态旋转为不支持传输模式的偏振态。

表 6.1 列出了常用的聚合物材料、供应商、光学特性、基本的集成工艺、热特性和用于进一步阅读与调研的参考文献。下面我们将介绍数字-光学系统级封装（SOP）技术以及它在高性能计算、服务器和路由器上的应用。

表 6.1　常用聚合物材料、特性及基本集成工艺

供应商	材料	工艺	850nm	1300nm	1550nm	n (632nm)	T_g/℃ 或升华	备注	参考文献
联信道康宁电话公司	丙烯酸酯	紫外，反应离子刻蚀激光剥落	0.02	0.2	0.5	1.3～1.6	50	包裹聚合物芯的硬敷层	T1,T2
	卤化丙烯酸酯		0.01	0.03	0.07				T1
日本电报电话公司	甲基和重氢基团制备的交联	反应离子刻蚀			0.23	1.472		1550nm 折射率	T3
	硅树脂	反应离子刻蚀		0.16	0.52	1.543		1300nm 折射率	T4
	紫外环氧树脂	紫外，反应离子刻蚀	0.08	0.5	4.72	1.48～1.6	−200		T5,T6
	卤化丙烯酸酯		0.02	0.07	1.7				T1
	氘化聚硅氧烷	反应离子刻蚀		0.17	0.43	1.5365 1.5345	400	1310nm, 1550nm 折射率	T1,T7
	卤化聚酰亚胺	反应离子刻蚀		0.3	1.0	1.51 1.52	335	1300nm 折射率	T8,T9 T1,T10
陶氏	苯基环丁烷，环胆甾烯烃树脂	反应离子刻蚀激光剥落	0.5	0.8	1.5	1.552～1.561 1.537～1.544 1.535～1.543	350	630nm, 1300nm, 1550nm 折射率	T1, T11
	氟代环丁烷	紫外		0.25	0.25	1.4878	400	1300nm 折射率	T1, T12
杜邦光互连	丙烯酸酯（聚导）	紫外，反应离子刻蚀激光剥落	0.18	0.2	0.6				T1
低阻抗科技股份有限公司，德国柏林	有机陶瓷弗朗霍夫，集成封装工艺	紫外，反应离子刻蚀激光剥落	0.06	0.23	0.55	1.5214～1.538	250	830nm 折射率	T13, T14
微楷化学有限公司	环氧酚醛树脂	反应离子刻蚀，紫外		0.22	0.48	1.575		1550nm 折射率	T15

续表

供应商	材料	工艺	850nm	1300nm	1550nm	n (632nm)	$T_g/℃$ 或升华	备注	参考文献
光学聚合物专营有限公司，亚克坦，澳洲	无机高分子玻璃	紫外	0.1	0.24	0.4	1.491～1.543 1.474～1.528	300	630nm，1550nm 折射率	T16，T17
泊力瑟特	环氧硅氧烷低聚物	紫外	0.05	1.4		1.45～1.55	400		T18
日本电话电报公司	环氧	紫外	0.1				200		T19
道康宁	硅氧烷	紫外	0.06				200		T20
希普利或罗门哈斯	硅氧烷	紫外	0.015	0.110	0.5	1.510	250	859nm 折射率	T21
京都陶瓷公司	硅氧烷（掺氧化钛）	紫外		0.14	0.19	1.4440～1.5823	400	1300nm 折射率	T22
弗朗霍夫		紫外，反应离子刻蚀		0.2	0.4	1.444～1.4545	250～400		T23
太赫兹艾斯勒	丙烯酸酯		0.04	0.4	0.5	1.45～1.58	150		T24

6.4　光电子系统级封装的优点

6.4.1　高速电气与光学线路的性能对比

有 3 种驱动力来推动 SOP 技术应用于计算：性能、功率和成本。通过将光电结构引入到数字系统中，这些推动力成功转变成 7 种技术提升：①通过整体网络时，带宽×距离的结果几乎不变；②互连密度远大于铜互连；③串扰可忽略，同时对开光噪声不敏感；④三维光学线路；⑤直接的高速处理器-处理器光学连接，减少使用大量的速度慢的铜总线、印刷电路板、通孔和电容，简化了结构；⑥通过直接光学线路与长距离芯片外的同步，大幅度减少了多处理器网络间节点连接延迟；⑦最小数量的噪声抑制元件。

一般说来，铜连接器的带宽由很多内在的因素限制，如集肤效应、电感、电容与 EM 辐射等；同时还有外部因素，比如绝缘体的电介质磁化系数，它会导致频率的扩散与信号的衰减、串扰与电源噪声。铜线中对于带宽与距离乘积不相等的内在限制总结在方程（6.1）中，B_{max} 是最大带宽容量，A 是交叉部分铜线的面积，l 是它的长度[16]。

$$B_{max} \leqslant 2.4 \times 10^7 A/l^{2❶} \quad Gb/s \tag{6.1}$$

方程（6.1）的图形化表示如图 6.4 所示，即在交叉区域，两个不相等的铜传输线带宽与距离的关系；并与承载单一波长（1310nm）、衰减系数为 −0.2dB/cm 的多模态聚合物波导的带宽相对比。

---

❶　译者注：此处原文有误，原文公式是 $B_{max} \leqslant 2.4 \times 10^7 A/\rho$。

从对比结果可发现，单一、长距离的光纤能承载 100 种颜色，每种颜色有 10Gb/s 的容量，即光纤总带宽达 1Tb/s。目前的发展状况是 100Gb/s 的激光调制器与有相似带宽的探测器在支撑以太网基础设施[2]。在长距离中传输几个太比特每秒数据的能力，使得实时分布、特定任务、平行计算等都可以得到实现。认识到光网络结构在连接多个节点（处理器、存储器、I/O、缓冲器）中的潜在优势，一些作者已经在对称多处理（SMP）与大量平行处理（MPP）机器上模拟了许多光学总线设计与数据传输协议。在 SMP（服务器）里，几乎所有的处理器通过一个或者多个总线分享相同的存储器，并且每个 CPU 都能承担下一个任务。在超级计算机中，问题片段

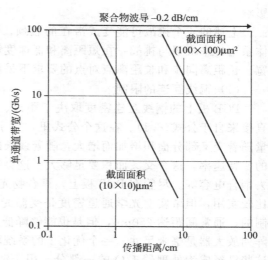

图 6.4　根据方程（6.1）所画的两种不同的传输线横截面积所对应的信道带宽的示意图。此图也说明了在多模光波导中带宽并不简单地依赖于传输距离

在锁定状态下得到处理。每个 CPU 有自己的操作系统与应用并且有自己的存储器。任务分配到每个 CPU，通过高速互连可以在 MPP 子系统间进行通信，在此处光学方法可起到重要作用。

对于计算机系统设计，连接性、网络访问延迟、总线使用及其可扩展性都是非常重要的议题。在这些系统中，连接几个工作站或者计算终端的光学局域网络能够提供高可扩展性（添加更多的处理器）、高的连接性（长距离直接线被需要）、高带宽、低网络延迟（通过降低节点铜连接，通过光带宽与距离相互独立来实现）和高总线利用率。这些都依赖于光网络设计与协议的选择。

6.4.2　布线密度

在大型多核处理器中，通常有成千上万个低速的平行的铜材质数据线，这些铜线包裹在很小的空间里，容易产生大量的串扰。链接的数量由以下因素决定：互连体系结构、处理器数量[21]（对于大型服务器簇接近 100 个）、总线宽度（由处理器的 I/O 速度决定）、板间损失和铜线内传输损失[16]。同时，对于这些芯片外数字信号传输还有 4 个主要挑战，即：

① 要求芯片外数据传输速度在 2010 年能达 10Gb/s。

② 对于每个芯片来说，需要 1000 个高速的信号 I/O 接口。

③ 处理器与 SDRAM 之间的访问延迟的差距越来越大，这要求更宽的铜总线与更多的板上布线层。

④ 铜互连分层结构造成网络节点交叉延迟，在每一个节点上要求数据同步，同时需要节点的交叉协议，这些都会导致数据传输延迟，对整个系统的性能产生

影响。

上述的 4 个挑战可能变成潜在的瓶颈，进而在逐渐兴起的铜线-光学混合连接体系中带来机遇与挑战：在短距离和低速度情况下采用铜线互连；在高速度、高带宽、长距离同步和长距离点对点的要求下采用光学互连。

(1) 铜线互连的限制

PCB 板上的铜线互连密度取决于距离、比特率与基板的介电性能。这个推断直接来自于公式(6.1)。在这个公式里，对于一个铜线来说，最大的比特率承载容量随着交叉部分面积增加而增大，随着线长的平方增加而减小。为了能够容纳设计的比特速率，这个交叉面积要足够大。这会导致很多布线层，包含通孔、屏蔽层与去耦合电容等。尽管在 PCB 板上，聚合物光学波导布线密度 $500/cm$（$20\mu m$ 间距）比较实用，但事实上光学通道密度是受激光器与功率探测器（PD）阵列的间距限制的，通常间距达 $250\mu m$，但是也能够降低到 $125\mu m$。激光器阵列驱动芯片与 PD 阵列放大器是毫米尺寸。一个优化了的系统将会有一个光学的 I/O 驱动与放大器，这些已经成为处理器 I/O 的一部分，用于替换铜总线驱动器、多路复用器、多路分用器。这样一来，裸露的芯片激光器与 PD 将会变成限制光学线路密度的主要因素。然而因为光学互连的比特率传输容量远超过铜线互连，并且独立于传输距离，所以实际上减少了高速处理器 I/O 的数量，减轻了国际半导体技术蓝图提出的 I/O 与布线密度水平的压力[22]。与 Rent 定律[23]的预测相比，光学互连能够提供一个基本理论的变化。然而，如下面所讨论的，实现板间或者板上光学线路最有效的方法可能是要使用高密度柔性的光学互连，该连接可直接与旁边的处理器进行电插拔。

(2) 板到板光学互连的机遇

在一个典型的刀片机（服务器）应用中[24]，边连接器（带有成百上千个接口）连接带有底板或者中间板的系统板。每一接口的插入力约 $0.3\sim0.8N$，一个系统板带有 1000 个接口，所需的整体插入力大概有 73kgf（$1kgf=9.80665N$）。如果材料已设定，想增加接口的密度将会变得非常困难。此外，最先进的小体积光学接收器最多只能提供 12 条信道[25]。这些光学接收器跟电信接收器一样，都是由分立的元件组装而得来的，比如平面反射镜、透镜与可能的光学隔离器。光学组装大多数都是通过手工完成的，这导致这些器件比较贵，这也是其不能达到 100 个信道的原因。佐治亚理工开发了带有嵌入式光学有源器件的柔性光学带，可以预见光学内部互连密度将有可能达到 $500/cm$。在佐治亚理工研究的波导制作中，不论是阵列形式，还是单独个体，柔性的光学线路、激光器、光探测器与光波导都在端部进行耦合，同时能自对准到波导上。而且当边视角光探测器被使用的时候不需要透镜与反射镜。"自对准"意味着有源器件与无源光波电路在波导纤芯路径的定义过程中同时自动校准，这是由选择性的交叉连接单体（直接紫外激光器刻写、投射刻蚀或者近似掩膜刻蚀）实现的。光学线路密度主要受限于激光裸露芯片与光探测器裸露芯片的尺寸。为了克服这个潜在的限制，可以将有源器件错列排布在二维阵列中，同时设计波导逃逸路线，使其在平行的阵列中汇合。我们应该注意到的是，光学连接优于电子线路，相对于电子线路通常定义在板边沿，板到板的光学连接能够在任何板的边沿、板正面和板背面的任何地方连通或者终止。对于光学互连，大多数时候是指板间光学连接的总数，而不是板内光学连接总数。

6.4.3　功率损耗

对光学与电学互连、芯片上与基板上的功率损耗进行模拟时，不可避免地要对比铜线和光连接。一对一的比较并不现实。我们在比较时将如下的条件考虑进去。

① 电气总线总的比特率承载容量：宽度、长度与每根线上的比特率。这个应与拥有相同总带宽的光学线路的数量进行对比，后者数量通常少一些。

② 驱动电气总线时（包括线路均衡、多路复用器与解复用器）所消耗的 CMOS 总能量，与驱动代替电气总线的少量的激光驱动器与 PD 放大器时的 CMOS 或双极功率晶体管所消耗的能量损耗进行对比。

决定性因素包括：距离、总带宽。激光器使用时有一个扰动效应。两个相互独立的作者研究表明，当考虑到一个光学连接（激光驱动器与光探测放大器）中的所有组件时，基于 VCSEL 或者边发射激光（EEL）的光连接中的能量损失没有区别[20,27~29]。VCSEL 与 EEL 的重要区别是：市场上可获得的 VCSEL 在超过 3.3Gb/s 时性能很快下降[30]；而市场上可得到的 EEL 在超过 20Gb/s 时，性能才快速下降。安捷伦与安科公司都在开发 20Gb/s VCSEL，其中有一部分是由美国国防先进研究项目局（DARPA）投资支持的，然而日本电报电话公司（NTT）已经报道 EEL 在直接调制下速率可达 40Gb/s[31]。

采用非归零串联比特编码，接收器均衡能够在 FR4 或 PCL-FR3 基板上，把一个 10Gb/s 范围的不同的微带传输线扩展到 0.75m[32]。这个均衡方法是确定的，并且因为存在与频率相关的集肤效应和电介质损失，该方法能补偿码间窜扰（ISI）移相噪声。例如，设计 MAX3804 接收机均衡器是为了实现这个目的，并且可以明显地降低定量的抖动。对于不同的铜线，Maxim MAX3804 都有一个尺寸为3mm×3mm 的足迹，并且消散 115mW 功率。

Helix AG 公司的 1×12 VCSEL 器件驱动每个信道消耗 120mW，同时来自同样公司的 1×12 光探测放大器驱动每个 10Gb/s 信道耗能 160mW。因此，一个单光学通道将耗能 280mW，是单个平衡的微分铜信道能耗的 2.5 倍。然而，微分铜信道只能够补偿 FR4 基板上最远传输距离为 0.75m 的信号传输[28]；对于光学信道来说，唯一距离限制是用于形成波导信道的聚合物的光学吸收，几米的距离能够很容易地通过光学进行连接，同时传输速率可高于 10Gb/s。对于某些应用，光学替代可能会更好。在柔性这个方面，针对板间相互连接，相比于阻止匹配同轴电缆或者单个光学光纤甚至基于光纤的转换器方案，光学替代可能提供更高的信道密度与灵活性[25]。

6.4.4　可靠性

（1）1310nm EEL 与 850nm VCSEL

激光器与芯片的失效用每 10 亿小时的工作时间内的失效时间（FIT）来衡量。FIT 值为 10 时意味着在 10 亿小时里有 10 个器件失效了。失效率不必是单调的。目前，可以看到很多关于 AlGaInAs 基的 1310nm 传输激光器可靠性的报道。总体上来说，失效率随着使用时间的延长而单调增加[36]。

在文献［34］中，在85℃条件下，器件的平均失效时间，或者说平均寿命估计在82000h（9.4年）左右，这显然没达到特尔科达（Telcordia）标准，但是对于少于100个激光器的板集成是足够了。采用对数正态分布模型可以计算在40℃条件下，器件分别工作了5年、10年或者20年后的磨损失效速度。通过计算得到了工作5年后的激光器的 FIT 数值为11，这值意味着每工作十亿小时中有11个激光器失效。相对应地，10年与20年工作时间的 FIT 值分别是29和60。这些 FIT 数值表明激光器有足够长的使用时间，可靠性好。好的可靠性结合有吸引力的价格，使得FP激光器这些器件在短程10Gb/s通信领域具有竞争性。

对于工作波长为850nm、传输速率为2.5Gb/s VCSEL 来说，其失效率更加复杂，并且在工作5年后，FIT 将快速增长。到目前为止，相对于1310nm、10Gb/s的 EEL，10Gb/s的 VCSEL 的产量较低，失效率高，价格也更高。

（2）CMOS 处理器

相比之下，CMOS 处理器展示了一个典型的 U 形失效率分布。在初始的失效率区域，生产阶段的制造缺陷能够导致器件在老化过程中很快地失效，这个阶段的目标是在最初3月里达到200FIT。理想化情况是工作了7年后，失效率仍保持在200FIT。随后开始的磨损区取决于旧 CMOS 技术的扩散工艺以及之后的栅氧化热电子损耗、薄氧化技术，这个磨损区域开始于100nm节点。

（3）光学聚合物

聚合物波导上的可靠性数据还没有上升到和激光器同样的水平。这个是很清楚的，因为聚合物材料，如已经应用于光波导电路（见6.6节）的聚碳酸酯、丙烯酸盐、聚酰亚胺、烯烃、聚甲基丙烯酸甲酯（PMMA）、硅氧烷、有机修正陶瓷（ORMOCER）与 BCB，还不会暴露在环境中，在高端服务器应用中没必要测试评估它们工作十亿小时的可靠性。基于 PMMA 的光纤在消费者市场中应用于数字家庭应用的接口、家庭网络与汽车网络，在这些领域，可靠性要求相对没有那么高。

关于氟化丙烯酸酯材料的最全面数据来自 Corning 公司[39]。在100℃空气中暴露270天，其折射率不发生变化。在170℃温度下热老化12.6天可降低传输损耗。在截面积为 $7\mu m \times 7\mu m$、功率为130mW、波长为1319nm的条件下，在波导中进行光老化实验，117天后没有任何变化。

6.5　光电子系统级封装（SOP）技术的发展

由于带宽要求的提高与铜互连技术的受限，光电数据通信已从80年代基于光纤的长距离通信转化为90年代后期的本地光网络。但是它就突然停止了发展，这从技术层面上分析是不难理解的。替换裸露在外的铜缆只需要相对较少的光学通道，直到现在仍可以借用长距离和 LAN 光学收发器技术，并通过微调使技术适应于高性能计算环境中共享的框-框数据。标准的光收发器封装虽然体型较大，有12个以上的通道且每个通道的带宽仅为2.5Gb/s，但可以用于支持几百米长的平行塑料或玻璃光纤色带[40]。一个光学发送模块从发送板上获取功率和信号，然后将信号转换成光学代码并将它们进行光学传播。接着，信号被接收模块接收并转换成数字信号。这种光学收发应用已经微型化，但互连密度仍旧很低。因此，对光学处理器的进一步研究就缓滞了，而且那时所有成熟的技术都已到达瓶颈。高密度光互连技术处理已成为世界上许多实验室的研究发展项目[15]。下一个发展将是在刀片中心服务器的卡-卡之间扩展光信号，然后是在卡上的处理器之间扩展信号，最终是将光学器件集成到处理器芯片上，如图 6.1 所示。

6.5.1 板-板光学布线

由插在光电接口中的光数卡组成的理想的光背板或中板是用那些用于光子计数和核计数的核仪器模块中的电子卡来完成的，这种思想也被借用到组装计算机上，比如刀片服务器。这种插入光学卡片的思想以前已被尝试过，比如说通用电气[41~43]、大学和工厂企业的联盟和研究机构，它们推进 MCM 技术，将其用于封装 VCSEL 阵列，并用 MT 连接器进行光耦合。可靠的光插卡很难做到，因为在恶劣的机械和热环境下，做到和保持可靠的光学校准是很难的。另外，光通道密度与电引脚密度大致成比例关系。因此，插入光背板的可靠性和边缘密度仍没有解决。一种折中的解决高速光学互连的办法就是采用光纤阵列或光学聚合物 WG 阵列的小型光收发模块，如图 6.5、图 6.6 所示。这种模块能够提高高端机的性能。

图 6.5 光学个人电脑（PC）总线扩展适配卡和光缆

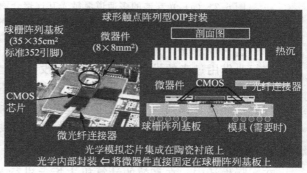

图 6.6 日本电气（NEC）用光纤和微 MT 连接器开发的多通道光收发器光纤带[26]

IBM 是第一家提供商用光总线的公司，该光总线可在两台电脑之间通过卡-卡光电数据传输方式进行几米以上高速光学传输，如图 6.5 所示。在 1993 年，IBM 东京研究实验室开发了一项用于扩展个人电脑（PC）I/O 总线的技术。一条 PC 总线通过光纤的方式扩展，可以保持对工业标准体系结构（ISA）总线或微通道总线的全兼容性。普通的 PC 嵌入式卡可以放置在距离 PC 几米远的地方，它们之间通过光纤来进行传输[44]。链路将 PC I/O 总线上的并行信号转换成串行格式，保持了总线通信协议的一致性，接着将串行信号用光纤传输。由于光通信链路对嵌入式卡和软件是完全透明的，程序可以直接访问 PC 附近的嵌入式卡，就像它们是安装在 PC 机箱内部一样。对于工业标准体系结构（ISA）总线来说，最大距离是 100m；而对于微通道总线，最大距离只有 10m。

但不幸的是，这项用于提高网络互连和性能的卡-卡光学链路的研究已经停滞在了这个位置。若干年后，日本电报电话公司（NTT）和日本电气（NEC）发表了应用在各自大型机上的光链路 PCB 板的研究成果。在这种情况下，光纤阵列或者聚合物波导阵列被应用于含有激光器阵列、光探测器阵列和相关放大器的小型光收发器与激光驱动器的连接。这种用于卡-卡光通信的收发器是光通信产业中大型收发器的微型版本。运行激光器时，未采用冷却措施可能会使基板的形状因子大幅度下降。日本电气（NEC）采用光纤的方式如图 6.6 所示，日本电报电话公司（NTT）使用聚合物波导的方式如图 6.7（a）和（b）所示。

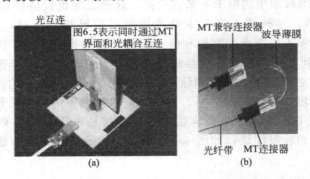

图 6.7 （a）光互连的多通道灵敏光互连聚合物波导，使用了 MT 连接器；
（b）柔性多通道聚合物波导带通过 NTT 公司的 MT 连接器连接到光纤上

对于这三种情况，光互连包含了 45°反光镜和某些情况下的微透镜。正是这种从电信行业借用过来的设计，使得即使在没有热电冷却器和密封层的情况下缩小板间光互连也变得十分困难。主要问题是成本大。不管是电信行业还是新兴的计算机光电行业，都没有找到一个快速而可靠的方法，用于对准光纤、透镜、反射镜、激光器或功率探测器，除非手动或借助机器人的帮助。

6.5.2 芯片-芯片光互连

在实际生活中，在高效的计算机主板上进行芯片-芯片光电集成的这项创举由高校-业界联盟的 R. Chen 提出，旨在提高当时大型机的计算速度[48~50]。如图 6.8 所示，如 Cray T90 主板作为广域光时钟分布的开发测试平台。大量的新技术第一次得到了开发与应用。第一次通过直接激光写入来形成长聚合物波导，第一次将薄膜硅或砷化镓（GaAs）金属-半导体-金属（MSM）光探测器嵌入到光波电路中，也是第一次直接在每个聚合物波导上加工表面起伏光栅用于光束整形，VCSEL 阵列被当作光源使用。

从这以后，世界上很多学者在设计和制造芯片-芯片光电互连领域取得了很大的进步，这是为了能在板集成层上实现广域高效数字数据传输。Fraunhofer 机构 IZM 已经提出了"光引脚"的概念，此概念旨在将激光器和探测器可靠地耦合到 PCB 中的光波电路上，并能够与 SMT 技术兼容[51]。接着，日本 NTT 公司开发的一种相似的混合载体"光泵"也是为电、光表面贴装器件的兼容而设计的[52]。SMT 电光电路板（EOCB）的主要元件为由多模波导结构组成的额外光学层。通过采用大量的层压、热压印、反应离子刻蚀、光刻以及标准印制有线板制造技术工艺后，波导被集成到了电路板光学层上。多模波导适用于满足 SMT 装配容差，其目的是为了与一般的表面贴装封装体连接，并且符合取-放 SMT 装配误差。光电器件需要适应这些工艺误差。

瑞士联合理工学院、Zurich（ETHZ）和 IBM 的研究人员报道过，可以将端-端光电集成到 PCB 上，而且每个通道速率为 10Gb/s 的通道数超过四个。他们用到了 850nmVCSEL、引脚功率探测器和 45°反光镜。图 6.9 显示了一个展示板。

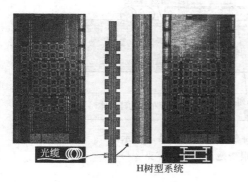

图 6.8　Cray T90 多处理器超级计算机主板图　　　图 6.9　ETHZ-IBM 展示板的俯视图
（长 26.7cm，有 52 个垂直集成层次，在 55MHz
　　有 1～48 个电子时钟信号分布）

与光交联链路相似，柔性的光互连只是为满足高密度、高速、板间和板内的光互连而开发的。下面展示的是 Ray Chen 发表的科学引文索引（SCI）文章上的内容，结构如图 6.10 所示。对比之前提到的所有情况，45°终端反光镜在这里同样与垂直激光器和俯视（或仰视）功率探测器一起使用。

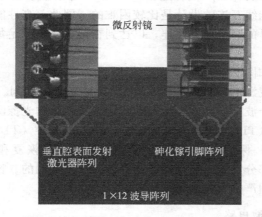

图 6.10　柔性光波导薄膜上集成的 VCSEL 和引脚探测器阵列

最后，IBM 开发的大量平行的光互连 Terabus 项目中有 48 个 VCSEL 通道，每个通道的比特率大约为 20Gb/s。图 6.11 是这项研究的一个框图。Terabus 的设计者们已经将分立元件的集成方法用于阵列元件集成，但光学对准仍然需要手动完成或遵循倒装芯片阵列回流过程中的表面张力定律[55]。

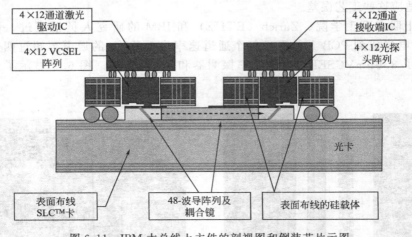

图 6.11　IBM 太总线上主件的剖视图和倒装芯片示图
（微透镜阵列显示得不是很清楚。详细内容见[55]）

6.6　光电子 SOP 薄膜元件

在本节中，我们总结了未来 15 年在箱内实现光互连的难度与挑战。如底板、柔性的高速、高密度的芯片-芯片光互连。

非均衡微条形铜传输线路在传输数字信号时会遗失带宽承载能力，损耗大小与线长的平方成反比且与截面面积大小成正比[16]。此外，微条形铜线必须保持阻抗匹配和屏蔽，铜线之间的距离要足够大，防止串扰。并要与电源平面隔离，避免将同步开关噪声或地面反弹噪声耦合进去[56]。由于电子数字信号的这些限制，高密度、高速的板外的铜线互连的设计是比较困难的。因此，高性能系统会首先迁移到二维或三维高速信号的高密度光互连，以达到在低功率下满足每秒每单位体积太比特的要求。

光学解决方案如图 6.12 所示，其中标明了必要的元件。一个激光驱动器通过激光器直接调制电流源 I，将数字输入信号转换成光脉冲序列。接着，调制后的模拟光信号耦合到一个波导中，并传给与接收端波导耦合的光探测器。光探测器的电流通过跨阻放大器（TIA）转换为电压信号，跨阻放大器（TIA）由自动增益控制的限幅放大器（LA）保持在数字层。一个滤波器、时钟恢复和判断电路组成数字信号恢复电路的一部分。该电路与数字光通信几乎是相同的。比特误差率的要求对于计算应用来说更加严格，至少为 10^{-15}。

6.6.1　无源薄膜光波电路

平面光波电路通过控制光包来传递信息，这与电子电路中用电荷包的想法相似。每种方法都有理论和实际上的优势及局限性。平面光波电路由光域和光导函

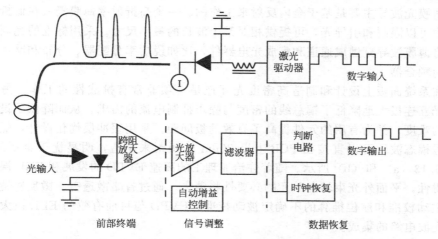

图 6.12　光互连的关键部件。直接调制电流将数字信号转换成模拟信号。
发射和数字调制相应的光脉冲，光信号通过波导传输到光探测器，然后光
探测器吸收光同时产生一定比例的电流

数、功率分配函数（MMI，Y-splitters）、功率混合函数（Y-combiners）和波长混合以及传播函数（波导相位阵列光栅）来描述。最终，一个实际的光波电路也包括电、光器件的接口（比如各种光源）、光放大器、光探测器和光振幅、相位及波长调制器。因此，一个平面或非平面光波电路包括两个部分，一是无源光波电路，另一个是有源光电器件（基于光载体产生、探测和编码信息）。这两个部分的光接口设计和搭建决定了光互连的可靠性、性能和成本。

本小节我们将仅考虑光波电路直接应用于光电子 SOP 技术中的某些方面，并将指出在发展过程中的更普遍的解决方案。

在处理器之间实施光数字信号的最先进技术已经由光电电路板（OECB）证实了[51]，其中 IBM 的太总线就是一个扩展的实例[55]。在这两种例子中，有源光器件——激光器、激光驱动器、光探测器和相关的放大器——都集成在一个周边球栅阵列（PBGA）封装上。这种封装还可能含有一个带复用-解复用的存储控制器。然后，整个球栅阵列倒装焊接在电路板的收发器上。用这种方法将 VCSEL 阵列的光耦合到光波电路中需要由微透镜阵列、45°终端反射镜波导来完成。一种相似的光耦合布局可用于光探测器。主动光路校准主要是人工操作取-放工具，位置误差应和前面的取放、倒装芯片的装配误差一致，不应超过 ±10μm。这种从电光封装借用过来的方法有显著的装配缺陷，而且扩展成本高昂。对于扩展来说，一个主要的缺陷就是用周边球栅阵列承载光学 I/O 信号，如图 6.11 所示。周边球栅阵列只有相对较少的光学 I/O，却占据了有价值的板空间，并且只能放置在离最近的处理器几厘米的地方，限制了 I/O 数量，因此"光到处理器"局限为"光在处理器附近"。一种可行的扩展方案是如 Section V. C. 所描述的电插拔方法，将柔性光学 I/O 放置于处理器的外围。

（1）薄膜光波导

薄膜光波导主要是基于全内反射来工作的。一个高折射率薄膜浸入在低折射率介质中可以限制和引导光，可提供相对某个波长的最小尺寸。采用标准的光刻技术可以将薄膜波导刻蚀成通道和集成光电器件，比如说功率分配器、分布和路由信号的定向耦合器。

在系统面板上设计和制造高密度光互连是一项非常有挑战性的工作。另一方面，光互连极大地降低了铜总线的密度与噪声抑制电流的需求，从而降低了设计和布局的难度，并为有用的元件提高了有效的板间距。采用缓冲层优化设计，低模态或信号模态波导可以直接在 PCB 上以 $20\mu m$ 的间距来制造，明显优于金属线路，如图 6.13 (a) 和 (b) 所示。随着佐治亚理工的高速 EVPD 的发展和 EEL 裸片的易获得性，平面外光束转向单元的必要性将消失。通过省略微透镜、微反射镜、繁琐的主动校准和航位推算的不确定被动校准，EVPD 与目前有效的 EEL 极大地简化了光波电路的集成。

（2）薄膜光功率分路器

光功率分路器可用于光广播应用，比如说对芯片或电路板的逻辑运算进行有效同步的短脉冲同时分配。在硅波导方面，Kimerling 报道过，在纤芯和包层的折射率差异足够大的情况下，平面光束转弯单模态波导和 Y 形或 T 形分路器可以加工出拥有 $1\mu m$ 量级的转弯半径[59]。通过多模态干涉（MMI）器件[60] 和 PHASAR 或阵列式的波导光栅结构[61] 进行光广播，以前就已经报道过这方面的内容。

在 320Gb/s 的吞吐带宽中，已证明可通过一个 1×8 的聚合物多模态干涉功率分路器传输 40Gb/s 的高速数据[62]。为了得到更好的输入耦合效率和高速检测性能，设计该器件时采用了多模态波导。多模态干涉分路器采用一种负面基调光敏聚合物无机玻璃来制造，这种聚合物无机玻璃由澳大利亚的光学聚合物专营有限公司（纤芯 $n=1.525$）在硅基上用 $5\mu m$ 厚的二氧化硅堆焊（包层 $n=1.467$）成缓冲层制得，合成图如图 6.14 所示。插入损耗是 4.12dB，通道均匀度为 0.21dB。测得每个 40Gb/s 通道的非归零误码率为 10^{-10}。

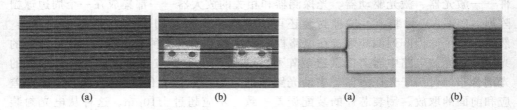

图 6.13　(a) 印刷电路板（PCB）上 $20\mu m$
引脚上的 $10\mu m$ 宽、芯厚 $5\mu m$ 的波导阵列和
(b) 铜垫上形成的波导阵列（$250\mu m$
引脚上、$50\mu m$ 宽、芯厚 $25\mu m$）

图 6.14　1×8MMI 分路器的 (a)
输入单元和 (b) 输出单元图。
MMI 宽度为 $200\mu m$，输出波导
宽 $10\mu m$，间距为 $15\mu m$

其中一个视野通道结构如图 6.15 所示，误码率测量结果如图 6.16 所示。对整个光波电路实施起作用的额外的无源、有源结构可在 Murphy[63] 中查阅。它们包括添加/删除开关、热光开关和混波用的非线性器件。

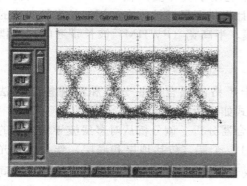

图 6.15　通道 2 中 40Gb/s
的光学视野图

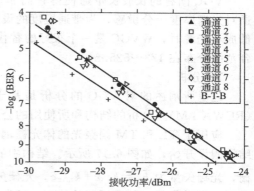

图 6.16　2^7-1PRBS 非归零码模式
在 40Gb/s 下的误码率测量

（3）光互连薄膜衍射耦合器

衍射光栅可以实现光耦合入或者出光波导，它们紧凑且薄，可以与以微电子为基础的平面器件技术兼容。衍射光栅可将输出的光汇聚，也可以按比率耦合发散光。衍射耦合器中需要重点考虑的是优先耦合问题。由于光栅一般将光衍射成多个级次，这对于制作一个高效耦合器，想在某一个特定方向上有最大的功率来说是很重要的。特定方向上耦合的功率与其他方向上所有功率之比称作优先耦合效率。

一个体积光栅通过某种材料的折射率周期变化来形成，它作为耦合器——体光栅耦合器（VGC）——由 Kogelnik 和 Sosnowski 第一次证实并展示了它提供高效耦合和易于制造的特点[65～68]。图 6.17 显示了体积光栅的耦合图解。优先级次耦合的 VGC 和优先级次耦合与聚焦的组合已被证实可行[69～71]。带有斜光栅条纹的优先级次耦合器（VGC）可通过干涉曝光方法制造出来，其中没有复杂的化学过程[72]。

体积光栅已在大量光互连方案中得到推广和应用[73～81]。早在 1980 年[73,74]，就已经在自由空间光互连中使用体积光栅。Chen 等人[82]以及 Yeh 小组[83]还将体积光栅应用到

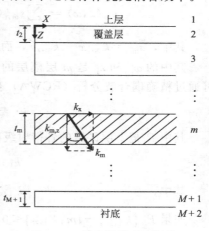

图 6.17　任意层数和光栅数
的耦合结构分析图

了基模光互连中。采用 VGC 的薄膜波导光互连在输入和输出耦合方面的应用也已提出[76,81]。目前，由聚合物散射液晶制造的体光栅耦合器被证明可以从聚合物波导中实现电开关的耦合输出[84]。优先级次光纤耦合器在这方面的应用也已得到证明[69,71]。不久前，为实现板-芯片互连，两个体光栅耦合器（VGC）之间的光栅-光栅耦合已被证明并实现[85]。

VGC 固有的长波长带通使得它们非常适用于波分复用器（CWDM）。波长带通对光栅厚度十分敏感，为带通宽度的设计提供了灵活性。在使用波长容易变化的低成本光源时，WVGC 是一个很好的替代。半高宽（FWHM）波长带通的高效耦合范围分布在 173～525nm。

1) 分析

这里所阐述的对 VGC 的分析是基于严格的耦合波长分析和泄漏模式方法（RCWA-LM）。分析的结构和所使用的公式如下所示。

应用于 TE 和 TM 偏振光的体光栅耦合器分析。该分析从对多层波导耦合器的结构假设开始，如图 6.17 所示。结构中的 m 个层（包括顶层和底层）作为体积光栅，光栅矢量为 $\overline{k_m} = k_x\,\hat{x} + k_{m,z}\hat{z}$。光栅矢量决定了 m 层光栅的周期和闪耀角。同质层可以看作是一种零调制的特例。耦合结构支持的导模通常是向外辐射能量的漏模。这种辐射构成了将光输出耦合到波导中的机理。

从数学上来说，这种辐射可以通过每个漏模的复传输常数来表示。复传输常数为 $\widetilde{\beta} = \beta - j\alpha$，其中 β 和 α 都是实数，可用 RCWA-LM 来计算[87]。每个区域的场形式为

$$\overline{u}_m = \hat{y}u_m(z,x)\mathrm{e}^{-j\widehat{\beta}x}$$

其中 u 代表 TE 偏振光的电场以及 TM 偏振光的磁场。

对于 m 层波导层（如图 6.17 所示）

$$u_m(z,x) = \sum_i s_{m,i}(z)\mathrm{e}^{-j\overline{\sigma}_{m,i}\cdot\overline{r}}, \quad m = 2,\cdots,M+1 \tag{6.2}$$

其中，$\overline{\sigma}_{m,i} = \widetilde{k}_{x,i}\hat{x} - ik_{m,z}\hat{z}$，而 $\widetilde{k}_{x,i} = \widetilde{\beta} - ik_x$。$s_{m,i}(z) = \sum_j c_j^m \omega_{i,j}^m \mathrm{e}^{\lambda_j^{mz}}$。

其中的 $\omega_{i,j}^m$ 和 λ_j^m 是 m 层模层的本征矢量和本征值，且 c_j^m 是它们各自的因子，可通过精确耦合波分析（RCWA）获得。对于上层区域

$$\overline{u}_1 = \hat{y}\sum_i R_i\mathrm{e}^{-j\overline{k}_{1,i}\cdot\overline{r}} \tag{6.3}$$

其中 R_i 是上层区域的各衍射级次，波矢定义为

$$\overline{k}_{1,i} = \widetilde{k}_{x,i}\hat{x} + \widetilde{k}_{1,zi}\hat{z}$$

其中，

$$\widetilde{k}_{1,zi} = \sqrt{k_0^2 n_1^2 - \widetilde{k}_{x,i}^2}$$

如果 $Re\{\widetilde{k}_{1,zi}\} - Im\{\widetilde{k}_{1,zi}\} < 0$，或者 $\widetilde{k}_{1,zi} = -\sqrt{k_0^2 n_1^2 - \widetilde{k}_{x,i}^2}$

如果 $Re\{\widetilde{k}_{1,zi}\} - Im\{\widetilde{k}_{1,zi}\} > 0$[88]。

由于基底[如图 6.17 所示 $(M+2)$ 层模层]

$$\overline{u}_{M+2} = \hat{y}\sum_i T_i\mathrm{e}^{-j\overline{k}_{M+2,i}} - (\overline{\gamma} - d\hat{z}) \tag{6.4}$$

其中 $d = \sum_m t_m$，t_m 是第 m 层膜的厚度；M 是结构中所有模层的总数（不包括顶层和底层）；T_i 是基底区域中的各衍射级次。波矢是

$$\widetilde{k}_{M+2,i} = \widetilde{k}_{xj}\hat{x} + \widetilde{k}_{M+2,zi}\hat{z}$$

其中
$$\tilde{k}_{M+2,zi} = \sqrt{k_0^2 n_1^2 - \tilde{k}_{x,i}^2}$$

如果 $Re\{\tilde{k}_{M+2,zi}\} - Im\{\tilde{k}_{M+2,zi}\} > 0$，或者
$$\tilde{k}_{M+2,zi} = -\sqrt{k_0^2 n_1^2 - \tilde{k}_{x,i}^2}$$

如果 $Re\{\tilde{k}_{M+2,zi}\} - Im\{\tilde{k}_{M+2,zi}\} < 0$[88]。

采用光波在不同结构区域的电场和磁场分量以及电磁边界条件，这个问题可以表示为矩阵方程形式 $\overline{M}(\tilde{\beta})V = 0$，其中 $V = [RC_1 \cdots C_M T]^T$ 和 $\overline{M}$ 是一个 $2(M+1)N \times 2(M+1)N$，N 是衍射级次的数量。$R = [R_{-P}, \cdots, R_P]$ 和 $T = [T_{-P}, \cdots, T_P]$ 是 N 维向量，其中 $P = (N-1)/2$。这些矢量对应于顶层和底层衍射平面波的复振幅，$2N$ 维矢量 C_m 对应结构中内层的场的复振幅分量。要得到这个矩阵公式的奇异解，$\overline{M}$ 必须为 0。因此通过解 $\overline{M}(\tilde{\beta})V = 0$，$\tilde{\beta}$ 值可以确定。解这个矩阵方程是一个数学问题，因为可能会出现对应于不同模式或非物理模式的多个解。求数学方程非零解的穆勒算法被采用来计算精确解。若初始假设充分，则穆勒算法灵活。各层零调制情况下的导膜传输常数 β 的实部通常是较好的初始点，这是因为 $\tilde{\beta}$ 的实部一般接近 β。穆勒算法比之前所用的序列二次编程算法更加有效[72,91]，因而减少了计算时间。

一旦 $\tilde{\beta}$ 确定下来，就可以用来计算衍射到耦合系统之外的辐射功率分布。因 $\overline{M}(\tilde{\beta})V = 0$，$V = [RC_1 \cdots C_M T]^T$ 分量可当作一个一般的常数方程来解。为简化计算，其中的常数通常取单位值。现在的条件是 $R_1 = 1$（可以选取任意一个 V 分量而不会影响到最后的结果）。这样 R_i 和 T_i 的幅值与顶层一次衍射级数的幅值成正比。接着，利用 $\overline{M}(\tilde{\beta})V = 0$ 并消除这个变量及系统中的一个方程，使 $\tilde{\beta}$ 成为这个降元系统的一个解，所有 R_i 和 T_i 因子的相对值就都可以解得了。这些因子接下来被用于计算传输衍射级次的相对功率分布。每个坡印亭矢量的相对值可根据下式来进行计算

$$PV_{\text{sup},j} = |R_i|^2 Re\{-k_{1,zi}\}$$

对于反射级次（反射到顶层）
$$PV_{\text{sub},i} = |T_i|^2 Re\{k_{M2,zi}\} p$$

对于透射级次（透射到底层），其中，TE 偏振的 $p = 1$，TM 偏振的 $p = n_1^2/n_{M2}^2$。接着，非传输级次的顶层相对值 $|Re\{k_{x,j}\}| > k_0 n_1$ 和底层相对值 $|Re\{k_{x,i}\}| > k_0 n_{M2}$ 设为零。通过完成传输级次相对功率对总功率的归一化可求解相对功率。耦合输出功率中，被耦合到所期望的级次的部分被称为优先耦合率并设为 $\eta_{1,i}$，[69]其中 1 可以是顶层也可以是底层，且 i 为衍射级次。计算结果为

$$\eta_{1,i} = PV_{1,i} / \Big(\sum_i PV_{\text{sup},i} + \sum_i PV_{\text{sub},i} \Big)$$

耦合效率（CE_{1j}）定义为传输一段 L 的距离后，耦合器起始端功率被衍射到的期望级次的百分比。耦合效率可以计算一次 $\tilde{\beta}$ 且功率分布是已知的，如下所示[69]

$$CE_{1,i} = \eta_{1,i}(1 - e^{-2aL}) \tag{6.5}$$

2）设计

获得已知结构的光栅矢量的方法和 VGC 的具体制造过程将在下面进行陈述。其中包括外形加工的设计、校准、样品配制、曝光过程和固化。

① 波导中光栅与包层中光栅的比较　VGC 的结构显示在图 6.18（a）和（b）中。两种结构都是基于玻璃基板，有空气顶层。两种情况下，波导中的光入射（从左）到光栅耦合器上。在图 6.18（a）所示的结构中，体积光栅（VG）位于与高折射率波导层相邻的层中（"VG 在包层中"的结构）。图 6.18（b）所示的结构中，VG 嵌入在波导层中（"VG 在波导中"的结构）。图 6.18（a）中的结构可以设计为支持几个泄漏模式，且只有一个限制在波导中。而对于 6.18（b）中的结构，可设计为仅支持一种特定波长的基本泄漏模式。

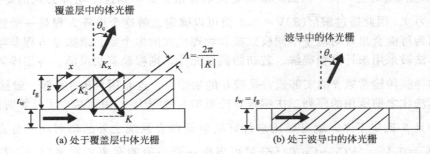

图 6.18　之前在该论文中讨论过的两种体光栅耦合器的布置方式示意图
（光栅矢量 K，周期 Λ 和倾斜角 ϕ，如图示。θ_c 为出射耦合角，t_g 为光栅层厚度，t_w 为波导层的厚度）

② 光栅矢量设计　给定基底层、波导、光栅尺和顶层的折射率，以及波导和光栅层的厚度后，一旦选取了出射耦合角，所需要的光栅矢量分量就可以确定下来。

出射耦合角如下所示

$$\theta_c = \sin^{-1}\left(\frac{\beta - K_x}{K_0 \, n_{sup}}\right) \tag{6.6}$$

因此，K_x 的值由给定的 β 值（取决于结构参数）和输出耦合角确定。以聚焦耦合器为例，K_x 随耦合器的长度变化而变化，用以产生不同的耦合输出角，来实现聚焦的输出光束。K_x 需要汇聚到 $x = x_f$，$z = z_f$ 的线上[72]。

$$K_x(x) = \beta + \frac{k_0 \, n_{sup} \, (x - x_f)}{\sqrt{(x - x_f) + z_f^2}} \tag{6.7}$$

由于光栅矢量的 K_x 分量用来计算出射耦合角，仅 K_z 分量用来优化耦合长度[72]。与入射波矢量是不确定的总体衍射不同，导波光衍射为决定布拉格条件的入射波矢量提供了三个明确的选择。第一是该耦合模式下的传播常数 β，第二和第三个选择分别是该模式下的向上和向下传播的平面波分量。使用该模式下的传播常数 β 来确定布拉格条件能够在设定的波长产生最有效的耦合。这种情况可以被称为导波布拉格条件（GWBC）。与众所周知的入射波分立衍射的布拉格条件不同，此模式下入射波在波导中是有导向的。图 6.19 描绘了导波布拉格条件（GWBC）

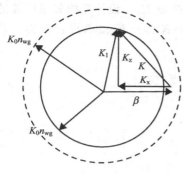

图 6.19　导波布拉格条件
（GWBC）

的简图。GWBC 的公式是：

$$K_z = \sqrt{(K_0 n_g)^2 - (\beta - K_x)^2} \qquad (6.8)$$

用来制成光栅的 HRF-600X 材料在曝光和固化的过程中会产生 $\delta = 3\%$ 的收缩。但因为光栅平面的大维度，收缩并不会对 K_x 参数产生显著的影响。但是，K_z 会受到影响，在曝光和固化之后，$K_z = K_{z,\text{orig}} / (1 - \delta)$，其中 $K_{z,\text{orig}}$ 是初始记录的 K_z。因此，需要通过记录 $K_{z,\text{orig}}$ 来获得 K_z 作为最终结果，以对收缩进行预补偿。

以上过程可以用来设计任何出射耦合角的耦合器、聚焦耦合器、偏振相关以及偏振无关耦合器。

3）体光栅耦合器的制作

这一节中，对体光栅制作的所有阶段都会进行描述。首先，介绍用来制作光栅的干涉记录配置。然后，介绍记录结构的调准过程。接下来，描述样本的制备与记录方法。最后，介绍 VGC 的后曝固化工艺。

光栅记录配置的设计。为了制作前述的 VGC，使用了图 6.20 所示的干涉记录布局。来自 363.8nm 单频激光器的光线经过空间滤波并校准以获得整齐的波阵面。光线再被转向到由前后两片半波片组成的偏振光束分光器。这一配置可以产生功率精确可控的两束光。之后这两束光又被反射镜转向到记录样本上。样本前需放置一个有抗反射涂层的熔融石英棱镜，以获得上述的 K_x 和 K_z 设计值所需的两束入射光的角度。考虑到来自样本-空气界面的反射可能会影响到记录的图案，最后在样本的后面还要放置另一个棱镜来将光线反射降至最低。图 6.21 是干涉记录布局的照片。已知固定记录波长、样本和棱镜的折射率、两束记录光束之间的角度和样本

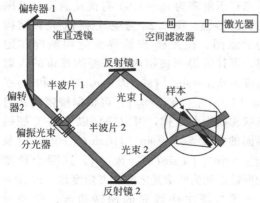

图 6.20　光栅记录布局图

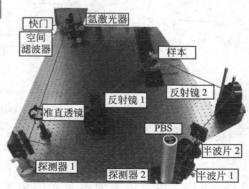

图 6.21　光栅记录布局照片
（光路已经在图中绘出）

相对于这两束光而言的偏转角，就能够确定所需的 K_x 及 K_z。设计光栅矢量所需的两束相干光束的波矢量分量可以通过 $K = K_x + K_z = K_{1,w} - K_{2,w}$ 来进行计算，其中，$K_{1,w}$ 和 $K_{2,w}$ 是两束输入光束的波矢量。

从前面的等式，可以推出

$$K_x = K_{x1,w} - K_{x2,w}$$

和

$$K_z = K_{z1,w} - K_{z2,w}$$

又已知 $|\vec{K}_{1,w}| = |\vec{K}_{2,w}| = K_{0,w} n_{g,w}$，则可得

$$K_{0,w}^2 n_{g,w}^2 = K_{x1,w}^2 + K_{z1,w}^2$$

和

$$K_{0,w}^2 n_{g,w}^2 = K_{x2,w}^2 + K_{z2,w}^2$$

有了这四个等式和 K_x、K_z 的设计值，对于记录波长 $\lambda_w = 363.8nm$ 时，指标为 $n_{g,w} = 1.535$ 的光栅材料，$K_{x1,w}^2$、$K_{z1,w}^2$、$K_{x2,w}^2$ 和 $K_{z2,w}^2$ 就可以确定了。

根据这些波矢量，记录光线的入射角为

$$\theta_{g,1} = \tan^{-1}\left(\frac{K_{x1,w}}{K_{z1,w}}\right) \tag{6.9}$$

和

$$\theta_{g,2} = \tan^{-1}\left(\frac{K_{x2,w}}{K_{z2,w}}\right) \tag{6.10}$$

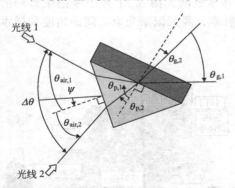

在光栅-空气界面运用斯涅尔定律，会发现在光栅材料中倾斜的入射角足够大时，在空气界面就不会发现折射。为此，需要选择角度合适的棱镜以在样品内形成足够大入射角。对于记录波长 $\lambda_w = 363.8nm$ 的情况，需选择折射率为 $n_p = 1.47$ 有抗反射涂层熔融石英的棱镜。图 6.22 为空气-棱镜-光栅结构的示意图。在光栅-棱镜界面运用斯涅尔定律，可计算得到棱镜内所需要的光束的入射角为 $\theta_{p,1} = \sin^{-1}[\sin(\theta_{g,1}) n_{g,w}/n_p]$ 和 $\theta_{p,2} = \sin^{-1}[\sin(\theta_{g,2}) n_{g,w}/n_p]$。再根据棱镜的几何形状和斯涅尔定律，可以得到以下空气-棱镜界面的角度 $\theta_{air,1} = \sin^{-1}[n_p \sin(\theta_{p,1} - 45°)]$ 及 $\theta_{air,2} = \sin^{-1}[n_p \sin(45° - \theta_{p,2})]$。这两个角度的度数之和为两束光之间的夹角度数，即 $\Delta\theta =$

图 6.22　空气-棱镜-光栅结构图
（棱镜的使用允许有倾斜角度的光栅完成
单独的空气-光栅界面无法完成的记录）

$\theta_{air,1} + \theta_{air,2}$，两者的差为两束光的角平分线与样本法线间的偏转角度，即 $\Psi = (\theta_{air,1} - \theta_{air,2})/2$。

只要确定合适的记录布局设计，就可以布置记录结构与记录用的光栅了。

6.6.2　有源光电子 SOP 薄膜器件

在过去的十年里，EEL、VCSEL 以及 PD 在带宽与波长选择方面有了很大的提升，可靠性方面也有所提高。光电设备中的电接触与光传播方向之间的几何关系是基于它们的历史发展。这些几何关系对 OE 元件和无源光波电路的简易集成是不利的。合适、现成的光电设备的电接触焊盘都排布在一个垂直于光传播方向的平面上。这就迫使集成者去设计、制作和布置诸如微镜（及准直透镜）等光束转向器件，来实现光束在平行于电接触焊盘所在平板的平面内传播。

如果电接触平面与光束传播方向平行会不会使得集成工艺变得容易些呢？这样的话，EEL 和 EVPD 就可以简便地端耦合到波导上，并且不需要微镜与微透镜。事实上，这一指导原则使得佐治亚理工学院（GT）的界面光耦合技术（IOC）应用于光电 SOP 的集成工艺中[91]。对于多数光学聚合物光波导材料来说，最优传输的波长大约为 850～980nm，在 IOC 集成工艺中，界面的制作过程会尽可能简单以降低在这一波段研发高性能 EEL 和 EVPD 的成本。

SOP 的终极目标是在最小的物理体积内尽可能实现最高的功能。这就要求纳米技术和包括薄膜技术在内的纳米集成工艺的发展。除了考虑到人-机界面的因素外，没有物理方面的原因不把今天的便携笔记本做到只一个衬衫纽扣那样大的体积。

在过去的二十年里，CMOS 晶体管的电气和物理栅极长度已经达到了低纳米尺度，并且（人们）试图将 CMOS 晶体管在三维尺度上堆叠然后进行纳米尺度的电气布线[92]。显然，主要的挑战将会是散热问题。

Mitsumasa Koyanagi 在他的前沿性工作中已经实现快速访问高密度 CMOS 存储器的芯片级三维平行光学互连[93]。

CMOS 晶体管、薄膜 MSM 光探测器和薄膜边发射激光器的异质集成已经先后被报道过[94,95～97]。

近年来，通过使用与薄膜 MSM 和薄膜 EEL 相似的刻蚀剥离工艺过程[94]，已经制成了薄膜 VCSEL 阵列[98～100]。这证明了晶圆级异质薄膜集成是可行的。

CMOS 晶体管既可以用来进行信号处理，还可以作为激光驱动器和电探测放大器。目前，通过薄膜堆叠实现实用的芯片级三维光电子 SOP 的主要挑战，在于 CMOS 晶体管的散热问题。

自由空间或全息光学信号不在本书讨论之列。因为尽管它已经在某些芯片上得到应用[101]，但是该技术还没有在芯片间或者电路板间的信号领域获得稳固地位。

取而代之的是，我们将讨论导波光学和它在高速芯片间及板间传输光学信号方面的应用。首先，我们将回顾最有前途和被报道最多的光学聚合物材料的基本光学特性。其次，也会简要介绍其中涉及的光波导电路的制作工艺。

6.6.3　三维光波电路的良机

在二维光学互连中，一般认为光学信号是在一个既包括发射器单元又包括接收器单元的平面内传播的，例如 Fraunhofer 研究所的光学电路板（OECB）[51]和 IBM 的太总线[55]。在三维光学互连中，发射器和接收器单元分布在近乎呈直角的不同平面或分立的平行平面内[102,103]，如图 6.5～图 6.7 和图 6.23（c）所示。光学背板（与广为人所熟知的铜背板类似）和替代的大规模信号分配在文献[15，41，104]中都有很好的总结与论述。

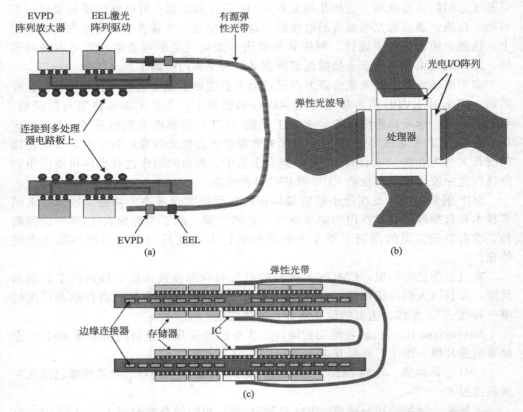

图 6.23　（a）由激光器阵列、光探测接收器阵列等基本元件构成的板间信息收发器示意图。嵌入了激光器与光探测器的可分离光带处理器旁的电气连接可以方便地进行局部修理与升级；
（b）被外围的弹性光学连接包围着的处理器。使用传统的聚合物波导技术，现有的 EEL 和
VCSEL 技术可以被扩展到 125μm 的水平，且用 IOC 方法就可以简便地实现对准；
（c）弹性三维光学互连在带有外部存储器的两块多处理器电路板间进行高速通信应用的一个例子

　　下面我们仅就光学背板方法进行简略评述：①如果光学背板是纯粹无源的，那么激光器、驱动器、光探测器和光探测器放大器就不得不和现有的器件一起被安放在电路板上。②如果传统的光学连接技术被用作补充（例如微镜和微透镜折射），那么板上对准的挑战仍然像在 EOCB 和太总线技术中一样存在。背板上的对准问题就会变成无源耦合问题，如同 MT 连接器中将精确性转换为成本和受限制的可扩展性[105]。

　　佐治亚理工学院使用的方法如图 6.25 所示，运用了聚合物光学波导和 GT IOC 集成工艺，而在其中的一个关键区域采用了与 NEC 芯间或电路板间的光纤光互连法[26]相似的策略。通常的解决策略关键在于与芯片或电路板相连的接口要导

电、可插拔且高速。与 NEC 不同的是，GT IOC 方法不使用微光学器件，而是依靠 IOC 工艺过程来进行 EEL 和 PD 与光波导的连接。GT 光学收发器包括已事先对齐的激光器和 PD 阵列，而没有使用 MT 接口。使用高速引脚实现了收发器的任一端的可插拔特性。

"盒内光学器件"的入口也许不是以在 PCB 上严格地嵌入光波电路的形式存在的。在此 PCB 中，运用 OECB[51] 或太总线[55] 的策略，可实现芯片间数字信号在光电共合电路层以光的形式传输。芯片间及电路板间光互连的最佳解决方案也许是以电插拔、柔性薄膜、有源光学收发器的形式存在。而这一收发器由嵌入了如激光器（VCSEL 或 EEL）和光探测器（EVPD 或传统 PIN 发光二极管）等光学有源器件的柔性波导阵列组成。这种互连方式首先由 NEC 的 Yoshikawa 使用光纤、45°反射镜和 VCSEL 来实现[26]，如图 6.6 所示。图 6.23（a）和 b 为 GT IOC 集成工艺示意图。因为弯曲损耗可以被忽略[106]，所以可以简单地使用柔性、可插拔光波电路（收发器）来连接刀片服务器或超级机箱中的多处理器板的堆栈或队列，实现三维光学互连。超越 Yoshikawa 的前沿工作关键在于，在柔性光学互连是可靠、可缩小且廉价的前提下，完成可缩小的、能够大规模生产的高光学互连密度和通道带宽的设计。

GT IOC 集成工艺可以保证廉价性，因为光学互连的最大困难——光学对准——很繁杂，但可在多通道上的波导制作工艺过程中同时完成对准。另外，包含已预先对准到激光器与探测器上的嵌入式波导的光带作为独立部分被装配，并与收发器模块形成电气连接，如图 6.23（a）所示。收发器的任一端都被设计成可与板卡上的相应位置进行电气插拔，如图 6.23（c）所示。

6.7　SOP 集成：界面光学耦合

光波导与光电有源器件、无源光纤间的界面在集成层次上占据最重要的地位。如图 6.6、图 6.10、图 6.11 所示，工业和研究机构的光学互连构造通过光线的自由空间传播和微镜、微透镜传递技术将无源光波电路与光学有源器件互连，满足了电信工业中将分立器件集成的实际需求。这些光波电路的附加部分被设计用来改变光线的传播方向，并实现光线的对准与聚焦。不可避免的是，附加器件的光学对准需要大量的人工干预。结果会造成大量的介入损耗、不确定的对准稳定性和高昂的生产成本。以图 6.24 所示为例，介绍了制造业中广泛使用的方法和许多出版物中提及的典型集成策略[26,42,43,46,47,49,51,53,107]。此技术趋势的唯一例外是瞬间耦合的薄膜 MSM 光探测器技术的使用[94~97]。

相反，IOC 工艺的指导方针是使光电集成工艺如图 6.25 中所描述的一样简单而美观。因此，只要具有可行性，那么边发射激光器与边观测光探测器就会得到应用。作为替代，也可以使用 PIN 上视光电探测器，它能够直接为 PIN 有源区域上方的波导上提供 45°端反射镜，如图 6.28 所示。对于一个或多个光学通道来说，光学对准的任意一种方式都可以在波导制作过程中自动而且同步地实现，而且光线在被探测到之前不会离开波导。IOC 工艺的大体步骤如下：首先在电路板或薄层上旋涂上一个隔离或缓冲层，形成一个底层的覆盖层，然后将 EEL 与 EVPD（或 PIN

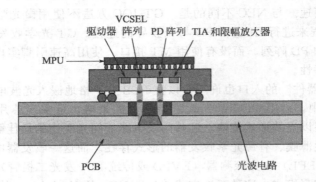

图 6.24 一些计算机公司为了引入"光纤到处理器"技术而研发出的 EOCB 剖面概念草图。
图示的电路板包括一个植入型的无源光波电路，用来接收和传输芯片而不是处理器上的光信号。
因为选用 VCSEL 和顶、底观测型光学探测器，所以需要使用 45°的端反射镜和
准直透镜大体上实现平面外光束转向 90°，如图 6.11 所示

PD）按照需要布置好。然后再旋涂形成一核心聚合物涂层。此时，使用光刻掩膜定义波导核心。将 EEL 的发射波导与 EVPD 或 PIN PD 对齐，然后在紫外线下进行曝光，这样就同时且自动地实现了对于一个或多个通道与发射器与接收器间的光学对准与耦合。

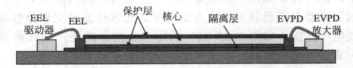

图 6.25 在 IOC 光电集成工艺中，核心聚合物可以与 EEL 波导前面、
传统光探测器有源区形成界面，更易与 EVPD 有源区形成界面。
光学对准发生在通过波导掩膜排布所有器件的核心形成过程中

佐治亚理工研发的 IOC 工艺来保持集成的简单和美观。理想地，不使用微镜与微透镜。基本的思路是使用一个绝对平面光波电路使得光学信号从激光器传递到接收器的过程中，光线始终不离开光波导。从使用标准 PCB 工艺来降低生产成本的角度来说，低介入损耗和高调制深度，无需构造板外光束转向设备，而将边发射激光器及侧视光电探测器直接通过光刻排布并端耦合到光波电路中具有优势性。如今，EEL 已有可用产品，而 EVPD 也正处于 GT 的研发中。

与 IOC 集成工艺并存的，GT 已经展示了一种单一的端-端光学通道。该通道将 1310nm 直接调制的 DFB 边发射激光发射器端耦合到波导上可完成 10Gb/s 的通信，因为缺少可用的 EVPD，便使用一个顶观测 PIN PD 通过 45°波导端反射镜耦合到同一波导上以实现相应功能。PD、TIA、幅放大器（LA）（图 6.26）和激光及激光驱动器（图 6.27）连同波导都被集成到同一 FR4 基板上。一个单端随机比特流通过 SMA 边接口和板上 CPW 被输入到激光驱动器内。LA 的电气输出信息通过 CPW 和 SMA 边接口输出到数字通信分析仪进行分析。GT 实验台由一种FR4 聚合物复合材料组成。该复合材料由铜板层压形成四个金属互连层——信号

层、接地层、电源层和背接地层。接收器和变送器模块分别如图 6.26 和图 6.27 所示。详细内容请查阅文献[108]。波导和光探测器的端镜面耦合如图 6.28 所示。

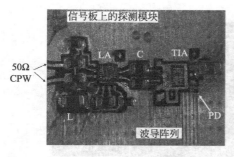

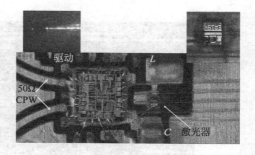

图 6.26　数字光信号实验台探测模块俯视图。C 为 8 个。一些用作信号耦合，一些与表面贴装电感连接用作直流电源滤波器。PD 指向的是通过在指向方向上的 5 个波导中的一个与激光发射器相耦合的 $250\mu m \times 460\mu m \times 150\mu m$ 的发光二极管。TIA 为跨阻放大器（$1.1m \times 0.86mm$）而 LA 为限幅放大器（$1.1m \times 1.3mm$）。所有器件都通过引线键合的方式连接到信号板的焊盘上。探测模块的电输出通过 50Ω 共面波导和板装 SMA 接口进行测量。电路板、信号板的上表面镀了金，表面呈现淡黄色。波导结构由底的保护层和波导核心（有些带有顶保护层）组成，构建在聚合物缓冲层上

图 6.27　展示了激光器、激光器驱动和表面贴片电感和电容滤波器件布局的信号板激光驱动模块俯视图。器件与信号板焊盘上通过引线键合连接。不同的 50Ω 共面波将来自 SMA 边接口的外部源进行转化，为激光驱动器提供驱动信号。激光器的尺寸 $254\mu m \times 250\mu m \times 100\mu m$。驱动器尺寸为 $1.6mm \times 1.6mm$。导电铜的厚度为 $60\mu m$。缓冲层对激光器焊盘与地平面间 $60\mu m$ 深沟的平坦化为构建波导阵列提供了光滑表面。图片的左上角为从激光器到波导的光耦合实际运作中的红外图像。右上角为引线键合连接输入焊盘的图像[108]

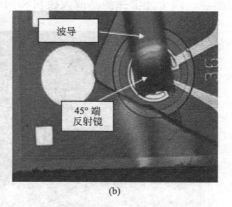

图 6.28　耦合到 $150\mu m$ 厚光探测器的波导。(a) 光探测器位置安放在五个波导阵列中的一个波导上的全息图。(b) 光探测器上的波导端反射镜放大图像。这些波导宽 $50\mu m$ 高 $60\mu m$，无顶层保护，在底聚合物保护层上通过旋涂聚合物和光刻形成。而底聚合物保护层位于导电金属层上面的缓冲层上[108]

图 6.29 展示了一张 HP83480A 型分析仪获得的光探测模块单端输出的 10Gb/s 信号的电气视野图表。1310nm 的光线由图 6.27 所示的激光器模块产生。

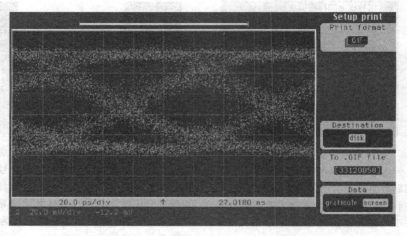

图 6.29　单端 10Gb/s 发射视野图

为了证明 GT IOC 工艺非常适合多光学通道的同时对准，1×4 的聚合物多模态干涉（MMI）光功率分配设备的输出波导在自身构建的同时，与四个接收光电二极管进行对准。光探测器首先被嵌入到硅晶圆上刻蚀出的深沟槽内，而后在该晶圆上构建 MMI[109]。接下来将硅晶圆上的每一个光探测器输出与 FR4 板上的每一个光学放大器模块进行引线键合，使用 SMA 型边连接器把信号输入到数字信号分析仪中。文献[109]报道了可接受的 10Gb/s 视野图[109]。图 6.30 展示了硅片上的光学通道和 FR4 上的电气通道间界面的俯视图。图 6.31 展示了四个光波导、四个光学探测器、四个光学探测器放大模块和四个输出共面波导的俯视图。

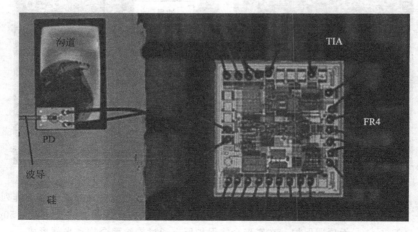

图 6.30　波导和 PIN 光探测器在硅片上光耦合以及一阶阻抗（TIA）
放大器在 FR4 板上光耦合放大的俯视图

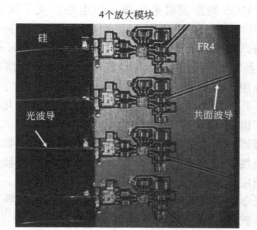

图 6.31　四个光波导同时对准到硅片上的四个光探测器的全息照片。每一个光探测器通过
引线键合方式连接到形成每一个光探测模块的 TIA 一阶阻挡放大器和二阶限幅放大器上。
每一个数字输出量通过电路板边缘的共面波导传递给 SMA 接口。
每一个单端输出量通过数字通信分析仪进行分析

6.8　芯片上的光学电路

芯片上的无源光学电路与光子结构正在被一些新兴公司逐步商业化。例如
Lightsmyth 公司正在研究在芯片上生产光谱比较仪、光学多路复用器和动态可重
构平面干涉结构的硅全息纳米结构[110]。

Luxtera 致力于研发与 CMOS 兼容的光调制器和芯片上与光子电路直接耦合的
光纤[111]。

NEC 已经成功展示了纳米发光二极管与硅芯片上的微型放大器集成的技术。
另外，NEC 也展示了只占用芯片上 $100\mu m^2$ 的面积并通过一个 $1\mu m$ 硅波导来传输
多波长的 WDM 多路复用器和解复用器的技术。这些创新将引发芯片上和处理器
核心间数据处理速度空前提高。这些结果在 2006 年的国际固态电路会议上都有所
报道。尽管，激光光源和激光驱动器的集成并没有被讨论[112]。

Intel 支持了一项扩展的硅光子研究项目[113]。Intel 前沿工作的一个例子就是
基于 MOS 电容器的硅光学调节器研究[114]。即便这一特殊调节器拥有很小的孔径
和高的电容，限制了调制频率（千赫兹级别），但它仍然说明了 CMOS 与光学功能
的兼容性。另一个例子是，全硅的 Mach-Zehnder 调制器[115]。即便这个设备拥有
高介入损耗和低调制范围，但是据报道它拥有 10Gb/s 的调制频率，这对光学器件
的 CMOS 集成做出了显著贡献。

一个电驱动可直接调制的硅基激光器，对于实现光路由和光学编码是关键的光
学部件，它有效避开了 CMOS 必须完全兼容光电芯片的要求。Intel 正进行这方面
的工艺研究，已经证实能实现硅拉曼激光器和波导放大器的操控[116]。尽管不是电
气驱动的，而且长度很大，波导拉曼激光器仍然是可激励后续研发工作的原型产

品。至于使用兼容 CMOS 的探测器来完善光学电路，关于同步脉冲分布的非接收光学探测器的内容[117]还需进一步研究。

对于光信号编码、路由和复用-解复用以及在大约 10GHz 水平使用 CMOS 兼容的 MMI 功率分配器时的低偏移、低抖动光学时钟分配的情况来说，芯片上的光学电路可能是最适合用的。此外，对于传统波导材料，如硅、氮化硅、III-V 聚合物，硫系玻璃起到了补充的作用，并为制作光刻波导和其他几乎没有被开发过的无源光学单元提供了新机遇[118,119]。

对于封装的处理器而言，当时钟同步的完整性不再通过数字方式实现，那就必须考虑到光学的可能性。因为多核可选择性以及架构效率在较慢的时钟频率能实现高性能，所以无法确定具体的时钟频率（10GHz 或 50GHz）。在封装好的处于热流中的处理器中引进光学时钟信号也许会是一个很难解决的问题。如果将激光源安放在处理器附近，那么就要克服大量的阻碍：

① 冷却了的无源模态锁定的半导体激光器是否有足够的稳定性和可靠性？是否应该使用外部调制器？

② 当处理器中的时钟信号通过波导时，是否需要被放大？放大多少倍？是否要在芯片外进行放大？

③ 如何将 SiGe 探测器和 TIA 集成到芯片上？需要多少个探测器？

④ 期望的时滞是多少？如果说同步光学脉冲产生在母板的某些地方而且通过光纤或波导传送到处理器，那么接下来的任务就是通过处理器封装将芯片外的光学器件与芯片内的时钟信号分配设备高效地耦合起来。

⑤ 如何将光学时钟信号与芯片上的光学接口相耦合？文献［120］与［121］的作者给出了一种使用锥形波导的声子晶体耦合法。另一种对于芯片内光信号分配的方法是使用由广岛大学的 Takeshi Doi[122] 及 Kimerling[59] 先后提出的硅波导和自由空间全息光信号分配模块。该全息光信号分配模块与由 Psaltis 开发的[123]拥有数据库搜索和光学图像处理功能的光学可编程 FPGA 系统相连。

⑥ 将有源光学器件、光探测器、放大器和光学放大器引入到处理器上的散热情况如何？

早期的实验研究证实了芯片内光信号的可行性，但是也指出其存在巨大的技术困难。除了在芯片上异构集成多量子阱（MQW）调制器，Goossen 也使用异构集成来将 VCSEL 阵列键合到数字芯片上[124]。而 Koyanagi 使用芯片减薄和堆叠的方法来构建三维数字和光学集成结构[126]。最近，Intel 已经证实了 MOS 基电容光学调制器的可操控性[128]。

因为互连尺度效应的存在[128]，随着电阻和电容的增长，整体和局部互连会出现信号传递的延迟[129]。这一问题依靠分段互连和插入中继器的方法可部分进行缓解[128]，尤其是对于时钟信号分配设备而言。尽管最优间隔的中继器最小化了热耗散和技术节点的延迟时间增长速率，但是 2005 年的 ITRS 仍然预测，到 2013 年，全局信号延迟达到 1ns/mm。产生的一个相关问题就是处理器的温度。时钟信号分配设备承担了处理器产生的大约 50%～60% 的耗散热量[130]。处理器温度会始终被测量，这个温度会减缓时钟速率或降低输入电压；而这两种纠正措施很大程度上都会降低处理器的性能。引入光学信号分配设备也许对热环境没有帮助。另一方面，如果全局信号要传递到处于处理器与封装引线重新排布之间的芯片外的光学插入器，这将一下子降低全局信号的延迟；同时，因为去除两个主要热源——全局时钟分配和从芯片到光插入器的全局信号，芯片的温度会大幅下降。光学插入器由激光器、激光驱动、光探测器和光探测器放大器组成，并从母板上获得能量来源。最终的结果就是处理器的光学冷却以及大幅降低的延迟。

图 6.32　硅-蓝宝石堆栈[131] 芯片
通过透明的蓝宝石基底堆栈的
"空间自由"光学传输实现光通信

最后，Cornell 的研究小组将包含有不定形晶体管的 SOS 芯片进行堆叠，并通过使用同质集成的 MSM 光学探测器与异质集成 VCSEL 的芯片堆叠，实现了三维光学通信。如图 6.32 所示。

6.9　光电子 SOP 的未来趋势

在不远的未来，数据处理将继续数字化。硅基 CMOS 技术将通过降低漏电流，增加门介电常数，将厚度降至单一原子层厚度，以及通过降低接触电阻来实现继续提高。随着以上技术的进步，芯片内与芯片外硬件、架构效率的发展，指令系统、编程效率的提升都将对处理器的热管理做出巨大贡献。

一个具有重大意义的突破将会是向全光学 I/O 的转变。也就是说，数字处理器将只以光学的方式接收和传递数据，而直流电源和低速信号将继续通过铜互连进行传递。可能包括多核的处理器将直接通过光学通道，连接到已经广泛应用的超过 100Gb/s 的以太网网络中。实现直接光学网络访问的显而易见的阻碍就是我们不能够有效地在芯片内外输入光学信号，以及同样难以克服的是我们不能将硅基 CMOS 工艺与 III-V 聚合物半导体工艺合并，甚至最后的晶圆键合也难以实现。

"全光学 I/O"与直接光学访问 100Gb/s 的以太网是现代信息技术的必然进化，这将构建在微型化的、集成了不同最优独立技术的 SOP 平台上。

6.10　总结

本章从发展历史、经济效益和技术层面对光学在信息传递中的地位进行了讨论。从铜互连到光互连进而到芯片级的发展，虽然是缓慢的，但却不可避免。光电 SOP 的作用是使传递更有效、更经济、更及时。主要的技术障碍是：①从处理器到网络的直接光学 I/O；②硅基 CMOS 数字器件和 III-V 聚合物半导体类似功能器件在同一基板上的协调；③热管理。SOP 中的协同设计和最小化概念，将为信息技术在系统级、电路板级和芯片级的进步做出贡献。GT 研发的界面光耦合工艺，可以被认为是协同无源光波电路与诸如激光器和光探测器在内的薄膜有源器件的一个范例。这种方法可以通过使用光学聚合物波导在电路板级实现，也可以通过使用高折射率的光学硫化物波导在芯片级实现。在下一代计算和通信系统中利用光互连的优势，将会在系统集成技术方面开辟一个新的纪元。

参 考 文 献

[1] http：//www. sims. berkeley. edu/research/projects/how-much-info-2003.

[2] E. Lach and K. Schuh, "Recent advances in ultrahigh bit rate ETDM transmission systems," *J. Lightwave Technol.* , vol. 24, 2006, p. 4455.

[3] S. Lee, M. Hayakawa, and N. Ishibashi, "Radiation from bent transmission lines," *IEICE Transactions on Communications* , vol. E84-B, 2001, p. 2604-09.

[4] T. Shiokawa, "FDTD analysis of the transmission/radiation characteristics of 90° bent transmission lines," *Electron. Commun. Jpn.* 1, *Commun. (USA)*, vol. 87, 2004, p. 11.

[5] Daniel Guidotti, Jianjun Yu, Markus Blaser, Vincent Grundlehner, and Gee-Kung Chang, "Edge viewing photodetectors for strictly in-plane lightwave circuit integration and flexible optical interconnects," *56th Electronic Components and Technology Conference* , San Diego, CA, May 2006.

[6] Jianjun Yu, Zhensheng Jia, Jianguo Yu, Ting Wang, and Gee Kung Chang, "Novel ROF network architecture for providing both wireless and wired broadband services," *Microwave and Optical Technol. Lett.* , vol. 49, 2007, p. 659.

[7] M. Oda, D. Guidotti and G. -K. Chang, "In-plane optical interconnection with high coupling efficiency between optical chips and waveguides," *2006 IEEE LEOS Annual Meeting Conference* , October 29-November 2, 2006, Montreal, Quebec, Canada.

[8] Takuma Ban, Reiko Mita, Yasumobu Matsuoka, Hirokazu Ichikawa, and Masato Shishikura, "1.3μm four channel×10-Gb/s parallel optical transceiver with polymer PLC platform for very-short-reach applications," *IEEE J. Sel. Topics in Quantum Electron* , vol. 12, 2006, p. 1001.

[9] http：//www. ppc-electronic. com.

[10] Hong Ma, Alex K. -Y. Jen, and Larry Dalton, "Polymer-based optical waveguides: materials, processing and devices," *Adv. Mater.* , vol. 14, 2002, p. 1339.

[11] G. Khanarian and H. Celanese, "Optical properties of cyclic olefin copolymers," *Optical Engineering* , vol. 40, 2001, p. 1024.

[12] Jang-Joo Kim and Jae-Wook Kang, "Thermally stable optical waveguide using polycarbonate," *Proc. SPIE*, vol. 3799, 1999, p. 333.

[13] Louay Eldada and Lawrence W. Shcaklette, "Advances in polymer integrated optics," *IEEE J. Sel. Topics in Quantum Electronics* , vol. 6, 2000, p. 54.

[14] J. D. Dow and D. Redfield, "Toward a unified theory of Urbach's rule and experimental absorption edges," *Phys. Rev. B*, vol. 5, 1972, p. 549.

[15] Steffen Uhlig and Mats Robertsson, "Limitations to and solutions for optical loss in optical backplanes," *J. Lightwave Technol.* , vol. 24, 2006, p. 1710.

[16] D. A. B. Miller and H. M. Ozaktast, "Limit to the bit-rate capacity of electrical interconnects from the aspect ratio of the system architecture," *J. Parallel and Distr. Comp.* vol. 41, 1997, p. 42.

[17] Martin H. Davis, Jr. , and Umakishore Ramachandran, "Optical bus protocol for a distributed shared memory multiprocessor," *Proc. SPIE*, vol. 1563, 1991, p. 176.

[18] Jacques Henri Collet, Daniel Litaize, Jan Van Campenhout, Chris Jesshope, Marc Desmulliez, Hugo Thienpont, James Goodman, and Ahmed Louri, "Architectural approach to the role of optics in monoprocessor and multiprocessor machines," *Appl. Optics*, vol. 39, 2000, p. 671.

[19] Constantine Katsinis, "Models of distributed-shared-memory on an interconnection network for broadcast communication," *J. Interconnection Networks*, vol. 4, 2003, p. 77.

[20] Avinash Karanth Kodi and Ahmed Louri, "All-photonic interconnect for distributed shared memory multiprocessors," *J. Lightwave Technol.*, vol. 22, 2004, p. 2101.

[21] IBM J. of Research and Development, vol. 49, nos. 2/3, 2005.

[22] *International Technology Roadmap for Semiconductors*, 2003 Edition, Executive Summary, Tables 4c, 4d, p. 54.

[23] E. Diaz-Alavrez and J. P. Krusius, "Probabilistic prediction of wiring demand and routing requirements for high density interconnect substrates," *IEEE Trans. Adv. Packaging*, vol. 22, 1999, p. 642.

[24] Alan Charlesworth, "The Sun Fireplane Interconnect," *IEEE Micro*, vol. 22, 2002, p. 36.

[25] T. Tamanuki, Z. Shao, N. Huang, C. Keller, and M. Ito, "Multi form pluggable 8-channel Tx/Rx module for OC-3/OC-12," *LEOS* 2003. *The 16th Annual Meeting of the IEEE*, vol. 2, 2003, pp. 569-70.

[26] Takashi Yoshikawa and Hiroshi Matsuoka, "Optical interconnects for parallel and distributed computing," *Proc. IEEE*, vol. 88, 2000, p. 849.

[27] Efstathios D. Kyriakis-Bitzaros, Nikos Haralabidis, M. Lagadas, Alexandros Georgakilas, Y. Moisiadis, and George Halkias, "Realistic end-to-end simulation of the optoelectronic links and comparison with the electrical interconnections for system-on-chip applications," *J. Lightwave Tech.*, vol. 19, 2001, p. 1532.

[28] Osman Kibar, Daniel A. Van Blerkom, Chi Fan, and Sadik C. Eseneir, "Power minimization and technology comparisons for digital free-space optoelectronic interconnects," *IEEE, J. Lightwave Technol.*, vol. 17, 1999, p. 546.

[29] Hoyeol Cho, Pawan Kapur, and Krishna C. Saraswat, "Power comparison between high speed electrical and optical interconnects for interchip communication," *IEEE J. Lightwave Technol.*, vol. 22, 2004, p. 2021.

[30] Christina Carlsson, Hans Martinsson, Richard Schatz, John Halonen, and Anders Larsson, "Analog modulation properties of oxide confined VCSELs at microwave frequencies," *IEEE J. Lightwave Technol.*, vol. 20, 2002, p. 1740.

[31] Kenji Sato, Shoichiro Kuwahara, and Yutaka Miyamoto, "Chirp characteristics of a 40 Gb/s directly modulated distributed-feedback laser diode," *J. Lightwave Technol.*, vol. 23, 2005, p. 3790.

[32] Composite PCB material made by Polyclad, Inc., http: //www. Polyclad. com/laminate.

[33] See the documentation for the MAX3804 from http: //www. maxim-ic. com.

[34] Chung-En Zah, R. Bhat, B. N. Pathak, F. Favire, Wei Lin, M. C. Wang, N. C. Andreadakis, D. M. Hwang, M. A. Koza, Tein-Pei Lee, Zheng Wang, D. Darby, D. Flanders, and J. J. Hsieh, "High-performance uncooled 1.3-μm Al$_x$Ga$_y$In$_{1-x-y}$AsInP strained-layer quantum-well lasers for subscriber loop applications," *IEEE J. Quantum Electron.*, vol. 30, 1994, p. 511.

[35] T. Ishikawa, T. Higashi, T. Uchida, T. Yamamoto, T. Fujii, H. Shoji, M. Kobayashi, and H. Soda, "Well-thickness dependence of high-temperature characteristics in 1.3-μm AlGaInAs-InP strained-multiple-quantum-well lasers," *IEEE Photonics Technology Lett.*, vol. 10, 1998, p. 1703.

[36] Pekko Sipilä, "Febry-Perot lasers offer low cost 10 Gb/s ethernet," *Compound Semiconductors*, October 2004, pp. 37-3.

[37] Jim A. Tatum et al., "The VCSELs are coming," *Proc. SPIE*, vol. 4994, 2003, pp. 1-6.

[38] J. H. Stathis, "Reliability limits for the gate insulator in CMOS technology," *IBM J. Res. and Dev.*, vol. 46, 2002, p. 265.

[39] Constantina Poga, McRae Maxfield, Larry Shacklette, Robert Blomquist, and George Boudoughian, "Accelerated aging of tunable thermo-optic polymer planar waveguide devices made of fluorinated acrylates," *SPIE*, vol. 4106, 2000, p. 96.

[40] Zarlink, http: //products. zarlink. com/product _ profiles/ZL60101. htm.

[41] Y. S. Liu, R. J. Wojnarowski, W. A. Hennessy, J. P. Bristow, Yue Liu, A. Peczalski, J. Rowlette, A. Plotts, J. Stack, M. Kadar-Kallen, J. Yardley, L. Eldada, R. M. Osgood, R. Scarmozzino, S. H. Lee, V. Ozgus, and S. Patra, "Polymer optical interconnect technology (POINT) optoelectronic packaging and interconnect for board and backplane applications," *Proc. 46th Electronic Components and Technology Conference*, 1996, p. 308.

[42] Takashi Yoshikawa, Sohichiro Araki, Kazunri Miyoshi, Yoshihiko Suemura, Naoya Henmi, Takeshi NHagahori, Hiroshi Matsuoka, and Takashi Yokota, "Skewless optical data-link subsystem for massively parallel processors using 8 Gb/s × 1.1Gb/s MMF array optical module," *IEEE Photonics Technol. Lett.*, vol. 9, 1997, p. 1625.

[43] T. Yoshikawa, I. Hatakeyama, K. Miyoshi, K. Kurata, J. Sasaki, N. Kami, T. Sugimoto, M. Fukaishi, K. Nakamure, K. Tanaka, H. Nishi, and T. Kudoh, "Optical interconnection as an IP macro of a CMOS library," *HOT 9 Interconnects. Symposium on High Performance Interconnects*, 2001, pp. 31-35.

[44] http: //www. research. ibm. com/trl/projects/mobtech/osmcat/index _ e. htm.

[45] A spin-off of DuPont, Optical CrossLinks, Inc., produces acrylate-based passive, optical waveguide structures and passive flexible optical ribbons (http: //www. opticalcrosslinks. com).

[46] Makoto Hikita, Satoru Tomaru, Koji Enbutsu, Nakoi Oba, Ryoko Yoshimura, Mitsuo Usui, Takashi Yoshida, and Saburo Imamura, "Polymeric optical waveguide films for short-distance optical interconnects," *IEEE J. Sel. Topics in Q. E.*, vol. 5, 199, p. 1237.

[47] Kohsuke Katsura, Mitsuo Usui, Nobuo Sato, Akira Ohki, Nobuyuki Tanaka, Nobuaki Matsuura, Toshiaki Kagawa, Kouta Tateno, Makoto Hikita, Ryoko Yoshimura, and Yasuhiro Ando, "Packaging for a 40-channel parallel optical interconnection module with an over-25-Gbit/s throughput," *IEEE Trans. on Adv. Pack.*, vol. 22, 1999, p. 551.

[48] Suning Tanp, Ting Li, Feiming Li, Linghui Wu, M. Dubinovsky, R. Wickman, and R. T. Chen, "1-GHz clock signal distribution for multi-processor super computers," *Proc. Third International Conference on Massively Parallel Processing Using Optical Interconnections*, 1996, p. 186.

[49] R. T. Chen, Lei Lin, Chulchae Choi, Y. J. Liu, B. Bihari, L. Wu, S. Tang, R. Wickman, B. Picor, M. K. Hibb-Brenner, J. Bistrow, and Y. S. Liu, "Fully embedded board-level guided-wave optoelectronic interconnects," *Proc. IEEE*, vol. 88, 2000, p. 780.

[50] R. T. Chen, L. Wu, F. Li, S. Tang, M. Dubinovsky, J. Qi, C. L. Schow, J. C. Campbell, R. Wickman, B. Picor, M. Hibbs-Brenner, J. Bristow, Y. S. Liu, S. Rattan, and C. Noddings, "Si CMOS process compatible guided-wave multi-GBit/sec optical clock signal distribution system for Cray T-90 supercomputer," *Proc. Fourth International Conference Massively Parallel Processing Using Optical Interconnections*, 1997, pp. 10-24.

[51] D. Krabe, F. Ebling, N. Arndt-Staufenbiel, G. Lang, and W. Scheel, "New technology for electrical/optical systems on module and board level: the EOCB approach," *Proc. 50th Electronic Components and Technology Conference*, Las Vegas, NV, May 21-24, 2000, p. 970.

[52] Y. Ishii, S. Koike, Y. Arai and Y. Ando, "SMT-compatible large-tolerance 'OptoBump' interface for interchip optical interconnections," *IEEE Transactions on Advanced Packaging*, vol. 26, 2003, p. 122.

[53] C. Berger, U. Bapst, G. -L. Bona, R. Dangel, L. Dellmann, P. Dill, M. A. Kossel, T. Morf, B. Offrein, and M. L. Schmatz, "Design and implementation of an optical interconnect demonstrator with board-integrated waveguides and microlens coupling," 2004 *Digest of the LEOS Summer Topical Meetings: Biophotonics/Optical Interconnects & VLSI Photonics/WGM Microcavities*, 2004, pp. 19.

[54] C. Choi, Yuije Liu, L. Lin, Li Wang, Jinho Choi, David Haas, Jerry Magera, and Ray T. Chen,

"Flexible optical waveguide film with 45-degree micromirror couplers for hybrid E/O integration or parallel optical interconnection," *Proc. SPIE*, vol. 5358, 2003, p. 122.

[55] J. A. Kash et al., "Chip-to-chip optical interconnects," 2006 *Optical Fiber Communication Conference and National Fiber Optic Engineers Conference*, Anaheim, CA, March 5-10, 2006, p. 3.

[56] Digital circuits are subject to simultaneous switching noise (SSN) arising primarily from switching transistors and line and via inductance. This causes unwanted reference plane and power plane bounce and unwanted spurious circuit triggering. A common solution is to add isolation capacitance between the power plane layer, the signal plane layer, and the reference plane layer. SSN amplitude increases with the number of switching transistors, and larger capacitance is sought in order to reduce the unwanted effect.

[57] Katsunari Okamoto, *Fundamentals of Optical Waveguides*, San Diego: Academic Press, 2000.

[58] Gee-Kung Chang, Daniel Guidotti, Fuhan Liu, Yin-Jung Chang, Zhaoran Huang, Venkatesh Sundaram, Devarajan Balaraman, Shashikant Hegde, and Rao Tummala, "Chip-to-chip optoelectronics SOP on organic boards or packages," *IEEE Trans. Adv. Pkg.*, vol. 27, 2004, p. 386.

[59] L. C. Kimerling, "Silicon microphotonics," *Appl. Surf. Sci.*, vol. 159-160, 2000, p. 8.

[60] Lucas B. Soldano and Erik C. M. Pennings, "Optical multi-mode interference devices based on self-imaging: Principles and applications," *IEEE, J. Lightwave Technol.*, vol. 13, 1995, p. 615.

[61] Meint K. Smit and Cor van Dam, "PHASAR-based WDM-devices: Principles, design and applications," *IEEE, J. Sel. Topics Quantum Electron.*, vol. 2, 1996, p. 236.

[62] Y.-J. Chang, G.-K. Chang, T. K. Gaylord, D. Guidotti, and J. Yu, "Ultra-high speed transmission of polymer-based multimode interference devices for board-level high-throughput optical interconnects," *Proc SPIE*, vol. 6126, 2006, p. 112.

[63] Edmund J. Murphy (ed.), *Integrated Optical Circuits and Components Design and Applications*, Basel, Switzerland: Marcel Dekker, Inc., 1999.

[64] H. Kogelnik and T. P. Sosnowski, "Holographic thin film couplers," *Bell Syst. Tech. J.*, 49, 1970, pp. 1602-08.

[65] W. Driemeier, "Bragg-effect grating couplers integrated in multicomponent polymeric wave-guides," *Opt. Lett.* 15, 1990, pp. 725-27.

[66] Q. Huang and P. R. Ashley, "Holographic Bragg grating input-output couplers for polymer waveguides at an 850-nm wavelength," *Appl. Opt.*, vol. 36, 1997, pp. 1198-1203.

[67] M. L. Jones, R. P. Kenan, and C. M. Verber, "Rectangular characteristic gratings for waveguide input and output coupling," *Appl. Opt.*, vol. 34, 1995, pp. 4149-58.

[68] V. Weiss, I. Finkelstein, E. Millul, and S. Ruschin, "Coupling and waveguiding in photopolymers," *Proc. SPIE*, 3135, 1997, pp. 136-43.

[69] S. M. Schultz, E. N. Glytsis, and T. K. Gaylord, "Design of a high-efficiency volume grating coupler for line focusing," *Appl. Opt.*, vol. 37, 1998, pp. 2278-87.

[70] S. M. Schultz, E. N. Glytsis, and T. K. Gaylord, "Volume grating preferential-order focusing waveguide coupler," *Opt. Lett.*, vol. 24, 1999, pp. 1708-10.

[71] S. M. Schultz, E. N. Glytsis, and T. K. Gaylord, "Design, fabrication, and performance of preferential order volume grating waveguide couplers," *Appl. Opt.*, vol. 39, 2000, pp. 1223-31.

[72] S. M. Schultz, Ph. D. thesis, Georgia Institute of Technology, 1999.

[73] J. W. Goodman, F. I. Leonberger, S. Y. Kung, and R. A. Athale, "Optical interconnections for VLSI systems," *Proc. IEEE*, vol. 72, 1984, pp. 850-66.

[74] M. R. Feldman, S. C. Esener, C. C. Guest, and S. H. Lee, "Comparison between optical and electrical interconnects based on power and speed considerations," *Appl. Opt.*, vol. 27, 1988, pp. 1742-51.

[75] R. K. Kostuk, M. Kato, and Y. T. Huang, "Polarization properties of substrate-mode holographic interconnects," *Appl. Opt.*, vol. 29, 1990, pp. 3848-54.

[76] F. Lin, E. M. Strzelecki, and T. Jannson, "Optical multiplanar VLSI interconnects based on multiplexed waveguide holograms," *Appl. Opt.*, vol. 29, 1990, pp. 1126-33.

[77] F. Lin, E. M. Strzelecki, C. Nguyen, and T. Jannson, "Highly parallel single-mode multiplanar holographic interconnects," *Opt. Lett.*, vol. 16, 1991, pp. 183-85.

[78] M. R. Wang, G. J. Sonek, R. T. Chen, and T. Jannson, "Large fanout optical interconnects using thick holographic gratings and substrate wave propagation," *Appl. Opt.*, vol. 31, 1992, pp. 236-49.

[79] J. H. Yeh and R. K. Kostuk, "Substrate-mode holograms used in optical interconnects: design issues," *Appl. Opt.*, vol. 34, 1995, pp. 3152-64.

[80] C. C. Zhou, S. Sutton, R. T. Chen, and B. M. Davies, "Surface-normal 4×4 nonblocking wavelength selective optical crossbar interconnect using polymer-based volume holograms and substrate-guided waves," *IEEE Phot. Technol. Lett.*, vol. 10, 1998, pp. 1581-83.

[81] E. N. Glytsis, N. M. Jokerst, R. A. Villalaz, S. Y. Cho, S. D. Wu, Z. Huang, M. A. Brooke, and T. K. Gaylord, "Substrate-embedded and flip-chip-bonded photodetector polymer-based optical interconnects: analysis, design, and performance," *J. Lightwave Tech.*, vol. 21, 2003, pp. 2382-94.

[82] R. T. Chen, S. Tang, M. M. Li, D. Gerald, and S. Natarajan, "1-to-12 surface normal three-dimensional optical interconnects," *Appl. Phys. Lett.*, vol. 63, 1993, pp. 1883-85.

[83] J. H. Yeh and R. K. Kostuk, "Free-space holographic optical interconnects for board-to-board and chip-to-chip interconnections," *Opt. Lett.*, vol. 21, 1996, pp. 1274-76.

[84] S. Tang, Y. Tang, J. Colegrove, and D. M. Craig, "Fast electrooptic Bragg grating couplers for on-chip reconfigurable optical waveguide interconnects," *IEEE Phot. Technol. Lett.*, vol. 16, 2004, pp. 1385-87.

[85] A. V. Mule, R. A. Villalaz, T. K. Gaylord, and J. D. Meindl, "Quasi-free-space optical coupling between diffraction grating couplers fabricated on independent substrates," *Appl. Opt.*, 43, 2004, pp. 5468-75.

[86] R. A. Villalaz, E. N. Glytsis, T. K. Gaylord, and T. N. Nakai, "Wavelength response of waveguide volume grating couplers for optical interconnects," *Appl. Opt.*, vol. 43, 2004, pp. 5162-67.

[87] M. G. Moharam, E. B. Grann, D. A. Pommet, and T. K. Gaylord, "Formulation for stable and efficient implementation of the rigorous coupled-wave analysis of binary gratings," *J. Opt. Soc. Amer. A*, vol. 12, 1995, pp. 1068-76.

[88] M. Neviere, "The homogeneous problem," Chapter 5 in *Electromagnetic Theory of Gratings*, Berlin: Springer-Verlag, 1980, pp. 123-57.

[89] D. E. Muller, "A method for solving algebraic equations using an automatic computer," *Math. Tables and Other Aids to Comp.*, vol. 10, 1956, pp. 208-15.

[90] The Mathworks Inc., "Matlab, ver. 6.5.1," 2003.

[91] Zhaoran Rena Huang, Daniel Guidotti, Lixi Wan, Yin-Jung Chang, Jianjun Yu, Jin Liu, Hung-Fei Kuo, Gee-Kung Chang, Fuhan Liu, and Rao Tummala, "Hybrid integration of end-to-end optical interconnects on printed circuit boards," to appear in *IEEE CPMT*, 2007.

[92] A. W. Topol, D. C. La Tulipe, Jr., L. Shi, D. J. Frank, K. Bernstein, S. E. Steen, A. Kumar, G. U. Singco, A. M. Young, K. W. Guarini, and M. Ieong, "Three-dimensional integrated circuits," *IBM Journal of Research and Development*, vol. 50, no. 4-5, July-Sept. 2006, pp. 494-506.

[93] Hirofumi Kuribara, Hiroyuki Hashimoto, Takafumi Fukushima, and Mitsumasa Koyanagi, "Multichip shared memory module with optical interconnection for parallel-processor system," *Jpn. J. Appl. Phys.*, vol. 45, 2006, pp. 3504.

［94］ C. Schwartz, S. Xin, and W. I. Wang, "Thin film transfer of InAlAs/InGaAs MSM phototetector or In-GaAsP lasers onto GaAs or Si substrates," *Proc. SPIE*, vol. 1680, 1992, p. 161.

［95］ Sang-Yeon Cho, Sang-Woo Seo, Nan Marie Jokerst, and Martin A. Brooke, "Board-level optical inter-connection and signal distribution using embedded thin-film optoelectronic devices," *J. Lightwave Tech.*, vol. 22, 2004, pp. 211-18.

［96］ Z. Huang, Y. Ueno, K. Kaneko, N. M. Jokerst, and S. Tanahashi, "Embedded optical interconnections using thin film InGaAs metal-semiconductor-metal photodetector," *Elec. Lett.*, vol. 38, 2002, pp. 1708-09.

［97］ Elias N. Glytsis, Nan M. Jokerst, Ricardo A. Villalaz, Sang-Yeon Cho, Shun-Der Wu, Zhaoran Huang, Martin A. Brooke, and Thomas K. Gaylord, "Substrate-embedded and flip-chip-bonded photode-tector polymer-based optical interconnects: analysis, design, and performance," *J. Lightwave Tech.*, vol. 21, 2003, pp. 2382-94.

［98］ Chulchae Choi, Lei Lin, Yuije Liu, and Ray T. Chen, "Performance analysis of 10-μm-thick VCSEL ar-ray in fully embedded board level guided-wave optoelectronic interconnects," *J. Lightwave Technol.*, vol. 21, 2003, p. 1531.

［99］ Kenji Hiruma, Masao Kinoshita, Seiki Hiramatsu, and Takashi Mikawa, "Epitaxial lift-off of GaAs/AlGaAs films with vertical cavity surface emitting laser for high-density packaging of opto electronic inter-connections," *Jpn. J. Appl. Phys.*, vol. 43, 2004, p. 7054.

［100］ Kenji Hiruma, Masao Konoshita, and Takashi Mikawa, "Improved performance of 10-μm-thick GaAs/AlGaAs vertical-cavity surface-emitting lasers," *J. Lightwave Technol.*, vol. 23, 2005, p. 4342.

［101］ J. Mumbru, G. Panotopoulos, D. Psaltis, Xin An, Gan Zhou, and Fai Mok, "Optically reconfigurable gate array," *Proc. AIPR* 2000, 29th *Applied Imagery Pattern Recognition Workshop*, 2000, p. 84.

［102］ Makato Hikita, Satoru Tomaru, Koji Enbutsu, Naoki Olba, Ryoko Yoshimura, Mitsuo Usui, Takashi Yoshida, and Saboro Imamura, "Polymer optical waveguide films for short-distance optical in-terconnects," *IEEE J. Sel. Topics in Quantum Electron.*, vol. 5, 1999, p. 1237.

［103］ A. L. Glebov, M. G. Lee, and K. Yokouchi, "Integration technologies for pluggable backplane optical interconnect system," *Opt. Eng.*, vol. 46, 2007.

［104］ Christoph Berger, Marcel A Kossel, Christian Menolfi, Thomas Morf, Thomas Toifl, and Martin L. Schmatz, "High-density optical interconnects within large-scale systems," *Proc. SPIE*, vol. 4942, 2003, p. 222.

［105］ B. Bauknecht, J. Kunde, R. Krabenbuhl, S. Grossman, and Ch. Bosshard, "Assembly technology for multi-fiber optical connectivity solutions," *Proc. IEEE/LEOS Workshop on Fibers and Optical Passive Components*, Palermo, Italy, 2005, p. 92.

［106］ Daniel Guidotti, Jianjun Yu, Markus Blaser, Vincent Grundlehner, and Gee-Kung Chang, "Edge vie-wing photodetectors for strictly in-plane lightwave circuit integration and flexible optical interconnects," *Proc. 56th Electronic Components & Technology Conference*, San Diego, CA, May 30-June 2, 2006, p. 7.

［107］ Han Seo Cho, Kun-Mo Chu, Saekyoung Kang, Sung Hwan Hwang, Byung Sup Rho, Weon Hyo Kim, Joon-Sung Kim, Jang-Joo Kim, and Hyuo-Hoon Park, "Compact packaging of optical and elec-tronic components for on-board optical interconnects," *IEEE Trans. Adv. Packaging*, vol. 28, 2005, p. 114.

［108］ Gee-Kung Chang, Daniel Guidotti, Zhaoran Rena Huang, Lixi Wan, Jianjun Yu, Shashikant Hegde, Hung-Fei Kuo, Yin-Jung Chang, Fuhan Liu, Fentao Wang, and Rao Tummala, "High-density, end-to-end optoelectronic integration and packaging for digital-optical interconnect systems," *Proc. SPIE Conf. on Enabling Photonics Technologies for Defense, Security and Aerospace Applications*, Kissim-mee, FL, vol. 5814, March 28-April 1, 2005, pp. 176-90.

[109] Yin-Jung Chang, Daniel Guidotti, Lixi Wan, Thomas K. Gaylord, and Gee-Kung Chang, "Board-level optical-to-electrical signal distribution at 10 Gb/s," *IEEE Photonics Technology Letters*, vol. 18, no. 17, 2006, pp. 1828-30.

[110] http://www.lightsmyth.com.

[111] http://www.luxtera.com.

[112] K. Ohashi, J. Fujikata, M. Nakada, T. Ishi, K. Nishi, H. Yamada, M. Fukaishi, M. Mizuno, K. Nose, I. Ogura, Y. Urino, and T. Baba, "Optical interconnect technologies for high-speed VLSI chips using silicon nano-photonics," *International Solid State Circuit Conference*, Session 23.5, 2006.

[113] Mike Salib, Ling Liao, Richard Jones, Mike Morse, Ansheng Liu, Dean Samara-Rubio, Drew Alduino, and Mario Paniccia, "Silicon photonics," *Intel Technology Journal*, vol. 8, 2004, p. 143.

[114] Ansheng Liu, "Optical amplification and lasing by stimulated Raman scattering in silicon waveguides," *Journal of Lightwave Technology*, vol. 24, 2006, p. 1440.

[115] L. Liao, D. Samara-Rubio, M. Morse, A. Liu, D. Hodge, D. Rubin, U. D. Keil, and T. Franck, "High Speed Silicon Mach-Zehnder Modulator," *Optics Express*, vol. 13, 2005, pp. 3129-35.

[116] A. Liu, R. Jones, L. Liao, D. Samara-Rubio, D. Rubin, O. Cohen, R. Nicolaescu, and M. Paniccia, "A high-speed silicon optical modulator based on a metal-oxide-semiconductor capacitor," *Nature*, vol. 427, 2004, pp. 615-18.

[117] A. Bhatnagar, C. Debaes, H. Thienpont, and D. A. B. Miller, "Receiverless detection schemes for optical clock distribution," *Proc. SPIE—The International Society for Optical Engineering*, vol. 5359, 2004, p. 352.

[118] Klaus Finsterbusch, Neil J. Baker, Vahid G. Ta'eed, Benjamin J. Eggleton, Duk-Yong Choi, Steve Madden, and Barry Luther-Davies, "Higher-order mode grating devices in As_2S_3 chalcogenide glass rib waveguides," *J. Opt. Soc. Am. B*, vol. 24, 2007, p. 1283.

[119] M. L. Anne, V. Nazabal, V. Moizan, C. Boussard-Pledel, B. Bureau, J. L. Adam, P. Nemec, M. Frumar, A. Moreac, H. Lhermite, P. Camy, J. L. Doualan, J. P. Guin, J. Le Person, F. Colas, C. Compere, M. Lehaitre, F. Henrio, D. Bose, J. Charrier, A.-M. Jurdyc, and B. Jacquier, "Chalcogenide waveguides for IR optical range," *SPIE*, vol. 6475, 2007, p. 277.

[120] P. Sanchis, J. Garcia, J. Marti, W. Bogaerts, P. Dumon, D. Taillaert, R. Baets, V. Wiaux, J. Wouters, and S. Beck, "Experimental demonstration of high coupling efficiency between wide ridge waveguides and single-mode photonic crystal waveguides," *IEEE Photonics Technology Letters*, vol. 16, 2004, p. 2272.

[121] Sharee J. McNab, Nikolaj Moll, and Yurii A. Vlasov, "Ultra-low loss photonic integrated circuit with membrane-type photonic crystal waveguides," *Optics Express*, vol. 11, 2003, p. 2927.

[122] Takeshi Doi, Akihito Uehara, Yoshiyuki Takahashi, Shin Yokoyama, and Atsushi Iwata, "An experimental pattern recognition system using bi-directional optical bus lines," *Jpn. J. Appl. Phys.*, vol. 37, pt. 1, 1998, p. 1116.

[123] J. Mumbru, G. Panotopoulos, D. Psaltis, Xin An, F. H. Mok, Suat ay, S. L. Barna, E. R. Fossum, "Optically programmable gate array," *Proc. SPIE*, vol. 4089, 2000, p. 763.

[124] A. V. Krishnamoorthy, K. W. Goossen, L. M. F. Chirovsky, R. Z. Rozier, P. Chandramani, W. S. Hobson, S. A. Hui, L. Lopta, J. A. Walker, and L. A. D'Asaro, "16×16 VCSEL array flip-chip bonded to CMOS VLSI circuit," *IEEE Photonics Tech. Lett.*, vol. 12, 2000, p. 1073.

[125] Keith W. Goossen, "Optoelectronic/VLSI," *IEEE Trans. Advanced Packaging*, vol. 22, 1999, p. 561.

[126] Mitsumasa Koyanagi, Takuji Matsumoto, Tamio Shimatani, Keiichi Hirano, Hiroyuki Kurino, Reiji

Aibara, Yasuhiro Kuwana, Norihiko Kuroishi, Tetsuro Kawata, and Nobuaki Miyakawa, "Multi-chip module with optical interconnection for parallel processor system," *IEEE Intl. Solid-State Circuits Conf.* (*ISSCC*) *Digest of Technical Papers*, 1998, p. 92-3, 421.

[127] Ansheng Lin, Richard Jones, Ling Liao, Dean Samara-Rubio, Daron Rubin, Oded Cohen, Remus Nicoleasku, and Mario Paniccia, "A high speed silicon optical modulator based on a metal-oxide-semiconductor capacitor," *Nature*, 2004, p. 615.

[128] Jeffrey A. Davis and James D. Meindl (eds.), *Interconnect Technology and Design for Gigascale Integration*, Boston: Kliewer Academic Publishers, 2003.

[129] *International Technology Roadmap for Semiconductors*, 2005 Edition, http://www.itrs.net/Common/2005ITRS/Home2005.htm.

[130] Sungjun Im, Navin Srivastava, Kaustav Benerjee, and Kenneth E. Goodson, "Scaling analysis of multi-level interconnect temperatures for high-performance ICs," *IEEE Trans. Electron. Devices*, vol. 52, 2005, p. 2710.

[131] J. Jiang Liu, Zaven Kalayjian, Brian Riely, Wayne Chang, George J. Simonis, Alyssa Apsel, and Andreas Andreou, "Multichannel ultrathin silicon-on-sapphire optical interconnects," *IEEE J. Sel. Topics Quantum Electron*, vol. 9, 2003, p. 380.

表6.1 参考文献

[T1] L. Eldada et al., "Advances in polymer integrated optics," *J. Sel. Topics in Quantum Electron.*, vol. 6, 2000, p. 54.

[T2] J.-F. Viens, C. L. Callender, J. P. Noad, L. Eldada, and R. A. Norwood, "Polymer-based waveguide devices for WDM applications," *Proc. SPIE*, vol. 3799, 1999, p. 202.

[T3] S. Toyoda, N. Ooba, M. Hikita, T. Kurihara, and S. Imamura, "Propagation loss and birefringence properties around 1.55 μm of polymeric optical waveguides fabricated with cross-linked silicone," *Thin Solid Films*, vol. 370, 200, p. 311.

[T4] T. Watanabe et al., "Polymeric optical waveguide circuits formed using silicone resin," *J. Lightwave Technol.*, vol. 16, 1998, p. 1049.

[T5] K. Enbutsu, M. Hikita, S. Tomaru, M. Usui, S. Imamura, and T. Maruno, "Multimode optical waveguide fabricated by UV cured epoxy resin for optical interconnections," *Proc. Fifth Asia-Pacific Conf. Commun. and Fourth Optoelectronics and Commun. Conf.* (*APCC/OECC*), vol. 2, pt. 2, 1999, p. 1648.

[T6] S. Tomaru, K. Enbutsu, M. Hikita, M. Amano, S. Tohno, and S. Imamura, "Polymeric optical waveguides with high thermal stability and its application to optical interconnections," *Optical Fiber Commun. Conf. and Intl. Conf. Integrated Optics and Optical Fiber Commun.* (*OFC/IOOC*) *Technical Digest*, vol. 2, 1999, p. 277.

[T7] M. Usui et al., "Low loss passive polymer optical waveguides with high environmental stability," *J. Lightwave Technol.*, vol. 14, 1996, p. 2338.

[T8] J. Kobayashi et al., "Single mode optical waveguides fabricated from fluorinated polyimides," *Appl. Optics*, vol. 37, 1998, p. 1032.

[T9] T. Matsuura et al., "Heat-resistant flexible film optical waveguides from fluorinated polyimides," *Appl. Optics*, vol. 38, 1999, p. 966.

[T10] S. Ishibashi and H. Takahara, "Optical waveguide components using fluorinated polyimides," *Proc. SPIE*, vol. 3799, 1999, p. 254.

[T11] http://www.dow.com/cyclotene.

[T12] G. Fischbeck, R, Moosburger, C. Kostrzewa, A. Achen, and K. Petermann, "Single mode optical waveguides using a high temperature stable polymer with low losses in the 1.55 μm range,"

Electron. Lett. ，vol. 33，1997，p. 1518.

［T13］ R. Buestrich et al. ，"ORMOCERS for optical interconnection technology," *J. Sol-Gel Sc. and Technol.* ，vol. 20，2001，p. 181.

［T14］ M. Popall，A. Dabeck，M. E. Robertsson，G. Gustafsson，O-J. Hagel，B. Olsowski，R. Buestrich，L. Cergel，M. Lebby，P. Kiely，J. Joly，D. Lambert，M. Schaub，and H. Reichl， "ORMOCERs— New photo-patternable dielectric and optical materials for MCM-packaging," *Proc. 48th Electronic Components and Technology Conference*，May 25-28，1998，Seattle，WA，1998，p. 1018.

［T15］ Yujie Liu，Lei Lin，Chulchae Choi，Bipin Bihari，and R. T. Chen，"Optoelectronic integration of polymer waveguide array and metal-semiconductor-metal photodetector through micromirror couplers," *IEEE Photonics Technol. Lett.* ，vol. 13，2001，p. 355.

［T16］ RPO Pty. Ltd. ，Acton，Australia，http：//www. rpo. biz.

［T17］ Gee-Kung Chang，Daniel Guidotti，Fuhan Liu，Yin-Jung Chang，Zhaoran Huang，Venkatesh Sundaram，Devarajan Balaraman，Shashikant Hegde，and Rao Tummala， "Chip-to-chip optoelectronics SOP on organic boards or packages," *IEEE Trans. Adv. Pkg.* ，vol. 27，2004，p. 386.

［T18］ Polyset，Inc. ，Mechanicsville，New York，http：//www. polyset. com.

［T19］ Y. Ishii，S. Koike，Y. Arai，and Y. Ando，"SMT-compatible large-tolerance 'optobump' interface for interchip optical interconnects," *IEEE Trans. Adv. Packaging*，vol. 26，2003，p. 122.

［T20］ A. W. Norris，J. V. DeGroot，T. Ogawa，T. Watanabe，T. C. Kowalczyk，A. Baugher，and R. Blum， "High reliability of silicone materials for use as polymer waveguides," *Proc. SPIE*，vol. 5212，2003，p. 76.

［T21］ M. Moynihan，C. Allen，T. Ho，L. Little，N. Pugliano，J. Shelnut，B. Sicard，H. B. Zheng，and G. Khanarian，"Hybrid inorganic-organic aqueous base compatible waveguide materials for optical interconnect applications," *Proc. SPIE*，vol. 5212，2003，p. 50.

［T22］ Yuriko Ueno，Katsuhiro Kaneko，and Shigeo Tanahashi，"A new single-mode optical waveguide on ceramic substrate utilizing siloxane polymer," *Proc. SPIE*，vol. 3289，1998，p. 134.

［T23］ H. H. Yao，N. Keil，C. Zawadzki，J. Bauer，M. Bauer，and C. Dreyer，"Polymeric planar waveguide devices for photonic network applications," *Proc. SPIE*，vol. 4439，p. 36.

［T24］ Exxelis：www. exxelis. com；Block 7，West of Scotland Science Park，Glasgow，G209 0TH. Contact：Navin Suyal，n. suyal@exxelis. com.

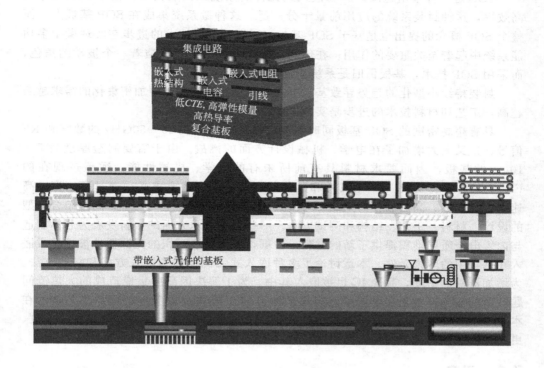

集成电路

嵌入式热结构　嵌入式电容　嵌入式电阻　引线

低CTE,高弹性模量
高热导率
复合基板

带嵌入式元件的基板

第7章

内嵌多层布线和薄膜元件的 SOP 基板

Venky Sundaram， Fuhan Liu， Ganesh Krishnan， George White， Rao Tummala， Paul Kohl， P. Markondeya Raj， Baik-Woo Lee

佐治亚理工学院

SOP 是一种采用超微薄膜和嵌入式元件的系统级封装技术。由于其小尺寸和高效率，这种封装系统的应用前景十分广泛。这种微系统集成在 SOP 基板上，而整个 SOP 概念的提出也是基于 SOP 基板。所以，基板技术的进步在实现微型多功能系统中起着至关重要的作用。在传统封装工艺中，基板扮演着一个被动的角色，而采用 SOP 技术，基板仍旧是系统功能集成的平台。

封装持续小型化的趋势导致基板上的布线、元件和功能更加密集化的需求越来越高，工艺和材料技术的进步是实现这些目标的关键。

具有超高密度的 SOP 基板同时需要支持频率范围在 20～50GHz 的数字和 RF 信号，这又大大增加了在电学、机械设计方面的挑战。由于需要制造厚度为 5～10μm 的基板，因而要求材料具有前所未有的电学、机械性能，远超过现在的 FR4、双马来酰亚胺三嗪（BT）和其他基板材料。这些要求必须通过高密度、高速度、低成本、高可靠性的集成方案来实现，需要基板技术的变革，同时结合新型的设计、材料、工艺、结构和测试方法。一些材料技术方面的最新发展为芯体制造与内置电介质层堆积提供了新的材料。占据很大基板表面积的无源器件被设计成嵌入在基板中的薄膜元件。本章讨论了多种嵌入式无源器件的嵌入方式和制造方法。为增加器件的密度，有源 IC 也被嵌入其中。为了解决因高度集成造成的大热流问题，新的散热技术正在发展中。实现多种类 SOP 器件高效集成的新型工艺技术在本章也做了简要讨论。基板技术已经有了令人欣喜的发展，这将为更高的集成度、更高的可靠性、更好的能效与更低的成本提供平台。

7.1 引言

如图 7.1 所示，封装基板的历史演变从采用离散的无源器件和 IC 器件封装的低密度基板开始，这种基板大而笨重。在 20 世纪 90 年代早期引入的微通孔组合基板创立了一种新型范例，它为亚微米 IC 互连和毫米级 PWB 互连建立了桥梁。芯片级封装（CSP）、采用堆叠式 IC 的系统封装（SIP）技术与小分立器件的发展（如 0201、01005）推进了封装和系统进一步小型化。最近，通过硅通孔（TSV）技术和封装上封装（PoP）堆叠实现的 3D 封装技术开始为系统小型化提供动力，详细的介绍如图 7.2 所示。但这都是封装集成的范例，没有真正可以使系统的尺寸成指数下降的封装集成。本章节介绍的 SOP 基板技术是一种旨在缩小系统尺寸的技术，它通过两种方式实现系统小型化：

① 将三阶层（IC，封装和基板）封装系统转变为二阶层（IC 和系统封装）的封装系统；

② 将系统器件，如导体、电介质、无源器件、有源器件和散热结构，从毫米级缩小到微纳米级。

本章回顾了 SOP 基板技术在集成领域中的发展状况。

如图 7.1 和图 7.2 所示，SOP 基板集成由高密度、微节距多层薄膜布线互连的嵌入式无源和有源器件组成。在 SOP 的概念中，只有一个基板层级，那就是能将系统主板和封装引线框基板功能结合成一个由内嵌元件构成的超高密度、单层级的系统封装。这种 SOP 基板可以通过两种不同的基板平台来实现：

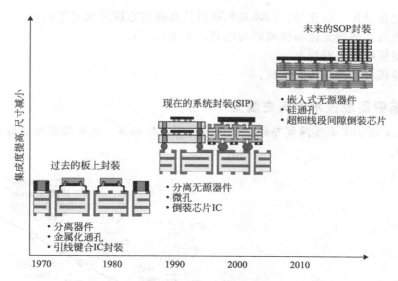

图 7.1　元件集成水平持续增长的封装基板发展趋势

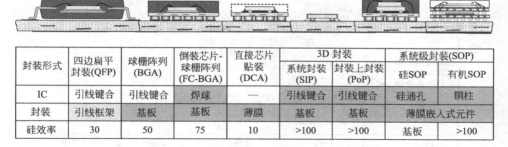

封装形式	四边扁平封装(QFP)	球栅阵列(BGA)	倒装芯片-球栅阵列(FC-BGA)	直接芯片贴装(DCA)	3D 封装		系统级封装(SOP)	
					系统封装(SIP)	封装上封装(PoP)	硅SOP	有机SOP
IC	引线键合	引线键合	焊球	—	引线键合	引线键合	硅通孔	铜柱
封装	引线框架	基板	基板	薄膜	基板	基板	薄膜嵌入式元件	
硅效率	30	50	75	10	>100	>100	基板	>100

图 7.2　封装形式因素的演变与相应的硅效率

① 扩展现有的带或者不带传统芯体的微通孔有机基板；

② 将这种封装集成并延伸到硅基平台。

后者就是被提到的硅基系统级封装。这两种平台的主要区别在于：硅载体基板具备更好的尺寸与热稳定性，可以带来更高的布线密度和器件密度。

本章描述了四种 SOP 基板集成技术（图 7.3），均可适用于上述两种平台：

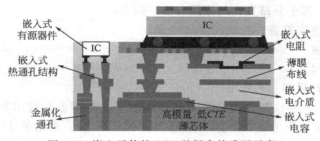

图 7.3　嵌入元件的 SOP 基板中的重要元素

① 包含导体、电介质、芯体基板材料的高密度布线及加工工艺；
② 嵌入式薄膜无源器件材料与电容、电阻加工；
③ 基板中嵌入有源 IC；
④ 导热材料和结构的集成。

7.2   基板集成技术的历史演变

图 7.4 展示了多层薄膜布线、嵌入式无源器件和嵌入式有源器件发展历史的各个里程碑。

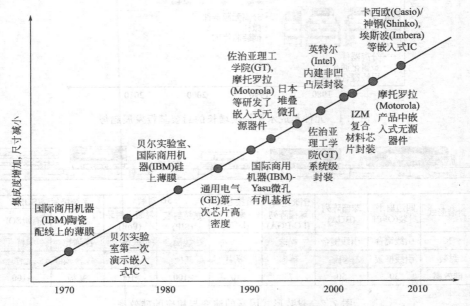

图 7.4   基板集成技术的发展里程碑

对更先进 IC 的需求和高性能计算机的市场需求推动了高密度薄膜布线技术的出现，使高度复杂多芯片模块的 MCM 由最初的高温陶瓷封装发展到后来的低温陶瓷封装，继而出现了新一代由 IBM、富士通、日立和 NEC 公司开发的基于低温共烧陶瓷（LTCC）基板的超高密度铜-聚酰亚胺多层引线技术。Bell 实验室人员开发了一种截然不同的方法，他们在硅基上旋压聚酰亚胺电介质。这些基板技术都是源于半导体工艺，都十分昂贵，其原因有以下四点：
① 高额的生产投资；
② 低需求量；
③ 小晶圆尺寸；
④ 昂贵的材料和工艺费用。

在 20 世纪 90 年代初，IBM 日本团队引导了上述多芯片技术发展的重要技术革新，克服了以上四个主要问题。IBM 日本团队采用了原始的 MCM 薄膜技术，并应用到采用低成本材料和工艺的印刷线路板中，可以进行大面积生产，设备投资低，生产容量大。这种被称作表面薄层电路（SLC）的新技术被广泛地认为是高密度内置有机基板的开创性发展，使倒装芯片在主流 IC 封装中普及应用成为可能。20 世纪 90 年代后期到 21 世纪初，世界上许多研究小组开发的细线导体工艺、激光与微通孔堆叠技术的进步，推动了微通孔有机基板密度的进一步提升。

　　20 世纪 80 年代后期，GE 公司开创了在封装基板中嵌入有源 IC 的工艺，它的创新之处是将内置布线层沉积在 IC 的顶部，然后嵌入塑封载体中。IC 到封装体直接在 IC 焊盘上通过微通孔进行互连。在过去的二十多年里，随着 Intel 公司的无凸点多内置层（BBUL）技术、弗劳恩霍夫 IZM 在聚合物中封装芯片的技术、卡西欧和许多其他研究小组开发的嵌入式晶圆级封装（e-WLP）技术的发展，原始的 IC 嵌入技术有了很大的提升。佐治亚理工学院封装研究中心、摩托罗拉公司、阿肯色州立大学等首先尝试了将无源组件，主要是电容、电阻和电感，制作成厚膜或薄膜嵌入到有机、陶瓷或硅基板中。

7.3　SOP 基板

　　SOP 基板有四个重要的元素，如图 7.3 所示：
① 嵌入式电介质、芯体和导体的布线；
② 数字信号、RF、光学应用方面的嵌入式无源器件；
③ 嵌入式有源器件；
④ 嵌入式散热结构。

7.3.1　动力与挑战

　　SOP 基板和嵌入式元件的主要发展方向在图 7.5 中列出。促使基板集成发展的主要系统推动力可以分为四种：

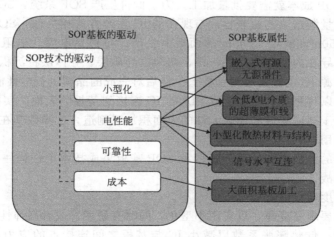

图 7.5　SOP 基板和嵌入元件的驱动

① 更高电性能；
② 小型化；
③ 更高的可靠性；

④ 低成本。

（1）电性能

对更高电性能的需求转化成信号和功率分配方面 SOP 诸多种类的属性。

① 信号集成　信号的速度与介电常数的平方根成反比。为了减少电介质信号的衰减，也要求介电损失很小（<0.001）。使用嵌入式有源和无源器件可以明显地减小 IC 与无源器件的互连长度。这样就可以减小延迟，缩小损失，进而提高 SOP 基板的性能。通过把全局布线从 IC 转移到基板上，就可获得更好的信号性能。

② 功率分配　对高功能密度更快电信号速度的需求导致电子产品功率的急剧增长，每个芯片有可能高达 100～200W。电源完整地支持如此高的功率水平，同时保持低 ΔI 噪声，相当于封装体内部嵌入退耦电容，同时使电容量>0.1μF。SOP 小型化导致的系统级封装中功率密度的增长有别于传统的模式。为了解决热效率的问题，需要新型的散热方案，比如小型化的散热结构。

（2）小型化

超小型和极高密度元件系统消除了笨重的无源器件，而以嵌入式的薄膜无源器件取而代之。由于材料和工艺技术已经由厚膜技术发展到微纳尺寸的薄膜技术，现今每立方厘米 100 个器件的密度在未来的 20 年将翻 10 倍甚至更多。

（3）可靠性

对于任何系统而言，可靠性都是非常重要的方面，包括基于 SOP 的系统。在 SOP 基板中，互连距离被大大缩小，同时有缺陷的厚膜器件被微纳尺寸的结构代替，其缺陷尺寸同样也变为微纳级，因此具有更好的材料性能，因而可以预见，SOP 基板的可靠性将比传统基板好得多。

（4）成本

为降低 SOP 成本就需要批量加工。为了低价生产 SOP 系统，SOP 技术需要与低成本、大批量制造工艺相兼容。与现在的 IC 生产方式相类似，SOP 基板预计要在 300mm、450mm 或者 600mm 的面板上生产。与包括电容、电阻、电感、过滤器、开关、波导在内的薄膜元件一样，超薄电介质层、导体层将沉积在晶圆上。在这个步骤，有源 IC 也被集成到基板上。然后对完成的晶圆进行电性能测试、切片。如果需要，可以将更多的堆叠形成 SIP 的 IC 连接到基板的表面。实际上，SOP 成本的降低源自于高度集成的薄膜元件的大面积加工制造，这导致其在小尺寸系统级封装领域的应用。

以上列出的发展方向导致上述四种 SOP 基板集成技术中任何一个都会面临如下一系列的挑战。

（1）高密度布线的挑战

基板芯体要求厚度薄，以实现小型化，同时高硬度、或者高弹性模量以减小内置层间的翘曲，低热膨胀系数以减小 IC 与基板之间连接点的应力，从而提高可靠性。

超高精度细线、间距导体要求减少线长度和通孔，以实现微间距倒装芯片的布线，同时维持可接受的电阻大小和要求的阻抗控制。

电介质要求低介电常数、低薄膜厚度以实现高信号传输速度，低介电损失以降低信号损失和串音噪声。

（2）嵌入无源器件的挑战

高密度嵌入式薄膜去耦电容器实现电源噪声控制。

高精度薄膜电阻嵌入基板中，以实现对线路终端、信号、电源阻抗和噪声的控制。

（3）嵌入有源器件的挑战

嵌入在封装基板中以减小厚度（小型化）和互连长度（高性能）的高速 I/O 技术 IC 器件的高成品率工艺。

（4）散热处理的挑战

小型封装散热结构的集成。

芯体基板中的重铜板和散热通孔结构。

7.3.2 嵌入低介电常数的电介质、芯体与导体的超薄膜布线

超薄膜布线的主要目的在于互连有源器件与无源器件的 I/O 接口。这由四种主要的基板技术实现：

① 高模量、尺寸稳定的芯体材料；

② 先进的低介电常数的薄膜电介质；

③ 薄膜导体；

④ 包括全部以上三种技术的多层布线集成工艺。

7.3.2.1 芯体基板材料

芯体在基板的制造过程中提供了机械支持与翘曲控制的作用。没有超薄且模量极高的芯体，超薄嵌入式薄膜元件的工艺是不可行的。从电气方面来说，通过压印通孔的方法，为芯体提供了垂直互连通道。

（1）芯体材料的属性

芯体材料的主要属性与热导率、CTE、刚度、平整度相关。芯体的电性能在功率分布网络，以及嵌入在芯体内部的有源 IC 等情况下的信号集成中起了重要的作用。用作精密间距通孔互连的芯体材料的可加工性也是另一个重要的属性。

1）热-机械性能

① 高弹性模量　若想在芯体上加工 10 层或者更多层的薄膜，就要求芯体材料翘曲很小，所需要芯体的高模量由以下 Stoney 方程给出：

$$\rho \propto E_S \quad 翘曲 \propto \frac{1}{E_S}$$

其中，ρ 是基板的弯曲半径，E_S 是基板的弹性模量。

从上面的方程可知，弹性模量越高则弯曲的半径越大，从而产生的翘曲相对小，如图 7.6 所示。当在基板上沉积布线内置层与嵌入式元件时，如用 C-SiC 等具有高弹性模量的基板材料，则其产生的弯曲程度较小。

② 低 CTE　根据 IC 中能量增强假设，当 IC 及其与基板连接处的温度上升到一定程度，就会产生足够高的热失配应力，导致连接失效。IC 中最常用的硅材料的热膨胀系数为 $3 \times 10^{-6}/℃$，而传统的 FR4 和 BT 的热膨胀系数约为 $17 \times 10^{-6}/℃$。有机填充料有着更低的 CTE，如硅胶，它已经被广泛地用于解决这个问题。芯体材料

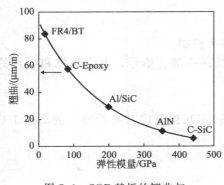

图 7.6   SOP 基板的翘曲与
弹性模量的关系

的理想 CTE 大约是（6～10）$\times 10^{-6}/℃$，这个值大约在硅和基于 FR4 的有机板中间。

③ 高热导率   芯体应该有很高的热导率，有助于热量从芯片上传递到多个有机布线层中。这种情况下，金属芯体就是最好的选择。

可加工性   芯体材料不仅要具有很高的弹性模量与低 CTE，其成本也应该低，而且带通孔的大面积（600mm）薄膜加工具有可行性。

2）电性能

① 低介电常数   为了有更快的信号传输速度，芯体的介电常数应该低。因为信号的速度与介电常数的平方根成反比，所以介电常数的降低将得到更高的传输速度。

② 低损耗   为了防止高频应用中阻抗的大变动，损耗因子要求很低。

（2）芯体材料的分类

芯体材料可以分为导电和绝缘两种类型，如图 7.7 所示。

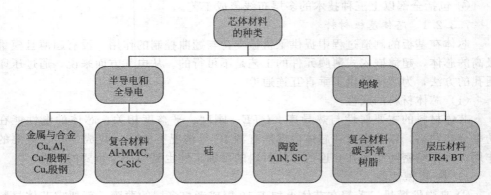

图 7.7   芯体材料的种类

1）半导电和导电的芯体

① 金属芯体   纯金属芯体，如铜、铝，导热性能高且刚度好。它们可以解决散热和翘曲的问题。但是，它们与芯片材料的 CTE 不匹配度很大。这将导致封装可靠性能的降低。

② 复合材料   金属基体复合材料具有很多有吸引力的特性，如可加工性与高导热性，但是不容易满足刚度要求。市场上销售的添加碳纤维强化的铝基复合材料就是满足了大部分要求但刚度不满足的材料之一。殷钢与铜-殷钢-铜可以满足所有的条件。在过去的十几年，已经被大量生产并应用于高性能特殊器件中。

最近，另外一种基于 C-SiC 的材料发展开始了，它的制造工艺（Starfire System 公司的专利）已经可以用于大面积加工，满足薄度、刚度与硅的 *CTE* 相匹配等的要求。碳纤维与以硅碳化物为基体的复合材料板是从市售的碳纤维布料、毛毡及液态聚合陶瓷的前体中形成的。聚合的前体是高度分支的聚碳硅烷，这种物质在加热到 850℃ 条件下会分解，得到非晶态硅碳化物。这种前陶瓷聚合物可使先进的陶瓷基体复合材料在低温下进行设计制造，且得到可变化的 *CTE* 与弹性模量的大面积薄片。

③ 硅芯体　这里，硅晶圆被用作是带硅通孔和有机内置多层的芯体。硅是一种很吸引人的材料，因为它的平整性、*CTE* 和弹性模量。但是它有两个缺点，那就是它的高电损失与脆性。

2）绝缘芯体

① 陶瓷　陶瓷材料具有很高的热导率，低 *CTE* 和高的刚度。如 AIN 和 SiC 陶瓷在这一类芯体中是很好的例子。但是它们的价格很高，而且缺乏大面积的可获得性。

② 层压材料　层压材料由两边覆盖着导体层的芯体组成。最普遍应用的有机层压材料是 FR4 和 BT 材料。尽管如此，在高度集成的 SOP 基板上，这些材料不具有足够高的模量来控制翘曲。此外，它们的 *CTE* 与 Si 材料热失配程度很大，导致焊接点很容易产生大应力。

采用具有负 *CTE* 的先进填充材料，如凯夫拉-芳纶（Kevlar-aramide）等，开发了具有低 *CTE* 的有机层压材料。非纺织的芳纶-加强型层压材料系统具有面可调的 *CTE*，这可以减少 IC 与层压材料结构之间的 *CTE* 失配。这些材料有很高的通孔可钻性，因为材料中没有织物中的玻璃纤维强化。

③ 复合材料　材料复合的方法通常用于获得两种不同材料的预期性能。碳复合芯体有很多的优点，比如高的面内导热性能、低 *CTE* 和高的刚度。例如，沥青碳有着金刚石般的硬度，当强化超过 60 个容积百分数时，沥青碳环氧树脂的屈服强度将达到 200GPa。但是，高填充量将造成复合材料变脆。此外，这些材料加工困难，不易钻孔。

（3）通孔工艺

芯体基板上的通孔一般是采用机械钻孔或者激光刻蚀产生。先进的机械钻孔可生产长达 100μm 深的通孔。激光通孔工艺在电介质部分将做更详细的说明。

① 导电芯体　导电芯体的工艺流程如图 7.8 所示。因为芯体是导电的，所以必须将芯体与内置布线层分离开来。在金属芯体中钻出通孔，然后将内置电介质层压到其上，填满通孔，接着形成更小的通孔，并在其中金属化。

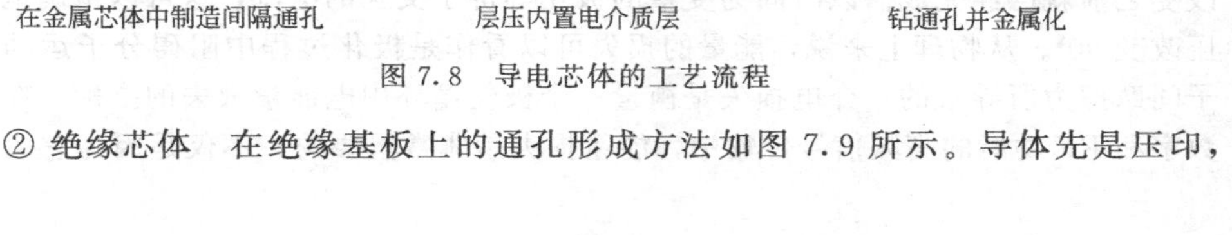

在金属芯体中制造间隔通孔　　层压内置电介质层　　　　钻通孔并金属化

图 7.8　导电芯体的工艺流程

② 绝缘芯体　在绝缘基板上的通孔形成方法如图 7.9 所示。导体先是压印，

然后刻蚀成所需的样式。接着在需要的地方钻通电介质形成通孔。形成通孔的位置上的导体先被刻蚀掉。最后，将通孔金属化并堵上。

| 在层压导体双面钻通孔 | 通孔的金属化 | 通孔的堵塞与电路化 |

图 7.9   绝缘芯体的工艺流程

7.3.2.2   薄膜内置有机电介质

电介质的作用是将导体层与其他隔离，而且提供垂直通孔互连（Z 互连）。一种典型的 SOP 基板是由多层导体组成的，该导体被具有很高绝缘电阻的绝缘材料分隔开来。介电材料就体现了这种功能。另外，两个相邻的金属层通过电介质中的通孔进行互连。这些通孔被金属化以实现互连功能。

（1）介电材料的属性

介电材料应该具备的重要属性在图 7.10 中已经详细地列出了。每种属性将在以下进行讨论。

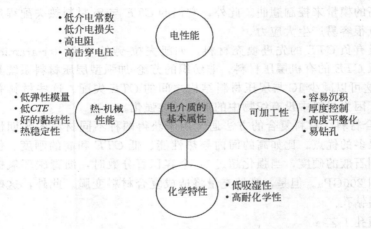

图 7.10   电介质的基本属性

1）电性能

① 低介电常数   信号的速度与介电常数的平方根成反比：

$$v_p = c/\sqrt{\varepsilon}$$

其中，v_p 是信号的传播速度，c 是光速，ε 是介电常数。所以介电常数的降低将提高信号速度，实现更好的电性能。

② 低介电损失   当供应低频的正弦电压时，介电材料中的极化发展在场方向改变之前就已经完成。以时间为变量的极化等价于交互的电流，这可以精确地使电压改变 90°。从物理上来说，能量的损失可以看作是极化过程中阻碍分子运动的分子间摩擦力所导致的。介电损失是衡量一个极化循环中电能量散失的指标。在用于数字和 RF 功能的高频信号传输中，能量损失是非常重要的，不仅是因为它表征了

缺乏效率，而且它还改变了电路中的阻抗。

③ 高电阻　电介质是两个导电层之间的绝缘材料，必须有一个最小的适用电阻值。如果电介质的电阻值不够大，将会严重影响电性能。

④ 高击穿电压　电介质必须能抗高电压而不被击穿。介电材料的击穿是材料中的高强度电场突破了束缚而产生的一种现象。

2) 热-机械特性

① 低弹性模量　电介质材料最好具有低弹性模量。低弹性模量意味着低应力，从而提高可靠性。

② 低 CTE　与硅相似的低热膨胀系数，将使得 IC、基板和两者之间的应力变得更小。

③ 好的黏性　因为 SOP 基板有多层布线，导体和节点材料之间很好的黏结是非常必要的，这样可以增添封装体的可靠性。

④ 热稳定性和高玻璃化温度　为了能经受高达 260℃无铅焊料和金锡与其他合金焊料更高的组装工艺温度，电介质必须具备高的分解与玻璃化温度。

3) 化学特性

① 低湿气吸收　湿气的吸收将严重地影响电介质的特性。电介质必要具有低的吸湿特性，以防止产品在加工和使用过程中发生机械、电气衰减。

② 高耐化学性　介电材料必须能够耐诸多不同的化学品，这样才能更容易地被加工成不同的结构。

4) 可制造性

① 良好的可钻性　因为在 SOP 基板中有大量的孔，所以可钻性是一个很重要的参数。一种好的电介质应该能被容易地钻孔。在很多情况下，可钻性受到了介电材料中填充物的影响。介电材料中使用填充物的原因有很多，包括 CTE 的控制以与 IC 相匹配。电介质填充物在混合之前必须谨慎地评估其可钻性。

② 沉积和厚度的易控制性　不论是液态还是干燥的薄膜形态，电介质都必须能够在短工艺时间和低温下容易地内置沉积。也要求能够精确地控制厚度，电介质需要有很好的流动性来保证形成平面层。

③ 高表面平整度（DOP）　精细的线宽与间距的形成依平面电介质的表面情况而定。电介质高表面平整度的要求是光刻和金属化工艺的要求。如图 7.11，DOP 的定义是：

$$DOP = (1 - \frac{T_2 - T_1}{T_0}) \times 100\%$$

（2）介电材料的分类

从图 7.12 可看出在过去几十年内介电材料的发展过程。最初在连续内置技术中利用到了厚膜陶瓷基板技术。这促进了镀金属的共烧厚膜结构的发展，为多层陶瓷（MLC）奠定了基础。这种技术在 20 世纪 80 年代为有机薄膜技术提供了方法，因为材料的介电常数低，而且加工成薄膜比较容易。现今大部分高密度封装都使用低成本的环氧树脂基体的电介质和低成本的有机芯体基板（例如，FR4 环氧树脂

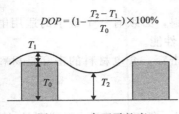

$$DOP = (1 - \frac{T_2 - T_1}{T_0}) \times 100\%$$

图 7.11　表面平整度

纤维玻璃板）[1]。环氧树脂是热固性材料，可以广泛地应用在基板中，因为它们黏性很好，而且具有良好的热稳定性、低加工温度（＜150℃）和低成本。但是，环氧树脂的介电常数比其他聚合物电介质高很多（3.5～5.0），而且吸水性高（质量分数为 0.3%～1.0%）。

许多广泛应用于有机基板的介电材料在下面将更详细地描述到。

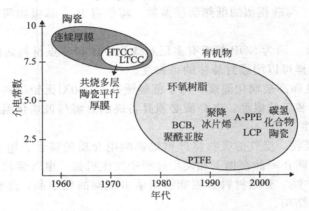

图 7.12　介电材料的历史发展

1）热固性材料

热固性材料是聚合材料，可以固化形成坚硬的交联结构。固化的能量供应形式可以是加热或者化学反应。

① 环氧树脂　环氧基是三元环结构，如图 7.13 所示。这种高度束缚的三元环结构的存在使得环氧树脂可以与很大范围的有机结构反应，使其成为了多用的聚合物。

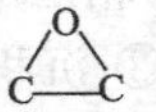

环氧树脂的合成使用了丙二酚 A 和反应物聚酰胺。碱的存在使得反应产生如图 7.14 所示的结构。味之素内置膜（Ajinomoto Build-up Film，ABF）是在工业界中广泛应用的一种环氧树脂内置介电层。

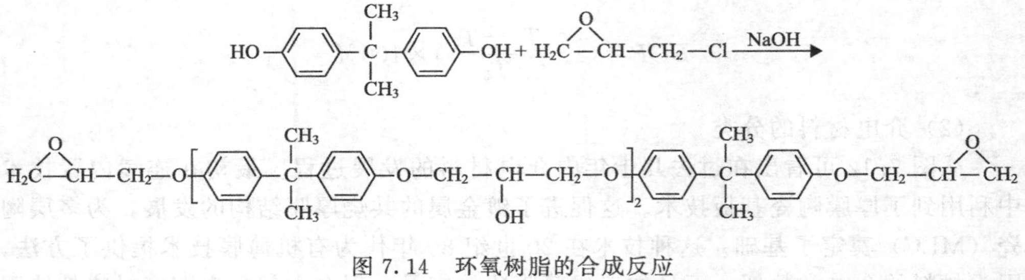

图 7.13　环氧基的结构

图 7.14　环氧树脂的合成反应

优点：优秀的黏结性、良好的耐溶剂性、良好的热稳定性和低成本。

缺点： 高介电常数（$\varepsilon_r = 3.5 \sim 5$）和高吸湿性。

② 聚酰亚胺　芳香聚酰亚胺的一般结构如图 7.15 所示。其结构中大量的芳香族提供了高 T_g，这意味着具有很好的机械性能，因而它具有刚性。经典的通过聚酰胺酸溶液的聚酰亚胺合成反应如图 7.16 所示。通常由苯四甲酸二酐和苯二胺反应生成聚酰胺酸。第二步涉及了环化脱水，可以采用高温或者使用脱水剂。

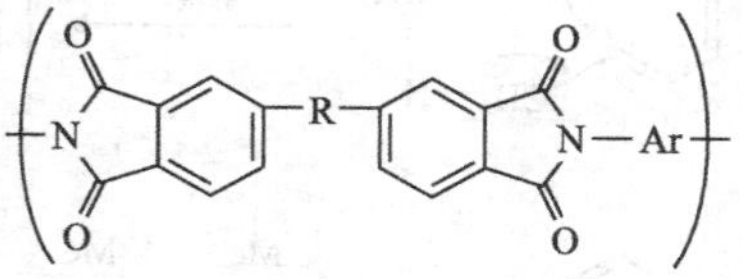

图 7.15　芳香聚酰亚胺的一般结构

苯四甲酸二酐　　　　苯二胺

聚酰胺酸

$-2H_2O$

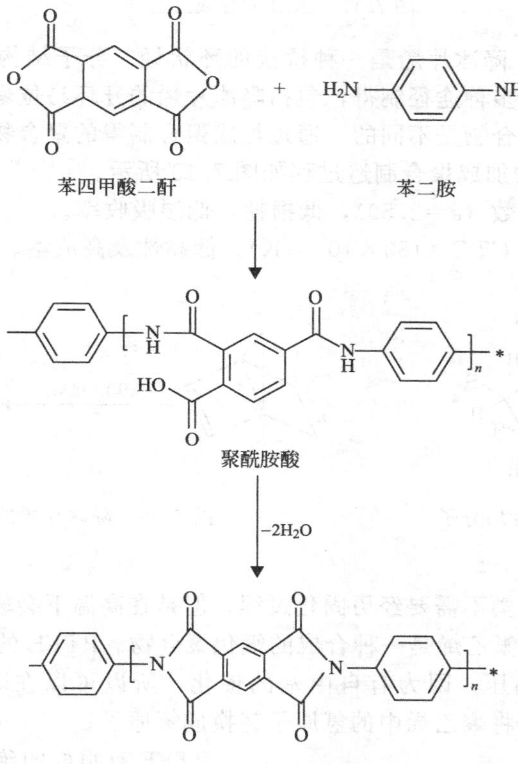

图 7.16　聚酰亚胺的合成反应

优点： 高 T_g、优秀的耐溶剂性、低成本和良好的黏结性。

缺点： 吸湿造成介电常数的变化。

③ BCB　苯环丁烯是低损耗的聚合物，在高频器件中常使用。图 7.17 所示的是生产 BCB 的一种合成途径。

BCB 碳氢化合物是由 α 邻氯甲苯产生的[2]。随后，进行溴化反应生成四溴 BCB，然后与 DVS 反应生成 DVS-BCB。这个单分子接着进行热聚合。第二步中的 DVS-BCB（未完全固化）被陶氏化学称作 Cyclotene，在市场上销售。

优点： 低介电常数 $\varepsilon_r = 2.50$、低损耗和低吸湿性。

缺点： CTE 很高（$180 \times 10^{-6}/K$）、弱黏结性和高成本。

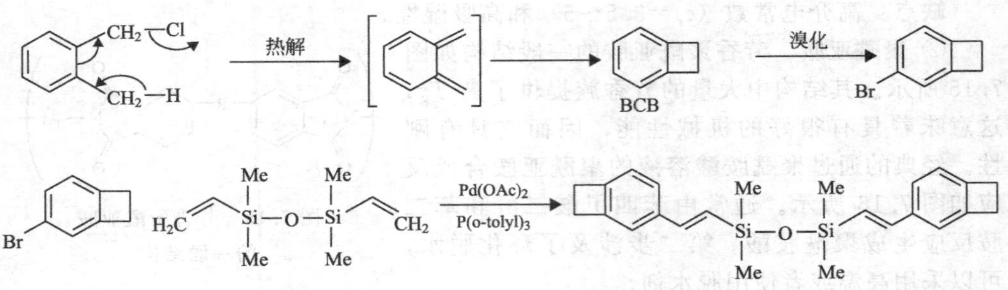

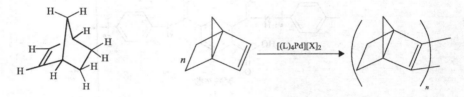

图 7.17　BCB 的合成反应[2]

④ 聚降冰片烯　降冰片烯是一种桥接的环状烃。分子结构式如图 7.18 所示。聚降冰片烯可以通过多种途径制得，包括降冰片烯的开环易位聚合和加成聚合。在不同情形中制得的聚合物是不同的。通过加成聚合制得的聚合物已经被市场化，如 Avatrel。降冰片烯的加成聚合制造过程如图 7.19 所示。

优点：低介电常数（$e=2.50$），低损耗，低湿吸收率。

缺点：非常高的 CTE（$180\times10^{-6}/K$），低黏性及高成本。

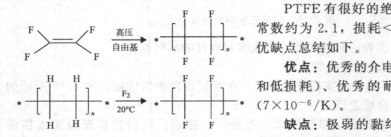

图 7.18　降冰片烯分子　　　　　图 7.19　降冰片烯的聚合反应

2）热塑性材料

热塑性材料是一类不需要经历固化过程，但是在高温下会软化的聚合物。

① PTFE　聚四氟乙烯是一种合成的氟化聚合物。PTFE 的合成反应如图 7.20 所示。CF_4 可承受高压，因为有自由基的催化，所以可以在乳液中聚合。或者，在氟气环境下，直接将聚乙烯中的氢原子替换成氟原子。

PTFE 有很好的绝缘特性。它的介电常数约为 2.1，损耗 < 0.0002。PTFE 的优缺点总结如下。

优点：优秀的介电特性（低介电常数和低损耗）、优秀的耐化学性和低 CTE（$7\times10^{-6}/K$）。

缺点：极弱的黏结性、高加工成本、高熔点导致高加工温度，溶化工艺中的低尺寸稳定性限制布线密度。

图 7.20　PTFE 的合成反应

② LCP　液晶是呈现传统的液体和晶相两者特性的一种物质相。这种材料可以流动，但是它仍呈现连续分子的有序排列。液晶聚合物（LCPs）是全芳香聚酯

聚合物。因为这些硬的分子在加工过程中定向排列，LCP 被称作是自增强聚合物。它们有很多可取的特性，由于低介电损失，在高频器件中得到了特别应用。

优点：低介电常数（约 2.9）、低损耗（＜0.005）、低吸湿性和面内 *CTE* 可调性。

缺点：昂贵的加工费用及因高熔点造成的高加工温度。

（3）电介质加工

电介质的加工工艺步骤如图 7.21 所示。电介质首先沉积在图形化芯体上。如果是使用液态电介质，可以通过旋转涂覆或者弯月面涂覆完成，若非液态电介质，也可通过层压干燥膜完成。然后进行电介质固化、钻孔。以下将详述每步工艺。

1）沉积

在图形化芯体上沉积电介质可以用不同方法实现，这取决于所用的材料和可行的工艺。这里我们考虑了两种工艺。

① 旋涂　旋涂方法是在电介质由液体沉积的情况下使用。例如 BCB 和聚降冰片烯。通过旋涂得到的厚度可达 $2 \sim 20 \mu m$。这种薄膜涂覆是在芯体上涂有溶液后，将基板进行高速旋转（$300 \sim 10000 r/min$）获取的。由经验可知，厚度是与每分钟转数的平方根成正比。

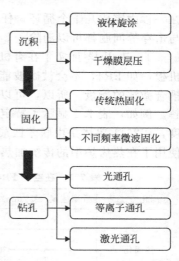

图 7.21　电介质的加工工艺

② 层压　层压材料一般由两层材料压合构成。在这里，有问题的层面位于芯体和干薄膜绝缘层。随后，电介质沉积到芯体和导体上，为了与之相连，需要将电介质层进行黏度处理。层压通常在温度＞70℃下进行。在这个温度条件下，可以实现电介质与底部的芯体进行黏结，接下来的工艺也可实现。

2）固化

固化反应只对于热固性材料。所有的热固性材料经过一个固化循环后，都会产生交联键。

① 传统的固化工艺　传统的固化工艺包括将电介质置于传统烤箱中进行循环固化，该工艺使聚合物中产生交联键。由于交联键，得到的材料变得"固"。尽管如此，许多现存的高性能聚合物要求高温加工，这超过了传统基板的老化温度。例如，建议的聚酰亚胺的固化曲线如图 7.22 所示。不仅是这个温度超过了 FR4 的老化温度，而且所需要的时间接近 5h。为了解决生产量和高温的问题，现在已经发展了如微波固化等低温工艺。

② 可变频率微波（VFM）固化工艺　可变频率微波（VFM）固化工艺已取代传统的热箱烘烤固化工艺而作为高性能聚合物的低温固化工艺[3~7]。与传统加热相对比，VFM 加热独一无二的特征就是可以快速、重复地在一定频率范围内步进。这种步进工艺可以实现腔体中能量分布的时均均匀性，消除在单频率微波腔体中出现的温度不均匀性[8]。VFM 技术也允许金属与导电材料放置在微波腔体中。

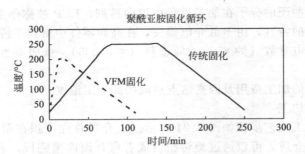

图 7.22　传统的与 VFM 的聚酰亚胺硫化曲线

在一秒内完成几千个循环，任何已建立波形的停留时间都是微秒级，所以电荷产生与击穿等问题都可以消除[9]。

Tanikella[3]证实了在有机板上使用 VFM 工艺快速固化聚酰亚胺的可行性。有机板，如 FR4，不会被微波能量显著地加热，但是聚酰亚胺的前体溶液能有效地耦合微波的能量。所以，可以完全固化聚酰亚胺的前体，而不会使温敏有机板热解。例如，表 7.1 显示了特定的聚酰亚胺薄膜（HD 微系统 PI2611）的亚胺反应程度，PI2611 单体是由联苯四羧酸和苯二胺组成，薄膜加工在 FR4 板上进行，同时使用了在热烤炉中的传统加热工艺和 VFM 工艺。

表 7.1　在空的 FR4 基板上聚酰亚胺 PI2611 薄膜中亚胺反应程度

固化方法	升温速度/(℃/min)	温度/℃	保持时间/min	亚胺反应程度/%
热固化	3	175	60	31
	3	175	240	50
	3	200	60	73
	3	250	60	100
VFM	15	175	5	92
	15	200	5	100

从表 7.1 中可知在更短的固化时间下，采用 VFM 工艺与传统热固化相比，薄膜中亚胺反应程度更高。比如，在 175℃下加热固化 4h，亚胺反应达 50%，而在 175℃下 VFM 固化 5min，亚胺反应达 92%。进一步，200℃ 5minVFM 固化，亚胺反应将达 100%，而不会造成环氧树脂板恶化。在同样的 200℃下，传统加热 1h，薄膜固化过程中的亚胺反应只达到 73%，在 250℃下固化 1h 亚胺反应程度达 100%，但是 FR4 基板发生分解。此外，傅里叶转化红外分析证实了使用 VFM 工艺在 200℃完全亚胺化与采用传统的热烤炉在 350℃加工得到的薄膜相比，其在化学结构上没有任何的差异（见图 7.23）。所以，高性能的聚合介电材料可以在温敏有机板上完全加工，而不会使基板老化。

3）刻孔工艺

通孔为在给定的面积上实现更高的 I/O 密度起了关键作用。持续性生产所需孔径且具备优良公差的孔洞的能力极大提高了具有大量 I/O 接口的基板密度。

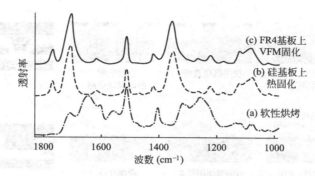

图 7.23 Pl2611 薄膜的红外光谱

(a) 软性烘烤处理；

(b) 在硅基板上热固化，温度以 3℃/min 斜率上升到 350℃，在 350℃保持 1h；

(c) 在 FR4 基板上进行 VFM 固化，温度以 15℃/min 斜率上升到 200℃，在 200℃保持 5min

相对于传统的通孔电镀 MLB 技术，盲孔和埋孔技术很大程度上提高了布线效率。交错排列的通孔是最常用的，如图 7.24 (a) 所示。然而，由于微孔的保形结构，交错排列的孔有特定的局限。占用的基板面积很大，表面不平，而且信号路径很长。接着，开发了一种堆叠的保形通孔，如图 7.24 (b) 所示。减小了占用的基板表面积，同时缩短了信号路径，但在基板表面上仍留有孔洞。堆叠填充非保形孔克服了交错排列和堆叠保形通孔的缺点，如图 7.24 (c) 所示。这种方式可在小面积内得到平整的表面、最短的信号路径和最小的电感系数。平整的表面对超精密线段的形成至关重要，而且能确保获得最大的布线基板面。

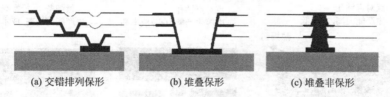

(a) 交错排列保形　　　　(b) 堆叠保形　　　　(c) 堆叠非保形

图 7.24 通孔结构的不同种类

通孔形成工艺可分成 3 类，如图 7.25 所示。

① 光通孔工艺 光通孔工艺 [图 7.25 (a)] 利用了光敏电介质。通孔在类似光刻图形的工艺过程中形成。电介质在掩膜板下曝光形成孔，接着显影、固化。

② 等离子通孔工艺 等离子刻蚀通孔（PEV）技术 [图 7.25 (b)] 采用真空工艺移除电介质层。所有的孔在同一时间产生。图形化的导体层作为掩膜层。即是在导体开口部位的电介质被刻蚀，而到达下个导体层时刻蚀停止。PEV 是一个非常灵活的工艺：除了通孔和盲孔之外，它还可加工狭槽、窗口、阶梯型窗口、倾斜的孔和其他独特的结构。

③ 激光通孔工艺 激光通孔工艺 [图 7.25 (c)] 已经成为通孔形成技术中最为成功的工艺。与 PEV 相类似，以图形化的铜板为掩膜，将整个聚合物薄膜表面暴露在激光下，这样就可形成激光通孔。由于其生产量高，这项技术也被极大地商业化。不同的激光种类和它们的特性如图 7.26 所示。

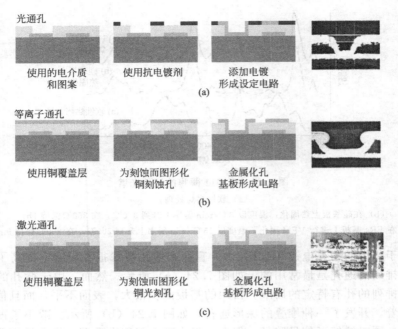

光通孔

| 使用的电介质和图案 | 使用抗电镀剂 | 添加电镀形成设定电路 |
| (a) | | |

等离子通孔

| 使用铜覆盖层 | 为刻蚀而图形化铜刻蚀孔 | 金属化孔基板形成电路 |
| (b) | | |

激光通孔

| 使用铜覆盖层 | 为刻蚀而图形化铜光刻孔 | 金属化孔基板形成电路 |
| (c) | | |

图 7.25　孔的形成工艺

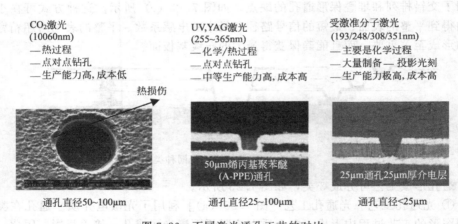

CO_2激光
(10060nm)
— 热过程
— 点对点钻孔
— 生产能力高, 成本低

UV, YAG激光
(255~365nm)
— 化学/热过程
— 点对点钻孔
— 中等生产能力高, 成本高

受激准分子激光
(193/248/308/351nm)
— 主要是化学过程
— 大量制备 — 投影光刻
— 生产能力极高, 成本高

热损伤

通孔直径50~100μm　　　50μm烯丙基聚苯醚(A-PPE)通孔　通孔直径25~100μm　　25μm通孔25μm厚介电层　通孔直径<25μm

图 7.26　不同激光通孔工艺的对比

在前面的章节中已经对介电材料和加工工艺做了大量的讨论。表 7.2 总结了一些用于 SOP 的电介质的主要特性。

7.3.2.3　嵌入式导体

导体的功能是传送电源与信号。审慎地选择导体材料和工艺将有助于超小型化, 得到更好的电性能、散热特性、更低的成本和更好的可靠性。

（1）导体材料的属性

导体是电流传输的介质。在有细纹和通孔的基板上, 导线必须有较高的导电性, 同时, 其必须易于加工。在金属中, 银虽然具有最高的热导率, 但是其电迁移可能导致短路，因而首选材料是铜。图 7.27 给出了导体材料和工艺的演变过程。最初，厚膜陶瓷和玻璃工艺需要在 800℃下使用银-钯烧结。20 世纪 80 年代的高温共烧陶瓷（HTCC）技术，则要求在印刷电路基板上先进行丝网印刷，然后再通过金属在 1600℃下与钼、钨等金属共同烧结。将 HTCC 引向所谓低温共烧陶瓷（LTCC）技术有两个原因：导体的高电导率和陶瓷的低介电常数。导体是厚膜铜，陶瓷则是结晶玻璃陶瓷或者是添加玻璃的氧化铝陶瓷。更小、更高性能的封装要求应用低介电常数的有机物，该有机物上有由减法刻蚀得到的铜图形。SOP 用到了采用半加性电镀或者全加性电镀工艺的超薄电镀铜片。半加性电镀是在种子层上进行电镀加工。最近，有人提出用碳纳米管作为替代导体材料。碳纳米管的弹道输运性能带来优良的电气性能，而且碳纳米管的生长可控，其有可能在 SOP 系统中表现出前所未有的性能。

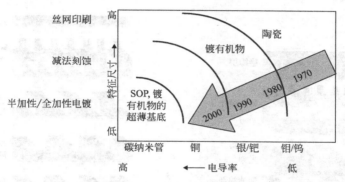

图 7.27　导体材料的演变过程

表 7.2　电介质性质及加工工艺

电介质材料	介电常数@1GHz	正切损耗@1GHz	模量/GPa	X, Y CTE /($\times 10^{-6}$/℃)	用途	通孔形成工艺	通孔镀
环氧树脂	3.5~4.0	0.02~0.03	1~5	40~70	膜、RCC、液体	UV、CO_2 激光、光刻	化学镀铜
聚酰亚胺	2.9~3.5	0.002	9.8	3~20	膜、液体	受激准分子激光、光刻	种子层溅射
PPE	2.9	0.005	3.4	16	RCC	UV、CO_2 激光	化学镀铜
BCB	2.9	<0.001	2.9	45~52	液体	光刻、RIE	种子层溅射
LCP	2.8	0.002	2.25	17	绝缘层	UV 激光、机械钻孔	化学镀铜
冰片	2.6	0.001	0.5~1	83	液体	光刻、RIE	种子层溅射

（2）导体工艺

导体沉积加工需要根据电学、尺寸的要求来进行。

1）减法刻蚀

消减工艺（图 7.28）使用覆铜压板，去掉了表面化学刻蚀之后不必要的铜，留下铜线。光刻可以用来控制刻蚀区域。将光刻胶涂覆在整个表面，再曝光以形成需要的图形。显影时，只有需要保留铜的区域才有光刻胶，这些区域刻蚀过程中将受到光刻胶层的保护。

消减工艺的主要优势在于铜箔与基底间优异的粘接性能，而其局限来自于刻蚀过程中是各向同性的，这导致了最终获得的线条的粗细不均，而且不清晰。为了获得高清晰度的线条，覆铜压板的厚度要越薄越好，然而，在实际中，压板的厚度是有限制的。

2）半加性电镀

为了克服减法刻蚀的缺点，有人提出了半加性电镀工艺。图 7.29 为这个过程的示意图。用化学镀或溅射的方法，在介质上覆一层非常薄的铜作为种子层——种子层的作用是为大量生产的电镀过程提供一个电力传输面——然后种子层再利用光刻进行图形化，再电镀成所需要的图形。最后剥离光刻胶，将种子层刻蚀掉。这个过程中有可能导致铜从图形化区域中被刻蚀掉，因此，在最初设计的时候就应该考虑到这种情况。

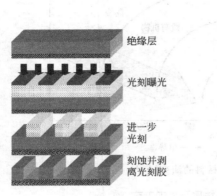
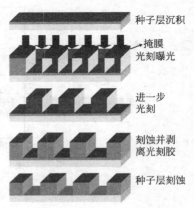

图 7.28　减法刻蚀工艺流程　　　　　图 7.29　半加性电镀

种子层的厚度决定了最终的清晰度。种子层越薄，线和空间的分辨率越高。这归结于湿法刻蚀各向同性的性质。当铜刻蚀的时候，侧壁也发生了刻蚀，导致最终梯形线的形成。

其中，关键是超细线和空格的控制。对于超细的线和间隙（$<10\mu m$）的形成需要严格地控制介电层的界面粗糙度、种子层形成过程、光刻以及电镀工艺并对其进行优化。下面作进一步的讨论。

① 界面粗糙度　界面粗糙度是实施精细光刻和金属电镀工艺的重要影响因素。这里讨论了针对界面粗糙度的一些新工艺的发展。目前的工艺是基于高锰酸钾或者其他的湿法刻蚀技术。这些工艺粗化后的电介质表面不适用于超细线的制备。

分别用高锰酸钾除胶和 CF_4/O_2 等离子刻蚀粗化的典型环氧树脂电介质表面对比如图 7.30 所示。图中，高锰酸钾或者其他湿法刻蚀工艺会在电介质表面形成一个 $2\sim3\mu m$ 深的大坑。

如图 7.31 所示，在这样的表面上进行多层薄膜布线会导致潜在的缺陷并且使得金属层间的介电层厚度不一致。另一方面，用等离子体处理则会得到粗糙度小于 $1\mu m$ 的相当均匀的表面。

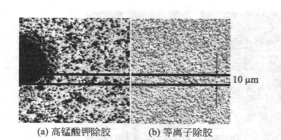

(a) 高锰酸钾除胶　　(b) 等离子除胶

图 7.30　经过处理后电介质表面的高倍
光学放大镜显微照片，线宽 10 μm

图 7.31　由于化学除胶造成的深坑状
缺陷的扫描电子显微镜（SEM）照片

② 种子层电镀　如前所述，种子层可以由溅射或者化学镀的方法得到。化学镀是一种低成本批量处理的方式，适用于大批量生产。但是，传统化学镀的方法沉积速率较低，所使用的甲醛是一种致癌物质。而且，传统的化学镀中的铜镀液 pH 值很高，会引起某些光刻胶的降解。此外，由于等离子处理的电介质表面轮廓更光滑，以老化胶体为基础的铜板活化工艺行不通。最新的 SOP 电介质要求采用钯活化。钯颗粒非常小，可以填充等离子处理后所留下的微小的孔隙，并且能提供良好的活化。

为了解决上述问题，有人开发了低 pH 值、高沉积速率（3～4μm/h）的无甲醛化学镀铜工艺，以满足 SOP 封装中对配线和低成本的需求。化学镀铜涉及将铜离子还原成铜金属以及还原剂的表面催化氧化[10,11]。甲醛的催化氧化过程的速率与氢氧化钠溶液浓度成正比，并且只有在 pH 值大于 11 的情况下才能发生。有一些采用非甲醛还原剂的铜镀液的报道，例如一种基于次磷酸盐的配方，如表 7.3 所示[12～17]。

表 7.3　化学镀铜的电解液成分组成

$CuSO_4 \cdot 5H_2O$	0.04M	$NiSO_4 \cdot 6H_2O$	400×10^{-6}
$NaH_2PO_2 \cdot H_2O$	0.12M	聚乙二醇	200×10^{-6}
HEDTA	0.08M	pH 值	9.3
H_3BO_3	0.48M	T/℃	70

然而，使用次磷酸盐作为还原剂的固有缺点是次磷酸盐对于铜氧化的催化活性不够强。尽管基板表面最初有钯基体的活化，一旦其表面被铜覆盖，反应速度就慢了下来，因为铜不是一种催化剂材料。有一种方法是向溶液中添加镍离子，可以对铜的弱催化活性进行补偿。铜镍共沉积有助于催化次磷酸盐的氧化，从而提高整体的化学镀沉积速率[18]。用 N-β-羟乙基乙二胺三乙酸三钠盐的水合物（HEDTA）作为配体，次磷酸钠作为还原剂，硫脲（TU）以及二苯基硫脲（DPTU）可以提高化学镀铜的沉积速率。

图 7.32 所示为使用/未使用添加剂（TU/DPTU）时，化学镀铜沉积物的表面形貌。化学镀铜电镀液中沉积出的铜的表面形貌较为粗糙且呈簇状，造成了较高的电阻系数。TU 与 DPTU 可以使铜沉积得更为均匀，形成的簇较小，降低了电阻系数。

(a) 普通化学镀铜电解液　　(b) 加0.5×10⁻⁶硫脲　　(c) 加1.0×10⁻⁶二苯基硫脲

图 7.32　由以下途径获得的沉积铜的表面形貌

③ 低应力化学镀铜　SOP 基板布线密度的提高要求介质表面更光滑，这样才能控制阻抗，减少表面效应所带来的信号衰减。但这导致了铜和介质之间机械附着力的降低。为了对付粘附问题，并获得可靠的 SOP 基板，有人开发了低应力化学电镀工艺。这种工艺产生细密的纹理，并具有优异的附着性能。此外，沉积物无气泡并且可以极好地覆盖介电层的表面。

④ 线宽小于 10μm 的光刻工艺　对于超细线结构的形成，需要严格地控制光刻工艺。制备这样的结构，需要克服三个主要的问题：

a. 非平表面对光刻胶图形化的影响。这种影响如图 7.33 所示，图中显示了内置层中一条线宽为 25μm 的线，该线穿过了金属埋入层一组线宽为 100μm 的细线阵列。可以看出，在表面的空隙中的抗蚀剂没有清洗完全，使得介电层表面没能够达到 100％平整。

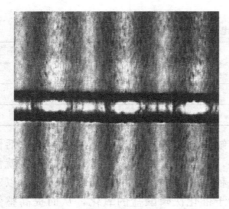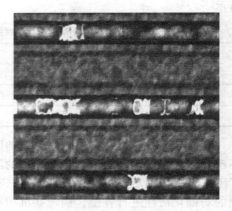

图 7.33　使用超细线结构引起的　　　图 7.34　桥连效应表明外部残留
　　　光刻胶表面波浪状形貌　　　　　　一层非常薄的感光耐蚀膜

b. 桥连效应。如图 7.34 所示，这是由于细线边缘介电层表面的局部粗糙度导致的紫外光散射所引起的。介电层的粗糙表面有可能是由电介质中的填充颗粒造成的，或者是进行化学镀铜前对表面进行化学处理时刻蚀过度造成的。

c. 与粘附有关的效应。表面粗糙度是精密光刻、金属化的关键因素。如图

7.35 所示，当光刻胶条尺寸更小时，光刻胶图形的移位及光刻胶条从种子层剥离的现象将更为普遍。这种情况的产生，是由于光刻胶与种子层之间接触面积较小，附着力较弱造成的。

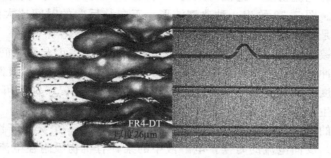

图 7.35　光刻胶细线拱起导致接触面积狭窄、粘附力不足

　　由于同样的原因，随着镀铜线变得更细，其将更容易从介电层表面剥离。为了避免这种情况发生，必须对表面进行粗化处理，以改善附着力。

　　⑤ 电解电镀工艺　电解电镀，或简称电镀，是利用电流的作用，在导体表面覆盖一层金属薄层的工艺。电镀的原理如图 7.36 所示。在电镀时，金属在阳极电解后以离子的形式进入溶液。溶解后的金属离子在电场的作用下，由电解液中迁移并沉积在阴极上。

电镀可以分为两类。

a. 直流电镀。直流电镀是生产基板时最常用的方法。为了调节晶粒结构的形成，在由硫酸铜/硫酸组成的电镀液中加入颗粒细化剂、润湿剂以及抛光剂。电镀过程中，溶液中的铜离子产生了迁移。为了保持铜离子浓度恒定，阳极的金属铜不断地溶于电解液中。然而，阳极在反应的同时也会产生一些副反应。在某些情况下，阳极材料的铜上会覆盖一层未知物。这层物质微溶于硫酸，并且会阻碍电流。阳极会因此转为惰性，或者被极化。这会导致电镀的效率降低。

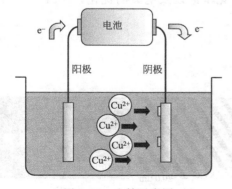

图 7.36　电镀示意图

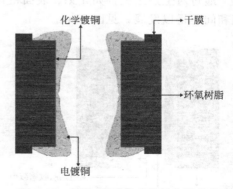

图 7.37　通孔/盲孔的"狗骨头"现象

　　b. 反向脉冲电镀。反向脉冲电镀主要用于电镀盲孔和高深宽比的通孔。由于通孔或盲孔的深度，更多的铜会沉积在孔端口的边缘区域（电流密度大的区域）而

不是孔的中心（电流密度小的区域），形成所谓的"狗骨头"结构，见图7.37。为了解决这个问题，反向脉冲电镀应运而生。直流电镀虽然可以用于这种结构，但是必须使用较低的电流密度，这使得工艺时间大大增加。反向脉冲电镀用波形电流来代替恒定电流。图7.38给出一种典型波形。正向与反向的时间比大约是20，但是反向电流密度是正向电流密度的3倍，频率通常是50Hz。

通孔的均镀能力可以定义为基板表面孔附近的铜的厚度与孔中间的铜的厚度的比值。反向脉冲电镀对于保证较短的工艺时间同时获得较好的深镀能力十分关键。可在高电流密度区形成保护，以降低这个区域中铜的沉积，这就可以避免"狗骨头"现象的发生。

电镀开始的时候，铜在正向电压的作用下，沉积出一个类似于图7.37中"狗骨头"的形状。反向电流的时候，电解液中的某种有机物吸附在电流密度较高的区域，对这块区域形成了保护（如图7.39）。如图7.40，当下一个脉冲开始的时候，有部分铜会沉积在保护的区域，但是更多的沉积在未保护的区域。随着正向脉冲的继续，有机的保护层慢慢剥离，铜继续在高电流密度区域进行沉积。最后的结果就是在孔中得到均匀厚度的铜覆层。

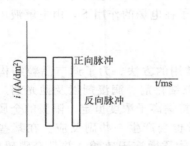

图7.38　反向脉冲电镀的典型波形

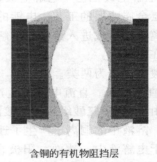

图7.39　反向脉冲中的阻挡层沉积

通过对上述工艺，如光刻、表面粗化、化学镀以及电镀的优化，10μm以下线宽和间距得以发展，见图7.41。

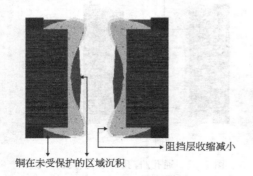

图7.40　正向脉冲中，铜的
沉积及阻挡层的收缩

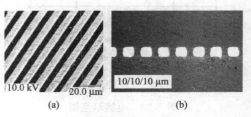

图7.41　10μm线及间隙的
SEM及显微剖切视图

7.3.2.4 多层布线集成化工艺

上面讨论了所有生产多层布线薄膜的组成工艺。以下将介绍如何将以上各步骤集成到一起来进行生产。

（1）连续工艺

图 7.42 所示是一个连续工艺的实例。这个工艺从一个双面芯片开始，首先钻出通孔并金属化；然后，通孔用导电胶或非导电胶填满，也可以用电镀的方法填充，这样来做出一个导电柱。接着，用半加性电镀的方法把这个中心图形化。

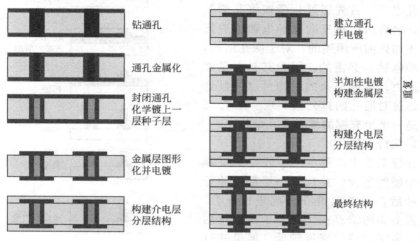

钻通孔

通孔金属化

封闭通孔化学镀上一层种子层

金属层图形化并电镀

构建介电层分层结构

建立通孔并电镀

半加性电镀构建金属层

构建介电层分层结构

重复

最终结构

图 7.42　连续构建工艺

随后，在芯片上沉积一层介电层。有三种方法可以制作通孔并使其能够导电：

① 侧壁金属化；

② 螺柱镀；

③ 铜填充。

其中，螺柱镀和铜填充工艺可以用来生产超高密度堆叠孔。

随后，内置层中的薄膜布线层通过半加性电镀来完成。在其上用化学镀的方法先沉积出一层种子层，为之后的图形化电镀做准备，电镀完成后再将种子层除去。最后，沉积电介质层，这个工艺会一直持续到整个基板的完成。连续工艺的主要优势在于盲埋孔增加了布线密度。主要的缺点则在于膜层的连续制造降低了生产效率。

① 螺柱镀　如图 7.43[19]所示是一个螺柱镀工艺的示意图。这个工艺利用光刻胶来制作通孔的结构。用加成或者消去工艺来形成第一层金属层。再对该层用阻挡层覆盖，阻挡层在后续的化学刻蚀过程中不会反应，起保护作用。此后，在这层阻挡层之上覆盖一层由导体材料构成的种子层。此外，也可选择将种子层和阻挡层结合在一起成为一层不会被刻蚀液刻蚀的金属层。然后，利用电解电镀来保证通孔的高度。然后再用光刻工艺在面板镀层上形成通孔图形。接着，在光刻胶保护通孔柱的情况下，刻蚀掉面板镀层。如果种子层和阻挡层不同，种子层也会被刻蚀掉，而早前的金属层则被阻挡层保护起来了。随之，再沉积一层介电层，并对其进行处

理。介电层的表面进行粗糙化处理并使螺柱暴露出来，再对这一层进行半加性电镀。对下一层再重复以上全部工序。图 7.44 所示的是用此工艺制造的一个典型的 4 层金属层结构。此工序可以针对 $10\sim15\mu m$ 的微孔进行升级扩展。

② 通孔铜填充 对于每一层介电层，钻出通孔之后，首先通过化学镀将其侧壁金属化，然后再通过反向脉冲电镀来进行填充。正如先前所阐述的，对于深孔结构，反向脉冲电镀是必需的，因为其具有足够的深镀能力。堆叠通孔的结构可以在设计之初就通过对通孔的排列来实现。图 7.45 所示的是一个填充铜的堆叠通孔结构。

（2）并行工艺

在并行工艺中，每一个拟建立的层都采用一个硬的芯片，并且每一层都是并行建立。最后将这些层叠在一起进行压合。并行工艺主要的缺点在于受限于多层排列的公差，多层布线的密度较低。但是并行进程由于所有的层同时制造，其在生产时间上是占优势的。

如图 7.46 所示，是一个并行工艺的流程。首先在芯片上钻出通孔并用导电胶进行填充。然后压上铜，再对金属层进行消去刻蚀，将其图形化。每一层的工艺都是同时进行的。当全部工艺结束后，再堆叠在一起。

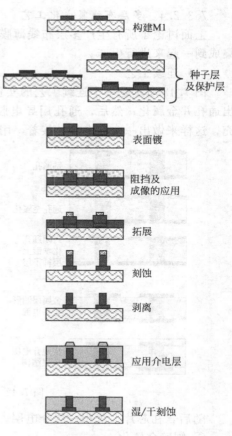

图 7.43 螺柱镀流程——堆叠式
通孔的工艺方法

图 7.44 螺栓电镀的堆叠通孔的横截面

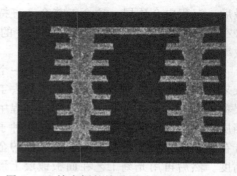

图 7.45 填充铜的堆叠通孔（来源：Ibiden）

粘贴通孔工艺：钻出来的通孔一般都是用导电胶，比如银胶，来进行填充的。相对于侧壁金属化或铜填充来说，粘贴通孔非常便宜，但并不十分可靠。对于堆叠通孔结构来说，可以对叠层进行设计，实现通孔排列得到堆叠结构。

工业中已经大量运用了并行工艺。突出的例子有日本松下电子的"所有层内部通孔"（ALIVE）和日本东芝的"嵌入式凸点互连技术"（B²IT）。

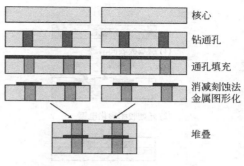

图 7.46　并行处理的工艺流程

在制造单个的基板时，并行工艺与连续工艺常常结合在一起使用。这使得在生产中可以兼顾到成本和生产时间。

（3）无芯基板

无芯基板的引入减小了剖面的厚度。由于翘曲和加工方面的问题，无芯基板带来了许多新的挑战。许多无芯基板是由一个封装好的芯片开始的，之后再用化学刻蚀或者机械研磨的方法将芯片除去。日本 NEC 公司的多层薄板（MLTS）就是这种技术的应用实例[20,21]。首先在一个金属支架上制造出完整的结构，然后再将这个支架刻蚀掉。此工艺可以彻底解决镀孔带来的布线密度降低的问题，同时还消除了由于处理工艺而产生的翘曲问题。使用此工艺，还可以改进信号和电源的完整性[22]。

图 7.47 是无芯基板制造流程的示意图。第一层金属层是采用全加性工艺在固体铜芯片上图形化。镍、金以及另一层镍层被电镀在图形化的铜层上。这些层在接下来的芯片层去除工艺中起辅助作用。然后，通孔结构再通过光刻的方法图形化，用电镀的方法做出通孔柱。然后剥去光刻胶，将电介质层沉积上去；再研磨电介质层，以使通孔柱能够露出来。通过半加性电镀得到下一层金属层。再一次通过光刻、电镀的方法来得到通孔结构。剥离光刻胶之后，沉积电介质层，再对其加工、研磨。对于下一层，重复相同的工艺过程。当基板完全制造出来之后，使用固定装置将芯片键合在基板上。固定装置的使用是为了避免移去芯片的时候产生翘曲。接下来，刻蚀掉固体铜芯片。图形化的金属层对刻蚀剂十分敏感，需要用镍、金组成的阻挡层来对其进行保护。

7.3.3　嵌入式无源器件

如前所述，嵌入式无源器件更小，并且具有更优良的性能。去耦电容可以通过减少或消除选择不同电路时的噪声来保证电源的完整性。这是高速数字系统中最关键的无源元件。在 RF 电路中，电容对与直流区块、网络匹配以及振荡器反馈非常关键。终端电阻是低损耗高速数字系统所必需的。高速封装需要许多终端电阻来作为芯片的 I/O 端。偏置或分压电阻需要设置工作电压。类似的，反馈电阻也非常关键，它可以基于输入信号的幅度减小放大器的输出来改善放大器的稳定性。

7.3.3.1　嵌入式电容

（1）电容器的材料属性

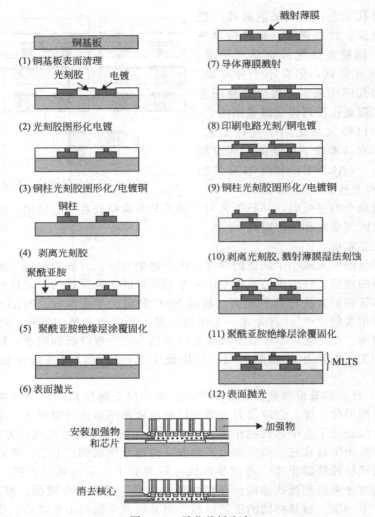

图 7.47 无芯基板生产

任何介电电容器的关键性能都在于其介电常数和击穿电压。在薄膜技术中，由于薄膜中电场强度极高，泄漏电流变得非常重要。对于 RF 元件，热、频率稳定性及超低损耗是其主要挑战。

1) 介电常数

当电场穿过电介质或者绝缘体时，正电荷朝着电场负极转移，反之亦然。这个移动导致了极化现象的产生，因此，相较于真空中的情况，材料内电通量更高。电通量是用来衡量材料内部电荷分布和电场强度的。介电常数或相对介电常数是材料内电通量与真空中相应情况的比值。增加的极化或电通量表现为材料内部较高的电荷存储容量，亦即电容。宏观上来说，对极化的评估可以通过测量材料的电容来实现。

电子极化是高分子材料的介电常数的主要机制。介电常数在 5～10 之间的无机固体材料表现出额外的离子极化。某些离子晶体甚至在没有外加场的时候也能表现出极化（自发极化）。这些被称为铁电材料。这些极化产生于离子化合物中的非对称晶体结构。在离子化合物中有些离子稍微偏离了它们的电中性位置。低于某一特定温度时，才能观测到铁电行为，这个温度称为居里温度。高于这一温度，材料则变成顺电态。从顺电到铁电相的转变，是晶格从对称到非对称的转变。如果钛酸钡（$BaTiO_3$）从立方晶系转变为四方晶系则产生铁电现象。这种离子位移一般只能发生在特定的晶体方向上。偶极子以自发极化区域的形式存在，称为域。由于是由偶极子组成的，域可以具有相同的晶体学方向。域的存在、大小由最小总自由能决定。铁电材料的介电常数大都在 1000～20000 之间。铁电物质的介电常数取决于其颗粒尺寸的大小，因此，大多数纳米和亚微米薄膜并没有这么高的介电常数。钛酸钡颗粒尺寸为 $1\mu m$ 时的介电常数最高。当颗粒或者晶体的尺寸小于 100nm 时，介电常数预计不会超过几百。

2）介电损耗

类似于信号传输采用低 K 电介质，低介电损耗对于嵌入式电容器使用的高 K 电介质非常重要。这些损耗的特点在于嵌入式电容器的等效电路中的电阻随着电容出现。非极性高分子和陶瓷介电损耗低。传统的环氧树脂和铁电体则损耗较高（表 7.4）。

表 7.4　典型高 K 介质及环氧树脂的高频损耗

材料	氧化铍(BeO)	钛酸盐	氧化铝	氮化铝(AlN)	董青石	环氧树脂
介电常数	6.6	20～10000	9.2	8.3	4.9	3.5～4.5
损耗正切	2.0	1.5～300	2	3～10	10	150～250

3）击穿电压（BDV）

典型陶瓷或者高分子材料的击穿电压大概是 $300～1000V/\mu m(3～10MV/cm)$。然而，缺陷会导致 BDV 严重下降。此外，高介电常数材料本身 BDV 就很低。图 7.48 对此进行了总结。对于高 K 陶瓷薄膜，BDV 是很重要的。这些材料的 BDV 值可能为 $30～200V/\mu m$，这取决于工艺引起的缺陷。

4）电容温度系数（TCC）

由于设计公差要求的日益提高，TCC 对于各种电容器变得至关重要。取决于不同的材料结构，TCC 对于陶瓷和高分子材料可能有正有负。铁电物质的 TCC 是一个高的正值，而绝大多数顺电性的物质的 TCC 是负值。类似的，环氧树脂或者聚酰亚胺等高分子的 TCC 是正值，这与其他的高分子材料不同。对于 RF 器件，TCC 的公差要求在选择材料的成分时需要慎重考虑。

（2）电容材料的分类

图 7.49 显示了不同电容器的材料及其关键属性。

1）聚合物

在过去的十年间，有一些学者和机构对有机封装的嵌入式电容所带来的挑战进行了研究。在密封电源和大飞机上，环氧树脂薄膜介质在消除电源噪声、去耦化方面的应用已经商业化了 20 年。在这些应用中，电介质厚度通常是 $16\mu m$，而更薄的

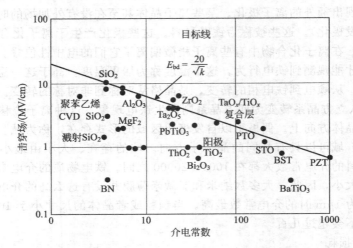

图 7.48　各种不同材料的击穿电压（*BDV*）（源：Rich Ulrich，阿肯色州立大学）

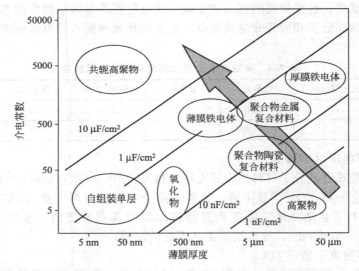

图 7.49　电容器材料

电介质正在市场上不断地出现。

2）聚合物陶瓷复合材料

薄聚合物膜在每平方厘米上的电容量无法超过几纳法（nF/cm^2）。使用高介电常数陶瓷则可以克服这个问题。类似于钛酸钡，铁电材料在兆赫兹范围内的介电常数是高分子材料的 1000 倍，而在千兆赫兹范围，则这个数字是 100 倍。不幸的是，陶瓷结晶是一个高温过程，与有机封装不兼容。因此，这些材料大部分局限于分立器件上或者是表面贴装器件。在集成到系统基板之前，先和这些器件共烧成一体。高介电常数材料是以陶瓷为基础的，但是封装却向着基于大面积有机物封装技术的低成本方向发展。这个不兼容性可以采用高分子陶瓷复合物来克服。聚合物陶瓷复合材料原理如图 7.50 所示。应用该技术，可以轻松地将电容密度提高 5 倍，但是进一步的提高则受限于其制造过程中所带来的缺陷与可靠性问题。因此，嵌入式电容技术又向着集成超薄膜方向发展。

图 7.50　聚合物陶瓷复合材料基本原理

先进的陶瓷薄膜技术首次将电容密度提高到 $\mu F/cm^2$ 的范围，这将极大提高数字封装的性能，降低成本和尺寸。新的创新性的陶瓷薄膜合成技术可以在低温条件直接在有机基板上结晶出高介电常数的无机材料。亦可将高温过程转移到载体片上进行，然后再与有机基板整合在一起，从而克服陶瓷需要高温处理的局限性。

尺寸降低到微-纳米尺度时的填料颗粒的介电常数较低，这使得聚合物陶瓷复合材料不适用于和高 K 材料组成薄膜。混合着铜的环氧-纳米钛酸钡复合材料，在 20％填充度的时候，粘接强度有 6～8MPa，而当填充比例升高时，则下降到不足 2MPa[23]。考虑到对加工性能和可靠性的要求，基于聚合物的嵌入式电容器的电容应小于每平方厘米几纳法拉（nF/cm^2）。高 K 铁电材料粉末还有内在的高频率松弛行为，导致介电常数随频率相关的损失。这引起了内嵌导电填料的聚合物复合材料的发展。

3）填充导电填料的复合材料

较新的电容器，诸如超级电容器或纳米电容器，可以克服现有的以聚合物为基础的电容器的局限性。这些新概念依赖于纳米结构的电极，这些电极具有双电层，有高的表面积/体积比以及界面极化，这使得其具有超高的电容密度。作为填料，炭黑分散在高分子材料中后，可以获得高电容量，并且可有效地提升介电常数，究其原因，可能和巨大的表面极化以及纳米金属颗粒可有效提升电极表面积相关。然而，许多独立的研究结果显示，表面极化带来的高介电常数在高频区间并不能够保持稳定（如图 7.51 所示）[24～27]。炭黑-环氧树脂复合材料的高频测量结果明确表明：当频率从 10kHz 上升到 100MHz 时，其介电常数从 10^3 降低到不足 10^2。超级电容器带有使用高表面积电极与具有纳米金属电极、薄膜电解质的双电层/表面极化结构，尽管并没有指望其能在千兆赫的频率段稳定，但它的每单层电容超过了 $100\mu F/cm^2$。为了解耦，人们提出了许多限定材料的特征条件（高频特性、薄膜加工能力、电容密度、电阻率、渗漏等），并且这项工作仍然在进行中，但是显而易见的是，基于高分子材料的电容器在目前来说，恐怕仍然只适用于中低频率的电源

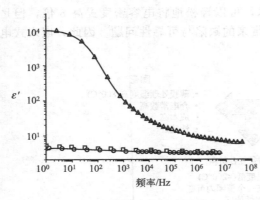

图 7.51 频率取决于填充了导电
材料的高分子复合物[26]

中，而不适用于高频率解耦装置。

4）薄膜陶瓷

对于提供超高电容密度，陶瓷薄膜是理想的选择。众所周知，铁电材料薄膜在高达千兆赫兹的条件下，仍然有高达每平方厘米几微法（$\mu F/cm^2$）的电容密度，可以理想地应用于解耦装置。钛酸钡（BST）的介电常数在 300～500 之间，当膜厚度在100～300nm 之间时，在较宽的频率范围（高于 5GHz）内可以得到 $2\sim 3\mu F/cm^2$ 的电容密度。铁电薄膜及其氧化物的性质如图 7.49 所示。

（3）嵌入电容工艺

制备电容大致可分为厚、薄、超薄薄膜三种工艺。传统的陶瓷和印刷线路板的封装工艺中，制造 $20\sim 100\mu m$ 厚膜的工艺被归入厚膜工艺。处理此厚膜的主要工艺要使用刮刀或者丝网印刷。减小膜的厚度可以获得更好的电容性能。因此，新型的复合物薄膜（$10\sim 20\mu m$）开始出现。超薄薄膜（500nm 以下）则可以通过聚合物涂层、气相沉积、结晶等方法制得。图 7.52 对电容制备工艺进行了总结。

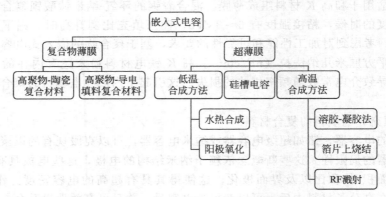

图 7.52 基于工艺的电容技术分类

1）聚合物陶瓷复合材料工艺

聚合物陶瓷复合技术包括将具有高介电常数的陶瓷颗粒填充在高分子材料母体中，并以薄膜电介质的形式对其进行处理。有机母体上可以进行低温加工和大面积的电介质沉积，其中的填料可以提高介电常数。由于省去了昂贵的化学气相沉积或者溅射沉积的过程，聚合物陶瓷复合技术对于在有机薄片中嵌入电容器来说是一个很便宜的选择。

对于随机将颗粒混合制成的复合材料，其介电常数与体积比不成线性关系。聚合物陶瓷复合材料在低的填料含量下遵循二重对数法则，而在高填料含量时却不那么符合。在对工艺和可靠性做出限制之后，这项技术甚至无法在 $2\mu m$ 厚的膜上达到比 $50nF/cm^2$ 更高的电容密度。商品化的复合物电介质材料的介电常数在 $15\sim30$ 之间。典型的电容密度在 $1\sim5nF/cm^2$ 之间。复合材料的介电常数，可以通过提高填料含量、改变填料封装形式以及在母体中均匀分散等办法来提高。有以下两种途径可供选择。

① 双峰/多模态分布以提高装填密度。大多数陶瓷工程师都知道，颗粒堆积密度可以通过混合不同尺寸的颗粒来改善。细小的颗粒会填充到较大的颗粒堆积形成的空缺中。通过适当选择多重模态分布中不同尺寸颗粒的比例，理论上可以达到 90% 的堆积密度。这样，不同的陶瓷颗粒介质之间的耦合可以得到进一步的提升，从而得到一个更高的介电常数。

② 引入胶体化学的概念，以改善颗粒分散和防止颗粒聚合。粒子在高分子材料表面的分散可以通过表面活性剂进行调整，使用不同的稳定机理来进行改变。通过静电排斥（被认为是电的空间稳定性所带来的综合影响）增加粒子之间的位阻。含填充颗粒的低速率悬浮液可用于聚合物中颗粒的高效率封装，最常见的例子是用酸性分散剂（磷酸酯）和钛酸钡进行表面反应。在极性溶剂中，一些高聚物链的碎片重新融入溶剂形成正负离子，出现双电子层，实现电荷的稳定化。

通过优化分散理论、填料组分、填料的颗粒分布，佐治亚理工的研究小组设计出了介电常数高达 135 的材料。实现 PWB 基板上厚度为 $3.5\mu m$、电容密度为 $35nF/cm^2$ 的薄膜，有高成品率。市场上的复合物虽然只有较低的介电常数，但可以保证可靠性和量产。表 7.5 总结了商用的三种聚合物-陶瓷复合物的性质。

表 7.5 商用聚合物-陶瓷介电材料性质

性质	3M(C-Ply)	DuPont(HK)	Oak-Mitsul(Faradflex)
电容密度	$0.9\sim1.75nF/cm^2$(@1kHz)	$0.12\sim1.75nF/cm^2$(@1kHz)	$0.15\sim1.7nF/cm^2$(@1MHz)
损耗因子	0.006(@1kHz)	$0.003\sim0.01$(@1MHz)	$0.015\sim0.019$(@1MHz)
厚度	$8\sim16\mu m$	$8\sim25\mu m$	$8\sim24\mu m$
介电常数	16	$3.4\sim15$	$4.4\sim30$

陶瓷薄膜的沉积通常依靠高温溶胶凝胶工艺或高速率沉积方法，例如 RF 溅射和化学气相沉积。这些并没有被封装领域采用，因为这个工艺和大面积有机基板不兼容。新工艺可以将陶瓷薄膜和有机基板结合起来。这些工艺可以分为低温和高温合成方法。

2）陶瓷薄膜工艺

这些工艺进一步被分为低温、高温合成工艺。

① 低温合成方法

a. 阳极氧化。Ulrich 报道了用于去耦的超薄氧化钽薄膜的制备工艺[33]。在这个工艺中，钽膜溅射在合适的基板上，接着在氢氧化铵和酒石酸溶液中进行氧化。制得薄膜的介电常数在 $21\sim28$ 之间，100nm 薄膜电容密度是 $200nF/cm^2$。电容密度虽然没有铁电薄膜高，但在千兆赫兹时响应稳定，可以达到一定的去耦要求。

b. 水热法工艺。热处理工艺是在高碱性环境中在 70～150℃ 范围内实现晶化的过程。这是一种多用途的工艺，可以用来合成许多材料，例如赤铁矿、石英、钡和钛酸锶，以及近期的碳纳米管。水热法合成石英早在几十年前就已提出且现已商业化。石英合成要求温度接近 300℃，几十个大气压，所以需要可以承受压力的钢铁容器。然而，其他的许多材料利用这种方法合成不需要这么苛刻的条件，例如钛酸钡是用钛和钡在 95℃ 碱性环境中合成的。通常是蒸发钛或有机前驱体，使其生长在金属电极上。钛酸钡在 $pH>13$ 的水溶液中是稳定的。用有机前驱体合成的薄膜通常有孔，导致电容和电容密度降低。金属钛薄膜可以制备出致密的钛酸钡薄膜，但代价昂贵。

佐治亚理工的研究小组采用水热法在钛、镀钛的覆铜层压板上合成钛酸钡薄膜，并对其特性进行研究。合成的膜展示了 $3.0\mu F/cm^2$ 的高电容密度和 0.3～0.8 的损耗。高损耗是因为氢氧基基团在合成膜中发生聚集。氢氧基基团的极化机理同样造成了高介电常数。经过水热法处理后，可以达到 $500～1000nF/cm^2$ 的电容密度以及 0.05 的损耗。100nm 薄膜的击穿电压是 3～4V，多层膜的击穿电压可以超过 10V。通过低温处理工艺，可以很容易地将这些膜应用于有机封装（见图 7.53）。

图 7.53　钛层上水热法制备的薄膜的侧面图

② 高温合成方法

a. 薄膜的高温工艺和薄膜转移。陶瓷薄膜和 PWB 的结合过程中，陶瓷的高温处理工艺通常是一个难题。低成本陶瓷薄膜嵌入 PWB 工艺要求在高温载体上通过高温工艺合成薄膜，比如金属薄片，接下来利用传统的层压工艺将薄片和 PWB 结合起来[35]。

b. RF 溅射。利用聚酰亚胺作为载体薄膜，在有机基底上 RF 溅射钛酸锶钡。Shioga 等的研究[36]表明电容密度 $0.1～2.0\mu F/cm^2$ 的 (Ba0.7Sr0.3) TiO_3 薄膜的基底温度在 260～400℃ 之间[37]。击穿电压可以达到 10V。低的沉积温度导致生成非晶态膜。这种膜有很好的直流漏电特性。NEC 报道了相似的观点，在聚酰亚胺包覆的硅基底上 RF 溅射纯锶和锰掺锶[38]。

c. 在铜箔和箔压板上烧结薄膜。最著名的例子是杜邦公司的钛酸锶高 K 印刷厚膜工艺。这些厚膜通过印刷高 K 浆料沉积在铜箔上，然后在 900～1000℃ 的气氛中烘烤。这些膜在 10kHz 时介电常数高达 3000。但电容相当有限，因为膜厚只有 $12\mu m$。箔层被图形化，与板分开，形成互连（图 7.54）。新介电材料在玻璃上形成，在烘烤过程中材料不会熔化，且介电材料在基底水平的腐蚀工艺中是兼容的。这种材料的电容密度大约是 $45nF/cm^2$，介电常数大约 1000。介电损耗在 100kHz 时是 $1.1\sim1.5$，击穿电压是 $900\sim1200V$。

　　d. 溶胶凝胶工艺。这项工艺的主要优点是可获得厚度精确可控的薄膜复合物，可引入掺杂改变介电性质，例如正向损耗和直流漏电特性。还有其他优点包括：工艺成本更低廉（相较于基于真空的工艺），易于形成大面积膜。然而，后续高温分解和高温烧结过程中金属电极的氧化仍然是这项工艺成功实施的最大障碍。Oak-Mitsui 最近提出了利用镍防止铜片氧化的工艺[39]。在铜上镀一层 $2\mu m$ 厚的镍层，可降低工艺成本。有别的报道称对化学镀镍的铜薄膜上方掺 Ca 的 PZT 薄膜的电特性进行了研究。场强度在 $100\sim200kV/cm$ 范围时漏电流大约 $6\sim10A/cm^2$。

　　基于 $BaTiO_3$ 和 $SrTiO_3$ 的复合物材料有高的介电常数、低漏电性、低介电损耗，但抗氧化电极的高成本是一个问题（例如覆盖镍的铜电极和镍电极）。用铜代替镍是目前减少生产成本最有效的方法。近期，正在努力研究用溶胶凝胶法在铜箔上面合成钛酸钡薄膜。氧分压的控制对防止基底氧化很关键，同时也可减少陶瓷薄片里的氧气空洞。图 7.55 指出分压在 $10^{-9}\sim10^{-12}atm$ 大气压时，样品可以完全热裂解而不导致铜氧化。

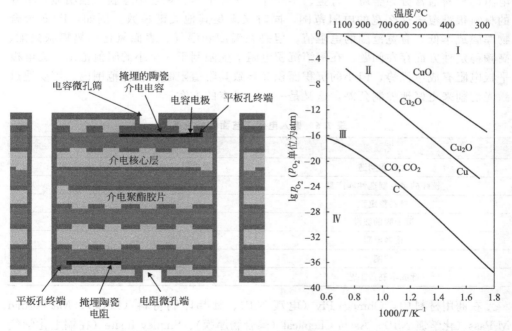

图 7.54　杜邦公司 interra 工艺断面图　　　图 7.55　铜片上烧结陶瓷的理想氧分压相图

　　e. 电容器硅槽。将薄膜电容技术与高表面积电极相结合可制造出超高密度的 3D 电容器。引进硅载体的微机械槽电容可以将电容密度增加 10 倍。许多半导体公司正在利用这项技术，在硅上进行深度刻蚀得到沟槽，然后在硅表面保形涂覆氧化物或者氧氮化物（图 7.56）。虽然硅氧化物的介电常数很低，但是硅氧化物的厚度可以做到 30nm 以下，采用高深宽比的硅沟槽技术，使得电容密度高达 $10\mu F/cm^2$。

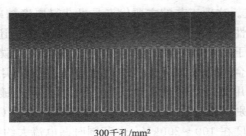

300千孔/mm²

图 7.56　飞利浦的硅刻槽电容

7.3.3.2　嵌入式电阻

数字和 RF 应用的电阻范围从 1Ω 到 $200k\Omega$，TCR 电阻系数 $<100\times10^{-6}/K$，允许波动 $<10\%$。单源材料很难达到这些要求。初看有很多材料可供选择，但考虑到低温低成本时，可供选择的材料就很有限了。

除了材料方面面临的困难，工艺集成也遇到挑战，如表 7.6 所示。用于嵌入式电阻的材料通常分为金属、合金、半导体、陶瓷金属、聚合物厚膜。很明显，单独的材料很难覆盖这么宽的电阻范围，同时又满足其他关键参数。例如，PTF 聚合物厚膜成本低，有宽范围的电阻值，但是在温度和湿气、表面氧化、热膨胀失配、高频稳定性方面存在问题。在铜箔沉积电阻上受限制于一个小的阻值范围。无电极平板电阻有成本优势，但小的沉积面积又导致其阻值限制在较低范围内。需要通过激光切削来更好地控制公差，这又是一个高成本的方案。

表 7.6　嵌入电阻工艺面临的挑战

工艺挑战	材料性质挑战
大面积制造	低电阻温度系数($<100\times10^{-6}/℃$)
较好的重复制造性和产量	高达 10GHz 的高频稳定性
材料稳定性	
沉积膜的波动	
接触电阻	
切割	
低成本制造工艺	

在商用材料中，Ohmega-Ply（电镀 NiP）、杜邦印刷材料（LaB_6）、MacDermid M-Pass（化学镀 NiP）、Asahi Chemical（聚合物厚膜）、Shipley Insite（在铜上化学气相沉积铂）和铜箔上的镍铬合金受到了很多关注。但在低电阻系数($<100\times10^{-6}/℃$)和高公差($<5\%$)方面并没有达到要求。模拟应用中需要大约 $1\%\sim2\%$ 的公差，只能通过高成本的激光切割来实现。表 7.7 列出了目前最先进的嵌入式电阻。在表中所列技术中，没有修整情况下，工艺公差大约是 $10\%\sim15\%$。

表 7.7　嵌入电阻的目前情况

公司/机构	材料	工艺	电阻范围 /(Ω/□)	TCR /(10⁻⁶/℃)
• Intarsia • 波音公司 • 日本电报电话公司 • 通用电气	Ta₂N	溅射	10～100 20 25～125	(±100) (-75～-100)
• 大阪大学 • 美泰克 • 美国埃奇森 • Electra • 朝日化学 • W. R. Grace • 道康宁 • 瑞侃公司 • 奥梅特公司	聚合物-金属复合材料	聚合物厚膜工艺液相烧结	绝缘至导电	
• Ohmega Ply	NiP 合金	电镀	25～500	
• 新加坡微电子研究所 • AT & T,贝尔实验室	TaSi	直流溅射	10～40 8～20	
• 阿肯色大学/Sheldahl	CrSi	溅射		-40
• 美国戈尔联合公司	TiW	溅射	2.4～3.2	
• 希普利	掺 Pt 铜箔	PECVD	达到 1000	100
• 德意志航空 • 古尔德电子	NiCr NiCr NiCrAlSi	溅射	35～100 25～100	
• 佐治亚理工学院 • 美国麦德美	NiWP NiP	化学镀	10～50 25～100	
• 杜邦公司	LaB₆	丝网印刷薄膜转移	达到 10k	±200

从工艺的角度出发，电阻被分为：薄膜——溅射和电镀，厚膜。

（1）聚合物厚膜（PTF）电阻

PTF 电阻用于低成本产品，例如消费品。摩托罗拉用碳/苯酚聚合物厚膜（PTF）油墨和印刷工艺在高密度印刷电路板（HDI PWB）内层形成电阻。PTF 油墨印刷在经过专门冶金处理的铜终端焊盘上以改善可靠性和环境稳定性。油墨在加热炉中于 230℃形成电阻（图 7.57）。电阻随后埋入印刷电路板内层形成致密的 3D 电路。丝网印刷是个大规模成形工艺，其成本很大程度上决定于每步工艺可印刷的电阻数量。在摩托罗拉的产品应用中，8000～20000 个电阻一次性印刷在 18in× 24in 的板上，降低了生产成本。

PTF 油墨在不同的片电阻范围内均可用，其数值可在 35Ω/□～1MΩ/□间变化。通过采用不同片电阻油墨材料，可以方便地将 20Ω～1MΩ 的电阻印刷在同一层。此外，通过混合不同片电阻的印刷材料，可以实现任何介于两个片电阻之间的电阻值，还可使印刷电阻微型化。环境温度、湿度变化时，印刷电阻在 15%~20% 范围内波动。这个值看起来似乎有些高，然而在便携式产品中（拉和推电阻等）许多电阻不要求严格的公差，20% 的波动可以接受。

使用稳定性优化的终端生产的 PTF 电阻经过 500h 85% 湿气/85℃ 的循环后，电阻漂移不超过 ±10%，且在 3h 125℃ 的烘烤后基本可以恢复到之前的状态。电阻经过 5 个峰值为 225℃ 的热循环，接着经过 500 个水热冲击循环和空气热冲击循环（55~125℃）后，电阻净漂移应不超过 4%。

激光在 HDI PWB 生产中有广泛的应用，用于形成微孔。许多激光生产商（例如 ESI）开发了可以用于激光切割 PTF 电阻的激光系统（图 7.58）。最近，一些刊物报道，激光在切割 PTF 电阻内层时可达到 1% 的公差，环境变化时，电阻的净波动大约为 5%。

图 7.57　厚膜印刷聚合物电阻　　　　图 7.58　激光切割 PTF 电阻

（2）薄膜电阻

① 电镀电阻　在佐治亚理工的 PRC 中心，化学镀工艺得到发展与优化，并用于生产环氧树脂电介质。通过化学镀工艺沉积 NiP 和 NiWP 复合物，得到的电阻为 50~1000Ω，TCR 范围是 $(50~100) \times 10^{-6}/℃$。图 7.59 是环氧树脂电介质中 NiWP 薄膜电阻的阻值。这个工艺同样应用于低损耗聚合物，比如 LCP 和 BCB。MacDermid 和 Ohmega-Ply 公司提供化学镀电阻。

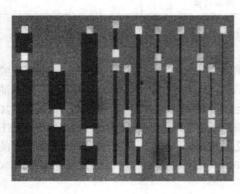
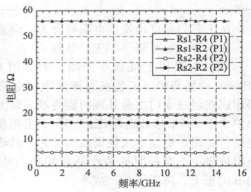

图 7.59　电阻结构图、NiP/NiWP 薄膜电阻图以及在 15GHz 时测得的电阻

② 溅射电阻 薄膜电阻的另一个替代途径是直接层压预沉积电阻的载体铜箔。在选定的介电材料层压板上,采用两个刻蚀工艺步骤对电阻图形化。佐治亚理工的 PRC 中心在环氧树脂和 BCB 介电材料上实现了这种工艺。多层工艺可以实现电阻 $25\Omega \sim 50k\Omega$,且波动不超过 10%。传统的 PTF 电阻大于 $10k\Omega$。

另一个途径是层压沉积在铜箔上的薄膜电阻,然后对电阻进行印刷和图形化。利用 LCP 基板上的层压工艺,可以设计、制作不同的 RF 电阻结构。铜箔上溅射 $25\Omega/\square$ NiCrAlSi 薄膜形成的电阻在 40GHz 范围内的测试结果如图 7.60 所示。

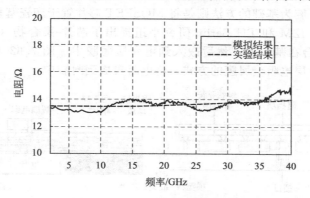

图 7.60 0~40GHz 的测试电阻

7.3.4 嵌入式有源器件

嵌入式有源器件是一种实现将芯片掩埋在有机物、陶瓷或者其他封装物中的超微型化的模块或系统的封装技术。如图 7.61,有源 IC 的嵌入可以分为以下三种:芯片-最先,芯片-中间,芯片-最后。

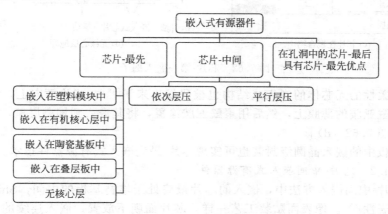

图 7.61 嵌入有源器件的方法

7.3.4.1 芯片-最先嵌入式有源器件

在芯片-最先方法中,嵌入从 IC 开始,布线在 IC 顶面开展。这种芯片-最先的嵌入技术可以追溯到 1975 年,由 Yokogawa 提出[42]。多个半导体芯片面朝上放置在铝基板上,用焦耳脉冲发生器键合,使得部分芯片掩埋在基板中。从 1990 年起,研究者陆续发明了更多的芯片嵌入技术[43～52]，最著名的是由通用公司提出的。通用公司的工艺是，在芯片周围注塑，用聚酰亚胺薄膜在芯片上面构建互连层，用激光打孔[50]。图 7.62（a）是高密度互连塑封模块的结构。可兼容材料分布在芯片周围，以减少芯片和成膜材料之间因热膨胀系数不匹配引起的热应力[43]。

有机芯片例如 BT 层压板和 FR4 也可代替塑料基板[51]。这是一种基于腔为基础的方法，将微处理芯片置于 BT 材料的腔体中。图 7.62（b）是嵌入式有源封装的截面图。内置层的两个表面也用这种工艺进行多层叠加[45]。由弗吉尼亚理工发明的另一种基于腔为基础的方法则是将 MOSFET 芯片置于陶瓷基板的腔体中[46]。

Fraunhofer IZM 和 TU Berlin 研究小组提出了芯片-聚合物（CIP）工艺的概念[52]。芯片键合在基板上，然后嵌入到电介质薄膜中［图 7.62（c）］。此外，还可以通过沉积薄层电阻金属膜的方式，将电阻集成到封装中。

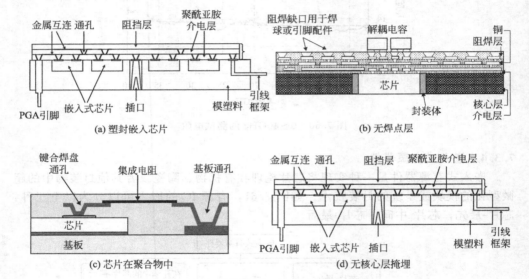

图 7.62　芯片-第一嵌入例子

一种柔性的无芯体的嵌入式结构也被研发出来了[48]。芯片面向上，置于旋涂了柔性聚酰亚胺的薄膜上，然后用聚酰亚胺涂覆，将其嵌入到堆叠层里，最后进行金属化［图 7.62（d）］。

在基板中的嵌入晶圆级封装也可实现芯片-最先嵌入式有源器件技术。

7.3.4.2　芯片-中间嵌入式有源器件

在芯片-中间嵌入方法中，嵌入的芯片最终处于堆叠基板的中间，Shinko 的方法最具代表性[53]。像表面贴装工艺一样，芯片面朝下放置，嵌入连续的堆叠层中［图 7.63（a）］。

另一个芯片-中间的方法涉及有源 IC 的层压结构［图 7.63（b）］。在这种方法中，多层有源芯片或无源器件分开制造，然后层压在一起。Matsushita 把传统的分立的无源器件压入复合基板中，这种复合基板由陶瓷粉末和热硬性橡胶做成，内部有导电胶填充的孔，导电胶是导电填料、橡胶和硬化材料的混合物[54]。诺基亚用一个专利中提到的 PWB 工艺制造层压结构[55]。芯片放置在 PWB 的孔洞中，这与使用有机核心孔洞的芯片-最先方法类似。诺基亚宣称：PWB 上的导电层可以对内部 RF 芯片提供电磁保护。瑞士 Chalmers 大学 SMIT 中心的研究小组正试图用 LCP 核心做一个嵌入式有源器件的层压结构。

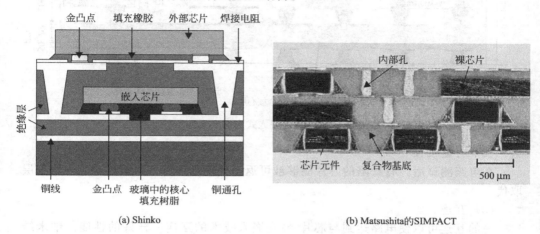

(a) Shinko　　　　　　　　　(b) Matsushita的SIMPACT

图 7.63　芯片-中间嵌入例子

7.3.4.3　腔体中的芯片-最后

目前的芯片-最先和芯片-中间嵌入有源器件的方法有很多优点：结构小，良好的导电性。同样也面临了很多挑战：①多次芯片嵌入工艺将积累每道工序的成品率损失，这导致了低成品率和高成本。②有缺陷的芯片不容易恢复工作，所以要求百分之百良好的芯片供应。③芯片-最先的金属互连由于热应力的作用会发生疲劳。此外，芯片-中间的电性能因为互连太长而大打折扣。④因为芯片完全嵌入聚合物基板或构造层中，所以散热问题比较显著。

为了解决上述提到的在芯片-最先和芯片-中间工艺中存在的问题，佐治亚理工封装研究中心（GT-PRC）提出了一种先进的芯片-最后的有源器件封装技术，它同时具有芯片-最先的优点[57]。在这种技术中，芯片在其他层工艺完成之后再嵌入。图 7.64 是 PRC 的芯片-最后工艺结构图。有孔或无孔的叠加层在具有高弹性、高热导率的超薄板上形成。芯片嵌入在布线的空洞中，然后用超低互连工艺实现互连，随后是用填充料和设计的黏结材料填充。如果必要的话，将会在叠加层上面用增强板作为热沉和电磁干扰屏蔽层。芯片-最先互连包括铜或基于镍的纳米结构互连、导电胶、薄焊料或纳米凸点，这些互连最短，有最好的电路、热-机械性能。与芯片-最先和芯片-中间工艺相比，芯片-最后嵌入有源器件的方法有很多优点和一些缺点，包括可返工性，高产出率和好的热处理性能。

（1）工艺和成品率

因为所有基底、构筑层、空洞和芯片嵌入的工艺都是平行操作，在芯片嵌入完成后，也没有复杂的工艺过程可以损害芯片，所以，多芯片应用有低的失效积累和高产出率。

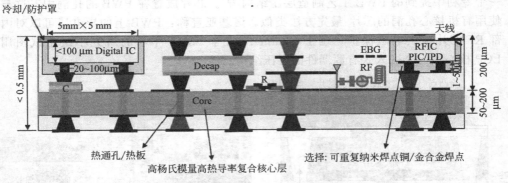

图 7.64　芯片-最后嵌入式有源和无源器件

（2）可返工性

在电路测试后，有缺陷的芯片能够被可返工的内部连接、封装材料、未填充层取代。

（3）互连

短的互连可以使电路达到与芯片-最先嵌入技术的互连一样好的性能。纳米结构材料不仅有高的电导率，还有出色的机械刚度、韧性、抗疲劳强度，保证了良好的机械可靠性，同时成本也很低。

（4）散热

芯片的背面与空气直接接触或直接键合在具有高热导率的热沉上，可以应用许多冷却技术，散热变得更容易。

7.3.5　散热材料和结构的微型化

性能的持续发展和体积的减小都是伴随着热问题的解决。在过去，系统性能改进取决于硅工艺，但是，现今散热成为了提高性能的最主要障碍。据预测，能量提供会持续增长，而最大允许结温几乎没变。所以，封装设计需要平衡这两方面的要求。

封装中最主要的热源是 IC 本身。电阻等其他器件会因为电阻效应产生热。嵌入工艺让基板传热变得更加重要。基底对热源必须提供有效的散热措施。

图 7.65 所示是目前用在高功率电路中的冷却结构。

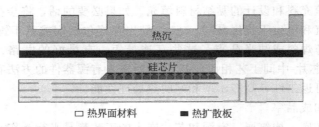

□ 热界面材料　　■ 热扩散板

图 7.65　电子封装的热解决方法

基板的散热途径：采用高热导率材料、热通孔传导芯片和嵌入式器件产生的热量。基底的核心部分可以采用高热导率材料，如 AlN。应用这些材料的问题是工艺费用昂贵。即便使用这样的基板，热阻依然很高，因为热必须经过聚合物介电材料，这些材料的热导率很低。通孔里填充的是热导率很高的铜。所以，通孔有两方面作用，电传导和热传导。设计合理的阵列通孔可减少部分热沉。

通孔的设计需要对孔的直径、高度和板厚等参数进行优化。通常用有限元模型和其他分析模型来设计和证明热通孔结构[58,59]。读者若想了解更多热通孔的细节，可以参阅微系统封装基础（R. R. Tummala，McGraw-Hill Professional，2001）。

7.4　SOP 基板集成的未来

本章回顾了最先进的 SOP 基板，也就是高密度布线、嵌入式薄膜无源和有源器件以及热结构技术。系统和 IC 发展会继续对高密度布线、高频和高性能、更薄更小的封装和高散热能力提出更多的要求。对于本章中描述的四个基板元素，重要挑战和发展趋势总结如下：

• 芯片直接连接的 I/O 密度将会增加 10 倍；相应的基板布线会推动超细导体技术从 $10\mu m$ 线宽与间距发展到 $1\mu m$，以配合 IC 上的线宽后端（BEOL）尺寸。

• 对传统平板印刷的改进，例如，压印、喷墨印刷和无掩膜印刷技术，对控制基板上超细线宽的工艺成本非常有必要。

• 芯片层必须非常薄（$10\sim50\mu m$）且非常平滑。未来，硅载体可能会作为芯体材料出现。

• 和在芯片 BEOL 布线上集成超低介电（$2.2\sim2.8$）材料相似，基板薄膜电介质需要向超低介电常数＜3、厚度 $1\sim5\mu m$、超低损耗＜0.001、微孔连接直径 $1\sim10\mu m$ 的方向发展。

• 为保持能量噪声水平＜10mV，嵌入式薄膜电容的电容密度需达到 $100\mu F/cm^2$ 量级，硅槽电容和纳米技术的发展也需要更进一步。

• 期待研发出覆盖几欧姆到几十万欧姆、TCR 接近零的电阻材料和工艺。

• 嵌入减薄的单 IC 技术远远不够，未来整个堆叠的 IC 将完全嵌入高度互连的基板中，该基板具有高密度、高成品率。

其中的一些工艺方法已经在全球 SOP 研发中心开始实现。两个最先进的例子描述如下。第一种方法是通过 TSV 实现高密度的芯片与芯片的互连，如图 7.66 所示。在这种方法中，先通过深层离子反应刻蚀或激光剥离的方法在 CMOS 硅晶圆上加工通孔，再经过金属溅射和电镀得到 TSV。直径 $2\mu m$、高度 $5\sim10\mu m$ 的 TSV 已经得到，实现了 IC 上金属直接互连，不需要其他工艺层。

第二种方法涉及超细线和间距，是取代目前平板印刷技术和半附加式电镀工艺的方法。这些概念来源于 IC 制造中常用的波纹技术。使用化学或机械抛光实现薄布线层的平坦化，同时可形成通孔和迹线。图 7.67 是利用这个工艺制作的截面图，其中，介电层里嵌入的 $12\mu m$ 迹线清晰可见。

总之，集成着高密度布线和嵌入式薄膜元件的基板是 SOP 技术的重要组成部分。尽管本章描述很多有关 SOP 基板的技术发展，但在下个世纪的发展，仍需要发展一系列全新的工艺，以保证新一代的系统融合。

图 7.66　通过 TSV 技术实现的
双芯片叠层集成电路

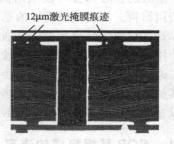

12μm激光掩膜痕迹

图 7.67　介电层中的嵌入迹线
（用激光剥离和抛光）

致谢

在此，作者感谢封装研究中心高密度基板和嵌入项目的所有研究人员、学生和工作人员，对他们在过去十三年来的工作和对本章节的贡献表示衷心的感谢。对本章主要内容有巨大贡献的有 Sue Ann Bidstrup 教授（聚合物和工艺）、Lawrence Bottomley 教授和 Jun Li 博士（电镀工艺）、Robin Abothu 博士、Jin Hwang 博士和 Prem Chahal 博士（嵌入式电容器）、Swapan Bhattacharya 博士 and Mahesh Varadarajan 博士（掩埋电阻）、Gary May、Boyd Wiedenman 教授（高密度基板工艺）和 Chong Yoon 博士（掩埋器件）。同样也对多家赞助公司和 PRC 的集成基板研究中心的合作者表示衷心的感谢。

参 考 文 献

[1] R. R. Tummala, *Fundamentals of Microsystems Packaging*, New York: McGraw-Hill, 2001.

[2] Y. H. So et al., "Benzocyclobutene-based polymers for microelectronics," *Chemical Innovation*, vol. 31, no. 12, 2001, pp. 40-47.

[3] R. V. Tanikella, "Variable frequency microwave processing of materials for microelectronic applications," *Ph. D. Thesis*, Georgia Tech, 2003.

[4] T. Sung, "Variable frequency microwave curing of polymer dielectrics on metallized organic substrates," *M. S. Thesis*, Georgia Tech, 2003.

[5] K. Farnsworth et al., "Variable frequency microwave curing of 3, 3′, 4, 4-biphenyltetracarboxylic acid dianhydride/P-phenylenediamine (BPDA/PPD)," *Int. J. Microcircuits Electron. Packag.*, vol. 23, 2000, pp. 162-71.

[6] K. D. Famsworth et al., "Variable frequency microwave curing of photosensitive polyimides," *IEEE Transactions on Components and Packaging Technologies* [see also *Components, Packaging and Manufacturing Technology, Part A: IEEE Transactions on Packaging Technologies*], vol. 24, no. 3, 2001, pp. 474-81.

[7] R. V. Tanikella, S. A. Bidstrup Allen, and P. A. Kohl, "Variable-frequency microwave curing of benzocyclobutene," *Journal of Applied Polymer Science*, vol. 83, no. 14, 2002, pp. 3055-67.

[8] R. E. A. Lauf, "2 to 18 GHz broadband microwave heating systems," *Microwave J.*, November 1993, p. 24.

[9] B. Panchapakesan et al., "Variable frequency microwave: A new approach to curing," *Adv. Packag.*, September-October 1997, p. 60.

[10] M. Matsuoka, J. Murai, and C. Iwakura, "Kinetics of electroless copper plating and mechanical proper-

ties of deposits," *Journal of the Electrochemical Society*, vol. 139, no. 9, 1992, pp. 2466-70.

[11] S. Nakahara, Y. Okinaka, and H. K. Straschil, "Effect of grain size on ductility and impurity content of electroless copper deposits," *Journal of the Electrochemical Society*, vol. 136, no. 4, 1989, pp. 1120-23.

[12] L. D. Burke, G. M. Bruton, and J. A. Collins, "Redox properties of active sites and the importance of the latter in electrocatalysis at copper in base," *Electrochimica Acta*, vol. 44, nos. 8-9, 1998, pp. 1467-79.

[13] A. Hung and K. -M. Chen, "Mechanism of hypophosphite-reduced electroless copper plating," *Journal of the Electrochemical Society*, vol. 136, no. 1, 1989, pp. 72-75.

[14] J. Rangarajan, K. Mahadevaniyer, and W. Gregory, *Electroless Copper Plating Bath*, U. S. Patent 4, 818, 286, 1989.

[15] D. H. Cheng et al. , "Electroless copper plating using hypophosphite as reducing agent," *Metal Finishing*, vol. 95, no. 1, 1997, pp. 36-38.

[16] A. Hung, "Electroless copper deposition with hypophosphite as reducing agent," *Plating and Surface Finishing*, vol. 75, no. 1, 1988, pp. 62-65.

[17] A. Hung, "Kinetics of electroless copper deposition with hypophosphite as a reducing agent," *Plat. Surf. Fin.* , vol. 75, no. 4, 1988, pp. 74-77.

[18] P. E. Kukanski et al. , "Electroless copper composition solution using a hypophosphite reducing agent," *U. S. Patent* 4, 209, 331, 1980.

[19] L. Fuhan et al. , "A novel technology for stacking microvias on printed wiring board," *Proceedings of the 53rd ECTC Conference*, May 2003, pp. 1134-39.

[20] T. Shimoto et al. , "High-performance FCBGA based on ultra-thin packaging substrate," *NEC J. of Advanced Technology*, vol. 3, no. 2, 2005, pp. 222-28.

[21] T. Shimoto et al. , "High-performance FCBGA based on multi-layer thin-substrate packaging technology," *Microelectronics Reliability*, vol. 44, no. 3, 2004, pp. 515-20.

[22] S. Jun et al. , "Signal integrity and power integrity properties of FCBGA based on ultrathin, highdensity packaging substrate," 2005, pp. 284-90.

[23] F. Lianhua et al. , "Processability and performance enhancement of high K polymer-ceramic nano-composites," 2002, pp. 120-26.

[24] S. Gluzman, A. A. Kornyshev, and A. V. Neimark, "Electrophysical properties of metal-solid-electrolyte composites," *Physical Review B: Condensed Matter*, vol. 52, no. 2, 1995, p. 927.

[25] M. S. Ardi, "Ultrahigh dielectric constant carbon black-epoxy composites," *Plastics*, *Rubber and Composites Processing and Applications*, vol. 24, 1995, p. 3.

[26] J. Obrzut et al. , "High Frequency Loss Mechanism in Polymers Filled with Dielectric Modifiers," *Proceedings of the MRS Symposium*, vol. 783, Boston, MA, 2003, pp. 179-84.

[27] P. M. Raj et al. , "High-frequency characteristics of metal-polymer nanocomposite thin-films and their suitability for embedded decoupling capacitors," *6th Electronic Packaging Technology Conference*, Singapore, 2004, pp. 154-61.

[28] H. Windlass et al. , "Polymer-ceramic nanocomposite capacitors for system-on-package (SOP) applications," *IEEE Transactions on Advanced Packaging* [see also *Components*, *Packaging and Manufacturing Technology*, *Part B: IEEE Transactions on Advanced Packaging*], vol. 26, no. 1, 2003, pp. 10-16.

[29] J. M. Hobbs et al. , "Development and characterization of embedded thin-film capacitors for mixed signal applications on fully organic system-on-package technology," *Proceedings of the IEEE Radio and Wireless Conference* (RAWCON), 2002, pp. 201-04.

[30] T. Ogawa, S. Bhattacharya, and A. Erbil, "Lead-free high-K dielectrics for embedded capacitors using MOCVD," *Proc. International Microelectronics and Packaging Society*, Baltimore, 2001, p. 526.

[31] S. K. Bhattacharya and R. R. Tummala, "Next generation integral passives: Materials, processes, and

integration of resistors and capacitors on PWB substrates," *Journal of Materials Science: Materials in E lectronics*, vol. 11, no. 3, 2000, pp. 253-68.

[32] P. Chahal et al., "A novel integrated decoupling capacitor for MCM-L technology", *Proceedings of the 46th ECTC Conference*, 1996, pp. 125-32.

[33] R. K. Ulrich and L. W. Schaper, (*Integrated Passive Component Technology*), (*IEEE Press*), (*Piscataway*), NJ and Wiley Interscience, Hoboken, NJ, 2003.

[34] E. B. Slamovich and I. A. Aksay, "Structure evolution in hydrothermally processed ($<100℃$) $BaTiO_3$ films," *Journal of the American Ceramic Society*, vol. 79, no. 1, 1996, pp. 239-47.

[35] W. Borland et al., "Ceramic resistors and capacitors embedded in organic printed wiring boards," *Proceedings of the International Electronics Packaging Technical Conference and Exhibition* (IPACK 03), pp. 2003.

[36] T. Shioga et al., "Integration of thin-film capacitors on organic laminates for systems in package applications," *Presented at IMAPS Advanced Passives Workshop*, 2005.

[37] K. Kurihara, T. Shioga, and J. D. Baniecki, "Electrical properties of low-inductance barium strontium titanate thin-film decoupling capacitor," *Journal of the European Ceramic Society*, vol. 24, no. 6, 2004, pp. 1873-76.

[38] S. Yamamichi and A. Shibuya, "Novel flexible and thin capacitors with Mn-doped $SrTiO_3$ thin-films on polyimide films," *Proceedings of the 54th ECTC Conference*, 2004, pp. 271-76.

[39] J. A. Andresakis et al., "Nickel coated copper as electrodes for embedded passives devices," U. S. Patent 6, 610, 417, 2003.

[40] T. Kim et al., "Ca-doped lead zirconate titanate thin-film capacitors on base metal nickel on copper foil," *Journal of Materials Research*, vol. 19, no. 10, 2004, pp. 2841-48.

[41] Y. Imanaka, *Multilayered Low Temperature Cofired Ceramics* (*LTCC*) *Technology*, Springer, New York, NY, 2005.

[42] Syunzi Yokogawa, "*Multiple Chip Integrated Circuits and Method of Manufacturing the Same*," U. S. Patent 3, 903, 590, 1975.

[43] Robert J. Wojnaworski, "*High Density Interconnected Circuit Module with a Compliant Layer as Part of Stress-Reducing Molded Substrate*," U. S. Patent 5, 866, 952, 1999.

[44] Charles W. Eichelberger et al., "*Electroless Metal Connection Structures and Methods*," U. S. Patent 6, 396, 148, 2002.

[45] H. T. Rapala-Virtanen et al., "Embedding passive and active components in PCB-solution for miniaturization," *The ECWC 10 Conference at IPC Printed Circuits Expo*, *SMEMA Council APEX*, *and Designers Summit 05*, 2005, pp. S16-1 to S16-7.

[46] L. Zhenxian et al., "Integrated packaging of a 1 kW switching module using a novel planar integration technology," *IEEE Transactions on Power Electronics*, vol. 19, no. 1, 2004, pp. 242-50.

[47] C. Yu-Hua et al., "Chip-in-substrate package, CiSP, technology," *Proceedings of the 6th EPTC Conference*, 2004, pp. 595-99.

[48] IMEC, "SmartHigh-Integration Flex Technologies," http://www.vdivde-it.de/portale/shift/.

[49] Casio, "Casio to establish EWLP consortium," http://world.casio.com/corporate/news/2006/ewlp.html.

[50] Raymond A. Fillion et al., "*Method for Fabricating Integrated Circuit Module*," US patent 5, 353, 498, 1994.

[51] R. Mahajan et al., "Emerging directions for packaging technologies," *Intel Technology Journal*, Vol. 6, Issue 2, 2002, pp. 62-75.

[52] H. Reichl et al., "The third dimension in microelectronics packaging," *14th European Microelectronics and Packaging Conference & Exhibition*, *Friedrichshafen*, Germany, 2003, pp. 1-6.

[53] M. Sunohara et al., "Development of interconnect technologies for embedded organic packages," *Pro-

ceedings of the 53rd *ECTC Conference*，2003，pp. 1484-89.

[54] Y. Hara，"Matsushita embeds SoCs，components in substrate，" *EETIMES. com*，Sept. 2002，http：// www. eetimes. com/news/semi/showArticle. jhtml? articleID＝10805530.

[55] Lassi Hyvonen，Miikka Hamalainen，"*Shielded Laminated Structure with Embedded Chips*，" U. S. Patent 6，974，724，2005.

[56] *SMIT Center*，http：//www. smitcenter. chalmers. se and http：//smit. shu. edu. cn.

[57] Baik-Woo Lee et al.，"*Embedded Actives and Discrete Passives in a Cavity within Build-Up Layer*，" U. S. Patent Application ＃ 20070025092，Filed 2005.

[58] R. S. Li，"Optimization of thermal via design parameters based on an analytical thermal resistance model，" *Proceedings of Thermal and Thermomechanical Phenomena in Electronic Systems ITHERM*，1998，pp. 475-80.

[59] M. Asai，"New packaging substrate technology，IBSS (interpenetrating polymer network Build up Structure System)，" Proceedings of the MRS Symposium，Vol. 445，Boston，MA，1997，pp. 117-24.

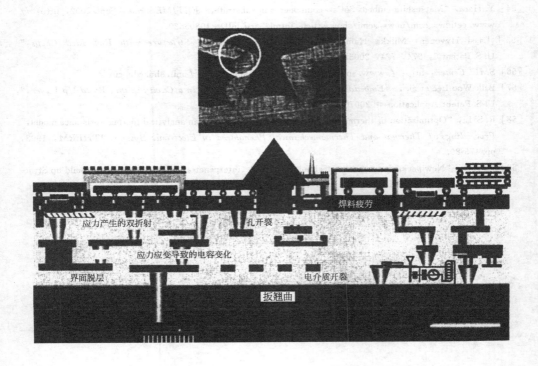

第8章

混合信号 SOP 可靠性

Raghuram V. Pucha， Jianmin Qu， Suresh K. Sitaraman
佐治亚理工学院

本书所述的系统级封装（SOP）技术，是建立在目前的系统级可靠性设计方法和适当的可靠性评估方法基础上的。运用这些方法能保证系统级封装中数字、光学及射频（RF）模块的功能，以及这些模块之间的互连和接口的可靠性。系统级的可靠性研究需要在不同的封装层次进行系统的可靠性设计，这些层次包括：①材料和工艺；②元件；③具有一个或更多功能的子系统；④如图 8.1 所示的多功能系统。这些级别都需要通过可靠性设计模型和可靠性验证策略来进行处理。如图 8.1 所示，制造设计原型之前，需要对各种设计方案进行评估并对材料进行选择。这就需要针对各种独立的失效机制建立先进的基于物理原理的工艺力学方法以及可靠性设计模型。为了支撑现有的模型并评估元件可靠性，需要运用实验材料和界面表征方法。系统级混合信号可靠性需要通过系统级可靠性指标进行处理，这些指标联系了元件级和系统级的失效机制；这一处理过程类似于用物理建模和统计学方法解决信号和功率完整性问题。

本章对高集成度、多功能系统的系统级可靠性问题进行了深入研究，探讨了功能驱动的可靠性问题，介绍了目前的可靠性模型和验证方法，并预测了未来的发展趋势和可靠性研究中将会遇到的挑战。针对 SOP 的数字、光学、射频子系统功能相关的各种失效机制，建立了物理可靠性模型和可靠性验证方法。本章还涉及 SOP 基板与包含先进核心介电材料的集成电路介电材料的可靠性，包含和未包含底部填充材料情况下的焊点可靠性，以及纳米结构的互连。

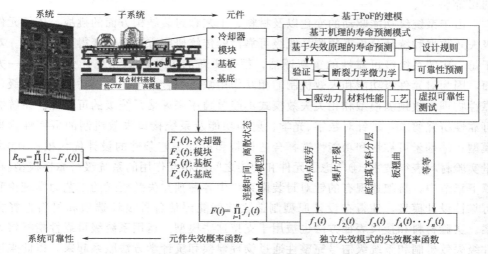

图 8.1　系统可靠性——基于失效的多尺度研究原理

8.1　系统级可靠性注意事项

SOP 技术集成了多个系统功能，如将高速数字功能、高带宽光功能、射频功能以及传感功能集成在一个紧凑、轻便、低成本和高性能的封装或模块中。系统集成是通过微孔、整体互连系统板和集成电路晶圆级封装（WLP）实现的。选用替代材料和工艺可以实现 SOP 微系统的系统参数。为了了解材料间相互作用对元件级失效机制及其对系统级性能的影响，需要对可靠性进行系统性研究。为了使用 SOP 技术实现下一代集成系统，需要满足以下一些指标：40Gb/s 的系统数据生成率，$10000/cm^2$ 的 I/O 密度，$5000/cm^2$ 的元件密度，$6000cm/cm^2$ 的布线密度，1000 倍的尺寸缩减，介于 $5\sim15\mu m$ 的穿孔尺寸，$\varepsilon_r<3$ 的中间层介质，$300\sim500$ 的去耦介电材料常数，0.0001 的介电损耗，拥有大约 $100kV/cm^2$ 光能量的嵌入式波导。虽然所有这些特性可能无法在同一个微系统中集成，但是高度集成的数字、射频、光电混合信号系统很可能拥有以上提到的绝大多数特性。那么需要如何定义和确保这些复杂的多功能系统的系统级可靠性？

在规定的条件和时间实现规定功能的能力称为"可靠性"，可靠性是所有系统内在的特性[1]。设计能满足相关可靠性要求的复杂系统很有挑战性，因为，复杂系统具有以下一些特点：复杂的装配结构和逻辑联系，众多的元件和失效模式，有限的可靠性数据和预测模型，复杂的系统开发过程，以及多种设计群体的参与。由于系统故障可能由任意一个元件的失效引起，因此，需要根据系统在使用条件下的组装结构和逻辑联系，对系统中的每个元件进行逐一分析。在设计过程中，不同的研究部门由于其知识背景的不同以及对各种失效模式进行的评估有差异，导致其在可靠性设计方面会有不同的观点。而复杂系统的设计过程需要这些持不同观点的部门协同工作，这可能会显著地影响系统级的可靠性[2]。

由于系统级功能驱动的变化以及材料、工艺和封装结构方面的挑战，依靠元件级失效数据和统计分析来预测系统级可靠性的传统研究方法已经变得异常昂贵。对于每一次的系统级可靠性的重新评估，都需要新的失效数据和统计分析。另一方面，因为对元件级功能和失效机制的相互作用缺乏综合考虑，单一功能的元件级可靠性物理失效预测模型和相关失效模式不能单独用来评估系统级的可靠性。系统级可靠性研究要求：①针对数字、光学、射频功能及系统接口失效机制的可靠性物理模型；②基于可靠性和功能性选择合适材料和设计工艺条件的设计优化模型；③大量实验材料表征技术；④考虑了元件和功能之间的相互作用的系统级可靠性模型。在以下章节中，将叙述现有的针对封装微系统中各种独立失效模式的工艺力学理论和可靠性设计模型，使得在设计原型制造之前就能评估各种设计选项和材料选择方案。实验材料和接口表征方法也被用于支持这些模型。运用系统级可靠性指标将元件级失效机制和系统级信号完整性通过物理建模和统计学方法联系起来，以此来讨论系统级混合信号可靠性。同时展示了先进的建模方法和算法以适应系统高度集成和小型化带来的材料尺寸效应。最后介绍了高度集成的微系统封装及相关可靠性问题在未来的发展趋势。

8.1.1　失效机制

SOP 的系统和封装的目标可以通过阻抗匹配系统主板和细间距晶圆级封装 (WLP) 来实现，如图 8.2 所示。

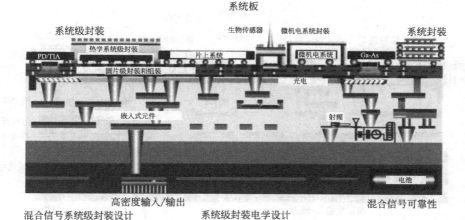

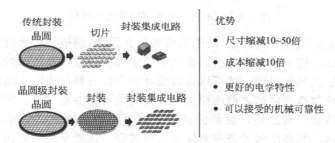

图 8.2　SOP 的两个主要组成部分：系统板和晶圆级封装（WLP）

如图 8.2 所示，SOP 系统版和系统版-集成电路互连不同功能模块与许多材料体系有关系；从热机械可靠性的角度考虑，这造成了材料适配上的许多挑战。热机械失效是由环境和工作温度下电子封装内产生的应力和应变引起的。由于不同材料间性能不匹配，产生的热应力和应变会导致一系列的失效，例如焊点疲劳和断裂、芯片开裂、通孔开裂、过大的翘曲变形和材料之间的分层，如图 8.3 所示。在高度集成 SOP 系统中，同样需要解决热机械应力、应变引起的嵌入式射频无源器件和光学元件的失效机制。例如，在热循环和工作条件下的温度变化可以改变嵌入式电容器的电容值，这将导致系统电性能的恶化。机械或热机械应力会导致光学性能各向异性的改变，这被称作应力致双折射，这一现象会引起嵌入式光学元件光信号的扭曲。即使在最低的元件层次，发生一个或多个上述失效都可以引起系统级的电路开路失效。对系统级可靠性失效模式的精确预测需要预先对特定的元件级失效机制有充分的了解，如图 8.3 所示。在解决元件层次的材料适配和功能相容性以及研究各种失效机制的模型和系统级相互作用时，SOP 系统的可靠性设计将会遇到更多挑战。

8.1.2　为可靠性而设计

如果产品能实现设计的功能，则认为是可靠的；反之，则认为它是不可靠的。为确保电子系统封装在很长一段时间内是可靠的，必须遵循以下两个方面：①系统

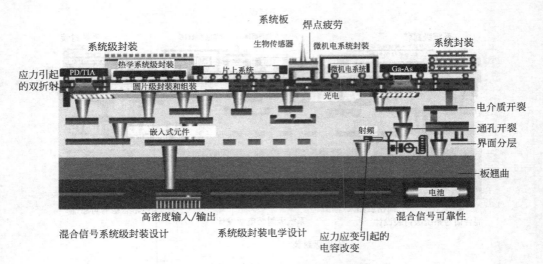

图 8.3　SOP 微系统中可能的失效机制

的前期设计必须要为可靠性而设计；②系统封装在设计、制造和组装过程中，需要为可靠性进行测试。使用第一种方法，要能够确定可能导致产品故障的各种潜在的失效机理，知道这些基本机理，就可以通过设计和选择材料最大限度地减少或消除失效。这种在系统制造和测试之前的预先设计称为为可靠性而设计。第二种研究方法中，系统被制造和组装之后，封装件被置于短时间的加速测试条件之下，通过高温、高湿、高电压和高压强等条件来加速失效过程。这就是所谓的为可靠性而测试或者说可靠性测试，这将在 8.1.3 节进行详细讨论。工业中传统的做法是将 IC 和系统级封装制造和装配好后，再进行可靠性测试。如果在可靠性测试中发现问题，那么该系统就要被重新设计、加工、组装并重新测试。这样的重建和重新测试过程是非常昂贵和费时的。因此，为可靠性而设计的目的是在前期设计过程中，在 IC 和系统级封装制造之前，了解和解决可靠性问题。

　　失效的发生和发展（如图 8.3 所示），会严重限制像 SOP 微系统这样的先进材料结构的可靠性。基于材料极限强度的传统力学研究方法并没有考虑引起不同的 SOP 结构系统级失效的萌生和演化机制。这种包含多材料结构的设计必须基于失效机制，又称为失效物理方法，因为它们在制造和最终使用的条件下会有不同的失效机理。基于失效物理方法的为可靠性而设计策略在早期设计阶段是必要的，可以提高可靠性，减少产品开发周期和成本。SOP 系统中为可靠性而设计包括对各种失效机制中存在的材料力学和结构响应的理解、大量的前期可靠性建模、失效分析和材料表征。

　　但是，针对 SOP 技术的系统级的可靠性设计方法和可靠性评估方法依然存在一些障碍。这些障碍包括：①解决系统级可靠性问题的建模方法和工具不存在。这些工具的缺乏阻碍了通过物理原理来评估、提高系统级可靠性，阻碍了设计原型制造前对材料、工艺选择和几何尺寸的优化。②在热应力、工作和环境条件作用下，系统的电学和光学性能将会持续改变。但是，这种电学和光学性能指标的变化的原因并未被解释清楚。从而阻碍了对数字、射频、光电集成系统的长期可靠性进行评估。③根据 2012 年及之后 ITRS 路线图要求设计的高密度芯片到基板、基板微通孔和整体互连结构,其可靠性水平仍然不明确。④为了适应高密度薄膜工艺以及无底部填充料的倒装芯片工艺,需要可靠的基板材料,这些基板材料需要具有高模量(约 300GPa)、低热膨胀系数(小于 5×10^{-6})以及小的翘曲[在(24×24)in 的面积上为 1mil 或者以下]。对于多功能集成而言,目前还没有衡量射频、光学以及数字功能模块的标准。这方面的阻碍包括:①针对光学和射频功能模块中各种失效机制的物理可靠性模型不存在。②在其他领域适用的方法不适用于射频和光学功能模块。随着功能的增加和系统集成度的提高,传统的可靠性预测方法需要重新修改。为了实现高度集成 SOP 混合信号系统的为可靠性而设计的目标,还需要基础的可靠性研究。这是因为:①还没有现成的技术来测量、解释和模拟材料在微米和亚微米尺度的力学行为。②没有适当的损伤指标来量化各种功能失效模式和系统级集成之间的相互作用。③除了单独的失效机制,没有既定的程序来将各种功能元件级的失效模式结合起来,以评估系统级的可靠性。需要将元件、功能和系统级的可靠性设计策略与合适的可靠性验证结合起来,以确保 SOP 系统混合信号封装的可靠性。

8.1.3　可靠性验证

可靠性验证通常涉及实验表征和加速试验测试。实验表征在电子封装可靠性分析中发挥了重要作用,因而成为封装设计和制造的关键。实验表征解决电子封装中材料、工艺和设计中存在的问题,以确保可加工性和可靠性。一个封装的可靠性应足够适应制造工艺要求以及应用条件下对产品寿命的预期。随着电子技术的进步,有更多的新材料被用于封装中并且封装尺寸越来越小。封装元件是在高度紧凑和集成的空间里拥有多种材料和界面的典型结构。半导体器件及相关封装体的制造过程变得越来越复杂,包括大量复杂的工艺步骤。这导致工艺表征和可靠性分析变得越来越具有挑战性。实验手段连同这一领域中使用的很多分析和数值方法已经变得越来越重要。实验方法提供了理论和数值模拟和材料选择中需要的材料性质。其在工艺表征、失效分析和优化设计等领域也是至关重要的。在电子封装中,主要在三个领域进行实验表征:①材料表征;②工艺表征;③应力应变分析。另一方面,为确保产品的可靠性,一个新产品出厂之前还需要进行大量的可靠性测试。为了在合理的时间内、严格的环境条件下进行可靠性测试,通常采用在实验室环境下进行加速试验,以收集可靠性数据、验证产品质量和可靠性。在加速试验中,器件要受到比正常使用条件高得多的“应力”。其目的是加速失效,以便能在更短的时间内收集可靠性数据。这些数据可用于可靠性验证及其可靠性模型的验证。加速试验进行之后,用加速因子来将加速试验条件下的失效时间转换成正常使用条件下的失效时间。常用的热机械加速试验包括热循环测试和热冲击测试。需要将元件、功能和系统级的可靠性设计与可靠性验证结合起来,以确保混合信号 SOP 封装的可靠性。

8.2　多功能 SOP 基板的可靠性

信号完整性和功率分布是实现高度集成 SOP 微系统所面临的重大挑战。为了维持在高数据速率下的信号完整性，需要发展新的互连拓扑结构以及包含新材料和新工艺的晶圆级封装技术。采用 SOP 技术的系统板使用了：①低介电常数的介质材料，以获得更好的信号完整性；②嵌入式高介电常数材料，以实现数字功能中电容的去耦；③高模量、热膨胀系数匹配的大面积板，以适应平面化要求；④交错堆叠的铜微孔，以实现高速互连；⑤低介电常数、低损耗的材料，以实现嵌入式射频功能；⑥高带宽、低损耗的波导材料，以实现嵌入式光学功能。通过材料和表征、工艺力学、失效机理模型和可靠性验证，可以解决一些数字、光学和射频功能的可靠性问题。数字功能中的可靠性问题将通过这个领域中已有的研究结果和最新发展进行讨论。光学和射频功能的可靠性问题将运用针对 SOP 集成系统的建模技术进行讨论。

8.2.1　材料和工艺可靠性

材料是集成微系统的核心和灵魂。图 8.4 展示了一些正在研究的材料体系，通过调节其电学、机械和热学性能使 SOP 微系统达到预期的系统级性能。这些材料包括：

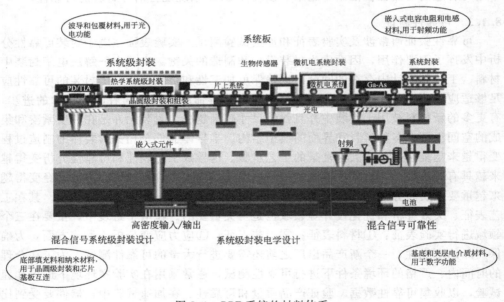

图 8.4　SOP 系统的材料体系

① 替代 FR4 的新型无机复合材料，作为 SOP 基板材料；

② 有望实现超低介电常数（低于 2.0）的低损耗聚合物（$\tan\delta < 0.002$），例如 BCB、聚酰亚胺、聚苯醚（PPE）、聚四氟乙烯和新型的气隙聚合物；

③ 用于嵌入式电容器、薄膜电容器和金属填充聚合物的新型聚合物-陶瓷纳米复合介电材料，以使用最小的填料来实现高电容；

④ 有机基板中的高 Q 值电感材料；

⑤ 环氧基含碳聚合物厚膜电阻材料；

⑥ 应用于光电模块的聚合物(Ultem/BCB)波导材料和硅氧烷为基础的波导/覆层材料;

⑦ 用于 SOP 的组装和晶圆级封装的非流动底部填充材料和纳米互连材料。

在制造工艺和后续装配过程中,不同材料之间存在相互作用与力学问题,这些 SOP 系统板多个功能模块中涉及的材料会产生众多的失效机理[3]。由于发展集成微系统的多层结构制造工艺涉及新的材料体系和工艺条件,传统的先制造再测试的可靠性研究方法将变得非常昂贵。对 SOP 微系统大规模制造的仿真需要崭新的虚拟制造方法。佐治亚理工的封装研究中心(PRC)已经证明了概念测试平台,展示混合信号功能的设计原型与智能网络通信器(INC),能够解决混合信号技术方面所固有的功能接口问题。初级 INC 系统的功能是使用射频载波(无线信号)(同时通过一个光通道)发送和接收一个高速数字信号。INC 功能模块运用了具有一套统一设计规则的 SOP 技术,在具有单阻抗匹配、高密度互连(HDI)的微孔板上实现。INC 板的加工工艺如图 8.5 所示。除了图中展示的形成多层微孔互连的工艺步骤,射频模块的高密度互连层包括了合成器、过滤器、嵌入式电容和高 Q 值电感器。板中集成波导模块的层状结构见图 8.2。波导模块的制作步骤包括:①在 HDI 层上应用一层聚合物来构造缓冲层;②添加导光底部覆盖层;③然后通过光刻涂覆并图形化核心层;④最后添加顶部覆盖层。

(1) 数字功能板上工艺引起的应力和应变

有机基板和硅芯片之间的热失配可通过使用 CTE 匹配的基板来缓解,本章稍后将会讨论这个问题。然而,在这种基板上使用有机介电材料,将会在介电薄膜及制作在基板上的微孔中引入大的应力。这种应力是在连续叠层工艺中产生的。了解多层基板的叠层工艺中残余应力、应变演化的过程,并认识不同基板、介质材料特性对残余应力的影响,可以为材料选择和工艺优化提供前期指导。

基板的截面和交错微孔测试器件的平面应变模型如图 8.6 所示。连续工艺建模仿真模拟了以下一些工艺引起的结构中的应力和应变:

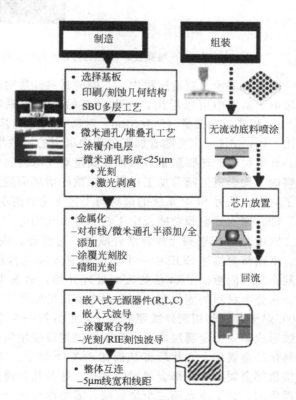

图 8.5　SOP 系统板的典型工艺流程

第一层介电材料的固化和冷却，在室温下的第一级微孔电镀；第二层介电材料固化和冷却，在室温下第二级的微孔电镀和阻焊层的固化。有着残余应力的基板结构随后经受加速热循环试验（ATC）。20min 的加速试验包括 5min 的高温保持（125℃）、5min 的低温保持（−55℃）和 5min 的温度转变时间。对大量的基板和介电材料的组合进行了上述工艺和加速试验模拟。在第一级微孔、第二级微孔和阻焊层加工了之后，微孔中 von Mises 塑性应变和介电材料聚合物介电材料中应力的演化如图 8.6 所示。

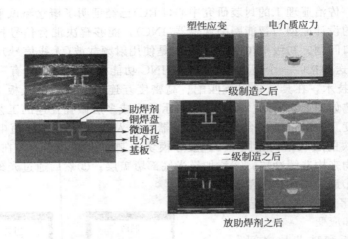

图 8.6　微孔板和加工工艺导致的微孔应变和介电材料应力

图 8.7 展示了制造过程中，不同的材料性质对微孔的最大 von Mises 塑性应变的影响。从图中可以看出，介电材料的热膨胀系数（CTE）、模量（Mod）、厚度（Thk）和基板的模量（Sub-Mod）对微孔的塑性应变有很大影响。在模型中还可看出，von Mises 应变随着加工过程中沉积的层数增加而增大。从图 8.7 还可以看出，介电材料的热膨胀系数和弹性模量对介电材料中的膜应力有巨大的影响。介电材料的平均膜应力随着加工过程中层数的增加而增大，这跟预期一致。这些结果提供了对混合信号 SOP 系统的选材与工艺优化的前期指导。

（2）嵌入式射频功能板中工艺流程引起的应力和应变

SOP 嵌入式射频元件包括合成器、过滤器、嵌入式电容、电阻和高 Q 值电感器。下面将要描述 SOP 中一个典型的嵌入式电容器的前期工艺建模过程。测试板的制作从双面覆铜 FR4 板的表面处理开始，表面由微刻蚀进行粗化，如图 8.8 所示。从介电材料的固化到顶部金属电容层的制作工艺步骤如图 8.8 所示。光刻胶在110℃烘干后，利用紫外线照射固化，形成第一个金属层的图形。使用光刻胶通过刻蚀形成第一个金属层之后，余下的光刻胶使用氢氧化钠溶液剥离。介电层制作在图形化的金属层上，然后将基板在 85℃下烘干。通过刻孔工艺，在介电层中制作连接顶部金属层和底部金属层的通孔。这些孔是通过旋涂、曝光、刻蚀和剥离光刻胶得到的。为了得到第二个金属层，需要制作一个未电镀的种子层然后再对基板进行烘干。其余金属层的制作工艺跟第一个金属层相同。在顶部金属层上采用光刻胶

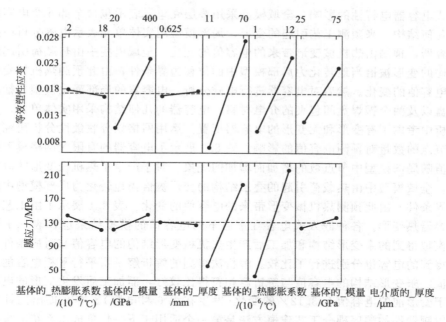

图 8.7　基体材料对微孔应变和介电材料应力的影响

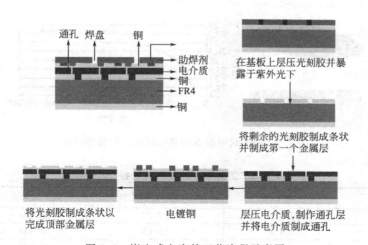

图 8.8　嵌入式电容的工艺流程示意图

并显影和光刻出的沟槽，在里面填充电阻材料，形成电阻。最后再做一层干阻焊层，烘焙后进行加速可靠性循环试验。制作工艺完成后对无源器件进行电学测试是为了确保它们能符合理论值。

上述制造工艺可以通过有限元几何和物理模型进行建模。从介电层的固化到顶部金属层的制造结束，这个过程中板的变形都可用制造工艺力学模型进行模拟。在工艺模拟中，假定介电层的零应力温度是介电材料的固化温度，阻焊层的零应力温度是焊料固化温度。铜层是在室温下电镀的，因此铜的零应力温度为室温。

采用全域-局部建模方法，可以研究加工工艺中热载荷产生的热应力和变形对嵌入式电容器电特性的影响。全域模型采用叠层壳单元表示包含全部 6 个电容器的叠层几何结构，来预测工艺引起的变形。局部模型用实体单元表示电磁分析中关键的电容器，预测由热机械变形带来的电容值的变化。全域模型中由热载荷引起的叠层结构的变形被恰当地转化为局部模型中的位移边界条件，由此预测热机械变形带来的电容值的变化。然后对电容器进行电磁分析。电容器的局部静电模型包括两个铜焊盘以及两个铜焊盘间包夹的介电材料。电容器的几何结构采用实体单元。在静电分析中考虑了有变形和无变形的电容器配置。运用网格划分收敛性分析研究了单元和节点的数量对预测电容值的影响。图 8.9 展示了电容器的有限元网格模型以及电容值随局部模型中节点数的增加而增加的现象。对于产生了热机械变形的电容器结构，全域模型中由热载荷引起的叠层结构的变形被恰当地转化为局部模型中的位移边界条件，由此预测热机械变形带来的电容值的变化。表 8.1 展示了由工艺引起的电容器热变形。各种嵌入式电容在室温下的电容值的模拟结果也在表 8.1 中列出。模拟得到的未变形结构和加工后产生热机械变形结构的电容值与对应条件下解析法得到的电容也分别进行了比较。解析法得到的解析解是指平行平板电容的封闭理论值。未变形结构的电容值与解析解相符得比较好，而加工后发生变形的电容值相对于变形前的电容值有 3.12% 的变化（发生在第 6 号电容）。本文提出的针对嵌入式射频器件的顺序耦合工艺建模方法是第一个适用于下一代集成微系统的虚拟可靠性评估方法[4]。

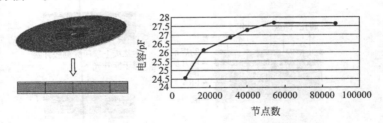

图 8.9　嵌入式电容器的静电模型的收敛性研究

表 8.1　加工工艺带来的变形对电容/pF 的影响

电容	解析解	未变形之前的值	加工带来变形之后的值
1(8.25mm)	29.53	27.72	27.15(−2.07%)
2(9.5mm)	39.16	36.68	35.82(−2.35%)
3(10.75mm)	50.14	46.92	45.76(−2.48%)
4(12.0mm)	62.48	58.68	57.10(−2.70%)
5(13.25mm)	76.18	71.18	69.09(−2.93%)
6(14.5mm)	91.23	85.19	82.53(−3.12%)

（3）工艺引起的嵌入式光功能板对准不良

对于嵌入式波导模块，工艺引起的残余应力也需要量化。在热应力下，波导核心/覆层聚合物与基板材料之间的 CTE 不匹配引起翘曲、对准不良、开裂和脱层。图 8.10 展示了如何用有限元法去评估工艺带来的波导结构中板的翘曲、垂直不良对准以及高分子波导材料中的应力。模型中的温度是从固化温度 160℃ 降到室温 25℃。

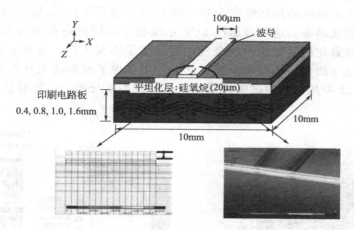

图 8.10　聚合物波导工艺模型

　　沿 Z 轴的中截面选择一个对称平面。电互连可以经受相对较高的基板翘曲，然而光互连能经受的基板翘曲要小得多。因此，对准不良会造成光信号的损失。整个基底结构翘曲会导致波导的弯曲，光信号随之衰减。图 8.11 展示了从加工温度冷却到室温时，板的厚度对翘曲和对准度的影响。正如预期那样，板的最大翘曲随着板厚度的增加而减小。

　　（4）预先工艺优化

　　为了预测厚截面多层结构制造过程中残余应力的变化，已有一些研究考虑加工工艺历史的效应[5,6]。Wu 等人[7]在不考虑固化和热梯度效应的情况下，用有限元方法对多芯片模块制造/薄膜互连（MCM/TFI）封装进行了建模。一个典型的 SOP 微系统制造和装配过程如图 8.5 所示。为了监测多层 SOP 板顺序制造过程中应力和翘

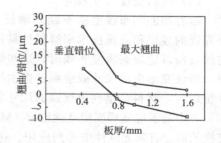

图 8.11　板厚与翘曲和错位的关系

曲的变化，文献[8，9]介绍了一种通用的集成工艺建模方法和模块。这种方法包含了介电材料聚合物固化过程中的一些基本属性，如固化机制，固化引起的收缩、结构与性质的关系，以及固化工艺优化。这种监测加工工艺过程中固化、温度、应力和应变分布演化过程的能力，可以用来：①识别可能发生早期失效的关键区域，以及在第几步工艺会发生失效；②进行多层 SOP 基板的几何设计优化。几何形状、工艺和材料的优化可以降低制造成本、缩短生产周期、提高材料性能并且提高 SOP 基板的热机械可靠性。

8.2.2　数字功能可靠性与验证

　　（1）高密度布线可靠性

　　SOP 基板内微通孔互连的可靠性对高密度封装布线的实现非常关键。运用

$15\sim25\mu m$ 线宽和 $25\sim100\mu m$ 直径微通孔互连的低成本工艺，在大尺寸 SOP 有机基板上加工超细线结构已经在 SOP 系统板内实现了[10]。我们已经建立了基于物理学的参数化模型，这可以解决 SOP 系统板上不同微通孔的失效机制。这些基于特征的参数化模型在预测残余应力时考虑了不同工况，并且在为 SOP 系统板的制造而建立的预测模型和前期设计方针中考虑了材料的相互作用[11,12]。通过运用图 8.12 中的加速测试条件对测试板进行失效分析，已经验证了这些模型的正确性。

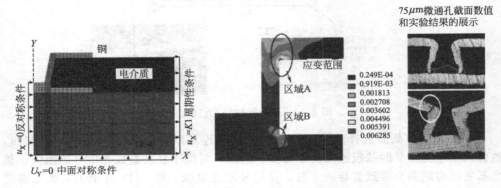

图 8.12　微通孔可靠性模型及验证

（2）材料长度尺寸效应

随着功能和布线密度不断地增长、SOP 微系统特征尺寸不断地减小，我们需要先进的建模和表征技术来解释材料长度的尺寸效应。比如说，通过减小微通孔结构的直径以适应高密度布线时，这些结构的壁厚度也将相应地减小到微米量级，此时，塑性变形中的尺寸效应则占据主导地位。当特征长度与不均匀塑性变形都在微米量级时，材料会呈现出很强的尺寸效应。

一个基于应变梯度塑性理论[13]（MSG）的算法已经被构造出来，并且在自动数据交换的商业有限元软件中得到应用。这种算法（图 8.13）模拟了铜在基板冷却过程中的力学行为，其中基板从介电材料固化温度 135℃ 冷却到温度循环的下限 -55℃。图 8.13 同样也展示了不同尺寸微通孔的应变硬化行为。虽然对于壁厚 $10\mu m$（初始）的微通孔，硬化行为很小，但是在壁厚 $3\mu m$ 的微通孔中却发生了实质性的硬化。对于铜材料我们必须注意到的是其尺寸效应占主导地位的长度尺寸是 $2.8\mu m$[14]。如果在铜的硬化行为中考虑塑性空间应变梯度，就可以发现微通孔中的应变会减少，因而预计的疲劳寿命会提高到 2 倍，特别是对于镀层厚度小于 $5\mu m$ 的微通孔更是如此[15]。在微通孔结构的塑性变形中考虑材料的长度尺寸效应，增强了 SOP 系统预先为可靠性设计的能力，增加了布线密度并减小了堆积层中孔的特征尺寸。

（3）基板和介电材料夹层的可靠性

我们需要可替换的基板材料来满足 SOP 系统翘曲的要求。更多关于低 CTE、高弹性模量的基板替代材料的讨论会在 8.3 节进行，将讨论到不同的因素对基板、集成电路可靠性的影响。尽管低 CTE、高弹性模量的基板材料会导致低翘曲，并

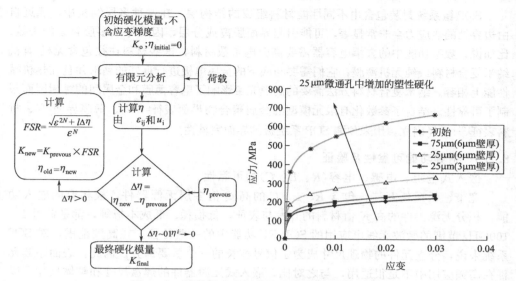

图 8.13 硬化算法和铜微通孔中增加的塑性硬化

且会消除对底部填充料的需求，但是它可能引起介电材料夹层的分层与开裂。实验结果表明，低 *CTE* 板上的介电材料在焊料层的边角处、焊接层缺口和穿越铜线附近[16]易于开裂。这是由于基板和典型的聚合物介电材料之间 *CTE* 高度不匹配造成的。我们需要对 SOP 系统板的基板替代材料进行评估，以探索一种基板和夹层介电材料的组合，从而能使翘曲最小、介电材料不会开裂或分层，并且在质量认证或工作条件下，基板上无填充料的倒装芯片焊点不会过早地开裂。为仿真方法[17]而设计的非线性有限元模型有助于优化基板与介电材料的热-机械性能，以增强集成基板倒装芯片封装的整体可靠性（参见图 8.14）。

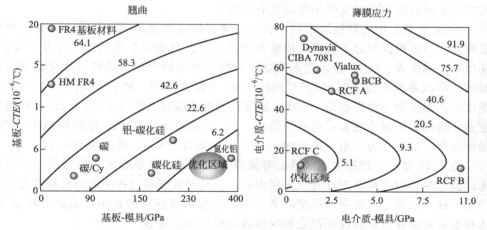

图 8.14 翘曲和介电材料应力响应表面与基底性质的关系❶

（4）金属-聚合物界面分层

---

❶ 左图的横纵坐标原著如此，疑有误。

SOP 微系统封装包含由不同性能材料组成的结构层。在这种多层结构中，靠近自由边界处的热应力会非常显著，可能引起界面脱离或分层，因此导致多层封装的失效。比如说，数字功能中的去耦电容器需要高介电常数材料，这些材料往往包含无机-有机纳米复合材料或纯无机薄膜，它们需要与底下的金属电极进行良好的粘附并且在热机械性能上相容。纳米复合材料方法需要的高填充量影响了电容薄膜和金属间的黏附因而限制了可靠性。结合了参数化有限元模型的金属聚合物界面表征[18,19]、薄膜界面[20]、材料表征[21]已经确立，用来预测 SOP 系统板的界面完整性。

8.2.3   射频功能可靠性及验证

嵌入式电阻、电感、电容(R、L、C)的可靠性。

宽带、低损耗互连，包含 R、L、C 的高 Q 值多层无源器件，板相容的嵌入功能，积分无源器件的高 K 值材料的开发与表征，低损耗、低成本板等，都是针对 1～100GHz 范围的微波无线电应用的 SOP-RF 功能中的一些特征。在高频范围，对 SOP 系统来说，分立元件的物理尺寸成为了信号波长的一个重要部分。因此，表面贴装元件在高频应用中不是很适用，与之对比，嵌入式无源器件的焊盘尺寸和整体尺寸可以做得非常小。SOP 板上的多层 RF 封装有必要以低成本满足 SOP 系统高性能的需要。嵌入式 RF 无源器件的材料相容性和热机械可靠性对于多层基板中 R、L、C 完全集成的实现是未知的。我们需要基于物理可靠性预测和嵌入式无源器件的测试来实现多层 RF 封装技术。

Schneider[22]关注了去耦电容的可靠性，并将它们进行不同的测试，需要指出的是，这些电容不是嵌入式电容，而是由聚合物陶瓷材料作为介电材料制成。Strydom[23]从分层观点研究了集成电感的可靠性。Witwit[24]观察了依赖于电阻面积和通孔数量、尺寸的电阻内温度的分布。然而，嵌入式电容和电阻的热机械可靠性方面的研究在出版的文献中是非常有限的。

与 SOP 基板中的其他层不同，积分无源器件通常由不同材料特性的复合材料层构成，所以确保积分无源器件内部不出现分层、开裂或其他失效是非常重要的。相似地，确保 R、L、C 嵌入式无源器件的特性不会随着温度循环而恶化也是很重要的。测试基板经过-55～125℃间的 1000 个温度循环，然后在 85℃、85％相对湿度的高温高湿条件下存储 1000h，最后发现电感值有大的改变(图 8.15)。经过温度循环后最大的减小量为：电容值减小 4％，电感值减小 20％，电阻值减小 12％。湿度条件下的变化为：电容值增加 10％，电感值增加 8％，电阻值增加 16％。

图 8.16 显示了经过加速试验后有微通孔的边缘探测电容的试样截面。经过加速试验，尽管没有可见的开裂或分层现象，但是湿度测试过程中的热机械变形非常严重，这可以由过多的微通孔变形来表明。这里必须注意的是不仅是热机械变形，还有电容介质渗透性的改变都会影响加速试验后的电容值[4]。

除了先制造后测试的研究方法，有必要基于物理学的模型，来研究热测试过程积分无源器件的可靠性。量化积分无源器件热机械载荷下的电阻、电容和电感变化非常有必要，这有助于理解它们对系统级信号完整性的影响。这里简要介绍了嵌入式 RF 无源元件热电耦合响应的建模。对于嵌入式 RF 试样，基于物理学的热机械

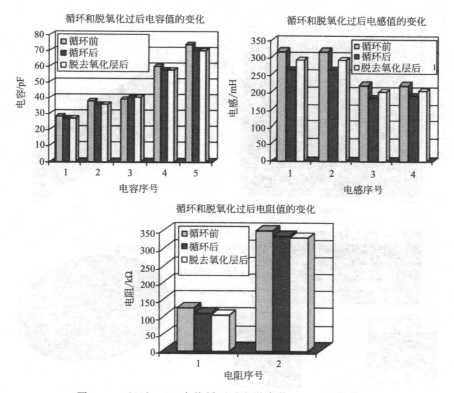

图 8.15　经过 1000 个热循环后电学参数 R、L、C 的变化

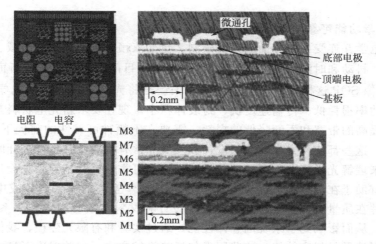

图 8.16　经过 1000 个热冲击循环和 1000h 湿度测试的试样中的电容截面

模型(图 8.17)，预测了热循环结构中的变形与热应力情况。我们运用热应力可以预测每层中开裂与分层的可能性。耦合的静电模型已经被建立，并通过运用热循环中在板上产生的热机械变形来预测热循环过程中样品电学参数的变化[4]。

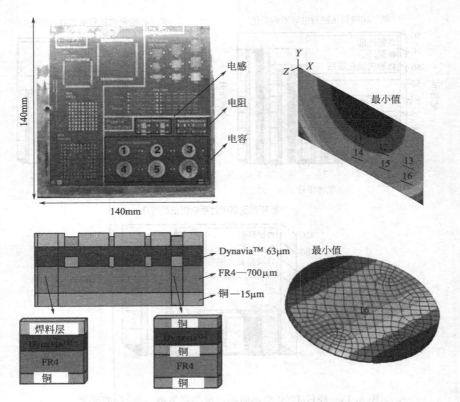

图 8.17　嵌入式 RF 试样的布局与嵌入式电阻和电容的有限元模型

8.2.4　光学功能可靠性及验证

高速电学互连受到多方面因素的限制，包括依赖于频率的信号衰减、串扰、高功率损耗、抖动和时滞[25]。光学互连可用于解决目前电学互连系统所面临的一些瓶颈[26]。像 SOP 这种集成微系统成功的关键是将光学互连集成到电学互连系统中，而且功率损耗低、传输速度快、封装体积小。现在要求新光电材料与工艺的引入、不断提高的带宽和不断降低的损耗，需要在不牺牲可靠性的前提下降低成本、减小体积，这些都使得光学互连的设计和发展非常有挑战性并且十分耗时。有必要建立模型来理解光学聚合物互连的热机械问题和可靠性，并指导预先设计与选择材料，这样有助于在底板和基板级实现芯片-芯片光学互连的微系统集成中展现出最佳性能，并在质量测试中取得成功。一些设计和材料参数会影响光学系统的应力-应变分布，从而影响到了系统的整体性能。通过实验和有限元建模，我们基于一些因素研究了波导材料和结构。这些因素包括热机械应力、封装对准不良、应力光学效应、折射率稳定性和可靠性测试。我们对波导光学互连进行了研究，它可以嵌入薄膜有源光电器件，也可以集成到电互连板上。这些板上的光学互连用于实现短程底板互连和板级芯片-芯片互连。在此提出的基于物理学的模型具有普适性，通过改变合适的材料特性、加工条件和几何参数，可以用于完成一系列不同集成选项的假设分析。这些模型由合适的材料表征来支持，用可靠性测试来进行验证。这样的预先可靠性分析可以带来低成本、低耗时、可靠的光电结构，用作下一代 SOP 微系统。

（1）应力产生的双折射

除了考虑热机械，应力光学效应会引起不希望有的双折射或波导中基本模式的分裂。当透明的固体材料受到机械或热机械载荷的作用时，一种被称作应力双折射的现象会产生，并会引起光学性质上各向异性的变化。平面应变分析和随后的光模态分析显示了波导结构中产生的应力和波导核中因应力而产生的双折射。图 8.18 展示了一个在硅基底结构上的二氧化硅波导平面应变模型，从图可知在工艺过程中，可实现该双折射的最小化。模型中需要应力光学系数，该系数可运用棱镜耦合器在薄膜聚合物试样上经过双折射测量进行校准。

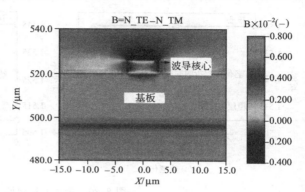

图 8.18　波导核中由应力产生的双折射的模型

（2）可靠性测试

弄清温度和湿度对波导材料的影响非常有必要，因为这两个因素会引起材料特性和光学性质的改变。光学波导的热循环测试通常采用 Telcordia GR1210 标准，这个标准是为无源光学元件而建立的，最高温度为 125℃。一个更苛刻的从 0℃ 到 175℃ 的热循环被加载到装配式波导结构上。图 8.19 显示热循环对聚合物材料的影响。在试样中没有发现开裂或是分层，这是分别用暗场光学显微镜和 Sonoscan 检测的结果。但是，在热循环中，发现波导的颜色变化越来越明显，这很有可能是由材料氧化造成的。材料的改变对诸如光学损失等光学性质的影响正在研究中。

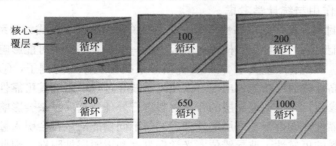

图 8.19　板上聚合物波导的热循环(0～175℃)显示了颜色变化

（3）波导折射率的稳定性

光学互连的性能依赖于与相邻材料的折射率的差别。严格的光学公差需要考虑在工作和可靠性测试中造成折射率改变的所有因素。一个大的折射率差别往往会同时包含大量的模态，从而导致不希望的模态色散[27]。在设计光学互连、评价它们的性能过程中，我们需要考虑这种折射率的变化。因为折射率的测试需要反射基板，所以接下来的实验是在硅晶圆上的薄膜硅氧烷上进行的。热老化和热循环实验中光学聚合物膜折射率增加的百分比如图 8.20 所示。核心/覆层聚合物的折射率在这些实验中显得非常稳定。

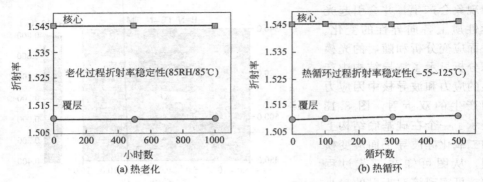

图 8.20　折射率稳定性

8.2.5　多功能系统稳定性

因为 SOP 关注于系统集成和小型化，系统可靠性方法有必要将元件、功能的失效机制与系统级的信号完整性联系起来。系统级的度量需要确认和定义，并且要结合基于物理学的失效预测方法和统计学方法，这样才能有助于理解和预测数字、RF、光学功能及其界面的可靠性。图 8.23 展示了一个拥有数字、嵌入式光学和RF 元件的性能良好的 SOP 系统板。一个元件的功能可以在不同区域与其他元件发生相互作用。在电学方面，一个元件的电磁干涉可能影响到系统中的另一元件。在热学方面，一个元件产生的热可能使其他元件的工作温度升高。在机械方面，由一个封装引起的基板翘曲可以增加相邻封装的应变或影响其他功能的信号完整性。因此，一个元件必须考虑其所在的系统环境，然后进行可靠性建模。图 8.21 展示了包含不同因素的系统级可靠性评估的建模策略。

功能相互作用与统计学考虑。

对于一个封装，模块级可靠性模型一次主要关注一种失效模式；而系统级模型则考虑板上多个功能封装的多种失效模式。基板上的一个封装的出现可能影响到另一封装或功能的可靠性。下面有一些关于 SOP 复合信号系统相互作用的例子：①在高通量光学区域附近一个高性能数字功能的出现可以使光学波导过热，影响其可靠性；②为达到数字功能的目标参数，对低损耗夹层的介电材料进行处理，这反过来会影响已制作的嵌入式无源层的可靠性；③由于不同层的处理工艺与不同功能的运行会引入翘曲，这将反过来影响介电材料的可靠性、波导错位、光学保真度和无源层粘附性。因此，在评估系统级可靠性时必须考虑失效模式间的相互作用[29]。图 8.21 展示了一些关于系统级可靠性的基础研究问题，其中包括：①建立参数模块化的元件模型；②建立系统级失效机制及其相互影响的模型；③对系统级可靠性的不同影响进行处理；④评估系统级可靠性的

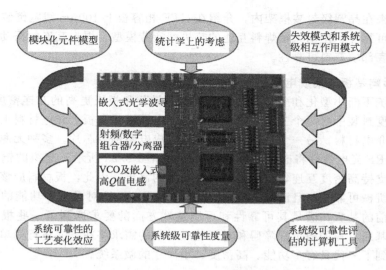

图 8.21　功能性 SOP 基板和系统级可靠性策略

CAD 工具；⑤确定系统级衡量标准，建立元件、功能的失效机制与系统参数之间的联系。发展包含多功能和失效模式相互作用的系统级可靠性模型需要大量的计算资源和时间。新的建模技术加上高性能计算是非常必要的，这样可以简化计算复杂性，并缩短达到可以接受结果所需要的时间。

　　当处理系统级可靠性时，同样需要考虑统计学可靠性。在系统级可靠性评估中需要考虑元件的失效历史数据，材料特性的统计学变化，制造和组装工艺以及其他的如元件对元件的影响。总的来说，系统整体的可靠性低于系统中单独非冗余元件的可靠性（如图 8.22）。因此在集成系统中将独立元件的可靠性与统计变化联系起来，就可以评估系统级可靠性。

$$P_s(t)=\prod_{i=1}^{n}P_i(t) \longrightarrow P_s(t)=\prod_{i=1}^{n}(\Phi_i(t)) \quad -----（方程1）$$

　　这里

P_i——元件 i 的可靠性权重；

P_s——系统可靠性权重；

Φ——累积分布函数。

$$\Phi(X)=\int_{-\infty}^{X}\frac{e^{-\frac{t^2}{2}}}{\sqrt{2\pi}} \text{（正态分布）} \quad \Phi(X)=\int_{0}^{X}a\lambda^{a}X^{a-1}e^{-(\lambda)^a} \text{（Weibull分布）}-----（方程2）$$

存在正态分布和 Weibull 分布的表格数据

图 8.22　系统中不同元件统计相互作用的建模

8.3　基板与 IC 的互连可靠性

　　这节将首先讨论影响基板与 IC 的互连可靠性的不同因素，从而得知我们需要 CTE 相匹配的基底基板材料与可兼容的介电材料，以提高下一代封装的互连可靠性。接下来在晶圆级封装框架内，介绍在 CTE 相容板上 $100\mu m$ 线宽倒装芯片封装的热机械可靠性、使用无铅焊料互连的热机械疲劳模型、焊料互连的振动效应、界面黏合及底部填充料可靠性。

8.3.1　影响基板与集成电路互连可靠性的因素

微系统不断小型化和多功能的趋势带动了封装和板级更高的互连密度的需求。未来高密度封装中有两个主要元件：一个是导电铜模式和板上介电材料夹层的多层连续堆积介电材料；另一个是在顶层的多种集成电路倒装芯片。多种无源器件、波导和其他 RF 光电器件将嵌入介电材料层中，如图 8.23 所示。交织的铜和介电材料层也要支持高密度互连，以满足功率和信号的需求。因此，板材料应该具有一定的电、热机械可靠性，且满足 HDI 工艺和成本要求。针对具有多功能的微型化的系统，目前的基板在满足其可靠性和可制造性方面的要求遇到了一些根本性的障碍。现存基底材料的根本性障碍和对新基底材料的需求将在下文进行简单介绍，同时也会谈到下一代具有多功能、高密度、小尺寸的微系统。

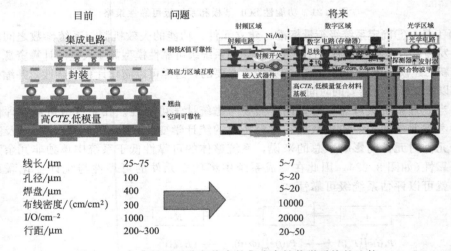

	目前	将来
线长/μm	25~75	5~7
孔径/μm	100	5~20
焊盘/μm	400	5~20
布线密度/(cm/cm²)	300	10000
I/O/cm⁻²	1000	20000
行距/μm	200~300	20~50

图 8.23　如今的反对称和将来的集成高性能微系统的比较

（1）高密度布线的问题

未来 IC 的 I/O 将超过 10000，其布线需要极其微小的特征尺寸，约 $10\mu m$ 的线宽，$20\sim35\mu m$ 的通孔焊盘直径[31,32]。铜低 K 值仪器中高 I/O 数和高布线密度的挑战推动了新的封装技术的发展。这些技术可支持需要的层数，以满足高 I/O 数和高 I/O 密度的封装需求，如图 8.22 所示。未来系统板将有四~八层、$5\sim10\mu m$布线的需要。微通孔基板技术会在印刷电路板产业中扮演着重要的角色，将满足这些高性能的需要。工业迫切需要制造带有 $20\mu m$ 孔和小于 $35\mu m$ 焊盘的多层薄膜，这要求在 $300mm$ 基板上，层与层的错位小于 $10\mu m$。这反过来要求 $0.65mm$ 厚的基板上每英寸的翘曲控制在 $5\sim10\mu m$ 之内[32]。基板翘曲对于三维封装技术开始变得十分关键。现在的板材料从翘曲、互连应力及空间稳定性的角度来说有着根本的局限，以至于不能满足未来集成微系统的需要。

（2）低介电常数（K）铜材料的可靠性问题

芯片上互连的低介电常数铜结构完整性是另一个高密度倒装芯片封装的主要的可靠性问题。由于硅芯片和基板间热膨胀系数不同引发的大变形和应力，经过了 IC 组装的低 K 值或超低 K 值芯片互连上常常会观察到界面分层。在晶圆后端工艺中，裂纹驱动力是由每层间的薄膜残余应力和低 K 值堆叠中的热应力造成的。在封装和 IC 组装工艺中，除了低 K 值铜堆叠中的残余应力和热应力以外，封装和 IC 间的整体 CTE 不匹配对芯片上的低 K 值铜结构产生了外部载荷。与氧化物比较，低 K 值介电材料更软，更易延展，与其他物质粘附较弱。低 K 值铜界面有 $1J/m^2$ 的断裂韧度，而氧化物是 $8\sim16J/m^2$，铜聚合物是 $25J/m^2$。因为钝化/低 K 值介电材料界面的粘附强度很低，容易分层。比起单独的芯片，界面分层对于芯片组装后的封装更为重要。ITRS 认为 UBM 完整性和封装相容性是低 K 值铜 IC 组装和封装的关键领域[33]。消除封装和 IC 的 CTE 不匹配，可以减小或消除低 K 铜材料的可靠性问题。

（3）焊点可靠性的问题

2003 年的 ITRS 期望在 2010 年前征集到小于 $100\mu m$ 区域阵列行距的有机基板[33]。一个组装的可靠性受热机械应变和应力的影响，这是由于封装中不同元件在不同热处理过程中 CTE 不同造成的。这些热机械应变导致焊点的低周疲劳失效，焊料凸点的分层，以及组合层的开裂，从而导致封装体的失效。一个硅芯片 CTE 为（$2\sim3$）$\times10^{-6}/℃$，而传统的 FR4 基板的 CTE 为 $18\times10^{-6}/℃$。使用底部填充料，可以有效地减少焊料凸点处的热应力，提高可靠性。然而，未来的互连更窄，间隙更小，使得底部填充料的分配越发复杂。底部填充料的使用同样会引起封装变形。导致芯片-填充料和芯片-焊点处出现大切应力，这会显著地影响封装可靠性。因此，发展一种热膨胀系数 CTE 值与硅相近的板材料同时又不需要底部填充料有着迫切的需求。

（4）微通孔和介电材料可靠性的问题

微通孔互连的可靠性是实现高密度封装布线的关键。尽管拥有高模量、低 CTE 值的新基板材料可以实现低翘曲，并消除对底部填充料的需求，但是新材料会潜在地引起夹层介电材料的分层和开裂。这是因为与硅 CTE 相匹配的基板材料的 CTE 值和介电材料的 CTE 值之间存在高度失配。连接基板的理想介电材料应当产生最小的夹层应力。电学性质（低介电常数和低损耗）和热-机械性质［低 CTE，低刚度，高断裂韧性（失效下的伸长率）］与薄膜可制造性的理想组合在现存的介电材料中还没有找到。因此，合适的热机械仿真和可靠性评估对于理解基板材料和介电层材料间的相容性以及相应的失效机制显得非常重要。

8.3.2　100μm 倒装芯片组装可靠性

（1）CTE 匹配的核心

为了解决上面讨论的现有基板材料的一些局限，工业界已经开始寻求采用高级填料的新型层压材料。目前已经有供应商提供 CTE 为（$8\sim12$）$\times10^{-6}/℃$ 的低成本环氧基的层压板，例如 Hitachi Chemical 公司的 MCL-E-679LDTM 型产品，这些层压板的弹性模量比 FR4 和 BT 材料的弹性模量多 20%～30%[34]。目前，高密度基板的前沿是制造有机芯片的载体。EIT 的 HyperBGATM 封装拥有最前沿的高运行速度和高密度[35]。HyperBGATM 是一个 150～200μm 可附着倒装芯片的封装，采用了 50μm 厚 PTFE 基介电材料、28μm 线宽、33μm 间距分布以及 50μm 的通孔。EIT 同时也发展了 Hyper Z 技术，采用同样的低 CTE、低损耗的有机基板平台来封装 150μm 间距的 IC。DuPont 的非交织芳纶增强层压板（聚酰胺层压板和预浸料）拥有可调的面内 CTE 值，因此可以减少仪器和层压基板间的 CTE 失配[36]。AT&S 也有相似的研究[37]。这降低了热循环中焊点上的应变，提高封装系统的可靠性。同时，这些材料显示出高激光可钻性。日本和远东地区开发的运用 BT 树脂层压板的有机芯片载体被证明拥有 225～250μm 间距倒装芯片的能力。日本和韩国主要的微通孔基板厂商如 Ibiden、CMK、Mektron 和 Samsung 现在正生产 20～25μm 线宽和间距的基板和 40μm 的微通孔[38]。ThermalWorks 公司正在开发一种混合层压板，其外层由 FR4 接合，内部为具有高刚性、高热传导率、低热膨胀系数的碳纤维布-聚合物核心。

目前，薄核心或无核的基板技术正在兴起，它是需求最高的、为具有更薄外形、更高电学性能(例如更低的通孔电感)的系统应用的选择。封装材料行业用高级基板材料来响应这一需求，这些材料包括低损耗的环氧基层压板（3M[39]）、氰酸酯树脂和聚四氟乙烯增强型环氧树脂。除非采用刚性临时载流子和加强剂，不然材料高刚度的需求仍然是这种无核技术的主要障碍。NEC[40] 和 Fujitsu[41] 演示了采用 15μm 线和间距的高密度封装。在构建材料中使用的载流子需要通过光刻或碾磨移除，这导致无核基板制造相对昂贵。高刚度的介电材料，需要添加无机材料进行增强，这使减薄和激光钻孔变得很困难。为了形成高密度的基板，内嵌一个刚性核心仍然是最常见的方式。虽然有机的层压材料能够满足 CTE 要求，但是在其上进行高密度布线后不能满足高刚度的需求。下一章节中将讨论到无机聚合物核心。

在过去的几十年中，具有高刚度的低热膨胀系数的无机材料基板已经得到广泛应用。IBM 公司的玻璃-陶瓷模块通过调整已经能和硅的 CTE 很好地匹配，因此能在没有填料的情况下呈现出很好的可靠性。热膨胀系数低的金属核基板被应用，并能表现出更好的热机械可靠性[42]。金属基体复合材料具有很多优良特性，如切削性、高刚度和高热导率。据报道，CTE 低于 $6 \times 10^{-6}/℃$ 且硬度高的铝基体复合材料已经在某些领域得到应用[43,44]。

一种新的加工技术已经被证实能够生产大面积薄的碳化硅复合基板。该技术成本低，得到的基板能满足所需的刚度以及和硅相匹配的 CTE 值。与传统的基于粉末加工的合成陶瓷技术不同，这种新技术使用聚合物基体[45]合成陶瓷。这种预制陶瓷聚合物通过在碳纤维和组织中采用聚合物渗透和热解的方法，使低温环境下在大面积基板上设计和制造高级陶瓷基复合材料成为可能。从 0℃ 到 250℃ 的温度范围内，温度每分钟升高 5℃，使用热机械分析法测量基板面内 CTE 值。热机械分析的数据表明样品的 CTE 值在 $(1.5～2.5) \times 10^{-6}/℃$。取决于加固类型、纤维含量、最终的热压温度等因素，弹性模量能从 80MPa 变到 300MPa。加工基板的属性总结在表 8.2 中。

表 8.2 C-Si 基板的属性

平面内的 CTE /$(10^{-6}/℃)$	平面外的 CTE /$(10^{-6}/℃)$	模量/GPa	玻璃化温度/℃	厚度/mm	项目投资 /(美分/in²)
2	4~5.5	80~300	850	0.5~1.5	11~20

配合高弹性模量、低 CTE 基板材料使用的翘曲和合适的介电材料将在 8.2.2 部分进行简要描述。Banerji[46] 等人用点 PB-8 封装测试了带 C-SiC 基板的测试载体的翘曲及其介电材料的可靠性，分为使用与不使用填料两种情况；此外还研究了金属-通孔-金属测试载体中微通孔的可靠性。在 SOP 技术背景中，以下简单描述了低 CTE 值的核心、用于 $100\mu m$ 倒装芯片集成工艺的相关介电材料的可靠性，也分为有或没有填料两种情况[47]。

（2）$100\mu m$ 倒装芯片组装

使用数值模型对 C-SiC 基板上集成倒装芯片的模块的热机械可靠性进行了评估。该封装的互连尺寸为 $100\mu m$，芯片的尺寸为 $2cm \times 2cm$。分别针对在 FR4 和低热膨胀系数的 C-SiC 基板上是否有填充料的两种情况，评估了 $100\mu m$ 倒装芯片采用有铅与无铅焊接集成的可靠性。

图 8.24 显示了将 $100\mu m$ 倒装芯片和 $2cm \times 2cm$ 的芯片集成在 C-SiC 基板上的有限元模型。表 8.3 给出了填料、基板材料、互连和芯片/基板厚度比对多种失效机理的影响，如芯片裂纹和焊料失效。

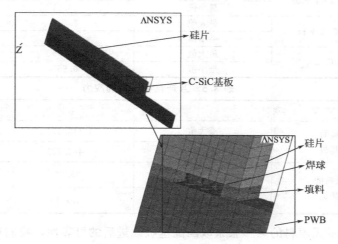

图 8.24 $100\mu m$ 间距封装模型

表 8.4 给出的硅片的轴向和周向应力，表明填料增加了芯片应力，当低热膨胀系数的基板不使用填料时，芯片应力会明显降低。这些结果表明随着低 K 封装电路中铜的失效，低热膨胀系数的 C-SiC 将成为新一代 SOP 微系统的重要封装材料。为了得到填料和基板材料对互连区附近应力的影响，一些研究者已经开展了研究。

表 8.5 列出了在互连区域中有填料的 FR4 和没有填料的 C-Si 基板的应力计算结果。对于有填料的 FR4 情况，在互连区域 xx 方向的压应力比芯片其他的区域大，y 方向的拉应力和压应力也比芯片其他的区域大。与 FR4 相比，对于没有填料的 C-Si 的情况互连区域的压应力和拉应力的量级非常小。图 8.25 的应力云图显

示封装中 C-SiC 基板的 *CTE* 和芯片相匹配，能够有效减小芯片应力和互连应力。

表 8.3　填料实验工况的研究

PWB	填料	Pitch/μm	芯片/PW 厚度比
FR4	有	100	1
FR4	无	100	1
C-Si	有	100	1
C-Si	无	100	1
C-Si	无	100	0.75
C-Si	无	100	0.5
C-Si	无	200	1
C-Si	无	200	0.75
C-Si	无	200	0.5

表 8.4　芯片应力

项目		S_{xx}/MPa	S_{yy}/MPa
有填料的 FR4 基板	最大值	142.5	87.48
	最小值	159.93	5.43
没有填料的 FR4 基板	最大值	25.76	28.19
	最小值	36.61	18.99
有填料的 C-Si 基板	最大值	2.138	27.28
	最小值	9.851	9.23
没有填料的 C-Si 基板	最大值	0.055	0.74
	最小值	0.587	0.386

表 8.5　互连结构附近的应力

项目		S_{xx}/MPa	S_{yy}/MPa
有填料的 FR4 基板	最大值	115.521	249.17
	最小值	462.731	198.74
没有填料的 C-Si 基板	最大值	35.260	19.34
	最小值	132.31	65.77

为了展示无填料的热膨胀系数匹配基板改进后的可靠性，我们对填充两种不同填料的 100μm 集成 FR4 基板，在互连应力和芯片应力方面也进行了比较。

表 8.6 列出了有两种填料的 FR4 的互连区和芯片应力计算的多种情况。对于高模量、低 *CTE* 的填料，互连应力在芯片其他区域占主导。对于低模量、高 *CTE* 的填料，互连应力很小。除了 y 方向的拉应力之外，填料对芯片其他区域的应力影响很小。没有填料的 C-Si 封装中，芯片/PWB 的厚度比和引脚对芯片应力的影响在表 8.7 中列出了。考虑了 100μm 和 200μm 封装以及 0.5、0.75 和 1 的芯片/PWB 厚度比。对于没有填料的 *CTE* 匹配的 C-Si 基板集成，由于封装过程让芯片和基板去耦合，在所有考虑到的情况下，芯片应力在量级上很小，与引脚和芯片/PWB 厚度比无关。

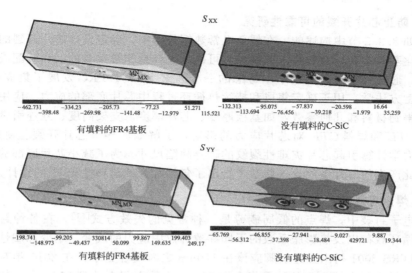

图 8.25　对于 FR4 和 C-SiC 封装的互连区周围的应力云图

表 8.6　100μm 间距的有填料的 FR4 封装应力

项　目		芯片 S_{xx}/MPa	互连 S_{xx}/MPa	芯片 S_{yy}/MPa	互连 S_{yy}/MPa
有填料的 FR4 基板	最大值	142.482	91.151	89.62	235.74
（10GPa,23×10⁻⁶/℃）	最小值	159.798	412.989	5.61	193.97
有填料的 FR4 基板	最大值	141.793	2.947	73.56	73.56
（2.5GPa,67×10⁻⁶/℃）	最小值	159.119	55.647	4.150	4.15

表 8.7　没有填料的 100μm 间距 C-Si 封装中的应力

项目		S_{xx}/MPa		S_{yy}/MPa	
		100μm	200μm	100μm	200μm
C-Si 无填料	最大值	0.055	0.237	0.739	0.170
（比值=0.5）	最小值	0.588	0.291	0.382	0.473
C-Si 无填料	最大值	0.055	0.237	0.739	0.171
（比值=0.75）	最小值	0.588	0.292	0.383	0.476
C-Si 无填料	最大值	0.055	0.237	0.740	0.172
（比值=1）	最小值	0.587	0.293	0.386	0.479

　　这些结果表明了对于新一代 SOP 的 $100\mu m$ 的芯片集成封装，需要低 CTE 核心和介电材料，而且其具有优越性。与传统的有填料的 FR4 技术相比，没有填料的 CTE 匹配的 C-SiC 基板可使芯片与封装分离，从而使芯片应力和互连应力减小了一个数量级。由于在 C-SiC 基板的封装中，芯片和封装机械解耦，应力不仅在数量级上变小而且对互连引脚和芯片/PWB 的厚度比不敏感，这就使得它在减小引脚和减薄芯片方面有优势，对未来封装技术需求方面有更大的吸引力。$100\mu m$ 厚的无铅 C-Si 基板集成可靠性的研究建立了基板新技术的优越性，这种新技术适合新一代的封装技术。低 K/铜 IC 技术减少了互连和芯片应力，减轻了相应的可靠性问题。

8.3.3 防止芯片开裂的可靠性研究

正如 8.3.2 节中描述的，在低介电常数铜技术中，确定设计芯片开裂的应力参数、优化基板参数以及封装工艺参数对可靠性设计是非常重要的。在装配或热循环过程中，芯片开裂是封装技术中考虑的一个因素[48~49]。PRC 发展了集成过程-可靠性模型方法学，用于确定集成和持续热循环过程中芯片底部的应力。应用模型方法学可得到材料和几何参数，如基板厚度、芯片厚度、支架高度、互连引脚、填料模数、CTE 和焊料 CTE 对芯片应力的影响，了解如何导致芯片开裂。使用线-弹性断裂力学计算引起芯片灾难性裂纹的临界缺陷尺寸。为了减小芯片底部的拉应力以及由此产生的芯片裂纹，一些学者给出了包括芯片减薄和抛光[50]的设计建议。

8.3.4 焊点可靠性

在电子封装中，焊点的低周疲劳是一种常见的失效方式[51]。在各种封装元件中，热循环载荷以及热膨胀系数的不同导致焊点中应力的改变，蠕变和塑性应变的积累。ITRS 2001 指出互连引脚应该在 $120\mu m$ 之内或者更小，在 2010 年对于高性能介电材料应用中的 I/O 的数量将会在 $310mm^2$ 的面积上达到 7100 个，甚至会超过这一指标。

在这种小间距和大量的 I/O 互连中，芯片和基板互连的可靠性是未知的。基于物理模型，对可靠性、疲劳寿命预测[52]、现场使用资格[53,54]、在有铅焊料和无铅焊料(见图 8.26)电子封装中的最终使用[55]的疲劳寿命都进行了研究。与先制造后测试的方法相比，这些模型考虑了元件集成工艺过程力学、依赖于时间-温度的材料性能、重要的封装几何特征和实时热环境等因素，针对 SOP 结构，发展了一个综合的虚拟的质量检测方法学。

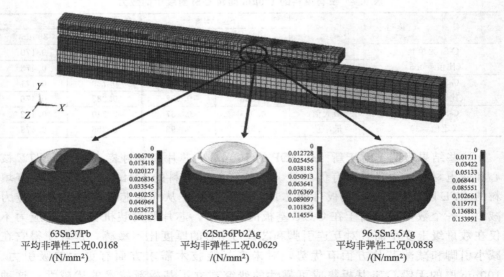

图 8.26 非弹性应变在有 BGA 封装中有铅和无铅焊料焊接中的积累

振动对焊点可靠性的影响。

电子元器件在最终的应用中，将会同时存在于热机械和振动环境中[56]。高低循环破坏载荷的线性叠加通常是不合适的。热和振动结合起来的研究表明，低的振动频率和温度升高引起的非弹性应变是存在的，可以把这些问题当作低循环考虑[57]。实验和模型相结合的方法（图 8.27）能够精确得到振动环境下的电子元件的互连情况和疲劳寿命。通过振动测试实验，可以确定互连结构和材料属性如何影响互连和系统的可靠性。数值模型已经建立，并用来校正实验。这些数值模型也可用来优化设计参数和材料属性。焊接强度和封装体对自然频率和模型形状的影响也正在研究中[58]。

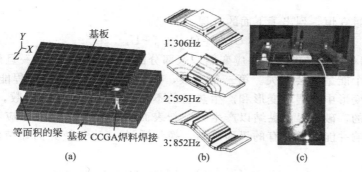

图 8.27　（a）三维有限元模型、（b）模型的形状以及
（c）实验装置和 CCGA 封装中的多种失效

8.3.5　界面黏结和湿气对底部填料可靠性的影响

电子封装芯片直接黏结在基板上会引发诸多热机械问题。采用倒装芯片封装，增加一层额外的聚合物填料，可以很好地解决这个问题。然而，倒装芯片经过热冲击测试的疲劳分析显示出典型的疲劳形式，发生在密封芯片界面的分层处，紧接着就是倒装芯片焊点的疲劳[59]。一旦这两个表面之间的黏结剂数量减少，倒装芯片直接受到由热失配引起的应变。随着倒装芯片技术变成一种主流趋势，研究倒装芯片黏结 DCA 中界面的黏结机制变得非常重要[60,62]。

宏观来讲，界面的失效被视为界面断裂行为。因此，界面黏结表征了界面对界面裂纹萌生和发展的抵抗。对于各向同性

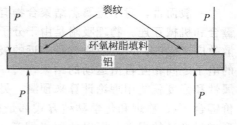

图 8.28　在四个弯曲点的情况下
铝-环氧树脂的样品

和各向异性的弹性双层材料，界面断裂力学的连续理论已经相当完备了[63,64]。

在图 8.28 中给出了一种铝-环氧双层材料试样受四点弯曲载荷的示意图。图 8.29 给出了相应的载荷位移曲线。可以发现起初试样的变形随载荷的增加呈线性关系，直到载荷达到一个临界值 P_c，在 P_c 这个点裂纹开始生长，引起载荷剧烈下降。显而易见，这个过程中，作用于试样上的功 U_{total} 可以通过曲线下面的面积积分得到。

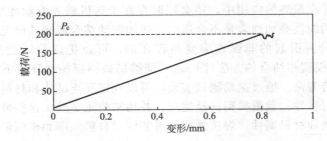

图 8.29   四点受力样品的普通的载荷-受力点变形曲线图

通过能量守恒，列出了下面的方程

$$U_{\text{total}} = U_e + U_p + U_a \tag{8.1}$$

U_e 是储存在样品中的弹性应变能。这部分的能量是可逆的，一旦外部的载荷被移除，这个能量将会消失。第二个参数，U_p 表示某种不可逆过程能量的耗散，例如非弹性变形中的塑性变形和产生热量的不可逆过程。第三个参数，U_a 是被用来产生破裂的，破坏界面黏结以产生一个新表面的能量。因此，U_a 应不受样品几何形状的影响并能表示固有的界面黏结。换句话说，U_a 是使界面黏结破坏所需能量的总和。

$$U_{\text{total}} = U_e + U_p + U_a \tag{8.2}$$

原则上，通过假设一定的载荷施加在某种给定的材料样品上来计算方程(8.2)左边的参数。例如，根据载荷-载荷点位移曲线可以得到 U_{total} 的值。为了得到 U_e 和 U_p，需要计算裂纹的瞬态扩展值。通常采用稳态裂纹的 J 积分作为近似参考[65]。因为方程左边的参数可以通过载荷、材料属性和试样的几何尺寸计算得到，因此，对于相应的界面，一旦确定了方程(8.2)右边的固有界面黏结，方程(8.2)就提供了一种界面的失效准则。

一般而言，对于金属黏结聚合物有三种固有的界面黏结方式，物理吸附、化学键合和机械互连。物理吸附是由于分子中的永久偶极子的相互作用、诱导效应和扩散效应产生的。诱导效应就是临近的极化分子的偶极距的影响，而扩散效应是材料的电子之间相互自由运动的结果[66]。一旦确定了黏结剂和基板，物理吸附的自然属性和强度就能用理论计算来预测。另外一方面，化学键合是基于界面处主要的共价键[67]。物理和化学黏结方式都是在微观尺寸上进行的。对于宏观尺寸，为了形成强度高的焊点，可以使用机械互连[68,69]的方法，在金属的表面处理中来提供多种拓扑结构。然而，严格来说，机械互连不是固有材料黏结机制中的一种。它只是结构黏结[70~72]中实现键合的一种技术方法。

根据以上所提到的，一种界面黏结标准地表达就是三种基本黏结方式(物理、化学和机械)的总和：

$$U_a = U_{\text{phys}} + U_{\text{chem}} + U_{\text{mech}} \tag{8.3}$$

湿气对界面黏结的影响。

环境因素如湿气预处理对黏结有不利的影响。下面，我们将用铜和基于填料的聚合物之间的界面作为一个试样，形成一个简单的模型，用于模拟湿气引起界面强度/断裂韧性的降低。就如前面讨论的，四种主要的机制构成了主要的黏结强度。它们包括机械互连、扩散理论、电理论和吸收理论[73]。对于填料-铜界面，界面扩散、电静力对黏结剂和基板之间黏结力的贡献远远低于机械互连和吸收所产生的效果。在本文的研究中，铜基板被抛光成镜面，与黏结剂和基板表面中原子和分子之间的第二作用力相比，基板表面黏结的不规则的机械互连的作用是很小的。因此，在填料-铜界面处的键合吸收理论将起主导作用。

吸收理论主导黏结，只有第二力作用在界面上，在有湿气的情况下黏结剂-基板界面的稳定性可以由热力学参数确定。通常在惰性介质中的黏结剂-基板界面黏结强度的热力学功是正的，意味着热力学功是表示分离一个单元的界面面积所需的能量。然而，在有液体存在的情况下，黏结的热力学功有可能是负值，这表明界面不稳定，当它和液体接触时将会分离。因此，在有或没有湿气的情况下，特定界面黏结的热力学功大小可指示界面的环境稳定性。它遵循 Kinloch[73] 理论，这个理论指出环氧树脂-铜界面的黏结热力学功是 $260.7\mathrm{mJ/m^2}$。如果在环氧树脂-铜界面处有水存在，假设黏结的热力学功变成 $-270.4\mathrm{mJ/m^2}$，表明当水进入接触的界面时，环氧树脂-铜界面处的所有黏结力将消失。基于这个理论，文献 [62，74，76] 发展了填料-铜界面的退化模型：

$$G_{\mathrm{c,wet}} = G_{\mathrm{c,dry}} \exp\left[\frac{-8C_{\mathrm{sat}} r_{\mathrm{debond}}^2}{\rho D^2}\right] \tag{8.4}$$

方程(8.4)通过几个与湿气相关的主要参数描述了界面的断裂韧性的损耗。在室温下，水的密度值使用的是 $0.998\mathrm{mg/mm^3}$，纳米孔平均直径为 5.5Å，湿气饱和度取决于这个研究的实验，渗入的活性纳米孔的数量 N_N，和 r_{debond} 值由每个材料系统对湿气预处理水平的固有反应来确定。这些结果已经在表 8.8 中列出。

表 8.8　对于填料-铜界面与湿气相关的重要参数

环境	基板	黏结剂	C_{sat} /(mgH$_2$O/mm³)	N_N	r_{debond}/mm
85℃/50%RH	铜	填料	0.0075	1.006E+13	1.640E06
85℃/65%RH	铜	填料	0.0089	1.194E+13	1.692E06
85℃/85%RH	铜	填料	0.0118	1.583E+13	1.669E06

如表 8.8 所示，纳米孔渗入的数量随着饱和度的增加而增加。这与理论相符合，因为饱和度的增加将会增加湿气通过纳米孔的输送量。此外，相互黏结的界面 r_{debond} 的值与每个湿气空气预处理环境相似。这也与期待的一样。X 射线光电子能谱学和水接触角的结果也表明湿气预处理后铜表面界面的疏水性没有发生变化。r_{debond} 值微小的改变一部分是归因于实验的分散。因为实验的结果是相似的，对于每个界面在有湿气存在的情况下，通过对实验结果取平均值得到 r_{debond}。

利用每个界面材料系统确定的湿气参数，方程 (8.4) 被用来预测填料-铜界面的断裂韧性，其将是递增的饱和度的函数，结果显示在图 8.30 中。

如图 8.30 所示，模型准确地预测了界面断裂韧性的损耗是递增的饱和度的函数。因为方程(8.4)是基于物理吸收理论，假设在界面处存在湿气，无论饱和度是多小，它将会导致界面的断裂韧性的降低。这与先前的研究结果相矛盾，先前的研

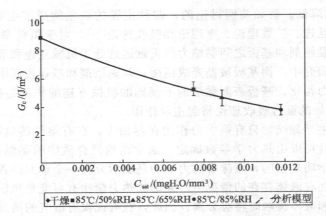

图8.30　对于填料-铜界面处由于湿气的断裂韧度的分析预测

究指出了存在某个水的临界浓度，当低于该临界值时，界面黏结强度不变[77,78]。基于吸收理论的结果，表明水的临界浓度是不可能出现的。在这些研究中，可能除了吸收理论，还有其他黏结机制控制着界面强度，这就可以解释为什么可能存在水的临界浓度。此外，还要考虑测试黏结结果的方法。前面提到研究对湿气处理后样品采用剪切测量确定其界面的强度。由于缺乏界面处预制裂纹以及在整个黏结域加载的载荷分布，这些测试样品对界面的失效不敏感。因此，这也能解释，对于湿气低饱和度，为什么会开始出现水的临界浓度。相反地，通过界面处预制裂纹的使用为界面的失效设计了界面断裂韧度的测试样品，并使这些样品在界面处对环境条件更加敏感。Wylde和Spelt[79]的研究工作支持了这个观点。先前报道了剪切实验结果表面某些材料系具有水的临界浓度。采用与前面相同材料系统的界面断裂韧性测试试样在搭接剪切实验结果中呈现水的临界饱和度，他们发现对于所有湿气饱和度条件下，界面强度都有所下降，包括那些比先前研究过得到水的临界饱和度还低的条件下。因此，所提出的吸收理论控制黏结剂-基板界面处的黏结键合以及在模型发展方面的假设是适用的。对于假设的一种湿气浓度，方程(8.4)能准确地预测界面的断裂韧性的损耗。

8.4　未来的趋势和发展方向

互连技术不断增长的趋势对新一代复合信号非周期系统的可靠性有深远的影响。这里将简单地论述PRC互连技术目前的趋势和发展以及相关的可靠性挑战。

8.4.1　发展焊料

采用高度填充的、低热膨胀系数和高模量的填料减小细小间距互连的热机械应变对填充工艺提出了更高的要求。目前PRC已经提出了一种新的互连形式和封装工艺来克服这些挑战，同时也可能解决目前无回流填充工艺相关的产量问题[80]。最初工艺上的进展是采用无铅焊料互连。基于大量的工艺参数优化，对于一个$2cm \times 2cm$的集成电路（图8.31），$100\mu m$间距底部填充组装的无缺陷互连被证明在基板焊盘上有良好的焊料浸润。这个新方法也可以用在铜、镍、金或其他形式的互连中，保证采用的填料拥有最佳热-机械性能的组合。

新的互连和封装工艺包括直接在有机基板上沉积填料层，然后在填料层间填充涂覆层，之后放置倒装芯片、回流形成互连。图 8.32 阐明了细小间距的倒装芯片组装的工艺流程。应该选择一种高度填充的具有良好热-机械性能的填料。像贴膜和涂料这样的可代替的沉积极技

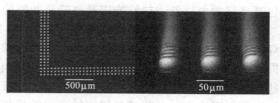

图 8.31　在 100μm 的距离中，有 2256 个无铅焊料凸点的 2cm×2cm 封装电路的电镜扫描图

术也可应用在薄膜覆盖层中。当填料部分或全部被固化时，通过激光消融技术，使通孔的尺寸和倒装芯片的凸点相匹配。光刻、等离子腐蚀或其他的特有方法对打开填料层中的凸点位置也是有效的。这种工艺和最通用的芯片基板互连是可以共存的，其包括标准的共晶焊料、无铅焊料、铜镍焊柱以及金球凸点，分布在 20～50μm 的外围或者 I/O 引脚的阵列区域。

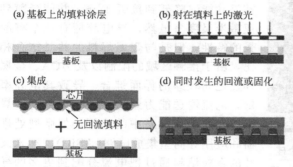

图 8.32　新填料的回流过程和倒装芯片的封装工艺

8.4.2　柔性互连

采用传统焊点的电子封装的可靠性、疲劳寿命的预测[52]以及现场使用资格[54]在过去得到了广泛的研究。为了适应新一代芯片到基板集成电路封装减小的间距尺寸需求，PRC 开始研究所谓的纳米互连的晶圆级柔性互连。这些柔性互连[82,83]能够补偿各个方向的热膨胀。柔性互连采用的近似 LIGA 技术的生产技术、电学性能和力学性能的优化、晶圆级应用可靠性的研究（图 8.33）都正在发展中。

8.4.3　焊料和纳米互连之外的选择

新一代的封装电路封装互连需要一种低成本、可返工、电学性能良好、可靠性好、晶圆级容易检测以及有良好共面性的技术。对于倒装芯片互连系统，铜柱凸点在性能和加工方面有优势。目前大多数半导体厂家配有先进的电镀铜系统，它能够简单地与加

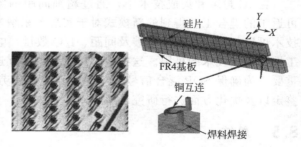

图 8.33　基于光刻形成的互连和可靠性模型

工后端结合在一起。此外，凸点能生产成多种形状和尺寸，这种灵活性更进一步地增加了电容和热容。因为工艺中只对焊料进行回流产生焊点，可通过非熔化的铜来保持间隔的一致性，这可确保下一步倒装芯片封装工艺的顺利进行。它为填料工艺

提供了一个更宽广的窗口，也可以使用无掩膜基板。相比焊料互连，铜柱的优势也包括良好的电性能、热性能以及电迁移的阻值。

因为焊料本身的力学性能缺陷，在 $50\mu m$ 或更小尺寸间距的尺度上，减小传统焊点互连的尺寸将不会满足热机械可靠性的需求。纳米结构的互连在互连数量方面提供了一个巨大的突破，同时提供了更好的电、机械性能。SOP 技术正在寻求一些将纳米材料加工成纳米结构互连的方法。目前已经描绘了纳米结构的镍和铜的强度以及屈服应力，并将其与传统的金属结构相比较。正在对这些结构在互连应用方面进行评估。像电镀和化学镀层一样的低成本的化学溶解方法正在被应用于互连生产。使用电镀穿过 SU8[84] 光刻胶的方法生产高深宽比的柔性铜互连（1：5，$40\mu m$ 间距）。为了减小纳米结构互连的尺寸并保证可返工，对纳米尺寸无铅焊料膜形成的薄液体界面无凸点的互连进行了验证[85]。从低成本的化学溶解方法如溶胶法（图 8.34）中可形成可返工的焊料膜（低于 200nm）。

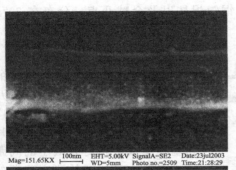

含有导电纳米颗粒（20～30nm）的各向异性导电胶（ACA）的聚合物基纳米互连，其尺寸能够降低到接近 $1\mu m$，并能减薄到亚微米尺度。虽然，导电胶拥有几个有前景的特性，但是与金属焊料的共晶结合相比，由于接触区域的限制以及 ACA、金属焊盘之间较差的界面键合，导致其电导率低，电流输送能力差。这些缺点阻碍了导电胶在高功率设备中的应用，如微型处理器和应用导向型集成电路（ASIC）。纳米尺寸的颗粒填料通过把电流分配到更多的导电路径[86]中，有可能提高 ACA 节点的电

图 8.34   采用纳米无铅焊料键合两个硅片的界面的高分辨率 SEM

流密度。为了增强 ACA[87,88] 材料的电性能，有机物层也被引用到 ACA 的金属层和金属抛光键合之间的界面中。

在 IC 封装和集成技术中，通过超细间距的纳米结构和纳米尺寸互连的形成、可返工的键合工艺得到的新模式对于实现未来纳米尺度设备的封装非常重要。这种技术可以超越目前互连与涉及间距、I/O 数量、电和机械属性的完美结合以及可返工性的封装技术的极限。这些纳米尺度上的相互连接对于纳米集成电路的发展非常重要。为确保 SOP 混合信号的应用中互连的疲劳寿命，需要对系统可靠性、实验鉴定以及优化方面进行研究。

8.5   总结

在电子封装中，一种潜在模式的改变正在引导多系统功能走向集成。例如将高速数字处理、高带宽光传输、模拟电路、RF 和传感功能集成到一个结构紧凑、重量轻、低成本、高性能的封装或模块系统中。SOP 微系统的系统集成可以通过 IC 封装中的 MGI 系统板和晶圆级封装技术，采用可替代材料和加工工艺实现。本章介绍了可靠性的系统方法，这有助于了解材料的相互作用对器件级失效和系统级性

能的影响。有些阻碍的存在仍然有助于开发设计系统级可靠性的方法和可靠性评估的方法。本章还描述了考虑工艺力学的可靠性设计模型。该模型有助于理解数字技术、光学以及 RF 功能方面的多种失效机制，可为材料和生产工艺的选择提供预设计指导。SOP 基板与 IC 间的连接可靠性通过采用了 CTE 匹配的高级核心材料的 $100\mu m$ 间距封装得以体现。通过理论模型和实验，阐述了界面黏结和湿气对填料黏结可靠性的影响。通过基于物理建模和统计学方面的考虑，系统级可靠性方法将器件级失效机制和系统级信号完整性关联。在 SOP 混合信号封装中简短地讨论互连技术和相关的可靠性的挑战与未来的发展趋势。对于未来的 SOP 混合信号系统，多重封装、多种功能和失效模式相互作用的系统级可靠性模型将需要大量的计算资源和时间。为了减轻计算的复杂性，减少得到可接受的结果所需要的时间，采用高性能计算技术发展整体-局部、子模型以及域-分解方法是必要的。本章还描述了结合恰当的材料性能的参数模块化可靠性模型，这个模型很容易拓展到研究新一代 SOP 微系统功能的相互作用和系统级可靠性。

参考文献

[1] Bajenescu, T. I. and M. I. Bazu, *Reliability of Electronic Components*, New York: Springer-Verlag Berlin Heidelberg, 1999.

[2] Kim, I. S. K. Sitaraman, and R. Peak, "Reliability objects: a knowledge model of system design for reliability," *Proc. IMECE* 2005-*EPP* 79934, Orlando, FL, November 5-11, 2005.

[3] Pucha, R. V. S. K. Sitaraman, S. Hegde, M. Damani, C. P. Wong, J. Qu, Z. Zhang, P. M. Raj, and R. R. Tummala, "Materials and mechanics challenges in SOP-based convergent microsystems," *Micromaterials and Nanomaterials*, a publication series of the Micro Materials Center Berlin at the Fraunhofer Institute IZM, issue no. 3, 2004a, pp. 16-29.

[4] Lee, K. J. M. Damani, R. V. Pucha, S. K. Bhattacharya, R. R. Tummala, and S. K. Sitaraman, "Reliability modeling and assessment of embedded capacitors in organic substrates," *IEEE Transactions on Components and Packaging Technologies*, vol. 30 (1), 2007, pp. 152-162.

[5] Bogetti, T. A. and J. W. Gillespie, "Process-induced stress and deformation in thick-section composite laminates," *Journal of Composite Materials*, vol. 26, no. 5, 1992, pp. 626-660.

[6] White, S. R. and H. T. Hahn, "Process modeling of composite materials: residual stress development during cure. Part I. Model formulation, Part II. Experimental validation," *Journal of Composite Materials*, vol. 26, no. 26, 1992, pp. 2402-53.

[7] Wu, S. X. C. P. Yeh, K. X. Hu, and K. Wyatt, "Process modeling for multichip module thin films interconnects," *ASME Journal of Cooling and Thermal Design of Electronic Systems*, HTD-vol. 319/EEP-vol. 15, 1995.

[8] Dunne, R. C. and S. K. Sitaraman, "An integrated process modeling methodology and module for sequential multilayered substrate fabrication using a coupled cure-thermal-stress analysis approach," *IEEE Transactions-Electronics Packaging Manufacturing*, vol. 25, no. 4, 2002, pp. 326-34.

[9] Dunne, R. C. S K Sitaraman, S. Luo, Y. Rao, C. P. Wong, W. E. Estes, C. G. Gonzalez, J. C. Coburn, and M. Periyasamy, "Investigation of the curing behavior of a novel epoxy photo-dielectric dry film (ViaLux 81) for high density interconnect applications," *Journal of Applied Polymer Science*, vol. 78, 2000, pp. 430-37.

[10] Fuhan, L. V. Sundaram, S. Mekala, G. White, D. A. Sutter, and R. R. Tummala, "Fabrication of ultra-fine line circuits on PWB substrates," *Proc.* 52*nd Electronic Components and Technology Confer ence*, 2002, pp. 1425-31.

[11] Ramakrishna, G. F. Liu, and S. K. Sitaraman, "Experimental and numerical investigation of microvia re-

liability," *Proc. of 8th Intersociety Conference on Thermal and Thermomechanical Phenomena in Elec tronic Systems*, 2002, pp. 932-39.

[12] Mahalingam, S. S. Hegde, R. V. Pucha, and S. K. Sitaraman, "Material interaction effects in the reliability of high density interconnect (HDI) boards," *Proc. ASME International Mechanical Engineering Congress and Exposition*, Washington, D. C. November 16-21, 2003, IMECE 2003 - EPP 41745.

[13] Gao, H. Y. Huang, W. D. Nix, and J. W. Hutchinson, "Mechanism-based strain gradient plasticity-I. Theory," *Journal of Mechanics and Physics of Solids*, vol. 47, 1999, pp. 1239-63.

[14] Chen, S. H. and T. C. Wang, "A new hardening law for strain gradient plasticity," *Acta Materialia*, vol. 48, 2000, pp. 3997-4005.

[15] Pucha, R. V. G. Ramakrishna, S. Mahalingam, and S. K. Sitaraman, "Modeling plastic strain gradient effects in low-cycle fatigue of copper micro-structures," *International Journal of Fatigue*, vol. 26, January 2004b, pp. 947-57.

[16] Raj, P. M. K. Shinotani, M. Seo, S. Bhattacharya, V. Sundaram, S. Zama, J. Lu, C. Zweben, G. White, and R. R. Tummala, "Selection and evaluation of materials for future system-on-package (SOP) substrate," *Proc. 51st Electronic Components and Technology Conference*, 2001, pp. 1193-97.

[17] Hegde, S. R. V. Pucha, and S. K. Sitaraman, "Alternate dielectric and base substrate materials for enhanced reliability of high density wiring (HDW) substrates," *Journal of Materials Science: Materials in Electronics*, vol. 15, no. 5, 2004, pp. 287-96.

[18] Xie, W. and S. K. Sitaraman, "Investigation of interfacial delamination of a coppere poxy interface under monotonic and cyclic loading: modeling and evaluation," *IEEE Transactions on Advanced Packaging*, vol. 26, no. 4, 2002a, pp. 441-46.

[19] Xie, W. and S. K. Sitaraman, "Investigation of interfacial delamination of a coppere poxy interface under monotonic and cyclic loading: experimental characterization," *IEEE Transactions on Advanced Packaging*, vol. 26, no. 4, 2002b, pp. 447-52.

[20] Shan, Z. and S. K. Sitaraman, "Elastic-plastic characterization of thin films using nanoin dentation technique," *Thin Solid Films*, vol. 437, 2003, pp. 176-81.

[21] Modi, M. and S. K. Sitaraman, "Interfacial fracture toughness measurement for thin film interfaces," *Engineering Fracture Mechanics*, vol. 71, 2004, pp. 1219-34.

[22] Schneider, D. "Reliability and characterization of MLC decoupling capacitors with C4 connections," *Proc. Electronic Components and Technology Conf.* 1996, pp. 365-74.

[23] Strydom, J. T. "Investigation of thermally induced failure mechanisms in integrated spiral planar power passives," *37th Industry Applications Conference*, vol. 3, 2002, pp. 1781-1786.

[24] Witwit, A. M. R. "Thermal simulation of PCBs with embedded resistors," *International Conference on Simulation*, 1998, pp. 313-16.

[25] Sang-Yeon, C. N. M. Jokerst, and M. Brooke, "Comparison of evanescent and directly coupled optical interconnections embedded into electronic interconnection substrates," *Proc. 15th Annual Meeting of the IEEE Lasers and Electro-Optics Society*, vol. 2, 2002, pp. 653-54.

[26] Suhir, E. "Microelectronics and photonics-the future," *Proc. 22nd International Conference on Microelectronics*, vol. 1, 2000, pp. 3-17.

[27] Suzuki, S. M. Yanagisawa, Y. Hibino, and K. Oda, "High-density integrated planar lightwave circuits using SiO_2-GeO_2 waveguides with a high refractive index difference," *Journal of Lightwave Technology*, vol. 12, no. 5, 1994, pp. 790-96.

[28] Pucha, R. V. S. Hegde, M. Damani, K. Tunga, A. Perkins, S. Mahalingam, G. Lo, K. Klein, J. Ahmad, and S. K. Sitaraman, "System-level reliability assessment of mixed-signal convergent microsystems," *IEEE Transactions on Advanced Packaging*, vol. 27, no. 2, May 2004c, pp. 438-52.

[29] Ahmad, J. and S. K. Sitaraman, "Modeling methodologies to study PWB assem bly reliability," *Proc. 52nd Electronic Components & Technology Conference*, 2002, pp. 1658-64.

［30］ Yoon, H. J. N. J. Chung, M. H. Choi, I. S. Park, and J. Jeong, "Estimation of system reliability for uncooled optical transmitters using system reliability function," *J. Lightwave Tech.* vol. 17, no. 6, 1999, pp. 1067-71.

［31］ Sundaram, V. R. R. Tummala, F. Liu, P. A. Kohl, J. Li, S. A. Bidstrup-Allen, and Y. Fukoka, "Next-generation microvia and global wiring technologies for SOP," *IEEE Transactions on Advanced Packaging*, May 2004, pp. 315-25.

［32］ Tummala, R. R. M. Swaminathan, M. Tentzeris, J. Laskar, G. K. Chung, S. Sitaraman, D. Keezer, D. Guidotti, R. Huang, K. Lim, L. Wan, S. Bhattacharya, V. Sundaram, F. Liu, and P. M. Raj, "SOP for miniaturized mixed-signal computing, communication and consumer systems of the next decade," *IEEE Component Packaging and Manufacturing Technology* (CPMT) *Transactions on Advanced Packaging*, May 2004, pp. 250-67.

［33］ ITRS (International Technology Roadmap for Semiconductors), 2001 and 2003 editions.

［34］ Takahashi, A. K. Kobayashi, S. Arike, N. Okano, H. Nakayama, A. Wakahayashi, and T. Suzuki, "High density substrate for semiconductor packages using newly developed low CTE build up materials," *International Symposium on Advanced Packaging Materials*, 2000, pp. 216-20.

［35］ Alcoe, D. J. M. A. Jimarez, G. W. Jones, T. E. Kindl, J. S. Kresge, J. P. Libous, R. J. Stutzman, and C. L. Tytran-Palomaki, "HyperBGA™: a high performance, low stress, laminate ball grid array flip chip carrier," *MicroNews*, vol. 6, no. 2, second quarter 2000, pp. 27-36.

［36］ Khan, S. C. G. Gonzalez, and M. Weinhold, "Organic, non-woven aramid reinforced substrates with controlled in-plane CTE means more reliable solder joint reliability," *Advances in Electronic Packaging*, vol. 2, 2001, pp. 1345-62.

［37］ Krziwanek, T. S. "Low CTE materials for printed wiring boards," *Proc. International Symposium & Exhibition on Advanced Packaging Materials*, 2001, pp. 175-80.

［38］ Microvia Board Technologies, 2002 Electronics Industry Report, Prismark Partners LLC.

［39］ Qu, S. G. Mao, F. Li, R. Clough, N. O'Bryan, and R. Gorrell, "A new organic composite dielectric material for high performance IC packages," *Proc. Electronic Components and Technology Conference*, 2005, pp. 1373-77.

［40］ Sakai, J. T. Shimoto, K. Nakase, K. Motonaga, H. Honda, and H. Inoue, "Signal integrity and power integrity properties of FCBGA based on ultra-thin, high-density packaging substrate," *Proc. Electronic Components and Technology Conference*, 2005, pp. 284-90.

［41］ Koide, M. K. Fukuzono, H. Yoshimura, T. Sato, K. Abe, and H. Fujisaki, "High-performance flip-chip BGA technology based on thin-core and coreless package sub strate," *Proc. Electronic Components and Technology Conference*, 2006, pp. 1869-73.

［42］ Nakamura, K. M. Kaneto, Y. Inoue, T. Okeyui, K. Miyake, and S. Oota, "Multilayer board with low coefficient of thermal expansion," *Proc. 33rd International Symposium on Microelectronics*, International Microelectronics and Packaging Society, 2000, pp. 235-40.

［43］ www. pcc-aft. com

［44］ www. alsic. com

［45］ www. starfiresystems. org.

［46］ Banerji, S. P. M. Raj, S. Bhattacharya, and R. R. Tummala, "Warpage induced limitation of FR4 and need for alternate materials for microvia and global interconnect needs," *IEEE Components Packaging and Manufacturing Technology* (CPMT) *Transactions on Advanced Packaging*, vol. 28, issue 1, February 2005, pp. 102-13.

［47］ Kumbhat, N. P. M. P. Raj, R. V. Pucha, J. Y. Jui-Yun Tsai, S. Steve Atmur, E. Bongio, S. K. Sitaraman, and R. R. Tummala, "Novel Ceramic Composite Substrate Materials for High-Density and High Reliability Packaging," *IEEE Transactions on Advanced Packaging*, vol. 30 (4), 2007, pp. 641-653.

［48］ Popelar, S. F. "An investigation into the fracture of silicon die used in flip chip appli cations," *Proc. 4th*

International Symposium and Exhibition on Advanced Packaging Materials, Processes, Properties and Interfaces, 1998, pp. 41-48.

[49] Van Kessel, C. G. M. S. A. Gee, and J. J. Murphy, "The quality of die attachment and its relationship to stresses and vertical die cracking," *Proc. 33rd Electronic Components and Technology Conference*, 1983, pp. 237-44.

[50] Michaelides, S. and S. K. Sitaraman, "Die cracking and reliable die design for flip-chip assemblies," *IEEE Transactions on Advanced Packaging*, vol. 22, no. 4, 1999, pp. 602-13.

[51] Lau, J. H. and Y. S. Pao, *Solder Joint Reliability of BGA, CSP, Flip Chip, and Fine Pitch SMT Assemblies*, New York: McGraw-Hill, 1996.

[52] Pyland, J. R. V. Pucha, and S. K. Sitaraman, "Thermomechanical reliability of underfilled BGA packages," *IEEE Transactions on Electronics Packaging Manufacturing*, vol. 25, no. 2, 2002, pp. 100-106.

[53] Sitaraman, S. K. R. Raghunathan, and C. E. Hanna, "Development of virtual reliability methodology for area-array devices used in implantable and automotive applications," *IEEE Transactions on Components and Packaging Technologies*, vol. 23, no. 3, September 2000, pp. 452-61.

[54] Pucha, R. V. J. Pyland, and S. K. Sitaraman, "Damage metric-based mapping approaches for developing accelerated thermal cycling guidelines for electronic packages," *International Journal of Damage Mechanics*, vol. 10, no. 3, 2001, pp. 214-34.

[55] Pucha, R. V. K. Tunga, J. Pyland, and S. K. Sitaraman, "Accelerated thermal cycling guidelines for electronic packages in military avionics thermal environment," *Transactions of the ASME-Journal of Electronic Packaging*, vol. 126, June 2004d, pp. 256-64.

[56] Cole, M. S. E. J. Kastberg, and G. B. Martin, "Shock and vibration limits for CBGA and CCGA," *Proc. Surface Mount International Conference*, 1996, pp. 89-94.

[57] Basaran, C. A. Cartwright, and Y. Zhao, "Experimental damage mechanics of micro electronics solder joints under concurrent vibration and thermal loading," *Int. J. Damage Mech*. vol. 10, 2001, pp. 153-70.

[58] Perkins, A. and S. K. Sitaraman, "Vibration-induced solder joint failure of a ceramic column grid array (CCGA) package," *54th Electronic Components and Technology Conference*, IEEE-CPMT and EIA, Las Vegas, NV, June 1-4, 2004.

[59] LeGall, C. A. "Thermomechanical stress analysis of flip chip packages," M. S. Thesis, School of Mechanical Engineering, Georgia Institute of Technology, 1996.

[60] Olliff, D. J. Qu, M. Gaynes, R. Kodnani, and A. Zubelewicz, "Characterizing the failure envelope of a conductive adhesive," *J. Electronic Packaging*, vol. 121, 1999, pp. 23-30.

[61] Kuhl, A. and J. Qu, 2000, "A technique to measure interfacial toughness over a range of phase angles," *J. Electronic Packaging*, vol. 122, 2000, pp. 147-51.

[62] Ferguson, T. and J. Qu, "Effect of moisture on the interfacial fracture toughness of underfill/solder mask interfaces," *J. Electronic Packaging*, vol. 124, 2002, pp. 106-110.

[63] Qu, J. and J. L. Bassani, 1989, "Cracks on bimaterial and bicrystal interfaces," *J. Mech. Phys. Solids*, vol. 37, 1989, pp. 417-33.

[64] Hutchinson, J. and Z. Suo, "Mixed mode cracking in layered materials," *Advances in Applied Mechanics*, vol. 29, 1992.

[65] Yao, Q. "Modeling and characterization of interfacial adhesion and fracture," Ph. D. thesis, Georgia Institute of Technology, Atlanta, GA, 2000.

[66] Eley, D. D. *Adhesion*, Oxford University Press, London, 1961.

[67] Miller, J. D. and H. Ishida, "Adhesive-adherend interface and inter-phases," Chapter 10 in L. H. Lee (ed.), *Fundamentals of Adhesion*, New York: Plenum Press, 1991.

［68］ Venables，J. D. 1984，　"Adhesion and durability of metal-polymer bonds," *J. Mater. Sci.* vol. 19，1984，p. 2431.

［69］ Brockmann，W. O. D. Hennemann，H. Kollek，and C. Matz，"Adhesion in bonded alu minum joints for aircraft construction," *Int. J. Adhes. Adhes.* vol. 6，no. 3，1986，p. 115.

［70］ Yao，Q. and J. Qu，2002，"Interfacial versus cohesive failure on polymer-metal inter-face-effects of inter-face roughness," *J. Electronic Packaging*，vol. 124，2002，pp. 127-34.

［71］ Lee，H. Y. and J. Qu. 2003，"Microstructure，adhesion strength and failure path at a polymer/roughened metal interface," *J. Adhesion Science and Technology*，vol. 17，2003，pp. 195-215.

［72］ Lee，H. Y. and J. Qu，"Dimple-type failures in a polymer/roughened metal system," *J. Adhesion Science and Technology*，vol. 18，no. 10，2004，pp. 1153-72.

［73］ Kinloch，A. J. *Adhesion and Adhesives Science and Technology*，London：Chapman and Hall，1987.

［74］ Ferguson，T. and J. Qu，"Moisture absorption analysis of interfacial fracture test speci-mens composed of no-flow underfill materials," *J. Electronic Packaging*，vol. 125，2003，pp. 24-30.

［75］ Ferguson，T. and J. Qu，"Elastic modulus variation due to moisture absorption and permanent changes upon redrying in an epoxy based underfill," *IEEE Component and Manufacturing Tech.* vol. 29，2006，pp. 105-111.

［76］ Ferguson，T. and J. Qu "Effects of moisture on adhesion and interfacial fracture tough ness," in E. Suhir and Y. C. Lee（eds），*Micro- and Opto-Electronic Materials and Structures*：*Physics*，*Mechanics*，*Design*，*Reliability*，*Packaging*，Springer，Secaucus，NJ，2006，pp. 431-469.

［77］ Comyn，J. C. Groves，and R. Saville，1994，"Durability in high humidity of glass-to-lead alloy joints bonded with an epoxide adhesive," *International Journal of Adhesion and Adhesives*，vol. 14，1994，pp. 15-20.

［78］ Gledhill，R. A. Kinloch，and J. Shaw，"A model for predicting joint durability," *Journal of Adhesion*，vol. 11，1980，pp. 3-15.

［79］ Wylde，J. and J. Spelt，"Measurement of adhesive joint fracture properties as a function of environmental degradation," *International Journal of Adhesion and Adhesives*，vol. 18，1998，pp. 237-46.

［80］ Tsai，J. Y. V. Sundaram，B. Wiedenman，Y. Sun，C. P. Wong，and R. R. Tummala，"A novel 20-100μm pitch IC-to-package interconnect and assembly process," *Proc. Electronic Components and Technology Conference*，2006，pp. 263-68.

［81］ Tummala，R. R. C. P. Wong，V. Sundaram，and J. Y. Tsai，"Novel underfill material and process on package substrate for ultra-fine pitch（10- 30 micron）flip-chip attach," US patent pending，2007.

［82］ Zhu，Q. L. Ma，and S. K. Sitaraman，"Design optimization of one-turn helix—a novel compliant off-chip interconnect," *IEEE Transactions on Advanced Packaging*，vol. 26，no. 2，2003a，pp. 106-112.

［83］ Zhu，Q. L. Ma，and S. K. Sitaraman "Design and fabrication of β-fly：a chip-to-substrate interconnect," *IEEE Transactions on Components and Packaging Technologies*，vol. 26，no. 3，2003b，pp. 582-90.

［84］ Aggarwal，A. O. P. M. Raj，R. J. Pratap，A. Saxena，and R. R. Tummala，"Design and fabrication of high aspect ratio fine pitch interconnects for wafer level packaging," *Proc. of 4th Electronics Packaging Technology Conference*，2002，pp. 229-234.

［85］ Aggarwal，A. O. I. R. Abothu，P. M. Raj，M. D. Sacks，and R. R. Tummala，"Novel low-cost sol-gel derived nano-structured and repairable interconnects," *International Microelectronics and Packaging Society*，Boston，MA，November 2003，pp. 943-948.

［86］ Li，Y. K. Moon，and C. P. Wong，"Enhancement of electrical properties of anisotropi cally conductive adhesive (ACA) joints via low temperature sintering" *Journal of Applied Polymer Science*, vol. 99 (4), 2006, pp. 1665-1673.

[87] Li, Y. K. Moon, and C. P. Wong "Adherence of self-assembled monolayers on gold and their effects for high performance anisotropic conductive adhesives," *Journal of Electronic Materials*, vol. 34-3, 2005a, pp. 266-71.

[88] Li, Y. K. Moon, and C. P. Wong, "Monolayer protected silver nano-particle based anisotropic conductive adhesives (aca): electrical and thermal properties enhancement," *J. Electronic Materials*, 2005b, p. 34-12.

MEMS生物传感器

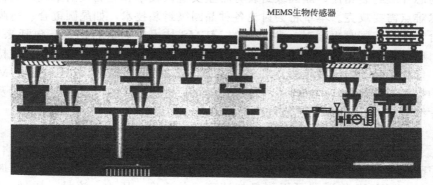

第 9 章

MEMS 封装

PejmanMonjemi, Farrokh Ayazi
佐治亚理工学院
Douglas Sparks
集成传感系统公司

微机电系统(MEMS)是指在硅或非硅衬底上实现微机械部件(如传感器、执行器、RF 元件)与其控制和输出电路的集成。由于高效和低成本的封装,MEMS 有希望通过将硅基和非硅基电子器件结合起来,来彻底改变几乎每一种电子产品。MEMS 产业正有着向 NEMS(纳机电系统)快速转变的趋势,使得传统 MEMS 应用领域向纳米尺度扩展。

与芯片级封装相比,晶圆级封装有希望实现低成本和更高效的集成,但仍有许多技术难点需要攻克。本章将会讨论各种晶圆级封装技术,如晶圆键合、薄膜密封和聚合物封装,同时也会对一些关键的 MEMS 技术难点进行回顾,包括来自热、机械、电、化学、可靠性方面的挑战。薄膜纳米吸气剂可以在微型腔体内维持超高真空,优化了运动、压力传感器和 RF MEMS 芯片的性能。本章还包括在 MEMS 封装中提供与外部电气、光学、流体、化学接口进行连接的内连接方案,以及有效的芯片级封装 MEMS 到系统级电路板(如 SOP)的组装技术。

9.1 引言

MEMS 由集成在硅或非硅衬底上的功能部件组成。机械部件的功能是提供传感和执行。MEMS 传感器可以测量加速度、角速度、压力、流量、质量、辐射、温度和磁场。MEMS 的可执行机理可以用来制作微流体泵阀、微镜、发动机、发电机、夹具、喷墨喷嘴、谐振器、光电转换器。根据作为传感器的应用分类,MEMS 器件可以分为 RF 和微波 MEMS、光学 MEMS(MOEMS)和生物 MEMS。

传感器包含的领域十分广阔,不局限于压力传感器、惯性传感器(加速度计和陀螺仪)、化学传感器(热、热电、电化学和质量传感器)、磁传感器、辐射传感器[1]。RF 和微波 MEMS 包括微机械部件和声谐振器、滤波器、转换器及中继器,还有含有多种电容和电感的 RF 无源器件[2,3]。光学 MEMS 是一类应用到成像领域(如微镜、光探测器等)的 MEMS 器件[4]。生物 MEMS 包括植入到生物体内用于医学诊断(如 DNA 传感器、血压传感器等)的传感器和执行器[5,6]。

MEMS 和电子电路的接口通过混合和集成技术可以实现[7],混合方法包括引线键合和倒装封装,MEMS 和电子电路的整体集成技术包括在 MEMS 基底上制作 IC(前CMOS 工艺[8])、在 IC 上制造 MEMS(后 CMOS 工艺[9])、或两种工艺的结合[10]。直接集成使得装配和封装更廉价,并能减少寄生效应,但是需要更高的开发成本。

9.2 MEMS 封装中的挑战

晶圆级 MEMS 封装是微系统制造中一项极具挑战性的工作,而且通常需要昂贵的成本。MEMS 封装与传统的微电子封装的不同点在于 MEMS 封装要求封装盖帽不能与微机械器件相接触。在一些应用中,需要在气密性封装内提供一个真空环境(例如谐振器和陀螺仪)。在另外一些应用中,封装在为传感器提供与外界联系的窗口时,同时要实现对传感器的保护。图 9.1 是 SOP 应用的一个示意图。在集成和装配到基底上之前,需要优先对 MEMS 器件进行封装[11]。本章会对芯片级和晶圆级 MEMS 封装技术进行回顾。本章将对作为主流晶圆级封装工艺的晶圆键合进行介绍,同时会对不同的键合方法进行回顾。晶圆键合的可替代封装工艺是基于牺牲层密封和聚合物封装的。另外，本章对各种密封方法包括高温和低温薄膜沉积进行回顾，描述了一种低成本的聚合物牺牲层的低温分解法。同时，介绍了使用薄膜吸气剂来减小封装内部的压力和改进 MEMS 器件的长期可靠性。没有吸气剂，封装体内的压力会由于表面

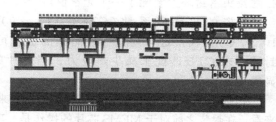

图 9.1　集成薄膜组件 MEMS 封装的 SOP 概念

分子的吸附和解吸附作用而受到限制，从而导致器件漂移和迟滞，同时这也是高性能器件的一种潜在失效模式。本章还讨论了各种不同的互连和装配设计，并以对 MEMS 封装的未来发展趋势的讨论作为本章的结尾。

9.3　芯片级与晶圆级封装的对比

大多数的 MEMS 使用的制造工艺在制造过程结束后，将其机械结构部分暴露在外。未受保护的机械元件如果跟物体接触，MEMS 裸片容易受到损坏，因此对 MEMS 裸片进行物理保护是十分重要的。MEMS 同时非常容易受到微粒、水蒸气、静摩擦力、腐蚀的影响而损坏，所以需要对 MEMS 进行微型的保护和封装。例如，微机械开关会因为湿度的影响而失效，或者因为金属电极吸收释放的气体而导致性能降低。MEMS 封装为 MEMS 的活动部件区域提供一个气体或真空空腔，同时不妨碍 MEMS 活动部件的运动或工作（偏转、倾斜、滑动、旋转或振动）。为了保证长期的可靠性，MEMS 封装必须是气密性的[12]，这对于工作在生物医学环境下或需要真空封装的 MEMS 器件来说是至关重要的，比如谐振器。

(a) 早期加速度计封装　　　　(b) 数字微镜器件(DMD,承蒙
　　(承蒙ADI提供图片[13])　　　　德州仪器提供图片)

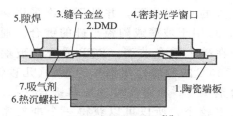

5.隙焊　3.缝合金丝　4.密封光学窗口
　　　　2.DMD

7.吸气剂　　　　　　　　1.陶瓷端板
6.热沉螺柱

(c) 数字微镜器件结构[14]

图 9.2　芯片级封装的示例

MEMS 封装有两种常规的解决方案，其中一种方法是使用现有的 IC 封装基础对 MEMS 进行芯片级封装。它是在对晶圆进行切割后对单个芯片依次进行释放和密封。图 9.2（a）所示的是 ADI 公司的一个芯片级封装的加速度计和接口电路，型号为 ADXL50[13]。释放的结构用一个临时的外壳进行保护，在切割和清洗了晶圆后，移除临时的外壳并对器件进行金属封装。图 9.2（b）和图 9.2（c）所示的是德州仪器（Texas Instruments）公司的一个封装好的数字微镜器件（DMD），DMD 被粘贴在封装壳体内，通过引线键合与 Al_2O_3 陶瓷头相连接，并

在陶瓷头密封环上装配了一个光学窗口[14]。

陶瓷的热膨胀系数（CTE）为$(5 \sim 9) \times 10^{-6}/℃$，与硅的$CTE$（$2.6 \times 10^{-6}/℃$）比较接近，陶瓷与硅晶圆的键合可以用在芯片级封装上[15]。衬底与封装要求CTE匹配来减少热应力。当芯片的尺寸变大时，CTE的失配问题会显得更加关键。

芯片级封装的一个挑战是需要特制的设备来对芯片进行密封[16,17]。从制造的立场来看，在封装之前对于 MEMS 芯片的操作是一项高成本并且低效的工作。一种替代方案是晶圆级封装，它是在对晶圆进行切割和装配之前进行 MEMS 释放和密封。在晶圆级下，在释放之后对芯片进行密封，可以减小封装尺寸，节省时间，最重要的是降低了成本。

晶圆级封装技术可以分为各种键合、薄膜密封和聚合物封装技术。晶圆键合广泛用于各种 MEMS 的可靠性封装，其典型的应用方式是在 MEMS 晶圆上键合一个带空腔的封帽[18~42]，薄膜密封可以通过平面工艺在牺牲层上生长一层薄膜覆盖层，随后通过刻蚀[43~51]、蒸发[52]或热分解[53~56]的方法移除牺牲层。牺牲层可以是硅化合物[43~48]、金属[49]、水[52]、聚合物或光刻胶[50,51,53~56]。其他一些技术通过涂覆液晶性聚合物（LCP[57,58]）或聚酰亚胺（polyimide-Kapton），从顶部和后部对 MEMS 晶圆进行密封[59]。通过制作一个带有吸附材料的封帽可以改善封装性能。吸附材料通过吸收由于老化和气体释放而产生的分子[60~72]，可以在封装体内维持所需要的环境压力。一个成功的 MEMS 封装必须设法解决所有的关键问题，包括热、机械、电和化学管理。封帽必须要和衬底的CTE匹配来最大限度地减小热应力；承受压力差时机械结构能保持稳定；如果可能，还需要它能承受外界冲击。对于 RF 应用，封帽必须能透过 RF 信号，并能最大限度地减小给 MEMS 器件带来的电损耗。最后，对于工作在流体和生物医学介质中的 MEMS 器件来说，封帽必须要能抵抗化学腐蚀。

9.4　晶圆键合技术

晶圆封帽技术包括键合或将封帽从一个晶圆转移到主 MEMS 晶圆[18]。这些技术可以根据封帽和键合材料或贯穿连接方法进行分类。晶圆键合技术包括直接键合（阳极键合和熔融键合）和通过中间层（金属或绝缘体）进行键合。金属键合包括焊料键合[22]、共晶键合[23]、热压键合（TCB）[24]和快速热键合（RTP）[38]。金属界面层与硅之间有着很大的CTE失配，并且不允许采用穿过封帽的垂直互连。焊料很容易进行回流，可用于玻璃或陶瓷与硅的键合。通过使用铜或金作为中间层，TCB 可以用来在硅上键合玻璃。RTP 适合在玻璃或氮化硅上键合玻璃，需要在温度上升到 750℃ 的时候使用铝作为短暂（几秒钟）的中间层[38]。绝缘体键合方法包括黏合剂[25~27]和回流玻璃原料键合[28]。在黏结剂键合方法中，因为聚合物的透气率较小，所以可以获得一个准气密封装。回流玻璃原料键合可以提供气密性封装。表 9.1 列出了 MEMS 产业和研究机构中采用的晶圆键合方法。

表 9.1　晶圆键合封装技术总结

键合方法		材料	温度	说明
直接键合法	阳极键合	玻璃和硅	180～500℃	键合表面粗糙度要优于 500μm，具有密封性
	熔融键合	硅和硅	>800℃	键合表面粗糙度要优于 500μm，具有密封性
中间层键合法	金属 共晶键合	金和硅	363℃	不要求光滑表面，具有密封性
	金属 焊料键合	AuSn，PbSn，InSn 或 AlSi 与硅和玻璃	183℃ 118℃ 577℃ 800℃	不要求光滑表面，具有密封性
	金属 热压键合（TCB）	金或铜和硅	25～250℃	具有密封性，需要高作用力
	金属 快速热键合（RTP）	铝和氮化硅	750℃（短时高温）	具有密封性
	非金属 胶黏结	SU-8，BCB，聚酰亚胺	<300℃	不要求光滑表面，没有密封性
	非金属 融化焊	玻璃粉回流	375～410℃	不要求光滑表面，具有密封性

9.4.1　直接键合

利用亲水界面上氢氧键的化学反应可以产生熔合键合[19]。为了提高键合强度，高温退火是必需的，这限制了它在 MEMS 封装中的应用。另外，熔合键合需要超光滑的表面。

阳极（静电）键合利用富钠的玻璃（例如康宁 Pyrex 7740 或 8329），通过静电力使超光滑硅与玻璃紧密结合。玻璃（通常为 Pyrex）作为一种高度气密材料，与硅衬底有很好的 CTE 匹配，且电绝缘，能够保持很长时间的真空。玻璃封帽通常比较厚，因此不适合薄膜封装应用。玻璃是一种透明的和生物兼容的材料，其 CTE（Pyrex8329 为 $2.8×10^{-6}/℃$）与硅的 CTE（$2.6×10^{-6}/℃$）接近。然而，它的表面粗糙度需要优于 $1μm$。并且阳极键合带来的钠污染会导致基于 CMOS 的 MEMS 系统发生重大改变。

9.4.2　利用中间层键合

金属键合方法可用于在低温下对粗糙表面进行密封。这些方法涵盖材料和工艺，其中包括无助焊剂焊料，如 AuSn 焊料、AuSi 共晶键合、硅上电镀厚金的 TCB 工艺。焊料可以用来对粗糙表面进行键合，如硅与陶瓷的键合。合金混合物可以降低熔点。硅与金属的 CTE 差别很大（AuSi 的 CTE 为 $14.2×10^{-6}/℃$，PbSn 的 CTE 为 $24.7×10^{-6}/℃$），这限制了其工作温度的范围。参考文献[23]发表的共晶键合的一个例子如图 9.3 所示。其中，图 9.3(a)是完全封装好的晶圆。

共晶键合首先在封帽晶圆上沉积并图形化金，然后在晶圆上刻蚀空腔。在封帽晶圆上沉积吸气剂后，将封帽对准并键合到 MEMS 晶圆上[图 9.3(b)]。在 363℃下，对两个晶圆施加压力，MEMS 器件键合环上的多晶硅扩散到金中，完成共晶

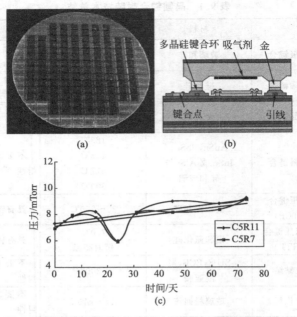

图 9.3　金与硅的共晶键合

键合。图 9.3(c)所示的是皮拉尼计的测试结果。皮拉尼计的工作原理是：悬空的热源通过气体传热到热沉上，其中气体的热导率会随着封装压力的改变而发生变化。结果表明其起始压力为 6.9mTorr，漏气率为 8.5mTorr/年。

使用中间层键合可以在更低的温度下完成。该过程可分为黏合剂键合、中间层（玻璃粉）熔化、稳定的中间化合物的形成（扩散）、或者加热到熔点的 50%～70%（钎焊）。黏合剂包括聚合物、环氧树脂、紫外光刻胶如聚酰亚胺[25]、BCB[26]、SU-8 和聚对二甲苯等。黏结剂采用丝网印刷进行涂覆，然后在室温下固化，也可能需要 UV 曝光（玻璃晶圆）或者在 80～150℃热固化。回流玻璃粉键合是另外一种使用了超过 20 年的微传感器封装技术。这项技术使用介电密封，已经被用在压力传感器、加速度计、陀螺仪和开关中两个硅晶圆的键合中。介电密封可以保形地覆盖很小的表面阶梯与颗粒物[28]。近年来在真空密封谐振式传感器和科里奥利质量流量传感器上[28]采用了把硅键合到 Pyrex 上的玻璃粉键合技术。玻璃晶圆也可以相互键合，形成一个完全介电的芯片级封装。形成玻璃密封的工艺步骤和黏结剂密封使用的工艺步骤相似。触变膏通过丝网印刷在键合晶圆上，然后烤干，再烧制，去除其中的有机成分。在黏结剂键合中，在密封温度下不能融化的陶瓷颗粒在键合后可形成晶圆-晶圆间隙。这些陶瓷颗粒通常用于调节玻璃-陶瓷基体材料的膨胀系数，使其降低与硅相匹配。在接下来的封装过程中，首先将器件晶圆和封帽进行对准，然后在晶圆键合系统中加热。如果 MEMS 器件要求真空封装，那么键合腔体在此过程中就要抽空。腔体也可以用惰性气体填充，为加速度计或者开关提供阻尼。通常玻璃粉是在 375～410℃下回流。在冷却阶段，芯片施加的压力保持不变。黏结剂键合工艺可以在低温下进行，不会产生大的热失配。尽管如此，气密性仍需考虑，因为在界面上用到的聚合物和环氧树脂会释放出气体。

图 9.4 所示的是两个晶圆级封装的 MEMS 产品。图 9.4（a）是一个键合在 MEMS 芯片电路部分上的密封的硅封帽[29]，图 9.4（b）是一个 Radant MEMS 公司采用玻璃、键合和水平引线方式封装好的开关[30]。

上述所有的键合方法都可以在局部实现，将键合能量集中到目标区域的小环上，来避免对热敏感 MEMS 的影响[31~36]。局部键合可以通过在微型加热器中通入电流产生的热量来实现，或者采用 CO_2 激光焊接[15]、局部化学气相沉积键合[32]、RF 介电加热[33]和局部超声键合[34]。局部键合的例子包括共晶键合[23]、焊料键合、熔合键合[35]和塑料键合[36]。

(a)　　　　　　(b)

图 9.4　两个晶圆级键合和互连的例子

图 9.5 所示的是针对真空封装的谐振器进行局部焊料键合的例子。采用低压化学气相沉积(LPCVD)多晶硅制作谐振器和局部微型加热器。这是为了满足实现多晶硅上的铝与玻璃封帽局部键合的要求。带有空腔的玻璃封帽与 MEMS 晶圆进行对准并接触，多晶硅电阻上流过的电流使微型加热器上的局部温度上升到 800℃ 左右，玻璃和铝在此

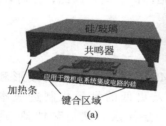
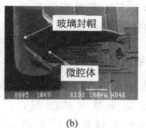

(a)　　　　　　(b)

图 9.5　局部键合的例子

形成焊料并形成高强度键合。与 MEMS 器件触点的连接是通过器件表面水平铝引线来实现的。图 9.5（b）所示的是揭开封帽后的封装图，可以看到多晶硅键合环、玻璃封帽和多晶硅互连。局部键合快速、可靠，并且需要低压力环境。

图 9.6 所示的是封装好的谐振器的 Q 因子，显示其在 30 个星期内没有下降。

金属封装也可以用来将微封帽从一个晶圆上转移到主 MEMS 晶圆上[39~42]。图 9.7（a）所示的是一个用 SiAu 共晶键合方法转移到硅上的微封帽。如图 9.7 所示，该方法在另一个晶圆上刻蚀加强肋和主腔，然后沉积牺牲层磷硅玻璃（PSG），重新填充多晶硅或多晶硅锗（PSG），通过蒸发、图形化金来形成键合环，封帽晶圆

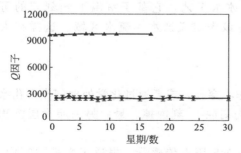

图 9.6　两个采用局部键合的真空封装的谐振器的气密性测试[37]

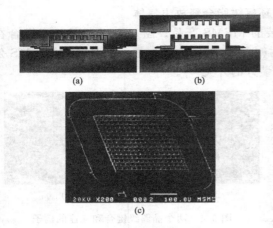

图 9.7　微封帽转移工艺

（a）微封帽制作在牺牲硅片上，利用 MEMS 硅片对准，
共晶焊键合到 MEMS 硅片上；（b）硅片被分离开，
将微封帽加持到牺牲板上，然后微封帽转移到目标片上[40]；
（c）MEMS 键合后的微封帽的 SEM 图

被键合到主 MEMS 晶圆上[图 9.7（a）]，用 HF 腐蚀掉磷硅玻璃 PSG[图 9.7（b）]来移除封帽晶圆，从而不需要切割封帽就能出现接触焊盘[40]。图 9.7（c）所示的是一个键合好的微封帽的 SEM 图[41]。另一个方法涉及了微型镍封帽的转移，其采用了牺牲焊料层和短暂液相键合的方法[42]。

晶圆与晶圆键合有一些缺陷。第一，封帽密封到 MEMS 芯片上的固定区域必须要相对较大，以保证气密封装和避免潜在的对准误差带来的问题，这大大增加了芯片的尺寸和成本，增大芯片尺寸会导致寄生元件的增加；第二，键合的芯片比标准 IC 芯片厚，所以，封装好的 MEMS 器件不能被放置在薄的封装体中；第三，一些晶圆键合方法要求超级光滑、洁净的表面，因此，任何表面污染和杂质都可能导致封装的失效。

9.5　基于牺牲薄膜的密封技术

键合封装的一种可能选择是 MEMS 上微机械薄膜的成形和密封。这种密封技术的优势是减少厚度和面积，以及更低的批量化制造成本。在这些方法中，沉积一层牺牲层材料之后再沉积一层涂层。然后刻蚀掉（通过穿孔或多孔无机涂层）牺牲层材料、显影、蒸发或分解掉（通过一渗透聚合物涂层）。在这种刻蚀方法中，需要沉积另外一层涂层，来完全地密封释放孔。在这期间薄层涂层可能会渗透到 MEMS 器件中去。因此，这种方法不适用于对污染物相当敏感的 MEMS 器件（例如，在硅悬臂梁谐振器中，Q 因子对额外沉积在梁上的材料是非常敏感的）。蒸发技术，被称为冰水工艺，它基于室温下光刻胶的可固化特性蒸发冰水。为了图形化冰水，应该先定义亲水和疏水区域。这样在大气环境下，水可选择地依附到亲水区[52]。

9.5.1　刻蚀牺牲层材料

在这种方法中，通过光刻在涂层中制作小穿孔，或者通过化学处理制作多孔涂层。牺牲层材料通过湿法刻蚀[43~50]或干法刻蚀[51]刻蚀掉。最后另一层涂层沉积到小孔之间的桥上，形成一整块封帽。

图 9.8 显示了一个薄膜真空密封的 MEMS 压力传感器，报道于文献[43]中。一个密封谐振器的电镜图如图 9.8（a）所示，其工艺流程如图 9.8（b）～（e）所示。该牺牲层是硼掺杂外延多晶硅，薄膜密封体也是由重掺杂硼的外延多晶硅组

成。移除掉牺牲层之后，真空密封分两步进行。第一步是在外延多晶硅反应器中密封刻蚀孔。第二步是通过在高温 LPCVD 炉中热渗透，并在大约 10mTorr 压力氮气吹扫炉中退火来除去传感器中余下的氢。

在文献［44］中提出了一种晶圆级薄膜封装方法。该方法在晶圆制造阶段沉积得到的薄膜封帽（30μm）下密封这种结构。图 9.9（a）和（b）显示了一个加速度计用这种方法的封装前后。沉积薄膜封帽是 MEMS 封装的最后步骤之一。此封帽气密性密封 MEMS 结构，而且足够坚固以承受严酷的注塑成形工艺环境［高于 1500psi（1psi = 6.90 × 10^{-3} MPa）的压力和高达 175℃ 的温度］。

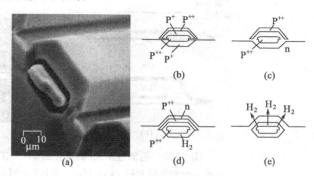

图 9.8 （a）密封谐振器断面图
（b）～（e）谐振器制造和封装工艺流程：
（b）P^+ 和 P^{++} 外延多晶硅生长之后和创建刻蚀孔，
（c）选择性刻蚀 P^+ 外延多晶硅后，
（d）沉积 n-外延多晶硅来密封刻蚀孔之后，（e）N_2 中退火之后[43]

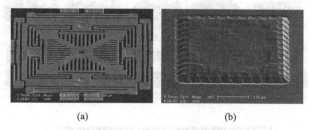

图 9.9 （a）一个三轴 MEMS 加速度计封装前和（b）该器件薄膜封装之后[44]

一种相似的技术已被开发，该技术在牺牲层 PSG 顶部进行多晶硅涂层外延生长，如图 9.10 所示[45]。经过打孔后，牺牲层 PSG 用 HF 蒸气刻蚀，以避免涂层黏滞到加速度计上。这些穿孔通过等离子体增强化学气相沉积（PECVD）二氧化硅来桥接，且键合点是露出在外面的。薄膜涂层也能通过低熔点材料的回流，例如

图 9.10 一个外延多晶硅封装的加速度计[45]

铝、低压化学气相沉积（LPCVD）和 PECVD 沉积的锗或者 PECVD 硼磷硅玻璃（BSPG）来制作，并对 MEMS 封装体中这些穿孔实现桥连和密封。

用于封装的无机薄膜牺牲层，包括硼硅玻璃（BSG）、磷硅玻璃（PSG）、二氧化硅、多晶硅和金属。一个例子如图 9.11 所示[46]。PSG 作为牺牲层材料（大约 7μm）。带穿孔的 3μm 厚的 LPCVD 氮化膜用作涂层（微壳）。牺牲材料在 HF 中移除并用超

临界干燥机干燥，以避免黏滞。在 300mTorr 压力下沉积另一层 LPCVD 氮化膜来覆盖穿孔。最后腔内压力将和 LPCVD 炉内压力相当。

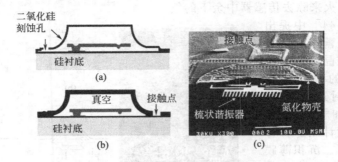

图 9.11 用牺牲 PSG 的真空封装[46]工艺流程：

(a)沉积 1μm 牺牲层 PSG、1μm 低应力氮化物封帽和打开刻蚀孔之后；

(b)移除牺牲 PSG 之后，用 2μm 氮化物填满刻蚀孔且打开接触点；(c)已封装谐振器图

许多不同种类的光刻胶可用作 MEMS 封装的有机牺牲薄膜。如图 9.12 所示的电镀镍封装[50]就是一个例子。如图 9.12(a)所示，这个工艺始于在 MEMS 器件周围制作 Cr/Al 开口。通过图形化厚光刻胶牺牲层来覆盖 MEMS 器件和开口。然后

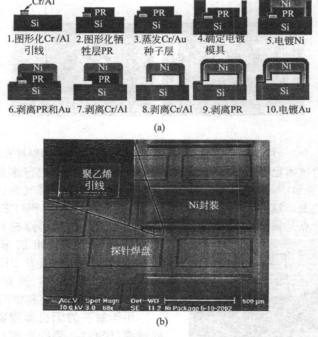

图 9.12 采用牺牲光刻胶方法的真空封装[50]

(a) 工艺流程；(b) 采用电镀 Ni 封装的皮拉尼压力计

沉积金作为种子层，随后电镀镍。通过移除 Cr/Al，打开开口。最后，光刻胶牺牲层用丙酮移除。开口通过在真空中溅射铬和金进行密封，而且最后电镀金完成封

装。这个封装工艺是低温的，且包括多步金属工艺和牺牲层的移除。图 9.12（b）显示了一个已封装的皮拉尼压力计。它利用了 $8\mu m$ 厚牺牲光刻胶和 $40\mu m$ 厚的镍封帽。多晶硅用于平面内互连。

另一个密封的方法是反应气体密封。在这个方法中，腔中空气通过氧化多晶硅涂层消耗掉[47]。这个封装方法是已报道文献中采用的最高温技术。

通过特殊技术可将涂层做成多孔结构，以代替涂层中的穿孔。这些技术包括多晶硅的电化学湿法刻蚀、易溶于 HF 的富磷沉淀物在晶界的偏析。还可以先形成三明治形多晶硅和二氧化硅层，然后移除氧化物形成多孔。通过电化学处理的多孔多晶硅如图 9.13 所示[48]。通过同样的方法可以沉积一层薄多晶 $SiGe$[41]。所有通过刻蚀牺牲层材料的封装方法都有一个缺点，就是会在最后的密封中，MEMS 器件上会沉积多余的多晶硅，这对 MEMS 器件的性能有不良的影响。

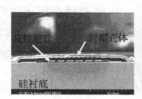

图 9.13　使用多孔多晶硅和移除氧化牺牲层技术的真空封装[48]

总之，大多数已报道的基于牺牲层刻蚀技术的封装方法都是针对某些特定器件，有一定的局限性。它们不是成本太高（使用 LPCVD 或者复杂的化学工艺），就是需要使用非 CMOS 兼容的高温步骤，后者会在 MEMS 器件中引入应力。在9.5.2 部分中，主要会对 MEMS 的低温封装工艺进行介绍。

9.5.2　牺牲层聚合物的分解

该工艺涉及穿过聚合物涂层的牺牲层聚合物的低温分解技术。热分解具有快速、可靠、对结构无损、与 CMOS 工艺兼容的优点。牺牲层聚合物和聚合物涂层可以通过光刻工艺图形化。这可以省去键合环以及盖帽-晶圆对准步骤，从而为更小尺寸的封装提供可能。牺牲层聚合物的热分解可以通过固体无孔密封体实现，这可以减少其他基于牺牲层工艺中对带孔涂层进行密封的步骤，封装步骤如图 9.14所示。

如图 9.14（a），首先，通过旋涂聚合物牺牲层（Unity，一种来自 Promerus 公司的聚碳酸酯），可在器件的可动或谐振部件上制作一个高度可控的空腔。然后在其上旋涂另一种高玻璃转化温度的聚合物涂层（例如Avatrel，来自 Promerus 公司的聚碳酸酯）。通过光刻显影工艺在聚合物涂层上获得需要的形状［图 9.14（b）］。热分解牺牲层，得到所需的空腔。产生的蒸气副产物（如二氧化

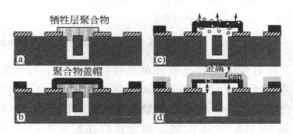

图 9.14　基于聚合物的封装顺序图

(a) 封装前

(b) 覆盖Unity并图形化后

装配沟道

(c) 封装后

Au/Ti

Avatrel

空腔

硅束

(d) 腔体和1μm/15μm金属-有机物薄膜[53,55]

图 9.15　真空封装的 SOI 上梁谐振器图片

碳)在 $180 \sim 250 ℃$ 下能穿透聚合物涂层扩散出去[图 9.14 (c)]。为了保证密封性和真空效果,在聚合物涂层上覆盖一层金属薄层,该金属薄层可以通过蒸镀或沉积(溅射和电镀)加刻蚀得到。聚合物涂层的形状可依据 MEMS 的大小进行调整。Avatrel 的电介质常数是 2.5 并且具有很小的损耗角,而这种特性非常适合于 RFMEMS 器件的宽频带封装。而且这种聚合物对可见光是透明的,所以也非常适合用于光学 MEMS 的封装。

它也可以在大面积的 MEMS 结构上形成厚达 $400 \mu m$ 并且致密的封装结构,而这对于化学气相沉积(CVD)工艺来说很难实现。

图 9.15 (a) 展示了一个长 $150 \mu m$、宽 $8 \mu m$、厚 $15 \mu m$ 的绝缘层上硅(SOI)梁谐振器。图 9.15(b)是涂覆 $15 \mu m$ Unity 材料并图形化后的结构。图 9.15(c)是使用 $1 \mu m$ 厚的金和 $15 \mu m$ 厚的 Avatrel 封装的谐振器的截面图[53~55]。

图 9.15 (d) 是 $25 \mu m$ 厚的硅梁、$15 \mu m$ 高的真空腔以及 $1 \mu m/15 \mu m$ 的金属/有机物封帽的截面图。对封装前后的谐振器进行了晶圆级测试。图 9.16(a)和图 9.16(b)分别展示了封装前后的频率响应。封装后谐振器的品质因子 Q 和谐振频率(2.6MHz)都没有发生太大变化,这也说明这种分解聚合物牺牲层的工艺并没有在该空腔中产生残余应力。

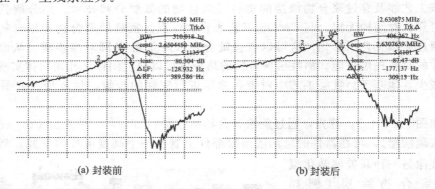

(a) 封装前

(b) 封装后

图 9.16　15μm 厚谐振器的频率响应曲线[54]

用高深宽比多晶硅和单晶硅(HARPSS)技术制造 MEMS 传感器,包括微重力加速度计和环状陀螺,用来评估这种封装。Unity 材料可以被分解,并通过一层厚聚合物形成一个硬的有机物封帽[54]。图 9.17 展示了使用涂覆方法封装的一个直径 2mm 的 HARPSS 陀螺,用于评价在封装大尺寸复杂 MEMS 结构上进行封装的方法。经过手工涂覆材料 Unity200,覆盖键合环和电极,得到的陀螺仪结构如图

9.17（b）所示。图 9.17（c）为形成
厚封帽（120μm）并从深腔中分解聚合
物牺牲层的结构。

前文提到的方法同样可以制造和
封装多种形式的 RF 可变电容器（变
容器）。图 9.18（a）展示了通过自对
准方法制作的 HARPSS RF 变容器。
使用淀积和腐蚀二氧化硅牺牲层来界
定 0.8μm 电容间隙，使用深反应离
子刻蚀（DRIE）工艺制作 2μm 可调间
隙。使用 15μm 厚的 Avatrel 进行封
装，接着蒸发 1μm 厚的金，得到的
结构如图 9.18（b）所示。蒸发的金
用于形成密封封装。

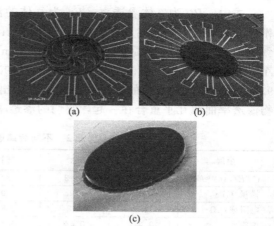

图 9.17　（a）封装前的 HARPSS 陀螺，
（b）释放 Unity 后和（c）Avatrel 封装后[54]

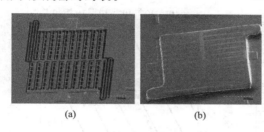

图 9.18　HARPSS 可调电容（a）封装前和
（b）使用 15μm 厚 Avatrel 和 1μm 厚金[56]

从图 9.19 可知，金属-有机物封
装对于 RF MEMS 器件在 1GHz 工作
时，损耗 1.4dB，在 5GHz 工作时损
耗 1.5dB[56]。金属有机物封装不要求
在器件周围有键合环（这是键合封装
所必需的），而且封装后的尺寸只比
可变电容器件尺寸大 10%。

表 9.2 列出了 6 种不同的金属涂
层，这些可用于金属-有机物封装。铬
的 CTE 与硅最接近，但弹性模量和电阻率也最高。金、铂和钛有非常好的抗腐蚀
性和生物相容性。可在封装体上施加侧边力，破坏封帽，来评价金属-有机物封装
的机械强度。溅射沉积的金属膜应力要高于电镀形成的金属膜。如前文所述，金属
和 Avatrel 盖帽都呈现出薄膜拉应力。

聚合物封装的气密性特性需要分
析、确定，这可用来评估在金属沉积
之前聚合物帽中足够的真空度达到要
求所需的最小时间。不同厚度和不同
衬底温度下 Avatrel 覆盖膜的渗透率
如图 9.20（a）所示。加热衬底增加
了气体扩散系数，这可以促进气体排
出并缩短了起始振荡（达到启动高 Q
值谐振器所需真空度的时间）。

材料的气体渗透率定义如下：

$$P_{\text{G}} = \frac{F_{\text{G}} t_{\text{cap}}}{A_{\text{cap}} p} \qquad (9.1)$$

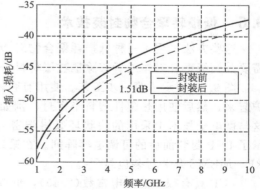

图 9.19　HARPSS 工艺可调电容在金属-有
机物封装前后测量的插入损耗[56]

式中，P_G 为气体渗透率，F_G 为气体的流动速率，t_{cap} 为封帽厚度，A_{cap} 为封帽的面积，p 为压力差。在式（9.1）中用 barrer 为单位[54]；F_G 可以近似认为与排气时间一次项成反比。使用 $\rho = 1.2506\text{kg/m}^3$ 作为氮气的密度，$t_{cap} = 10\mu m$ 以及 $A_{cap} = 0.002\text{mm}^2$，式（9.1）的解为 $P_G = 1.29 \times 10^{13}\text{g/}$（cm·s·Torr）。渗透率在如图 9.20（b）中已知材料的渗透率曲线上已画出[11]。Avatrel 渗透率曲线与氟碳化合物渗透率曲线几乎重合在一起，它们的渗透率超过 LCP 400 倍。

表 9.2　不同金属覆盖膜比较

金属	铬	金	铝	铜	钛	铂
$CTE/(10^{-6}/℃)$	4.9	14.2	23.1	16.5	8.6	8.8
模量/GPa	279	79	70	140	110	168
电阻率/$\mu\Omega\cdot\text{cm}$	12.5	2.2	2.65	1.68	4.2	10.6
泊松比	0.21	0.44	0.35	0.34	0.32	0.38
化学稳定性	好	优秀	差	差	优秀	优秀

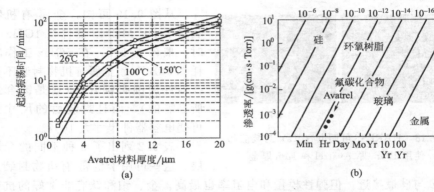

图 9.20　（a）建立谐振器起始真空时间-Avatrel 厚度表；
（b）已知材料的渗透率，点线为 Avatrel 渗透性[54]

9.6　低损耗聚合物封装技术

这些方法采用了一种低损耗聚合物对 MEMS 器件进行封装。使用这种材料不需要晶圆级键合封帽或者移除牺牲层材料。

图 9.21 展示了第一步工艺。使用有腔体的玻璃微盖帽将 MEMS 器件的边界保护起来，然后使用热塑性塑料半密封，例如将 LCP 喷在盖帽顶上，如图 9.21[57]。这与微电子技术中采用的块状环氧树脂密封很相似。图 9.21（b）和（c）分别显示了 LCP 封装前后的可调电容阵列。在第二步工艺中，LCP 将平摊在硅上，形成 RF MEMS 开关封装包封[57]。

LCP 具有很小的介电常数（2.49），低损耗角正切（0.002），这种材料用于 RF MEMS 封装有很大优势。LCP 也具有近气密特性，氮气泄漏率低至 0.027barrer（2mil 厚 LCP）以及具有低湿气吸收特性[58]。

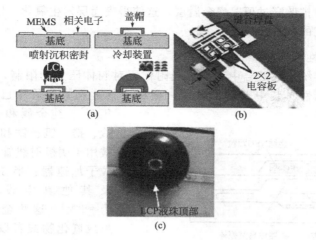

图 9.21　(a)LCP 封装工艺流程、(b)封装前的 RF 可变电容器和
(c)LCP 封装后的 RF 可变电容器[57]

图 9.22 展示了洛克希德·马丁(Lockheed Matrin)公司使用的另一种工艺[59]。使用环氧树脂作为中间层将 MEMS 芯片倒装并键合在 Kapton 晶圆上,然后使用聚酰亚胺覆盖在背面。最后通过 Kapton 帽的图形化和刻蚀形成互连。Kapton 的介电常数为 3.4,损耗角正切为 0.0018。由于 Kapton 具有吸水性,所以这种方法不具有气密性。

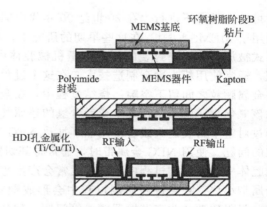

图 9.22　洛克希德·马丁的聚酰亚胺封装[59]

9.7　吸气剂技术

传统的晶圆级真空键合遇到了腔体压力相对较高的问题,并且腔体压力随时间和温度的变化而发生改变。阳极键合产生氧气使得腔体压力在 $100 \sim 400$Torr(1Torr$=133.322$Pa,此处为 $13 \sim 53$kPa)[43]。由于表面气体的解吸附作用,焊料键合的腔体压力在 2Torr 左右。焊料回流前烘烤晶圆,虽然能够降低水的吸收总量,但是只能使腔体压力从 2Torr 降低到 1Torr(约 133Pa)[22,60]。虽然真空晶圆键合系统压力可以降到毫托水平,但是最终密封封装后的表面会解吸附,限制了腔体压力。

虽然烘烤可以成功地从表面释放气体[60,63],但温度和时间限制了这种方法在微系统中获得超低腔体压力的效果。浅 CMOS 节、薄膜合金化以及悬臂翘曲限制了预键合的温度和时间。对于焊料和共晶键合方法,烘烤会导致金属在密封层相互扩散，如铬或镍扩散穿过顶层贵金属层，这使得表面层发生氧化。以上都将导致基于金属键合工艺的密封性很差。

9.7.1 非挥发性吸气剂

为了克服传统晶圆键合中表面解吸附作用对腔体压力的限制，使用到了吸气剂。为了在气密性封装中获得低气压，金属吸气剂在真空管中已经使用了数十年[64]。纯金属和合金如钡、铝、钛、锆、钒、铁和其他活性金属被用于阴极射线管、平板显示器、粒子加速器、半导体工艺设备以及其他真空设备来降低压力[65~67]。这些金属通过氧化和形成氢化物或者以简单的物理吸附形式吸附各种气体。氧气、氮气以及碳氢化合物的捕获需要较高温度（200~500℃），但氢气吸

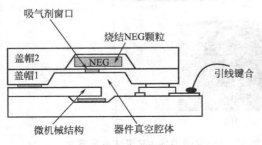

图 9.23 一种较早的在微系统中集成 NEG 方法的剖面图[16,70]

附可以在常温下进行。在 20 世纪 90 年代中期，Esashi 和其他一些人第一次将吸气剂用于 MEMS[43,68]。在这些早期的研究中，非挥发的吸气剂（NEG）以片状或带状形式被放置在陶瓷封装的额外的微机械腔体中或者临近的芯片中。为了增大表面积，通常使用粉末冶金制造技术。在这个过程中，金属颗粒烧结过程十分迅速，并在金属颗粒之间留下空隙。烧结过程中，在金属颗粒的表面会形成氧化物，为了移除该氧化物，就要求在真空或者含氢的还原气氛中进行高温激活步骤。激活过程可通过对整个封装退火或者使用焦耳加热 NEG 带完成。烧结的吸气剂会遇到产生颗粒的问题。使用 NEG 金属带时，通常将其切割成小块，在晶圆键合前手工放置在微腔体中。在切割过程中金属带通常会产生弯曲，这就要求额外的手工夹持来平整金属带小块。在夹持和切割过程中会形成颗粒。直径 2~3μm 金属颗粒将导致短路、阻碍致动和改变谐振器频率等问题。颗粒粘在谐振器上将改变谐振器的质量，以至于改变频率。图 9.23 展示了一种在微系统集成 NEG 的方法。这种方法中，NEG 放置在微器件上的另一个腔体中。将 NEG 与谐振器分开的硅膜片上的开口，为 NEG 和谐振器腔提供连通通道。烧结 NEG 脱落下来的微粒也可以通过开口进入谐振或隧道单元腔体中。

图 9.24 为一压力传感器的显微照片。该压力传感器下有一个玻璃腔体，内含烧结的吸气剂带[70]。从图中也可以看出，并列式腔体设计将芯片的面积尺寸基本翻了一番，而垂直集成导致了芯片厚度的增加。尺寸的增加、并且需要安放 NEG 阻碍了这种

图 9.24 使用 NEG 真空封装的硅-玻璃阳极键合压力传感器

方法在大批量 MEMS 产品中的应用。

9.7.2 薄膜吸气剂

如 9.7.1 章节提到的由于 NEG 有生成颗粒和夹持问题，一种新的使用吸气剂真空封装的方法得以发展。图 9.25 描述了这种新方法，包括有 MEMS 集成、晶圆键合封装工艺[70]。这种工艺使用的硅或者玻璃封帽晶圆通过图形化并腐蚀形成腔体，将活动的微机械器件密封起来，同时露出键合焊盘。然后吸气剂和密封封装材料放置在盖帽晶圆上并激活。这种在超净环境里通过薄膜沉积技术制作得到的吸气剂叫做纳米吸气剂。和传统的粉末冶金方法形成的 NEG 相比，该过程不会生成颗粒。

图 9.26 比较了放大 200 倍后 NEG 和纳米吸气剂薄膜表面形貌。这种薄膜沉积方法更容易使吸气剂技术与典型的晶圆级 MEMS 工艺流程兼容。图 9.25 中传统的晶圆键合器件的工艺少了沉积纳米吸气剂这一步骤。使用吸气剂薄膜不会影响芯片尺寸。真空晶圆-晶圆键合工艺将在图 9.25 描述的工艺后进行。其他吸气剂薄膜工艺也正在发展中[71]。

使用纳米吸气剂的晶圆-晶圆键合的真空水平达到了 $850\mu Torr$，硅谐振器的 Q 值达到了优于 60000 的水平。为了测定与 Q 值相符的压力水平，谐振器的封帽被移除，然后放在真空腔中测试。图 9.27 显示了较宽的 U 形谐振器的 Q 值随着压力的变化情况。

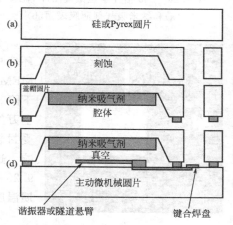

图 9.25　包括了添加薄膜的器件级真空封装键合工艺流程[16,70]

由于使用涡轮泵，真空腔的压力只能抽到 $790\mu Torr(0.1Pa)$，对应的芯片 Q 值为 10350，数据如图 9.27 所示。

如果真空封装中没有吸气剂，宽谐振器的 Q 值为 40。使用吸气剂，微腔体的压力能够下降超过三个数量级。这种吸气剂技术已经应用于商业化的微流体密度计、化学浓度计[72]以及不同量程和尺寸的微机械科里奥利质量流量传感器中[17]。

为了证明薄膜吸气的能力，在沉积吸气剂过程中，将部分封帽顶部用箔层遮住。在晶圆测试中，18 个不含纳米吸气剂的芯片都无法测到可观的 Q 值（$Q<50$）。而在同一个晶圆上的有吸气剂薄膜的芯片的 Q 值高达 6760。这个对比测试证明了吸气剂在降低腔体压力方面十分有效。

纳米吸气剂的沉积不仅应用于 MEMS 芯片。图 9.28 展示了 MEMS 芯片和传统的金属、陶瓷真空封装的盖帽或其他表面都可以使用图形化后的纳米吸气剂。

9.7.3　使用吸气剂提高 MEMS 可靠性

这种在微腔体里获得超高真空度的新方法具有在 MEMS 领域中广泛使用的潜力。许多谐振式器件的性能由于高 Q 值和高增益而得到提高。大量的如运动和压力传感器、RF MEMS 器件芯片都能从这一技术中获益。另外，由于低的腔体压力，谐振器、隧道器件和压力传感器的性能和长期可靠性也会得到提高。在汽车领

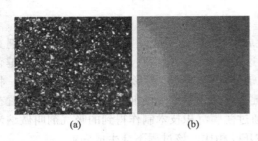

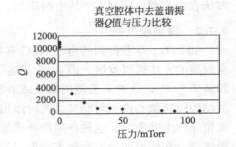

真空腔体中去盖谐振器 Q 值与压力比较

图 9.26 200 倍光学显微镜图片 NEG 表面 (a) 和纳米吸气剂薄膜表面 (b)[70]

图 9.27 Q 值-压力点图，器件为垂直单晶硅谐振器，真空由真空腔体提供[16,70]

图 9.28 上盖下表面沉积了纳米吸气剂的芯片级测钎焊陶瓷封装

域，希望传感器和执行器在 $-40℃$ 和 $85\sim150℃$ 环境中使用，能够保持其性能 5～10 年。在 MEMS 陀螺中观察到其长期 Q 值和灵敏度的明显下降，可能源于可逆的气体吸附[22]。每年有成千上万的压力传感器生产出来，应用于各个领域。受封装应力和潜在的微腔体气体可逆解吸附的影响，这些传感器通常体现出温度迟滞特性。图 9.29 显示了纳米吸气剂如何提高压力传感器的长期温度性能。

为了研究薄膜吸气剂系统的可靠性，研究人员开展了一系列的长期测试实验[28,70]。其中一个测试使用一组采用硅与 Pyrex 密封的单晶硅谐振器。为降低由于设计和封装产生的 Q 值差异，使用了在同一硅片上设计出的相同的谐振器。实验中使用探针台在芯片级测量 Q 值和频率。为防止黏结剂老化效应产生的夹持损耗改变，实验中没有使用黏结剂。在研究中，由于使用探针测量台，每个 MEMS 芯片采用相同的放大器以降低其他来源的误差。测试芯片放置在 $95℃$ 中，但测量在室温中进行。图 9.30 显示了器件 Q 值和频率随时间变化情况。

不同的室温将导致微小的频率差别，在 $21\sim25℃$ 时，频率变化范围接近 3Hz。测试结果显示器件没有明显的 Q 值和频率改变。使用 3dB 峰值宽度测量技术，由于 Q 值测试精度问题，导致了 Q 值的变化。开始时，测量的平均 Q 值为 23468，标准偏差为 1567。经过温度 $95℃$，3000h 后器件的测量平均 Q 值为 24711，标准偏差为 1923。3000h 高温测试后，平均 Q 值的统计规律没有差别。

比封装更重要的是，任何吸气剂的存储寿命和存储条件都需要认真考虑。一些

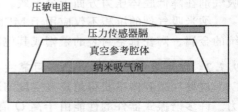

图 9.29 纳米吸气剂应用于压敏电阻压力传感器[16,70]

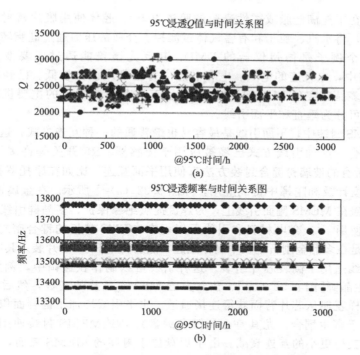

图 9.30　在高温存储测试中室温下 Q 值和频率的明显变化

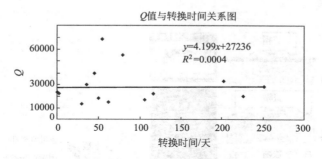

图 9.31　以 Q 值为指标的吸气剂外壳时间影响测试[28]

吸气剂在激活和使用前要求真空密封或者氮气环境存储。为了获得吸气剂薄膜的存储寿命公式，研究人员查看了一些已生产超过两年的硅片的历史流程记录卡和晶圆测试结果，并比较了吸气剂刚放入封帽晶圆和完成真空键合封装后两个不同时间测得的平均 Q 值。晶圆被存储在一个超净间内的塑料晶圆盒中，存储过程中没有使用氮气保护，温度为室温。图 9.31 展示了 Q 值随吸气剂存储时间变化的关系。在图中没有发现随时间的变化趋势。

9.8　互连

　　MEMS 封装提供与外界相连的电、光、流体以及化学接口。互连包括选择性过滤特定的信号并且为 MEMS 封装增加新的功能。例如，英飞凌科技提供的压力传感器装配在了充满硅脂或柔性凝胶的腔体里[73]。腔体使用膜片密封。膜片就像过滤器一样，将水汽、粒子和有害气体过滤掉。介质的压力通过硅脂转移到敏感单元上。另一个例子是德州仪器的 DMD，其反光镜盖能透过想要波长的波[14]。MEMS 封装中，电互连的电阻、电容和感应寄生都应该比较低。已经在晶圆上使用的低电阻多晶硅实现 MEMS 电互连[74]。互连是封装失效的主要机制之一。通常，电互连可分为垂直和平面引线。

在 MEMS 封装中，平面引线是最容易也最普通的一种互连方式，这种方式适合进行引线键合。这种引线方式已经被应用于传感器、RF 开关等许多 MEMS 产品中[29~30]。所有的玻璃粉键合封装方法都使用平面互连，比如在摩托罗拉[75]和博世公司的加速度计及和陀螺中得到应用，如图 9.32（a）[76]所示。在金属键合方法中，绝缘材料覆盖在 MEMS 侧面引线上，为焊盘提供绝缘保护。多晶硅引线已经在玻璃键合封装中使用[77]。介电材料和引线可以埋在 MEMS 基板的键合密封环下面[78]。另一种方式是在多晶金刚石基板中制作互连，然后将 MEMS 芯片装入其中[79]。

垂直引线适用于倒装芯片组装。这种引线可以制作在盖帽中，例如，TSV 或在 MEMS 主晶圆[图 9.32（b）]、独立安置 MEMS 芯片的基板，然后在通孔中沉积金属，这样就能从芯片背面获得连接通道。水平引线增加了键合面积，这增加了RF 损耗(由于寄生耦合，尤其是金属键合焊盘)。RF MEMS 封装使用垂直 RF 引线结构，以获得更小的互连衰减。由于焊盘位于封装的 MEMS 表面，这种裸片可以使用焊球进行表面贴装[80,81]。也可以在盖帽上制作较大焊盘孔，用作键合焊盘的直接连接通道。

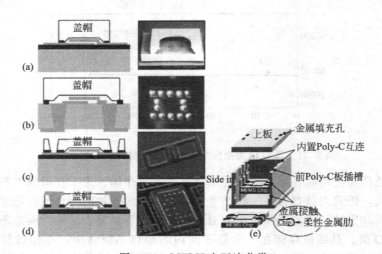

图 9.32　MEMS 电互连分类
(a) 博世陀螺的水平贯通[76]；(b) 衬底上的垂直贯通（或者转换）[80]；
(c) 梁谐振器垂直焊盘孔[56]；(d) 英特尔陶瓷盖帽垂直贯穿[83]；(e) 聚金刚石平板[79]

焊盘孔适用于表面微加工的薄膜封帽[图 9.32（c）][53~56]。另外一种见诸报道的是安捷伦(Agilent)的带有焊盘孔的 MEMS 封装。带有通孔的为封帽通过围绕在

MEMS 键合焊盘周围的垫层键合在 MEMS 晶圆上。然后减薄封帽晶圆直到露出键合焊盘。近期，英特尔报道了陶瓷盖帽中的通孔垂直互连，如 9.32（d）所示[83]。图 9.32 列出了所有五种封装形式。

9.9　组装

芯片级封装的 MEMS 器件一般安装在系统级电路板上或者直接贴装在其他系统组件上。引线键合是将封装后的 MEMS 连接在印刷电路板（PCB）上应用最广的技术。很多用于 MEMS 器件的自动微组装被研发出来。这些设备包括引线键合、裸片键合和倒装焊设备[84,85]。图 9.33 展示了一个加速度计的例子，这个加速度计放置在陶瓷板上用于控制汽车气囊的启动信号[61]。这个 MEMS 器件使用引线键合方式连接在电路板上，而其他组件使用焊料焊在电路板上。图 9.34 展示了两个晶圆级封装的加速度计组装在博世和摩托罗拉的标准封装上。图 9.34（a）是博世生产的加速度计，它使用硅封帽和四边扁平封装（QFP）[86]。传感器和 ASIC 被安装在引线框架上，采用引线键合互连。图 9.34（b）是一个摩托罗拉公司生产的加速度计，该加速度计使用玻璃粉键合工艺封装在双列直插式（DIP）塑料封装中[75]。传感器和 ASIC 使用环氧树脂贴装到引线框架上，然后引线键合，用薄硅胶层钝化，最后使用环氧树脂塑封。摩托罗拉公司的另一种 MEMS 封装被称作 Meso-MEMS。其在陶瓷印刷电路板上直接集成开关，这免除了引线键合和倒装焊[87]。

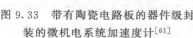
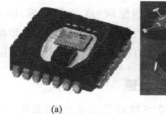
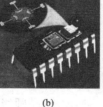

图 9.33　带有陶瓷电路板的器件级封装的微机电系统加速度计[61]

图 9.34　(a)使用 QFP 封装的博世加速度计[86]和 (b) 使用 DIP 封装的摩托罗拉加速度计

图 9.35 展示了一个晶圆级真空封装的微流体传感器。芯片安装在不锈钢流体元件上，然后使用引线键合方式连接到柔性电路上[17,72]。图 9.36 给出了将密封好的 MEMS 芯片组装到较大系统模块中的一般流程。

用于 MEMS 封装的组装方式有多种不同的选择。可以使用环氧树脂的二次注塑或使用塑料注塑成形来制作塑料引线芯片载体封装（PLCC）、小尺寸 IC 封装（SOIC）、系统级（SIP）、陶瓷双列直插封装（CEDIP）或者微引线框架封装（MLF）[88,89]。组装和注塑应满足封帽后的 MEMS 较高的要求。MEMS 器件需要被配置成与供应商提供的引线框架相兼容的阵列。图 9.37 展示了一个二维排列的谐振器

图 9.35　器件级真空封装微流体谐振器，直接安装在无应力钢固件上并使用引线键合与柔性电路板相连

聚合物封装，该排列方式适合塑料注塑工艺。注塑温度远低于封装中 Avatrel 聚合物的玻璃化转变温度。

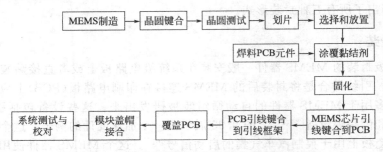

图 9.36　系统电路板集成芯片尺寸器件工艺流程

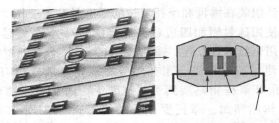

图 9.37　塑料成形和引线框架组装的晶圆级封装谐振器阵列排布[54]

　　LCP 是采用引线框架（或者无引线）准聚合物 MEMS 封装的很好材料。LCP 具有非常好的水汽阻挡性质，可以使用注塑成形进行大量生产。塑料、金属、陶瓷或者玻璃模都可以应用在 LCP 材料上，并且副作用非常小。

9.10　总结和展望

　　MEMS 晶圆级封装是微系统制造中一个非常具有挑战性并且花费非常高的任务。工业界和学术界提出了许多封装技术并得到了应用。但是对可靠性问题仍需要进行更深层次的研究。封装中气密性和应力问题以及其随温度循环、环境和时间的变化规律都是决定封装可靠性的重要因素。封装可靠性由诸多参数如材料、工艺、互连和环境决定。例如，植入生物医学器件必须具备最高等级的可靠性，以使其能够经受住人体内部严酷的环境。其他一些器件则需要经受高等级的冲击和振动测试。

　　为了弄清楚诸多因素如何影响封装，需要监测某些参数（由应用领域决定）一段时间。寿命估计加速试验技术可以用来预测某种环境条件下封装体的寿命。对于可植入 MEMS，必须将封装好的 MEMS 器件放入不同的媒介中检查其性能并确保没有材料通过盖帽泄漏出来，以此来检查器件的化学稳定性。对于真空封装 MEMS，需要长时间检测经过温度循环的真空水平。可以使用皮拉尼计精确测量真空水平。其他方法有氦泄漏率测试（MIL833），或监测高 Q 值微谐振器的 Q 值和频率。

　　除了气密性，其他一些问题如残余应力，都与封装工艺参数相关。封装应力可以导致零点和量程的漂移。此外，贴片胶材料应具有低模量特性以减小应力，并具有低的气体释放特性。很少有关于 MEMS 封装的报道能够覆盖包括机械、热、化学稳定性和老化在内的所有特性。

未来 MEMS 封装发展将解决如下问题：

① 标准化和降低成本以缩短进入市场的时间；高温工艺步骤的取代、离子刻蚀及沉积设备对于降低成本是最有效的手段。

② 适当的 MEMS 协同设计、互连以及封装将降低电气损耗。这对于包括开关、滤波器和可调无源器件在内的 RF MEMS 器件十分重要。

③ 减小封装尺寸(如面积和厚度)。随着纳米结构的快速发展，降低封装尺寸将更有吸引力。其中基于牺牲层技术的薄膜封装具有很大潜力。

④ 封装长期可靠性评估、切应力表征以及气密性分析和评估。可靠性取决于封装设计、材料和封装内残余气体。

⑤ 对于需要准气密性封装的 MEMS 器件，可以使用标准 IC 组装工艺。这要求在组装前对 MEMS 进行物理保护，这很有可能通过低成本聚合物封装技术解决。

⑥ 对于气密封装，薄膜吸气剂可提供长期可靠性和真空稳定性。

⑦ 封装对环境的激励响应，如热冲击、物理冲击、振动和化学影响等，所表现出的机械、化学抗性十分重要。这要求谨慎设计键合封帽和基于牺牲层技术的最终覆盖层。对于薄膜封装，金、铂是高耐受性很好的材料。对于键合封装，玻璃则是很好的耐环境材料。

参考文献

[1] O. Brand, G. K. Fedder, C. Hierold, J. G. Korvink, and O. Tabata, *Enabling Technologies for MEMS and Nanodevices*, Weinheim：Wiley-VCH, 2004.

[2] G. Rebeiz, *RF MEMS Theory, Design, and Technology*, Hoboken：John Wiley & Sons, 2003.

[3] H. De Los Santos, *Introduction to Wireless MEMS*, Norwood：Artech House, 2004.

[4] M. E. Motamedi, "*MOEMS*," Bellingham：SPIE Press, 2005.

[5] G. A. Urban, *BioMEMS*, New York：Springer, 2006.

[6] M. Ferrari, *BioMEMS and Biomedical Nanotechnology*, New York：Springer, 2006.

[7] H. Baltes, O. Brand, G. K. Fedder, C. Hierold, J. G. Korvink, and O. Tabata, *CMOS MEMS* Weinheim：Wiley-VCH, 2004.

[8] M. A. Lemkin, M. A. Ortiz, N. Wongkomet, B. E. Boser, and J. H. Smith, "A 3-axis surface micromachined $\Sigma\Delta$ accelerometer," *Proc. Int. Solid State Circuits Conference* (ISSCC'97), 1997, pp. 202-203.

[9] A. E. Franke, J. M. Heck, T. J. King, and R. T. Howe, "Polycrystallinesilicon germanium films for integrated microsystems," *J. Microelectromech. Systems*, vol. 12, no. 2, 2003, pp. 160-171.

[10] J. T. Kung, "Methods for planarization and encapsulation of micromechanical devices in semiconductor processes," US Patent No. 5, 504, 026, issued April 1996.

[11] R. Tummala, *Fundamentals of Microsystem Packaging*, New York：McGraw-Hill, 2002.

[12] K. Najafi, "Micropackaging technologies for integrated microsystems：applications to MEMS and MOEMS," *Proc. SPIE Micromachining and Microfabrication Process Technology VIII*, vol. 4979, 2003, pp. 1-19.

[13] F. Goodenough, "Airbags boom when IC accelerometer sees 50g," *Electronic Design*, 1991, p. 45.

[14] J. Faris, and T. Kocian, "DMD™ packaging evolution and strategy," *Proc. Intl. Symposium on Microelectronics* (IMAPS '98), 1998, pp. 108-13.

[15] Y. Tao, A. P. Mishe, W. D. Brown, D. R. Dereus, and S. Cunningham, "Laser-assisted sealing and testing for ceramic packaging of MEMS devices," *IEEE Trans. Advanced Packaging*, vol. 26, no. 3,

2003, pp. 283-88.

[16] D. Sparks, S. Massoud-Ansari, and N. Najafi, "Chip-level vacuum packaging of micromachines using NanoGetters," *IEEE Trans. Adv. Packaging*, vol. 26, no. 3, 2003, pp. 277-82.

[17] D. Sparks, R. Smith, S. Massoud-Ansari, and N. Najafi, "Coriolis mass flow, density and temperature sensing with a single vacuum sealed MEMS chip," *Dig. Solid-State Sensors and Actuator, and Microsystem Workshop*, 2004, p. 75.

[18] M. Schmidt, "Wafer-to-wafer bonding for microstructure formation," *Proc. of the IEEE*, vol. 86, no. 8, 1998, pp. 1575.

[19] Y. T. Cheng, L. Lin, and K. Najafi, "Localized silicon fusion and eutectic bonding for MEMS fabrication and packaging," *J. Microelectromech. Systems*, 2000, pp. 3-8.

[20] B. Lee, S. Seok, and K. Chun, "A study on wafer-level vacuum packaging for MEMS devices," *J. Micromech & Microeng.* vol. 13, 2003, pp. 663-69.

[21] K. Schjolberg, G. U. Jensen, A. Hanneborg, and H. Jakobsen, "Anodic bonding for monolithically integrated MEMS," *Sensors and Actuators A*, vol. 114, 2004, pp. 332-39.

[22] D. Sparks, G. Queen, R. Weston, G. Woodward, M. Putty, L. Jordan, S. Zarabadi, and K. Jayakar, "Wafer-to-wafer bonding of nonplanarized MEMS surfaces using solder," *J. Micromech. & Microengr.* vol. 11, no. 6, 2001, pp. 630-34.

[23] J. Mitchel, R. Lahiji, and K. Najafi, "Encapsulation of vacuum sensors in a wafer-level package using a gold-silicon eutectic," *Dig. IEEE Transducers'05*, 2005, p. 86.

[24] C. H. Tsau, S. M. Spearing, and M. A. Schmidt, "Fabrication of wafer-level thermocompression bonds," *J. Electrochem. Soc*, vol. 11, 2002, pp. 641-47.

[25] J. Oberhammer, and G. Stemme, "Incrementally etched electrical feedthroughs for wafer-level transfer of glass lid packages," *Dig. IEEE Transducers'03*, 2003, pp. 1832-35.

[26] A. Jourdain, P. De Moor, K. Baert, I. DeWolf, and H. A. C. Tilmans, "Mechanical and electrical characterization of BCB as a bond and seal material for cavities housing RF MEMS devices," *J. Micromech. & Microeng.* vol. 15, 2005, pp. 1560-64.

[27] C. T. Pan, H. Yang, S. C. Shen, M. C. Chou, and H. P. Chou, "A low-temperature wafer bonding technique using patternable materials," *J. Micromech. & Microeng.* vol. 12, 2002, pp. 611-15.

[28] D. Sparks, S. Massoud-Ansari, and N. Najafi, "Long-term evaluation of hermetically glass frit sealed silicon to Pyrex wafers with feedthroughs," *J. Micromech. & Microengr.* vol. 15, 2005, pp. 1560-64.

[29] K. P. Harney, "Standard semiconductor packaging for high reliability low cost MEMS applications," *Reliability, Testing and Characterization of MEMS/MOEMS III*, SPIE, vol. 5716, 2005, p. 1.

[30] S. Majumdar, J. Lampen, R. Morrison, and J. Maciel, "MEMS switches," *IEEE Instrumentation and Measurement Magazine*, vol. 6, no. 1, 2003, pp. 12-15.

[31] L. Lin, "MEMS post-packaging by localized heating and bonding," *IEEE Trans. Advanced Packaging*, vol. 23, 2000, pp. 608-16.

[32] G. H. He, L. Lin, and Y. T. Cheng, "Localized CVD bonding for MEMS packaging," *Dig. IEEE Transducers'99*, 1999, pp. 1312-15.

[33] A. Bayrashev, and B. Ziaie, "Silicon wafer bonding through RF dielectric heating," *Proc. Sensors and Actuators A*, vol. 103, no. 3, 2003, pp. 16-22.

[34] J. B. Kim, M. Chiao, and L. Lin, "Ultrasonic bonding of In/Au and Al/Al for hermetic sealing of MEMS," *Proc. IEEE Microelectromech. Systems Conf.* (MEMS'02), 2002, pp. 415-18.

[35] Y. T. Cheng, L. Lin, and K. Najafi, "Localized silicon fusion and eutectic bonding for MEMS fabrication and packaging," *J. Microelectromech. Systems*, vol. 9, 2000, pp. 3-8.

[36] Y. C. Su, and L. Lin, "Localized bonding processes for assembly and packaging of polymeric MEMS," *IEEE Trans. Advanced Packaging*, vol. 11, 2005, pp. 635-42.

[37] Y. T. Cheng, W. T. Hsu, and K. Najafi, C. T. C. Nguyen, and L. Lin, "Vacuum packaging technology

using localized aluminum/silicon-to-glass bonding," *J. Microelectromech. Systems*, vol. 11, 2002, pp. 556-65.

[38] M. Chiao and L. Lin, "Wafer-level vacuum packaging process by RTP aluminum-to-nitride bonding," *Tech Dig. Solid-State Sensors and Actuators Workshop*, 2002, pp. 81-85.

[39] Y. M. Johnson Chiang, M. Bachman, and G. P. Li, "A wafer-level microcap array to enable high-yield microsystem packaging," *IEEE Trans. Advanced Packaging*, vol. 27, no. 3, 2004, pp. 490-500.

[40] J. Heck and S. Greathouse, "Towards wafer-scale MEMS packaging: a review of recent advances," *Proc. Surface Mount Technology Association International Conference*, 2003, pp. 631-36.

[41] M. B. Cohn, Y. Liang, Y. R. T. Howe, and A. P. Pisano, "Wafer-to-wafer transfer of microstructures for vacuum packaging," *Tech. Dig. Solid-State Sensor and Actuator Workshop*, Hilton Head, 1996, pp. 32-35.

[42] W. C. Welch and K. Najafi, "Transfer of metal MEMS packages using a wafer-level solder sacrificial layer," *Proc. IEEE Microelectromech. Systems Conf. (MEMS'05)*, 2005, pp. 584-87.

[43] M. Esashi, S. Sugiyama, K. Ikeda, Y. Wang, and H. Miyashita, "Vacuum-sealed silicon micromachined pressure sensors," *Proc. of the IEEE*, vol. 86, 1998, pp. 1627-39.

[44] L. C. Chomas, Y. N. Hsu, S. Friends, D. Volfson, R. Morrison, H. M. Lakdawala, R. S. Sinha, D. F. Guillou, S. Santhanam, and L. R. Carley, "Low-cost manufacturing/packaging process for MEMS inertial sensors," *Proc. Intl. Symposium on Microelectronics (IMAPS 2003)*, 2003, pp. 398-401.

[45] R. N. Candler, W. T. Park, H. Li, and G. Yama, A. Partridge, M. Lutz, and T. W. Kenny, "Single wafer encapsulation of MEMS devices," *IEEE Trans. Advanced Packaging*, vol. 26, no. 3, 2003, pp. 227-32.

[46] L. Lin, R. T. Howe, and A. P. Pisano, "Microelectromechanical filters for signal processing," *J. Microelectromech. Systems*, vol. 7, no. 3, 1998, pp. 286-94.

[47] H. Guckel, C. Rypstat, M. Nesnidal, J. Zook, D. Burns, and D. Arch, "Polysilicon resonant microbeam technology for high performance sensor applications," *Tech. Dig. IEEE Solid-State Sensor and Actuator Workshop*, 1992, p. 153.

[48] R. He, and C. J. Kim, "On-wafer monolithic encapsulation by surface micromachining with porous polysilicon shell," *J. Microelectromech. Systems*, vol. 16, 2007, pp. 462-472.

[49] J. Knight, J. McLean, and F. L. Degertekin, "Low-temperature fabrication of immersion capacitive micromachined ultrasonic transducers on silicon and dielectric substrates ultrasonics," *IEEE Trans. Ferroelectrics and Frequency Control*, vol. 51, 2004, pp. 1324-33.

[50] B. Stark and K. Najafi, "A low-temperature thin-film electroplated metal vacuum package," *J. Electromech. Systems*, vol. 13, no. 2, 2004, pp. 147-57.

[51] D. Forehand and C. L. Goldsmith, "Wafer-level micro-encapsulation," *Proc. ASME Conf. Integration and Packaging of MEMS, NEMS, and Electronic Systems (InterPack'05)*, 2005, pp. 320-24.

[52] S. Li, L. W. Pan, and L. Lin, "Frozen water for MEMS fabrication and packaging applications," *Proc. IEEE Microelectromech. Systems Conf. (MEMS'03)*, 2003, pp. 650-53.

[53] P. Monajemi, P. Joseph, P. A. Kohl, and F. Ayazi, "A low-cost wafer-level MEMS packaging technology," *Proc. IEEE Microelectromech. Systems Conf. (MEMS'05)*, 2005, pp. 634-37.

[54] P. Monajemi, P. Joseph, P. A. Kohl, and F. Ayazi, "Wafer-level MEMS packaging via thermally released metal-organic membranes," *J. Micromech. & Microengineering*, vol. 16, 2006, pp. 742-50.

[55] P. Joseph, P. Monajemi, F. Ayazi, and P. A. Kohl, "Wafer-level packaging of micromechanical resonators," *IEEE Trans. Advanced Packaging*, vol. 30, no. 1, 2007, pp. 19-26.

[56] P. Monajemi, P. Joseph, P. A. Kohl, and F. Ayazi, "Characterization of a polymer-based MEMS packaging technique," *Proc. IEEE Symposium on Advanced Packaging Materials*, 2006, pp. 139-144.

[57] F. Faheem, and Y. Lee, "Flip-chip assembly and liquid crystal polymer encapsulation for variable MEMS capacitors," *IEEE Trans. Microwave Theory and Techniques*, vol. 51, no. 12, 2003, pp. 2562-67.

［58］M. J. Chen, A. Pham, N. A. Evers, C. Kapusta, J. Iannotti, W. Kornrumpf, J. Maciel, N. Karabudak, "Design and development of a package using LCP for RF/microwave MEMS switches," *IEEE Trans. Microwave Theory & Techniques*, vol. 54, no. 11, 2006, pp. 4009-4015.

［59］G. L. Tan, G. M. Rebeiz, R. Mihailovich, J. DeNatale, B. Taft, N. Karabudak, and B. Kornrumpf, "Low loss RF MEMS phase shifters for satellite communication systems," *Proc. AIAA Int. Communications Satellite System Conf.* 2002, p. 1.

［60］D. Sparks, M. Chia, and G. Q. Jiang, "Cyclic fatigue and creep of electroformed micromachines," *Sensors and Actuators A*, vol. 95, 2001, p. 61.

［61］D. Sparks, D. Rich, C. Gerhart, and J. Frazee, "A bi-directional accelerometer and flow sensor made using a piezoresistive cantilever," *Proc. European Automotive Engineers Coop. 6th European Congress*, 1997, p. 1119.

［62］Y. Tuzi, T. Tanaka, K. Takeuchi, and Y. Saito, "Effect of surface treatment on the adsorption kinetics of water vapor in a vacuum chamber," *Vacuum*, vol. 47, no. 6, 1996, p. 705.

［63］Y. Hirohata, K. Suzuki, and T. Hino, "Gas desorption properties of low-activation ferritic steel as a blanket or a vacuum vessel material," *Fusion Engr. & Design*, vol. 39-40, 1998, pp. 485.

［64］T. Giorgi, "An updated review of getters and gettering," *J. Vac. Science Technology A.* vol. 3, 1985, pp. 417-23.

［65］P. Manini, and B. Ferrario, "High-capacity getter pump," US Patent No. 5, 320, 496, issued June 1994.

［66］J. Travis and W. Woodward, "Getter strip," US Patent No. 4, 977, 035, issued December 1990.

［67］F. Ito, "Micro vacuum pump for maintaining high degree of vacuum and apparatus including the same," US Patent No. 6, 236, 156, issued May 2001.

［68］H. Henmi, S. Shoji, K. Yoshini, and M. Esashi, "Vacuum packaging for microsensors by glass-silicon anodic bonding," *Sensors and Actuators A*, vol. 43, 1994, p. 24.

［69］Y. Zhang, S. Ansari, G. Meng, W. Kim, and N. Najafi, "An ultra-sensitive high vacuum absolute capacitive pressure sensor," *Dig. IEEE Transducers'01*, 2001, p. 166.

［70］D. Sparks, S. Massoud-Ansari, and N. Najafi, "Reliable vacuum packaging using NanoGetters™ and glass frit bonding," *Proc. SPIE Reliability, Testing and Characterization of MEMS/MOEMS Ⅲ*, vol. 5343, 2004, p. 70.

［71］M. Moraja, M. Amiotti, and H. Florence, "Chemical treatment of getter films on wafers prior to vacuum packaging," *Proc. SPIE Reliability, Testing and Characterization of MEMS/MOEMS Ⅲ*, vol. 5343, 2004, p. 87.

［72］D. Sparks, R. Smith, M. Straayer, J. Cripe, R. Schneider, A. Chimbayo, S. Ansari, and N. Najafi, "Measurement of density and chemical concentration using a microfluidic chip," *Lab on a Chip*, vol. 3, 2003, pp. 19-21.

［73］A. Gotlieb, M. Schroder, "Pressure sensor and process for producing the pressure sensor," US Patent No. 6, 732, 590, issued May 2004.

［74］V. Chandrasekaran, E. M. Chow, T. W. Kenny, T. Nishida, L. N. Cattafesta, B. V. Sankar, and M. Sheplak, "Thermoelastically actuated acoustic proximity sensor with integrated through-wafer interconnects," *Tech. Dig. Solid-State Sensor, Actuator and Microsystems Workshop*, 2002, pp. 102-105.

［75］G. Li and A. A. Tseng, "Low stress packaging of a micromachined accelerometer," *Trans. Electronics Packaging Manufacturing*, vol. 24, no. 1, 2001, pp. 18-25.

［76］L. Quellet, "Wafer-level MEMS packaging," US Patent No. 6, 635, 509, issued October 2003.

［77］B. Ziaie, J. A. Von Arx, M. R. Dokmeci, and K. Najafi, "A hermetic glass-silicon micropackage with high-density on-chip feedthroughs for sensors and actuators," *J. Microelectromech. Systems*, vol. 5, no. 3, 1996, pp. 166-79.

［78］A. Jourdain, S. Brebels, W. De Raedt, and H. A. C. Tilmans, "The influence of 0-level packaging on the performance of RF-MEMS devices," *Proc. IEEE European Microwave Conf.* vol. 419, 2001, pp. 403-406.

[79] X. Zhu, D. M. Aslam, Y. Tang, B. H. Stark, and K. Najafi, "The fabrication of all-diamond packaging panels with built-in interconnects for wireless integrated microsystems," *J. Microelectromech. Systems*, vol. 13, 2004, pp. 396-405.

[80] J. Chae, J. M. Giachino, and K. Najafi, "Wafer-level vacuum package with vertical feedthroughs," *Proc. IEEE Microelectromech. Systems Conf.* (MEMS'05), 2005, pp. 548-51.

[81] A. Badihi, "Ultrathin wafer-level chip size package," *IEEE Trans. Advanced Packaging*, vol. 23, no. 2, 2000, pp. 212-14.

[82] R. C. Ruby, T. E. Bell, F. S. Geefay, and Y. M. Deasi, "Microcap wafer-level package," US Patent No. 6, 429, 511, issued August 2002.

[83] J. Heck, L. R. Arana, B. Read, and T. S. Dory, "Ceramic via wafer-level packaging for MEMS," *Proc. ASME Conf. Integration and Packaging of MEMS, NEMS, and Electronic Systems* (InterPack'05), 2005.

[84] K. Boustedt, K. Persson, and D. Stranneby, "Flip Chip as an Enabler for MEMS Packaging," *Proc. IEEE Electronic Components and Technology Conference* (ECTC'02), 2002.

[85] T. T. Hsu, *MEMS Packaging*, London: INSPEC, 2004.

[86] J. Marek, "Microsystems for automotive applications," *Proc. Eurosensors XⅢ*, 1999, pp. 1-8.

[87] M. Eliacin, T. Klosowiak, R. Lempkowski, and KeLian, "Meso-microelectromechanical system package," US Patent No. 6, 859, 119B2, issued 2005.

[88] K. Gilleo, *MEMS/MOEM Packaging: Concepts, Designs, Materials and Processes*, New York: McGraw-Hill, 2005.

[89] L. E. Felton, M. Duffy, N. Hablutzel, P. W. Farrel, and W. A. Webster, "Low-cost packaging of inertial sensors," *Proc Intl. Symposium on Microelectronics* (IMAPS'03), 2003, pp. 402-406.

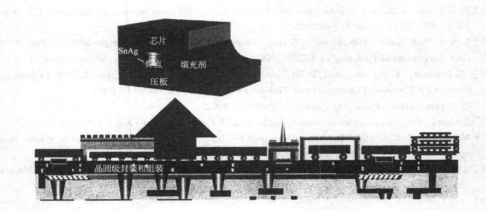

第10章

晶圆级 SOP

P. Markondeya Raj, Zhuqing Zhang, Y. Li, C. P. Wong, Rao R. Tummala
佐治亚理工学院

系统级封装（SOP）由两部分组成：IC 和系统封装，其中系统封装同时充当系统主板。在 SOP 中，以上两部分均需要小型化并且同时进行设计、制造和屈服测试，然后通过互连形成的具有数字系统、光学、无线和传感器功能中的两个或更多功能的系统模块。晶圆级 SOP（WLSOP）被定义为一种通过使用晶圆硅片作为衬底的硅基系统封装。嵌入式的薄膜结构、薄膜布线、互连和组装等 SOP 技术伴随 IC 和系统元件的制造、集成都在同一个硅晶圆基板上完成。SOP 中的 IC 部分包括再分配和晶圆级的互连，然后进行划片，集成到有机基板上，最后形成传统的晶圆级封装（WLP）。WLSOP 传统上是通过在有机物系统主板上集成离散的系统元件来实现的，现在则是通过在硅晶圆上嵌入薄膜元件来实现。WLSOP 通过超高密度多层薄膜布线、薄膜无源和有源器件、硅衬底上超薄互连等集成系统并使其最小化，接着进行晶圆级测试和老化实验。这一章节回顾了所有这些以晶圆级互连为重点的硅基技术。

10.1　引言

10.1.1　定义

WLSOP 定义为在 SOP 概念上的硅基系统，如图 10.1 所示。由于 SOP 是包含器件和系统元件并使其高度微型化的多功能系统。WLSOP 通过先进的 CMOS 器件完成这些元件的二维或三维集成与最小化，其包含了硅基系统级封装、主板。先进的器件包括二维 IC，比如 SOC、通过 TSV 与非 TSV 工艺的三维堆叠式 IC。系统元件包括硅基板上的以下元件：①超高密度的细线多层布线、在有机电介质层和铜导体上的 I/O；②嵌入式薄膜无源元件；③嵌入式薄膜有源元件；④薄膜热结构。在将来，可能会包括超薄的电源，比如纳米电池和纳米尺度的外部 I/O。

采用 WLSOP 技术的理由有很多，其中包括以下几条：

① 通过超微间距布线方式和互连间距来缩短 IC 和板之间的 I/O 间隙，而这种方法不能用传统的有机基底和电路板技术来实现。

② 通过超薄膜层布线、I/O 和热结构来实现系统的微型化。

③ 由于基于 TSV 技术的芯片和嵌入式薄膜系统元件使芯片到芯片之间的互连距离更短，所以可以提高系统的性能。

④ 通过所有硅基的方法，消除全局 *CTE* 不匹配的问题，使热机械可靠性问题最小化。

由以上的定义和图 10.1 中所说明的，WLSOP 包括 5 个重要的技术：

① 超高密度的多层聚合物铜布线的硅基板；

② 最低价格且最佳性能的晶圆级嵌入式薄膜元件；

③ 晶圆级超高密度互连和微间距组装；

④ 含有 TSV 或没有 TSV 的有源二维 SOC 和三维 SIPS；

⑤ 晶圆级、IC 级和系统级的测试和老化实验。

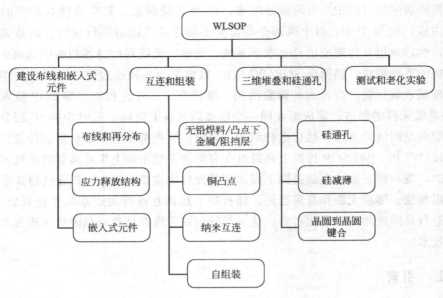

图 10.1　WLSOP 技术

本章主要的重点集中在互连和组装上。由于和 WLSOP 有关，布线和嵌入式薄膜元件在这章有简要介绍，但是在第 7 章已经重点回顾过了。类似地，在这里只是简要回顾电测试和老化实验，但在第 12 章会进行大量介绍。SIP 技术在第 3 章回顾过了。

10.1.2　晶圆级封装——历史进程

图 10.2 说明了 IC 封装的历史进程。传统的 IC 封装可以实现两个功能：①为 IC 提供电测试的 I/O，从而保证这些 IC 的良好运行；②为组装到系统主板提供互连。但是在这个过程中，如图 10.3（a）所示，切割 IC 和一次封装通常使 IC 封装变得笨重与昂贵，同时限制了电气性能和热机械系统的可靠性。另一方面，如图 10.3（b）所示，晶圆级封装有很多优点。在这种方法中，晶圆级互连（比如凸点）沉积在整个 300mm 的硅晶圆上，就不需要对单个 IC 进行封装。同时正在开发在晶圆级工作频率进行电学测试 IC 的技术。此外，这一方法引出了芯片级规模和裸芯片封装，从而大大减小了 IC 的封装尺寸。

在过去的 20 年里，IC 的制造和应用得到了迅速发展，同时也使电子产品变得更快、更轻、更小并且更加便宜。半导体行业经过了历史性的转变：小于 65nm 节点的纳米芯片诞生。一些芯片会有 1 亿个以上的晶体管，这需要超过 1 万的 I/O 和超过 150W 的功率，同时能提供每秒兆兆比特的计算速度。如表 10.1 所示，国际半导体路线组织的技术路线图需要 IC 的尺寸降到 32nm，I/O 的间距降到 20μm。

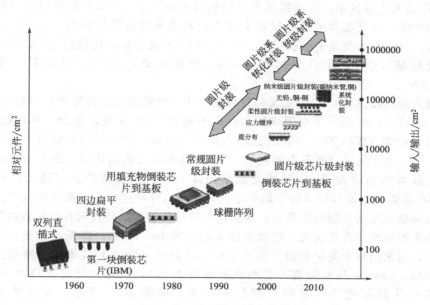

图 10.2　IC 封装的历史进程

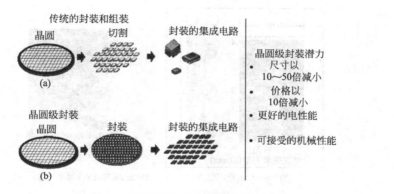

图 10.3　传统封装和晶圆级封装的对比

表 10.1　ITRS2005 年互连间距的技术路线图　　　　单位：μm

年份	2007	2009	2010	2015	2020
引线键合	30	25	25	20	20
面阵列的倒装芯片	120	100	90	80	70
周边倒装芯片	30	25	20	20	20

　　由上面描述可知，在传统离散 IC 的封装过程中，晶圆先被划分为单个 IC 芯片，接着这些芯片通过引线键合，载带自动焊（TAB）或者倒装芯片焊接技术被组装在一个引线框架上或者中介层上。微型化和性能改进的需求推动了尺寸和 I/O 的发展。在过去的 40 年里，IC 的封装经历了双列直插式封装（DIP）、四边扁平封装（QFP）到球栅阵列封装（BGA），如图 10.2 所示。虽然传统的引线键合仍然

为 IC 组装的主要技术，但是倒装芯片组装技术在高 I/O、高性能的器件中得到了广泛的应用。组装芯片的中介层在 I/O 中起着再分配基板的作用，一方面满足芯片引脚，另一方面满足电路板引脚。硅片面积与封装面积的比值定义为硅效率，在芯片级封装（CSP）中几乎达到 100%，而在堆叠式的 SIP 封装中已经超过了 1000%。

被大众所接受的 CSP 的定义是封装的尺寸（封装的长度和宽度）不超过 IC 尺寸的 1.2 倍。CSP 用一个小得多的形状因子延伸了 BGA 设计理念。晶圆级封装，如晶圆级 CSP（WLCSP）才是真正的芯片尺寸封装，这是因为封装尺寸和芯片的尺寸一样。由于批处理所具有的性质，WLP 具有这方面的优势，每个器件的价格随着晶圆大小的增加或 IC 尺寸的减小而降低[1]。在消费产品市场中，当前的 WLCSP 主要是为低 I/O 器件中的小芯片设计的。针对这些应用而开发的许多新技术都是简单地重新分配外围焊盘，接着进行焊球焊接。这些技术在低铅数的器件和集成的无源器件中有所应用。在价格驱动的市场中，WLP 以降低产品成本为目标的技术，通常用每个晶圆和每个晶圆上的芯片封装（CPW）成本作为衡量是否成功的指标。300mm 晶圆制造工艺的发展有利于 WLP 技术。与之前的 200mm 相比，在每片晶圆的芯片数量上超过了 2 倍。如图 10.4 所示，大批量生产的 WLCSP 例子有德州仪器的 NanoStar 封装[2]和国家半导体的 microSMD 封装[3]。

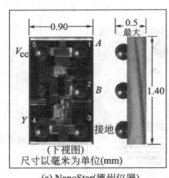

(a) NanoStar(德州仪器)　　　(b) microSMD(国家半导体)

图 10.4　WLCSP 的例子

另外一个 WLCSP 应用的例子是图 10.5 所示的卡西欧的手表相机。CSP 一个快速应用的领域包括内存设备，比如闪存、静态随机存储（SRAM）和动态随机存

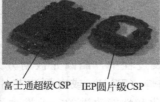

富士通超级CSP　　IEP圆片级CSP

图 10.5　WLCSP 在卡西欧的手表相机的应用
[来源：卡西欧（Casio）]

储（DRAM）。随着通用串行总线（USB）存储器和内存卡阅读器的出现，闪存卡（CF）或者内存条越来越多应用于电脑、笔记本电脑、个人数码助理（PDA）、数码相机甚至是手机之间的数据传递。当前的 CF 存储卡都是引线框架封装，比如小型薄型封装（TSOP）。然而随着产品尺寸继续减小，CSP 正在逐渐地占据主要地位[4]。小型产品尺寸的要求和逐渐增加的

存储密度对 WLCSP 的应用很有利。

当前 WLP 的商业应用是在小芯片上和低 I/O 的设备上，但是 WLP 的趋势是朝着更大的芯片尺寸和更快速的 I/O 发展。在 10.4 节将讨论一套新颖的 WLP 互连技术是如何应对这些挑战的。

10.2　布线形成与再分布

10.2.1　IC 封装间距间隙

IC 的 I/O 密度不断升级，这是由高系统性能的需求所驱动的。比如多核处理器，合计提供的数据传输率达到 1Tb/s。（BEOL）后段线路布线是指形成局部和整体的互连布线，连接芯片上的不同晶体管电路元件。在 65nm 节点 IC 技术中，BEOL 的互连线从 200nm（金属层 1）到 1100nm（金属层 8）变化。这些互连线的高宽比为 1.8。夹层为低 K 值的介电材料。另一方面，即使是最先进的封装基板技术，粗糙的 I/O 间距也在 100μm 左右，同时线宽和间隔在 25～30μm。这与利用最尖端的技术达到的 40μmIC 的 I/O 焊盘间距相差很大。甚至在将来会减小到 1～20μm。很显然，芯片上互连技术和片外有机基板技术之间存在着很大的互连差距。

（1）聚合物铜布线的硅基板

WLSOP 为上面的 IC 封装差距提供了一个解决方法。其中最重要的贡献是硅晶圆本身。不像有机封装或者电路板，硅晶圆平整光滑而且易控制，因此，硅晶圆可以实现超高密度布线和微间距。标准硅布线的基本规则可以应用在硅系统基板上，来降低片上和片外之间互连间距的不匹配，以支撑有源和无源元件的系统集成。利用和提高前几代系统集成半导体加工工具，支持亚微米的 BEOL 几何形状，实现高密度布线并满足将来 I/O 间距的需求。

（2）BEOL 材料和工艺

之前提过，对于 65nm 节点，BEOL 的几何尺寸将在金属层 1 的 200nm 与金属层 8 的 1100nm 之间变化。到目前为止，在硅晶圆上的布线已经使用了两种主要的工艺方法。一是由贝尔实验室开发的，采用铝对 BEOL 进行简单的延伸；另外一个更像是聚合物-铜多层铜布线，是由 IBM、NEC 和其他 MCM 公司开发的。铝 BEOL 生产已经超过了 30 年。铝的图形化最初采用湿法刻蚀的消减完成，但是后来用先剥离后干法刻蚀的消减工艺来实现，来持续不断地收缩规则。铝 BEOL 工艺包括：

① 在平面上依次沉积 Ti 和 Al；

② 通过反应离子刻蚀去掉铝；

③ 用内含金属的电介质层的沉积来填充和覆盖布线；

④ 用化学机械抛光平整化；

⑤ 利用 CVD 工艺制作钨钉。

从 0.8μm 的 CMOS 到 0.25μm 的时代，基于减法反应离子刻蚀（RIE）的铝布线一直在工业界得到应用。但是铝 BEOL 有许多电方面和加工方面的限制。这些限制是处理氯 RIE 刻蚀化学产生的缺陷与线间由于刻蚀残余物造成的短路。电的限制一般与 RC 延迟有关。决定时钟频率的互连 RC 延迟被定义为：

$$RC = \varepsilon \times \frac{\rho}{M} \times \frac{L^2}{S}$$

式中，ρ、M 和 L 分别是电阻率、厚度和互连的长度。ε 和 S 分别是介电常数和中间介质层（ILD）的厚度。减小电阻率或者金属互连的长度，增加金属厚度，增加 ILD 的厚度或者使用低的介电常数的 ILD 材料可以减少 RC 延迟。采用 BEOL 布线以降低 RC 延迟的趋势，产生了低 K 的介质层夹层的铜互连。以铜为主导的低 K BEOL 集成工艺技术有三大特性[5]。它们是：

① 铜在硅片和硅石上扩散更快，需要扩散阻挡层；
② 铜表面预处理需要粘附一层低 K 介质层；
③ 干法刻蚀困难，禁止使用减法刻蚀工艺。

为了解决这些限制条件，IBM 发明了一种双镶嵌加工工艺[6]。加工步骤如下：

① 在两步中都刻蚀绝缘层形成孔和凹槽；
② 使用化学气相沉积、溅射或者电镀铜填充孔；
③ 用抛光平整化除掉多余的铜和阻挡层金属。

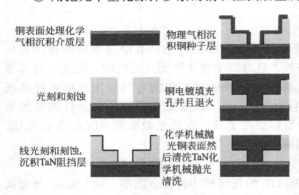

铜表面处理化学气相沉积介质层　　物理气相沉积铜种子层

光刻和刻蚀　　铜电镀填充孔并且退火

线光刻和刻蚀，沉积 TaN 阻挡层　　化学机械抛光铜表面然后清洗 TaN 化学机械抛光清洗

图 10.6　亚微米铜互连双镶嵌工艺流程简图

图 10.6 中描述了这些步骤。另外一个方面，铜的低 K BEOL 引入了低 K 电介质层。这些材料有更低的极化群，如碳-碳（C-C）、碳-氢（C-H）、碳-氟（C-F）、硅-碳（Si-C），或者通过引入纳米尺度孔隙率的材料，达到更低密度的极化群。最普遍的材料都是基于改进的硅碳氧化物或者无机有机混合材料。低 K 的电介质层和铜都有两个基本问题：①减小的介电常数本身伴随着薄弱的机械强度；②在 BEOL 加工中低 K 介质层逐渐恶化。虽然铜、CMP 和双镶嵌工艺已经顺利集成到半导体工业中，但是低 K 介质层的加入会产生明显的问题，带来成品率和可靠性方面的挑战。

通过使用 BEOL 工艺可以使封装布线达到 $1\mu m$ 的线宽和间距。然而，封装设计常常需要更厚更宽的 $1\sim5\mu m$ 范围内或更大的布线。这是为了满足封装布线能量和电流的要求。这使得较长布线的封装一般比 IC 封装大 $5\sim10$ 倍。此外，为了高速传输数据，芯片上布线使用分散的 RC 输电线路。导线延迟的增强通常与互连长度成二次方关系，迫使需要中继器。另一方面，整体布线需要 LC 输电线路，本质上是表现为波导[7]。和这些芯片上整体互连相比，LC 输电线路需要更大的截面积（$30\mu m^2$）。然而，大的截面积的化学机械抛光过程会产生缺陷，同时也会有额外的可靠性问题，因为较厚布线需要较厚的介质层来满足电容的要求。另外，BEOL 加工过程使用化学气相沉积等昂贵的技术，一般不符合封装的成本效益。为了满足几何、加工和成本的要求，通常采用薄膜多层聚合物金属叠层。这种类型的薄膜封装技术最开始是由 IBM 和 NEC 在 20 世纪 80 年代为陶瓷多芯片元件而开发的。这些技术后来被日本 IBM 公司陆续用在表面印刷电路板上，这为叠层有机基板铺平了道路，而且已经广泛地使用十年以上了。

10.2.2　硅上再分布层关闭间距间隙

多级薄膜再分布层扩大了晶圆间距，实现与有机封装重新布线工艺相匹配。这些再分布层也能增加钝化，部分地释放晶圆级封装中的应力，达到更好的组装可靠性。再分布层涉及薄膜嵌入式的被动元件，将在 10.3 小节中讨论到。在 WLSOP 概念中，封装布线几何尺寸与芯片 I/O 相匹配，IC 封装是为阻抗匹配和最小互连距离的高数据速率互连进行协同设计和制造的，这种情况下就不需要再分布层了。然而，传统的 WLP 由为引线键合而设计的周边焊盘的再分布与区域阵列粗间距的互连构成，有应力缓冲与应力再分布的特征。

薄膜再分布一直是经济有效的晶圆级工艺。这种类型封装的一个例子是超芯片大小的封装（Ultra CSP）[8]。图 10.7 阐述了 Ultra CSP 的制造过程，使用两层苯并环丁烯（BCB）材料的介质层和一层 Al-NiV-Cu 的再分布层。在加工完薄膜层以后，通过流动和回流使焊球粘附住。Ultra CSP 的优越性在于使用了标准的 IC 工艺技术，这不仅便于在晶圆制造末端进行植球，而且便于晶圆级芯片测试和老化筛选。同时它还可以迅速地融入高收益过程，可以很容易地集成在现在存在最小增量资本投资的半导体工艺中。

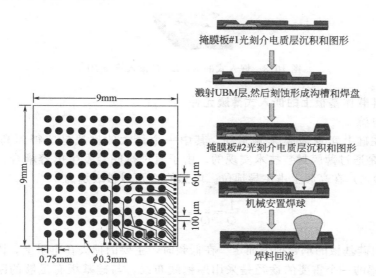

图 10.7　晶圆级再分布超 CSP 的加工过程

10.3　晶圆级薄膜嵌入式元件

WLSOP 旨在整合薄膜元件，以提供这种薄膜去耦电容和终端电阻的电子功能，随着硅衬底薄膜布线和互连技术的发展，这种薄膜元件可以作为电阻、感应器、电容、滤波器，实现不平衡变压器的射频功能，以及应用于包括电池在内的嵌入式电源。硅晶圆基板为集成所有的这些元件并实现微型化提供了独特的机会，同时也会带来高性能、低成本、高可靠性和实用性的好处。

对于实现 WLSOP 薄膜元件的途径。如前面所述，SOP 概念中的嵌入式薄膜元件可以应用在再分布层或者硅载体基板上。具体阐述如下。

10.3.1 再分布层中的嵌入式薄膜元件

在有源晶圆上以硅为中心的薄膜布线技术，也就是上面所说的再分布层，可以包括嵌入式薄膜元件，如图 10.8 所示。根据不同的工艺路线要求，这些薄膜元件可以插入任意两层之间为设计提供模块化。对于嵌入电感和金属-绝缘层-金属电容器的嵌入最少需要两层结构。对于电感器，通常第一层定义了线宽、线间距和圈数的横向尺寸，而第二层提供了连接内端螺旋和外端的下穿交叉道。

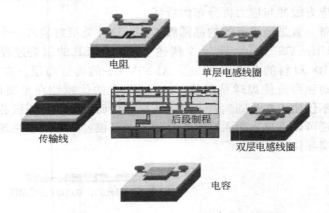

图 10.8 嵌入式的 R、L、C 输入线路 RDL

10.3.2 硅载体基板上的嵌入式薄膜元件

（1）电感

对于在硅上实现薄膜无源元件，其中一个最大的挑战是要得到高 Q 值。在 RDL 层上是通过薄膜封装技术实现的。由于通过衬底会发生电容耦合，硅基板上的损失（Q_{sub}）在高频上占主导地位。电感的 Q 可以被表示为

$$\frac{1}{Q} = \frac{1}{Q_{sub}} + \frac{1}{Q_{metal}}$$

Q 值由硅基板的耦合损失而定。在低频时，主要的损失在电阻上。因此，实现高 Q 值电感的一个重要的途径是采用厚铜线布线，与硅基板有足够的距离。后者通常是使用厚的绝缘层来实现。这样才能达到更小的损失，因为串联电阻较低，并且更低的并联电容得到更高的共振频率。领先的硅兼容薄膜技术和三维微加工工艺，比如高深宽比的铜或超低导体损失的银电极（图 10.9）的 MEMS 技术，可以提升无源元件的品质因子[9]。

为了在硅衬底上得到高性能的无源元件，硅基板本身的损失一直是一个主要的障

碍。在图 10.10 中，Sinaga 等
人比较了在硅基板和在其他候
选基板上的损失情况[11]。如
图中所示，带有一层厚氧化阻
挡层的高电阻率的多晶硅可以
用来减少损失，从 0.08dB/mm
下降到 0.04dB/mm。这些都是
为了 RF 隔离而提出的作为间

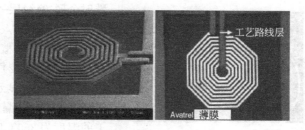

图 10.9　由佐治亚理工学院开发的硅上高 Q 值 MEMS 电感

隔基板的措施。100μm 或更厚间隔层的电感，能使 Q 值在硅上达到 40 以上。如图 10.11
所示，使用这些方法，代尔夫特科技大学的 DIMES 通过建造集成的贴片天线、电感和
隔离沟槽，将 RF 集成延伸到了芯片平台[12]。

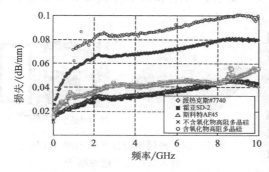
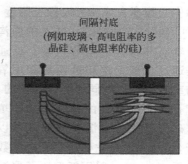

图 10.10　修改硅上的射频（RF）隔离技术 DIMES

　　IMEC 报道，为了降低衬底损耗，在电感下面使用一个多晶硅图形接地屏蔽也
可以增加 Q 值[13]。通过在电路之间增加电磁绝缘，MEMS 技术可以进一步提升品
质因子。其他的方法包括为了隔离增加沟槽来干扰电流的路径[14]，或用有深的高
深宽比的沟槽分割衬底，可以减小基板的有效 K 值和电导率。这样反过来降低了
电磁感应电流以及偶极损失[15]。紧接着，用 PECVD 法在一个低损失基板的电感
上沉积一层低损失的介电质层，比如 SiO_2，来桥接开槽区域，实现牢固的支撑。
Rais-zadeh 证明对于 CMOS 兼容的硅衬底上的 1nH 的电感，当选择性去除电感下
的硅时，在 8～23GHz 的工作频率范围内，Q_s 高于 150[16]。
　　（2）电阻和电容的超薄沉积

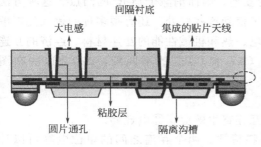

图 10.11　硅上的射频 WLSOP DIMES

　　① 电阻　少于 100nm 的超薄膜电
阻在硅衬底上很容易实现。通过使用
合金得到方块电阻值为 100Ω/□以上。
镍镉合金（Ni 占 50%）电阻的电阻值
从 10Ω/□到 100Ω/□不等，为了获得
高达 100kΩ 的阻值通常对其采用直流溅
射。溅射的 TaN 电阻（75Ω/□）是其
他类型的电阻，通常用作替代品。通过

图 10.12 采用 WLP 技术的射频无源
器件示范 (来源：IMEC)

溅射金属-绝缘层-金属电容器，比如 Ta_2O_5，可以得到 $75\sim200nF/cm^2$ 的电容。IMEC 证明用这种方式在 WLSOP 概念中集成无源器件有很多的优势。(见图 10.12) 在这个过程中，加工的温度为 250℃，Ta_2O_5 显示的击穿电压（BDV）为 18V，而且在 3V 时泄漏电流的数量级为 nA/cm^2。当加工的温度为 360℃时，使用铂电极的 BiTaO 可以得到的电容密度为 $1\mu F/cm^2$，击穿电压为 15V[17]。

Fraunhofer 报道了电感在 $1.5\sim80nH$ 范围、电阻值在 $10\sim150k\Omega$、电容在 $0.2\sim3pF$ 之间的 RF 功能以及阻抗控制的传输线结构[9]。在这个研究中，在硅晶圆上设计低通、带通和带阻滤波器，而且设计用截止和中心频率在 2.4GHz 频带附近 (图 10.13)。

② 电容 据报道，硅上的微沟槽电容有非常高的电容密度。这通常是通过在硅上深刻蚀沟槽和用氧化物或者氮氧化物同形覆盖获得的。毛细孔接着被此处的掺杂多晶硅填满。硅氮氧化物可沉积的厚度可以小于 30nm。但是它们本身介电常数比较低（6～8）。采用新型原子层沉

图 10.13 弗朗禾费显示的射频 WLSOP
嵌入式的 LC 滤波器[9]

积（ALD）生产这种高 K 的片形的铪氧化物（25nm）和钛氧化物（50～80nm），可以增加电容密度 3～50 倍。然而，应用 ALD 到有深沟槽的晶圆会导致额外的挑战，比如侧壁粗糙度，这会导致更低的击穿电压和自然氧化层，也会导致不想要的低介电常数[17]。解决这些问题的一个途径是恰当地使用合适的微结构的阶梯覆盖，来获得好的绝缘层。Philips 报道了具有足够的绝缘电阻而且电容密度高达 $10\mu F/cm^2$ 的电容器[18]。Philips 也介绍了一个高阻值硅晶圆衬底，它含有通孔、嵌入式电阻、电容、电感和组装有源芯片的短互连[19]。

10.4 晶圆级封装和互连 (WLPI)

WLPI 在整个 300mm 晶圆上形成的互连，因而消除个别 IC 的凸点。这种方法的好处在前面已经讨论过了。然而，为了得到这些好处，还有很多种的挑战先要解决。这些包括电和机械的设计，合适的电、热和机械性能的互连材料，经济的互连过程和热叠层影响下的热机械可靠性（ΔT 和 CTE 的不匹配，$\Delta \alpha$）。这些在图 10.14 上都显示出来了。

（1）电学挑战

电方面的挑战主要分为两大类：①互连寄生效应，②电迁移。

互连寄生效应依赖于互连高度和材料特性。两个互连之间的单位电容可以计算为

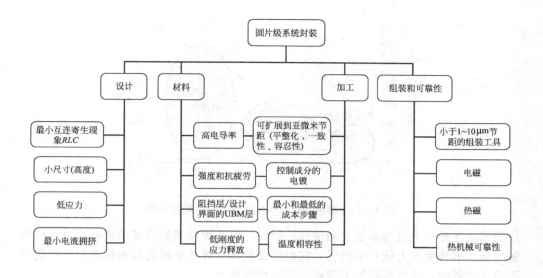

图 10.14　WLPI 的挑战和用来解决这些挑战的多种技术

$$C = \frac{\pi\varepsilon}{\cosh^{-1}(d/2a)}\left(\frac{F}{m}\right) \tag{10.1}$$

式中，a 是互连半径，d 是两个相邻互连中心之间的距离（节距），ε 是在互连材料周围金属的介电常数。整个互连电容是 $2C$。

电感的互连 L 可以被定义为

$$L = \frac{\varepsilon_r}{2Cc_o^2}\left(\frac{H}{m}\right) \tag{10.2}$$

式中，c_o 是自由空间光的速度，ε_r 是互连周围的中间物体的相对的介电常数，比如空气或底部填充物。互连线的电感是 $L\times l$，其中 l 是互连的长度。使用空气的 ε_r 为 1，底部填充物的 ε_r 为 3.1，互连的电感可以被计算出来。

该互连的电阻 R 可以用下面的公式来计算

$$R = \rho\frac{l}{\pi\times a^2} \tag{10.3}$$

式中，ρ 是互连材料的电阻率。

引线键合或兼容互连、基于焊料的倒装芯片互连技术以及被描述为是超大互连性能的纳米互连的技术中 R、L、C 的大小如图 10.15 所示。

随着功率的继续增加，通过凸点的电流通常会增加，导致高的凸点温度。电流密度的以 l/d^2 来衡量，这增加了在微细处抗电迁移的重要性。

（2）材料挑战

互连需要电、热、机械和化学性能的独特组合的材料。另外，为了获得细间距和在低温下提供强且可靠的有最小界面阻值的金属键合，同时考虑成本，互连材料应该在小尺寸下加工。为了得到最佳的电互连，材料一般都是基于高导电金属，比

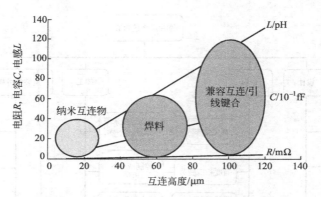

图 10.15　纳米互连与传统互连电寄生效应计划

如铜或者在低温下很容易加工和键合的焊料。但是焊料遇到许多的挑战，包括机械强度低、抗疲劳能力低和电抗低。它们还受到芯片焊盘金属化和基板的金属间化合物形成的影响，进一步降低了焊点的热机械可靠性。

（3）加工挑战

蒸发、丝网印刷法和电镀是晶圆凸点最常用的三种技术。蒸发可提供高可靠性的铅锡（PbSn）焊料凸点。但是对于高锡无铅焊料来说相对较慢，因为锡的蒸发压力较低。相对来说，丝网印刷法更便宜且更容易应用在无铅焊料上。然而，由于回流过程中的空洞和体积减小，丝网印刷法不能在细间距下使用。在细间距时，与蒸发和丝网印刷法相比，电镀是一个比较好的焊料晶圆凸点加工工艺，因为它有普遍的工艺特点和标准的基础结构，能提供尺寸在几微米到几百微米的铜互连结构。此外，可以容易地扩展到大晶圆尺寸的应用中。同时与丝网印刷法相比，有高的产量、更好的质量和均匀的焊料凸点。然而，由于电镀在强度和疲劳寿命上的频繁妥协，焊料的成分难以控制。

消除了应力的互连可以提供设计的灵活性，可以进行优化，以提供最佳的机械和电性能。最初标准的金属间连接方案是从引线键合的路线延伸而来的。对于细间距的兼容金属结构，电镀三维 MEMS 类的加工过程经常被使用。然而，在光刻步骤中需要的多层掩膜版增加了人工加工的成本。与复杂多层的刻蚀加工过程相比，简单且划算的基于聚合物消除应力的方案在商业上更成功些。在后面的章节中，需要对各自互连方案细节进行讨论。

（4）组装和热机械可靠性的挑战

受益于三维和 WLSOP 集成，高精密定位、划算的装配和测试必须达到可靠适合于目标的应用。芯片和有机基板之间的 CTE 不同，导致互连中的应力产生。如果应力过大，会导致结构的失效，最后芯片可能发生电失效。在热循环下评价互连的失效寿命，由如下公式可知，是与互连的几何尺寸和加载有关的。

$$失效寿命 \propto \left[\frac{h}{L \, \Delta\alpha \Delta T} \right]^2 \tag{10.4}$$

其中，L 是芯片的长度，h 是互连的高度，$\Delta\alpha$ 是衬底和芯片之间的 CTE 差，

ΔT 是热循环中的温差。在 BGA、CSP 封装中，一个相对厚的中间层被用来再分布 I/O，在消除应力中作为缓冲层，而对于 WLP，在晶圆级上完成 I/O 的再分布并且中间层一般都不存在。另外一方面，在细间距时，互连正在向更薄的几何尺寸发展，这会进一步影响疲劳寿命。

由于电学的需求要求在超细间距上实现短互连，这样可以在低功率的情况下，增加芯片到芯片和芯片到封装的带宽。但短互连同时也存在机械方面的挑战。最大的焊料应变在 $50\mu m$ 的间距上要比在 $200\mu m$ 的间距上大 $4\sim8$ 倍。由于焊料的机械性能较差，降低传统焊凸点互连的尺寸不会满足于 $50\mu m$ 甚至更小的细间距下的热机械可靠性的要求。因此，需要新型低成本的 WLP 技术来解决超高电性能的电系统，同时消除在细间距下的可靠性问题。如图 10.16 所示，互连的趋势将会从无铅焊料到兼容互连，到铜支柱互连和薄膜纳米互连。

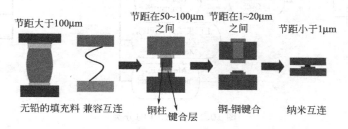

节距大于100μm　　节距在50~100μm之间　节距在1~20μm之间　节距小于1μm

无铅的填充料　兼容互连　　铜柱　键合层　　铜-铜键合　　纳米互连

图 10.16　晶圆互连趋势

10.4.1　WLPI 的分类

如图 10.17 所示，所有的互连可以大致地分为两类：①兼容互连，②严格不变的互连。兼容互连通过如下所述的各种机制来消除应力。这可以分为：①基于金属的，②基于聚合物的。在兼容互连里，由于 IC 和衬底之间的 CTE 不匹配，机械应力在互连中产生，并且通过互连中的机械变形而永久存在。一个好的例子是引线键合。然而，兼容互连一般很长而且薄，所以有高的电阻值、电感值和电容值。因此，电和机械的设计的需求经常是相矛盾的，而且最后的设计一般是在这两个之间找一个平衡。严格不变的互连比如焊料，通常更短而且不能像兼容互连那样适合任何的应变。如果连接处的应变不能降到合适的水平，比如用填充物，往往会导致早期的失效。这是基于焊料的细间距互连的一个最大的障碍。当前用到填充物的无铅焊料方法面对重大的挑战，即设计合适机械性能的填充物并且将其填充在细间距和低高度的互连中，而且还要控制聚合物填充物中的填料成分。

（1）基于金属的消除了应力的互连

互连被分为两类：消除了应力的和刚性的。为了减小 IC 和衬底之间 CTE 不匹配在互连时产生的应力，消除应力技术修改了晶圆的制造方法，比如 RDL、布线和互连步骤。两种重要主要的减小应力、消除应力途径介绍如下。通过在 x、y、z 方向上简单移动或者变形使互连中的应力和应变消除，兼容金属的结构能容忍芯片和衬底在热循环中的 CTE。与塑性区域对比，变形应力保持在互连材料的弹性区间时，抗疲劳性能更高。在大多数情况下，z 轴方向的屈服还提供解决基板共面和

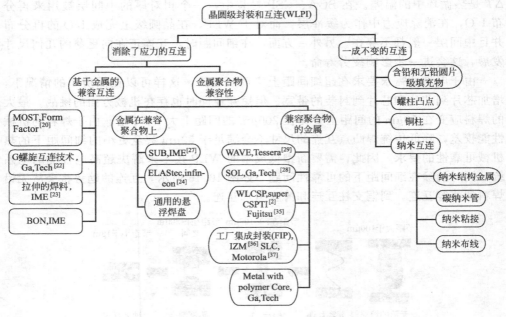

图 10.17　WLPI 的分类

晶圆测试问题。

　　许多基于金属的兼容互连技术得到了发展，用于改进互连的可靠性。这些例子有 FormFactor 公司的硅上微弹簧连接技术（MOST）[20] 和佐治亚理工学院的 G 螺旋互连技术[21]。微弹簧连接技术首次是为晶圆探针和栅格阵列（LGA）插接而发明的。这项技术最近延伸到了一个叫做 MOST 的晶圆级封装，其中微弹簧连接技术直接在晶圆级的硅上进行加工，如图 10.18 所示。微弹簧连接是由金线键合加工而成并镀上镍合金，因此叫做"弹簧合金"。这些接触通过焊接附着在衬底上，这有助于减少硅芯片和电路板之间的热膨胀系数的不匹配，从而产生比焊球点更好的互连可靠性。该微弹簧可以承受每 25μm 位移 1gf 的压力，并且接触电阻低。到目前为止，已经被用在 225μm 间距上了。MOST 已经集成到了晶圆级测试和老化实

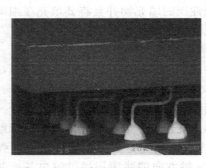

图 10.18　微探针互连的 SEM 图

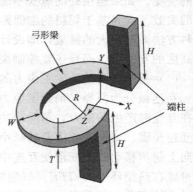

图 10.19　螺旋互连的结构[22]

验中，实现了"晶圆上晶圆"（WOW）工艺，这点将在接下来的章节中讨论。

① 兼容螺旋互连　另外一个兼容互连的例子是 G 螺旋（如图 10.19 所示），其中包括一个弓形的梁和两个端柱来容纳在 X、Z 平面方向上的不同位移，如参考文献［21］中所示。两个端柱将弓形的梁到芯片和到衬底连接起来。表 10.2 总结了它的特点[22]。

表 10.2　螺旋互连的机械和电特性

特　性	指　标
对角线机械柔度	9.068mm/N
垂直机械柔度	10.149mm/N
最大 von Mises 应力（对角线负载）	175.55MPa
最大 von Mises 应力（垂直负载）	172.06 MPa
电阻	43.63mΩ
自感	0.08989nH

螺旋兼容互连有许多的优点：

a. 互连到芯片焊盘所施加的力是最小的，因而芯片上低 K 的介电层不会出现裂纹和分层。

b. 互连可以容纳芯片和有机基板之间的传统的 CTE 不匹配以及有机基板的不平整化。

c. 上面所提到的互连可以返工并且不需要填充物来获得热机械可靠性。

d. 互连在晶圆级上并且可以随着 I/O 而升级。

e. 互连使用常规的晶圆制造设备来加工，并且制造过程可重复和有良好的成品率。

f. 通过螺旋和体互连的组合，互连可以满足各种不同的电、机械和热方面的需求。

g. 无铅焊料可以被用于互连组装到衬底，这项技术具有环保性。

② 拉伸的焊柱互连　兼容互连也可通过堆叠或拉伸焊球实现。拉伸焊柱可以减少结构耦合，增加互连在平面上的兼容。使用简单的梁理论，互连（C）的兼容与它的长度（L）和横截面积（A）有关，即为 $C \propto L^3/A^2$。在机械兼容方面，拉伸的焊柱互连（SSC）处于刚性的焊球和兼容螺旋互连之间，并且可以认为是半兼容互连。在这个互连设计中，大量的高铅焊料先沉积在晶圆上所有的芯片焊盘上。焊料接着在整个晶圆上被熔化、拉伸和冷却形成独特的沙漏形状。焊料的体积通过拉伸保持不变，拉伸焊料的截面与拉伸量呈直线下降关系。由 $C \propto L^5$ 可知，这将转换为更多的兼容改进。拉伸的沙漏形状的互连缓解了沿着原始桶状的焊接关键失效处的应变集中，进一步提高了热循环可靠性（如图 10.20 所示）。

在焊点直径为 $50\mu m$、焊料体积为常量时，SSC 高度带来的影响已经被研究过[23]。研究发现，通常情况下，最大应变位置（即失效位置）位于焊盘朝着互连中心位置的界面处。但是 SSC 特有的形状的长宽比很大，使得最大应变位置远离了原来的界面。这种现象通过对 SSC 互连的疲劳试验也得到了证实。

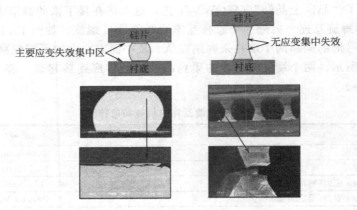

图 10.20　拉伸焊接阵列的概要图

（2）金属-聚合物-基的应力释放

① 金属在顺应性聚合物上　低刚度聚合物封装互连或支撑互连通常用来减少在互连和界面中的应力。聚合物的刚度远远低于金属刚度。相对短小的金属结构可以设计在顺应性聚合物上，得到与长顺应性结构的相同应力减少量，这种设计的寄生效应小，而且外形体积小。英飞凌（Infineon）提出的硅工艺中的弹性凸点（ELASTec)[24]，通用电气公司（GE）全球研发中心提出的晶圆上的浮垫工艺[25]，IMEC 和道康宁（Dow Corning）提出的凸点下硅树脂（SUB）都属于这种工艺。它们具有在聚合物岛屿阵列上建立互连的相同特征。一种普遍的顺应性聚合物是硅树脂，因为它具有低模量、低应力、优秀的热稳定性、低收缩性以及良好的防潮性。Dow Corning 已经开发了可照相定影和可屏幕打印的有机硅材料，可用于晶圆级封装应用。举一个例子，IMEC 用了 TiCu 金属化，部分地涂覆在硅树脂应力缓冲层上。焊料凸点建立在硅树脂层上，形成一个 SUB 结构[26]。弹性凸点ELASTec 封装也利用硅树脂来提供柔韧性。一个螺旋形的金属化（CuNiAu）镀在这些弹性凸点上方，如图 10.21 所示[27]。

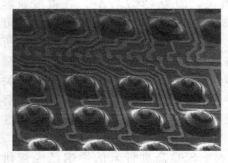

图 10.21　在已经图案化硅胶上用
重布线层工艺的弹性凸点

② 顺应性金属和聚合物互连　顺应性金属结构和低刚度聚合物的连接用多种一流的连接工艺步骤，可有效地降低互连应力而且符合可靠性要求。关键方法将在后面章节中进行讨论。由镶嵌物 Tessera 和海量引线（SoL）技术[28]产生的广域垂直扩张（WAVE）就是来自金属设计和低应力聚合物交互层的顺应性的例子。

WAVE 技术背后的基本观念是在硅芯片和其封装基板之间放置低模量的密封剂[29]。这种结构先是在聚酰亚胺的牺牲层上创建铜引线，在芯片上布焊球。接着，选择性地减弱聚酰亚胺层，以便于在注入密封材料的时候铜引线将容易地与聚酰亚胺分离。然后将芯片倒置，焊接到铜引线上。整个面板然后被放置到一个注入夹具中，在芯片和衬底之间注入密封材料。在注入的时候，由注入夹具来控制，密封剂填满间隙，并使间隙膨胀到一定程度。密封剂和柔性铜引线使得芯片和封装头能够在 x、y

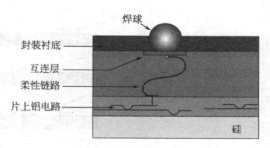

图 10.22　镶嵌物柔性互连结构

和 z 方向有相对运动。最后成形的一个截面图显示了柔性线路以及密封剂层，如图 10.22 所示。

溶胶法（SoL）可以将晶圆上芯片的互连批量化工艺扩展到 xyz 顺应性芯片 I/O 上，其通过在聚合物薄膜中加工"光滑的"引线和嵌入空气间隙结构来实现。封装图片如图 10.23 所示。溶胶制造过程如图 10.24 所示。有多种方法让引线在热循环期间运动。一种制造"光滑引线"的方法是用镀在引线上的种子层，它是当引线准备从表面释放掉时进行选择性刻蚀得到的。嵌入式空气间隙通过分解图形化的聚合物牺牲层来得到。SoL 封装密度达到 $12 \times 10^3/cm^2$。这种封装支持高达 45GHz 的高频信号。

图 10.23　一种溶胶晶圆的电镜结构[30]

③ 聚合物核心的金属互连　目前，为了提高在细间距情况下低压互连的机械性能，通常采用具有复杂的加工步骤和影响电气性能的顺应性金属结构。因此，需要一种不影响电气性能和机械可靠性的互连解决方案，来得到良好的可靠性。聚合物刚度低于金属 100～200 倍，是一种用于低压互连的理想材料。据 Movva 和 Aguirre[31] 评估，在传统焊球中有聚合物核心时，界面处应力低了 4 倍。另外一种互连工艺被 Zhang 等人[32] 研究过，焊球在回流焊前浸在填充料池中，以便于每个焊球被封装在填料层中。涂层的存在降低了焊垫界面的应力集中。因此，裂纹发生和传播得到大大的延迟而且焊球疲劳寿命显著地提高了。

为了缩减到更小的线宽，达到互连目的，研究了基于 MEMS 技术的聚合物微机械制造。在 Ankur 等人的研究中，高比深宽比、低 CTE、具有低压、低韧度和高强度的聚合物结构用等离子体刻蚀制造而成[33]。对刻蚀条件（氧/氟比、压力和功率）进行优化来达到所要求的高深宽比，侧壁定义倾角大于 80°，导致深宽比达到 4 以上。刻蚀过程产生了粗糙的侧壁，为在聚合物结构的侧壁进行选择性化学电镀做准备。复合互连随后可以与薄层焊料连接而不会在焊料中引入高应变。

④ 带顺应性聚合物的金属凸点　聚合物结构被加工环绕在半刚性或刚性的金属凸点上，以提高它们的可靠性。一种实现方法是围绕凸点布置一个聚合物环。在

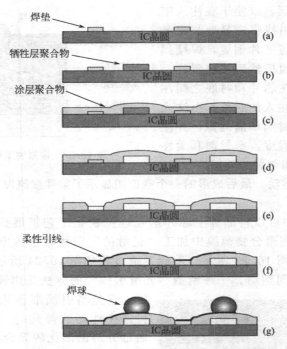

图 10.24 溶胶制造过程

(a) 裸露凸点的 IC 晶圆，(b) 牺牲层聚合物涂覆和图形化，(c) 聚合物涂层封装牺牲聚合物，
(d) 牺牲聚合物分解形成的空气间隙，(e) 穿孔的刻蚀暴露出凸点，(f) 在种子层沉积和图形化
之后电镀柔性引线，(g) 制作焊球[30]

标准 WLP 凸点工序中，焊剂层通常应用在布置焊球前，用来使晶圆回流焊时在键合点处的焊料浸润。在这个聚合物环状 WLP 中，一种高分子材料用于取代焊剂和回流后的残留物，可强化接缝颈部以便于阻止焊接剪切变形。同样地，可靠性也能增强。在焊料最大中心距为 3.18mm 的 Ultra CSP 封装中，带"聚合物环"时寿命提高了 64%。使用 Ultra CSP 的典型产品是一些较少 I/O 口数目的小封装。为了保证较大封装的焊接可靠性，设计了高分子强化结构。前 K&S 倒装芯片组为此开发了一种被称为聚合物环 WLP 的工艺[34]。

另外一个延伸薄膜再分配 WLP 的例子是由富士通公司开发的 Ultra CSP[35]。图 10.25 显示 Ultra CSP（BGA）和触点栅格阵列（LGA）的封装结构。超级 CSP 制造过程中，通过一层聚酰亚胺薄膜和电解-电镀金属图样形成再分布层。再分布之后，进行图形化保护层，电镀成形铜柱。然后整个晶圆用环氧模塑料进行封装，将焊球或焊膏布于铜柱顶部。铜柱高，EMC 封装材料 CTE 低，有效地减少了发生在焊接互连处的应力，所以 Ultra CSP 板级可靠性

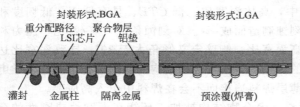

图 10.25 一个超大 CSP 结构示意图（来源：富士通）

良好。卡西欧手表相机用了授权给新光（Shinko）的 Ultra CSP 技术。

　　与超级 CSP 相似，柏林夫琅禾费可靠性和微集成研究所（Fraunhofer IZM Berlin）开发的工厂集成封装（FIP），用应力补偿层（SCL），先将焊球嵌入 SCL 层，然后再将第二批焊球附于已嵌入的焊球顶部，如图 10.26 所示。根据热机械模拟，SCL 降低了焊球的积累等效蠕变应变，而且为第二批焊球提供机械支持来达到比标准再分配工艺[36]更高的焊料高度。摩托罗拉用不同的 SCL 材料对这种双焊球结构进行了评估[37]。新日本无线株式会社和佐贺电子有限公司开发了一种相似的 WLCSP 技术[38]。除了与 FIP 中的 SCL 材料相似的"前涂覆树脂"外，一种"后涂覆树脂"应用到晶圆背面。两种树脂都是充满 SiO₂ 液态环氧树脂，在焊柱形成后用模板进行印刷。板级可靠性结果显示树脂涂覆的双焊球能提高封装可靠性，尤其是在低温热循环（−40～＋125℃）阶段的可靠性。单焊球封装[(1.23×1.19)mm，400μm 线宽]在 200 次循环后就开始早期失效，而双焊球封装在经过 1500 多次循环后还没显示出任何失效。

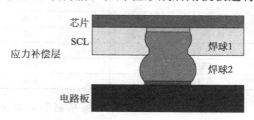

图 10.26　一个 FIP 结构的示意图
（来源：摩托罗拉）

　　（3）刚性互连

　　刚性互连定义为那些深宽比（焊球高度比焊球直径）小于 1 并且芯片与基板键合焊盘下面没有附加应力释放层的互连。它们有最低外形、最优电特性、最少的工艺步骤，是迄今为止能提供的最优系统性能。最普遍的刚性互连是受控塌陷芯片连接（C4）或 IBM 开发的倒装焊。刚性互连中芯片和基板之间整体的 CTE 不匹配，导致在热循环过程中产生高应力。因此，从开始就采用的是和硅 CTE 匹配的玻璃陶瓷基板。底部填充工艺的发明使得这些互连方式可以灵活地扩展应用到高 CTE 的有机基板上。铅锡共晶焊料最广泛地用于刚性芯片封装互连。近来出现针对有毒材料的环境的法规，人们对绿色电子的需求增加，使得无铅焊料的使用势在必行。关于无铅焊料的完整的讨论可参考 Shannguan 的书[39]。以下将讨论一些重要的无铅焊料材料和在低线宽下的工艺问题。这部分还回顾了晶圆级底料填充、取代焊料的铜柱工艺以及螺旋焊球的方法。

　　（4）铅锡焊料和无铅焊料

　　当有毒元素比如铅、溴、氯、锑不是故意地加入到制造过程中时，可认为半导体封装是绿色的。但是，它们最终以杂质的身份出现在产品中。广为接受的含铅量的最大水平＜1000×10⁻⁶，这个值受到国际锡研究所（ITRI）、国际电子工业联接协会（IPC）和 DPUG 的推荐。世界各地在研究或开发许多不同种类的无铅焊料合金和焊接工艺，使用多元素组合，像锡、银、铜、铋、铟和锌。相对于铅锡合金而言，它们绝大多数需要在焊接过程中提高温度特性。表 10.3 显示了一些常见的无铅焊料。

表 10.3   发展来取代传统焊料的无铅焊料

二元系统	熔点/℃	三元和四元系统
95Sn-5Sb	240	
99.3Sn-0.7Cu	227	
96.5Sn-3.5Ag	221	
	217	96Sn-3.9Ag-0.6Cu(NEMI)
		96.2Sn-2.5Ag-0.6Cu-0.5Sb
		95.5Sn-0.5Ag-1.0Zn
	216	93.6Sn-4.7Ag-1.7Cu
	211	91.8Sn-4.8Bi-3.4Ag
	210	91.0Sn-4.5Bi-3.5Ag-1.0Cu
91Sn-9Zn	199	
	187	77.2Sn-20In-2.8Ag
97In-3Ag	143	
58Bi-42Sn	139	
52In-48Sn	118	

① 焊接材料   焊接剂是锡基材料，熔点低，温度低于 250℃ 时能实现组装连接。共晶焊料合成物的熔点比其所有的合金成分的熔点都要低，而且熔化和固化在单一温度下进行。在 SAC 合金中 Cu 含量高于含 0.9%Cu（质量分数）的共晶合成物，这增加了共晶范围（SAC 合金液相与固相的温差），导致工艺变得复杂。这些无铅备选焊料中，近三元共晶 SnAgCu（SAC）合金成分，熔点大约为 217℃，成为一致备选的材料。SnAg 和 SnCu 合金也被选择作为替代品。这些无铅焊料具有比共晶焊料 PbSn（183℃）更高的熔点（208～227℃）。更高的回流焊温度将影响封装的可靠性。无铅焊料富锡、更脆、更易产生有害金属间化合物，表现出更差的润湿性。由于应力和应变的增加，金属间化合物的主导作用，阻挡层（如图 10.27 所示）的存在与表面光洁度等因素，造成当倒装芯片线宽缩减时，无铅焊料可靠性问题将会增加。

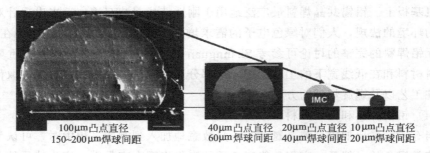

图 10.27   在细间距下金属间化合物和无铅焊料尺度决定性作用(源：Eric Beyne，IMEC 比利时)

② 焊料和界面中的金属间化合物   金属间化合物是含特殊化学组分的金属化合物，它是构成元素周期性结构排布的化合物。它们的机械性能通常介于金属和陶瓷之间。无铅焊料通常由富锡相和散布的金属间的锡基化合物组成。焊料中金属间化合物能强烈影响焊料的热-机械性能和电迁移行为。Cu_6Sn_5 棒对机械性能有很大影响。含有或没有 Cu_6Sn_5 棒的大的先共晶 Ag_3Sn 板可能适用于 SAC 合金，这个

取决于它们的冷却率和成分。锡相成核和凝固前纯锡或富锡焊料需要大量过冷，这将可能导致大的先共晶相的剧烈生长，然而纯 PbSn 或富铅焊料需要过冷量相对较少。对于 SnAg，高含 Ag 量导致大块 Ag_3Sn 的生长，可能会物理连接相邻的焊球。另外，单一焊球中的大体积分数的 Ag_3Sn 板能显著地改变其机械性能，从而影响焊点的长期可靠性或者连接到焊球上的封装可靠性。

在回流焊期间，在界面上可以发现金属间化合物。这是由介于凸点下金属（UBM）和来自于无铅焊料中的锡发生界面反应的产物。金属间化合物是形成良好金属键合必不可少的物质。但是，对于最佳的界面可靠性存在一个关键的金属间化合物（IMC）的厚度。对于较薄的金属间化合物，断裂控制发生在焊料内部，使得设计和预测失效更加容易。在回流或老化期间随着 IMC 生长，失效转化到界面处。IMC 的过度生长以及 IMC 层易碎的自然特性不利于焊接（图 10.27）可靠性。更细线宽时的焊料挑战是成倍地增加。由于在更细线宽下，键合区的焊料体积更小，UBM 和锡之间的界面反应对可靠性起决定作用。因此，需要更好的 UBM，以便阻止过度的界面反应，同时促进良好的润湿。起初，IBM 为高 Pb 焊料开发了CrCu-Cu-Au UBM。但是它可能不如共晶焊料 SnPb 那么适用[40]。对于共晶 SnPb来说，Cu-Ni（V）-Al 是更好的 UBM。对于具有更高 Sn 含量的焊料，一种与无铅焊料反应率低的合适的 UBM 结构是极其重要的[41,42]。

与铜相比，Ni 基阻挡层与锡具有的反应性更低，因而被广泛地研究，用于细线宽无铅焊料。Ni 基阻挡层和焊料的反应性对于合金成分是非常敏感的。Sn-3.5Ag 焊料对于 Ni_3Sn_4 在 Ni 和 NiAu 衬底上具有更低生长速率，反应得到的 IMC厚度仅为 Sn 在相同衬底上得到的一半。在分别含有铜焊料、Sn-3Ag-0.5Cu 和 Sn-3Ag-0.8Cu 的焊接处，铜快速地从液态焊料偏析到焊接的界面层，形成了单一$(Cu, Ni)_6Sn_5$ 的界面层。焊料中铜的存在增加了在界面处 Cu_6Sn_5 金属间化合物层的形成。从而防止 Ni 扩散到液态焊料中。多次回流时，初始形成的 IMC 有时会远离表面。大多数 Ni_6Sn_5 从化学镀的 Ni（P）抛光面剥落，然而剥落不出现在化学镀镍层。含铜焊料形成的 $(Cu, Ni)_6Sn_5$ 与化学镀镍（P）具有更好的粘附力。无铅焊料对其组分、阻挡层和界面的敏感性使得无铅系统比铅锡焊料相对复杂。表面抛光也是提高润湿性和拉伸强度的关键。据报道，化学镀镍金（ENIG）、Ni-Pd/Au 和 Ag 抛光有更好的润湿性，然而有机表面保护（OSP）和热风焊锡整平（HASL）也有更好的拉伸强度。

③ 焊料的机械性能　在低应力范围与 PbSn 相比，SAC 有更优的疲劳特性，其强度更高。这使得无铅焊料比 PbSn 受欢迎。无铅焊料比起 PbSn 焊料来也具有更高的抗蠕变性。但是，更高的强度和抗蠕变性是以延展性为代价的。在更高应变下，SAC 不能迅速地容纳变形，比柔韧性的 PbSn 更易受裂纹扩展影响。无铅焊料应变能量密度幅值对于相同芯片封装的热机械负载较小。但是，PbSn 焊料的延展性和其对于金属间化合物更低的易受影响性使得它在许多情况下更加可靠。

开展了有关强化剂和韧化剂的研究，用以增加无铅焊料的抗蠕变性和抗断裂性。粒子沿着界面的沉降能显著地减少晶界滑移。锡中的 Ag_3Sn 小块通过相同的机制增加抗蠕变性。对于含更多 Ag 的更强的焊料，当大块 Ag_3Sn 颗粒成形靠近界面处时，疲劳裂纹特别倾向于扩展到靠近焊接基板界面处。对于较弱的含银量低的焊料，裂纹传播在焊料内部进行。裂纹下小块的排列决定了其抗裂纹扩展性。在最小化大块 Ag_3Sn 形成的过程中，减少 SnAgCu 合金中的银含量可产生有利影响[43]。老化导致扩展界面反应，为裂纹扩展提供了途径。老化后应变能释放率从 $25J/m^2$ 减少到 $10\ J/m^2$。

近来，新焊接材料得到了发展。将晶粒细化元素合金到 Sn-Ag 和 Sn-Cu-Ag 系统中，可达到更好的机械性能。在焊料中某些元素的存在会导致纳米级沉淀强化[44]。添加剂的引进也会预防稳态蠕变时晶粒的边界滑移，从而提高其蠕变强度。然而它可能会牺牲蠕变延展性。惰性的、无机-有机混合的、纳米结构的化学品合并到无铅电子焊料中可提高其在高温下的机械性能和工作可靠性。有机物派生纳米增强剂带有合适的功能团，可以促进与金属基体有效的键合。该增强剂可以牵制焊料合金晶粒边界，提高焊料性能[45]。为了满足新兴的精细间距的倒装芯片可靠性要求，需要对选择阻挡层、表面抛光和无铅焊料组分做出更多的改进。

④ 电迁移　电迁移是应用领域下从运动电子到周围晶格的动量传递的离子的运动。电迁移率主要取决于电流密度、运动物质扩散性和微结构。Black 方程为电迁移失效时间提供了一个半经验准则。失效时间 t_f 与温度 T、电流密度 J 相关：

$$t_f = \frac{A}{J^n} \exp\left(\frac{E_a}{kT}\right)$$

电流密度指数 n 和活化能 E_a 由实验决定。电迁移会出现在片上布线和芯片封装内部互连中。本节讨论后者现象。两者之间最重要的区别之一是在芯片封装互连内部会出现不均匀的电流密度。

互连缩放不仅影响金属间化合物层和疲劳寿命，也会增加电流密度，导致电迁移可靠性问题的出现。电子进入边缘的焊球，产生局部高电流密度的现象称为电流拥挤。产生大量的焦耳热以及封装的结壳系数导致实际芯片温度高于焊料的熔点70％以上。电迁移率的损害大致与电流密度的平方成正比，所以首先会在焊球边沿出现空穴[46]。增长的空穴阻碍了主要的电流路径，强制电子在进入焊料前沿着导体流动（图 10.28）。这将继续横穿整个焊料硅界面，导致失效。

在 UBM 中，电流拥挤是最大电流密度与平均电流密度的比值，它取决于 UBM 的厚度。人们发现厚 UBM 的焊接节点能更好地缓解电流拥挤效应（图 10.29）。随着空穴的形成，角落的电流拥挤被转移了。焊球散热的能力也减弱了。这进一步导致空穴增加，减少热传输接触面积，因此增加了芯片温度[47]。Black 方程和针对铝导体中电迁移开发的模型假定电流密度相

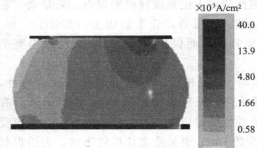

$\times 10^3 A/cm^2$

40.0
13.9
4.80
1.66
0.58
0.20

图 10.28　电流拥挤和孔隙产生示意图[46]。含孔隙时电流密度的实际模拟图［来自于那红（Nah）等人的工作］[47]

当一致并且是常数。为了将这些模型用于焊球，需要附加条件校正不均匀电流和不断变化的电流路径。

电迁移取决于外加电场下的扩散作用。在二元共晶系统中，四种晶格扩散情况可用于解释这两种扩散类型和两种晶相（表 10.4）。相对扩散系数及溶解度会影响电迁移诱发的失效。据记载，低于 100℃ 时，锡扩散较快；高于 100℃ 时，铅扩散较快。相反地，富锡无铅焊料是含有连续锡相的两相溶液，其中锡相中散布着合金金属间化合物。IMC 电阻很高，携带电流较小。富锡相中锡扩散是系统中主要扩散机制。不幸的是，锡晶和 IMC 晶随着时间变粗大，经常产生垂直于电流的薄片，然后成为叉开的平面，用于离子流的流动。通过中断离子流，基于柯肯德尔机制可知，这些薄片将在薄片的另一面形成核空穴。这些颗粒朝着平行于电流方向建立一个长的不间断的晶界，形成了一个连续的高扩散迁移路径。空缺因此朝 UBM 被开通，促进空穴成核生长[46]。

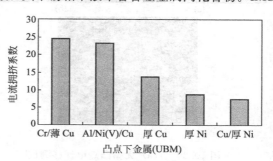

图 10.29　不同 UBM 界面的电流拥挤[48]

表 10.4　在含铅和无铅焊料中扩散活化能[49]

焊料	UBM 材料	活化能/eV
高铅	厚铜	1.1~1.3
	薄铜	1.8~1.9
无铅	铜 UBM	0.64~0.72
	镍 UBM	1.0~1.1

在低温时，锡会发生迁移并和阳极反应。与 PbSn 相比，铜在 SnAgCu 中熔解更快，并能加速电迁移。对于高 Pb 焊料和无铅焊料焊点，电迁移裂纹都是通常发生在靠近 UBM 焊点界面处。裂纹要么是分离在原 UBM 和新形成的 IMC 之间，要么是在 IMC 和大量的焊料之间。UBM 材料本身的完全消失也能导致裂纹产生。这些失效机制如图 10.30 所示。Su 等人研究了在 EM 测试期间 UBM 焊料界面处材料和晶相的相互作用。在装配回流期间，CuSn IMC 薄层在焊接处成形，并且产生了两个界面：UBM-IMC 界面和 IMC-焊料界面。当加载大电流时，接下来的步骤可以看成是同时发生的[48]：

• Cu 或 Ni 通过第一层的 UBM 或者是 IMC 界面扩散，迁移到介于 IMC 和焊料之间的第二层，和锡进行反应形成更多的金属间化合物。当有足量的铜存在时，焊料中少量的锡将被铜迅速地消耗掉，然后扩散到 IMC-焊料界面形成 Cu-Sn IMC。起初在焊接处所有的锡现在几乎都转移到 IMC 里了。

• Cu 或 Ni 将和金属间化合物反应形成高 NiCu 含量相（Cu_6Sn_5 变为 Cu_3Sn，Ni_3Sn_4 变为 Ni_3Sn）。

• IMC 通常是不连续的，在测试期间由电流驱动转移到焊接处底部。

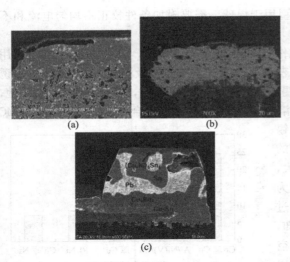

(a)　　(b)

(c)

图 10.30　(a) 无铅凸点电迁移测试[50],
(b)带作为 UBM 润湿层的薄铜的蒸发的焊点的失效,铜
熔解留下的孔隙[49],(c)高温储存试验之后的 PbSn 结构[51]

· 扩散通量导致孔隙和裂纹,会进一步加速失效。

电迁移对于高功率细间距的应用将成为一项重大问题。新型 UBM、阻挡层和互连策略正不断地被开发出来,以提高抗电迁移率。

⑤ 细间距下的无铅焊料

这里讨论了在细间距情况下电镀无铅焊料凸点的一些工艺挑战。工艺中,需要高分辨率厚胶来得到准垂直侧壁,以防止回流焊时发生桥接。低分辨率光刻胶能得到比顶部开口更大的底部开口,在细间距下组装的时候会导致焊球桥连。应该选择一种合适的腐蚀剂,它能完全溶解种子层而不产生过切。在更细间距下,由于凸点尺寸小,在刻蚀时候凸点不能忍受大量过切或非均匀性。刻蚀不均匀也会导致焊球在芯片上不平坦的分布。为了不在凸点之间留下任何残留物,需要良好的化学剥离剂来完全地清除光刻胶[52]。对细间距互连来说,凸点表面与体积之比较高。如果没有足够的流量,它难以回流。另外,由于焊球之间空间很小,在细间距下助焊剂清洗变得困难,因此,对于细间距进行焊接需要一种非常好的无助焊剂回流工艺。在芯片内部和横贯晶圆处分布着许多凸点,如何保证其高度/体积之比的一致性是另外一个问题。因为比值的均匀性能显著地影响晶圆级测试和倒装键合。在 IBM 开展的晶圆级电镀焊接研究中,SnCu 凸点的均匀性在中央区域非常好,但是周边区域却不好。锡电镀对于电镀电流的变化更加敏感 (图 10.31)。顶部形态也对电镀电流敏感。

精确地控制无铅焊料电镀的组分,比电镀纯金属更加困难。在这些合金中,锡和银或者锡和铜之间的电化学电势差大,需要对电解槽进行特殊处理,添加适当的螯合剂和络合剂,以减小电势上的差别。由于控制化学池比较困难,而且需要避免污染物,同时需要多个化学池,这将增加三元和四元无铅合金的交互电镀的工艺复杂性和成本。工艺参数的作用如图 10.32 所示。现在一些公司已经广泛地建立了二元合金晶圆级电镀工艺,如 SnCu (TLMI 公司)、Aurostan 或 AuSn (Technic 公司)。

晶圆凸点工艺需要一些替代

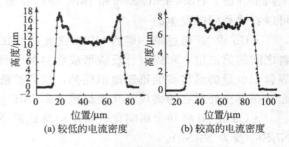

(a) 较低的电流密度　　(b) 较高的电流密度

图 10.31　电镀无铅焊料的高度轮廓图

技术。这些技术在先前已经被广泛地评论了[53]。这里是简要提及其中三种。

　　a. 焊料注入方法。在 IBM 的焊球传输工艺中，熔解的焊料被注入到一个带腔体模具中。在一个分离的凸点步骤中，预模铸焊料凸点被转移到晶圆键合点上。

　　b. 锡膏方法。焊料是通过锡和有机金属铅盐之间置换反应的化学方式得到的。由锡粉、有机金属铅盐和焊剂组成的膏团

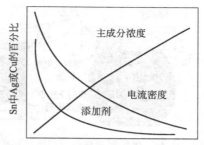

图 10.32　工艺参数对电镀组成物的影响[54]

粘贴到晶圆上并加热使得焊料沉积在晶圆上。在这个技术中，不需要模板或掩膜。因为焊料沉积过程是在还原气氛中进行，所以焊盘的氧化最小。

　　c. 塔基点方法。感光胶涂覆在支架上，图像化工具进行图形化来形成塔基图形。焊锡颗粒然后被涂覆在图形化的薄膜上，一个塔基只拥有一个颗粒。图形化的焊料薄膜然后经过回流并转移到晶圆衬底上。

　　这些技术大部分不像电镀技术能够扩展到低于 $50\sim100\mu m$ 的尺度。新型纳米技术的概念或许能向下扩展这些生产线。

　　(5) 替代焊料：铜互连

　　与传统焊料相比，铜互连利用铜而不是焊料作为主要互连材料，具有性能和工艺上的优势。铜能被电镀成各种形状和尺寸，因而具有灵活的流动和热处理能力。工艺工程只有焊料需要进行回流，以建立节点；而支座能一直保持着，穿过不熔化铜部分。这使得倒装芯片封装下游工序能够继续。例如，它能为底部填料工艺提供更宽的窗口，允许利用无掩膜基板。大多数半导体制造商现在配备先进的铜电镀系统，它能简单地与后端工序整合集成。

　　IC 和封装间的互连信号延迟强烈依赖于所使用的互连材料。纯铜的电导率是 $5.96\times10^{7}\Omega^{-1}\cdot m^{-1}$，PbSn 共晶焊料电导率为 $6.9\times10^{6}\Omega^{-1}\cdot m^{-1}$。焊料的屈服应力更低，是较弱的材料。所以其与铜相比，有更高的塑性应变和更低的抗蠕变性。然而，铜有更高的刚度，促使在界面产生更多的应力。

　　① 热和抗电迁移性　由于功率继续增加，通过焊球的电流导致更高的焊球温度。该焊球温度达到一定的水平，电迁移问题变得很严重。焦耳热取决于材料热阻。正如前面已讨论的，UBM 的迅速熔解以及电流拥挤的影响导致 UBM 的不对称熔解。电迁移有关的失效可以通过铜柱凸点进行控制。电流拥挤发生在从芯片导体进入焊料的入口处，如图 10.33 所示。在一种典型焊球结构中，UBM-焊料界面高电流密度导致 UBM 层熔解。图中铜柱包含 UBM 层、铜部分和焊料部分。电子穿过凸点材料入口后，电流分布到整个凸点中。在铜-焊料界面的电流密度大大低于在焊球中金属-焊料界面的。Intel 一份研究显示，与铜柱相比，焊球温度会发生更剧烈的增加，这是因为它的电阻率比铜更高[55]。所以，铜柱比焊球具有更好的抗电迁移能力。

　　② 铜端子或铜柱工艺　铜互连是用相对厚的干膜或湿光刻胶通过晶圆电镀成形。90%抗蚀剂材料在旋涂中浪费了，使铜互连制备工艺成本高。旋涂抗蚀剂也需

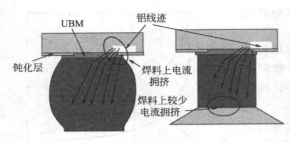

图 10.33　焊料和铜柱凸点中电迁移机制示意图

要多重涂覆来得到高深宽比的互连。商用干膜光刻胶有良好的分辨率，厚度一致，易于加工，并且能方便地在稀碱（氢氧化钾）溶液中剥离。与旋涂抗蚀剂对比，它们的成本相对较低。$80\sim120\mu m$ 的干膜厚度层能以单个层压结构形式得到，而且与铜有很好的黏结力，对于酸性电镀池有优良的耐化学性，诸如硫酸铜和氟硼酸焊料（锡-铅，铅）、酸性清洁剂、过硫酸铵和稀硫酸。在电镀之前用氧等离子体清洁图形化的晶圆，用来清洁模具底部，活化抗蚀剂铜电镀模具。晶圆在清洁溶液中浸泡 5min，该溶液包含表面活化剂，来提高开口的润湿性。

与旋涂正胶法相比，用干膜制备的铜柱在芯片边缘有较大的接触面积。正由于这种较大的接触，铜柱中最大 von Mises 应力比由旋涂感光胶得到的要小。因此，用这种干膜光刻胶制备的铜柱互连具有更好的可靠性。新加坡 IME 公司在 $50\mu m$ 直径、$120\mu m$ 厚、$100\mu m$ 间距的 8in 晶圆与 20mm×20mm 芯片上实现了铜柱互连的制造。如图 10.34 显示了在 $100\mu m$ 间距的铜柱互连。焊料铜端子可以用来解决细间距下电迁移和可靠性问题。

（6）螺柱凸点

螺柱凸点或球凸点是利用改进引线键合工艺将凸点从引线转移到焊盘上来形成的。在典型引线键合工艺中，金球强迫下降并通过热声键合到芯片焊盘，完成在引线键合中的第一焊。然后，引线被拉出并焊接到第二层表面来实现连接。球凸点工艺是引线键合操作的一个变种。在球凸点工艺中，引线在球起初焊接到芯片之后被折断。由此产生的金凸点（也被称为螺柱凸点）牢固焊接在第一层表面。引线键合工艺成熟，保证了这些焊球的连接可靠性。

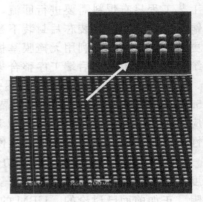

图 10.34　在 $100\mu m$ 间距下的
高深宽比铜互连面阵

焊球的形状是球凸点工艺中一项重要的工艺特性，因为它帮助定义要接触到第二层表面的金球的面积，同时是重要的传导路径。焊接金球的方法包括热压和热超声键合。金螺柱凸点设备可在制作焊球一步中创建所需的焊球形状。典型的带拖尾状凸点通常可以由许多金丝球焊机生产出来。这个需要一个单独的压印机和一个附加的步骤来平坦化凸点。为了达到覆盖所有芯片上的接触阵列的最好的互连，凸点高度必须具有共面性。所谓"共面性"，用于倒装键合中，涉及所有凸点顶部高度的一致性。高度变化会导致力的不平均分配、芯片断裂以及开路。电流对共面性的要求是贯穿整个芯片的凸点高度的变化小于 $5\mu m$。

电镀凸点和球凸点主要是在材料和几何上不同。电镀凸点可以是锡、镍、金或者其他材料，然而球凸点主要是金。在两种材料特性的比较中，铅（和其合金）电阻率是 $22\mu\Omega\cdot cm$，而金的是 $2.19\mu\Omega\cdot cm$。由于电导率是电阻率的倒数，金提供了比铅好一个数量级的导电性。电镀允许更精细的间距和更短的凸点的高度，而球凸点允许更高的有不同顶部特性的凸点，但是间距、面积都更大一些。电镀凸点需要凸点下金属化，然而球凸点不需要额外的晶圆工艺。后者的成本大小很大程度依赖于每晶圆的凸点数量。而金属电镀的成本基于要进行凸点处理的晶圆的数量，不管晶圆上有多少凸点[58]。图 10.35 比较了金球凸点和电镀的相对成本。基于用化学镀镍和注入金的 150mm 晶圆，目前电镀晶圆成本在 40 美元到 75 美元之间。锡焊沉积成本在 75 美元到 120 美元之

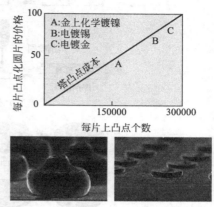

图 10.35　相比于电镀的金球凸点成本[58]

间，电镀金的为 80 美元到 120 美元之间。在金球凸点中，成本基于制作的凸点数量。球凸点成本包括加载晶圆、放下凸点和移除晶圆的时间成本。这提供了一个干净、简单、一步成形的工艺，能在依附或合约制造工厂加工，然而电镀需要许多复杂的工艺步骤。金凸点形状和衬底互连方式具有灵活多样性。而且金-金连接的电导率优良，焊接强度好。如果需要平凸点或者是矩形凸点，电镀是首选。但是，新型平顶球凸点工艺已经给了设计者从前没有的选择。当应用需要一个晶圆上少于250000 个凸点时，据报道金球凸点工艺比起晶圆电镀具有更好的性价比。

（7）带晶圆应用底部填料的晶圆级封装

底部填料是聚合物基层，它可重分配全部的热机械应力，使得应力从 100% 在焊点上变为 100% 在焊点和底部填料聚合物上。因此，用填料层来键合芯片和封装可以提高焊接可靠性。一般底部填料的应用可降低 5 倍的焊接处应变，使可靠性显著提高。据悉，在一些种类的柔性 WLPI 中，聚合物层常用在晶圆级上来减小应力并提高可靠性。但是，这个聚合物层通常和衬底不黏合，不能认为是底部填料。这里讨论的晶圆级填料是一种黏合剂，用来黏合芯片和衬底，并作为应力重分配层而不是应力缓冲层。当填料有低 CTE 和高模量时，它们是减少焊接点应力的最有效方法。典型的填料含有二氧化硅，以满足热力性能要求。

在传统的填料工艺中，填料是在电焊点形成后通过毛细工艺填充的 [图 10.36（a）]。但是，传统的倒装焊填料过程是烦琐的，它需要 4 个独立的步骤：焊剂配送、焊料回流、填料填充和填料固化。对于较短的互连，毛细力可能不够来驱动填料进入芯片中心。为了增加吞吐量，除去一些高容量组装所需的设备成本，开发了无回流的填料工艺。在无回流工艺中，填料配送到晶圆上，除去了焊剂配送和清洗步骤。这种工艺将焊料回流和填料固化结合到单一步骤中 [图 10.36（b）]。

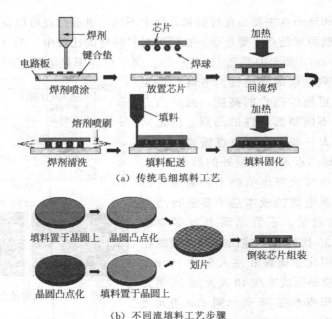

(a) 传统毛细填料工艺

(b) 不回流填料工艺步骤

图 10.36　毛细填料工艺和不回流晶圆级填料工艺

目前，多数晶圆级 WLCSP 的封装维度和粗间距都很小，不需要填料。随着芯片的增大和 I/O 数目增加，为了达到高吞吐量、低成本和高可靠性，作为表面贴装 SMT 协调倒装芯片工艺，填料正变得十分重要[59~62]。它也被用于 WLSCP 来提高它们的板级可靠性［例如，美国国家半导体的微隙充填（MicroFill）[63,64]］。在这个过程中，利用合适的方法，比如印刷或涂覆，将填料应用在已布凸点的晶圆之上，或者没有焊料凸点的晶圆上。填料是 B 阶的，晶圆划分为单块小芯片。在晶圆未凸点化晶的情况下，填料也能作为晶圆凸点化的掩膜。然后利用标准 SMT 贴装设备把单独的芯片放置在衬底上。

由于不需要晶圆后端工艺的显著改变，晶圆级填料的优势在于成本低的潜力。而且填料能促进可靠性提高。但是，晶圆级填料面对关键材料和工艺的挑战，包括晶圆上均匀性填料薄膜的沉积、填料 B 阶工艺、B 阶填料的划片和储存、熔剂能力、保质期、填料存在下的焊料润湿性、无需后固化和可重复性。晶圆级填料工艺显示了其在封装生产中对前端和后端工序的结合性，需要芯片制造商、封装公司和材料供应商之间的密切合作。在这个领域进行了许多的合作研究项目[65~67]。本节提出了解决上述问题的创新的方法以及晶圆级工艺的例子。

在绝大多数晶圆级填料工艺中，在晶圆切割之前，应用的填料必须是 B 阶的。B 阶工艺通常包括填料中部分固化、溶剂蒸发或两者都有。为了便于划片、储存和处理，B 阶工艺填料必须呈现固体状，而且在 B 阶工艺之后拥有足够的机械完整性和稳定性。但是，在最后组装中，填料需要拥有"可回流性"，也就是说，熔解和流动能力允许焊料凸点来润湿接触点并形成焊点。因此，对于一个成功的晶圆级底部填充过程，固化工艺和 B 阶填料性能的控制是关键的。佐治亚理工学院的一份研究利用固化动力学模型来计算在回流焊工序中不同填料的固化度（DOC）发展[68]。结合填料的凝胶行为，回流焊期间焊料的润湿能力被预测并通过实验验证。基于 B 阶工艺窗和 B 阶填料的材料性能，开发了一种成功的晶圆级填料材料和工艺。在 $200\mu m$ 间距含已开发的晶圆级填料下倒装芯片装配的一个完整的面阵也得到验证[69]。

上述研究显示了晶圆级填料 B 阶工艺的控制对于达到良好的划片和储存性能以及板级装配焊接互连非常关键。在未完全固化填料中，一种避免划片的方法如图10.37 所示，它是一个晶圆级应用的可重复性熔剂填充工艺，是由摩托罗拉、乐泰和奥本大学开发的[65]。在这个工艺中，晶圆首先划片后涂覆填料，因为未固化的填料材料很可能吸收湿气，导致在装配中产生潜在孔隙。应用了两种不同材料来保持可见区域清洁，即通过丝网或模板印刷涂覆的焊剂层和通过改进的丝网印刷工艺涂覆的块状填料涂层。分离块状填料材料中的助焊剂，维护了块填料的保质期，同样避免了焊球顶部填料的沉积，以便确保焊接点互连在倒装芯片组装中。

利用液体材料穿过涂层或印刷层在晶圆上沉积填料需要后续的 B 阶工艺，这常常是个棘手的问题。由 3M 和 Delphi-Delco 开发的工艺绕过了 B 阶步骤而用薄膜层压[70]。工序步骤如图 10.38 所示，其中由热固性-热塑性复合材料组成的固体薄膜在真空中层压到凸点化的晶圆之上。在真空下应用热来确保整个晶圆薄膜的完全润湿并且排除任何孔

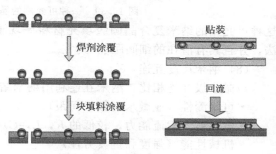

图 10.37 一种晶圆级涂覆的可重复性作业的焊剂填料工艺

隙。然后采用一项专有工艺来暴露焊料凸点而不改变原先焊接形状。随后用预先置于板上的固化聚合物焊接剂进行了 SMT 装配。

晶圆级填料也能用于凸点化工序之前。佐治亚理工学院报道了一种新型的应用在晶圆级同时作为光刻胶和填料层的可光刻材料[71]。如图 10.39 所示，在推荐的过程中，晶圆级填料应用在未凸点化的晶圆之上，然后通过 UV 深紫外光用掩膜进行曝光实现交联。显影之后，移除未曝光材料，暴露出晶圆上的焊盘，为焊接凸点工艺做好准备。器件分离之后进行 SMT 组装，在此期间留在晶圆上的完全固化膜作为填料使用。在组装期间聚合物焊剂要压住板上器件，提供熔剂能力，它是一个类似于干膜层压晶圆级填料的过程。为了增强材料特性，二氧化硅填充物的添加是必要的。在这种情况下，纳米尺寸的二氧化硅被用于避免紫外线光散射，这种散射阻碍了光交联过程。纳米二氧化硅在晶圆上产生了一层光学透明薄膜，方便在划片和组装过程中视觉识别。

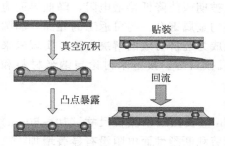

图 10.38 一种已涂覆晶圆的填料薄膜层压工艺

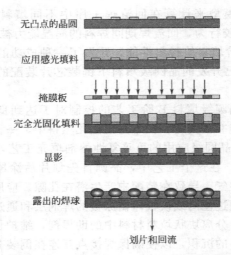

无凸点的晶圆

应用感光填料

掩膜板

完全光固化填料

显影

露出的焊球

划片和回流

图 10.39　一种可光刻的晶圆级填料的工艺

这种可光刻的纳米复合晶圆级填充材料展现了一种应用晶圆级填料的经济有效方法，并且具有潜在的细间距能力。

（8）纳米尺度互连

与微米级互连相比，纳米互连利用纳米结构或者纳米尺度材料改善互连：

- 可量测性（亚微米到微米间距）
- 电性能（载流能力，较低的 R，L，C）
- 机械性能（强度和抗疲劳性）
- 加工性能（例如，低温组装）

与其微尺度相对应，纳米互连因此提供了针对细间距晶圆级封装的新解决方法。例如，金属单壁碳纳米管（SWCNT）显示弹道电子运输、优秀的载流能力和热传导性，它可以最大限度地减小用传统互连材料通常碰到的焦耳热和电迁移问题。SWCNT 优越的电气和机械性能使得芯片到封装的新型互连有高几个数量级的互连密度和可靠性。更高强度和抗疲劳性的纳米金属和金属合金使高电性能互连成为可能，而且不以牺牲可靠性为代价。纳米金属颗粒熔点更低，在更低温度时熔解性增强，因此有更好的加工性能。结合纳米结构金属和低刚度聚合物核层，能进一步降低应力并提高可靠性。纳米尺度导电胶也被期望能降低接触电阻，降低界面应力，提高细间距制造能力，以及提供有机相容的金属键合。与可返工的界面、晶圆级测试和老化试验结合，纳米晶圆级封装有望成为经济有效的解决方法，实现未来系统非常高的 I/O 数、互连密度以及电气和机械目标。接下来讨论与纳米材料和工艺相关的纳米 WLPI。

（9）纳米结构的金属互连

① 纳米结构金属性能　金属比如 Ni 和 Cu 生长在纳米晶粒尺寸（10～50nm）时，抗变形能力显著增强，具有潜在的高抗疲劳和断裂性而电阻没有显著增加[72]。图 10.40 显示了纳米晶体 Cu/Ni 的应力应变图。纳米晶体 Cu 的拉伸强度是456MPa，Ni 的是897MPa，屈服强度比拉伸强度小一点点。与它们传统的微结构

形式相比，这些材料的强度表现出 5～6 倍的增加。这遵循著名的金属的霍尔佩奇趋势，这表明晶粒细化导致强度增加。纳米金属非常适用于纳米晶圆级封装所需的高密度互连。表 10.5 对比了纳米铜和微晶铜的机械性能。在塑性变形范围内，根据应力-应变曲线，我们要注意到传统的多晶铜和多晶镍有弱化的应变强化效应。

如图 10.41 所示，与粗糙颗粒状态相比，等径角挤压（ECAE）的纳米晶体铜/镍明显表现出增强的耐疲劳性。然而，电沉积的纳米镍相比于微结构镍具有更高的裂纹扩展率。Kumar 等人广泛地回顾了纳米金属的机械性能[73]。他们认为晶粒细化的方法有时会给亚临界裂纹扩展带来不利影响，因为这种方法在裂纹末段增强了晶界-辅助的孔洞形成和孔洞聚结。

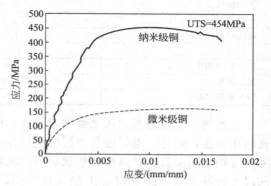

图 10.40　应力-应变曲线对铜/镍的拉伸试验
（曲线中表示出了抗拉强度和屈服强度）

图 10.42 表明了总应变寿命和高周期疲劳（HCF，弹性应变机制中的疲劳）与失效循环数目的函数关系。从图中我们应当注意到，与微晶体铜/镍相比，在疲劳极限和失效循环数目方面，纳米晶体铜/镍表现出增强的耐疲劳性。然而，由于纳米晶材料可延展性低，低周期疲劳（LCF，塑性应变机制中的疲劳）性能降低了。这表明，在高应变条件下有较低的抗疲劳裂纹产生，很可能是因为更高的晶界分数造成。高循环疲劳载荷占主导地位，晶界控制提高了抗疲劳裂纹成核的能力[72]。晶粒尺寸测量、维氏硬度、拉伸实验、断裂韧性测试以及硬度和模量测试的结果在表 10.5 中给出。

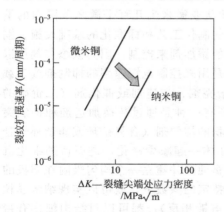

图 10.41　微晶铜/镍的
da/dN 和 ΔK 相比

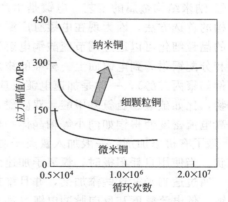

图 10.42　对于纳米晶体和微晶铜在负载可控模式
下，拉-拉疲劳测试时，压力和循环次数相比

从上述结果中我们可以明显地看到，纳米晶体的铜和镍有更好的机械和电学性能，并且是片外互连的候选材料。对于这些强度水平，断裂韧度值也非常高，非常适用于现在的应用。纳米级别颗粒的铜即使是在室温下也要经过一段很长的时间颗粒才会变粗糙。可以通过以下方法来解决这个问题：在固体溶解度限制以下，往铜里掺入少量杂质元素来固定颗粒的生长，同时不影响纳米机制下所具有的卓越性质。

表 10.5　纳米铜和微晶铜实验结果对比总结

项目	铜	
	微晶	纳米
平均颗粒大小/nm	$4 \sim 5 \mu m$	59.13
平均能量/(kJ/mol)	约 100	33.43
弹性模量/GPa	110	100
泊松比	约 0.33	0.259
最终拉伸强度/MPa	约 100	454
屈服强度	约 100	437
持久极限/MPa	约 85	～370

　　金属纳米线也被考虑用来做纳米互连。虽然纳米线可以实现有更好机械性能的密间距互连，但是，电学性质方面的优势并没有明显体现出来。由于金属的横向尺寸接近纳米尺度机制，这样的块状材料的电阻率和一般块状材料不同。当导线的横向尺寸在导电电子的平均自由程（对于铜，室温下为 40nm）范围以内或者更低时，晶粒尺寸效应开始发挥作用。当尺寸小于平均自由程时，弛豫时间将变得更低，从而导致更高的电子碰撞概率和薄膜或导线外表面处的散射。晶界处的电子散射同时也增加了薄膜的电阻率[74]。Steinhögl 等人最近在硅胶基质中从 $77 \sim 573K$ 温度范围内测量纳米铜线的电阻率[75]。由于电阻率的增加依赖于尺寸，则可以通过降低导线宽度来增加电阻率。对于细导线，电阻率是 2.6，比块状铜导体的值（$1.75 \times 10^{-6} \Omega \cdot cm$）更高。导线的晶界和表面处导电电子的扩散散射能够增加电阻率。可以在无机（硅，氧化铝）和有机（PET，聚碳酸酯）模板上通过纳米通道进行金属电沉积来制造垂直排列的纳米线。可以通过纳米光刻技术，比如，电子束、X 射线以及离子辐射等，来制作纳米通道[76,77]。

　　② 纳米结构金属的工艺　电镀是生产尺寸从亚微米到几百个微米范围内的纳米结构的首选方法，因为现在电镀有广泛典型的制作工艺和标准化的基础设施。铜电镀的晶粒细化可以通过调节硫酸铜电解液中的添加剂来控制。因为该添加剂可以调节和分配铜附着到电镀面上。标准的添加剂是用来控制电镀速率的抑制剂或者载体（例如聚丙二醇），一种是加速电镀反应的增亮剂、加速剂或催化剂（二价硫的混合物，比如硫醚、硫氨基甲酸、双硫醚）；还有一种是通过替换加速剂和抑制突出的高电流密度使得铜如同小等轴晶体一样沉积的均匀剂（含氮杂环或非杂环化合物）。除了有机添加剂，一般加入氯离子协同载体一起减少极化，进而帮助细化沉积形状。当使用自耗阳极时，氯离子加速阳极腐蚀，并建立一个均匀吸附在阳极的薄膜。通过适当平衡这些添加剂，并且维持在特定的参数下，就可以实现纳米晶粒铜电镀。低电流密度和反向脉冲电镀（和直流电镀相反），都可以对结构细化有帮助。沉积铜经过再结晶和晶粒生长（一种叫做自退火的现象）。由于晶粒结构的变化，新电镀的铜的表面电阻率不稳定。虽然电镀形成了纳米晶粒的铜，但是保持这种纳米结构必须要掺入添加剂。

　　③ 碳纳米管　碳纳米管（CNT）是管状形式的石墨碳，直径 1nm 及以上，长度达到数百微米不等。这种管可以是多壁（MWCNT）也可以是单壁（SWCNT）。碳纳米管有能力承载非常高的电流密度，高达 $109A/cm^2$，这个数量级比金属和掺

杂硅都要大。纳米管，像石墨一样，是非常好的导热体，甚至在高温下也不会变坏。近些年来，碳纳米管及其在微纳电子器件中的应用得到了广泛的研究。最近关于碳纳米管场效应管性能的测量展示了其相比于基于硅器件的优越性能（表10.6）。这些性能给未来的基于纳米管的电子产品带来很大的希望。然而，基于纳米管的电子产品面对的一个主要问题是接触容易脱落。

表 10.6　纳米材料的性能

材　料	性　能　总　结
单壁碳纳米管[78]	量子阻抗：12.6kΩ 动态电感：16nH/μm 量子电容：100aF/μm 载流能力：10^9A/cm^2 平均自由程：5～10μm 弯曲模量：600～1200GPa（直径：10nm） 弯曲模量：200GPa（直径＞25nm） 拉伸强度：1.2GPa[79]
铜纳米线	电阻率：块状铜的 2.6 倍 平均自由程：40nm[当互连和颗粒尺寸达到这个时（比如，90nm 铜线的电阻率为 2.4～3.2μΩ·cm），表面和晶界散射增加电阻率] 载流能力：10^8A/cm^2

④ 等离子增强化学气相沉积（PECVD）或者化学气相沉积（CVD）碳纳米管及装配　大多数在电子里集成碳纳米管的研究都集中在芯片水平互连上。对于垂直方向生长碳纳米管用于芯片封装互连的研究则非常少。橡树岭国家实验室（ORNL）的研究者们制造出了垂直方向排列的碳纳米管（VACNF），并且从位置、长度、尖端直径（20m）的合成和预先催化的形状方面来说，碳纳米管的合成和装配是高度可控的[80]。基板采用覆盖有 100nm 二氧化硅的（001）硅片，并且表面有一层很薄（几个纳米）的金属催化剂，然后将它们放入 CVD 里在 700℃ 温度下生长 VACNF。作为一种替代的低温方法，基于 CVD 工艺的二甲苯-二茂铁方法也被用于碳纳米管沉积[81]。二茂铁起到纳米成核剂的作用，而二甲苯是碳源。熔炉在标准大气压下被加热到 600～800℃。反应时间通常需要 20 多分钟。实验结果表明定向碳纳米管可以被软焊料浸湿，也表明了这种对于芯片到模块互连的新型结构的可行性。为了增强 MWCNT 的机械强度，Meyyappan 等人对 PECVD 工艺进行了轻微的改进[82]。有 200nm 的铬或钽线的硅片用来沉积很薄的镍催化层。PECVD 用来生长 MWCNT 阵列，每个 MWCNT 之间的空隙通过 TEOS CVD 二氧化硅填充。之后是化学机械抛光，这是用来提供一个平坦的顶部表面，使达到机械强度均匀的纳米互连。

⑤ 纳米颗粒导电胶　导电胶是金属聚合物复合材料，由金属填料形成导电网络使得电流通过。有三种用于互连的高分子胶黏剂（图 10.43）：

a. 各向异性导电胶。这样的胶黏剂有很低的金属填充含量，是为了在装配过程中，防止在 xy 平面导电，而在颗粒之间压力辅助接触的 z 方向上导电。

图 10.43　ACA 和 ICA 的概念示意图

　　b. 各向同性导电胶。这样的胶黏剂的金属填充含量超过阈值极限（称为渗透极限），从而使得每个方向上形成一个导电网络。

　　c. 非导电胶。这样的胶黏剂不含导电填充料，但是如果在装配和胶黏剂固化过程中对其施加压应力，则焊盘到焊盘之间发生接触，可导电。

　　由于在聚合物母体中有小尺寸的导电成分，各向异性导电胶（ACA）具有所知的细间距能力。传统的 ACA 的导电颗粒在 $3\sim5\mu m$ 之间，允许互连间距低至 $40\mu m$。运用导电纳米颗粒（小于 $20\sim30nm$），能够使得互连间距缩减至 $1\mu m$ 甚至是亚微米程度。虽然导电胶有许多潜在的特点，但是较低的电导率以及差的载流能力限制了它在高功率器件中的应用，比如微处理器和专用集成电路（ASIC）的应用[83]。相比于回流焊形成的有金属特性的焊点，运用导电胶的电导率依赖导电颗粒和金属焊盘之间的物理接触。不允许在有机印刷电路板上回流传统导电胶黏剂中的导电元素，因为一般常用作填充料的元素熔点高，例如银、铜、镍和金。

　　人们发现，可以通过减小材料的尺寸来急剧降低材料的熔点。纳米颗粒对熔点产生抑制作用，并且动力更快，这是因为它们极大的晶界面积体积比。纳米颗粒在低位烧结时的行为源于纳米颗粒表面原子的互扩散系数非常高，这是因为纳米颗粒表面状态非常不稳定。熔点在 $1000℃$ 左右的金属比如银和铜，当它们的颗粒尺寸缩小到纳米范围时，可以在 $400℃$ 就被熔化或者烧结。在 Moon 等人所做的研究中，用硝酸银的方法合成的银纳米颗粒平均尺寸为 $20nm$，这种银颗粒在 $200℃$ 显示了致密化。Kwan 等人也在研究用铜纳米颗粒烧结纳米氧化物[85]。为了加速动力，颗粒部分被氧化，然后在一个低气压环境里烧结。加快致密化是由于氧化诱导的再活化，在制作过程低于 $400℃$ 时的电性能和全致密铜相近。

　　由于一个金属化的焊点能够在金属填充物和接触焊盘之间形成，那么 ACA 中通过使用纳米金属颗粒，在低温烧结纳米颗粒时制造出高效电性能的 ACA 焊点是很有希望的。纳米尺寸颗粒的应用同样也能够增加各个焊盘之间导电填充物的数目，从而使得填充物和焊盘之间有更多的接触面积。因此，通过分配点留到更多的导电通路，纳米尺寸颗粒的运用对提高 ACA 焊点电流密度有很大潜力[86]。

　　为了加强 ACA 材料的电学性能，有机单层膜也被用于金属填充物和金属焊盘之间的 ACA 的接口处[87,88]。这些有机分子吸附到金属表面，并且形成物化黏合，这使其拥有更低的电阻率，允许更高的电流通过。这种特殊的电学性能源于那些有机单层膜对金属工作方式的调谐。金属表面被有机单层膜化学修正，并且可以通过合适的有机单层膜涂抹来减弱金属的功能。当我们考察有机单层膜的优势时，一个非常重要的考虑因素是有机化合物对于特定金属表面的亲和性。

表 10.7 给出了一些分子的例子，它们会和特别的金属罩面漆发生最大的反应；虽然只给出了对于头尾处有对称官能团的分子，但是考虑到不同的金属表面，接口处有着不同头尾官能团的分子及其衍生物也是有可能的。

表 10.7　不同金属饰面的潜在有机单层膜接口

方程式[①]	化合物	金属饰面
H—S—R—S—H	双硫醇	Au,Ag,Sn,Zn
N≡C—R—C≡N	二氰化物	Cu,Ni,Au
O=C=N—R—N=C=O	二异氰酸盐	Pt,Pd,Rh,Ru
HO—C(=O)—R—C(=O)—OH	二甲酸亚乙基酯	Fe,Co,Ni,Al,Ag
咪唑结构 NH	咪唑及其衍生物	Cu

① 式中 R 代表碱和芳香族官能团。

在高性能和高频率器件中，作为功率损耗，黏合装配芯片的热学性能也引起了人们的极大兴趣。现在超过 5GHz 的高性能微处理器会产生巨大的热量。Sihlbom 等人已经分别模拟了 ICA（各向同性导电胶）和 ACA 倒装芯片接点的功率损耗[89]。他们得出结论：在把热量从功率芯片传到基板方面，ACA 倒装芯片接点比 ICA 接点更有效率，因为 ACA 倒装芯片接点的粘贴厚度要比 ICA 接点薄很多。引入了适当的有机单层膜方法，可以改进金属填充料和单层膜树脂之间的界面性能，它可以增加 ACA 接点的热导率。研究表明，有机单层膜除了使得 ACA 接点有最好的电学性能外，还使其拥有更高的热导率。同时，ACA 中高热导率填充料（例如 SiC AlN）的加入，可以使其达到更高的热导率，这也可以获得更高的载流能力[90]。

⑥ 非导电胶（NCA）的键合　互连接点可以通过没有填充料的有机胶形成，就是不用任何导电填充颗粒。NCA 的电连接是在压力和热之下将两个接触的焊盘密封在一起而实现的。与其他黏结键合技术相比，用绝缘胶形成的导电接点有很多优势。NCA 接点不受颗粒大小或者渗滤现象的限制，在细间距时也避免了短路。还有许多别的优势，如成本效益，无结构胶应用的工艺简单，与广泛的金属接触有很好的兼容性，低温固化等。事实上，NCA 接点的间距仅仅只受到焊盘间距的限制，而不是黏合材料的限制。这种 NCA 展示了比 ACA 接点更高的载流能力。此外，它的接触电阻率和铜箔在一个数量级。

和 ACA 类似，NCA 的导电性是通过在高压下的物理接触形成的，没有任何的金属接点。因此，就会有不稳定的接触阻抗的问题。人们通过有限元法来研究由于热膨胀系数失配而导致的剪切应力分布情况。人们也通过 FEM 的方法研究不同温度的影响以及胶黏剂材料的失效机制[91]。研究表明，NCA 接点出现的故障是由于水分引起的吸湿膨胀和应力松弛。这些因素导致压缩力的退化，而这个力用来维持 NCA 倒装芯片结构中的机械接触。一般的失效模式包括界面分层、凸点处开口、开裂。为了改进 CTE 的失配问题，加入不导电的二氧化硅填充料，通过提供更强的锚定力，尽量减少接点结构的剪应力形变，增强了 NCA 互连的可靠性[92]。绝缘填充料的成分是控制 NCA 材料基本性能的关键因素。绝缘填充料的加入可以显著地影响 NCA 的 CTE 和倒装芯片装配的黏结力。通过优化绝缘填充料成分，可以极大地改进 NCA 倒装芯片的装配可靠性。

⑦ 纳米互连总结　为了实现未来的纳米尺寸器件封装，就必须在 IC 封装和装配中使用超细间距的纳米结构互连技术。纳米结构互连的关键优点就在于可向下扩展的键合技术、低温键合、增强的热-机械性能、容忍非平面以及特定材料的超强载流能力。这项技术可以被用来在间距、I/O 口数目、更好的机电性能以及再加工性方面超越极限。这些纳米尺寸下的互连是实现纳米 IC 达到纳米尺寸 WLSOP 的必要支持。

10.4.2　WLSOP 装配

WLSOP 装配指的是通过健全、可靠的机电互连使 SOC、2D 和 3D 的 SIP 器件集成到晶圆基板上。对于大多数的互连方法，比如焊接、ACF、纳米铜以及镶金等，互连材料自身用来将器件键合到基板上。因此，下面的一些内容在互连部分已经讨论过了。对于其他特定的互连方法，则需要一个分离的键合层，通常包括焊接剂和黏结剂。装配方法可分为基于焊接和无焊接两种（图 10.44）。基于焊接的方法更流行，但是无焊方法最近引起了更多的关注，因为它有潜力应用于小尺寸细间距的情况。一些焊接常遇到的问题，比如，熔解、隔板、UBM 以及金属互化物等，在无焊接中不需要考虑太多。

（1）回流焊装配

基于焊料互连的装配技术，也就是 C4 技术，30 多年前被 IBM 公司引进。从那时开始，倒装芯片技术（通过面对基板的活化芯片）的成功带来了很多在焊接凸点装配的进步。焊料是具有良好的性能和质量的材料，可用于具有高电流密度和大尺寸芯片的功率消耗的数码中（$1 \sim 2 cm^2$）。它们更加容忍非平面基板，因此最适用于有机封装。焊料间距收缩到小于 $150 \mu m$，并且期望移动到更小的间距。IBM 公司最近展示了一款半导体测试芯片，硅测试载体在 $50 \mu m$ 的间距中凸点直径为 $25 \mu m$，而相比之下，典型的行业标准是在 $200 \mu m$ 或者 $225 \mu m$ 的间距上分布 $100 \mu m$ 的焊料凸点。Fraunhoffer 发明了一种针对倒装芯片上的薄焊料层的浸焊方法，这种方法可在薄柔性基板上实现 $40 \mu m$ 间距的集成（图 10.45）[93]。结果显示，金属互化物相的形成对接点可靠性有很大的影响，因为金属互化物消耗了大部分的焊料合金。

细间距的焊料装配面临很多挑战，比如，熔化、脆的金属互化物、焊料桥接，需要处理 UBM 所增加的工艺步骤，以及 10.4.2 中讨论的屏障冶金及电迁移。然

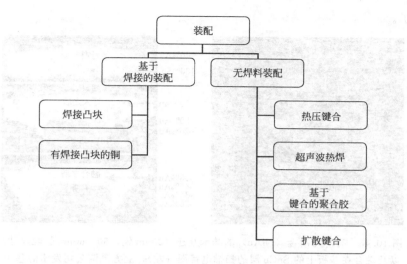

图 10.44　装配和键合技术

而，在有机基板上封装高端处理器的技术中，焊接是主流装配的方法。

① 高 CTE 刚性基板上基于焊接的装配　PRC 与新加坡的 IME 最近研究了一个 20mm×20mm 芯片的可靠性，这个芯片有多达 3000 个 SnCu 无铅焊球、Ti-Ni-Cr-Au 的 UBM 以及聚酰亚胺的钝化晶圆。在回流焊之前，焊料支座高度为 35～50μm。低 CTE 毛细管状的底部填料（$CTE<40\times$

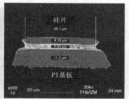

图 10.45　键合之后 60μm 的 SnCu 焊接接口测试车的扫描电镜图片

10^{-6}/℃）与中间 CTE 基板 [（7～10）×10^{-6}/℃] 一起作为实验台。电通路测试表明，在通过 1000 个空对空热冲击循环（−40～−125℃）的测试后，仍有超过 90％的串级链可正常工作[94]。可靠性模型清楚地表明，有适当低的 CTE 和足够高模量的底部填料是保证中等 CTE 基板可靠性的必要条件。低 CTE [（2～3）×10^{-6}/℃] 的基板也进行了 1000 个周期（0～100℃）的可靠性实验，这个实验中采用相同的 20mm×20mm 芯片，而没有底部填料，间距为 100μm。

② 细间距有金属凸点的基于焊接的装配　细间距且有金属凸点键合层的焊接装配需要在低温下进行，并且要在有铜、金或镍凸点的有机基板上进行。基于焊接的薄键合界面使得互连有最小的寄生电性能。最突出的例子就是 Intel 的铜凸点技术[56]。PRC 使用电镀和共溅射技术论证了可以在 50μm 间距下装配薄的无铅焊接接口（5μm）[95]和纳米铜凸点。扫描电镜下装配在基板上 50μm 间距的芯片如图 10.46 所示。通过采用薄键合界面减小互连高度，可以实现与芯片-最先或者无凸点的互连方式相同的电性能。基于键合的细间距焊接的另一个例子就是基于 Au 凸点的 AuSn 基键合，此技术被立方晶圆公司和其他单位都报道过。

有锡夹层的铜-铜薄膜互连是 WLSOP 主要的装配技术，这在第 3 章中已经详细讨论了。

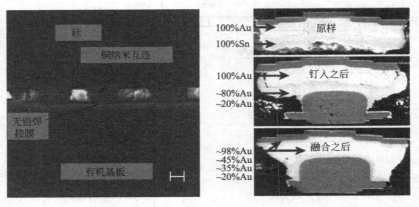

图 10.46 有屏障冶金（NiAu）的纳米互连（20μm 铜，50～60nm 颗粒尺寸）
以及键合在基板上的 SnCu 层的扫描电镜图（左），立方晶圆公司发明的基于
"钉入和融合"方法的 Au 和 AuSn 的键合（右）

③ 基于焊接的碳纳米管装配　最近，佐治亚理工在碳纳米管金属化及转移到有机基板上获得了突破性的进展。通过水辅助选择性刻蚀发展了不同的原位打开碳纳米管端口的方法，这样就可以利用碳纳米管的内壁进行电、热传输[96]。原位开口碳纳米管比后处理工艺有着明显的优势，因为在后处理中纳米管壁被不可避免地破坏了，造成电、机械性能退化。随着开口碳纳米管的应用，焊料润化的增强，基于焊接的碳纳米管金属化，碳纳米管转移，以及低温（<275℃）[97]装配等都变得容易实现。这项技术也可以延伸至基于聚合物的碳纳米管转移及装配（见图 10.47 和图 10.48）。

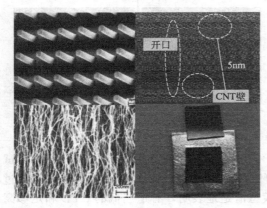

图 10.47　良好排列的有开口的 CNT，扫描
电镜图片和转移 CNT 覆盖

（2）无焊料装配

无焊料装配是通过应用压力、温度、超声波、薄活性键合层来形成局部的熔化、变形或扩散等创建反应界面，实现最终的表面间键合。金的螺柱凸点及热压键合[98,99]是常用的一个例子，可用于实现细间距倒装芯片的连接。富士通实验室声称利用基于碳纳米管的装配，实现碳纳米管的纳米凸点用于高功率放大器的封装。使用热压键合法，成功地将垂直对齐、图形化的碳纳米管键合到了氮化铝基板上的薄的金焊盘

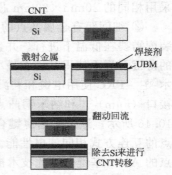

图 10.48　低温 CNT 转移技术

上。与金的螺柱凸点相对比，CNT 纳米凸点有更高的热导率和更低的电感，这得益于碳纳米管的超级导电性能[100]。

① 低温金属-金属键合　低温金属-金属键合在有机封装的低成本应用上得到了越来越多的重视，尤其是对于移动产品和系统级封装。无焊料低温键合主要通过 NCF 及 ACF 方法来实现。然而，电特性受到了高分子胶黏剂的影响。PRC 已经对低硬度聚合物金属混合键合（ACF）层上[101]的纳米镍互连开展了 1500 次循环可靠性测试（−40～125℃）。总的系统可靠性需要稳定的冶金接触、更强的粘合层以及更低刚度的夹层，减小传递到 Cu low-K/UBW 以及界面上的应力。新型的纳米材料可以不使用焊料而实现低温冶金键合并获得最好的电特性。

② 高温铜-铜直接键合　使用热压法进行高温铜-铜直接键合是薄膜铜集成中主要的新型范例。这在第 3 章讨论过了。

（3）放置技术

因为高精度芯片放置技术的缺乏，在 20～50μm 间距级的 IC 组装可能会面对一些挑战。细间距装配需要的复杂组装系统，将会影响速度以及成本。通过新兴的 IC 自组装技术，这些限制可以被克服。这一节将简要地描述流体自组装技术的一个例子。

"自组装"是指不使用取放工具对准而实现大量元件的微尺度精确放置。在周围有液体的情况下，互连的表面涂层和焊盘上将产生高的界面能量，在互连间形成了较强的毛细力，使得芯片较易自对准。通过控制互连和焊盘在液体媒介中的表面相互作用，可以容易地引导芯片在封装上实现自组装[102]。液体媒介同时也提供了润滑，以便于元件移动到正确的位置。这个组装技术通常使用疏水的金材料作为键合面，然后用烷基硫醇前兆的自装配单层膜活化键合区。毛细力或者表面张力是微尺度上的最主要的力，是自组装的导向力。图 10.49 显示了自组装 IC 的情况。通过选择性的活化或停用特定的键合点，多批组装得以实现，详情参见 Xiong 等人的论文[103]。

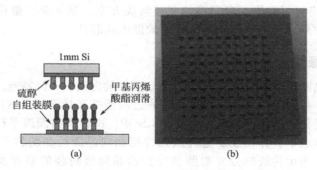

图 10.49　在硅基板上自组装 Si 芯片。芯片被硫醇自组装膜和甲基丙烯酸酯润滑修改（源：新加坡 IME）

10.5　三维 WLSOP

由于 RC 延迟、成本以及制造方法的复杂性与工艺可行性，和其他的一些瓶颈，例如铜 ultralow-K 技术的实现，水平硅集成面临着一些挑战。这些挑战已经在第 1 章和第 3 章中讨论过了。半导体工业通过迁移到 3D 硅集成来应对这些需要。晶圆级的异构设备集成（例如，逻辑、内存、模拟、传感器、微流体与电源）推动间距至 2～10μm 以及兆兆比特带宽的互连。在另一方面，无源和有源器件功能不断迁移到晶圆级上，在小尺寸上整合数字和混合信号子系统，具有领先的性能。采用 TSV、硅-硅键合和嵌入晶圆级功能的三维集成正在演变成为主要规范，以解决系统集成的需求。

晶圆级的 3D 硅集成的优点总结如下[104,105]：

- 通孔的垂直连接能够减小设备之间的信号延迟，实现高速信号传输。
- 短的和低阻抗的线路可以降低功耗。此外，低阻抗的特性能获取稳定的电源供应，在稳定的平面上抑制不稳定。
- 分散在不同晶圆上的功能允许工艺、材料的优化，因此，克服了组装的复杂性和局限性。
- 芯片尺寸可以减小，更多的功能（以最高密度）可集成到一个小型化的器件上。
- 3D 硅集成同样能够减少输入与输出的数量、噪声以及封装的步骤。
- 货物到市场时间可以通过缩短设计验证时间和发展加工工艺来减少，实现跨公司和跨产业部门的一体化。

3D WLSOP 的基本操作是：①TSV；②减薄；③晶圆-晶圆键合；④嵌入式有源器件（图 10.50）。拥有薄片建造技术的 WLSOP 应用到 3D 堆叠会导致一些材料和工艺的兼容性问题，这些问题在裸晶圆堆叠中不存在。例如，在 400℃ 下的铜-铜键合不兼容，由于温度和平整度的问题可能无法应用于聚合

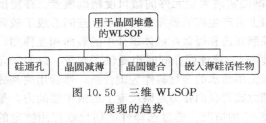

图 10.50　三维 WLSOP
展现的趋势

物薄膜技术。纳米和薄膜的互连策略已讨论过，与在第 3 章讨论的基于 SIP 的 WLSIP 技术一道，可提供一套完整的互连解决方案。第 3 章完整描述了三维晶圆堆叠技术。第 3 章和第 7 章介绍了基板上的嵌入式芯片。

10.6　晶圆级检测及老化

能够进行晶圆级检测及老化测试是 WLSOP 最为吸引人的特点之一。快速测试及老化是半导体行业中一个昂贵的步骤。通过晶圆的互接设计，WLPI 可实现完整的晶圆检测及老化，最终获得低成本的 WLSOP。这种向晶圆级平行试验的转变可以显著降低整体成本。评估显示这种从元件检测向晶圆检测的转变可节省 50% 的成本。图 10.51 表示传统的分立封装和完整的晶圆级封装的装配及检测流程。其中，传统的流程如图左边所示，其装配检测是在元件级别操作的；右边则是晶圆级的检测与老化。

在实行晶圆级检测及老化测试之前有许多挑战亟待解决。这些挑战包括高密度的晶圆互连，电流接触器与硅片的 CTE 兼容性，共平面探针，以强作用力实现小电阻的电气连接，所有的凸点保证相同的负荷。此外，还需要精确排布晶圆上的探针。热量控制在晶圆级老化中也极为重要。晶圆上所有的芯片必须受到相同的应

力。因此电压、温度还有升温速率都必须小心控制。尤其注意的是，关系晶圆级检测及老化成败的主要障碍是性价比。

晶圆级检测通过一个兼容的探针或凸点实现。例子是 GoreMate 晶圆电流接触器（TEL 探针）和 z 轴传导橡胶（TPS 探针）。这两个使用兼容互连方式 [ELAST 和 WOW（晶圆上晶圆）] 进行晶圆级检测的例子稍后会进行讨论。

（1）TEL　探针

一个有完整电路的硅晶圆

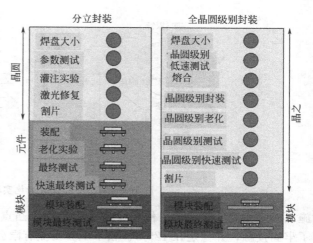

图 10.51　分立封装和全晶圆级封装的装配和测试过程

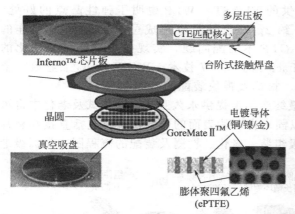

图 10.52　摩托罗拉晶圆级老化方法

放置在有极其平滑表面的热夹头上。如图 10.52 所示，一个拥有成千上万触点的电触头与晶圆对齐，电接触通过一片接触材料完成。此过程的关键在于独特的被称为 GoreMate 的完整晶圆接触材料（晶圆接触），它被置于触头和测试晶圆之间。W. L. Gore 联合公司（GORE）也开发了一种热兼容的互连板，以达到和硅具有相同的膨胀系数。摩托罗拉估计，通过产品测试步骤的简化

和合并，生产成本有望降低 15％，生产周期节约 25％。摩托罗拉于 1998 年与其合作伙伴摩托罗拉半导体产品部、东电电子（TEL）还有 GORE[106] 宣布了晶圆级老化技术的诞生。这项先进技术在受控环境下使用 TEL 晶圆探针技术，使每一个硅质晶圆上的芯片在 125～150℃ 间受到电压力作用。

（2）TPS　探针

使用了一种三部分结构（TPS）探针，该探针包含了一个玻璃底座的多层线路板、一个传导橡胶的兼容的 z 轴导体和一个有接触凸点的聚酰亚胺膜[107]。TPS 探针的结构见图 10.53。如图 10.54 所示，通过暗盒上的真空阀，晶圆和 TPS 探针间实现真空，大气压就会

图 10.53　松下晶圆级老化过程的 TPS 探针结构

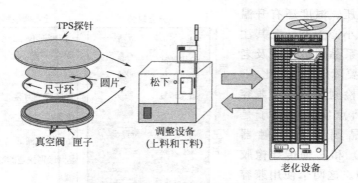

图 10.54   松下晶圆级老化实验概述

施以一个相同的接触力。传导橡胶作用是同化凸点的高度差异。2756 个凸点实现了牢固接触，并稳定在 125℃。松下电力工业有限公司开发的晶圆级老化策略如图 10.54 所示。

兼容互连的检测。许多兼容互连技术旨在提供可被低压力固定在平电接触板上的弹性凸点。由 Infineon 提供的 ELASTec WLP 说明了弹性凸点的好处。考虑到凸点和板片的高度偏差，约 2g/凸点就足够形成可靠接触[24]。互连的兼容解决了晶圆与测试板之间的 CTE 不匹配问题。实现晶圆级测试及老化的 WLP 的一个很好例子就是 FormFactor 的 WOW 技术。WOW 是 IC 工业第一个提供完整集成晶圆级装配、老化、检测及模块装配的后端制程。

MOST 技术的微弹簧可以在最终产品上提供永久互连，在测试及老化中也可以提供暂时互连。这些微弹簧可以固定在芯片表面的任何位置，包括直接在板片上。图 10.55 表示 WOW 中晶圆级组装、老化、检测及装配的流程图。晶圆级老

种类1
激光修复   晶圆级别老化   短循环高频率
种类2   附上弹簧   和长循环测试   最终测试   切片   组件装配
和测试

图 10.55   WOW 的制造工艺流程

化结构如图 10.56。由于有在测试中与晶圆兼容的 CTE 及充分了解的互连材料与工艺，硅晶圆被用于构建接触器。然而，想要以低成本制造出大于 200mm 的完美晶圆是巨大的挑战。因此，把小面积的硅片置于背衬晶圆上并与其连接。测试晶圆夹于接触器之上，在 25～150℃ 间进行测试。不同测试情况可在晶圆级进行。此外，测试不光可在单芯片水平，还可在多芯片（模块）水平上进行。探寻高效益的晶圆排列及夹持系统、晶圆温度加载系统，还有晶圆级测试及老化电子技术，可为晶圆级测试及老化提供解决

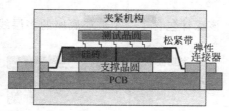

图 10.56   WOW 晶圆级老化实验结构

方法。

10.7 总结

WLSOP 即硅基板上的 SOP，通过多层薄膜布线、嵌入式薄膜元件、微间距互连及它们的堆叠和未堆叠式 IC 的装配来实现 SOP 装配技术，同时检测硅晶圆。这种方法通过克服有机装配对于细线布线、互连间距、热管理还有翘曲的限制被提出来。高速 IC 的信号及电力完整性需要超短的芯片基片互连，这会降低接头的疲劳寿命，因此无法提供所需的机械可靠性。互连中的新范例利用纳米材料固有性质及结构提供前面已介绍的最好电学及力学特性。这些新技术和晶圆级测试老化技术相结合，有望在未来发展出高性价比的 WLSOP 解决方案。颠覆性的装配技术如流体自组装被开发出来以满足间距小于 $10\mu m$ 的纳米 IC 组装所需的位置精度要求。如减薄、通孔及晶圆键合等 WLSOP 技术，大大促进了具有最小结构因子、最好电气性能的多功能系统的三维晶圆尺寸集成的发展。

致谢

感谢 PRC 的同事和合作研究者们为本章所述技术做出的贡献。

参考文献

[1] P. Garrou, "Wafer-level chip scale packaging: an overview," *IEEE Transactions on Advanced Packaging*, vol. 23, no. 2, May 2000, pp. 198-205.

[2] http: //www. ti. com/nanostar.

[3] www. national. com/packaging/parts/MICROSMD. html.

[4] W. H. Koh, "Advanced area array packaging—from CSP to WLP," *Proc. 5th International Conference on Electronic Packaging Technology* (ICEPT), October 2003, pp. 121-25.

[5] Makarem A. Hussein and Jun He, "Materials' impact on interconnect process technology and reliability," *IEEE Transactions on Semiconductor Manufacturing*, vol. 18, no. 1, February 2005, p. 69.

[6] Carter W. Kaanta and Susan G. Bombardier, William J. Cote et al. "Dual Damascene—A ULSI Wiring Technology," *Proc. IEEE Eighth International Conference on VLSI Multilevel Interconnection*, 1991, pp. 144-52.

[7] Jayaprakash Balachandran, Steven Brebels, Geert Carchon, Maarten Kuijk, Walter De Raedt, Bart K. J. C. Nauwelaers, and Eric Beyne "Wafer-level packaging interconnect options," *IEEE Transactions on VLSI Systems*, vol. 14, no. 6, June 2006, pp. 654-659.

[8] P. Elenius, S. Barrett, and T. Goodman, "Ultra CSP™—a wafer-level package," *IEEE Transactions on Advanced Packaging*, vol. 23, no. 2, 2000, p. 220.

[9] Kai Zoschke, Jürgen Wolf, Michael Töpper, Oswin Ehrmann, Thomas Fritzsch, Katrin Scherpinski, Herbert Reichl, and Franz-Josef Schmückle1, "Fabrication of application specific integrated passive devices using wafer-level packaging technologies," Proceedings-55th Electronic Components and Technology Conference, 2005, pp. 1594-1601.

[10] Yong-Kyu Yoon, Jin-Woo Park, and Mark G. Allen, "RF MEMS based on epoxy-core conductors," *Digest of Solid-State Sensor, Actuator, and Microsystems Workshop*, Hilton Head Island, SC, 2002, pp. 374-75.

[11] A. Polyakov, S. Sinaga, P. M. Mendes, M. Bartek, J. H. Correia, and J. N. Burghartz, "High-resistivity polycrystalline silicon as RF substrate in wafer-level packaging", *Electronic Letters*, vol. 41, no. 2, January 20, 2005, pp. 100-101.

［12］ M. Bartek, G. Zilber, D. Teomin, A. Polyakov, S. M. Sinaga, P. M. Mendes, and J. N. Burghartz, "Wafer-level chip-scale packaging for low-end RF products", in J. D. Cressler and J. Papapolymerou (eds.), Digest of papers, *Topical Meeting on Silicon Monolithic Integrated Circuits in RF Systems*, Atlanta, September 8-10, 2004, pp. 41-44.

［13］ Snezana Jenei, Stefaan Decoutere, Stefaan Van Huylenbroeck, Guido Vanhorebeek, and Bart Nauwelaers, "High Q Inductors and Capacitors on Si substrate", *IEEE topical meeting on silicon monolithic integrated circuits in RF subsystems*, 2001, pp. 64-70.

［14］ S. M. Sinaga, A. Polyakov, M. Bartek, and J. N. Burghartz; " Substrate thinning and trenching as crosstalk suppression techniques, " *Proc. 3rd European Microelectronic and Packaging Symposium*, Prague, Czech Republic, June 2004, pp. 131-136.

［15］ Mina Raieszadeh, Pejman Monajemi, Sang-Woong Yoon, Joy Laskar, and Farrokh Ayazi, "High-Q integrated inductors on trenched silicon islands," 18*th IEEE International Conference on Micro Electro Mechanical Systems*, Miami Beach, FL, January 30-February 3, 2005, pp. 199-202.

［16］ Mina Rais-zadeh, Paul A. Kohl, and Farrokh Ayazi, "High-Q micromachined silver passives and filters," *Proc. IEDM*, 2006, pp. 727-730.

［17］ P. Soussan, L. Goux, M. Dehan, H. Vander Meeren, G. Potoms, D. J. Wouters, and E. Beyne, "Low temperature technology options for high density capacitors," *Proc. Electronic Components and Technology Conference (ECTC)* San Diego, June 1-3, pp. 515-19, 2006.

［18］ Johan Klootwijk, Anton Kemmeren, Rob Wolters, Fred Roozeboom, Jan Verhoeven, and Eric Van Den Heuvel, "Extremely high-density capacitors with ALD high-K dielectric layers," *Defects in High-K Gate Dielectric Stacks*, Nato *Science Series*, vol. 220, 2006, pp. 17-28.

［19］ A. den Dekker, A. van Geelen, P. van der Wel, R. Koster, and E. C. Rodenburg, "The next technology for passive integration on silicon," *Proc. Electronic Components and Technology Conference (ECTC)*, 2007, pp. 968-73.

［20］ J. Novitsky and D. Pedersen, "FormFactor introduces an integrated process for wafer-level packaging, burn-in test, and module level assembly, " *Proc. International Symposium on Advanced Packaging Materials*, 1999, p. 226.

［21］ Q. Zhu, L. Ma, and S. K. Sitaraman, "Design and optimization of a novel compliant off-chip interconnect—one-turn helix," *Proc. 52nd Electronic Components and Technology Conference*, 2002, p. 910.

［22］ Karan Kacker, Geoge Lo, and Suresh Sitaraman, "Assembly and reliability assessment of lithography-based wafer-level compliant chip-to-substrate interconnects," *Proc. Electronic Components and Technology Conference*, 2005, pp. 545-50.

［23］ Andrew A. O. Tay, Mahadevan K. Iyer, Rao R. Tummala, V. Kripesh, E. H. Wong, Madhavan Swaminathan, C. P. Wong, Mihai D. Rotaru, Ravi Doraiswami, Simon S. Ang, and E. T. Kang, "Next generation of 100-μm-pitch wafer-level packaging and assembly for systems on-package," *IEEE Transactions on Advanced Packaging*, vol. 27, no. 2, May 2004, p. 413.

［24］ H. Hedler, T. Meyer, W. Leiberg, and R. Irsigler, "Bump wafer-level packaging: a new packaging platform (not only) for memory products," *Proc. International Symposium on Microelectronics*, 2003, pp. 681-86.

［25］ R. Fillion, L. Meyer, K. Durocher, S. Rubinsztajin, D. Shaddock, and J. Wrigth, "New wafer-level structure for stress free area array solder attach," *Proc. International Symposium on Microelectronics*, 2003, pp. 678-92.

［26］ M. Gonzalez, M. Vanden Bulcke, B. Vandevelde, E. Beyne, Y. Lee, B. Harkness, and H. Meynen, "Finite element analysis of an improved wafer-level package using silicone under bump (SUB) layers," *Proc. 5th International Conference on Thermal and Mechanical Simulation and Experiments in Micro-electronics and Micro-systems*, 2004, p. 163.

［27］ T. Meyer, H. Hedler, L. Larson, and M. Kunselman, "A new approach to wafer-level packaging employs spin-on and printable silicones," *Chip Scale Review*, July 2004, pp. 65-71.

[28] M. S. Bakir, H. A. Reed, P. A. Kohl, K. P. Martin, and J. D. Meindl, "Sea of leads ultra high-density compliant wafer-level packaging technology," *Proc. 52nd Electronic Components and Technology Conference*, 2002, p. 1087.

[29] J. Fjelstad, "W. A. V. E™ technology for wafer-level packaging of ICs," *Proc. Second Electronic Packaging Technology Conference (EPTC)*, Singapore, December 1998.

[30] M. S. Bakir, H. A. Reed, H. D. Thacker, C. S. Patel, P. A. Kohl, K. P. Martin, and J. D. Meindl, "Sea of leads (SoL) ultrahigh density wafer-level chip input/output interconnections for gigascale integration (GSI)," *IEEE Transactions on Electron Devices*, vol. 50, no. 10, 2003, p. 2039.

[31] S. Movva and G. Aguirre, "High reliability second level interconnects using polymer core BGAs," *Proc. Electronic Components and Technology (ECTC'04)*, vol. 2, June 1-4, 2004, pp. 1443-48.

[32] Q. Zhang, "A novel solder ball coating process with improved reliability," *Proc. Electronic Components and Technology Conference*, 2005, pp. 399-405.

[33] Ankur Aggarwal, P. Markondeya Raj, and Rao Tummala, "Metal polymer composite interconnections for ultrafine pitch wafer-level packaging," *IEEE CPMT Transactions on Advanced Packaging*, February 2007, pp. 384-392.

[34] D. H. Kim, P. Elenius, M. Johnson, S. Barrett, and M. Tanaka, "Solder joint reliability of a polymer reinforced wafer-level package," *Proc. 52nd Electronic Components and Technology Conference*, 2002, p. 1347.

[35] T. Kawahara, "Super CSP™," *IEEE Transactions on Advanced Packaging*, vol. 23, no. 2, 2000, p. 215.

[36] M. Topper, J. Auersperg, V. Glaw, K. Kaskoun, E. Prack, B. Beser, P. Coskina, D. Jager, D. Petter, O. Ehrmann, K. Samulewiez, C. Meinherz, S. Fehlberg, C. Karduck, and H. Reichl, "Fab integrated packaging (FIP): a new concept for high reliability wafer-level chip size packaging," *Proc. 50th Electronic Components and Technology Conference*, 2000, pp. 74-80.

[37] B. Keser, E. R. Prack, and T. Fang, "Evaluation of commercially available, thick, photosensitive films as a stress compensation layer for wafer-level packaging," *Proc. 51st Electronic Components and Technology Conference*, 2001, pp. 304-309.

[38] K. Mitsuka, H. Kurata, J. Furukawa, and M. Takahashi, "Wafer process chip size package consisting of double-bump structure for small-pin-count packages," *Proc. 55th Electronic Components and Technology Conference*, 2005, p. 572.

[39] Dongkai Shangguan, *Lead-free Solder Interconnect Reliability*, Materials Park, OH: ASM International, 2005.

[40] J. U. Knickerbrocker et al. "Development of next-generation SOP with fine pitch chip interconnection," *IBM Journal of Research and Development*, vol. 49, no. 4/5, July-Sept, 2005, pp. 725-53.

[41] Jong-Kai Lin, Ananda De Silva, Darrel Frear, Yifan Guo, Scott Hayes, Jin-Wook Jang, Li Li, and Charles Zhang, "Characterization of lead-free solders and under-bump-metallurgies for lead-free solder," *IEEE Transactions on Electronics Package Manufacturing*, vol. 25, no. 3, 2002, pp. 300-307.

[42] Won Kyoung Choi, Sung K. Kang, Yoon Chul Sohn, and Da-Yuan Shih, "Study of IMC morphologies and phase characteristics affected by the reactions between Ni and Cu metallurgies with Pb-free solder joints," *Proc. Electronics Components and Technology Conference*, 2003, pp. 1190-96.

[43] S. K. Kang, P. K. Lauro, D.-Y. Shih, D. W. Landerson, and K. J. Puttlitz, "Microstructure and mechanical properties of lead-free solder joints used in microelectronics applications," *IBM Journal of Research and Development*, vol. 49, no. 4/5, 2005, pp. 607-20.

[44] K. Mohan Kumar and A. A. O. Tay, "Nano-particle reinforced solders for fine pitch applications," *Proc. 6th Electronic Packaging and Technology Conference*, December 2004, pp. 455-461.

[45] Andre Lee, K. N. Subramanian, and Jong-Gi Lee, "Development of nanocomposite lead-free electronic

solders," *10th International Symposium on Advanced Packaging Materials: Processes, Properties and Interfaces*, Irvine, CA, March 16-18, 2005.

[46] G. A. Rinne, "Electromigration in SnPb and Pb-free solder bumps," *Proc. 54th Electronic Component and Technology Conference* (ECTC), 2004, pp. 974-978.

[47] J. W. Nah, J. O. Suh, and K. N. Tu, "Effect of current crowding and joule heating on electromigration-induced failure in flip chip composite solder joints tested at room temperature," *Journal of Applied Physics*, vol. 98, 2005, pp. 13715-13720.

[48] T. L. Shao, S. W. Liang, T. C. Lin, and Chih Chen, "Three-dimensional simulation of current density distribution in flip-chip solder joints under electrical stressing," *Journal of Applied Physics*, vol. 98, 2005, no. 4, pp. 44509-44518.

[49] Peng Su, Min Ding, Trent Uehling, David Wontor, and Paul S. Ho, "An evaluation of electromigration performance of SnPb and Pb-free flip chip solder joints," *Proc. Electronic Component and Technology Conference* (ECTC), 2005, pp. 1431-36.

[50] Stephen Gee, Nikhil Kelkar, Joanne Huang, and King-Ning Tu, "Lead-free and PbSn bump electromigration testing," *Proc. IPACK2005, ASME InterPACK '05*, San Francisco, CA, July 17-22, 2005.

[51] Bernd Ebersberger, Robert Bauer, and Lars Alexa, "Reliability of lead-free SnAg solder bumps: influence of electromigration and temperature," *Proc. Electronic Component and Technology Conference* (ECTC), 2005, pp. 1407-15.

[52] H. Gan et al. "Pb-free micro joints for the next-generation microsystems: the fabrication, assembly and characterization," *Proc. Electronics Components and Technology Conference*, 2006, p. 1210.

[53] John H. Lau, "Low Cost Flip Chip Technologies—for DCA, WLSCP, and PBGA" Assemblies, New York: McGraw-Hill, 1999.

[54] J. Y. Kim, J. Yu, J. H. Lee, and T. Y. Lee, "The effect of electroplating parameters on the morphology and composition of Sn-Ag solder," *Journal of Electronic Materials*, vol. 33, no. 12, 2004, pp. 1459-64.

[55] David S. Chau, Ashish Gupta, Chia-Pin Chiu, Suzana Prstic, and Seth Reynolds, "Impact of different flip-chip bump materials on bump temperature rise and package reliability," *Proc. International Symposium on Advanced Packaging Materials*, Irvine, CA, March 18-21, 2005.

[56] Andrew Yeoh, Margherita Chang, Christopher Pelto, Tzuen-Luh Huang, Sridhar Balakrishnan, Gerald Leatherman, Sairam Agraharam, Guotao Wang, Zhiyong Wang, Daniel Chiang, Patrick Stover, and Peter Brandenburger, "Copper die bumps (first level interconnect) and low-K dielectrics in 65 nm high volume manufacturing," *Proc. Electronic Components and Technology Conference*, 2006, pp. 1611-15.

[57] Tie Wang, Francisca Tung, Louis Foo, and Vivek Dutta, "Studies on a novel flip-chip interconnect structure—pillar bump," *Proc. 51st Electronic Components and Technology Conference*, May 2001, pp. 945-49.

[58] Daniel D. Evans Jr. "Gold bump technologies—plating versus ball," IMAPS *International Conference on Device Packaging*, March 2005, pp. MP22.

[59] S. H. Shi, T. Yamashita, and C. P. Wong, "Development of the wafer-level compressive-flow underfill process and its required materials," *Proc. 49th Electronic Components and Technology Conference*, 1999, p. 961.

[60] S. H. Shi, T. Yamashita, and C. P. Wong, "Development of the wafer-level compressive-flow underfill encapsulant," *IEEE Trans. on Components, Packaging, Manuf. Technol.* Part C, vol. 22, no. 4, 1999, p. 274.

[61] K. Gilleo and D. Blumel, "Transforming flip chip into CSP with reworkable wafer-level underfill," *Proc. Pan Pacific Microelectronics Symposium*, 1999, p. 159.

[62] S. Shi, and C. P. Wong, "The process and materials for low-cost flip-chip solder interconnect structure for

wafer-level no flow process," US Patent 6, 746, 896 (June 8, 2004), and K. Gilleo, "Flip Chip with integrated flux, mask and underfill," W. O. Patent 99/56312 (November 4, 1999).

[63] L. Nguyen, H. Nguyen, A. Negasi, Q. Tong, S. H. Hong, "Wafer level underfill—processing and reliability," *Electronics Manufacturing Technology Symposium*, 2002. IEMT 2002. 27th Annual IEEE/SEMI International 17-18 July 2002 Page (s): 53-62.

[64] L. Nguyen, H. Nguyen, A. Negasi, Q. Tong, and S. H. Hong, "Wafer-level underfill—processing and reliability," *Proc. 27th Int. Electron. Manuf. Tech. Symp.* San Jose, CA, July 17-18, 2002.

[65] J. Qi, P. Kulkarni, N. Yala, J. Danvir, M. Chason, R. W. Johnson, R. Zhao, L. Crane, M. Konarski, E. Yaeger, A. Torres, R. Tishkoff, and P. Krug, "Assembly of flip chips utilizing wafer applied underfill," presented at IPC SMEMA Council APEX 2002, *Proc. APEX*, San Diego, CA, 2002, pp. S18-3-1-S18-3-7.

[66] Q. Tong, B. Ma, E. Zhang, A. Savoca, L. Nguyen, C. Quentin, S. Lou, H. Li, L. Fan, and C. P. Wong, "Recent advances on a wafer-level flip chip packaging process," *Proc. 50th Electronic Components and Technology Conference*, 2000, pp. 101-106.

[67] S. Charles, M. Kropp, R. Kinney, S. Hackett, R. Zenner, F. B. Li, R. Mader, P. Hogerton, A. Chaudhuri, F. Stepniak, and M. Walsh, "Pre-applied underfill adhesives for flip chip attachment," *IMAPS Proc. International Symposium on Microelectronics*, Baltimore, MD, 2001, pp. 178-83.

[68] Z. Zhang, Y. Sun, L. Fan, and C. P. Wong, "Study on B-stage properties of wafer-level underfill," *Journal of Adhesion Science and Technology*, vol. 18, no. 3, 2004, pp. 361-80.

[69] Z. Zhang, Y. Sun, L. Fan, R. Doraiswami, and C. P. Wong, "Development of wafer-level underfill material and process," *Proc. 5th Electronic Packaging Technology Conference*, Singapore, December 2003, pp. 194-98.

[70] R. L. D. Zenner and B. S. Carpenter, "Wafer-applied underfill film laminating," *Proc. 8th International Symposium on Advanced Packaging Materials*, 2002, pp. 317-25.

[71] Y. Sun, Z. Zhang, and C. P. Wong, "Photo-definable nanocomposite for wafer-level packaging," *Proc. 55th Electronic Components and Technology Conference*, 2005, p. 179.

[72] Shubhra Bansal, Ashok Saxena, and Rao Tummala, "Nanocrystalline copper and nickel as ultra high-density chip-to-package interconnections," *Proc. 54th Electronic Components and Technology Conference*, IEEE, Piscataway, NJ, 2004, pp. 1646-51.

[73] K. S. Kumar, H. Van Swygenhoven, and S. Suresh, "Mechanical behavior of nanocrystalline metals and alloys," *Acta Materialia*, vol. 51, 2003, pp. 5743-74.

[74] A. F. Mayadas and M. Shatzkes, "Electrical-resistivity model for polycrystalline films: the case of arbitrary reflection at external surfaces," *Phys. Rev. B 1*, 1970, pp. 1382-89.

[75] W. Steinhögl, G. Schindler, G. Steinlesberger, and M. Engelhardt, "Size dependent resistivity of metallic wires in the mesoscopic range," *Phys. Rev. B, Condens. Matter*, vol. 66, August 2002, pp. 075414/1-075414/4.

[76] A. J. Yin, J. Li, W. Jian, A. J. Bennett, and J. M. Xu, "Fabrication of highly ordered metallic nanowire arrays by electrodeposition," *Appl. Phys. Lett.* vol. 79, 2001, pp. 1039-41.

[77] T. Thurn-Albrecht, J. Schotter, G. A. Kastle, N. Emley, T. Shibauchi, L. Krusin-Elbaum, K. Guarini, C. T. Black, M. T. Tuominen, and T. P. Russell, "Ultra-high density nanowire grown in self-assembled di-block copolymer," *Science*, vol. 290, 2000, pp. 2126-29.

[78] Azad Naeemi, Reza Sarvari, and James D. Meindl, "Performance comparison between carbon nanotube and copper interconnects for gigascale integration (GSI)," *IEEE Electron Device Letters*, vol. 26, no. 2, February 2005.

[79] Yijun Li, Kunlin Wang, Jinquan Wei, Zhiyi Gu, Zhicheng Wang, Jianbin Luo, and Dehai Wu, "Tensile properties of long aligned double-walled carbon nanotube strands," *Carbon*, vol. 43, no. 1, 2005, pp. 31-35.

[80] M. A. Guillorn, T. E. McKnight, A. Melechko, V. I. Merkulov, P. F. Britt, D. W. Austin, and D. H. Lowndes, "Individually addressable vertically aligned carbon nanofiber-based electrochemical probes," *Journal of Applied Physics*, vol. 91, no. 6, March 15, 2002, pp. 3824-28.

[81] Lingbo Zhu, Yangyang Sun, Jianwen Xu, Zhuqing Zhang, Dennis W. Hess, and C. P. Wong, "Aligned carbon nanotubes for electrical interconnect and thermal management," *Proc. Electronic Components and Technology Conference*, 2004, pp. 44-50.

[82] Jun Li, Qi Ye, Alan Cassell, Jessica Koehne, H. T. Ng, Jie Han, and M. Meyyappan, "Carbon nanotube interconnects: a process solution," *Proc. IEEE International Interconnect Technology Conference*, June 2-4, 2003, pp. 271-272.

[83] Y. Li, K. Moon, and C. P. Wong, "Electronics without lead," *Science*, vol. 308, 2005, pp. 1419-20.

[84] K. Moon, H. Dong, R. Maric, S. Pothukuchi, A. Hunt, Y. Li, and C. P. Wong, "Thermal behavior of silver nanoparticles for low-temperature interconnect application," *J. Electronic Materials*, vol. 34, 2005, pp. 132-39.

[85] W. V. Kwan, V. Kripesh, M. K. Gupta, A. A. O. Tay, and R. R. Tummala et al. "Low temperature sintering process for deposition of nanostructured metal for nano IC packaging," *Proc. 5th Electronics Packaging Technology Conference*, IEEE, Piscataway, NJ, 2003, pp. 551-56.

[86] Y. Li, K. Moon, and C. P. Wong, "Enhancement of electrical properties of anisotropically conductive adhesive (ACA) joints via low temperature sintering," *Journal of Applied Polymer Science*, vol. 99, Issue 4, 2005, pp. 1665-1673.

[87] Y. Li, K. Moon and C. P. Wong, "Adherence of self-assembled monolayers on gold and their effects for high performance anisotropic conductive adhesives," *Journal of Electronic Materials*, vol. 34-3, 2005, pp. 266-71.

[88] Y. Li, K. Moon, and C. P. Wong, "Monolayer protected silver nano-particle based anisotropic conductive adhesives (ACA): electrical and thermal properties enhancement," *J. Electronic Materials*, vol. 34, No. 12, 2005, pp. 1573-1578.

[89] A. Sihlbom and J. Liu, "Thermal characterization of electrically conductive adhesive flip-chip joints," *Proc. IEEE 2nd Electronic Packaging Technology Conference*, Singapore, December 8-10, 1998, pp. 251-57.

[90] M. J. Yim, H. -J. Kim, and K. -W. Paik, "Anisotropic conductive adhesives with enhanced thermal conductivity for flip chip applications," *Journal of Electronic Materials*, vol. 34, 2005, pp. 1165-71.

[91] L. K. The, E. Anto, C. C. Wong, S. G. Mhaisalkar, E. H. Wong, P. S. Teo, and Z. Chen, "Development and reliability of non-conductive adhesive flip-chip packages," *Thin Solid Films*, vol. 462, 2004, pp. 446-53.

[92] M. -J. Yim, J. -S. Hwang, W. Kwon, K. W. Jang, and K. -W. Paik, "Highly reliable non-conductive adhesives for flip chip CSP applications," *IEEE Transactions on Electronics Packaging Manufacturing*, vol. 26-2, 2003, pp. 150-55.

[93] Barbara Pahl, Thomas Loeher, Christine Kallmayer, Rolf Aschenbrenner, and Herbert Reichl, "Ultrathin soldered flip chip interconnections on flexible substrates," *Electronic Components and Technology Conference*, 2004, pp. 1244-50.

[94] Andrew A. O. Tay, Mahadevan K. Iyer, Rao R. Tummala, "Design and development of interconnects for ultra-fine pitch wafer-level packages," *IEEE 6th International Conference on Electronic Packaging Technology*, 2005, pp. 446-453.

[95] Ankur Aggarwal, P. Markondeya Raj, Isaac Robin Abothu, Michael Sacks, Rao Tummala, and Andrew Tay, "New paradigm in IC-package interconnections by reworkable nano-interconnects," *Proc. 54th Electronic Components and Technology Conference*, IEEE, Piscataway, NJ, 2004, pp. 451-61.

[96] L. Zhu, Y. Xiu, D. W. Hess, and C. P. Wong, "Aligned carbon nanotube stacks by water-assisted selective etching," *Nano Letters*, vol. 5, 2005, p. 2641.

[97] L. Zhu, Y. Sun, D. W. Hess, and C. P. Wong, "Well-aligned open-ended carbon nanotube architectures: an approach for device assembly," *Nano Letters*, vol. 6, 2006, pp. 243-247.

[98] Takao Yamazaki, Yoshimichi Sogawa, Rieka Yoshino, Keiichiro Kata, Ichiro Hazeyama, and Sakae Kitajo, "Real chip size three-dimensional stacked package," *IEEE Transactions on Advanced Packaging*, vol. 28, no. 3, August 2005, p. 397.

[99] Masahiro Sunohara, Kei Murayama, Mitsutoshi Higashi, and Mitsuharn Shimizu, "Development of interconnect technologies for embedded organic packages," *Electronic Components and Technology Conference*, 2003, pp. 1484-89.

[100] T. Iwai, H. Shioya, D. Kondo, S. Horose, A. Kawabata, S. Sato, M. Nihei, T. Kikkawa, K. Joshin, Y. Awano, and N. Yokoyama, "Thermal and source bumps utilizing CNTs for flip-chip-high-power-amplifier," *IEEE International Electronic Devices Meeting*, 2005, pp. 257-260.

[101] Ankur Aggarwal, P. Markondeya Raj, Baikwoo Lee, Jack Moon, C. P. Wong, and Rao Tummala, "Reliability studies of nano-structured nickel interconnections on high CTE organic substrates without underfill," *Proc. IEEE Electronics Component and Technology Conference*, Reno, NV, May 2007, pp. 905-913.

[102] U. Srinivasan, D. Liepmann, and R. T. Howe, "Microstructure to substrate self-assembly using capillary forces," *Journal of Microelectromechanical Systems*, vol. 10, no. 1, March 2001, pp. 17-24.

[103] Xiaorong Xiong, Yael Hanein, Jiandong Fang, Daniel T. Schwartz, and Karl F. Böhringer, "Multibatch self-assembly for multichip integration," *Journal of Microelectromechanical Systems*, vol. 12, issue 2, April 2003, pp. 117-27.

[104] J. U. Knickerbocker, P. S. Andry, L. P. Buchwalter, A. Deutsch, R. R. Horton, K. A. Jenkins, Y. H. Kwark, G. McVicker, C. S. Patel, R. J. Polastre, C. Schuster, A. Sharma, S. M. Sri-Jayantha, C. W. Surovic, C. K. Tsang, B. C. Webb, S. L. Wright, S. R. McKnight, E. J. Sprogis, and B. Dang, "Development of next-generation system-on-package (SOP) technology based on silicon carriers with fine-pitch chip interconnection," *IBM J. Research and Development*, vol. 49, no. 4-5, July-September 2005, pp. 725-753.

[105] James Jian-Qiang Lu, Ronald Gutmann, Thorsten Matthias, and Paul Lindner, "Aligned wafer bonding for 3-D interconnect," *Semiconductor International*, August 1, 2005, pp. SP. 4-8.

[106] G. Ganesan and J. Pitts, "Wafer-level burn-in with test", *Advanced Packaging*, May, Vol. 11, 2002, pp. 29-33.

[107] Y. Nakata, I. Miyanaga, S. Oki, and H. Fujimoto, "A Wafer-Level Burn-in Technology Using the Contactor Controlled Thermal Expansion," *Proceedings of the 1997 International Conference on Multichip Modules*, Osaka, 1997, pp. 259-264.

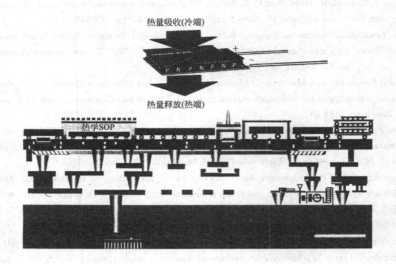

热量吸收(冷端)

热量释放(热端)

热学SOP

第11章

系统级封装（SOP）散热

Y. Joshi, Gopal C. Jha,
佐治亚理工学院
M. Patterson
英特尔公司(Intel)
P. Dutta
印度科学研究院

　　SOP 散热解决的是高度小型化 SOP 系统的有效热管理。极大功能化、尺寸微小、多尺寸结构、多功能材料和有源或无源嵌入式薄膜元件是 SOP 系统的主要特征。这些特征将导致大量功率元件,包括有源 IC 如微处理器、功率放大器和内存器件及无源元件等成为非均匀、高度集中的体热源。SOP 的小型化带来电气性能、成本和某些方面可靠性优势的同时,也使系统级的热流密度与器件级相近,带来了前所未有的散热挑战,这点与现有的基于分立元件的系统不同。本章描述了 SOP 散热的概念及其热学内涵,分析了 SOP 内的热源并且给出了传热方式的内部紧密关联。本章还叙述了热物理定性技术的概况。另外,本章回顾目前用于 SOP 散热的热管理技术。本章所述的通过有效功率管理的功率最小化技术可以减轻 SOP 的散热问题。

11.1　SOP 散热基础

　　不断增长的便携性和多功能的要求一直是电子技术革新的动力。摩尔预见了电子市场需求并建立了经验的摩尔定律[1],或称之为电子学第一定律。该定律预测了芯片的二极管数量将会按如图 11.1 (a) 所示的趋势增长,同时芯片尺寸的缩小带来了艰巨的散热挑战。

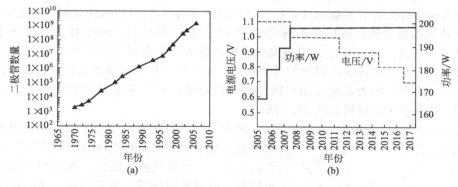

图 11.1　(a)二极管数量年度变化[1]和 (b) 电源电压和高性能微处理器的最大功耗[2]

　　尽管电源电压在降低,器件效率在提高,芯片的功耗却仍然在上升。根据国际半导体业技术路线图(ITRS-2006),高性能微处理器的功耗在 2008 年将可能达到198W[如图 11.1(b)所示][2]。这种情况在 RF 和功率电子器件中更为严重。通过对比多种电子器件与一些熟知产热系统的热流密度,可以感受到电子发展随之带来的热管理挑战 (如图 11.2)[3]。

　　近年来,芯片尺寸不断缩小,数量不断增长,而且一直存在的对微小器件低成本的要求,如 Iphone,人们对摩尔定律将会减缓或失效的担忧与日俱增。这导致了系统电路板与 IC 封装为一体的系统级封装（SOP）概念的提出。这个所谓的电子第二定律被寄望于能使电子器件在降低成本的同时获得前所未有的功能和小尺寸。本书讨论的 SOP 技术在一个高度小型化的封装系统中集成了包括数字、RF、MEMS、传感器和光电子技术等一系列先进技术。因此,SOP 的焦点是系统元件

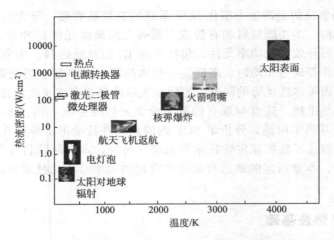

图 11.2　不同现象和系统间热流密度对比

的小型化，包括无源和有源器件、功率元件、I/O、热结构和系统 I/O。

11.1.1　SOP 热影响

　　SOP 热影响很广。电源及其分布是 SOP 必须克服的另一挑战。因为 SOP 的主要元件是器件元件和系统元件，所以分开理解这两类 SOP 技术的热影响更加方便。SOP 概念内的器件在散热方面与在 SOP 和 SOB 内的相同。SOP 技术可能减小器件级的热挑战。这是因为 SOP 超高热流密度的大芯片内多功能 CMOS 集成块并不是必要的。这些集成块可以分为低功耗的、更小的、更容易设计和制造的高收益器件。另一方面，因为系统可用空间呈指数级降低，SOP 的系统小型化将带来巨大影响。这种影响的说明如图 11.3 所示。

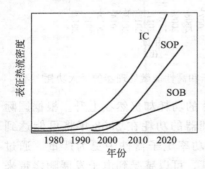

图 11.3　SOP 对热挑战的影响

　　SOP 系统的散热需求是出于对性能和可靠性的需要。超出范围的运行温度会引起有源半导体性能恶化——动态随机存储器（DRAM）中漏电电流增加，时钟频率降低，波长漂移，光电模块功率降低等。IC 和有机基板［Si，$2.8 \times 10^{-6}/℃$；GaAs，约 $6 \times 10^{-6}/℃$；共晶焊料 $Sn_{63}Pb_{37}$，约 $25 \times 10^{-6}/℃$；有机树脂玻璃纤维 FR4，（14～20）$\times 10^{-6}/℃$］之间的 CTE 不匹配会引起焊接点的热应力。由开关带来的重复热循环会引起热疲劳并最终导致焊点失效。除非采用正确的材料和合适的热管理方案，否则 SOP 模块和系统可能因为多种原因而失效。多种失效机制的详细研究请见第 8 章[4,5]。

　　现有解决可靠性的方法是以多种失效机制的根本原因或失效物理原理和失效机制的温度依赖性为基础的[6]。对给定温度范围内的各种运行机制进行排序，以找到决定性的机制。在给定温度范围之外，决定性机制可能发生转换。因此，从广泛的意义来说，很多失效机制是热引起的，但是失效与温度的关系却是复杂的。温度在影响可靠性的同时对性能参数也有影响。放大器的非线性效应和光电模块内激光的错误运行（波长漂移和功率降低）是这种效应的两个例子。

从上面的讨论可以清楚地看出运行的可靠性和功能表现都会受到温度的影响。多功能系统设计者常用的一种方法是限制最大"结温"，即芯片运行时的平均温度。这种限制对民用和军用设备是不同的，因为两种设备运行的温度范围不同。对于手持和便携器件，市场有时要求更严格的温度限制以保证更好地满足客户需求。ITRS 提供了各种微系统的允许结温和运行温度的推测值[2]。结果示于图 11.4[2]。

如图 11.4 所示，单芯片封装器件的结温在低成本、手持式和存储器件中，不允许超过 125℃；恶劣环境下工作器件的结温不超过 175℃；高性能、成本较低器件的结温不超过 100℃。

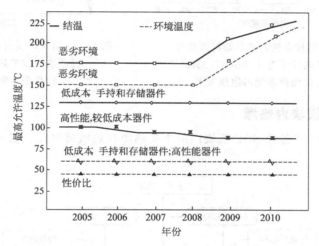

图 11.4　不同年份最高允许结温和环境温度[2]

11.1.2　基于 SOP 便携式产品的系统级热约束

SOP 在本书中被描述为一种用于未来的高度便携式微系统的极小型化系统技术。因为电子产品尺寸缩小和功能增长需求的持续推动，系统级的散热已经成为这种系统设计的极大限制。作为一个说明，考虑一个放置在温度为 25℃ 环境中，尺寸为 9.0cm×1.85cm×4.2cm 的便携系统，假设其壳体表面温度恒定，该系统估计的通过自然对流和辐射换热的散热能力如图 11.5 所示。散热量为 5W 时表面温度是 60℃。相同散热量下，如果存在基底导热和其他表面的自然对流和辐射换热（模拟手持器件），表面温度将会较低，约为 50℃。一个需要考虑的相关因素是可用于冷却的功耗有限。因为电池功率的宝贵，设计者希望尽量少的功率用于散热。这种挑战比具有大量系统空间和要求高度创造性热管理方法的高性能系统的热管理更为严峻。

一般，不需要外部功率冷却的被动式散热方法更为可取。比如采用固液相变材料（PCM），如石蜡和低熔点合金。图 11.6 为一种典型的相变材料对脉冲热冲击的热响应。不用相变材料时，系统温度在达到稳态前将会超过前述的最高温度。应用相变材料将阻止温度上升，因为相变的等温吸热，最终会达到熔点温度。多种其他热管理技术将在 11.5 节中讨论。

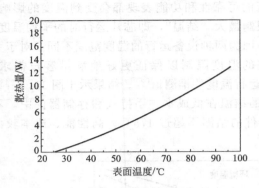

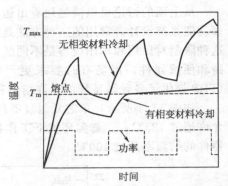

图 11.5　通过自然对流和辐射换热与
25℃环境换热尺寸为 9.0cm×1.85cm×
4.2cm 的便携系统的散热极限

图 11.6　有无相变材料（PCM）的
微系统在脉冲热冲击下
的典型热响应

11.2　SOP 模块内热源

图 11.7 显示了各种 SOP 模块内的主要热源和热敏感单元。以下小节中将进行详细讨论。

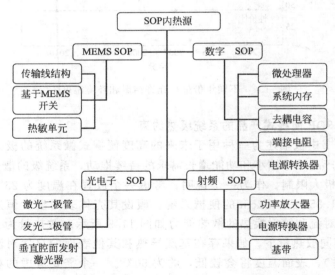

图 11.7　SOP 模块内热源

11.2.1　数字 SOP

一个数字 SOP 模块包括多个含有微处理器、DRAM、SRAM、ASIC 和 FPGA 的多功能单元。微处理器内的逻辑单元需要静态和动态功耗。静态功耗保持逻辑状态，并且是接收器和驱动器的功耗源。动态功耗的存在是因为负载电容和负载电阻。传统的微处理器在单一的频率和电压下运行。它一直处在"开"的状态并消耗全功率。对于基于 CMOS 技术的微处理器芯片，由于给定时钟频率(f)和电压(V_{dd})下平均负载电路开关过程中产生的动态热量或动态功耗为

$$P = N_{transition} V_{dd} I_{leakage} + \frac{1}{2} \alpha N_{transition} C_{average} V_{dd}^2 f \qquad (11.1)$$

其中，$N_{transition}$ 为开关次数，α 为拟合参数。式(11.1)的第一项表示电压(V_{dd})下漏电电流引起的功耗，第二项是与电容负载相关的功耗。

器件尺寸的不断缩小和二极管数量的不断增加已经推动 CMOS 技术进入到了纳米尺度，如图 11.1 所示。随着二极管变得越来越小和越来越快，动态功耗也变得更高。并且，在纳米尺度漏电电流变得更加值得关注，如图 11.8 所示[7]。值得注意的是，微处理器中漏电电流引起的功耗已经占据了总功耗的 25% 以上。当 MOS 通道长度小于 100nm，门介电厚度小于 2nm 时，漏电电流的功耗贡献据推测将超过动态功耗[8]。

根据 ITRS-2006，至 2008 年高性能微处理器的功耗可能达到 198W［如图 11.1（b）所示］[2]。功耗的急剧增加与片上存储结构有关。如今微处理器的大部分面积含有包括有数据缓存(d-cache)、指令缓存(i-cache)、分支预测表(BPT)和平移旁视缓冲器(TLB)的存储单元[9]。例如，片上存储结构分别占用了 Alpha 21264 和 ARM 微处理器总硅可用面积的 30% 和 60%[10]。这种存储容量的不断增加，同时操作速度的不断提高，已经使得这些元件成为能量最为集中的元件。据报道，

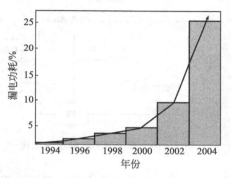

图 11.8　漏电功耗占总功耗比例的增长趋势[7]

这些器件在多数微处理器中消耗了超过 40% 的总芯片功耗。漏电功耗占据缓存中总功耗的很大一部分。例如，L1 缓存内的漏电功耗是 L1 缓存总功耗的 30%，L2 缓存内的漏电功耗占 L2 缓存总功耗的比例高达 80%[11]。Borker 估计每一代微处理器的更新将造成总漏电功耗 5 倍的增长[12]。

热量的时空聚焦是微处理器的另一性质。微处理器的性能(程序执行时间)是逻辑单元与存储单元距离的函数。因此，新一代的微处理器在单芯片上集成了大面积的缓存和逻辑单元。这种低功耗存储与高功耗逻辑电路的集成导致了芯片内称为热点的、成空间分布的高功率和高温度梯度区域[13]。热点的热流密度预计超过 $1000W/cm^2$，至少是芯片平均热流密度的 6 倍；热点处的温度比芯片的平均温度至少高 30℃[13]。一个微处理器芯片在非均匀功耗下的预估热流密度分布如图 11.9 所示[14]。热域的时间分布是显而易见的，因为不同的指令执行采用微处理

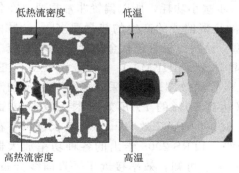

低热流密度　　　低温

高热流密度　　　高温

图 11.9　处理器热流密度及温度分布[14]

器内的不同类二极管，所以在特定时刻热量集中在正在执行的二极管区域。这种时空的非均匀性要求采用按需分布的热管理。

11.2.2 RF SOP

图 11.10 是一典型的 RF 模块结构。它包含发射器和接收器电路[4]。在发射器电路中，天线接收高频信号并且通过一个有源放大单元，通常为一低噪放大器（LNA），报送给低通滤波器（LPF）；然后信号通过 AD 转换器（ADC）发送给数字单元——微处理器。在发送器单元内，数字信号通过 DA 转换器（DAC）被转换为模拟信号，然后与来自本机振荡器的中频信号混合。输出信号最后被有源放大器放大，一般采用功率放大器以使得输出信号具有足够的功率驱动天线。无源元件包括电阻、电容、电感、开关（S）和天线。

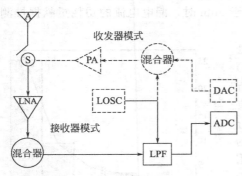

图 11.10 典型 RF SOP 模块结构

RF 模块的总功耗是

$$P_{\text{dissipation}} = P_{\text{input,RF}} + P_{\text{DC}} \quad (11.2)$$

其中第一项可作为 RF 输入功率和反射功率的和，第二项是 I_{DD} 与表征电源电压（V_{DD}）的乘积。

在上面提到的元件中，构成 RF 模块的数字部分的微处理器单元会产生大量的热。微处理器内热源的性质在前面已讨论过。由千兆赫兹频率下普遍存在的趋肤效应引起的电阻（用于衰减器、终端、功率分配器及振荡器等）、互连的欧姆功耗和

RF 电容的介电损失是主要的热源。但是，最重要的热源却是 PA，在直流功率转换成 RF 信号的过程中消耗了超过一半的直流电源功率[15]。功耗与 PA 的效率直接相关。功率附加效率（PAE），定义为输出功率与 RF 驱动功率之差与直流电源功率之比，为

$$PAE = \frac{P_{\text{out}} - P_{\text{RF}}}{P_{\text{DC}}} \quad (11.3)$$

PA 的设计和偏置决定了其效率与功耗。偏置方法的优化可以显著减少非零漏电电路和漏电电源共存的总时间，可以进一步减小功耗，所以偏置非常重要。在各种 PA 中，A 和 B 型偏置的 PA 通常比 E 和 F 型偏置的产生的热量要多[15]。另一个可支配参数是用于 PA 的功率二极管类型。这些二极管包括金属半导体场效应二极管（MESFET）、假晶高电子迁移率晶体管（pHEMT）、增强 pHEMT（E-pHEMT）和异质结双极晶体管（HBT）。二极管的效率取决于采用的材料类型和制造工艺。碳化硅 MESFET 在 L 频带可以达到 50% 的 PAE 效率[16]。另一方面 GaAs MESFET 在 S 频带甚至达到了超过 60% 的 PAE 效率[17,18]。E-pHEMT 在 L 频道也能达到超过 60% 的 PAE 效率[19,20]。ITRS-2006 给出的各种功率放大器线性区域效率技术路线图，如图 11.11 所示[2]。可知，效率接近于平直曲线分布。随着输入功率不断地增加，热问题的关注度开始上升。

11.2.3　光电子 SOP

　　光电子 SOP 模块受器件和环境温度的影响很大。光电子模块的性能、可靠性和效率很重要地取决于因为热应力引入的应变和位移的大小。例如，两波导之间的间隙产生 200nm 大小的侧向位移会引起严重的光纤耦合效率损失，低温微弯会引起较大的传输损耗，激光二极管的波长和输出功率会因为结温或运行温度的微小升高而受到严重影响，基于 MEMS 的光学系统的微小变化会导致器件的失效[21]。因此，很好地理解光电子模块内的热源十分重要。

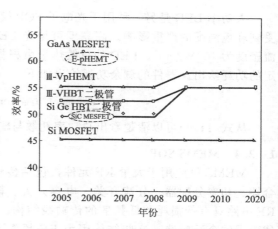

图 11.11　各种功率放大器效率对比[2]

　　图 11.12 是一种典型光电子 SOP 模块的结构[4]。这种模块一般包含多种元件，包括电气驱动、光源［发光二极管（LED）、垂直腔表面发射激光器（VCSEL）和激光二极管（LD）］、耦合器、光传输介质［自由空间（FS）、波导（WG）和光纤（OF）］、光探测放大器和电气接收器等[4]。本节关注的是几乎消耗了光电子模块内所有功率的高功率光源。

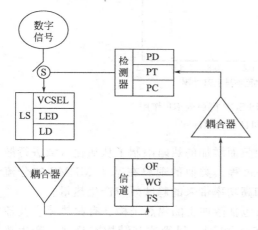

图 11.12　典型光电子 SOP 模块结构[4]

　　激光二极管是重要的光源之一。这种器件不断缩小的尺寸和增加的运行功率已经导致了非常高的热流密度。设计用于 100W 光输出的一般效率为 60% 的激光二极管，产生的废热高达 80W，换算为热流密度有 $500\sim600\mathrm{W/cm^2}$[22]。为了确保器件高效率运行，要求在保持结温低于 60℃ 的情况下进行散热[22]。激光二极管内的热源占据的体积很小[23]，所以其传热的热阻包括扩散热阻和一维导热部分热阻。同时，不同的装配方式决定了激光二极管的热行为。阳极与支架直接连接的自节点向上的激光二极管会产生更为严重的热挑战，1W 散热量的情况下结温温升超过 250℃[23]。

　　其他类型的光源还有分立式反馈激光器（DFB）和 VCSEL。与激光二极管相比，DFB 和 VCSEL 最为重要的性质之一是低功耗和较大温度范围内的稳定性。但是，小腔体长度使得体积生热量远大于边缘发射激光二极管，并且增加了靠近活化区域的扩散热阻[24]。典型的 VCSEL 在 $100\mu\mathrm{m}^2$ 的限制区域内的热流密度高达 $1\mathrm{kW/cm^2}$[25]。

大功率 LED 是另一种用于光电子 SOP 模块的光源。其功率输出和发射光谱都受到环境温度的严重影响。高亮度可见光 LED 消耗的功率接近 1W，也意味着热流密度为 $100W/cm^2$。LED 的总散热量由根据 LED 输出电流和输出电压(V_{CE})确定的功耗给出。器件的剩余功耗给出如下

$$P_{dissipation} = I_{out}V_{CE} + I_{out}V_{in} \tag{11.4}$$

从式(11.4)可以清楚看出总功率耗散与输入和输出电压成正比。

11.2.4　MEMS SOP

MEMS 可应用于大量 RF 元件，包括传输线结构、无源式电感电容电路、混合器、功率分配器、分流开关、电容开关、耦合器和谐振器等。高运行速度要求 RF 电路具有低损耗和低频散的传输线结构。空气悬浮式 MEMS 结构被视为是上述应用的合适候选。这些结构因为 RF 频率下的自加热效应而引入了严重的热挑战[26]。这种效应如图 11.13 所示[26]。显然，即使是在 1W 功率的加载下温升就高达 117℃。

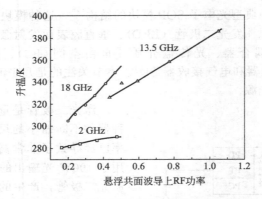

图 11.13　一个 MEMS SOP 模块内 RF 作用
下的趋肤效应和自加热效应[26]

并且，因为这些结构内存在的空气间隙而增加的热阻限制了从活化区域进行散热。RF 传输带来的屈服效应恶化了这一过程。类似的现象在基于 MEMS 的分流电容开关中也存在。开关也会因为高频和高功率带来的趋肤效应产生热量。

其他 SOP 内基于 MEMS 的系统可以包括微加工的隔热结构、有源热感应及控制用的微尺度单元、热微执行器、微泵和微阀[27]。尽管这些结构本身并不产生热量，但是它们的性能可能受到环境温度的影响。将这些器件与高功耗元件在 SOP 系统内集成变得非常具有挑战性，因为这些器件的工作要求背景温度的精确控制。

11.3　传热模式基础

SOP 的有效热设计和管理要求对涉及 SOP 的传热过程有深入的理解。即使是简单结构的传热过程也是多种传热模式的耦合。图 11.14 说明了具有单个热源，暴露在环境温度下基板的多种传热模式。

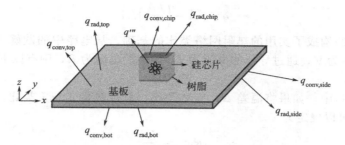

图 11.14　电子封装内同时通过多种传热模式进行的热传递

11.3.1　传导

高低温物体之间的接触将会发生传导或扩散形式的传热过程。通过这种接触，热量从高能量的分子传递给低能量的分子。介质中没有宏观位移的发生。傅里叶定律是这种传导热流密度矢量的唯象关系：

$$\widetilde{q}'' = -k\widetilde{\nabla} T \tag{11.5}$$

其中，k 是介质的热导率，对于非均质、各向异性的介质为由 9 个分量 k_{ij} 构成的张量。对于均质、正交各向异性介质，沿三个正交轴方向的分量是 k_x，k_y，k_z。对于均质、各向同性的介质，仅存在单值的热导率。

在已知温度分布 $T(x, y, z)$ 的情况下，傅里叶定律可用于计算任意点的热流密度。温度场可以通过求解热扩散方程得到，而热扩散方程通过在增量控制体积内应用热力学第一定律和傅里叶定律得到。笛卡儿坐标系下的热扩散方程给出如下

$$\frac{\partial^2 T}{\partial x^2} + \frac{\partial^2 T}{\partial y^2} + \frac{\partial^2 T}{\partial z^2} + \frac{\dot{q}}{k} = \frac{\rho c}{k} \frac{\partial T}{\partial t} \tag{11.6}$$

一般，热扩散方程的求解需要六个边界条件(每个方向两个)和一个初始条件。除了线性条件下的一些精确解，方程主要采用后面将要讨论的数值方法进行求解。

（1）一维导热

对于一维无内热源、均质材料内的热传导(如图 11.15 所示)，式(11.6)简化为

$$\frac{\mathrm{d}^2 T}{\mathrm{d} x^2} = 0 \tag{11.7}$$

边界条件为 $x=0$ 处为 T_1，$x=L$ 处为 T_2 时，方程的解是

$$T = (T_2 - T_1) \frac{x}{L} + T_1^{❶} \tag{11.8}$$

利用傅里叶定律，热流密度得出如下

$$q'' = (T_1 - T_2) \frac{k}{L} \tag{11.9}$$

总传热量为

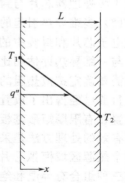

图 11.15　无内热源、均质材料内一维稳态热传导温度分布

---

❶　译者论：原文此处为 T。

$$q = q''A = \left(\frac{kA}{L}\right)\Delta T \qquad (11.10)$$

式(11.10)构成了实用的热阻网络类比的基础。从电路中的欧姆定律可知，导体两端的压降为 V，通过导体的电流为 I，导体的电阻为 R，则有以下关系

$$V = IR \qquad (11.11)$$

式(11.11)中，如果将温差 ΔT 与 V 类比，总传热量 q 与 I 类比，那么热传导的热阻 $R_{th,c}$ 可以确定为

$$R_{th,c} = \frac{L}{kA} \qquad (11.12)$$

在大量导热应用中，热在边界处通过对流传给流体或通过辐射传给外部环境。这种情况下的热流密度给出如下

$$q'' = h\ (T_s - T_f) \qquad (11.13)$$

其中 h 是对流或有效辐射换热系数，T_f 是流体的合适参考温度。计算 h 的更多信息将会在后面给出。采用热阻网络的类比，式(11.14)给出了表面对流热阻，如下

$$R_{th,conc} = 1/Ah \qquad (11.14)$$

（2）固体界面间传热

两接触固体界面之间的热传导会导致温差 ΔT 的小变化。界面热阻的定义是

$$R_{t,c} = \frac{\Delta T}{q_x} \qquad (11.15)$$

一种规定界面热阻的方式是单位接触面积的界面热导：

$$R''_{t,c} = \frac{\Delta T}{q''_x} \qquad (11.16)$$

界面热阻取决于构成界面的材料、界面间是否有填充物和界面间压力。具有体热阻 R_{Bi} 的填充物或热界面材料常被用于减小界面热阻。这种情况下界面总热阻是

$$R_i = R_{Bi} + R_{Ci} + R_{C2i} \qquad (11.17)$$

常用的热界面材料（TIM）包含填充有陶瓷颗粒、固液相变材料和焊料的有机脂。为了降低总热阻，以上三部分热阻的和必须小于式(11.15)给出的裸接触热阻 $R_{t,c}$。更高的接触压力也可以用于减小裸接触面的界面热阻。TIM 较为常见的用途是用于微处理器芯片与封装之间（TIM1）及封装与热沉之间（TIM2）的连接。

（3）多维导热引起的热扩散

电子芯片和封装中的热传导是多维的，尤其是在热源附近，因为热源尺寸很小。与一维导热评估相比，这会导致热源及其附近区域的温度急剧升高。更准确的评估需要确定扩散热阻的多维热传导方程的解。

目前已经得出了放置在较大基板上的小热源热传导的多个解析解。确定一个平行放置在有限厚矩形基板上的矩形热源的热导率需要三维热传导方程的解。一种简单且有效的处理方法是采用如图 11.16 所示的上表面具有加热区域的轴对称结构，在这个热源区域模拟芯片的分散加热方式。Kennedy[28] 给出了满足如图 11.16 所示的三种组合有等温和绝热条件问题的解析解。

例：我们考虑一个表面放置有一个 10mm×10mm 热源的 20mm×20mm，厚 0.3mm，热导率是 0.58W/（m·K）的热扩散板。如果忽略二维的热扩散，一维

的热阻可以计算为 $0.3 \times 10^{-3}/[0.58 \times (10 \times 10) \times 10^{-4}] = 0.05 \mathrm{K/W}$。下面我们将这个结果与二维扩散热阻进行比较。基于系统热考虑，我们假设图 11.16 中的情形 Ⅱ 给出的边界条件是最好的。

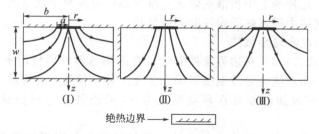

图 11.16　轴对称结构的热扩散解析解[28]

下面我们将方形热源和基板等效处理为圆形区域。得到的热源和基板的等效半径分别是 a 和 b，其中

$$a = \frac{10}{\sqrt{\pi}} \mathrm{mm} \qquad b = \frac{20}{\sqrt{\pi}} \mathrm{mm}$$

因为 $w = 0.3 \mathrm{mm}$，$k = 0.58 \mathrm{W/(m \cdot K)}$，$a/b = 0.5$，$w/b = 0.027$，所以从图 11.17 我们可以得到：

$$H = \frac{kT(0, 0)}{q''a} = 0.06$$

其中，q'' 是加入的热流密度，$T(0, 0)$ 是热源中心的温升。所以，扩散热阻

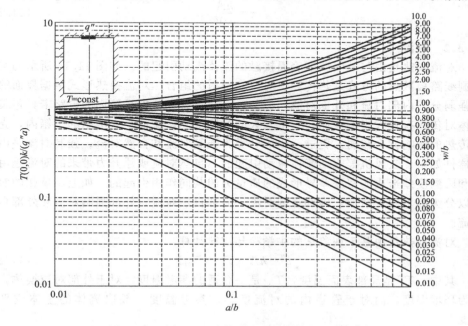

图 11.17　图 11.16 中情形 Ⅱ 的扩散热阻因子[28]

计算为：

$$R_{th} = \frac{H}{k\pi a} = 5.84 \text{K/W}$$

如上所示，这种情形中扩散热阻比一维导热热阻高两个数量级。扩散热阻可以包含在总热阻网络中描述热源附件的多维导热。

（4）瞬态对流集总参数法

导热方程[式(11.6)]在边界条件变化或有内热源器件的情况下需要瞬态求解。例如，启动或关闭系统会导致温度的瞬态变化。另一种类型的情形出现在一个初温为 T_i 的物体突然被加热或者在环境温度为 T_f 的条件下以对流换热系数 h 进行冷却。

以上系统的热响应一般取决于系统内部导热热阻与表面对流热阻的比值，用 Biot 数(Bi)表示。

$$Bi = \frac{hL}{k_s} = \frac{R_{th,cond}}{R_{th,conv}} \tag{11.18}$$

其中，L 为物体的特征尺寸，即物体的体积与表面积之比，k_s 为物体的热导率。

$Bi \ll 1$ 意味着与表面对流热阻相比，物体内部的导热热阻可以忽略，物体对环境温度阶跃变化的瞬态响应给出如下

$$\frac{T - T_i}{T_f - T_i} = 1 - \exp\ (-t/\tau) \tag{11.19}$$

其中 τ 为时间常数

$$\tau = \frac{hA}{\rho c V} \tag{11.20}$$

11.3.2 对流

对流换热是由与不同温度表面接触的流体流动引起的。如图 11.14 所示的空冷印刷线路板散热的方式是热传导、对流和辐射的组合。对流换热形式根据界面的影响强弱分为内部对流和外部对流。例如，一块放置在便携系统内的电路卡，包装的壳体对传热有较大影响，而在一个较大的封闭空间，比如个人电脑的机箱内，壳体对传热的影响就会较弱。更进一步的分类为强制对流和自然对流。强制对流是由推动器件如泵、吹风机等驱动流体流动引起的。自然对流或浮升力带来的对流是由重力和因温度差造成的密度差异形成的质量力的共同作用引起的。如上，单相的对流可以分为以下四种情形：内部强制对流，内部自然对流，外部强制对流和外部自然对流。

对流换热量由基于现象学的牛顿冷却定律计算：

$$q'' = hA\ (T_s - T_{ref}) \tag{11.21}$$

其中，T_s 是局部表面温度，T_{ref} 是一合适的参考温度。对于外部对流换热，后者为环境温度，而对于管道内的对流换热，参考温度一般取流体的主体或平均温度。

对流换热系数分布的确定是对流换热分析的主要目的。在解耦的导热分析中，

对流换热系数可以通过求解流体流动问题，然后利用解确定内部物体的温度得到。在同时包含有物体内部导热和其表面对流换热的情况下，控制方程需要在两种介质中同时进行求解。

(1) 控制方程及无量纲参数

不考虑质量输运的常物性、不可压流体的三维流动 $(\vec{V}=u\vec{i}+v\vec{j}+w\vec{k})$ 控制方程

连续性：
$$\nabla \cdot \vec{V}=0 \tag{11.22}$$

x 向动量：
$$\rho\frac{\mathrm{D}u}{\mathrm{D}t}\equiv\rho\left[\frac{\partial u}{\partial t}+\nabla\cdot(u\vec{V})\right]=-\frac{\partial P}{\partial x}+\mu\nabla^2 u+X \tag{11.23}$$

y 向动量：
$$\rho\frac{\mathrm{D}v}{\mathrm{D}t}\equiv\rho\left[\frac{\partial v}{\partial t}+\nabla\cdot(v\vec{V})\right]=-\frac{\partial P}{\partial y}+\mu\nabla^2 v+Y \tag{11.24}$$

z 向动量：
$$\rho\frac{\mathrm{D}w}{\mathrm{D}t}\equiv\rho\left[\frac{\partial w}{\partial t}+\nabla\cdot(w\vec{V})\right]=-\frac{\partial P}{\partial z}+\mu\nabla^2 w+Z \tag{11.25}$$

能量：
$$\rho C_{\mathrm{p}}\frac{\mathrm{D}T}{\mathrm{D}t}\equiv\rho C_{\mathrm{p}}\left[\frac{\partial T}{\partial t}+\nabla\cdot(T\vec{V})\right]=k\nabla^2 T+\mu\Phi+\beta T\frac{\mathrm{D}p}{\mathrm{D}t} \tag{11.26}$$

能量方程[式(11.26)]右侧的后两项分别对应于黏性耗散和压应力效应。方程式(11.22)和式(11.26)可以采用下列变量规范化：

$$(x^*,\ y^*,\ z^*)=\frac{(x,\ y,\ z)}{L}\ (u^*,\ v^*,\ w^*)=\frac{(u,\ v,\ w)}{U}\ t^*=\frac{tU}{L}\ p^*=\frac{p}{\rho U^2}$$

其中，L，U 分别是当量长度和速度。忽略质量力的方程(11.23)的规范形式是

$$\left(\frac{\partial u^*}{\partial t^*}+u^*\frac{\partial u^*}{\partial x^*}+v^*\frac{\partial u^*}{\partial y^*}+w^*\frac{\partial u^*}{\partial z^*}\right)=-\frac{\partial P^*}{\partial x^*}+\frac{\mu}{UL\rho}\left(\frac{\partial^2 u^*}{\partial x^{*2}}+\frac{\partial^2 u^*}{\partial y^{*2}}+\frac{\partial^2 u^*}{\partial z^{*2}}\right) \tag{11.27}$$

方程式(11.24)和式(11.25)的规范形式与式(11.27)类似。雷诺数 (Re) 是关键的无量纲解参数：

$$Re=\frac{\rho UL}{\mu}=\frac{\rho U^2 L^2}{\mu\left(\dfrac{U}{L}\right)L^2}=惯性力/黏性力 \tag{11.28}$$

为了无量纲化能量方程，规范化温度的定义给出如下

$$T^*=\frac{T-T_\infty}{T_{\mathrm{s}}-T_\infty} \tag{11.29}$$

其中，T_∞ 和 T_{s} 分别是局部环境温度和表面温度。以上两温度可以随地点和时间变化。规范化的能量方程是

$$\frac{\mathrm{D}T^*}{\mathrm{D}t^*}=\frac{1}{RePr}\left(\nabla^{*2}T^*+2EcPr\Phi^*+2\beta TRePrEc\frac{\mathrm{D}p^*}{\mathrm{D}t^*}\right) \tag{11.30}$$

其中，普朗特(Prandtl)数 $Pr=v/\alpha=\mu C_{\mathrm{p}}/k$ 是动力扩散与热扩散之比的度量，埃克特(Eckert)数 $Ec=V^2/2C_{\mathrm{p}}(T_{\mathrm{s}}-T_\infty)=\mu C_{\mathrm{p}}/k$ 定义了流体的动量与焓差的相对大小。式(11.30)中 β 是流体的体膨胀系数。对于理想气体，$\beta T=1$；一般液体，$\beta T\ll1$。因此强制对流换热中压应力项在黏性耗散较小的情况下可以忽略。

壁面处的切应力和热流密度分别为

$$\tau_s = \mu \frac{\partial u}{\partial y} \Big|_s = \frac{\mu U}{L} \frac{\partial u^*}{\partial y^*} \Big|_{y^* = 0} \tag{11.31a}$$

$$q''_s = -k \frac{\partial T}{\partial y} \Big|_s = \frac{k(T_s - T_\infty)}{L} \left(-\frac{\partial T^*}{\partial y^*} \Big|_{y^* = 0} \right) \tag{11.31b}$$

从实用的角度来说，摩擦阻力和换热量是最重要的两个量。它们分别由如下定义的摩擦系数 C_f 和努塞尔（Nusselt）数 Nu 确定

$$C_f = \frac{2\tau_s}{\rho U^2} = \frac{2}{Re} \left(\frac{\partial u^*}{\partial y^*} \Big|_{y^* = 0} \right) \tag{11.32a}$$

$$Nu = \frac{hL}{k} = \frac{q''_s L}{k(T_s - T_\infty)} = -\frac{\partial T^*}{\partial y^*} \Big|_{y^* = 0} \tag{11.32b}$$

能量方程[式(11.30)]的解可以用于确定壁面处的温度梯度，而温度梯度可用在式(11.32)中计算对流换热系数。

因为浮升力作用的存在，式(11.23)需要保留质量力项 X。这一项可以与式(11.23)中的总静压梯度的流体静力部分合并。假设重力沿 x 方向，得到 x 方向的动量方程的右侧为

$$-\frac{\partial P_m}{\partial x} + \mu \left(\frac{\partial^2 u}{\partial x^2} + \frac{\partial^2 u}{\partial y^2} + \frac{\partial^2 u}{\partial z^2} \right) + g\beta(T - T_\infty) \tag{11.33}$$

由放置在环境温度为 T_f 下，温度为 T_s 的竖直表面附近的浮升力驱动的流动控制方程的规范化需要新的速度当量，因为这种情况下没有加入速度。

$$U_{nc} \sim (g\beta x \Delta T)^{1/2} \tag{11.34}$$

其中，x 是距平板底端的竖直向距离，$\Delta T = T_s - T_f$。

得到的一个新的无量纲参数是局部 Grashof 数：

$$Gr_x = \left(\frac{U_{nc} x}{\overline{v}} \right)^2 = \frac{g\beta x^3 \Delta T}{v^2} \tag{11.35}$$

置于流场中的封闭固体域（如电路板或电子封装）的能量方程[式(11.26)]简化为导热方程[式(11.6)]。该方程的求解需要与流体域的能量方程同时求解。求解中需加入各界面温度和热流连续条件。

（2）相变

液体-气体相变过程可用于获得极高的对流换热系数，一般比液体的单相强制对流高一个数量级。11.5中讨论的采用相变的闭环热管理器件是一个热虹吸器（如图 11.29 所示）。产生的蒸汽流经凝结器并将热量散失到环境中；工作流体变为液体流回至蒸发器。热虹吸器可以用一个靠近受限空间中热源的较小蒸发器和一个较大的远端换热器将热源热量散失至环境。为了预测如热虹吸器等的散热性能，有必要得到蒸发和凝结过程中的对流换热系数。

（3）池沸腾

从热源处到较大空间静止液体的沸腾过程称为池沸腾。如果总体液体处于饱和温度 T_{sat}，这种情况下的沸腾称之为饱和池沸腾。对于非饱和态的池沸腾，称之为过冷沸腾。图 11.18 给出的是沸腾曲线，为对数形式的热流密度与温升的变化曲

线。温升为

$$\Delta T_e = T_s - T_{sat} \qquad (11.36)$$

图 11.18 中最为主要的应用部分是核心沸腾区，该区域的特征是温升的微小升高可以使得热流密度急剧增加。该区域的高对流换热系数可以归结于表面大量小气泡的形成和脱离。气泡的脱离会带来周围流体的剧烈扰动。这种沸腾形式的对流换热系数可以用 Rohsenow 公式计算。用于定义热流密度的式(11.21)中的温差可由式(11.36)给出。

(4) 膜凝结

类似于热虹吸器，闭环沸腾器件的蒸发器产生的蒸汽在冷凝器重凝结并散热至环境。这一过程通过多个模式发生，最为普遍的是在壁面形成液膜，这个过程叫膜凝结。凝结过程的热流密度计算采用温差为$(T_{sat} - T_s)$的式 (11.21)。

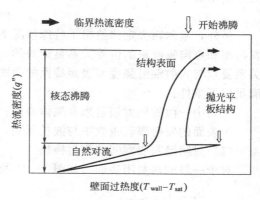

图 11.18　绝缘工作流体的池沸腾特性曲线

11.3.3　辐射换热

热辐射是覆盖部分紫外区、全部可见光区和红外区，波长范围在 $0.1 \sim 10 \mu m$ 之间的部分电磁波谱。任何温度高于 0K 的表面都可以向外辐射能量。辐射与传导和对流不同，不依赖介质进行传播。另外，壁面可以吸收、反射和传播入射辐射或照射辐射。

通过表面的辐射传热与光谱或波长及方向相关。黑体是理想的辐射表面，在给定温度下可以吸收全部的入射辐射和向外发射最大量的辐射。真实表面的辐射特性通过与黑体表面的对比界定。实际工程表面常假设为辐射特性与波长无关的灰体表面。

对于透明表面，吸收率和发射率是表示辐射换热的重要参数。普遍的形式是，这些参数基于特定的波长和方向进行定义。也有采用全波长和方向(半球)积分进行定义的。为简单分析起见，这里采用如下的全半球定义。

$$\varepsilon(T) = \frac{E(T)}{E_b(T)} \qquad (11.37)$$

$$\alpha = \frac{G_{abs}}{G} \qquad (11.38)$$

$$\rho = \frac{G_{ref}}{G} \qquad (11.39)$$

其中，$E(T)$和$E_b(T)$分别是温度 T 下实际表面和黑体表面的辐射能；G_{abs}和G_{ref}分别是照射辐射的吸收和反射部分。

以上辐射特性参数必须在界面上满足能量平衡：

$$G = G_{ref} + G_{abs} + G_{tr} \qquad (11.40)$$

因为照射在透明表面的辐射能都被吸收或者反射，全半球的吸收率和反射率的

关系给出如下:

$$\alpha + \beta = 1 \qquad (11.41)$$

另外,基尔霍夫定律给出了特殊情况下发射率和吸收率之间的等量关系。定向发射率和定向吸收率的恒等关系是绝对的。但是,全半球的发射率和吸收率的相等关系要求与入射辐射强度和表面特性的角度无关的漫辐射和漫射表面。而且,还应满足以下条件:

- 其中一面的照射辐射来自黑体表面;
- 表面的发射率和吸收率与波长无关,或表面为灰体。

(1)封闭漫灰表面间的辐射换热

对于一般的两封闭表面(如图 11.19 所示):

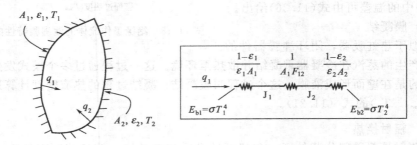

图 11.19　两封闭表面

$$q_1 = \frac{\sigma(T_1^4 - T_2^4)}{\left[\dfrac{1-\varepsilon_1}{\varepsilon_1 A_1} + \dfrac{1}{A_1 F_{12}} + \dfrac{1-\varepsilon_2}{\varepsilon_2 A_2}\right]} \qquad (11.42)$$

其中,史提芬-玻耳兹曼常数 $\sigma = 5.67 \times 10^{-8} \, W/(m^2 \cdot K^4)$,$F_{12}$ 是表面 1 对表面 2 的角系数,ε 是表面的半球发射率。以上一般公式的两种特殊情形给出如下。对于大表面包围的小表面:

$$F_{12} \cong 1, \quad \frac{A_1}{A_2} \approx 0$$

可得到

$$q_1 = \varepsilon_1 A \sigma(T_s^4 - T_{sur}^4) \qquad (11.43)$$

第二种情形为两无限大平行平板。这种情况下

$$F_{12} = 1, \quad A_1 = A_2 = A$$

辐射换热量给出如下

$$q_1 = \frac{\sigma A(T_1^4 - T_2^4)}{\dfrac{1}{\varepsilon_1} + \dfrac{1}{\varepsilon_2} - 1} \qquad (11.44)$$

(2)有效辐射换热系数

比较对流和辐射换热量在某些情况下很有用处。辐射换热量可以采用牛顿冷却定律[式(11.21)]的形式表示:

$$q_r = A h_r (T_s - T_{sur}) \qquad (11.45)$$

对于大表面包围的小表面的情形，有效辐射换热系数可以通过式（11.39）得到，如下

$$h_{\mathrm{r}} = \varepsilon\sigma(T_{\mathrm{s}}^2 + T_{\mathrm{sur}}^2)(T_{\mathrm{s}} + T_{\mathrm{sur}}) \tag{11.46}$$

从式(11.46)我们可以发现在 $T_{\mathrm{sur}} = 300\mathrm{K}$，$T_{\mathrm{s}} = 330\mathrm{K}$，$\varepsilon = 0.7$ 时，$h_{\mathrm{r}} = 5\mathrm{W}/(\mathrm{m}^2 \cdot \mathrm{K})$，与自然对流换热系数接近。这个计算表明自然对流冷却系统中辐射换热可能与对流换热具有相同的数量级而不能忽略。

11.4　热分析原理

有效控制 SOP 系统内的发热量是其设计中需重点考虑的部分。热设计要求对由多个输入运行参数引起的时空温度场分布有深刻的理解。材料特性和界面热阻是附加的参数。目前有多种用于分析微系统热特性的实验和数值分析技术。

11.4.1　热分析数值方法

热分析的目的是采用合适的时空解确定系统的温度场分布。作为 SOP 系统设计过程的一部分，需要利用建模和实测表征温度场。在设计阶段早期，热工程师必须构建用于评估散热性能的热模型，模拟失效-安全模式，最终达到优化设计的目的。这样可以通过减少耗时、昂贵的测试过程而确保多个设计步骤的短周期和低成本。

热建模方法可以大致分为以下三类。首先是解析或封闭形式的解法，这种方法适用于一类涉及芯片、封装或模块的理想情形。在这种方法中，热源通常用均热流密度或均匀体热源进行描述，这样可以得到线性控制方程组的精确解。第二种方法是适用矩形或圆形几何体的一维和二维导热热阻模拟封装热特性的热阻网络模型法。这种方法常用于封装级、模块级和系统级。第三种方法是更为普遍的利用离散化控制偏微分方程、边界条件和初始值进行求解的数值计算法。这种方法属于计算流体动力学（CFD）的范畴。这种方法可用于模拟求解封装或印刷电路板组装机的二维或三维导热方程的求解，或用于模拟耦合有流体流动的整个电子系统的传热。因为 CFD 模拟能得到详细的温度分布，所以其也可用于估算热应力，尤其是在含有不同 CTE 封装材料的地方。

（1）多种模式的传热建模

一般一个电子系统中需要考虑多个建模级别。不同的级别一般含有芯片(或器件)、模块(或封装)、电路板和系统。这些不同级的长度尺寸相差很大，并且每一级的热冷却思路(和建模问题)都很独特，描述如下。

芯片级通过导热传热。结点与芯片间的热阻十分重要。虽然结点与芯片间的温差可能不会太大，但是在某些高功率芯片内不能忽略。在模块和封装级，主要的传热机制也是固体内的热传导。这一级内重点考虑的是芯片和模块的耗散功率和模块的构造——几何形状和材料特性。基于封装及其边界条件的复杂性，计算其热性能的解法可以涵盖封闭解析解、热阻网络模型和 CFD(仅有导热)法。

下一级(卡片和板级)的主要传热方式是对流和辐射。热方面的考虑有元件(封装)的几何形状和在电路板上的位置、流动类型(层流或紊流，自然对流，强制对流

或混合对流等)、流量、流动分布和封装流动的驱动。通过自然对流冷却的情况下,辐射换热不能忽略。因为控制方程(NS方程和能量方程)是非线性的,所以不能得到简单的解析解。这里需要采用CFD法或已建立的经验公式。

系统级热方面的考虑有环境(温度、海拔和湿度);原动机(鼓风机/风扇/泵)的选择,如容量、物理尺寸、噪声水平和器械中的位置等;人的因素,如噪声,壳体温度和过热点位置等。该级的传热分析一般局限于简单的能量平衡。

综上所述,完全的电子设备冷却计算分析要求数值求解传导、对流和辐射传热的方案。接下来将介绍目前较为流行的计算传热和流体流动方法。

(2) 数值计算方法

任一系统的流体流动和传热都使用质量、动量和能量守恒定律建模以得到相应的控制偏微分方程。这些方程定义了问题的物理意义。这一问题的完整描述包括:

- 控制偏微分方程
- 详细几何结构
- 边界条件
- 初始条件
- 材料特性

解析解只有在某些特定的情形下才可能存在。但是,在绝大部分实际的电子器件冷却问题中需要数值计算法。这些数值计算法一般称为计算流体动力学/传热(CFD/HT)。一般,一份CFD代码包含以下三个主要部分。

① 前处理器。定义几何(计算区域),网格生成(网格、节点、控制体积和单元),材料特性,物理常量,边界条件和初始化条件。网格可以分为结构化网格和非结构化网格。规则的或结构化网格由不同系列的网格线构成。这系列具有同一系列中的网格线不交叉,不同系列间网格线仅交叉一次的特点。这样可以允许给定的集合进行连续编号。结构化网格的缺点是只能用于几何简单的求解域。对于复杂的几何体,能适合任意求解域边界的非结构化网格更合适。非结构化网格与有限体积和有限元法能最好地兼容。非结构中的单元或控制体积可以有任意的形状,并且对临近单元的数量和节点没有限制。实际应用中,三角形或四边形网格常用于二维网格;四面体或六面体网格常用于三维网格。

② 求解器。通过简单函数近似未知的流动变量,离散化和用近似函数替代控制方程的方法得到代数方程并获得方程的解。

③ 后处理器。获得图形化结果,如等高线图、矢量图、三维图和粒子轨迹等。

常用于流动和传热的CFD方法多种多样。这些方法的不同之处是离散化的方法不同。离散化是指一种对变量进行空间或时间离散,获得近似于偏微分方程的系列代数方程的方法。其中较常用的方法包括有限差分法、有限元法和有限体积法。采用以上方法的CFD分析基础请见文献[29~31]。下面对有限元法和有限体积法进行简单介绍。虽然有限差分法是最原始的数值求解偏微分方程的方法,但是这种方法的用途主要局限于使用结构化网格的简单几何体。

(3) 有限元法(FEM)

在有限元法中,求解域被划分为一系列分离的非结构化体积或单元;对于二维情况，单元通常为三角形或四边形；而在三维情况下，四面体或六面体最为常用。FEM 的特点是在全域内积分之前方程要乘上一个权函数。在最简单的 FEM 中，通过单元内的线性形状函数可近似求解。这个函数能保证在单元边界解的连续性。这种函数可以从单元中心的值进行构造。权函数通常也采用这种形式。近似求解然后被代入到守恒定律的权积分中，需求解的方程通过对节点值为零的积分进行求导推得；这相当于在一组允许的函数(比如，最小残差函数)内寻找最优解。结果是一组非线性代数方程。

（4）有限体积法(FVM)

FVM 使用守恒方程的积分形式作为起点。求解域被分为有限个相连的控制体积(CV)，每一控制体积均加入了守恒方程。每一个控制体积的中心都放置有一个计算变量数值的计算节点。CV 表面的变量值通过用节点值的插值法获得。因此，可以获得每一个 CV 的代数方程，方程中具有相邻节点的值。FVM 法也许是最好理解和编程的数值解法。该法中每一项都具有物理含义。最早由 Patankar 使用结构化网格提出，现在 FVM 法已成功地适用于非结构化网格系统[29,32]，因此也适合于复杂几何体。因为离散化使用的是控制方程的积分形式，所以守恒律一直成立。并且，FVM 的离散化过程与问题的物理机制是直接相关的，这点与涉及流体流动和扩散问题使用的没有明确物理意义的变量方程或函数(如 FEM 法所用)不同。控制体积中可以灵活地选择网格的几何、定义离散化流动变量，正是因为控制体积流动问题方程的特殊组合才使得 FVM 方法适合于求解包含流体流动、热量和质量运输的物理问题。绝大部分商用软件，如 FLUENT、FLOTHERM、CFX 和 STAR-CD 等，均基于这种方法[33~36]。

为了与 FVM 方法一致，根据情况选择解的结构很重要。对于不可压缩流体，压力-密度的耦合很弱，所以状态方程中的显式压力式用处不大。这种情况下的解通常采用一个猜测的压力或速度场得到，猜测的压力或速度场不断迭代更新直至满足连续性方程。这就是 SIMPLE 算法及其衍生算法，如 SIMPLER 和 SIMPLEC 的基础。因为与流体流动问题相关的代数方程是高度非线性的，所以直接求解代数方程(离散化产生)是困难的并且需要大量的计算机内存和计算时间。因此，对于二维和三维的问题，需要使用有效的迭代结构如 Gauss-Seidel 或逐线三对角矩阵法(后一种方法只适用于结构化网格)。同样的，作为应对非线性的辅助，受控的收敛性可以通过在迭代结构中引入合适的欠松弛和过松弛参数实现。

作为有限体积法用于电子系统温度预测的示范，进行了笔记本电脑外壳空冷的模拟，模拟中考虑了自然对流、传导和辐射传热等综合效果(图 11.20)。多个热载荷情况下的温度预测如图 11.21 所示。模拟的细节请见[37]。

（5）建模的局限性

尽管具有很多优点，但是在设计阶段使用 CFD 必须十分小心。首先，CFD 不能完全取代实验。实验是整个阶段的关键组成部分。当务之急是通过实验验证任何适用于特定情况的 CFD 代码。这里有多个原因。边界条件的正确性、网格的密度和相关假设的正确性只能通过实验进行检查和确认。也有可能存在需要修改的编程错误。对于计算代码模拟复杂物理现象如紊流建模的情况，有时候需要检查实验确定的常数在给定情况下的正确性。

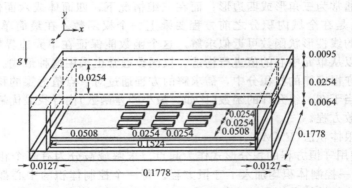

图 11.20 顶部冷却壳体内采用 3×3PQFP 阵列的三维 FVM 模拟[37]

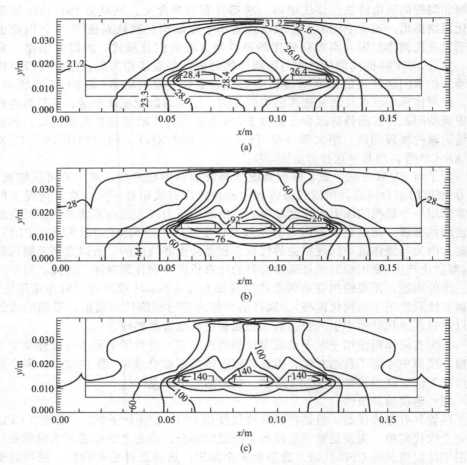

图 11.21 中心竖直平面内等温线，计算包括自然对流，传导和辐射换热[37]
(a) 0.05W/pkg，(b)0.5W/pkg，(c) 1.0W/pkg

（6）可用建模工具

有几种通用的商用软件包可以用。商用 CFD 代码有它们自身的优缺点。这些软件十分通用，可涵盖广泛的问题，所以降低了用于一个问题的自用代码开发的需求。一般，这些软件具有友好的用户前后处理模块。商用软件的主要缺点是价格昂贵。同时，因为源代码不能获得，用户不能根据自己的需求修改代码。

评价和推荐可用软件已超出本节的范围。但是，下面将给出一些很流行的商用软件的一般方法，在选择热分析软件时关键点也会进行讨论。

（7）通用代码

可用的商用代码通常基于 FEM（如 Ansys）[38]、FIDAP[39] 和 FVM（如 FLU-ENT[33]、FLOTHERM[34]、CFX[35]、ICEPAK 和 STAR-CD[36]）。在基于 FVM 的代码中，FLUENT、CFX[35]、ICEPAK 和 STAR-CD 可用结构化或非结构化网格。大多数代码提供了紊流模型的选项。为了处理压力变化，使用了 SIMPLE 算法或其变种如 SIMPLER、SIMPLEC 和 PISO。在一些代码内（如 FLUENT）用户可以选择多种算法。

（8）用于电子器件热管理的专用软件包

隶属于同一组软件包的 FLOTHERM 和 ICEPAK 具有用于电子器件热管理的专用模块。这两个软件包具有参数化模型样板的内建模型数据库和用于电子系统的大范围器件数据库，内有热沉、风扇、风口和电路板等。应用这些软件包可以用经济和理想化的方式使用"简化模型"的小尺寸特征如电路板、电路、丝网、钻孔、风扇、热沉和转换器等构建系统级模型。

软件包允许在多级别详细使用样板模型。例如，为了提高精度，典型的电子冷却用轴流风扇可从二维转换为复杂的三维结构。风扇特性曲线可以作为简单线性模型或更精确的非线性模型输入。模型再现级别的选择一般根据器件的重要性和计算要求而定。需要注意的是这些模型是为生成与真实器件相同的热流体效果而设计的。与没有这些模型的通用 CFD 代码相比，这两个软件包在系统尺度建模中需要分别创建理想化的集总模型。

（9）简化热模型

对板上电路或系统级的建模需要特别考虑。尽管业界近年对精确预测电路的结温有相当的兴趣，但是过高地期望了模型要包含内部所有细节如芯片、芯片互连和器件引脚等细节。同样，封装供应商拥有芯片和封装的设计，并不想公开其中的细节。一种有效且实际的达到厂商中立数据交换的方法是使用简化热模型。简化热模型是一个简单的热阻互连网络，能笼统地代表任何应用环境下器件的热行为。系统设计者对封装提供者同时提供能用于系统设计工具且独立于系统的电路热模型的要求声音越来越多。不用公开几何和其他的细节特性的条件下，正确的器件热模型将会增加供应给系统客户的封装的价值。所以对边界条件独立的简化热模型的需求在不断增加。

（10）采用集总模型的系统模拟

在进行系统级建模时，计算资源的限制阻碍了小尺寸器件和板级特征的详细建模。为了计算的经济性，在粗化网格系统级模拟的同时使用集总或"简化"模型很有效。两种最为流行的商业化系统级方法描述如下。

　　系统级流动和传热计算的一种有效方法是流动网络建模（FNM）。FNM 是一种用于计算表示系统的网络内流量、压力和温度系统级分布的广义方法[15]。整个系统可以用流过多个系统元件的流体通道网络表示，如管道、风扇、热沉、电路板、过滤器和小器件等。经验的和已知的关系式提供了每一个流体网络构成的流动和热特性，这可用于求解质量、动量和能量守恒方程，以获得系统级的压力、速度和温度分布。在一种构成的热-流体特性的经验公式未知的情况下，可以进行局域详细的器件级 CFD 分析以建立相关公式。MACROFLOW 是一种比较著名的商用 FNM 代码[40]。尽管 MACROFLOW 是一种可应用于广泛工程问题的通用 FNM 代码，但是也提供了用于电子系统的特殊模块，如热沉、风扇和鼓风机、格栅和扩散器等。文献[41]记录了多个 MACROFLOW 在电子器件热管理中的成功应用。

　　SINA/FLUENT 是另一可用的系统级分析商用软件[41]。这是一种用于模拟像电子器件、汽车、石油化工和航空工业领域内复杂热-流体系统的全面、通用和集总参数的工具。最初这款软件在几十年前为航空工业用户提供最成熟的传热和流体流动分析、设计。

　　（11）多尺度建模

　　从热-流体流动分析的角度来说，绝大部分现代电子系统都很复杂，因为这些系统具有多种形状和尺度的器件，所以导致了多尺度的问题。在这种情况下，为了计算的经济性，使用具有粗化网格系统的简化或缩减模型（如 FNM）是有效的。但是，在确定局部热点和电子器件性能和可靠性的分析中需要详细的器件级的热建模。根据以上想法，近来电子系统的模拟有朝着多尺度发展的趋势。一种方法是进行不断增加局部计算区域，连续级别的计算，每一级别的建模仅采用合理的细节结构。在这种方法中，单独元件都采用缩减的或简化的模型模拟，如印刷线路板、热沉和其他重要的次系统。因此，整个系统的模型的网格是一种粗化的网格。在这一阶段，细节部分如印刷电路板的通电路、封装的单个引脚及热沉的单个翅片都被忽略或采用有效的热阻或流阻表示，以避免计算内存和时间的溢出。系统级模拟的结果可以作为更为详细的板级和元件级热建模的边界条件。元件级建模要求更为详细的表征。更小尺度的精确输出结果（如流过某一元件的压降）被反馈给系统尺度模型并进行迭代直至收敛。

　　（12）微系统热分析软件的评估

　　对一个需要购买热分析软件的热设计工程师来说，在选择购买市场上的一个特定产品时，有些问题需要调研。首先，他应该对所购买的软件产品在某一领域中的应用表示满意，如果发现一个产品在技术上是合适的，那么还要考虑供应商是否能提供足够的技术支持。

　　在电子封装中对热分析软件进行技术评估，用户应首先了解使用模型的方法。由于在电子电路中热传导是个全耦合的问题，同时涉及所有三个模式，软件应该有能力解决热传导、热对流（流体）和热辐射三种模式。一些问题需要湍流模型，因此，软件首先需提供给用户不同选项去选择不同的湍流模型以适应相应的应用需求。然后，用户必须评估该软件的预处理程序、网格计算和用户界面的性质。通常情况下，非结构网格系统允许对复杂的几何形状进行简化。但是，如果该软件提供了结构化网格作为唯一的选择，用户必须确定该软件能否对实际应用中需要的复杂几何模型进行建模。用户界面的设计应使用户能容易、方便地使用软件。如今，元件和系统的几何细节可以以 CAD 数据的形式从制造商和设计师那里得到。热设计工程师必须确定预处理程序是否可以导入一些流行的 CAD 软件产生的 CAD 数据。这种功能可以节省大量的预处理时间。在解决了预处理问题后，人们需要了解求解器的本质。通用目标代码供应商宣称他们的产品能够解决多物理场问题，包括应力、流体流动、传热、电磁感应等，但潜在用户应该验证解决方法是否能方便地处理非线性问题(涉及复杂的流体流动)。对于这些问题，解的收敛性往往是一个问题，该软件应该用足够多的控制参数来控制数值稳定性。对于计算的结果来说，目前大多数计算流体力学软件产品有内置的后处理器进行处理。当然，如果输出数据能按照 TECPLOT 这样的专门后处理软件包要求来进行定义，使用起来将会更加方便[43]。

　　以上对电子系统热分析软件的选择，主要是考虑由供应商提供的客户支持服务。相关的问题还包括辅助技术支持，用户专业知识水平，售后技术支持，供应商提供的培训，以及技术支持供应商的整体声誉。供应商对电子设备的热管理问题的熟悉程度也应被考虑进去。一些厂商还提供完整的散热设计咨询服务，在这种情况下，应检查厂家拥有的资历。通常情况下，成功完成过几个散热设计咨询项目的供应商可能更加熟悉与电子硬件产品相关的实际设计问题。

11.4.2　热分析的实验方法

　　热分析的实验技术，往往涉及测量一个与温度相关的参数。对这个参数直接估计得出期望的温度值。这种技术根据选择不同的温度相关参数，大致可分为包括电学和光学在内的四种不同方法[44]。物理接触法构成另一种分类。这种方法的详情在 Blackburn 的文献[44]中可以查阅。

　　① 电学法　电学法是非接触式的，而且通常采用体积庞大的热测试设备。它具有较低的时间和空间分辨率，并在很大程度上是测量温度平均值。温度传感参数有很多，例如电阻、PN 结前向压降、阈值电压、漏电流和电流增益等[44]。

　　② 光学法　光学方法也属于非接触式，但具有很高的时间和空间分辨率，可用于测量高速瞬态。温度分布图也可通过光学方法测得，一个典型的基于光学方法的热测量是在一个热点区域进行光束聚焦，随后测量自然辐射光、部分反射光、或者受激辐射光[44]。其中与温度相关的有用信息可通过光子与光子晶格之间的相互作用提取出来。这些信息包含相对强度、能量和反射光子的相位。用于温度测量的光学方法包括各种发光测量、拉曼散射、反射、红外和热光效应。其中红外辐射是最常用的热测试方法。尽管有诸多优势，但是光学法不适合在封闭的空间(例如在已封装好的设备上)进行测试。

　　③ 物理接触法　不像电学和光学方法，物理接触法测试温度通常使用测试设备的某一特定区域内的物理接触面。这种方法包括热电偶、扫描热探针、液态水晶、热像荧光粉[44]。这些方法可以提供非常高的时间和空间分辨率(<100nm)。

也可实现温度分布的测试。

11.5　热管理技术

11.5.1　概述

系统封装为热管理的高度集成和小型化提供了成功的基础。它要求对传热模式和由此产生的热流量有深刻的理解。通常来说，设计者首先应对系统的所有散热元件有一个基本的认识，包括它们的总功率、空间分布以及随时间变化情况。第二步是了解最后系统级的散热方案。这个范围可以近到一个人的手，到环境室温，到大气温度，甚至远到外太空。这种热源-热沉的方案作为系统的第一步约束条件。例如，一个设备能够加温到多少还能保持工作，它是否能与皮肤进行接触。在保证设备安全性范围和确保设备能够良好工作和使用的情况下，这些性能应该被考虑到。

另一个重要的问题就是确定散热元件的热限制条件或约束条件。这包括单个散热元件在瞬态和稳态下允许的最高温度。进一步对这个问题进行分析。被设计的系统的不同元件可能比这个元件的性能更加关键。约束条件应包含该散热元件或其接口的温度梯度。这些元件是被热流量和热阻所驱动的。传热路径必须被给出，设计必须包含足够的散热和传热能力来确保所有已定义的约束条件是合适的，其最高温度或热流量不会超过约束条件。设计必须考虑多路径传热并妥善安排从电子产品中流出的热流。这些散热元件可以简化成高导热通孔来驱动两相液体循环回路。

11.5.2　热设计技术

前面章节讨论的某个或大多数传热模式主要关注系统封装中的热管理。当热量在半导体中传递，或者热量在系统中通过多种固体材料时，热传导是始终存在的。热对流有时存在并取决于系统的整体配置。例如，一部手机将会通过系统硬件来传导所有热量，到达握着手机的手。由于热从元器件中释放出来，由浮力驱动产生的空气自然对流或自由对流也将会表现出来。以台式计算机为例，强制对流是一种更典型的传热模式。系统风扇通过元器件提供一个空气流。在航空应用中，当通过不同材料传热时热传导始终存在，但它最终的散热的路径一定是通过热辐射传到周围的环境。图 11.22 列出了一些重要的方法，这些方法对基于系统封装的设备的热管理是非常有用的。

（1）热管理的被动传热方法

① 高导热的封装材料　当 SOP 器件在基板中嵌入了多种薄膜元件，基板、中间层绝热、导体层、填充材料、热界面材料和核心层的热导率将成为重要参数。高导热基板将有助于传热。各种参数值将会影响基板材料的选择，包括热导率、CTE、电导率、电磁兼容性和成本因素。此外，对轻型的 SOP 系统的需求使比热导率(定义热导率除以重力加速度)成为另一个重要的参数。传统的环氧基材料的热导率低，所以它不是基板材料最好的选择。最近，关于陶瓷复合材料和其他新型材料的研究正在兴起，这些材料将为 SOP 和其他传统微系统应用奠定基础[45,49]，新型封装材料可分为 6 种，包括单碳材料、金属铝基复合材料(MMC)、碳-碳复合材料(CCC)、陶瓷基复合材料(CMC)、聚合物基复合材料(PMC)以及高级金属合

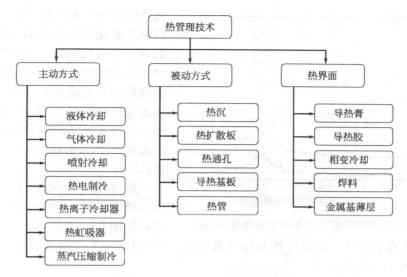

图 11.22　基于 SOP 器件的热管理方法

金[46]。详细的相关叙述可以在上述提及的文献中查阅。

值得注意的是，这些材料中有一些提供了非常高的热导率。例如高导向裂解石墨(HOPG)热导率[1700W/(m·K)]是铜[400W/(m·K)]的 4 倍多；比热导率[740～850W/(m·K)]比铜高一个数量级[铝为 81W/(m·K)，铜为 45W/(m·K)]。可以非常容易地设置所需的 *CTE* 值。这些新型材料的详细描述可以在文献[45～49]中查找，纳米材料以碳纳米管和增强型碳纳米颗粒复合材料为代表，具有6600W/(m·K)的超高热导率，这为 SOP 中的热管理提供了最可靠的保障[46]。

② 热通孔　现代的 SOP 通过三维堆叠增加了元件密度，并嵌入了某些有源和无源元件。SOP 中器件产生的热量通过传热路径较好地输送至热沉是散热设计中的关键之一。如前所述，这必须包括一个设计状态，就像电子设计中总的电功率和内部电信号之间的分配关系。热通孔是从 IC 到热沉的高导热路径[50]。它们利用热传导和可能的热扩散机制携带热量。实际影响它们传热性能的是它们的热导率、截面面积、长度等。在热源和热沉之间选择合适的连接层对减少界面热阻是非常重要的。热通孔的密度需要优化而且需要分配在靠近热点的区域来提高效率。目前，几个研究小组已经给出了热通孔的布局原则和分配方法[51,54]。

热通孔优化分配算法大致可分为两类，一类是基于稳态的热分析，另一类是基于瞬态的热分析。需要指出的是新一代的基于 SOP 的器件使用不同的电源管理技术，例如动态电源管理(DPM)和需求导向的电源管理(NBP)技术。这种技术是基于工作量大小进行电源管理的方案，因此，在这种设备上的电源输入功率会随时间和空间变化。但是稳态热分析会忽略这些变化，且假定在整个工作期间保持最大功率输入。这种假设可能导致过量的热通孔密度[55]。但是瞬态法的热通孔设计会考虑这些变化。在同样温度条件下，瞬态热分析方法能减少一半的热通孔的数量[55]。

针对 3D 堆叠芯片的布局算法：基于面积和线长的元件平面布局(WAF)，基于

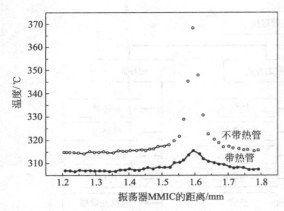

图 11.23　带热管前后的 MMIC 温度分布图[56]

散热的元件平面布局（TDF），集成热通孔的元件平面布局（IVF），我们进行了对比研究。WAF 通过增加 4% 的面积和扩大 1% 的线宽能够降低 17% 的温度和小于 3% 的平均热通孔密度[54]，另一方面，IVF 通过增加 47% 的面积和 22% 的线宽能减少 38% 的温度和 2.5% 的热通孔密度。

热通孔有效地提高了散热效率，降低了稳态下动态区域的温度，如图 11.23 所示[56]。散热孔在 MOSFET 中使用热通孔进行传热，如图 11.24 所示。

也提供热点的冷却，如双极性晶体管发射结。

③ 热扩散板　热扩散是一个几何形状不受约束的热传导过程，热能够在二维和三维空间中传递。这通常有一个较短的传热路径和较低的温度源。当面对一个高度非均匀的热问题时，热扩散是非常重要的。有时虽然原始的热设计方案能够支持整体的热耗散，但是元件中热分布的不均匀性可能导致意外的局部热点。这通常能由在热流路径上的热传导来减少热分布的不均匀性。

图 11.24　使用热通孔的热点管理

对热扩散来说，有一个潜在的不利因素。如果散热机制依赖于热的梯度值，热扩散板的存在将会损害整体散热效率。此外，热扩散板使用不当也会严重降低整体热管理性能。例如，在一个对流换热应用中考虑一个受热面。应用一个热扩散板将增加整体面积，增强热对流。但是，由于热界面材料和热扩散板的存在，增加的热阻将削弱这种效果，使之无法达到目的。

④ 扩大表面　扩大表面是热扩散的逻辑扩展。通过增大散热面积，将热辐射到空气、液体甚至空间中，使用它能降低成本、增强换热。扩大表面或热扩散板的概念适用于被动和主动冷却。通常情况下是扩大翅片的表面，强化对流换热（见图 11.25）。这些翅片增加了与流体对流换热的

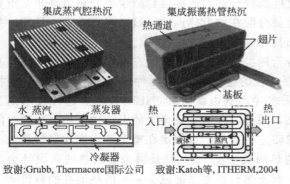

图 11.25　高级热沉

表面积，带走热量。翅片优化是一个重要的课题，有大量的研究文献[58]。散热性能的增加需要权衡成本、空间和重量，以确定任何给定系统的最优扩大表面。扩大表面对扩展传热机制也是很重要的，它们不仅可以增加传热面积，同时也可以提供汽化核心。

⑤　热管　热管应用在笔记本电脑中很流行。如图 11.26，它由两个相变端、蒸发器与冷凝器以及两端间的流体转移组成。相变机制能传输大量的热。这种方法中，热源通常是微处理器，加载在热管的蒸发器端。热蒸汽被带到冷凝器端，以高效的转换效率从冷凝散热器处散发到热沉上。然后该冷凝液又通过毛细管的毛细作用回到了蒸发器端。在一个良好的设计中，重力也可以进行适当的协助。研究工作中还曾报道了无管芯重力驱动的热管，即单室热管。

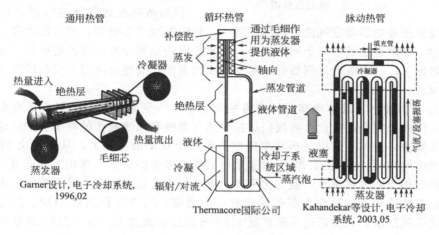

图 11.26　各种热管设计

如果热管不太长，可以提供一个非常低的差分传热，使蒸发器和冷凝器的部分几乎是等温的。这会形成非常低的热阻值。工作液的饱和温度决定了热管的工作温度；工作液可以有不同选择，但最普遍的是水。热管根据不同的内部压力用一个期望值去设定饱和温度。

热管是一种非常简单的外部元件，但其内部的物理结构相当复杂[59,60]。稳态性能预测模型采用含有惯性、黏性和静压部分的汽液相的不同压力降平衡了毛细管水头，以确定毛细管的极限和热管的散热能力。压降超过毛细管水头，器件将会干透。其他的运行极限，包括黏性、声波、沸腾、夹杂，可能会进一步限制热管传热性，这取决于工作温度范围。大多数制造商简化其设计模型，但为了确保性能，应该对每个设计给出一个完整的实验描述。

热管相对便宜并且具有非常良好的传热性能。所以它经常被作为标准进行考虑。例如，一个热管可以取代相同的直径和长度的一个铜杆，它在增强传热方面性能比铜杆要高出一个数量级。使用热管在器件内部没有移动部件且很少失败。对简单的低功耗系统来说，可能只需要热传导和热扩散将热扩散到外表面。但是，当SOP集成度提高并且功率增加后，就需要高性能的热管。

(2)　热管理中的主动散热方法

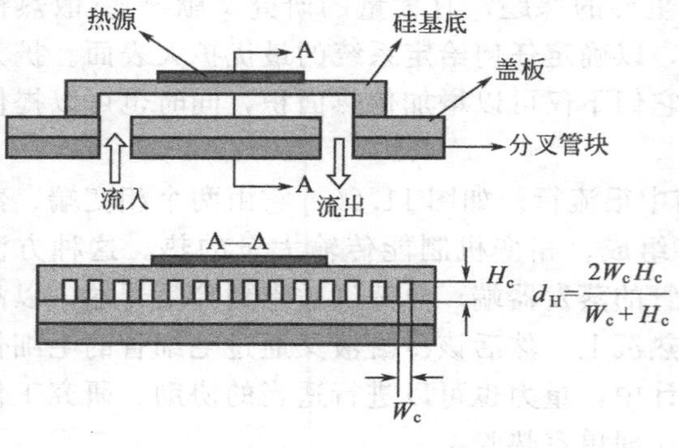

图 11.27 微通道框图

主动冷却需要使用外部能源进行冷却。通常是一个风扇驱动空气流过热沉与扩大的表面，或者泵驱动某种液体经过热交换器。另外还有一些如制冷系统，由压缩机压缩和驱动制冷剂流动。热电冷却技术也可以认为是主动制冷，这种技术虽然没有移动元件，但是需要外加的功率将热从一端传到另外一端。

主动冷却通常优于被动冷却，风扇散热相比仅靠空气浮力驱动热流来说能更好地驱动空气流过热沉。然而，相应的缺点也很多，成本的提高，功率的增加，噪声也是其中一个问题。另一个要考虑的是制冷系统所占的体积。在同样的传热量下，一个驱动流例如强制对流需要的表面比通过自由对流引起的浮力流散热要少。

① 液体循环 液体冷却循环值得特别考虑，特别是液体泵。它们具有很高的性能，但尚未完全商业化。挑战仍然在泵的可靠性和系统液体的泄漏。如果这些问题得到解决，液体冷却将对热功率密度提供一个重要的推动力，从而解决 SOP 中的热学应用瓶颈。如图 11.27 所示是采用微通道冷却的例子。单相流微通道可以提供与相变相当的传热速率，但它比沸腾、冷却的方法更加稳定，易于控制。由于微通道是在硅片和其他衬底上制备的非常小的通道，所以特别适合 SOP。但是它们的形状受到限制，只能通过不断扩展 MEMS 的技术来加工。基于 MEMS 的微型泵也被用来作为流体驱动器，但它们的应用可能会受限于要求的流量和压降。微通道中的运输过程可以在文献[61]中查阅。

② 微喷冷却 微喷冷却，是目前适用在恶劣的环境下的系统级冷却，如图 11.28 所示。制冷循环使用电介质液，直接喷洒于电子产品表面。电介质流体经历一个相变从而冷却电子产品。然后冷却的流体被捕获和浓缩，将整体系统中的热量

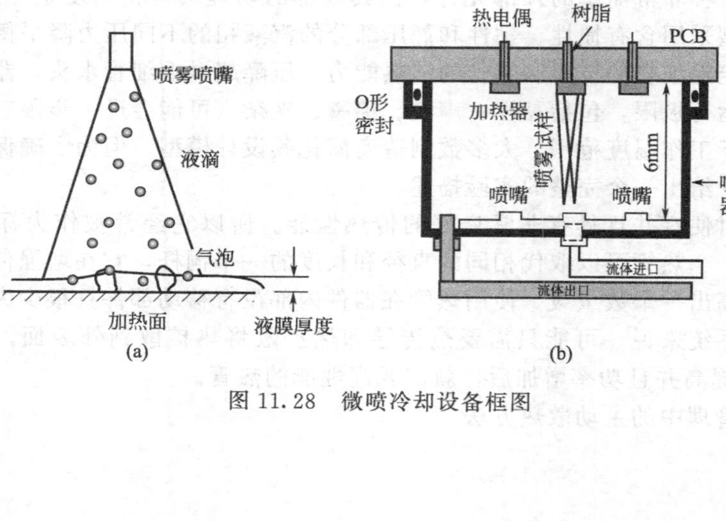

图 11.28 微喷冷却设备框图

释放到周围空气或通过液-液换热器传出。

③ **热虹吸器** 热虹吸器是一个被浮力驱动的两相流循环。它可以实现为一个单室设备或双室设备,后者如图 11.29 所示。后者从散热区域分隔出热输入区域,具有更大的灵活性。

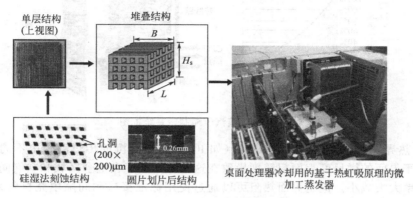

图 11.29 热虹吸器结构图

④ **热电制冷** 如图 11.30 所示,热电制冷在处理当前热点冷却的非均匀性上显示出很大的前景。SOP 中发热过程的非均匀性能够通过热电制冷传热来解决。具体是将热量从高密度热点转移到 SOP 中的某个位置,在那个位置能够更容易对整个系统进行散热。应当指出的是,目前市面上的热电装置性能参数大大低于机械制冷技术,如蒸汽压缩。即使乐观地估计热电制冷效率,使用热电制冷作为主要冷却方案也存在问题,因为它需要额外功耗。比如数据中心,电源限制电池的寿命或热释放到一个空间,这都可能会限制所有的主动冷却方法,特别是热电冷却。电子系统散热中热电材料的应用讨论可参考文献[62]。

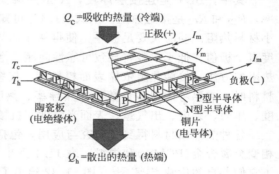

图 11.30 热电制冷器框图

⑤ **热电子制冷** 热电子制冷理论基于量子力学现象,冷却发生在高热能的电子弹射的地方。这种装置的基本结构是由一个连接到热表面的阴极和一个作为散热器的阳极组成的。这种器件的最大优点之一就是可以很容易地与电功耗设备集成。基于这一原则,许多异质结构已经被研究出来[63,64]。这些器件特别适合光电 SOP 模块的热管理。这种器件在理论上可使单步冷却的温度下降 40℃[64,65]。

⑥ **蒸汽压缩制冷** 蒸汽压缩制冷(VCR)系统,如图 11.31 所示[66]。目前正在研究它们在电子系统散热中的小型化和适用性。蒸汽压缩制冷除了比热电制冷具有更高的效率外,还能在局部热点冷却,或在超高功率密度器件冷却中得到应用[67]。例如基于 CMOS 系统的冷却,通过降低器件的温度提高了计算机的性能。

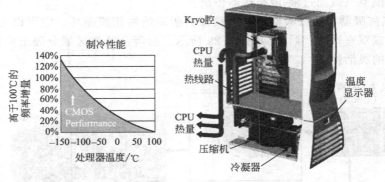

图 11.31　蒸汽压缩制冷系统框图

⑦ 热界面材料（TIM）　从热源（如 IC）到最后热沉的传热路径由不同界面构成。由于界面的微尺度表面粗糙度导致在这些界面上存在键合区域和空气间隙，热传导效率大大减小。但是界面热阻可以通过使用标准接口和间隙填充材料来降低，这就是所谓的热界面材料。这些材料通过提供保形、平整的表面，减少空隙，降低界面热阻。TIM 的热阻由体热阻和接触热阻组成[68,69]，公式如下：

$$R_{\text{TIM}} = \frac{BLT}{A \times K_{\text{TIM}}} + R_{\text{C1}} + R_{\text{C2}} \tag{11.47}$$

其中，BLT 是连接层厚度，A 是接触面积，K_{TIM} 是热界面材料体热阻热导率，R_{C1} 和 R_{C2} 是接触热阻。从式（11.47）可知，热界面材料厚度应该足够薄，以减小材料热阻。同时又要足够厚，使得两个高导热接触面之间空隙被填满。BLT 厚度有个极值，低于下限将导致可靠性问题。增加热导率和减小接触热阻是减小有效热阻的方法。接触热阻依靠表面粗糙度、接触压力和压缩模量[69]。在选择热界面材料时，需要考虑很多参数，如热导率、热阻、工作温度范围、电导率、相变温度、压力、黏度、出气量、表面光洁度、机械稳定性、可靠性和成本[69]。

各种热界面材料得到了研究与应用，包括导热膏、热凝胶、相变材料（PCM）、相变金属合金（PCMA）和焊料。表 11.1 列出了目前各种常用的热界面材料并给出了它们各自的优缺点[69~73]。图 11.32 给出了各种 TIM 的 BLT 参数范围、体热导率和有效热阻抗。

表 11.1　不同热界面材料的特征组成、特性及缺陷

热界面材料	特征成分	优点	缺点
导热膏	无机粉末（例如，在油中的 AlN，ZnO，Ag）	高热导率 粗糙表面的一致性 低成本 低脱层 可重复使用性	热循环中的抽真空和相分离 物质的迁移 难以进行厚度控制 干燥引起的低可靠性
热凝胶	炭黑，高导热金属氧化物或在烯烃、硅油中的金属粉末等	容易应用 较低的敏感度 可重复使用性	需要固化 低热导率 低黏合性

续表

热界面材料	特征成分	优点	缺点
相变材料	高导热无机盐(氧化铝,BN,AlN 等)填充的低熔点聚合物(如聚烯烃,环氧树脂),碳纳米管	不需固化 良好的表面一致性 抽真空时的低敏感度 不分层 不需蒸干 可重复使用性 易处理	不均匀的胶层厚度 比导热膏厚的低热导率 需要接触面压力
相变金属合金	低熔点金属合金(例如 In,InAg,InSnBi,SnAgCu)	高热导率 易操作 不需固化	存在金属间化合物 高温腐蚀的敏感度
焊料	低熔点金属,二元或三元共晶合金(例如上面所示金属)	高热导率 易操作 不需抽真空	需要回流焊 可能出现热机械应力,分层和裂纹 易形成孔洞 不可重复使用

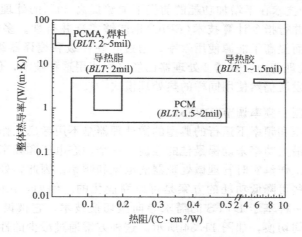

图 11.32　热界面材料的发展趋势

11.6　功率最小化方法

随着功能需求的提高和尺寸的优化,SOP 面临两项挑战——系统工作所需的功率和实现产品可靠性的热管理。微型电池如燃料电池或纳米电池正在发展与应用,旨在应对第一个挑战;但对后者来说,不仅需要发展新的革命性的技术,还需要最小化功率的方法。缺乏新电源使得目前便携式系统中(例如手机)电池成为最占体积的元件。此外,它们也增加了成本。

如图 11.33 所示,成本与耗散功率之间几乎成指数函数增加。功率需求最小化是减少成本的最好方法[74]。

功率最小化的目的是在一定低成本的范围内控制功耗。这就要求对所有的东西进行优化,包括设计、材料,还有更重要更有效的晶体管技术。目前有许多方法可

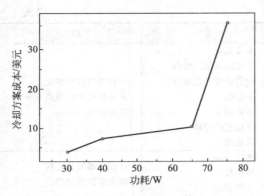

图 11.33　制冷成本随功耗的变化图

以优化系统功率且较小地影响设备性能，如：

- 并行处理
- 缩短共享时间
- 减少活动的总线编码
- 减少路径和故障
- 动态电压和频率调节
- 使用新型材料

11.6.1　并行处理

并行处理是提高能效和降低系统级功耗的最重要的技术之一。它使处理器能够同步处理多个指令。并行性可以采用软件算法通过单个处理器来实现，也可通过使用多个处理器并行运算。这种结构被称为同步并行处理(SMP)。一些单核处理器能同时处理两个或多个线程。因特尔的超线程技术(HT)就是这种处理器的实例[75]。这种技术在不增加功耗的前提下能够提高 30％ 的处理器性能。使用多核处理器和显式并行指令计算技术(EPIC)也能够实现并行性。多核增强了并行性和流水性能，从而提高了能源使用效率。通过在硬件级和编译器级上的优化能力，EPIC 增强了多处理能力。安腾 2 处理器已经宣称使用这种技术，使得 Intel 能够经过三代处理器的发展仍然使用同样的热处理模式[75]。

11.6.2　动态电压和频率调节(DVFS)

在固定的电压和频率下运行的典型的微处理器是不用考虑工作量的。因此，需要消耗处理器的最大功率来确保最佳的性能。一个动态电压和频率调节的微处理器能够根据需要和工作量实时管理微处理器的电压和频率。因此，处理器的功率需求可显著降低。一些可降低功耗的方案是可以商业化的。例如，Intel 的速度阶跃处理器技术，采用一种基于 DVFS 的需求导向型切换技术，它被设计在需求导向型的不同功率级之间切换，如图 11.34 所示。这种方案通过最少的性能损失降低了平均系统功耗和冷却成本的 25％[76]。

11.6.3　专用处理器(ASP)

将通用处理器换成专用处理器也能对功率进行优化。这些专用处理器只针对特定的目标工作，因此它们有着高性能和高效率[77,78]。

11.6.4　缓存功率优化

随着微处理器芯片内存对高性能的需求，高速缓存成为最耗能的元件。它们消耗微处理器整个芯片 40％ 以上的能耗，其中 27％ 专用于

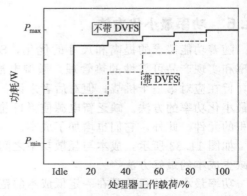

图 11.34　带 DVFS 与不带 DVFS 处理器的功耗

指令缓存 (I-cache)[79]。在整个缓存结构中漏电功耗占很大的比例。例如，一级缓存中漏电功耗占了一级缓存总功耗的 30%，二级缓存中漏电功耗占了二级缓存总功耗的 80%[11]。Borker 估计，每更新一代芯片，总漏电功耗会增加 5 倍[12]。目前文献报道了许多减少多级缓存漏电功耗的方法，包括双阈值电压[80]、多阈值的 CMOS (MT-CMOS)[81]和门控 V_{dd} 电压[9]。根据该报告的数据，门控电压 V_{dd} 在待机模式下能耗可以减少 97%[80]。在 NC-SRAM 中采用双阈值电压技术对应 100nm 节点芯片可以减少 77% 的漏电功耗，对应 70nm 节点芯片则可以减少 55% 的漏电功耗[82]。

指令缓存是其他重要的功耗元件。上述所有减少漏电功耗的技术都适用于指令缓存。此外，报道的各种技术都可能减少动态(切换)功耗。研究最多的技术之一是代码压缩技术[83~91]。有一些例子是双指令集处理器(DISP)，如 ARM-thumb 指令集[92]，MIPS 的 16、32 和 64 指令系统[93]，ST 100 指令集[94]和基于结构的同步调谐指令集(FITS)[91]。

11.6.5 功率管理

功率管理不仅为散热提供了一种替代方案，也被证明了可以作为一个替代电源。一些功率管理技术的发展、创新是与 SOP 技术紧密联系的，例如通过热电、热电子、基于量子电子热通道的器件发展起来的全固态发电技术。近年来在提高这些设备的效率上取得了很大的进展[95]。

11.7 总结

本章详细说明了系统封装热问题，并讨论了优化系统尺寸对热的影响。热源也在本章进行了阐述。回顾了针对电子封装的最先进的热特性方面的需求和方法。前期的热设计不仅包括散热，还包含热电管理。热机械可靠性将成为设计系统的关键。在前期设计中，运用热阻网络分析了解不同传热路径的重要性，评估各种热管理的需求。随后的具体设计可能需要使用 CFD/HT 工具。本章还回顾了 SOP 热管理的各种前沿方法。这包括一些新材料的创新，如超高热导率的基板、先进的热通孔和热界面材料相关技术。最后，对实际系统工作时的功率优化和管理技术进行了总结。

致谢

感谢佐治亚理工学院微系统封装研究中心(PRC)的所有成员对本章内容做出的突出贡献，感谢 Tummala 教授对本章部分内容的参与和富有建设性的建议，感谢 Reed Crouch 为本章内容的修改提供的帮助，最后感谢参与本章写作的其他同仁。

参考文献

[1] "Moore's law", *Intel Technology and Research*, *Intel Corporation*, http://www.intel.com/technology/mooreslaw/index.htm.

[2] *International Technology Roadmap for Semiconductors*, 2006 updates.

[3] B. S. Glassman, "Spray cooling for land, sea, air and space based applications, a fluid management system for multiple nozzle spray cooling and a guide to high heat flux heater design," *Department of Mechani-*

cal Material and Aerospace Engineering, University of Central Florida: Orlando, FL, Spring 2005 (Thesis, Master of Science).

[4] R. R. Tummala (ed.), *Fundamentals of Microsystems Packaging*, New York: McGraw-Hill Professional, 2001.

[5] R. R. Tummala and E. J. Rymaszewski (eds.), *Microelectronics Packaging Handbook*, New York: Van Nostrand Reinhold, 1989.

[6] M. Pecht, P. Lall, and E. Hakim, *The Influence of Temperature on Integrated Circuit Failure Mechanisms*, vol. 3 in A. Bar-Cohen and A. D. Kraus (eds.), *Advances in Thermal Modeling of Electronic Components and Systems*, ASME Press, 1993, pp. 61-152.

[7] K. Aygun et al. "Power delivery for high performance microprocessors," *Intel Technology Journal*, vol. 9, no. 4, 2005, pp. 273-83.

[8] S. V. Kosonocky et al. "Low-power circuits and technology for wireless digital systems," *IBM Journal of Research and Development*, vol. 47, nos. 2-3, 2003. pp. 283-98.

[9] M. Powell et al. "Gated-V_{dd}: a circuit technique to reduce leakage in deep-submicron cache memories," *Proc. International Symposium on Low Power Electronics and Design (ISLPED)*, Rapallo, Italy: ACM, 2000.

[10] S. Manne, A. Klauser, and D. Grunwald, "Pipeline gating: speculation control for energy reduction," *Proc. 25th Annual International Symposium on Computer Architecture*, Barcelona, Spain: IEEE Comput. Soc. 1998.

[11] C. H. Kim and K. Roy, "Dynamic V_t SRAM: a leakage tolerant cache memory for low voltage microprocessors," *Proc. International Symposium on Lower Power Electronics and Design (ISLPED' 02)*, Monterey, CA: ACM, 2002.

[12] S. Borkar, "Design challenges of technology scaling," *IEEE Micro*, vol. 19, no. 4, 1999 pp. 23-9.

[13] Y. Bao, W. Peng, and A. Bar-Cohen, "Thermoelectric mini-contact cooler for hot-spot removal in high power devices," *Proc. 56th Electronic Components & Technology Conference*, San Diego, CA: IEEE, 2006.

[14] R. Viswanath et al. "Thermal performance challenges from silicon to systems," *Intel Technology Journal*, vol. 4, no. 3, 2000.

[15] J. Noonan, *The Design of a High Efficiency RF Power Amplifier for an MCM Process*, M. Engg Thesis in *Computer Science and Engineering*, 2005, Massachusetts Institute of Technology.

[16] S. T. Allen et al. "Silicon carbide MESFETs with 2 W/mm and 50% P. A. E. at 1. 8 GHz," *IEEE MTT-S International Microwave Symposium Digest*, vol. 2, no. 17- 21, 1996, pp. 681-84.

[17] J. L. Lee et al. "68% PAE, GaAs power MESFET operating at 2. 3 V drain bias for low distortion power applications," *IEEE Transactions on Electron Devices*, vol. 43, no. 4, 1996, pp. 519-26.

[18] M. J. Drinkwine et al. "An Ion-Implanted GaAs MESFET Process for 28V S-band MMIC Applications", proc. *CS Mantech Conference*, Vancouver, British Columbia, Canada, April 24-27, 2006, pp. 187-190.

[19] D.-W. Wu et al. "2 W, 65% PAE single-supply enhancement-mode power PHEMT for 3 V PCS applications," *IEEE MTT-S International Microwave Symposium Digest*, vol. 3, 1997, pp. 1319-22.

[20] S. H. Chen, E. Y. Chang, and Y. C. Lin, "2. 4 V-operated enhancement mode PHEMT with 32 dBm output power and 61% power efficiency," *Asia-Pacific Microwave Conference (APMC 2001)*, IEEE Taipei, Taiwan, 2001.

[21] E. Suhir, "Modeling of thermal stress in microelectronic and photonic structures: role, attributes, challenges, and brief review," *Transactions of the ASME*, *Journal of Electronic Packaging*, vol. 125, no. 2, 2003, pp. 261-67.

[22] M. Leers et al. "Next generation heat sinks for high-power diode laser bars," *IEEE Semiconductor Thermal Measurement*, *Modeling and Management (SEMI-THERM) Symposium*, San Jose, CA, March

18-22，2007.

[23] X. Ling et al. "Optimization of thermal management techniques for low cost optoelectronic packages," *Proc. Electronics Packaging Technology Conference (EPTC)*，Singapore：IEEE，2002.

[24] Y. -C. Lee et al. "Thermal management of VCSEL-based optoelectronic modules," *IEEE Transactions on Components，Packaging，and Manufacturing Technology*，*Part B：Advanced Packaging*，vol. 19，no. 3，1996，pp. 540-47.

[25] C. LaBounty et al. "Integrated cooling for optoelectronic devices," *Proc. SPIE—The International Society for Optical Engineering*，San Jose，CA：Society of Photo-Optical Instrumentation Engineers，Bellingham，WA，2000.

[26] L. L. W. Chow et al. "Skin-effect self-heating in air-suspended RF MEMS transmission-line structures," *Journal of Microelectromechanical Systems*，vol. 15，no. 6，2006，pp. 1622-31.

[27] D. L. DeVoe，"Thermal issues in MEMS and microscale systems," *IEEE Transactions on Components and Packaging Technologies*，vol. 25，no. 4，2002，pp. 576-83.

[28] D. P. Kennedy，"Spreading resistance in cylindrical semi-conductor devices," *Journal of Applied Physics*，vol. 31，no. 8，1960，pp. 1490-97.

[29] S. V. Patankar，*Numerical Heat Transfer and Fluid Flow*，New York：Hemisphere，1980.

[30] H. K. Versteed and W. Malasekera，*An Introduction to Computational Fluid Dynamics：The Finite Volume Method*，Longman Scientific &. Technical，Harlow，England，1995.

[31] J. H. Ferziger and M. Peric，*Computational Methods for Fluid Dynamics*，2nd ed. Berlin：Springer，1999.

[32] S. R. Mathur and J. Y. Murthy，"A pressure-based method for unstructured meshes," *Numerical Heat Transfer，Part B (Fundamentals)*，vol. 31，no. 2，1997，pp. 195-215.

[33] http：//www. fluent. com.

[34] http：//www. flomerics. com.

[35] http：//www. software. aeat. com/cfx.

[36] http：//www. cd-adapco. com.

[37] V. H. Adams，Y. Joshi，and D. L. Blackburn，"Three-dimensional study of combined conduction，radiation，and natural convection from discrete heat sources in a horizontal narrow-aspect-ratio enclosure," *Transactions of the ASME，Journal of Heat Transfer*，vol. 12，no. 4，1999，pp. 992-1001.

[38] www. ansys. com.

[39] http：//www. fluent. com/software/fidap/.

[40] http：//www. inres. com.

[41] R. Steinbrecher et al. *Use of Flow Network Modeling (FNM) for the Design of Air-cooled Servers*，Maui，HI：American Society of Mechanical Engineers，1999.

[42] http：//www. crtech. com/sinda. html.

[43] http：//www. tecplot. com.

[44] D. L. Blackburn，"Temperature measurements of semiconductor devices—a review," *Twentieth Annual IEEE Semiconductor Thermal Measurement and Management Symposium*，San Jose，CA：IEEE，2004，pp. 70-80.

[45] C. Zweben，"Advances in high-performance thermal management materials—a review," *Journal of Advanced Materials*，vol. 39，no. 1，2007，pp. 3-10.

[46] C. Zweben，"Ultrahigh-thermal-conductivity packaging materials," *IEEE Semiconductor Thermal Measurement and Management Symposium*，San Jose，CA：IEEE，2005.

[47] C. Zweben，"Advanced electronic packaging materials," *Advanced Materials and Processes*，vol. 163，no. 10，2005，p. 33-7.

[48] C. Zweben，"Advances in materials for optoelectronic，microelectronic and MOEMS/MEMS packaging," *Proc. IEEE Semiconductor Thermal Measurement and Management Symposium*，San Jose，CA：IEEE，2002.

[49] C. Zweben, "Thermal materials solve power electronics challenges," *Power Electronics Technology*, vol. 32, no. 2, 2006, p. 40-7.

[50] E. Wong, J. Minz, and S. K. Lim, "Effective thermal via and decoupling capacitor insertion for 3D system-on-package," *Proc Electronic Components and Technology Conference*, San Diego, CA, 2006.

[51] B. Goplen and S. Sapatnekar, "Thermal Via Placement in 3D ICs", *Proc International Symposium on Physical Design*, San Francisco, CA, 2005, pp. 167-174.

[52] J. Cong and Y. Zhang, "Thermal Via planning for 3-D ICs". Proc. IEEE/ACM International Conference on Computer-Aided Design, Digest of Technical Papers, ICCAD, San Jose, CA, 2005, pp. 744-751.

[53] Z. Li et al. "Efficient thermal via planning approach and its application in 3-D floorplan-ning," *IEEE Transactions on Computer-Aided Design of Integrated Circuits and Systems*, vol. 26, no. 4, 2007, pp. 645-58.

[54] E. Wong and L. Sung Kyu, *3D Floorplanning with Thermal Vias* Munich, Germany: IEEE, 2006.

[55] H. Yu et al. "Thermal via allocation for 3D ICs considering temporally and spatially variant thermal power," *Proc. International Symposium on Low Power Electronics and Design*, Tegernsee, Bavaria, Germany: Institute of Electrical and Electronics Engineers Inc. Piscataway, NJ, 2006.

[56] J. Ding and D. Linton, "3D modeling and simulation of the electromagnetic and thermal properties of microwave and millimeter wave electronics packages," *Proc. COMSOL Users Conference*, Birmingham, 2006.

[57] C. Hill, "Enhance MOSFET cooling with thermal vias," *Power Electronics Technology*, February 2006, pp. 28-33.

[58] D. O. Kern and A. D. Kraus, *Extended Surface Heat Transfer*, New York: McGraw-Hill, 1972.

[59] A. Faghri, *Heat Pipe Science and Technology*, Taylor and Francis, Washington, DC, 1995.

[60] G. P. Peterson, *An Introduction to Heat Pipes: Modeling Testing and Applications*, Wiley series in thermal management of microelectronic & electronic systems, Allan D. Kraus and Avram Bar-Cohen (eds), John Wiley and Sons, NY, 1994.

[61] S. V. Garimella and C. B. Sobhan, "Transport in microchannels—a critical review," *Annual Review of Heat Transfer*, 2003.

[62] R. E. Simons and R. C. Chu, "Application of thermoelectric cooling to electronic equipment: a review and analysis," *Annual IEEE Semiconductor Thermal Measurement and Management Symposium*, 2000, pp. 1-9.

[63] A. Shakouri et al. "Thermionic emission cooling in single barrier heterostructures," *Applied Physics Letters*, vol. 74, no. 1, 1999, pp. 88-89.

[64] A. Shakouri and J. E. Bowers, "Heterostructure integrated thermionic coolers," *Applied Physics Letters*, vol. 71, no. 9, 1997, pp. 1234-36.

[65] A. Shakouri et al. "Thermoelectric effects in submicron heterostructure barriers," *Microscale Thermophysical Engineering*, vol. 2, no. 1, 1998, pp. 37-47.

[66] www. kyotech. com.

[67] L. Jaeseon and I. Mudawar, "Implementation of microchannel evaporator for high-heat-flux refrigeration cooling applications," *Transactions of the ASME*, *Journal of Electronic Packaging*, vol. 128, no. 1, 2006, pp. 30-37.

[68] C. Blazej, "Thermal interface materials," *Electronic Cooling*, vol. 9, no. 4, November 2003, pp. 14-20.

[69] F. Sarvar, D. C. Whalley, and P. P. Conway, "Thermal interface materials—a review of the state of the art," *Electronics System Integration Technology Conference*, Dresden, Germany: IEEE, 2006.

[70] E. C. Samson et al. "Interface material selection and a thermal management technique in second-generation platforms built on Intel® Centrino ™ mobile technology," *Intel Technology Journal*, vol. 9, no. 1, 2005, pp. 75-86.

［71］ "Thermal interface material comparison: thermal pads vs. thermal grease," http: //www. amd. com/us-en/assets/content _ type/white _ papers _ and _ tech _ docs/26951. pdf, 2004.

［72］ T. Ollila, "Selection criteria for thermal interface materials," http: //www. parker. com/chomerics/products/Therm _ mgmt _ Artcls/TIMarticle. PDF.

［73］ T. A. Howe, C. -K. Leong, and D. D. L. Chung, "Comparative evaluation of thermal interface materials for improving the thermal contact between an operating computer microprocessor and its heat sink," *Journal of Electronic Materials*, vol. 35, no. 8, 2006, pp. 1628-35.

［74］ *Thermal Management.* International Electronic Manufacturing Initiative (iNEMI) Technology Roadmap, 2006.

［75］ *Intel Incorporation*, www. intel. com.

［76］ "White Paper on Addressing Power and Thermal Challenges in the Datacenter," Intel Inc. http: //download. intel. com/design/servers/technologies/thermal. pdf, 2004.

［77］ L. Wu, C. Weaver, and T. Austin, "CryptoManiac: a fast flexible architecture for secure communication," *Proc. 28th Annual International Symposium on Computer Architecture*, Goteborg, Sweden: IEEE Comput. Soc. 2001.

［78］ N. Clark, Z. Hongtao, and S. Mahlke, "Processor acceleration through automated instruction set customization," *36th International Symposium on Microarchitecture*, San Diego, CA: IEEE Comput. Soc. 2003.

［79］ J. Montanaro et al. "160-MHz, 32-b, 0. 5-W CMOS RISC microprocessor," *IEEE Journal of Solid-State Circuits*, vol. 31, no. 11, 1996, pp. 1703-14.

［80］ K. Roy, "Leakage power reduction in low-voltage CMOS designs," *International Conference on Electronics, Circuits and Systems*, Lisboa, Portugal: IEEE, 1998.

［81］ H. Makino et al. "An auto-backgate-controlled MT-CMOS circuit," *Symposium on VLSI Circuits. Digest of Technical Papers*, Honolulu, HI: IEEE, 1998.

［82］ P. Elakkumanan, A. Narasimhan, and R. Sridhar, "NC-SRAM—a low-leakage memory circuit for ultra deep submicron designs," *Proc. IEEE International SOC Conference*, Portland, OR: IEEE, 2003.

［83］ Lekatsas, H. J. Henkel, and W. Wolf. *Code Compression for Low Power Embedded System Design*, Los Angeles: ACM, 2000.

［84］ H. Benini, F. Menichelli, and M. Olivieri, "A class of code compression schemes for reducing power consumption in embedded microprocessor systems," *IEEE Transactions on Computers*, vol. 53, no. 4, 2004, pp. 467-82.

［85］ H. Lekatsas, J. Henkel, and W. Wolf, "Arithmetic coding for low power embedded system design," Snowbird, UT: IEEE Comput. Soc. 2000.

［86］ I. Kadayif and M. T. Kandemir, *Instruction Compression and Encoding for Low-Power Systems*, Rochester, NY: IEEE, 2002.

［87］ Y. Yoshida et al, *An Object Code Compression Approach to Embedded Processors*, Monterey, CA: ACM, 1997.

［88］ L. Benini et al, *Selective Instruction Compression for Memory Energy Reduction in Embedded Systems*, San Diego, CA: IEEE, 1999.

［89］ L. Benini et al. "Minimizing memory access energy in embedded systems by selective instruction compression," *IEEE Transactions on Very Large Scale Integration (VLSI) Systems*, vol. 10, no. 5, 2002 pp. 521-31.

［90］ G. Chen et al. "Using memory compression for energy reduction in an embedded Java system," *Journal* of Circuits, Systems and Computers, vol. 11, no. 5, 2002, pp. 537-55.

[91] A. C. Cheng and G. S. Tyson, "High-quality ISA synthesis for low-power cache designs in embedded microprocessors," *IBM Journal of Research and Development*, vol. 50, no. 2-3, 2006, pp. 299-309.

[92] R. Phelan, "Improving ARM Code Density and Performance," http: //www. arm. com/pdfs/Thumb-2％20Core％20Technology％20Whitepaper％20-％20Final4. pdf, June 2003.

[93] www. mips. com.

[94] http: //www. st. com/stonline/books/pdf/docs/10071. pdf.

[95] N. A. Rider, *Geothermal Power Generator* October 24, 2006, Borealis Technical Limited: United States Patent ＃ 7124583.

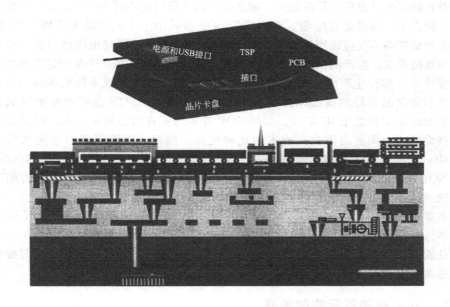

电源和USB接口　TSP　PCB　插口　晶片卡盘

第12章

系统级封装(SOP)模块及系统的电测试

S. S. Akbay, S. Bhattacharya, D. Keezer, A. Chatterjee
佐治亚理工学院

测试的目的是为了将制造的器件或系统进行分类，保证送到用户手中的所有器件都没有缺陷并且浪费的器件最少。制造的不同阶段需要不同的测试模式，分别侧重验证、覆盖率，抑或是吞吐量。有缺陷的 SOP 多是由于工艺波动和瑕疵所造成的。成功的测试策略不仅应该能让没有缺陷的 SOP 通过测试，同时也应该保证它们的性能达到规格要求。生产测试的成本至关重要，因为它出现在每一个生产的零件中。

在半导体器件生产中，等比例缩放是在器件级上实现低成本的根本驱动力，可以让日益复杂的器件的成品率持稳。基于相同的原理，SOP 也驱动系统集成的发展，正如摩尔定律之于 IC 集成。如同 SOP 技术的所有其他要素一样，测试也需要按比例缩放，否则所占用生产成本的比例更高。然而，随着更多的功能被集成到 SOP 中，需要测试的功能度越来越多，这大大增加了测试的工作量和成本。因此，针对 SOP 的大批量生产（HVM）测试需采取新的测试方法，而不是传统的测试技术，应当认真地将测试过程划分至不同的集成水平上，避免重复测试。

本章将从设计、特性和 HVM 三个层面介绍 SOP 测试概念，并提供了嵌入式无源器件、基板互连和数字、模拟、混合信号、RF 各种模块的测试方法学。对已知优良的嵌入式基板、嵌入式模块的两类测试方法进行了详细的探讨，同时提供了例子和参考文献。

12.1 SOP 电测试面临的挑战

由于 SOP 技术的发展，集成被赋予了新的定义。这样的系统不仅集成了数字和模拟子系统，同时还有用于高带宽通信的 RF 模块、用于多吉赫兹数据传输的光学模块和用作与外部世界接口的、带有可动部件的 MEMS 模块。设计这样的系统，应用了许多在传统设计流程中没有的先进技术。这些系统中介质的超微型化和均一化带来了更短的数据路径和更小的寄生效应，因此通信子系统的速率和带宽远远超过了传统技术。通过使用 SOP 技术，设计者不再受分立无源器件参数的限制，而能够受益于针对具体应用进行裁剪的嵌入式无源器件。此外，相比于传统器件，SOP 化的传感器-处理器、执行器-驱动器、电-光子系统都能从带宽增加、封装寄生效应最小化以及更小的功耗中获益。这些复杂 SOP 的测试有三个阶段：①对原型的验证性测试和设计调试，②小批量样品的特性测试，③大批量的生产测试。

验证性测试的第一步只用少数原型样品，确保设计的正确性以及制造过程的可行性。设计验证过程包含一系列带有设计诊断的验证测试的应用以及随后的设计诊断。必要情况下，可以更改设计，生产新的样件和运行新的一系列测试，以期最终获得"完美"的设计[1,2]。由于这是个反复的过程，验证和调试需要解决部分测试的问题，即是随着互连和嵌入式无源器件以串序的或并行的方式进行生产，对已经生产出的 SOP 部件进行测试的过程。这个过程存在一个重大挑战，这是因为有些器件的某些规格参数只有在完全集成后才能被确定，或者这些参数在集成前后会有所变化。在传统设计中这个问题用模块化的概念来解决，这样系统就可采用能独立进行分析与验证的分块组件构成。依靠集成技术增强性能的元件的系统通常被回避了。另一方面，SOP 利用了基于薄膜的集成技术，其性能在封装级集成上得以增强。从测试角度来说，这样的 SOP 模块变得非常具有挑战性。

　　紧接着设计调试的是特性测试。在特性测试中，"完美设计"的所有关键设计参数都将被全面测试，以确保所有的性能指标都满足要求。特性测试是对一组样品器件进行测试，同时记录器件的性能变化。验证和特性测试都要使用台式测试设备，所谓台式设备即一系列用于进行不同测量的测试装置的组合。这些测试侧重于完整性和精确度，而不在于测试时间的长短。另外，特性测试还包括已知优良的焊接芯片的功能测试。这种测试模拟了模块的典型操作，检验整个系统的完整性。因为许多种可能的操作模式组合都需要确认(validate)，因此功能测试的耗时量相当大，从几十分钟到几个小时不等。

　　大批量生产需要采用一种不同的测试范式，该范式侧重于产量和充分性。这种测试对每一个交付客户的单元都将进行测试，因此，功能测试的代价在这个层面上是不可承受的。同时，HVM 测试使用自动测试设备(ATE)而不是台式测试设备的组合。自动测试设备集成了一部分特性测试的功能，然而它只是一种通用的装置，可通过编程来对不同产品运用不同测试方法进行测试。HVM 测试是完全自动化的，如图 12.1 所示。首先，一个搬移器(Handler)将一件或数件生产的器件传送到一个承载板，该板卡为每个器件提供单独插座。插座给承载板上的信号线提供了一个临时的连接，该连接将不同的 ATE 端口与被测试器件(DUT)连接起来。ATE 提供控制信号与测试激励，进行顺序测试并收集相应的响应。每一个响应都与用来判断的边界值进行比对。ATE 评估与所有判断边界值的比对结果，并将 DUT 分送到相应的"分档"料箱(bin)中。一个简单的分档结构包括"合格"与"不合格"两大类，而更复杂的器件可能根据它们的性能被分送到不同的箱格中。例如，能在更高速率下运行的微处理器被打上标记，并以更高的利润率出售。一旦确定各器件恰当的分档，搬移器断开 DUT 和测试设备的机械连接，并将 DUT 送到正确的分类箱格中。鉴于所有的产品都需要通过 HVM 测试，所有这些工作都必须在很短的时间内完成。测试时间从几分之一秒到几秒钟不等，具体则取决于 DUT 的复杂程度；因此，测试时间是决定 SOP 生产成本的最重要的因素之一。

　　现在，有必要申明 HVM SOP 测试的基本原则，即可缩放性。可缩放性已经成为半导体加工在器件层面的根本推动力。除了设计规则、良好的工艺控制和面向测试/成品率的设计之外，可缩放性已经成为生产越来越复杂的器件并维持成品率的主导因素。基于相同的原则，正如摩尔定律推动 IC 集成一样，SOP 技术推动着系统集成的发展。与其他所有系统级封装的组成部分类似，测试也需要缩小化；否则必须分配给测试的成本所占比例就将上升，最终测试成本可能将主导总成本。另一方面，随着功能的增多，更多的功能需要进行测试，这增加了测试的工作量和成本。因此，HVM SOP 需要使用传统的功能测试之外的其他测试方法。在传统的、使用标准 SMD 元件组成的系统中，器件在组装前都测试过，传统测

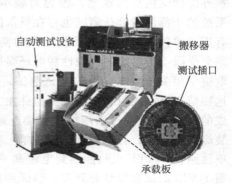

自动测试设备

搬移器

测试插口

承载板

图 12.1　HVM 测试流程的组成

试方法行得通。然而，在 SOP 这样高度集成的系统中，新的测试方法必不可少，因为各器件都被直接集成到封装的不同层中，因此器件引脚并非都能连接出来进行测试。

12.1.1　HVM 测试过程的目标以及 SOP 面临的挑战

测试的目标是在批量生产中通过施加测试激励辨别出有缺陷的 SOP。SOP 的缺陷是由制造工艺的多样化和不完美性造成的。生产测试的成本非常重要，因为它重复出现在生产的每个部件中，这也是本章集中讨论的重点。图 12.2 展示了产品开发周期的各个阶段以及相应的成本。验证、调试、特性测试以及 HVM 测试的花费占到总成本的 45％[3]。HVM 测试旨在找出两种主要失效机理：①灾难性错误，使器件不能正常工作；②参数错误，导致器件无法满足某项功能的特定要求。

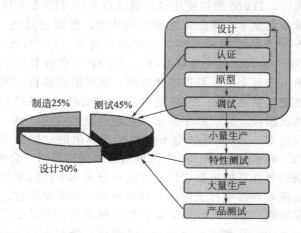

图 12.2　测试成本：测试 45％；设计 30％；制造 25％

对 HVM 测试而言，SOP 有其自身的挑战。一个典型的 SOP 包封了许多内部的功能，而生产测试是通过外部的 ATE 向 SOP 发送测试信号进行的。关键的问题是外部 ATE 无法直接连接到 SOP 内部集成的所有功能模块。将某些内部电信号从封装中引出到外部测试机也许是可行的；然而，这些工作在高频区的内部信号不能被外部测试机直接观察，因为封装本身有频率限制而且外部 I/O 的速率也较低。系统的子部件的确认测试也存在类似的、速率及完整性方面的问题。虽然传统系统有用于单独测试它们子系统工作的测试节点，但如果将传统测试方法用于 SOP，则会受限于子系统的可控性和可观察性。另外，"设计的有保证"的系统规格参数取决于相关子系统参数的确认测试，但是，在 SOP 体系中不能访问这些子系统。这种情况对嵌入封装中的无源器件尤为重要[101]。例如，通过在基板中嵌入薄膜制成的高 K 值电阻可以用微孔直接连通到封装表面；然而，一旦相关的 ASIC 被倒装焊到基板上，直接连到 ATE 的通道便消失了。即便设计了可测性设计（DfT）的单独路径，ATE 也只能测到电阻和 ASIC 焊点的寄生参数的总效果。这个例子说明 HVM 测试需要划分开来，分配到集成工艺中的各环节上进行。ASIC 和基板各自的特性参数的测试需要在最终组装前完成，而且，最终系统的测试应当根据这些测试结果进行调整和简化。这种多步测试策略将在 12.1.2 节讨论。

12.1.2　SOP HVM 的测试流程

SOP HVM 测试流程可总结成三个步骤：①已知良好的芯片 (KGD) 测试，②已知良好的嵌入基板 (KGES) 测试，③在组装完成后的已知良好的嵌入式模块 (KGEM) 测试，如图 12.3 所示[4,5]。KGD 测试在封装前分别应用于各个单独的裸片，用以确保裸片或者未封装的 IC 与封装后的器件具有相同的质量和可靠性[6]。本章不会讲述更多有关 KGD 测试的细节，读者可以参考文献[7～10]。在将裸片焊接到基板之前，基板也需要经过测试。基板测试包括验证基板各层中的嵌入式无源器件的性能和互连情况。最后，组装 SOP 并最终实行 KGEM 测试。在 12.2 节和 12.3 节我们将详细讨论 KGES 和 KGEM 测试的各个方面。

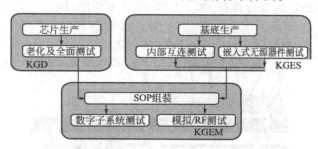

图 12.3　SOP 测试流程：KGD、KGES 和 KGEM

12.2　KGES 测试

电子封装提供一种互连、供电、冷却并能保护 IC 芯片的手段。在 SOP 中，系统是芯片和封装的共同体。基板不仅为倒装焊接的有源器件、ASIC、传感器、光学装置、分立无源器件以及嵌入式元件提供互连，同时本身也嵌入了无源和有源器件。除非这些互连通道能被完全返工，否则如果在有缺陷的基板上进行组装，昂贵的 KGD 测试将变成一种浪费。因此，设计一种能在装配芯片之前保证基板内互连通道和嵌入无源器件的完整性的测试策略是必要的。基板互连属性和一系列设计要求的匹配可以依靠一套设计标准来实现，这些设计标准包括能够确保基板互连功能的绝缘电阻、导体电阻、连续性以及净电容值等。嵌入式无源器件也能够通过高频全速测试进行验证，这要求将网络参数作为频率函数进行测量来达到目的。

12.2.1　基板互连测试

封装互连由一层或多层金属膜组成，这些金属膜能将一定功能的有源电路与/或嵌入式无源器件连接起来。如果在经济上可行，在基板各层的加工过程中，可以通过光学方法观测各互连层在沿着互连长度方向上是否存在导电材料。这样就实现了在制造过程中的即时监测与工艺中相关缺陷的修复。SOP 广泛采用的高密度互连 (HDI) 方案不能采用光学检验方法，因此该方法只能依赖于优质的过程控制。即使每一层都经过了光学检查，温度和工艺造成的层间应力也会在互连上造成缺陷，这都需要在芯片安装前诊断出来。因此，在完成了每一层无法进行光学检验的板层的制造后都非常有必要进行一次测试。

　　在使用层压基板和电镀过孔的较早的范式中，基板测试可通过以探针探查基板的顶层和底层互连的方式来实现。而 SOP 解决方案中，带微通孔的 HDI 成了标准互连形式，并带来了许多盲孔和嵌入的互连层，这些嵌入互连层不通达基板的表面。面-面互连以及电源、接地连接仍然可以通过对暴露的末端使用探针进行测试，如图 12.4(a)所示。有的内部互连将表面触点连接到一个嵌入的薄片无源器件，而这个无源器件又与电源或者地网络相接，如图 12.4(b)所示。对这些内部互连的测试可以单步完成，通过与其相连的嵌入无源器件来实现测试。本节将对嵌入式无源器件的测试进行详细说明。其余的内部互连，如图 12.4(c)所示，则是将嵌入式模块与其他嵌入结构或电源、地相连。对这样互连的测试可通过在一个步骤中对嵌入模块进行测试得到，这部分将在 12.3 节和 12.4 节详细讨论。

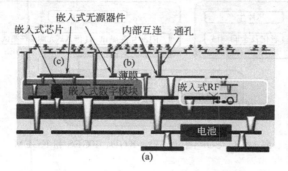

图 12.4　系统级封装内部互连测试
（a）暴露于两表面的内部互连；（b）一端接电源/地、另一端
暴露的嵌入式无源器件；（c）与嵌入式芯片相连的嵌入式无源器件

　　不论是内部互连的开路缺陷还是内部互连之间的短路缺陷都需要通过基板测试来检查。有时候基板测试技术需要很高的分辨率以便检查潜在的或者可能的缺陷。这些缺陷都是物理上的不完美性，虽没有立即造成开路或者短路，但有可能在不久的将来变成开路或者短路。这些缺陷可能导致后期加工过程或者用户使用过程中不可预期的失效，所以受到了特别的关注。潜在缺陷的例子如图 12.5 所示[13]。使用过程中，在热应力、机械应力或偏压应力作用下，非常窄的金属线以及聚合物绝缘体(如在薄膜基板中)更容易造成潜在开路。而离子沉积或光刻工艺带来的外部金属可能导致漏电或者潜在短路。因此，在基板检测过程中，潜在开路或短路的影响也应当像直接缺陷一样被考虑。

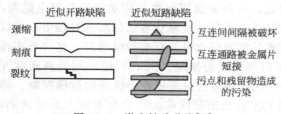

图 12.5　潜在缺陷分类[13]

（1）电容测试

　　考虑一下如图 12.6 所示的在互连基板表面上的两根金属线，它们每一根都能看作是平行板电容的一端，而另一端则是接地板或者电源板。平行板结构电容的电容值（C_i）和其面积（A_i）成正比，因

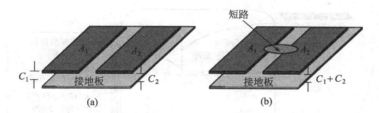

图 12.6　短路类缺陷的电容测试：(a)无缺陷网络，(b)有缺陷网络

此我们有以下公式：

$$C_i = kA_i \tag{12.1}$$

其中，k 是比例常数，由导线和参考平面之间的距离以及两极板之间材料的介电常数共同决定。

对于这个两互连的例子，则有：

$$C_1 = kA_1 \tag{12.2}$$

$$C_2 = kA_2 \tag{12.3}$$

然而，如果两导线之间存在短路，有缺陷的网络的有效面积大约是(忽略短接金属的面积)：

$$A_{short} = A_1 + A_2 \tag{12.4}$$

因此，短路网络的电容是

$$C_{short} = k(A_1 + A_2) \tag{12.5}$$

对比式 (12.2) 和式 (12.3) 有

$$C_{short} = C_1 + C_2 \tag{12.6}$$

同理，我们可以推知每一个开路网络会存在一个减小了的电容值(也取决于它的面积)：

$$C_{open} = kA_{open} < kA_i \tag{12.7}$$

因此，根据缺陷种类的不同，净电容值会在相对没有缺陷的情况下增加或者降低。

图 12.7 说明了电容的测试方法。例如，1 号网络的电容低于预计值(45pF，预计为 55pF)，此网络被识别为存在开路缺陷。假如 2 号和 3 号网络之间有短路存在，则它们的电容值会高于预期(图中所示为 30pF)。Marshall 等人[12]、Economikos 等人[13]、Hamel 等人[14] 以及 Wedwick 等人[15] 对基板的电容测试进行了更深入的讨论。

（2）电阻测试

电阻测试基于欧姆定律。欧姆定律描述了 A、B 两点间流经的电流(I_{AB})和 A、B 两点的电势差(V_{AB})之间的关系(如图 12.8)。两者之间的比率就是电阻 R_{AB}。

$$R_{AB} = V_{AB}/I_{AB} \tag{12.8}$$

事实上，让一个极小的电流(I_{AB})流经一段内部互连的同时测出互连两端的电压，则可由式(12.8)计算得到网络电阻。将这个值与可由导线尺寸和材料属性决定的预期电阻值相比，如果测量值远大于预期值，则表明存在一个电阻缺陷。

电阻测试的优点是可以直接检测开路和短路，并且检测低阻值的开路和高阻值

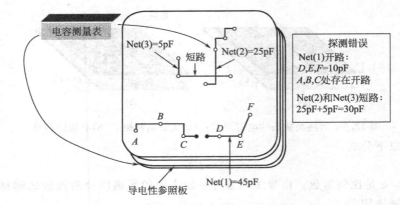

图 12.7 通过测量电容来探测内部互连中存在的缺陷

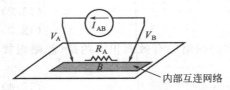

图 12.8 内部互连网络的电阻测量

的短路。由于短路检测中探针需要进行多次移动，故对复杂产品测试时优选矩阵探针或者探针簇检测（针床）。这种方法使用一系列连接基板和开关交换的测试探针，因此最大限度减小了测试装置需要的机械运动。将探针簇与机械继电器或固态开关连接起来，可以以极为高效的方式向产品施加电流和电压应力。这种方法虽然在测试装置上需要耗费大量的资金，但是提供了最好的测试质量和最快的有效测试。

（3）电子束测试

无触点测试展现了美好前景，它的优点在于可以免除用机械探针探查基板。电子束检测技术法以其高生产量、独立布局、无接触性以及可对裸基板进行无损检测等特点而成为一种引人注目的方法。通过电脑控制，电子可以被打到基板的任意位置，所以这种测试模式可以灵活应对布局变化，用于测试不同产品。由于电子束与基板没有机械接触，所以不会损坏焊盘表面和易碎的基板。电子束的高速偏转能力和电荷的储存实现了高速化测试和大的吞吐率。

如图 12.9 所示，电子束测试是通过分析次级电子能量来实现的，这些次级电子是由高能量的初级电子束发射到物质表面后所致的表面发射。次级电子流对于初级电子束聚焦点的电压十分敏感。表面电压越高，次级电子需要克服的势垒越大，导致探测器上的检测电流减小。通过这种方法，可以推算出表面电压。电压信号有时候会以灰度的形式在荧光屏上显示，这种现象被称之为"电压对比度（衬度）"。

在内部互连网络中进行连通性测试

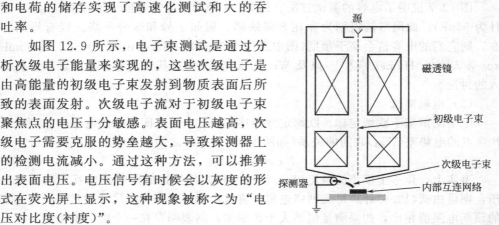

图 12.9 电压对比法测定电子束表面电压

时，线路首先利用大电流电子束充电。一条隔离的线路让电荷储留相当长的一段时间，并可以借助电压衬度效应检测出来。通过让电子束扫描表面，就可以绘制出带电的电路网络。线路中的断点可以由网络中某些缺少电荷的部分来验证。如果网络与电源或者地平面短接，则线路不会储留电荷。

电子束测试法能有效地捕捉到高阻短路，但是在分辨开路缺陷时却受到限制。对于基板加压测试而言，电子束测试法受到电流承载能力方面的严重限制。进行大批量测试时，电子束测试技术与普通阻抗和电容测试技术相比更昂贵。集成电阻和电容将影响电路缺陷检测。例如，以一个接地的集成电阻作为终端的网络不能利用电子束来施加电荷，Brunner 等人[16]对其他不能检测的短路网络进行了解释。然而，在这些带端接的网络中，因为终端开路是由缺陷造成的，所以开路是能够被检测的。由于接地的集成电容影响通电时间，其缺陷无法被分辨出来。与其他检测方法一样，电子束检测法不能提供短路或开路的精确部位或造成这种情况的原因的具体细节。

（4）潜在开路检测

当电路线密度增大时，线宽和线距也随之减小，这时出现潜在开路缺陷的概率更大。潜在开路十分接近于开路，在某种场合容易转变成完全开路而造成失效。一般采用光学检测或者加压测试的方法来检验潜在开路，如裂缝、刻痕、孔线路连接等。但是光学检测只能应用于可见部位的检测。同样，加压测试如热循环或机械疲劳性能检测耗时很长。由于缺乏潜在开路的检测技术，使得某些昂贵的基板在接下来的装配过程中易遭受破坏。

对于老化应力作用于薄膜基板而造成的潜在开路，IBM 公司已经通过专有的潜在开路检测或者电气模块测试（EMT）来进行检测。老化应力是让基板承受热循环和/或电偏压，以减少潜在开路。选择合适的老化条件可以淘汰不可靠的基板，但是必须慎重选择应力条件，这样在不严重影响其他电路的前提下，可以迫使缺陷电路失效。同时，老化不能引入与使用条件不一致的失效模式。老化测试一般通过安装在基板上的 IC 芯片来实现，但是，这会造成昂贵IC 芯片报废或者因基板失效而要求返工。在远离基板制造地点进行的老化或其他操作步骤都会延长对潜在缺陷的分析理解和进行反馈的时间。一旦采取了矫正性的措施，最初的部件必须达到测试点（比如老化），实现对设计方案的验证。因此到达测试点的周期是决定可靠性的改进速度的一个关键因素。

（5）基板互连谐振器组检测

佐治亚理工学院开发了谐振器组检测法，这种方法是使用单端探针通过互连电路的单一末端的高 Q 值谐振器来提供激励，如图 12.10 所示。谐振器通过调制互连的交流响应，在电路缺陷处频率响应会发生变化。通过测量因相对于已知的衰减测量的极点移动而造成的测试激励信号的衰减，就可以检测接近开路、接近短路、开路和短路等互连缺陷。这种测试方法总耗时预计与电容法耗时相当，并且测试设备的硬件成本低。此方法主要的优点是可以通过查阅传递函数表来检测疑似开路和疑似短路等潜在缺陷。

（6）检测方法的比较

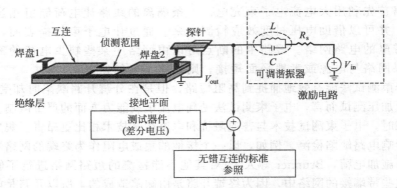

图 12.10　高 Q 值可调谐振器探针谐振波段检测试验

表 12.1 对工业生产中运用的各种检测方法进行了定性和定量的比较。虽然应用于高频互连网络的时域网络分析法（TDNA）并不是一种可行的测试方法，但还是将其列入表格中了。探针头数量由两端网络的互连需要单端探测还是两端探测来确定。由于两个探头需要同步协调，因而出现与此相关的探针运动的复杂性，这种复杂性也体现在对昂贵的测试设备的需求上。每种检测方法的测试时间是根据探测的数量来确定的，并且假设所有方法的准备时间的差距不大并且都较短。定性分析比较中，除了谐振器波段检测法之外，所有方法都是根据 Woodard[17] 有关高线密度的详细资料来确定总的测试时间。同时表格中还列举出了各种检测技术检测开路、短路缺陷的特性。

一般开路值小、短路值大表明检测的分辨率好。例如电容法能有效地检测开路，但是对于短路检测就不那么有效了。然而，电子束检测法能有效地检测短路。表 12.1 中所列举的方法中，只有谐振器法能同时检测潜在的开路和短路。

表 12.1　基板检测技术比较

项目	电容	电阻	电子束	潜在开路	TDNA	谐振器
频率	10MHz	直流电	—	1MHz	30～70GHz	1GHz
探针头	1	2	—	2	2	1
探针运动	简单	复杂	复杂	复杂	复杂	简单
总测试时间	中等	长	短	长	长	中等
开路分辨率	1MΩ	10MΩ	10～100MΩ	3～10MΩ	低	低
短路分辨率	1MΩ	300MΩ	1Ω～100MΩ	—	高	低
设备成本	低	低	高	高	高	低

12.2.2　嵌入式无源元件的测试

随着 SOP 制造技术的发展，嵌入式无源元件在这些 SOP 系统的发展中起着核心作用[18,19]。在系统中集成无源元件具有内在的好处，例如减小系统体积、减小寄生效应、降低成本以及具有优越的电气性能。但是，由于无法接触封装内电路触点、嵌入式无源元件的模拟特性造成多种不同的失效模式的可能性以及电路工作在高频下（尤其是 RF 无源元件），这些都使得测试集成的嵌入式无源元件变得更加困难。在嵌入式无源元件设计中，有三个重要参数非常关键[28]：①电阻/电抗随频率的变化，②元件品质因子随频率的变化，③元件的谐振行为。

嵌入式无源检测的主体研究是源于多芯片模组(MCM)的发展[20,22,24,26]。在这节，我们主要关注两种检测技术：①利用单探针 S_{11} 参数测量法对 RF 无源元件的诊断技术[27]，②双探针 Y_{11} 零极点分析技术[23]。这两种由佐治亚理工学院提出的方法是高频高速检测方法，它需要将网络参数作为频率函数来测量。

(1) 嵌入式 RF 无源元件缺陷诊断及敏感度分析

在第 4 章[22]文献中，Yoon 提出了一种基于单针 S_{11} 参数测量法的嵌入式 RF 无源元件缺陷诊断方法，如图 12.11 所示。在单一缺陷的假设条件下，这项技术能够检测和诊断无源网络中灾难性的缺陷和参数化的缺陷。缺陷检测是基于测试激励来确定未能满足规范的元件的过程。目的就是找出足以满足诊断的最小频率组。

自动化测试模式生成(ATPG)算法首先是在特定频率下测定网络中每个无源元件的 S_{11} 敏感度。在选择的一系列频率中，对于某个给定器件总有对应的某个频率下其 S_{11} 达到最大。将测得的敏感度数据排列成矩阵形式，选择出最小的频率子集，该频率子集应满足由行组成的所有的 2×2 子矩阵为非奇异矩阵。一旦最小子集确定，就可以通过测定相

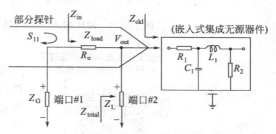

图 12.11　用于检测嵌入式
RF 无源元件的单针 S_{11} 测试装置

对应频率下嵌入式集成无源元件(DUT)的 S_{11} 来确定单位元件的参数变化。但是对于两种不同的严重性的缺陷用 S_{11} 检测将得到一样的结果。为了成功诊断这些缺陷对，可以计算两种给定缺陷产生相同测试结果的概率。这种概率被称为缺陷分辨率(FR)。如果 FR 值比所有缺陷对的阈值都大，则通过最小频率子集足够诊断 DUT。否则，从候选频率中选择一个次最优的频率来扩展大最小频率子集。

如图 12.12 所示[29]，嵌入式无源滤波器由 11 个电阻、4 个电感和 4 个电容组成，形成一个 19×19 的敏感度矩阵。利用图 12.11 中单针检测法只能检测线路的 1 号和 4 号电路节点。设定 $f_{cl}=187.93\text{MHz}$，$f_{L1}=145.32\text{MHz}$，相对应的 2×19 矩阵无解。这可以通过检查 2×19 矩阵的所有 2×2 子矩阵的非奇异性实现。在这种情况下，所有 28 个 2×2 子矩阵都是奇异的：两种不同的缺陷产生同样的测量结果。通过增加第三个测试频率 $f_{R6}=59.77\text{MHz}$ 就可分辨出全部的缺陷。

(2) 零-极点分析法诊断嵌入式集成无源器件的故障

同样的，也可以通过查找预置字典(prepopulated dictionary)上定义的操作来诊断嵌入式无源器件的缺陷。预置字典可以由特定输入模式的信号产生的特征响应或者网络传递输函数的可能变化组成。

在无源网络中，传输函数是否良好的表征就是系统的极点和零点，因为零-极点的值可以借由插值法从对 Y、Z、T、或者 H 参数的测量来获得[30]。元件的公差会导致零-极点值的波动，而通过对电路参数进行蒙特卡罗仿真，就可以将这些波动-信号特征的组合预先编译到故障字典中去。

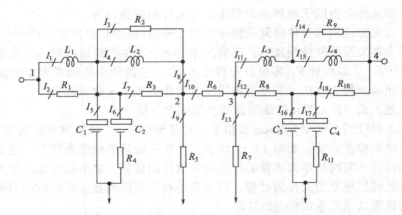

图 12.12　使用嵌入式无源器件的 Bourns 滤波器

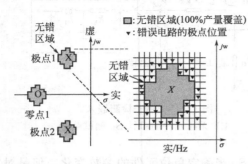

图 12.13　零-极点分析法诊断错误，
对左半平面应用无错网格

参考文献[23]提出了一个这样的解决方案。首先，一个并行故障模拟器[30]被用来产生蒙特卡罗仿真的结果。然后，抽取出每个蒙特卡罗示例的零-极点位置，然后根据各个示例的特性标定相应信号结果为"良好"或者"错误"。任何对一个或多个电路参数最为敏感的零点或极点都被认为是关键点。这些选出来的关键零、极点被描绘在标志"良好"电路和"错误"电路的实-虚部平面上。对每个零、极点，保障百分之百成品率的无错区域可以通过在如图 12.13 所示的左半平面添加网格而计算出来。当两个极点的无错区域在实-虚部平面内相交时，两者的组合区域就如图 12.14 所示的那样计算出来。

对于给定的 DUT，参数 Y 可以通过测量其两个端口得到，其设置方法如图 12.15 所示。然后，零-极点位置可由微观模型[24]提取得到。如果关键零-极点位置与给出的零-极点值确定的无错区域重合，则这个 DUT 就是无错电路。

如果这是个故障电路，将应用一种区域匹配算法来确定测得的零-极点值最接近于故障列表中哪种错误类型。如果给定 DUT 的关键零-极点位置在实-虚部平面上，与特定灾难性错误情况下的模拟结果匹配，则特定的开路或短路错误便能够被隔离出来。否则，给定的 DUT 存在参数性错误，这可以通过计

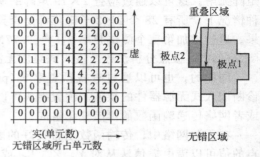

图 12.14　联合网格上两种错误的
无错区域重叠部分

算已测量零-极点的值与所有可能的参数性错误之间的最小距离来获得。

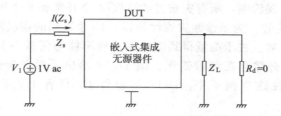

图 12.15　对双端 Y 参数的测量设置

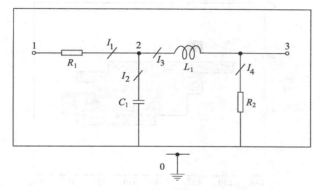

图 12.16　带有两个复杂电极的嵌入式集成低通滤波器

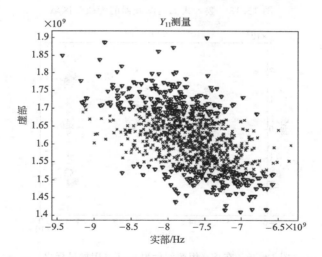

图 12.17　在嵌入式低通滤波器的 1000 次实例中的极点位置

　　例如，考虑如图 12.16 所示的有两个复数极点的嵌入式集成低通滤波器。通过在 $3\sigma=10\%$ 的正态分布中随机改变每一个元件而获得 1000 种电路用例。图 12.17 给出了每种情形的极点分布图。无错和有错电路分别由 X 和 V 标注出来，相应于四个电路参数：A_V，f_{3dB}，Z_{in} 以及 Z_{out}。图 12.18 在 200×200 的阵列中用淡色阴影标出了无错区域，用深色阴影标出了一个 DUT 的极点测量位置。显而易见，此被测试 DUT 是有缺陷的。

对于灾难性错误诊断，所有灾难性的错误（4 个开路和 6 个短路）都经过了仿真来确定零-极点的位置。为了诊断灾难性错误，10 个不同的错误阵列被用来与零-极点位置测量值做比对。由于测量得到的极点位置不能与任意一个灾难性错误匹配，因而给定的 DUT 必然存在参数错误。图 12.19 给出了存在参数错误的 R_1、C_1、L_1 的极点位置。在这个例子中，DUT 的组件 C_1 只有 1.8pF 而不是 2pF 的标称值。

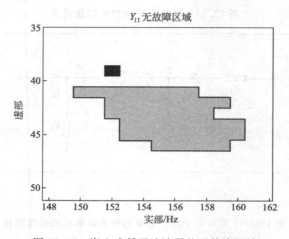

图 12.18   嵌入式低通滤波器的无故障区域

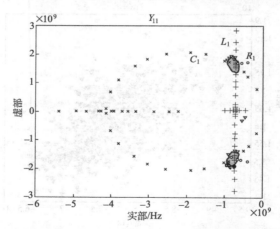

图 12.19   在 R_1（用圆圈标出）、L_1（用加号标出）、
C_1（用叉号标出）处出现灾难性故障的极点位置

12.3   数字子系统的优质嵌入式模块测试

12.3.1   边界扫描——IEEE 1149.1

边界扫描技术是一种设计方法，也是一种测试接口标准。它使得数字的数据信

号能够通过 IC 的 I/O 单元进行输入或者输出，完成对内部的串序"扫描"，即使它们被组装到较大系统(印刷电路板、MCM、SOP 等)中。这使得对大型复杂数字系统的"可控性"和"可观察性"功能的关键测试成为可能。

边界扫描的主要用途是给测试图样(test pattern)的发送提供一个有效的方法。它不仅可以用来测试内部 IC 的逻辑，也可以测试逻辑芯片之间的互连。然而，除了实现的这些测试之外，有创意的设计师们正在继续为边界扫描逻辑寻找其他的应用。

边界扫描采用的策略是在 IC 的边界上创造出一连串与普通的初始 I/O 单元相关的储存单元(触发器)。这些触发器连接在一起形成串行移位寄存器(SR)，这样测试数据在一个端口[测试数据输入(TDI)]加载，试验结果则从另一个端口[测试数据输出(TDO)]移出以进行分析。两个端口之间会发生什么，则依赖于系统的功能特性和测试方法的其他方面。边界扫描的作用是使得测试数据信号被输入到系统里难以到达的部分，并且能够让测试结果从一个方便的端口读取出来。

除了在数字系统中促进测试数据传输的基本作用外，边界扫描还可以提供另外两个重要的作用：①在芯片边界的扫描元素的物理结构，使芯片之间的互连测试成为可能(测试开路和短路)，②使能和控制内建自我测试(BIST)逻辑。

（1）历史和动机

早在 20 世纪 70 年代，数字系统的开发者们就发现开发和实施测试的费用的增长速度超过了该系统本身的复杂性。随着小规模集成(SSI)发展为中规模集成(MSI)，然后到大规模集成(LSI)、超大规模集成(VLSI)、极大规模集成(ULSI)，一个单一 IC 芯片中含了越来越多的逻辑，因此每个集成电路的测试变得更加广泛。同时，一个系统内 I/O 数和芯片的密度也在不断增加。此外，如果没有新的表面贴装技术(尤其是 BGA)来取代通孔安装作为主要封装方法，则物理访问芯片 I/O 口的能力会受到很大的限制。

在表面贴装封装以前，密集的电路板测试方法是使用一个"针床"夹具来给芯片的 I/O 口提供电气连接。一种被称为"电路内(in-circuit)测试"的技术被用来强制芯片输入保持在一个理想的状态。由于芯片被嵌入到一个较大的系统中，故使用"电路内"这一术语。不幸的是，该方法还要求正常驱动集成电路输入的系统信号是通过外部测试仪器"过驱动"的。由于常见的逻辑系列有明确规定的电流限制，设计出更加强大的测试仪器是有可能的。因此，测试设备能够迫使该集成电路的测试图样进入 IC 输入端，而不用考虑系统其他部分的状态(提供"可控性")。有人担心，这种"过驱动"可能会破坏正常的系统门输出。最终，当表面贴装技术的出现使针床测试变得不实用时，这个考虑也就成为了学术上的问题。

然而，在数字系统中对芯片应用测试模式的需求持续增长。在另一方面，IC 的集成水平的提高开辟了一些新的可能性。也许正是这些需要测试的逻辑电路本身可以用来帮助解决这个问题。一个解决办法是要更好地利用 IC 中这些丰富的有效的逻辑资源，而不是物理探测芯片的 I/O。

在 80 年代中期，为了解决这个问题，成立了欧洲联合测试访问组 (JETAG)。此后不久，当美国公司加入到这个集团中，该集团改名为更为简化的 JTAG。在

1988 年，包括边界扫描方法的一个正式的提案出版。在 1990 年，它被采用作为 IEEE(1149.1)标准。自那时以来该标准被广泛采用，并且目前在大多数标准和 VLSI 芯片定制中使用。可以说，在 20 世纪最后的 15 年中，边界扫描标准代表了数字化测试技术最显著的发展。

（2）边界扫描的关键要素

在图 12.20 中说明了边界扫描的基本结构。在这里假设每个 I/O 单元有（除了正常系统功能的需要之外）额外的测试逻辑。每个单元有一个串行输入和串行输出，

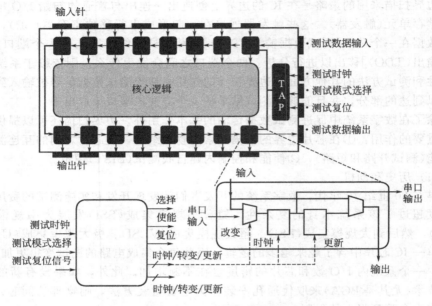

图 12.20　边界扫描结构

并通过将一个单元的输出连接到另一个单元的输入来形成扫描"链"。在这种测试模式中，这种额外的逻辑允许数据从一个单元串行移动（或"扫描"）到另一个单元。在链的一端是一个未连接串行输入，被称为测试数据输入（TDI）。在链的另一端是测试数据输出（TDO）。为了给通过链的测试数据计时，需要使用测试时钟（TCK），TCK 独立于可能被正常功能所需的其他系统时钟。测试模式选择（TMS）信号被用来控制扫描逻辑在扫描模式和正常系统模式之间的切换。总之，IEEE 1149.1 边界扫描标准所需要的四个测试信号是：

- 测试数据输入（TDI）
- 测试数据输出（TDO）
- 测试时钟（TCK）
- 测试模式选择（TMS）

除了这些必需的信号外，还有可选的测试复位（TRST），它是低电平有效信号。它用来重置测试控制逻辑和清空边界扫描寄存器。

图 12.20 也显示了测试访问端口（TAP）控制器，每一个边界扫描芯片都需要

TAP。这个有限状态机的功能(而不是精确结构)是通过边界扫描标准定义的(见图12.21)。它提供了一个标准的测试控制逻辑接口和通过 TDI 传输的一套标准化的串行指令集的响应,以及将芯片放入不同的测试或正常功能的模式。这些模式可分为两大类:①正常运行模式(在此期间边界扫描寄存器是"透明"的);②测试运行模式(边界扫描寄存器将内部芯片逻辑跟正常的 I/O 信号隔离开)。

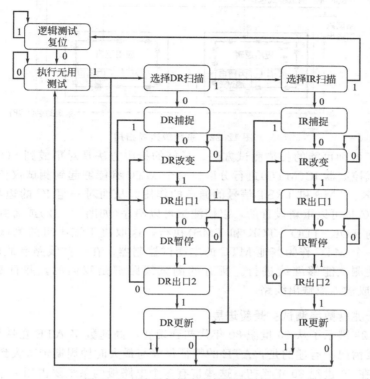

图 12.21　边界扫描定义的有限状态机

（3）SOP 的边界扫描

一种可缩放的边界扫描结构已成功地应用于系统级的测试中。Zorian[5]经典论文中提出了结构可测性方法,已经被工业界所接受。图 12.22 说明了这种方法:采用片上 BIST 测试特定的芯片,并且用边界扫描法来测控系统。这样芯片中所有的边界扫描单元都连接在一起形成一个单链。一个芯片的 TDO 与另一个芯片的 TDI 相连。第一个 TDI 和最后一个 TDO 作为系统边界扫描终端。系统级的 TCK 和 TMS 信号路由到每一个芯片。最近,借助所提出的可扩展性解决方案,将该系统方法应用于高速测试仪资源[31,32]、I/O[34]和互连[35]信号完整性的测试,以及 SIP 测试[33]。

SOP 边界扫描测试的主要挑战是解决方案的可信度。随着芯片数量的增加,在图 12.22 中简单的扫描链越来越长。当测试边界扫描电路中存在错误或缺陷时,如 TDI 线开路,对堆栈电子的可靠测试的需求,推动着测试硬件的设计发展。佐治亚理工学院[36]从测试可信度、可扩展性和由系统级方法引入的测试时间开销等

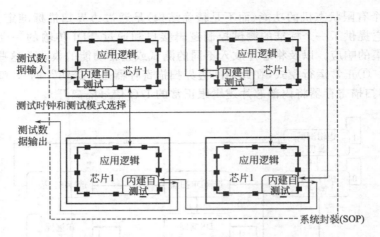

图 12.22　系统级边界扫描

方面评估了各种可能的扫描测试方法。最好的折中方法是对集成到 SOP 中独立的多芯片测试控制器 IC(MTC)进行分区。每个 MTC 都能够起到测试仪传来的 TDI、TDO、TCK、TMS 和 TRST 信号的通道的作用，从而对一组 IC 的边界扫描进行扫描。MTC 是可以重新设置的，以使测试可以串序(如图 12.22)或者并行(每个芯片有独立的 TDI、TDO、TCK 和 TMS)执行，这取决于该小组的测试配置文件。可以选取一个 MTC 作为其他 MTC 的主测试控制器。在一些线路有故障时，冗余测试线路使测试能够继续进行。所有的测试线路都是双向的，并且都可以通过MTC 配置成输入或输出线路。

12.3.2　千兆赫数字测试：最新进展

　　图 12.23 展示了从 20 世纪 80 年代初到现在，高速数字 ATE 在性能和尺寸上的主要发展情况。有趣的是，ATE 的特征尺寸与最大时钟周期走势大致相同(频率的倒数)。在 20 世纪 80 年代初，这些带有多个电路板的系统要占用一个大房间(约10m)并且测试频率仅仅达到 40MHz 或 50MHz。到了 20 世纪 90 年代初关键的ATE 电子部分安装在测试"头"中，与一个桌子的尺寸差不多(1~2m)，测试频率可以达到 500MHz。2007年，最先进的自动测试系统的关键电子部分封装在模块或芯片中，测试频率已高达6.4Gbps。在大多数情况下，以这样的速率进行测试，就需要大量的片上电路来做内建自测试(BIST)。最终，对于频率在 10GHz 以上的测试，ATE 的尺寸大小发展趋势表明关键的测试电子部分必须比芯片本身更小，这意

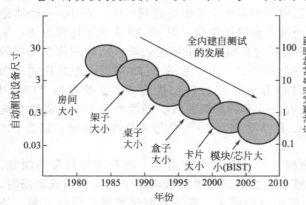

图 12.23　ATE 的尺寸和性能的发展

味着要采用完全的内建自测试。

查看发表在国际测试会议上的论文可以了解到千兆赫数字电路测试研究的最新发展状况[37,56]。所有这些研究的目标都可以分为两大类：①提高测试性能，②降低测试成本。在任何时刻，这两个需求往往是冲突的，因此常常需要在这两者之间找到一个折中或平衡。然而，随着时间的推移，这两者都需要得到改进。现有的ATE 在大多数情况下仅限于每通道 1～1.6Gbps/s。然而，测试设备必须在 2.5～3.2Gbps/s 的范围内测量，有时甚至需要高达 10～12Gbps/s。这种 ATE 的固定资产成本可能会超过数百万美元。虽然如此高昂的价格本身就是一个顾虑因素，但是它在减少测试系统的测试时间(增加测试产量)上起到极其重大的作用。数百万美元的资金成本全部转换成测试台上每分钟的费用。

千兆赫 ATE 的性能和成本之间的各种权衡在一系列关于 ATE 的未来发展方向的"定位论文(position papers)"[56]中都有讨论。相关作者提出了各种关于怎样最好地平衡这些看似不相容的要求的细节方面的观点。

在这种语境中，提高测试性能意味着：①更高的测试速度(每秒数千兆的数据传输速率)，②更好的时间分辨率和精度(皮秒)，③功能扩展和灵活性(以适应新设备的功能和信号方法)。由于实现更高传输速度的基本技术在不断提高，获得更高的数据传输速率本身通常不是最大障碍(主要是由于晶体管的最小特征尺寸的减少)。然而正是这些高速度极大地影响着对更严格的时序精度的需求。因此，最近工作的重点往往是提升这个方面的性能。在某些情况下也需要新的测试方法来支撑新颖的功能，以及源同步信令等方面的新的信令协议[48]。

用来解决千兆赫数字测试的性能和成本问题的各种方法包括：内建自测试(BIST)[39,44~49]、外建自测试 (BOST)[40,43]、ATE 仪器的改进[37,38,41,48,53~55]，以及接口的改进[38~40,43,44,46]。

在皮秒水平上，抖动的控制和/或测量是最近许多文章[37~39,50~53,56]中的核心问题。由于 ATE 通常是作为一个同步系统而设计的，它包括自己的时钟信号，这些时钟信号分配在整个测试电子部分中并且最终决定测试的时序精度。在高数据传输速率下，抖动会占到整个边缘位置精度的不确定度中的很大一部分；因此，在ATE 中抖动控制本身就是一个挑战。同样，准确地测试出抖动容限或 DUT 输出信号的抖动特征是非常困难的，因为所需要的精度和 ATE 本身的抖动水平相当(大约若干皮秒的 RMS 抖动)。

在其他工作中[40,41,43,46~56]，获得更高的数据传输速率(通常同时强调保持或降低成本)是主要目标。为了经济地获得千兆赫兹的测试速度，ATE 所有组成部分都要通过一些努力做出可能的改进。这些包括 ATE 的"引脚电路"(存储器、多路复用器、格式化程序、时序边缘发生器、时钟分配、输入输出缓冲驱动器等)，ATE 自身的整体架构，ATE 与 DUT 之间的接口，处理新的信号标准的电路和方法，以及利用 DUT 的内建自测试功能的方法。在文献[43]中有个例子，额外的电子多路复用器和高速采样器被添加到如图 12.24 所示的测试界面中，形成"驱动器"和"接收机"模块。在这个例子中，复用器模块将 1Gbps 的 ATE 信号组合形成多个吉赫兹(2～3Gbps)的测试激励信号，一个例子如图 12.25 所示。在另一个例子中[40]，基于在佐治亚理工学院的工作，运用"测试支持处理器"概念创建了微型测试模块，该模块在晶圆探针测试中可以在本地为 DUT 提供定制的高速测试

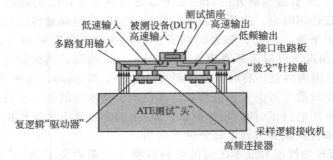

图 12.24　在被测试设备(DUT)-ATE 端口[43]的
复用驱动器和高速采样接收机

信号，如图 12.26 所示。这样做可以减小传输线长度，使高质量的信号能够以多千兆位每秒的速率到达 DUT。一个测试速度为 5Gbps 的测试信号的例子如图 12.27

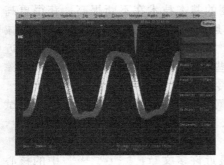

图 12.25　来自复用驱动模块的
2.5Gbps 信号[43]

所示。这种方法的一个潜在优势是它可以(在原则理上)在晶圆级上被复制成一系列微型测试仪，从而在晶圆级上实现并行的多吉赫兹测试。KGEM 测试方法的比较总结如表 12.2。

在大部分情况下，测试成本，特别是由多千兆赫设备要求的性能提高引入的成本，是一个主要的问题，并且在一些情况下[41,42,49,52,54,55]是主要的目标。正如上文指出的，对于那些能够进行 1Gbps/s 测试的系统来说，ATE 的成本已经很高了。以此推算，对于 10Gbps/s 的测试速度，系统就会更加昂贵。因此，创新是需要找到获取所需的更高的性能而不会大幅增加测试成本的方法。

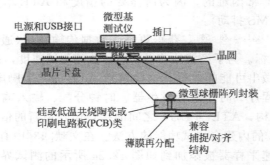

图 12.26　在晶圆探针测试中的微型 TSP-基测试仪布局[40]

推测到 2015 年，跟当今许多高端配件的情况一样，高性能芯片的关键测试将需要完整的 BIST 来验证其内部的功能。然而，在 SOP 中我们始终需要验证芯片到芯片之间的信号性能。这可以通过使用完全专注于信号完整性和时序的高度专业化的测试方法来实现。另一方面，可能开发出新颖的"在线"方法，当 SOP 在任务模式运行时，用该方法监测芯片到芯片之间的信号性能。如图 12.27 所示，当频率超过 10GHz 时，对大型外部 ATE 的严重依赖将会变得不实际。

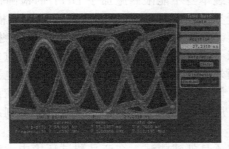

图 12.27　来自微型 TSP-基测试仪的 5Gbps 测试信号

表 12.2　数字子系统优质嵌入模块测试 (KGEM) 检测对比

项目	边界扫描	专用内置	内置关闭	测试支持处理器
频率	高	中	高	高
总测试时间	长	长	中	中
设备费用	低	低	中	高

12.4　混合信号和 RF 子系统的 KGEM 测试

可测试 SOP 的要求导致设计工艺所能达到的集成度和外部检测设备所能达到的测试能力之间发生冲突。一个可行的解决方案是把 ATE 功能模块安放到靠近 SOP 模块的地方来进行检测。这样就提高了测试访问速度，让测试信号衰减最小化，并且提高了 DUT 内部信号的可控性和可观察性。一种可选的方案就是负载电路板本身，可以将测试功能从外部测试设备迁移到被测试系统上构建的额外电路中。这些额外电路拥有把高速测试激励应用到被测试系统并且可以捕获高速测试响应的能力，否则，高速测试响应就会由于窄带宽的外部 ATE[2] 的电缆寄生效应而变差。另一个解决方案被称为外建测试 (BOT)，它为高成本的传统 ATE 提供了一个较为廉价的选择。还有一个选择是内建测试 (BIT)，即把外部测试设备的功能模块纳入到封装内甚至裸片中等一切可能的位置，因而是外建测试的一个更激进的替代方案。

注意到，如果没有外建测试和内建测试，高性能 SOP 就可能得不到经济的测试。这是因为超过 1GHz 的测试信号的外部检测设备造价过于昂贵。然而，针对高带宽通信的多千兆赫系统设计现今已经变得非常普遍。把高速检测功能模块纳入到通过低带宽通信与低速外部测量设备连接的承载板 (BOT) 或者 SOP 本身 (BIT)，可大大提高检测的经济性。这样就可以在保证检测质量的条件下，能够用低造价的外部检测设备检测高速系统。

12.4.1　测试策略

当把外部检测功能模块迁移到靠近的 DUT 的时候会出现两种不同的可能情况：①把 DUT 当作最终产品，其内部没有专门的检测功能，于是，支持检测的电路分布在设备周围；②测试支持功能模块被安装在设备内部并作为其不可分割的一部分。第一种途径，外建测试，适用于被检测设备的内部设计不能根据测试目的的变化而被修改，并且封装本身不能限制施加于 DUT 的检测信号速度的应用。第二种途径，内建测试，更类似于 DfT 方法。支持的检测功能模块被集成在同一封装内，甚至在同一芯片上。在这种途径中，通过使用专门的测试电路[102~105]和在系统级已有的、诸如模拟-数字和数字-模拟信号转换器等可重复使用的组件[107]，来修改设备，以将一些额外的功能集成到芯片中来。将测试电路引入到设备内部可能违反原先的设计规则，例如，设备匹配和寄生负载。这样在系统设计过程中可能会需要额外的设计迭代。所以，内建测试只在它可以被集成到系统设计流程当中的时候才是可行的。

不论是用内建测试还是外建测试，在产品测试环境中承载板都是一个必需的组件。通常用它把信号从外部 ATE 的检测头导向 DUT 或者从 DUT 导向外部 ATE 的检测头。图 12.28(a)显示了承载板在高端常规 ATE 环境中的角色。在该环境中，承载板包含了一个连接支撑 DUT 的低寄生插座、电源和地平面、信号线、交换开关以及复用外部测量仪资源的继电器。外部测试仪产生完整的测试激励，并且接受 DUT 的响应信号。高带宽数据传输以 DUT 的运行速度来进行。

另外，测试激励可以在承载板上产生，并且响应可以被采样机或者转换器压缩

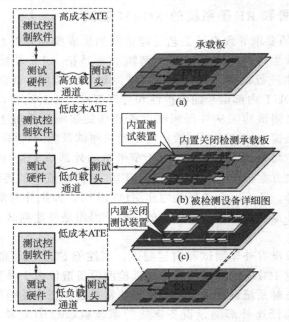

图 12.28　(a)在传统高端 ATE 环境中的承载板；(b)一般的
外建测试方案和(c)一般的内建测试方案

成一个信号特征。图 12.28(b)描述了一个一般的外建测试方案。外建测试产生了复杂的测试信号，并进行测试信号调制，但没有使用在生产检测中以更高的承载板制造成本为代价的昂贵的"功能丰富的"检测设备。高速测试信号处理全部在承载板上面进行，而由外部检测设备控制。采用的是一般低成本的、与承载板之间进行低速的测试数据传输的检测设备。通过定制的信号发生器、采样机、转换器、调制器、解调器、多路复用器和多路分配器，可在承载板上产生高速检测激励和响应特征信号。调制解调器把来自外部检测设备的低速激励转换为 DUT 所需的高速激励；类似地，响应信号则向下转换。

如图 12.28(c)，内建测试把检测器功能模块集成到被检测设备内部以克服检测中遇到的两个主要问题：激发被检测设备和将响应信号传输到外部"检测"节点。随着 SOP 复杂度和集成度的提高，这两个问题都变得更加难以解决。于是测试范式转而采用 DfT[73~75]，来提高内部节点[95,96]的可控性和可观测性。章节12.3.1 所描述的 IEEE 1149.1(JTAG)[98]边界扫描标准，为检测 DUT[97]内部模块中数字 IC 的静态错误提供了一个效果良好的测试访问方法，这些错误可以通过单次的操作检测出来，例如固定性故障和翻转错误；然而，它的混合信号测试方面的对应物，IEEE 1149.4 标准[100]，则受到其低带宽[99]的限制。所以，模拟、RF 和混合信号电子的内建测试仍然面临着如下几点主要挑战：

- 采用低成本的硬件在芯片上产生高速检测信号脉冲；
- 片上高速响应信号的获得以及后续的分析或响应信号压缩。

在内建测试中，外部测试设备和 DUT 内建的电路之间进行低速通信。该设备被用于启动或终止一个测试或者运行状态检测命令，与此同时内建电路在原位完成余下的检测工作。尽管这个方法解决了检测设备费用和检测方面通道限制的问题，但是这些电路，尤其是混合信号检测电路，占据了大量的芯片空间，使得在原位对芯片的所有功能进行测试变得不经济。随着高集成度系统的发展，如 SOP，通过在系统中重复利用已经嵌入的某些组件，例如 DAC、ADC 和芯片上数字信号处理器(DSP)，可以减少这方面的额外开销。

在内建测试和外建测试中嵌入的功能模块包含了不同层次的技术。它们可以以这种方式来实施：它们产生所有必要的测试向量并根据需要分析 DUT 的响应信号，得到一个关于该器件运行状态的分析结果。由此产生的方法，外建自我检测(BOST)和内建自我检测(BIST)都是完整的，无需任何外界测试设备的帮助；然而，它们可能需要强大的处理能力，尤其是在检测模拟和 RF 组件的时候。这类组件更倾向采用低速的、低引脚数的外部测试仪，该设备分析响应信号特征并产生检测控制信号和低速激励信号。用这类"低技术含量的"支撑，外部检测设备也可以在检测 DUT 之前对外建测试或者内建测试组件的运行进行检测；这样就在生产线中需要进行额外的检测时为其提供了灵活性。另一方面，一个真正的"自检"不仅仅局限于生产线中，它还可以应用于产品的整个寿命周期或者就在产品工作之前。这对于会随着时间而老化的关键封装系统来说可能是一个非常重要的标准，例如在太空领域的应用。由于外建测试需要一个承载板，该方案更倾向于以内建测试方法来实现。

12.4.2　故障模型和检测质量

模拟和混合信号电路的失效大体上被分为两大类：灾难性的，此时电路因内部的制造缺陷（例如短路和断路）而无法正常运转；参数性的，此时该设备的一个或多个指标因生产过程中的随机波动而脱离了各自的设计值。面向缺陷的测试（DOT）[2] 是采用不同的自动化故障模拟和测试生成技术[57～61]，以找到一个合适的检测信号，从而发现灾难性故障的存在。基于规格参数的测试（SPOT）[62～66] 关注的是针对设备数据表上各规格指标的直接或间接的测量。针对两大类故障，均定义了测试质量的衡量标准，以便评估测试方案的有效性。而且，对于一个给定的DUT，可以对比多种测试方法的效果。

故障覆盖率[116] 是得到广泛接受的、用于数字电路测试的测试质量指标，然而各文献尚未明确其在模拟电路领域中的适用范围和内涵。在数字电路中的固定性故障与模拟电路中的短路、断路之间的类比，被人们过分推广，用于描述模拟测试的故障覆盖率，即将故障覆盖率定义为模拟测试可能发现的潜在的断路或者短路的比例。然而，会导致DUT的性能出现极大损失的灾难性故障，却可以通过简单的测试措施发现。实际上，一种模拟电路测试方法的效果很大程度取决于其检测出DUT参数性故障的能力。出现该故障时，运行性能仅是稍稍偏离了正常的状态。这些参数性故障要比灾难性故障更容易出现，但是比后者更难检测到。此外，参数性故障的含义并没有被清晰定义，由于一个元件的量值的任何过度变动，尽管被认为是一个故障，但可能对产品性能指标的影响微乎其微。如果测试方案力图提高故障覆盖率，尤其是面向缺陷性的试验，则可把它们的评估建立在各元件的参数性故障的检测基础上，最终它们会造成成品覆盖率的下降，该指标是指一个没有故障的产品通过测试[68] 的概率。

在内建测试的应用中，一个重要的测试质量衡量指标就是面积开销，即是与测试相关的电路所占据的额外区域的比例。这是实际的产品所关心的一个主要问题，因为这些额外的区域在产品通过测试后就不具任何价值。然而这一论断对于一些内建自我测试的解决方案是无效的，在这些解决方案中，产品在整个寿命周期中都可以得到测试。在内建测试方案的评估方面，与成品覆盖率相比，面积开销往往被过分强调了。只有把这两项标准结合起来，才能界定产品中有效的晶圆区域。

任何一个系统级测试方案都需要在产品交付顾客手中之前，保证设备数据手册当中的每一样规格参数都得到验证核实。欲达到上述要求，一个可能的方法是，在测试了SOP中各个子模块的可连通性之后，再分别测试每个子模块之间的连通是否正常。实际上，这种方法把系统的测试问题分解为许多更小的、模块级别的测试问题。尽管这种方法需要可以对单个内部子模块进行测试的物理路径，但不论是在测试可行性上还是在测试成本上，它都往往比端对端的系统级测试更加有效。例如，在无线收发机应用方面，可以对RF信号模块、中频信号模块和编码解码器模块独立进行测试，然后对有关模块的可连接性进行验证，从而在产品测试中将设备定为"好"或"坏"。

然而，在这种自下而上的测试步骤中，把每个单独子模块的测试响应关联到

(系统层面)SOP 测试参数的算法，必须被设计成有助于做出合格/不合格的决策。关键在于，可导致 SOP 无法达到系统级测试指标要求的电路、子模块或者系统层面的故障，都应被定义为"故障"。任何"正确"的测试方案必须设计成这样一种方案，它必须能测试出能导致此类故障的原因，哪怕是最小的制造缺陷。如果没有找到合适的算法来从 SOP 子模块的测试响应中确定系统层面的测试规格参数，那么唯一的办法就是直接在系统层面测试相关的测试参数。通常这会比运行子模块层面的测试更加昂贵。一个典型的例子就是以输入为基准的三阶截取点(IIP3)的测试，这一规格参数衡量了电路的非线性特性。测量端对端 IIP3 需要高性能(昂贵)的测量仪器。然而，如果可以从子模块层面测试中得到结论，那么它就可以用一个更为简单的装置来实现[112]。

12.4.3　使用专用电路对规范参数的直接测量

在测试模拟和混合信号电路的传统生产测试方案中，功能参数的测量，是通过利用适当的测试仪资源并运用与规范的定义类同的测试脉冲和配置构型来实现的[94]，例如，一个测试编解码器失真与增益的多频信号发生器，一个测量 ADC、DAC 电路的积分非线性(INL)和微分非线性(DNL)的斜坡发生器。测量过程与模块的一般化的、直观的行为方式相符合，因此，与章节 12.4.4 中描述的"替代测试"[70]的概念相比，其测量结果更容易判读。

在使用内建测试的直接测试方法中，将外部 ATE 的功能设计在 DUT 中，用于根据规格参数定义施加适当的测试激励和测量相应的测试响应。在文献[117]中，可调延迟发生器和计数器设置在接近 PLL 反馈路径的位置，以实现 RMS 抖动的测量。由于额外的电路不会改变 PLL 的运行，同样的内建测试电路就可以在线(online)工作。文献[117]还讨论了多种不同的方法，通过修改反馈回路，利用专用的相位延迟电路，来测量像环路增益、捕捉范围以及锁定时间等性能。使用制造过程中可利用的数字电路库，可以将所有这些内建测试组件自动进行合成。这种自动化方法具有可扩展性，易于移植到不同的技术中。文献[118]的方法也与之类似，类同点在于外加的测试电路是全数字化的，并且可以很容易地集成到 IEEE 1149.1 接口上。在这一章中，为了产生一种可以从结构上验证 PLL 缺陷的、面向缺陷的测试方法，内建测试结构复用了电荷泵和 PLL 的 N-分频计数器。由于多路复用器必须插入到相位检波器和电荷泵之间的对延迟敏感的路径上，所以文献[118]的方法仅限于内建测试应用，而文献[117]中的方法还可以在外建测试中实施。由于这两个例子都采用全数字电路测试，其应用仅限于少数像 PLL 之类的、可以用数字信号来控制的模拟元件。

文献[107，108，110，111]尝试采用简单的片上信号发生器和片上测试响应数据采集技术，来测试高频模拟电路的性能。内建测试硬件和外部世界之间通过低频数字通道进行通信。特别要指出的是，文献[110]中使用 RF 测试激励的直接下变频和测试响应波形来测量测试响应的频谱内容。虽然采取额外的测试电路的芯片面积仍然是一个问题，但是它显示了使用内建测试手段对高频嵌入式模拟/RF 块性能进行原位测量的可行性。

在外建测试方面，文献[2]讨论了不同类别模拟电路的直接测量技术。通过 DUT 承载板上的一组继电器和开关，可以将测试一种指标参数的电路重新配置为可以测量另一个规格参数。通常，承载板上的测试电路的设计要考虑到 DUT 设计者的输入，这不同于文献[115]提出的方法，并且需要几个星期来调试。

虽然在概念上直接测量程序比较简单，但是这种方法有一些固有的缺点，如下所述：

·多个规范的测量要求使用不同种类的资源，由于需要大面积的开销，故不管在"片上"或承载板上都是很难建立的。

·因为多种参数的测量不能同时进行，所需的整体测试时间延长。

于是，由于直接测量技术对测试资源的需求非常高，相应的内建测试硬件开销成本高昂，令人难以承受，而且分别测试每个规格参数所需花费的时间也让整体制造成本上升，因此直接测量技术不适合用于内建测试。

12.4.4　混合信号和 RF 电路的替代测试方法

（1）替代测试基础知识

由于常规测试的成本仍然是模拟和 RF 电路测试令人望而却步的一个原因，文献[69~71]中提出替代测试的概念。文献[67,68]在不同的情况下对替代测试的根本原则进行了讨论，下面就对其进行评述。任何进程或电路参数空间 P 的变化，例如一个 FET 的宽度或一个电阻值，会影响电路规范 S，这种影响表现为一个灵敏度因子。如果 M 是被测电路的测量空间（例如，子系统输出频谱的幅值），参数的变化也会以相应的灵敏度因子影响测量空间 M 中的测量数据。图 12.29 说明了 P 中这样一个参数变化对技术参数 S 的影响和 M 中特定的测量数据相应的变化。给定一个参数空间 P，对于 P 中的任一点，一个到规格参数空间的映射函数（非线性）S，即 $f: P \to S$，能够计算出来。类似的，对于同一个点，另一个到测量空间 M 的映射函数（非线性），即 $f: P \to M$，也能够计算出来。因此，对于在电路技术规格参数空间内可接受的区域，在参数空间内也存在着一个相应的"可接受的参数变化"区域。这反过来定义了一个可接受空间 M 中测量数据的区域。如果测量数据在空间 M 的可接受区域之外，这个电路就可以被声明有故障。

另一方面，如文献[70,71]中所示，一个映射函数 $f: M \to S$ 能够采用非线性多元统计递归法从测量空间 M 中所有的测量数据中构造出电路技术参数 S。如果 S 存在一个已知的递归模型，就能够从测量数据中预测出 DUT 未知的规格参数。在提出的替代测试方法中，多元自适应递归样条（MARS）[114]被用来构建递归模型[92,93]，并从子系统的频谱测试响应的波形来估计测试的技术参数值。该替代测试方法的目的是找到一个合适的瞬态测试脉冲，并从替代测试中相应准确地预测出电路技术参数。不同类型的测试脉冲，即①分段线性[93]，②多频正弦波[112,119]，③数字脉冲系列[106]，分别在不同情况下使用。该方法成功地用于测试运算放大器[93]、低频滤波电路[93]和高频 RF 模块[112]。特别的，像文献[106]和[109]中一样，采用从线性反馈移位寄存器产生的数字脉冲系列，其低

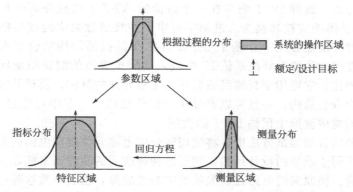

图 12.29 电路参数和工作中的变化及其对电路指标和测量测试响应的影响

面积开销促进了内建测试方法的使用。在故障诊断中，象征性的公式和分析[76,77,81~83]通常是不可能的，这是 SOP 测试中另一个关键问题。然而，基于文献[78~80]中说明的诊断方法产生的替代测试方法可用于解决故障诊断问题。

（2）BIT 和 BOT 实例

最近的文献报告讨论了替代测试对 RF 元件的应用。通过承载板，调制由低成本测试仪提供的基带测试脉冲，并利用由此产生的 RF 信号刺激 LNA。这个响应使承载板的下变频和低通滤波器产生一个可以通过低带宽通道转移到测试仪的信号，该信号能使用替代测试原理进行分析。该应用遵循的、基于通用调制器的外建测试方案如图 12.30 所示。这个方案的另一个选择是使用一个能在承载板上实现的简单的信号发生器。文献[119]描述了一个寻求最佳正弦波叠加的替代测试生成方法。模拟结果显示单一正弦曲线，它比标称的频率小两个数量级并且可以用来激发RF LNA。该响应的采集可以由承载板完成。文献[120]报道了一种不同的替代外建测试方法。它可以通过 RF 功率放大器的偏置控制电压来产生激励，然后测量偏置电流的大小来预测各个重要组成部分的技术参数，比如增益、噪声图像以及电源效率。在 RF 应用中，相对于电压测量，通过测量所获得的响应电流是一种无创测量手段，因为在 RF 应用中直接探入这些敏感的电路节点是不允许的。

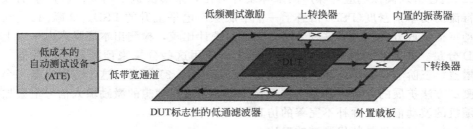

图 12.30 调制解调器(基于外建测试的方法)

文献 [109] 提出了另一种内置的测试计划方案，它不同于"自我测试"的范式。该方案的目的是尽可能不在芯片内部增加额外的测试硬件，并且复用目前测试中已存在的用于系统 IC 的数字部分的测试硬件。不同于在文献[103、105]中讨论的内建测试计划，这种 DUT 响应在一个廉价的 ATE 上完成外部分析。由于这种 DUT 测试的波形响应被转换为二进制字符串，并且通过数字内核扫描电路链路扫描输出，这种方法能够用一个基于 IEEE 1149.1 的扫描结构结合起来。因此，这种方法力图在很大程度上解决系统 IC 中嵌入式模拟模块的测试限制问题。与基板级别的测试相比，它可用于封装组装后嵌入无源元件的测试。测试的波形响应将在外部测试仪中分析重构，并且可以通过在"替代测试"一节中讨论过的回归分析，从这种重构的响应波形中预估 DUT 的性能。

在另一种内置的测试方法中，将使用额外的电路元件改变电路的拓扑结构，使电路的运行不同于原来的设计目的，使得这种修改后的功能通常能在生产测试环境中方便地测量。使原来的电路性能失效的灾难性故障，也会导致这种可重构电路的"表现"产生偏差。在生产测试过程中，可测量出后者的性能偏差，然后可以对原电路作出合格/不合格的判断。基于振荡测试(OBT)[87~89]在上述原理中得到运用，它利用反馈电路结构，将模拟滤波电路重新配置成振荡电路。这种内置的测试技术通过测量振荡频率和振幅的偏差，来发现 DUT 中存在的灾难性故障。近年来，上述源于缺陷的内建测试技术与在替代测试中常常使用的回归建模方式相结合，并且这种改进的 OBT 技术已用于预测故障参数条件下 DUT 的性能。这种改进后的技术依赖于一个条件，即原来的电路和重新配置电路共用几乎所有的电路元件。因此，原电路和改进的电路的性能参数值有直接的关系(后者的性能并不是设计的目标)。当电路参数变化时，这种关系便建立起来。利用先前在替代测试中的回归分析，并在变化参数下进行电路仿真，这种相关性就可以估算出来。改进之后的 OBT，称为预振荡测试(POBT)[90]，通过计算上述相关性和测量修改后的电路在测试过程中的振荡频率，能够对原电路的性能进行预测。OBT 的方法中固有的缺点在于，除了模拟滤波器电路之外，只有很少的电路能够重新配置于振荡器。

在 RF 子模块测试中，一个内置的响应采集是一个重大问题。在内置的模数转换器 (ADC) 的混合信号环境中，模拟响应信号能够被送入模数转换器，并在压缩之后以数字形式扫描至外部测试中。然而，在 RF 系统中，固有的模数转换器的配置只适合处理近基带信号，所以它们并不足以处理高频带通响应。文献[121]和[122]通过引入模拟响应与噪声的采样统计对比，来解决这个问题。所产生的数字比特流的功率谱密度(PSD)相当于一个本底噪声电平上升的 PSD。文献[123]利用自动特征提取方案扩展了这种方法，它通过统计比较，检测出本底噪声电平以上的 PSD 分量。并在非线性映射模型的基础上，使用这些分量来预测器件的性能，比如增益、三阶节点、噪声和电源抑制比等。如图 12.31 所示，这个方案也是一个替代测试方法扩展的方案，其意义在于该方案能通过在理想的激励输入信号上叠加一个随机的波动信号，弥补不完善的仿真测试条件。

(3) 直接测量与替代测试的对比

在 12.1 节的讨论中，SOP 需要一种测试方法，该方法可以处理经过放大后的测试访问问题，并避免了高额的外部测试费用。外置和内置的测试策略提出了一个方案来解决这些问题，即把高带宽测试访问通路放在封装的旁边或封装内部。SOP 的测试挑战也对自动化测试解决方案提出了需求，这个需求普遍存在，其解决足以

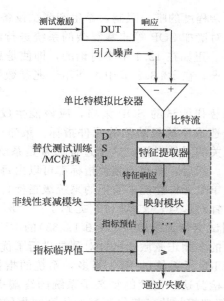

图 12.31 基于内建测试方案的参考的噪声与特征抽取

削减定制测试所需的开发成本。这要求必须确保转向(turnaround)时间对设备制造成本不产生重大影响,该时间与测试生产、测试硬件的发展相关。虽然在 12.4.3 节中评述的、基于不同的直接测量方法的技术方案,在分立器件测试方面实现了前景良好的结果,但是它们在系统级的应用是不可行的,原因是,对于每个需要进行测试的嵌入式模块,都需要定制支撑其测试的硬件。它们没有提供一个通用的方法,来完成对不同指标参数的直接测量。每个待测试的参数都增加了产品开发的整体转向时间,增加了每个器件的额外检验面积和测试时间。

另一方面,在 12.4.4 节提到的替代测试方法为嵌入式模拟和 RF 元件提出通用解决方案,覆盖了 SOP 中大部分可用的系统组件,即嵌入式无源器件、运算放大器、滤波器、LNA、混频器和功率放大器等。这种能使用单次测试来评估多种指标产品的方法,减少了测试硬件、面积和测试时间的花费。此外,以统计抽样为基础的扩展部分能与数字扫描体系的程序相兼容,这是因为,能够在不增加成本的情况下,将所产生的比特流传入封装中的数字信号处理器进行处理。

由于替代的外建测试方法提出了一个系统化的方案来处理多种指标以及子模块,它们与生产流程的结合并没有显著地增加复杂性和成本。虽然承载板上将植入额外的组件,来容纳与测试相关的信号处理器,但是板设计所增加的时间,能够在传统承载板已经实现的自动化制造流程中得到补偿[115]。传统的承载板的制造成本包括材料的质量,提供的电源层级数,以及必须使用"金基板"等,这种基板的指标必须非常接近原基板设计指标。在外建测试的情况下,信号处理器芯片的额外成本以及它们的工艺和组装,相比传统承载板来说并不重要。此外,使用低端的 ATE 也有利于外建测试,与传统测试必须采用的高端 ATE 相比,其成本可以降低两个数量级[124~126],但这仍然比多数典型的复杂承载板的制造成本高一个数量级在实践中，承载板的复杂程度的唯一限制，是生产测试设备的接口所占用的固定区域。重要的是，当涉及对诸如 SOP 等非常复杂的系统进行测试时，主要问题是可行性而不是成本[127,128]。正如在 12.1 节中讨论的，即使是高端 ATE，它也不可能满足这些系统的带宽要求。在 12.3.2 节中，利用千兆赫数字化测试的例子进一步阐述了其可行性。

一个可行的、使用替代测试的 SOP 策略，应该能生成以指标为导向的测试，即只考虑到那些会逐步造成系统级缺陷的元件指标。策略的第一步是分析系统指标，并将它们分解成相关的元件指标。这个过程通常是系统设计的一部分；因此，它不需要花更多的工作。然后，所有的相关指标都可以由每个元件的单独替代试验来测试。一些不能通过单个元件性能来验证的系统级指标，将可以进一步借助系统级的替代测试来验证。针对这点，文献[112]提到了一个例子，即用系统的高级模型生成的替代测试来测试窄带无线收发器（图 12.33）的 RF 子系统的系统级指标。在这个例子中，测试中的多频正弦激励已针对测试进行了优化，并且测试出频谱响应来预测指标。增益和 RF 子系统的 IIP3 等多种系统的指标将利用统计递归法来同时准确地进行预测。检验这些高频的复杂子系统的终端-终端指标中，预估的误差非常小（±1dB）。高级建模加快了替代测试的仿真密集的功能特征，这种方法不适用于网表级别的 SOP。此外，SOP 内在复杂性决定了内建方法比外建测试方法更合适。另一方面，内建、外建的联合方案能为封装领域带来更多价值。后者情况中，模块级的访问和 DSP 可由内建测试组件来处理，同时有更多的占用面积较多的测试设备功能可以被移入承载板，例如模拟信号发生器和调制-解调器等。

（4）替代测试的开发流程

替代测试为系统和组件的大批量制造测试提供了框架，这些组件和系统由仿真指标来评估。这一框架根据测试基准和 DUT 的具体要求，将在实现上采取多种不同的形式。虽然在本节不可能涵盖所有的实现方式，但其提供的参考文献覆盖了广泛的论题。不同的应用共用一个通用的流程，在不同阶段有不同的侧重点。图 12.32 显示了替代测试的开发流程及其在 HVM DUT 的应用。第一步，优化的区域大小由激励的范围和可用的测量设备所决定。如果 DfT 功能仍有可能对设计有作用，也许在此阶段也会考虑。第二步，建立优化模型。如果 IP 可用并且仿真时间不是瓶颈，这些模型可以是网表级水平。然而，对于如 SOP 这样复杂的系统，只有高层次的模型才是可行的。这些模型需要捕捉足够多的信息来表现预期的流程变化，并促进有效地进行仿真，以优化测试。第三步，一旦这些模型被创建，设置了工艺波动的样本集将通过蒙特卡罗分析或统计性实验设计（DOE）来产生。第四步，对激励、信号特征提取与可用的 DfT 装置进行共同优化，来满足测试包络，测试包络是由测试成本、测试时间和测试质量的度量来定义的。优化的各步骤需要反复进行，并且利用诸如基因算法或响应表面方法等现代技术。这些方法更适合于测试生成中更常见的、复杂的、非线性的、分部连续的测试域。如果这种优化不收敛或者像第五步中收敛于次优化的量度，那么这些模型将被调整至更好的模式，可以更好地抓住有问题的响应变量，并拓展样本集。步骤二～步骤五将循环执行，直到一个替代的解决方案出现，实现目标度量，该方案由激励源、测量设备、特征响

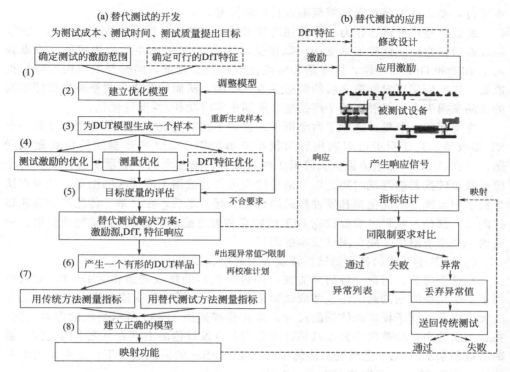

图 12.32　(a) 替代测试的开发流程和 (b) 替代测试的应用情况

应的生成算法以及可能的 DfT 功能组成。第七步，传统的指标测试和优化过的替代测试，将在 DUT 硬件的样本集上进行。下一步，生成相关模型，将从替代测试得来的响应特征映射到由传统测试得到的实际指标测量值上。这一步通常利用受监督的学习方法(公认的准则是 MARS，即多元自适应递归样条)，但对于简单的组件曲线拟合同样有效。在 HVM(图 12.32(b))中，替代激励源应用于 DUT 上，并且测量信号被转换成特征响应信号。之后步骤八中的映射功能用来预测指标值。将对这些值进行通过或不通过的筛选测试，除非该响应值不再落入第六步的训练集界定的预期的包络中。其结果要么是通过/不通过的判定，要么将 DUT 标记为异常样本。异常样本可能被送回传统测试环节，以评估测试时间和测试成本。一旦异常样本超过一定数量后，映射功能将参考改进后的样本来进行校准，该样本包括上述这些要素。

在早期替代测试中，测试时间的减少是独立模拟元件的关键所在。测试激励的优化减少了切换的时间和重复测量的次数。与测试相关的成本下降了，从而拥有了竞争优势。在这种情况下，在生产的后期将采用替代测试，并且为了优化效果可以使用硬件样品，而不是仿真的模型。这种应用所关注的焦点是如何确定一个成本效益好的激励域(步骤一)和重新校准(步骤六~八)。

后来，替代测试的重心转移到系统和终端-终端的指标，而不是各元件。在这种情况下，第三步成了瓶颈。在没有任何有效的仿真模块的情况下，要么优化时间不可行，要么就需要对激励域范围进行严格限制。

最近，替代测试已作为一个使能的技术被人们利用。结合嵌入式传感器和特征提取器后，它使测试覆盖率变得可以接受，从而让 SOP 的生产成为可能。重点转向了 BIT 和 DfT 的特性，主要是共同优化激励源及测量，同时开发可用的特征提取器。这些应用正向制造之后的调适性方面扩展，从而计及由于规格参数故障引起的成品率损失，也扩展到整个产品生命周期中实时功耗/性能的优化。

在下面的小节里，选取了两个例子来强调不同的实现方式。第一个例子是一个 RF 接收器，它证明了可以利用行为模型来解决图 12.32 中步骤四的仿真瓶颈问题。它在 ATE 的需求方面大大降低了测试成本。第二个例子演示了怎样减少一个模拟数字转换器的测试时间。混合信号的应用尤其适用于高层次的模型，然而在这个例子中大部分的优化都和硬件样品结合在一起。之后，在"基于传感器的高速器件测试"部分，我们将简要讨论 DfT 的特点和近直流水平的 RF 系统特征提取。最后的一个小节给出了减少测试成本的例子。

（5）RF 子系统的替代测试：模块级别的接收器实例

在这个部分，讨论一种研究方法，即将收发器的接收通道作为 DUT，对其应用了一个模块级别的测试生成和测试验证方法[112]。通过改变该电路元件 R、L、C 的大小以及不同子模块晶体管的尺寸，来构建描述图 12.33 所示系统的参数空间。在这个实验中，参数值的公差被估计为它们各自设计值的上下百分之十的范围。系统增益和系统的 IIP3 是最受关注的指标。在 10dBm 的输入水平下，该系统的增益的标称值为 22dB，系统的 IIP3 为 12 dB。

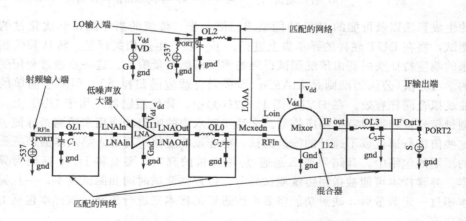

图 12.33 测试下 RF 子系统的模块级图表

模块级别的测试的产生过程，之所以使用行为模型而不是晶体管级别的网表，主要因为以下两个原因：

① 任何迭代和确定性的测试生成技术（相对于一个随机或伪随机测试技术）需要反复进行 DUT 模拟。虽然对所有子模块进行晶体管级的仿真能给出高精度的仿真结果，但是漫长的仿真时间，使得晶体管级系统仿真变得不现实。

② 该测试的主要目标是确定最优的测试激励源，（这不是电路的设计目标），

而不是用来验证设计功能。因此，只要随着参数的变化仍能维持仿真数据的统计趋势，则使用行为模型时仿真数据的精确度的损失并不会妨碍搜索算法的实现。

一种采用超外差窄带无线 RF 收发机架构的 RF 子系统，包含了在一定的频率范围内工作的放大器、滤波器、混频器和频率合成器。行为仿真引擎是在 MAT-LAB 中开发的，如图 12.34 所示的每个子模块将在下面进行讨论。

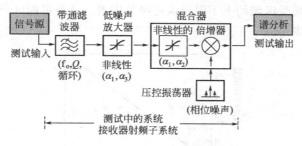

图 12.34　接收器的行为级别模型

① 滤波器　为了达到测试产生的目的，RF 子系统的带通滤波器可以表示为在不同频率具有不同增益的线性传递函数。该过滤器的输出如下：

$$Y\ (f) = H\ (f) \cdot \text{diag}\ (X\ (f)) \tag{12.9}$$

其中，f 是工作频率。

不同的增益值对应着不同频率，这些频率分为中心频率、滤波器 Q 值和频率滚降。H、X 和 Y 这些复数变量同时包含振幅和相位值。

② 放大器　该 RF 子系统的放大器，通过以下的三阶非线性传递函数来表示：

$$y\ (t) = \alpha_0 + \alpha_1 x\ (t) + \alpha_2 x_2\ (t) + \alpha_3 x_3\ (t) \tag{12.10}$$

系数 α_0、α_1 分别代表直流偏移和小信号增益，而 α_2 和 α_3 是非线性系数，比如谐波和互调项。

③ 混频器　为了达到测试目的，将 RF 子系统的混频器建模成连接理想倍增器的一个非线性传递函数。该非线性传递函数与放大器以同样的方式实现。混合频率的操作由乘法运算来表述。

④ 振荡器　该频率合成器或振荡器的行为模型被认为是一组对应着不同的频率的振幅值 $X\ (f)$。振幅值的峰值对应着本地振荡器的频率；靠近下降频率的振幅的滚降速率取决于本地振荡器的相位噪声计算值。

一旦生成行为模型，将使用迭代的贪婪算法来选择测试激励源的参数，其中激励用来执行 RF 子系统的性能指标测试。该测试算法的目标是确定最优测试激励波形和相应的测试响应谱，从中可以尽可能准确地预测 DUT 的指标。最后，利用低级别的晶体管级的模拟参数干扰，来验证算法所产生的测试激励源。在这个例子中的测试激励源将产生两个音调，一个在 1.5GHz/1.2mV，另一个在 1.36GHz/1.0mV。器件引起的噪声以及系统中的寄生分量，在利用行为仿真的测试生成过程中被忽略。测试的验证过程对系统使用晶体管级仿真，从本质上可以反映系统内部存在的噪声。

在这个案例研究中，RF 子系统测试生成阶段的每次迭代，都利用行为模型来产生双音调测试激励，需要一分钟左右的时间，而基于晶体管级仿真的递归模型的产生需要花费十小时左右，后者相当于重复了一次测试生成算法。因此，这里介绍的方法以测试生成的初始阶段仿真精度为代价，显著缩短了测试生成时间。

图 12.35 示出系统的增益和系统 IIP3 的指标监控。对于一个双音调测试，所提供的方法对系统增益和系统 IIP3 同时进行预测，但如果实际指标值没有处于它们预期的各自可接受区域的上下限错误边缘范围内，就有可能区分有故障和无故障电路。结果列于表 12.3。

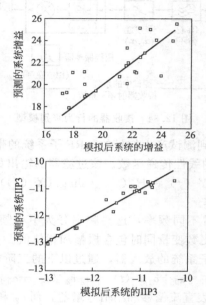

图 12.35   接收器增益和 IIP3 模拟与来自替代测试的估计做对比

表 12.3   RF 接收器模拟结果的总结

系统指标	标准值	最大误差范围
IIP3	12dB	±0.4%（±0.5dB）
增益	22dB	±3.0%（±0.7dB）

（6）混合信号子系统的替代测试：以模数转换器（ADC）为例

最近，数据转换电路的速度和准确性得到了快速提升，这是由于直接的或高 IF 的通信系统中对其持续的需求。除了给设计提出的挑战之外，高性能数据转换器的生产测试也已成为工程师面临的一个巨大挑战。大容量的 ADC 动态指标测试需要比以前更快速、更准确的测试电路。但是，在生产测试中使用高速测试设备将使测试成本显著增加。在例子[132]中，我们研究如何使用一种低成本的测试仪上的低速测试源，对高速 ADC 进行替代测试的方法。这个例子的要点如下：

① 该方法可以使用测试仪测量高速 ADC 的动态指标，该测试仪的运行速度比 DUT 低。

② 当测试设备存在非理想特性时，它可以测量数据转换器的动态指标，比如时钟振动和输入信号的噪声。

动态指标测量了 ADC 的高频非线性行为[129~131]。典型的动态指标包括信噪比(SNR)、无杂散动态范围(SFDR)、总谐波失真(THD)以及二次和三次谐波功率。为了测试这些指标，ADC 通常使用干净的低相位噪声和正弦测试激励源。该设备使用低抖动时钟，通过计算 ADC 的输出频谱，来测量所关心的指标(图 12.36)。

设置测试激励频率，使之接近器件的最大额定输入频率。确切的测试

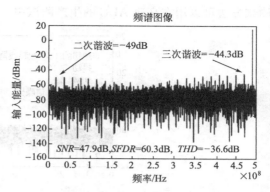

图 12.36　模数转换器(ADC)的输出频谱

激励频率的选择，是基于方程的相干采样条件(12.11)，其中，F_{in} 是输入信号频率，F_{sample} 是时钟采样频率，N_{window} 是窗口内采样周期的整数，N_{record} 是 2 的幂，使之能够进行基数为 2 的快速傅里叶变换(FFT)。N_{window} 和 N_{record} 互为质数。进行相干采样是为了防止在使用 FFT 建立频谱时，相邻频率分段发生功率泄漏。这样就可以方便地测量出最坏情况下的非线性指标。但是，要做到这一点，测试仪必须要有高频资源。

$$\frac{F_{in}}{F_{sample}} = \frac{N_{window}}{N_{record}} \tag{12.11}$$

ADC 的性能一般由分辨率和采样速度来描述。该 ADC 分辨率的范围是 8~24 位，采样速度从 10 次采样/秒至 10 亿次采样/秒。ADC 的测试关键取决于分辨率和设备的取样速度。当 ADC 具有中等分辨率(10~14 位)和中取样速度(5~250 兆次采样/秒)时，采样时钟的振抖动是测试 ADC 时的主要问题。这些转换器的 SNR 指标一般介于 60~75dB 之间。为了使用高频率测试激励测量 SNR 指标，需要一个抖动非常小的时钟信号。ADC 的 SNR 性能由方程(12.12)给出，假设量化噪声可以忽略不计。在方程中，σ_{clk} 是采样时钟的 RMS 振抖，σ_{int} 是内部 ADC 的 RMS 值，V_{in} 是输入信号中的 RMS 噪声，V_{ts} 是 RMS 测试装置的噪声，F_{in} 是输入信号频率。

$$SNR\ (dB) = 10\lg\left(\frac{A^2}{4\pi^2 A^2 F_{in}^2\ (\sigma_{clk}^2 + \sigma_{int}^2)\ + V_{in}^2 + V_{ts}^2}\right) \tag{12.12}$$

如果假设采样时钟误差是唯一主要噪声源，且均方根误差 RMS 抖动为 2ps，那么利用方程(12.12)可以计算出 SNR 等于 52dB。因此，需要一个误差 RMS 低于 2ps 的采样时钟，来准确地测量这种 ADC 的性能。SNR 的衰退是因为在采样时钟中存在如图 12.37 所示的抖动，其 ADC 为 12bit，其理想的 SNR 等于 74dB；而实测 SNR 为 48dB。输入频率为 60MHz，假设在这个例子中时钟的 RMS 抖动为 10ps。

高速转换器通常具有较低的分辨率，不到 10bit，采样速度超过 200 兆次采样/秒。高速数据转换器的测试问题通常与高频信号的产生与捕获有关。需要使用高带宽源的测试平台来测试这种 ADC。然而，这些测试系统的价格昂贵。一个替代的

测试方法可以用在高速 ADC 的生产测试中，减少对测试仪资源的需求。

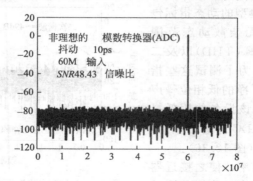

图 12.37　使用高抖动样品时钟测量 *SNR*

首先，使用常规的方法和高性能的测试设备，对一批器件进行动态指标的测量。运用如图 12.38 所示的低成本测试方案，选择一个测试的激励源，施加到同一批器件上。对这些器件的输出进行欠采样，并储存起来进行建模。这就是所谓的器件特征量(signature)。然后以替代试验方法为基础，生成一系列预测模型。

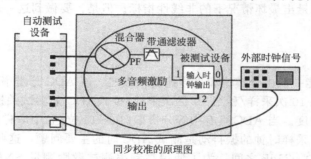

图 12.38　单混频器的低成本测试设备

表 12.4　模拟混频器的规范

转换因子	IIP3	LO 损耗	NF
4.5dB	24dBm	−23dB	10.5dB

在生产测试过程中，器件使用这种低成本的装置进行测试。测量器件的特征，并利用预测模型来估计动态指标。低成本的测试装置上安装了一个混频器(图 12.38)。混频器的指标列于表 12.4 中。测试仪输出低频测试激励信号，并使用板载混频器进行了上变频。本地振荡器(LO)的频率由测试仪产生，以避免同步的问题，而输入信号 ADC 的采样时钟和输出采样时钟必须同步。外部源用来向 DUT 提供高速时钟信号，它也同步到测试仪中。在一个较低的频率 F_{us} 下对该高速 ADC 的输出进行欠采样，如公式(12.13)所示。

$$F_{us} = \frac{F_s}{n} < F_{max} \qquad n = 2，4，8 \cdots，2^I \tag{12.13}$$

其中，F_s 是 ADC 的采样频率，F_{max} 是测试仪的最大采样频率。

ADC 一般是在最高额定输入频率下进行测试，以测量到最坏情况下的指标。一个上变频混频器用于提供高频率的输入音调信号，该信号来源于低成本测试仪的低频源。传入混频器的输入信号是一个测试仪产生的正弦信号。为了方便同步，也使用低成本测试仪来产生 LO 信号。音调信号的产生方法可以让上变频后的音调将在某处频率发生衰减。在该频率处，需要对设备的动态指标进行测量。

不同音频信号之间的关系式将由下式给出：

$$\omega_{OUT} = \omega_{IF} + \omega_{LO} \quad (12.14)$$

其中，ω_{IF} 是 IF 音频，ω_{LO} 是 LO 音频，ω_{OUT} 是需要进行测量的器件动态指标时的频率。如果一个输入音频大于所需最大测试仪频率的两倍，一系列混频器将可以用来对第一个混频器的输出信号进行转换。

为了验证提出的方法，对 100 个 DUT 的实例进行模拟。其中 60 个用于生成模型，其余的用来验证模型。使用 Matlab 中的行为

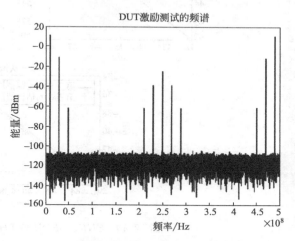

图 12.39　混频器输出端的测试激励源频谱

级别模型来对这些组件进行建模。码的宽度在一个 LSB 的理想值与器件中插入的非理想特性值之间随机变化。对于一个 490.11MHz 的输入频率，正弦信号的 IF 和 LO 的频率分别为 240.11MHz(ω_{IF})和 250MHz(ω_{LO})；在这些信号中存在的二次和三次谐波都小于 60dBc。该混频器输出的测试激励信号频谱如图 12.39 所示。假设采样时钟的抖动服从零均值和 10ps 标准差的高斯分布。该 ADC 输出是以每秒 250 兆次的采样速率进行欠采样，并存储起来以构建模型。

一组检验器件的 SNR、$SFDR$ 以及总谐波失真等预估动态参数如图 12.40 所示，其中 45°线表示完美的相关特性。使用该方法得到的指标预估的最大误差与平均误差列于表 12.5。

表 12.5　单混合器方法的误差估计

项目	平均误差	最大误差
SNR	0.37	0.70
$SFDR$	0.70	1.6
THD	0.72	1.69
第二次谐波	1.08	2.38

（7）基于传感器的高速器件测试

为了实现内建测试，在信号路径中嵌入了低成本的传感器[133,134]，如此就可执行高速设备的高效测试。选择这种传感器的特性时，要注意传感器输出的低频或直流信号要与 DUT 的目标测试指标值紧密相关。因此，当使用正弦激励信号对测试中的器件进行激励时，该传感器的输出端是用来准确地估计目标测试指标，而不

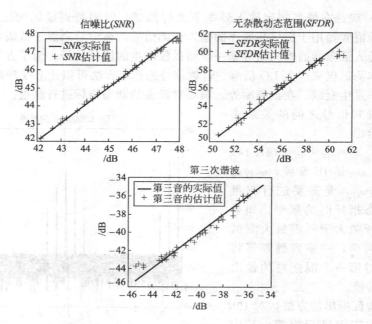

图 12.40　SNR、$SFDR$ 和 THD 的预估结果

是用来测试复杂的器件性能指标。在 RF 信号路径中嵌入的传感器用来对测试响应进行"编码",使之变为低频或直流信号来进行分析,而不是对测试响应进行采样,因为在高频信号下难以在芯片上进行采样。这种低频或直流信号可以使用片上数字信号处理或芯片的外部测试设备,并用来预测目标测试指标。这种替代测试方法大大影响了生产测试成本,并允许使用低成本的外部测试仪器执行测试。使用这种方法可估算目标测试的指标值,而且保证相对于准确值的误差在 ±5% 之内。

　　这里有三个关键步骤:①对于要测试的目标测试指标值,要保证使用"最佳"的传感器组,要定义"最佳"的传感器在电路中的插入节点组;②保证使用"最佳"测试激励源;③将传感器的输出数据映射到 DUT 目标的测试指标值。

　　由于芯片上传感器是为了测试目的而专门"设计"(design-in)的,所以高频率外部测试仪的接通问题以及相关的接入信号完整性问题不存在。低成本的测试仪器用于测试激励信号的获取和分析,传感器输出通常是直流或低频信号。一个片上数字信号处理器也可以轻松地分析这种信号。此外,由于传感器可以用模拟方式处理高频信号,因此其测试方法可直接扩展到多千兆赫的电子产品。更为重要的是,根据所需求的诊断粒度级别,可以将传感器选择性地放置在内部测试节点上。也就是说,大量的传感器可以为独立的模块提供测试数据,而不是为系统或子系统提供数据。这些数据可直接用来精确预测目标测试指标的大小。

　　使用 BIT 传感器存在一个关键的挑战:传感器的性能和 DUT 的性能都会受相同的工艺变量所影响。这里有两种方法以适应这些影响:

　　在一般情况下,由于系统工艺变量会影响 DUT 的性能,而 DUT 的性能下降则会直接导致传感器的性能下降。在很大程度上而言,这可以通过算法来解释。该算法利用观测传感器的输出值来预测目标测试指标的大小[133]。

一个传感器校准测试程序,可以在测试应用程序开始执行前使用。这个测试的结果将和其他测试过程的结果一起,用于预测目标测试指标的值。

(8) 减少测试成本的例子

这里的几个案例研究强调从替代型测试的角度减少重大测试成本。Ardext 在 2004 年使用一个安捷伦 8400 测试仪,对 2GHz 的 CDMA/TDMA 的低噪声放大器进行了优化试验。为了测量偏差、增益、IIP3 和噪声系数等参考数值,频域测试激励将测试时间减少了一半。另一项德州仪器测试的研究表明,为精密的运算放大器采用优化的瞬态替代测试可将测试时间减少到原来的 1/3。防护带和重复性测试都比原来的规范测试好。另一项关于放大器 LM741 的研究表明,原来测试设备的成本花费在 20 万~30 万美元之间,改进后花费 1 万美元以下即可完成整个机架配置,而且测试时间也只有原来的 1/3。另外一个由佐治亚理工学院和英特尔合作完成的联合试验,是关于 RF 低噪声放大器的、基于混合信号测试仪的替代测试,研究最终使得该测试的仪器成本降低到原来的 1/10,而测试时间则减少至 1/7。表 12.6 显示了与 KGEM 方法的比较。

表 12.6　混合信号和 RF 子系统的 KGEM 测试方法比较

项目	基于 ATE 的方法	专用 BIT	BOT	替代测试
频率	高	中	高	高
总测试时间	大	大	中	小
设备成本	大	小	中	小

12.5　总结

在这一章中,我们已经通过例子和参考文献详细讨论了已知优良的嵌入式基板测试和已知优良的嵌入式模块测试方法。我们在 SOP 测试中引入设计、特性测量、大批量制造阶段等概念,剖析了测试嵌入式的无源器件、基板互连以及具有数字、模拟和 RF 功能的各种模块。着重讨论了模拟或混合信号和 RF 模块的大批量制造测试成本,这是整体系统测试中的主要因素。并且使用替代测试方法的内建测试策略来减少成本。这种替代测试方法使用单一的测试激励和响应捕获就能一次预测所有的性能指标。因此,它是内建测试的一个可行的灵活的扩展方案,这对 SOP 来说是非常有必要的,这是因为 SOP 在可观察性和可控性方面的测试很具有挑战性。

致谢

我们衷心地对以下人员表示感谢,他们在这一章中提供了很大的技术支持与帮助:Achintya Halder、Shalabh Goyal、Ganesh Srinivasan、Sasi Cherubal、Ram Voorakaranam、Pramodchandran N. Variyam、Heebyung Yoon、Junwei Hou 和 Madhavan Swaminathan。

参考文献

[1] M. Soma et al. *Analog and Mixed Signal Test*,Prentice Hall,NJ,1998.

[2] M. Burns and G. W. Roberts,*An Introduction to Mixed-Signal IC Test and Measurement*,Oxford Uni-

versity Press，2001.

［3］ Rao R. Tummala，*Fundamentals of Microsystems Packaging*，New York：McGraw-Hill，2001.

［4］ W. Maly，D. Feltham，A. Gattiker，M. Hobaugh，K. Backus，and M. Thomas，"Smart-substrate multi-chip-module systems," *IEEE Design & Test of Computers*，vol. 11，1994，pp. 64-73.

［5］ Y. Zorian，"A structured testability approach for multi-chip modules based on BIST and boundary-scan," *IEEE Transactions on Advanced Packaging*，vol. 17，1994，pp. 283-90.

［6］ L. Gilg，"Known good die: a closer look," *Advanced Packaging*，vol. 14，2005，pp. 24-27.

［7］ D. Keezer，"Bare die testing and MCM probing techniques," *Proc. Multi-Chip Module Conference* (MC-MC-92)，1992，pp. 20-23.

［8］ M. Berry，"How advances in RF and radio SiP affect test strategies," *Advanced Packaging*，2005.

［9］ D. Appello，P. Bernardi，M. Grosso，and M. Reorda，"System-in-package testing: problems and solu-tions," *IEEE Design & Test of Computers*，vol. 23，2006，pp. 203-11.

［10］ S. Steps，"Full wafer test: making test more cost effective," *Proc. Known-Good Die Workshop*，2005.

［11］ B. Davis，*The Economics of Automatic Testing*，New York：McGraw-Hill，1982.

［12］ J. Marshall et al. "CAD-based net capacitance testing of unpopulated MCM subtrate," *Advanced Packa-ging*，vol. 17，no. 1，February 1994.

［13］ L. Economikos et al. "Electrical test of multichip subtrates," *Advanced Packaging*，vol. 17，no. 1，February 1994.

［14］ H. Hamel et al. "Capacitance test technique for the MCM of the 90s," *Proc. Int. Electronic Packaging Conf*，September 1993，pp. 855-72.

［15］ R. W. Wedwick，"Continuity testing of capacitance," *Circuits Manufacturing*，November 1974，pp. 1-61.

［16］ M. Brunner et al. "Electron-beam MCM testing and probing," *Advanced Packaging*，vol. 17，no. 1，February 1994，pp. 62-68.

［17］ O. C. Woodard，"High density interconnect verification of unpopulated multichip modules," *Proc. IEEE Int. Electronics Manufacturing Technology Symposium*，1991，pp. 434-39.

［18］ K. Lee et al. "Design，fabrication，and reliability assessment of embedded resistors and capacitors on multilayered organic substrates," *Proc. International Symposium on Advanced Packaging Materials: Processes*，2005，pp. 249-55.

［19］ R. K. Ulrich and L. W. Schaper (eds.)，*Integrated Passive Component Technology*，Wiley-IEEE Press，US，2003.

［20］ M. Abadir，A. Parikh，P. Sandborn，K. Drake，and L. Bal，"Analyzing multichip module testing strate-gies," *IEEE Design & Test of Computers*，vol. 11，1994，pp. 40-52.

［21］ B. Kim et al. "A novel test technique for MCM substrates," *IEEE Trans. on Components，Packaging，and Manufacturing Technology，Part B：Advanced Packaging*，vol. 20，1997，pp. 2-12.

［22］ H. Yoon，"Fault detection and identification techniques for embedded analog circuits," PhD Thesis，Georgia Institute of Technology，1998.

［23］ H. Yoon，J. Hou，S. K. Bhattacharya，A. Chatterjee，and M. Swaminathan，"Fault detection and auto-mated fault diagnosis for embedded integrated electrical passives," *Journal of VLSI Signal Processing Systems for Signal，Image，and Video Technology*，vol. 21，1999，pp. 265-76.

［24］ K. L. Choi，"Modeling and simulation of embedded passives using rational functions in multi-layered sub-strates," PhD Thesis，Georgia Institute of Technology，1999.

［25］ K. Kornegay and K. Roy，"Integrated test solutions and test economics for MCMs," *Proc. International Test Conference*，1995，pp. 193-201.

［26］ B. Kim and H. Choi，"A new test method for embedded passives in high density package substrates," *Proc. Electronic Components and Technology Conference*，2001，pp. 1362-66.

［27］ H. Yoon，A. Chatterjee，M. Swaminathan，and J. L. A. Hughes，"Catastrophic fault diagnosis for embedded MCM RF-passives using single point probing," *Proc. MCM Test Advanced Technology Work shop*, Napa, CA, September 1997.

[28] A. Sood, K. Choi, A. Haridass, N. Na, and M. Swaminathan, "Modeling and mixed signal simulation of embedded passive components in high performance packages," *Proc. International Multichip Modules and High Density Packaging Conference*, 1998, pp. 506-11.

[29] J. Park, S. Bhattacharya, and M. Allen, "Fully integrated passives modules for filter applications using low temperature processes," *Proc. International Symposium on Microelectronics*, 1997, pp. 592-97.

[30] J. Hou and A. Chatterjee, "Concurrent transient fault simulation for analog circuits," *IEEE Transactions on Computer-Aided Design of Integrated Circuits and Systems*, vol. 22, 2003, pp. 1385-98.

[31] H. Ehrenberg, "PXI Express based JTAG/Boundary Scan ATE for structural board and system test," *IEEE Systems Readiness Technology Conference*, 2006, pp. 467-73.

[32] R. W. Barr, C. Chiang, and E. L. Wallace, "End-to-end testing for boards and systems using boundary scan," *Proc. Int. Test Conference*, 2000, pp. 585-92.

[33] F. de Jong, and A. Biewenga, "SiP-TAP: JTAG for SiP," *Proc. Int. Test Conference*, 2006, 10 pages.

[34] J. Rearick, S. Patterson, and K. Dorner, "Integrating boundary scan into multi-GHz I/O circuitry," *Proc. Int. Test Conference*, 2004, pp. 560-66.

[35] M. H. Tehranipour, N. Ahmed, and M. Nourani, "Testing SoC interconnects for signal integrity using boundary scan," *Proc. VLSI Test Symposium*, 2003, pp. 158-63.

[36] S. Koppolu, L. Alkalai, and A. Chatterjee, "Testing NASA's 3D-stack MCM space flight computer," *IEEE Design & Test of Computers*, vol. 15, 1998, pp. 44-55.

[37] M. Shimanouchi, "Periodic jitter injection with direct time synthesis by SPP™ ATE for SerDes jitter tolerance test in production," *Proc. International Test Conference*, 2003, pp. 48-57.

[38] T. J. Yamaguchi, M. Soma, M. Ishida, M. Kurosawa, and H. Musha, "Effects of deterministic jitter in a cable on jitter tolerance measurements," *Proc. International Test Conference*, 2003, pp. 58-66.

[39] H. C. Lin, K. Taylor, A. Chong, E. Chan, M. Soma, H. Haggag, J. Huard, and J. Braatz, "CMOS built-in test architecture for high-speed jitter measurement," *Proc. International Test Conference*, 2003, pp. 67-76.

[40] J. S. Davis, D. C. Keezer, O. Liboiron-Ladouceur, and K. Bergman, "Application and demonstration of a digital test core: optoelectronic test bed and wafer-level prober," *Proc. International Test Conference*, 2003, pp. 166-74.

[41] A. R. Syed, "RIC/DICMOS-multi-channel CMOS Formatter," *Proc. International Test Conference*, 2003, pp. 175-84.

[42] M. Gavardoni, "Data flow within an open architecture tester," *Proc. International Test Conference*, 2003, pp. 185-90.

[43] D. C. Keezer, D. Minier, and M. C. Caron, "A production-oriented multiplexing system for testing above 2.5 Gbps," *Proc. International Test Conference*, 2003, pp. 191-200.

[44] K. Posse and G. Eide, "Key impediments to DfT-focused test and how to overcome them," *Proc. International Test Conference*, 2003, pp. 503-11.

[45] G. Bao, "Challenges in low cost test approach for ARM9™ core based mixed-signal SoC DragonBall™-MX1," *Proc. International Test Conference*, 2003, pp. 512-19.

[46] T. P. Warwick, "Mitigating the effects of the DUT interface board and test system parasitics in gigabit-plus measurements," *Proc. International Test Conference*, 2003, pp. 537-44.

[47] M. Tripp, T. M. Mak, and A. Meixner, "Elimination of traditional functional testing of interface timings at Intel," *Proc. International Test Conference*, 2003, pp. 1014-22.

[48] C. Jia and L. Milor, "A BIST solution for the test of I/O speed," *Proc. International Test Conference*, 2003, pp. 1023-30.

[49] T. Newsom, "Future ATE for system on a chip … some perspectives," *Proc. International Test Confer-*

ence，2003，p. 1301.

[50] M. Li， "Production test challenges and possible solutions for multiple GB/s ICs," *Proc. International Test Conference*，2003，p. 1306.

[51] T. J. Yamaguchi， "Open architecture ATE and 250 consecutive UIs," *Proc. International Test Conference*，2003，p. 1307.

[52] J. C. Johnson， "Cost containm ent for high-volume test of Multi-GB/s Ports," *Proc. International Test Conference*，2003，p. 1308.

[53] M. Li， "Requirements， and solutions for testing multiple GB/s ICs in production," *Proc. International Test Conference*，2003，p. 1309.

[54] U. Schoettmer and B. Laquai， "Managing the multi-Gbit/s test challenges," *Proc. International Test Conference*，2003，p. 1310.

[55] B. G. West， "Multi-GB/s IC test challenges and solutions," *Proc. International Test Conference*，2003，p. 1311.

[56] Y. Cai， "Jitter test in production for high speed serial links," *Proc. International Test Conference*，2003，p. 1312.

[57] A. T. Johnson， Jr. "Efficient fault analysis in linear analog circuits," *IEEE Transactions Circuits Systems*，vol. cs-26，July 1979，pp. 475-84.

[58] C. Y. Pan and K. T. Cheng， "Fault macromodeling for analog/mixed-signal circuits," *Proc. International Test Conference*，1997，pp. 913-22.

[59] L. Milor and V. Visvanathan， "Detection of catastrophic faults in analog integrated circuits," *IEEE Transactions Computer-Aided Design*，vol. 8，February 1989，pp. 114-30.

[60] R. J. A. Harvey et al.， "Analogue fault simulation based on layout dependent fault models," *Proc. International Test Conference*，1994，pp. 641-49.

[61] C. Sebeke， J. P. Teixeira， and M. J. Ohletz， "Automatic fault extraction and simulation of layout realistic faults for integrated analogue circuits," *European Design and Test Conference*，1995，pp. 464-68.

[62] J. A. Starzyk and H. Dai， "Sensitivity based testing of nonlinear circuits," *Proc. ISCAS*，1990，pp. 1159-62.

[63] N. B. Hamida and B. Kaminska， "Multiple fault analog circuit testing by sensitivity analysis," *Journal of Electronic Testing: Theory and Application*，vol. 4，1993，pp. 331-43.

[64] C. Michael and M. Ismail， "Statistical modeling of device mismatch for analog MOS integrated circuits," *IEEE Journal of Solid-State Circuits*，vol. 27，January 1992，pp. 154-65.

[65] A. Balivada， H. Zheng， N. Nagi， A. Chatterjee， and J. A. Abraham， "A unified approach for fault simulation of linear mixed-signal circuits," *Journal of Electronic Testing: Theory and Applications*，vol. 9，December 1996，pp. 29-41.

[66] N. Nagi， A. Chatterjee， and J. A. Abraham， "Fault simulation of linear analog circuits," *Journal of Electronic Testing: Theory and Applications*，vol. 4，December 1993，pp. 345-60.

[67] C. Y. Chao and L. Milor， "Performance modeling of circuits using additive regression splines," *IEEE Transactions Semiconductor Manufacturing*，vol. 8，August 1995，pp. 239-51.

[68] W. M. Lindermeir， H. E. Graeb， and K. J. Antreich， "Design based analog testing by characteristic observation inference," *Proc. ICCAD*，1995，pp. 620-26.

[69] P. Variyam， S. Cherubal， and A. Chatterjee， "Prediction of analog performance parameters using fast transient testing," *IEEE Transactions on Computer-Aided Design of Integrated Circuits and Systems*，vol. 21，no. 3，1992，pp. 349-61.

[70] P. Variyam and A. Chatterjee， "Enhancing test effectiveness for analog circuits using synthesized measurements," *Proc. VLSI Test Symposium*，April 1998，pp. 132-37.

[71] P. Variyam and A. Chatterjee， "Specification driven test generation for analog circuits," *IEEE Transactions on Computer-Aided Design of Integrated Circuits and Systems*，vol. 19，no. 10，October 2000，

pp. 1189-1201.

[72] J. L Huertas, A. Rueda, and D. Vazquez, "Testable switched-capacitor filters," *IEEE Journal of Solid-State Circuits*, vol. 28, July 1993, pp. 719-24.

[73] K. Singhal and J. F. Pinel, "Statistical design centering and tolerancing using parametric sampling," *IEEE Transactions Circuits and Systems*, vol. CS-28, July 1981, pp. 692-701.

[74] G. J. Hemink, B. W. Meijer, and H. G. Kerkhoff, "Testability analysis of analog systems," *IEEE Transactions on Computer-Aided Design*, vol. 9, June 1990, pp. 573-83.

[75] K. D. Wagner and T. W. Williams, "Design for testability of analog/digital networks," *IEEE Transactions on Industrial Electronics*, vol. 36, May 1989, pp. 227-30.

[76] V. Visvanathan and A. Sangiovanni-Vincentelli, "Diagnosability of nonlinear circuits and systems-Part 1: The DC case," *IEEE Transactions on Circuits and Systems*, vol. CS-28, November 1981, pp. 1093-1102.

[77] R. Saeks, A. Sangiovanni-Vincentelli, and V. Visvanathan, "Diagnosability of nonlinear circuits and systems—Part II: Dynamical systems," *IEEE Transactions on Circuits and Systems*, vol. CS-28, November 1981, pp. 1103-08.

[78] A. Chatterjee, "Concurrent error detection and fault-tolerance in linear analog circuits using continuous checksums," *IEEE Transactions on VLSI*, vol. 1, no. 2, June 1993, pp. 138-50.

[79] S. Cherubal and A. Chatterjee, "Test generation based diagnosis of device parameters for analog circuits," *Proc. Design Automation and Test in Europe*, March 2000, pp. 596-602.

[80] S. Cherubal and A. Chatterjee, "Parametric fault diagnosis for analog systems using functional mapping," *Proc. Design, Automation and Test in Europe*, March 1999, pp. 195-200.

[81] Z. You, E. Sanchez-Sinencio, and J. Pineda de Gyvez, "Analog system-level fault diagnosis based on a symbolic method in the frequency domain," *IEEE Transactions Instrumentation and Measurement*, vol. 44, February 1995, pp. 28-35.

[82] S. Freeman, "Optimum fault isolation by statistical inference," *IEEE Transactions on Circuits and Systems*, vol. CS-26, July 1979, pp. 505-12.

[83] A. E. Salama, J. A. Starzyk, and J. W. Bandler, "A unified decomposition approach for fault location in large analog circuits," *IEEE Transactions on Circuit and Systems*, vol. CS-31, July 1984, pp. 609-22.

[84] S. D. Huynh, S. Kim, M. Soma, and J Zhang, "Automatic analog test signal generation using multifrequency analysis," *IEEE Transactions on Circuits and System--II: Analog and Digital Signal Processing*, vol. 46, no 5, May 1999, pp. 565-76.

[85] N. Sen and R. Saeks, "Fault diagnosis for linear systems via multifrequency measurements," *IEEE Transactions on Circuits and Systems*, vol. CS-26, July 1979, pp. 457-65.

[86] G. Iuculano et al. "Multifrequency measurement of testability with application to large linear analog systems," *IEEE Transactions on Circuit and Systems*, vol. CS-33, June 1986, pp. 644-48.

[87] G. Huertas, D. Vazquez, E. J. Peralias, A. Rueda, and J. L. Huertas, "Practical oscillation-based test of integrated filters," IEEE Transactions Design & Test of Computers, vol. 19, issue 6, November-December 2002, pp. 64-72.

[88] K. Arabi and B. Kaminska, "Oscillation-test methodology for low-cost testing of active analog filters," *IEEE Transactions on Instrumentation and Measurement*, vol. 48, issue 4, August 1999, pp. 798-806.

[89] K. Arabi and B. Kaminska, "Testing analog and mixed-signal integrated circuits using oscillation-test method," *IEEE Transactions on Computer-Aided Design of Integrated Circuits and Systems*, vol. 16, issue 7, July 1997, pp. 745-53.

[90] A. Raghunathan, H. Shin, J. Abraham, and A. Chatterjee, "Prediction of analog performance parameters using oscillation based test," *Proc. VLSI Test Symposium*, April 2004, pp. 377-82.

[91] L. Milor and A. L. Sangiovanni-Vincentelli, "Minimizing production test time to detect faults in analog circuits," *IEEE Transactions on Computer-Aided Design*, vol. 13, June 1994, pp. 796-813.

[92] P. Variyam and A. Chatterjee, "Test generation for comprehensive testing of linear analog circuits using transient response sampling," *Proc. International Conference on Computer-Aided Design*, November 1997, pp. 382-85.

[93] R. Voorakaranam, and A. Chatterjee, "Test generation for accurate prediction of analog specifications," *Proc. VLSI Test Symposium*, April 2000, pp. 137-42.

[94] P. Duhamel and J. C. Rault, "Automatic test generation techniques for analog circuits and systems: A review," *IEEE Transactions on Circuits and Systems*, vol. CS-26, July 1979, pp. 411-39.

[95] M. Slamani and B. Kaminska, "Fault observability analysis of analog circuits in frequency domain," *IEEE Transactions on Circuits and Systems II*, vol. 43, February 1996, pp. 134-39.

[96] G. N. Stenbakken and T. M. Souders, "Test-point selection and testability measures via QR factorization of linear models," *IEEE Transactions on Instrumentation and Measururement*, vol. 36, June 1987, pp. 406-10.

[97] P. P. Fasang, "Boundary scan and its application to analog-digital ASIC testing in a board/system environment," *Proc. Custom Integrated Circuits Conference*, 1989, pp. 22. 4. 1-22. 4. 4.

[98] "IEEE standard test access port and boundary-scan architecture," IEEE Std 1149. 1-2001.

[99] S. Sunter, "The P1149. 4 mixed signal test bus: Costs and benefits," *Proc. International Test Conference*, 1995, pp. 444-50.

[100] "IEEE standard for a mixed-signal test bus," IEEE Std 1149. 4 -1999.

[101] H. Yoon, J. Hou, S. Bhattacharya, A. Chatterjee, and M. Swaminathan, "Fault detection and automated fault diagnosis for embedded integrated electrical passives," *Journal of VLSI Signal Processing Systems*, vol. 21, no. 3, July 1999, pp. 265-76.

[102] A. Chatterjee, B. Kim, and N. Nagi, "DC built-in self-test for linear analog circuits," *IEEE Design and Test of Computers*, vol. 13, no. 2, Summer 1996, pp. 26-33.

[103] C. L. Wey, "Built-in self-test (BIST) structure for analog circuit fault diagnosis," *IEEE Transactions on Instrumentation and Measurement*, vol. 39, June 1990, pp. 517-21.

[104] M. F. Toner and G. W. Roberts, "A BIST SNR, gain tracking and frequency response test of a sigma delta ADC," *IEEE Transactions on Circuits and Systems II*, vol. 42, January 1995, pp. 1-15.

[105] M. J. Ohletz, "Hybrid built-in self test (HBIST) for mixed analogue/digital integrated circuits," *Proc. European Test Conference*, 1991, pp. 307-16.

[106] P. Variyam and A. Chatterjee, "Digital-compatible BIST for analog circuits using transient response sampling," *IEEE Design and Test of Computers*, vol. 17, no. 3, July-September 2000, pp. 106-15.

[107] B. Dufort and G. W. Roberts, "On-chip analog signal generation for mixed-signal built-in self-test," *IEEE Transactions on Solid State Circuits*, vol. 34, March 1999, pp. 318-30.

[108] M. M. Hafed, N. Abaskharoun, and G. W. Roberts, "A 4-GHz effective sample rate integrated test core for analog and mixed-signal circuits," *IEEE Transactions on Solid State Circuits*, vol. 37, April 2002, pp. 499-514.

[109] A. Halder and A. Chatterjee, "Specification based digital compatible built-in test of embedded analog circuits," *Proc. Asian Test Symposium*, November 2001, pp. 344-49.

[110] M. Mendez-Rivera, J. Silva-Martinez, and E. Sánchez-Sinencio, "On-chip spectrum analyzer for built-in testing analog ICs," *Proc. IEEE International Symposium on Circuits and Systems*, vol. 5, 2002, pp. 61-64.

[111] E. M. Hawrysh and G. W. Roberts, "An integrated memory-based analog signal generation into current DfT architectures," *Proc. International Test Conference*, 1996, pp. 528-37.

[112] A. Halder, S. Bhattacharya and A. Chatterjee, "Automatic multitone alternate test generation for RF circuits using behavioral models," *Proc. International Test Conference*, 2003, pp. 665-73.

[113] R. Voorakaranam, S. Cherubal, and A. Chatterjee, "A signature test framework for rapid production testing of RF circuits," *Proc. Design Automation and Test in Europe*, March 2002.

[114] J. H. Friedman, "Multivariate adaptive regression splines," *The Annals of Statistics*, vol. 19, no. 1, 1991, pp. 1-141.

[115] W. H. Kao and J. Q. Xia, "Automatic synthesis of DUT board circuits for testing of mixed signal IC's," *Proc. VLSI Test Symposium*, 1993, pp. 230-36.

[116] S. Sunter and N. Nagi, "Test metrics for analog parametric faults," *Proc. VLSI Test Symposium*, 1999, pp. 226-34.

[117] S. Sunter and A. Roy, "BIST for phase-locked loops in digital applications," *Proc. International Test Conference*, 1999, pp. 532-40.

[118] K. Seongwon, and M. Soma, "An all-digital built-in self-test for high-speed phase-locked loops," *IEEE Transactions on Circuits and Systems—II*, vol. 48, issue 2, February 2001, pp. 141-50.

[119] S. S. Akbay and A. Chatterjee, "Optimal multisine tests for RF amplifiers," *Wireless Test Workshop*, October 2002.

[120] G. Srinivasan, S. Bhattacharya, S. Cherubal, and A. Chatterjee, "Efficient test strategy for TMDA power amplifiers using transient current measurements: uses and benefits," *Proc. Design, Automation, and Test in Europe*, vol. 1, February 2004, pp. 280-85.

[121] M. Negreiros, L. Carro, and A. A. Susin, "Statistical sampler for a new on-line analog test method," *Proc. On-Line Testing Workshop*, 2002, pp. 79-83.

[122] M. Negreiros, L. Carro, and A. A. Susin, "Ultra low cost analog BIST using spectral analysis," *Proc. VLSI Test Symposium*, 2003, pp. 77-82.

[123] S. S. Akbay and A. Chatterjee, "Feature extraction based built-in alternate test of RF components using a noise reference," *Proc. VLSI Test Symposium*, April 2004, pp. 273-78.

[124] P. K. Nag, A. Gattiker, W. Sichao, R. D. Blanton, and W. Maly, "Modeling the economics of testing: a DFT perspective," *IEEE Design & Test of Computers*, vol. 19, issue 1, January-February 2002, pp. 29-41.

[125] D. Williams and A. P. Ambler, "System manufacturing test cost model," *Proc. International Test Conference*, October 2002, pp. 482-90.

[126] J. Turino, "Test economics in the 21st Century," *IEEE Design & Test of Computers*, vol. 14, issue 3, July-September 1997, pp. 41-44.

[127] Y. Zorian, "Testing the Monster Chip," *IEEE Spectrum*, vol. 36, issue 7, July 1999, pp. 54-60.

[128] International Technology Roadmap for Semiconductors (ITRS), Test and Test Equipment, 2002.

[129] Maxim IC application note 728, "Defining and testing dynamic parameters in high-speed ADCs, Part 1," February 2001, http: //www. maxim-ic. com/appnotes. cfm/appnote_ number/728.

[130] D. A. McLeod, "Dynamic testing of analogue to digital converters," *Proc. International Conference on Analogue to Digital and Digital to Analogue Conversion*, September 1991, pp. 29-35.

[131] J. A. Mielke, "Frequency domain testing of ADCs," *IEEE Design & Test of Computers*, vol. 13, no. 1, Spring 1996, pp. 64-69.

[132] S. Goyal, A. Chatterjee, and M. Purtell, "A low-cost test methodology for dynamic specification testing of high-speed data converters," *Journal of Electronic Testing Theory and Applications*, vol. 23, no. 1, February 2007, pp. 95-106.

[133] S. S. Akbay and A. Chatterjee, "Built-in test of RF components using mapped feature extraction sensors," *IEEE VLSI Test Symposium*, Palm Springs, CA, May 2005, pp. 243-48.

[134] S. Bhattacharya and A. Chatterjee, "Use of Embedded Sensors for Built-in-Test of RF Circuits," *Proc. International Test Conference*, 2004, pp. 801-09.

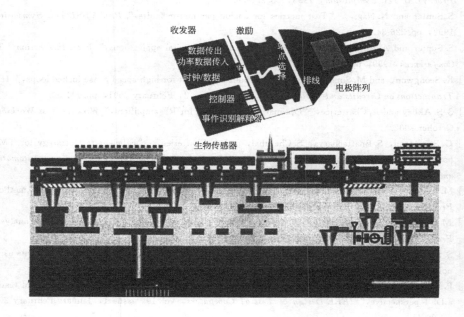

收发器　激励

数据传出
功率数据传入
时钟/数据

节点选择

排线

电极阵列

控制器
事件识别解释器

生物传感器

第13章
生物传感器 SOP

Dasharathan G. Janagama，　Jin Liu，　Mahadevan K. Iyer
佐治亚理工学院

生物电子是一个跨学科的领域，其包含了生物、化学、物理、材料科学和电子学。这本书里描述的 SOP 是高度小型化的电子系统技术，其将在未来所有的生物电子系统中扮演关键角色。以上所有学科中纳米技术的进步使得纳米尺度 SOP 成为可能，其将带来基于 SOP 的高度小型化的生物电子产品。这些产品将应用于卫生保健行业、法医学、食品和饮料行业、环境保护、人身安全、生物体基因分析和通信等行业。生物传感器 SOP 包括三个主要部分：传感、信号转换和信号处理。生物传感器 SOP 中的一个关键因素是理解传感装置界面与原理以及检测信号转换。本章对构成生物传感器 SOP 的三个部分分别做了介绍和解释。然后回顾了 SOP 技术中的生物传感器集成技术。最后总结了未来的发展趋势。

13.1　引言

13.1.1　SOP：高度小型化的电子系统技术

为了提升性能、降低成本，电子系统大多数依赖于 IC 的集成度（摩尔定律）。但是 IC 只占电子系统尺寸的 $10\%\sim20\%$，剩下的 $80\%\sim90\%$ 一般为大体积的电源、热沉、无源器件和互连。这些是减小系统尺寸、降低成本和功耗的主要瓶颈。SOP 技术范例（电子学第二定律）是佐治亚理工封装研究中心在 20 世纪 90 年代早期最先提出的，它促使封装尺寸的系统级小型化，使得今天的手持设备拥有多功能系统。其应用包括计算、无线通信、卫生保健和人身安全。SOP 是一个系统小型化技术，最终把纳米尺度的薄膜器件，包括电池、热结构、有源和无源器件，集成到低成本有机封装基板上，得到微纳米尺度的模块和系统。产品真正的小型化不应该只发生在 IC 上，同时应该发生在系统级。通过在封装尺寸的基板上集成薄膜电池、热结构和嵌入式有源、无源器件才可能实现系统层面上的小型化。这是 SOP 概念的核心基础。将元件集成到系统的传统封装显示了一系列障碍，在成本、尺寸、性能和可靠性方面存在问题。SOP 概念通过最好地在系统级集成 IC 和封装，克服了这些障碍。通过 IC 增加晶体管密度，通过系统封装增加 RF、光学、数字和生物功能元件的密度。除了小型化，这样的理念还将使得所有的电系统包括本章描述的生物传感器系统成本更低，性能更高，可靠性更好。

13.1.2　用于小型化生物医疗植入物和传感系统的生物传感器 SOP

微电子器件正逐渐被不同种类的生物医疗应用所接受。现在，这些器件包含的微电子元件大多数是以单芯片形式安置在生物兼容的保护性封装中。这些单芯片或 SOC 方案仍然会受限，因为它们仍然需要外部提供信号和电源的分配、I/O、冷却机制、有效的生物流体传输（微流体元件）和数字无线光学接口。上面提到的限制将成为未来生物传感器、植入物和生物电子系统的限制因素，如神经修复设备和无人驾驶飞行器中的传感器。基于 SOP 的技术能够克服这些限制，通过超小型化技术创造出能够满足未来需要的生物系统。

生物可植入系统和生物传感芯片今天可同时用于临床或非临床的领域。这些应用包括检测癌症、基因疾病、艾滋病、细菌和病毒[1~3]、工业生物工艺控制、食品和饮料污染以及环境安全[4~8]。这些系统通常将一系列有源和无源元件集成到一块单芯片或封装中，比如传感器、微流体器和反应放大器。片上实验室（LOC）就是一个很好的例子，它将整个实验室的测试过程和功能都集成到了一个很小的微电子器件上（图 13.1）。一个 DNA 芯片从入口传送的血液或病原体样本中提取DNA，然后放大并检测目标 DNA。通过将微流体引入到封装中，样品和试剂便可以在芯片中流动。但是对于完整的生物系统集成，必须包含信号和电源分配、I/O和合适的接口。

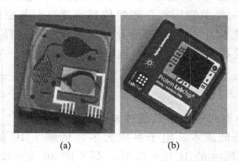

$$(a) \qquad (b)$$

图 13.1　（a）DNA 芯片［由 Microelectronics 和 SiMEMS（S）PTE 授权］和（b）蛋白质芯片［由安捷伦科技公司（Agilent Technologies）授权］

生物可植入芯片和生物传感芯片应用的另外一个例子是神经修复器。深度脑刺激（DBS）向大脑特定区域传送电脉冲，其有一个微电子盒（脉冲发生器）被植入胸腔，通过多芯电缆连接到头部然后进入大脑（图 13.2）。DBS 系统使用传统的引线键合来连接 PCB。大的无源器件通过手工加入到系统中，比如电容和二极管。电感器也是用手工绕制的，用来从外部系统耦合信号和电能到植入体中。所有这些方法都增加了系统的总体尺寸，造成植入体的物理位置偏离实际的组织。下一代神经修复器正在研发，但缺乏高密度的封装设计将是一个重大的限制。目前医疗级可植

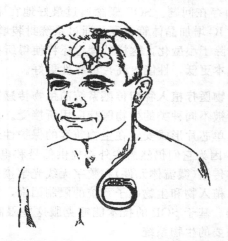

图 13.2　电极连接到脉冲发生器。病人可以通过使用手持磁铁来激活脉冲发生器，
将深度脑刺激（DBS）传送到目标区域。脉冲发生器被植入到
胸部皮下［由美敦力公司（Medtronic Inc）授权］

入微电子封装的技术发展水平不能满足这些需求。从另一方面来说，SOP 平台可以将嵌入式超薄有源、无源元件集成到超薄生物兼容基板上。基于 SOP 技术的系统高度小型化，从而使得植入位置成为刺激位置。

上面的讨论清楚地表明了生物植入、传感和生物电子系统集成对于高密度系统封装技术的需要。这形成了生物传感 SOP 的基础。这种 SOP 方法有清晰的潜质能够通过集成多种部件到单一紧凑超薄和小型化的封装中，使生物医疗封装和生物系统集成产生革命性的变化。这种技术通过薄膜材料的发展、工艺的进步和集成嵌入式有源、无源器件、热结构、微流体器件、电池、微连接件和无线及光学接口，提升了传统的封装。

基于 SOP 的生物电子系统技术具有小型化、可靠性、性能和成本多方面的优势（图 13.3）。通过集成基于 SOP 技术的超小型薄膜器件，传统的大体积电子系统将有希望在五到十年内减小到几英寸，并在其后十年内进一步减小到数毫米。在SOP 概念中封装和系统基板都融合到了系统封装中，表面贴装元件被嵌入式薄膜有源、无源器件所取代。因此，消除了传统的焊点，并且互连线路也被大大缩短了。这些特性有望带来可靠性 3 倍的提升。不仅如此，SOP 基板的电性能和热-机械性能设计良好，使得可靠性和性能得到加强。最后，批量制造能力使得大面积基板达到和 PCB 尺寸类似程度，而且系统仅占据超微小的面积，降低了成本。

借助于上面 SOP 的特性和技术，现有的生物传感系统可以极大地增强它们在临床和非临床领域的功能。

在临床领域，癌症检测涉及几种癌症致病基因的检测。这需要一个多目标探测系统，具备同时探测疾病涉及的所有基因的多种功能。类似的，肺感染检测需要一个多目标检测系统来同时检测感染涉及的所有病原体。在这样的情况下，一次检测一个目标有局限性。生物传感器 SOP 技术促成了多元传感系统的制造。其将多流体

图 13.3　基于 SOP 系统的特性示意图

通道分别连接到传感单元，还有多尺寸机械结构，如微纳开关、阀门、泵和储液器，这使得制造多元传感器成为可能。在同时有疾病检测和治疗需求的情况下，生物传感器 SOP 提供了一系列电子无线元件来控制、反馈以及无线接口来检测和进行药剂定向运输。可植入基于 SOP 的生物传感器微系统拥有探测单元和消炎药投送系统，可以缓和炎症带来的问题。这种基于 SOP 的微系统允许实时刺激并记录大脑的活动。

生物传感器在非临床领域需要独特的有特定功能的封装，比如食品和饮料污染、水安全检测方面。例如，水环境要求水污染检测系统能够抵抗湿气。在食品和饮料污染检测系统中的生物传感器不仅要能够抵抗湿气，还要是生物兼容并且有非常低的价格。基于 SOP 的技术在它们既定的情况下解决了这些问题。利用基板和封装材料几乎密封的特性，生物传感器可以提供很好的防水性。在食品和饮料污染检测的例子中，使用了液晶聚合物（LCP）类型的基板，使系统具有生物兼容性和低

成本。嵌入式电子标签(RFID)和其他的生物传感器 SOP 无线接口能够促进通信以及实时检测。

除了增强了现有的生物传感器技术，生物传感器 SOP 通过其多功能和高度小型化的平台技术，在一些新领域得到了应用，比如人工视网膜、先进的微/纳无人驾驶飞行器(UAV)系统。

在人工视网膜生物系统中，尺寸和性能的优化可以通过先进封装技术而不是先进电路制造工艺来完成。SOP 技术通过嵌入式超薄有源器件和薄膜无源器件节省了空间，利用 3D 芯片堆叠减少了 2D 空间的使用。这个对应用至关重要，因为从生物角度考虑，某些生物器件在尺寸方面有严格的限制。

需要满足上述条件的应用例子就是人工视网膜(图 13.4)。该器件包含一个植入电极阵列，在眼球的背面，以及一个微型光电二极管，作为接受器件在眼球的前面。电极根据微型光电二极管传送过来的信号刺激视神经。初步的结果通过 4×4 阵列的铂电极获取。利用这个装置，原来只能区别亮和暗的病人现在可以区分一套物品中的物体并且能够识别移动。更高分辨率的器件也许可以更加有效地帮助脸部识别和阅读[9]。但是，事实上人造视网膜必须符合眼睛的尺寸，眼睛粗略的估算是直径为 2.5cm 直径的球体，这极大地限制了任何可能器件的物理尺寸。现在的封装技术不能为这样复杂和小型化的系统提供明确的解决方案。相反，生物传感器 SOP 不仅允许集成高密度电极以及先进的有源、无源器件，为系统提供足够的分辨率，而且通过芯片和无源器件 3D 堆叠技术利用空间，因而可以满足系统的尺寸要求。

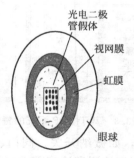 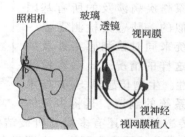

(a) 人眼中植入体的示意图　　(b) 视网膜植入体与相关配件(由Dohney视网膜
　　　　　　　　　　　　　　　　研究所的Mark.S.Humayun博士提供授权)

图 13.4　视网膜植入体

无人飞行装置(UAV)系统现在正扮演越来越重要的军事角色，包括侦察和攻击。因为它有可能提供更廉价、更有战斗力的机器，而不用危及到驾驶员。在未来，先进的微/纳 UAV 可能彻底改变传统的战斗场面。这些系统有望变得更加自动化，并且具有多功能。它们将拥有增强的快速导航、声呐和飞行自我控制功能。装备的传感器将监测任何炸药、有毒气体和有生物危害的物体。嵌入的摄像头和麦克风允许操作人员实时地观察战场，而不用置身其中。封装技术一直以来就是 UAV 系统小型化的主要驱动力。前面提到的微/纳 UAV 包含的纳米生物传感器、微/纳流体、数字、无线、与/或光学接口、电源和热解决方案都可以通过 SOP 技术成为可能。下面的章节描述了生物传感器 SOP 的主要组成部分，其集成了拥有信号转换和处理功能的传感单元。

13.1.3　生物传感器 SOP 组成

生物传感器 SOP 包含下面三个基础功能类别，如图 13.5：
- 生物传感
- 信号转换
- 信号处理

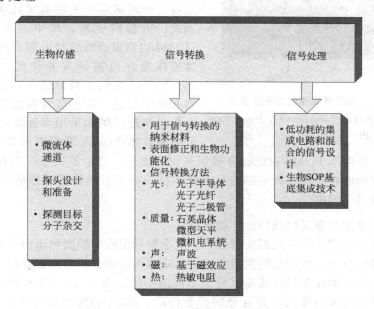

图 13.5　生物传感器的组成

13.2　生物传感

一个典型的传感器是能够传感或者测量物理接触、移动、热或光，并将脉冲转化为模拟或者数字信号的装置。一个生物传感器能够通过特殊的生物传感机制来辨别生物分子。生物传感的核心有两项基本组成部分：生物探针和杂交。生物探针是一系列特别的生物分子，能够识别、探测与它们互补的一系列称为目标的分子。杂交是探针和目标分子之间交互作用的一种过程。生物探针和目标分子杂交是一种有高度特异性的可逆化学反应。杂交反应发生在水环境中，这使得微流体系统成为生物探测器 SOP 不可缺少的组件。下面的章节简要介绍了微流体通道、生物探针制备和杂交过程。

13.2.1　生物流体传送微通道

微通道横截面尺寸在 $10 \sim 100 \mu m$ 的数量级，它们的功能是引导和帮助生物流体携带需要检测的目标或样品到达生物传感器的探测单元。因为所有的生物分子反应都发生在液体环境中，微流体通道有助于控制包含被检测分子的微量液体流动（图13.6）。微流体装置中，通常使用的作为目标的流体包括整个血液样本、细菌细胞的悬浮液、蛋白质或抗体溶液和各种缓冲液。液体运输生物分子，不涉及机械部件的运动，从而避免磨损。

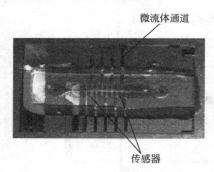

图 13.6　传感器集成到微流体通道
（由斯坦福大学的 Yaraliogu GG、Jagarnathan H、BT Pierre Khwi-Yakub[10] 提供）

可植入装置的材料和微流体通道的材料应该是生物兼容的，这表示不能在活组织中产生有毒的、有害的或宿主性的反应。例如聚二甲基氧烷（PDMS）和 LCP 等生物兼容的材料通常用来制造微流体器。不仅如此，由聚酰亚胺、聚甲基丙烯酸甲酯（PMMA）和聚碳酸酯材料制成的层压塑料微流体组件也被研发并使用，其厚度在 $25\sim125\mu m$ 之间。因为现在具有先进的材料和化学工艺，这些装置有望进行低成本大批量制造。例如采用高速全场准分子激光消融技术（Anvik 股份有限公司）来产生流通通道。低成本 PDMS 黏结键合被用来密封通道。已经证实了可以在室温下通过一个步骤同时在塑料基底上制造具有微米特征的光子晶体传感器结构和 $>10\mu m$ 特征的流体通道网络。

13.2.2　生物感应单元(探针)设计和制备

生物探针被定义为一系列生物分子，此生物分子能够探测和识别与它们互补的（相互的）目标分子。探针是根据指向的目标或感兴趣的分析物来制备的。生物探针的制备根据不同的探测目标或测试分子不同而不同。蛋白质、DNA 和催化酶传感器都是通过细胞来制备的，并且分别在蛋白质、DNA 和酶传感器的制造中使用。有一些生物细胞直接用来作为生物探针使用。合成探针是模仿自然生物分子的人造物质。生物探针的来源是动物细胞、细菌和病毒。动物细胞的大小从 1 到 $100\mu m$。细菌总体来说是圆柱形的，尺寸从 1 到 $8\mu m$ 不等。病毒很小，直径大约在 $15\sim25nm$[图 13.7（a）和（b）]。

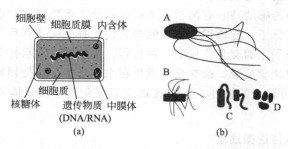

图 13.7　(a)典型细菌细胞的示意图和(b)细菌与病毒的示意图
A—沙门菌，B—蜡样芽孢杆菌，C—霍乱弧菌，D—流感病毒

（1）蛋白探针

蛋白质是所有生物体的基本结构和功能组成模块。一个功能性蛋白质是由一些氨基酸通过肽连接组成。氨基酸是一种有机化合物，包含一个氨基（NH_2）和一个羟酸基（COOH），并且侧向连接到一个阿尔法碳原子（$H_2N—CR—COOH$）。一个氨基酸的羟基基团和邻近氨基酸的氨基之间的连接称为肽键。抗原是在细胞表面和细胞内部的蛋白。抗体是一种特殊的蛋白质，通过细胞对抗原的响应而产生，可作为蛋白探针使用。抗体可以通过向动物注射抗原获得。特定的抗体在动物体内产生，来应对对应的特定抗原。取出的抗体根据标准蛋白提取流程经过净化定量，作为蛋白探针使用。蛋白探针制备是一项活体（活体内）技术。

（2）DNA-RNA 探针

DNA 是一种遗传物质。它是一种具有自我复制能力的独特的生物分子。DNA是一种双链分子，分子的两股可进行交互（图 13.8）。它是一种双螺旋互补链式结构，其包含基因代码用来操作所有活的有机体。DNA 在长链中有四种标准组成部分，它们是腺嘌呤（A）[1]、鸟嘌呤（G）、胸腺嘧啶（T）和胞嘧啶（C）。A-T 和 G-C 是互补基础对。

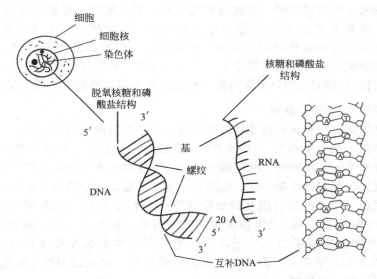

图 13.8　DNA 和 RNA 结构示意图。DNA 双螺旋结构通过基础对相互连接（A-T，G-C），RNA 是尿嘧啶（U）取代胸腺嘧啶（T）的单链结构，插图显示 DNA 和 RNA 在细胞中的位置

DNA-RNA 探针是实验室人工合成的，利用聚合酶链式反应（PCR）方法。这是一种体外（活体外）技术，利用酶复制的方法指数级放大 DNA。通过合适的引物、Taq DNA 聚合酶、脱氧核糖核苷酸三磷酸（d-NTPs）和其他配料在合适的反应环境下，就可以合成 DNA-RNA 合成探针。引物启动了 DNA 复制。Taq DNA 聚合

---

❶　译者注：此处原文为腺苷 adenosine，是一种核苷，而后文另外三个是碱基，明显不配套，因此应是腺嘌呤 adenine，下同。

酶帮助在低温下制造新的 DNA。脱氧核糖核苷酸三磷酸(d-NTPs)是合成 DNA 的主要配料。特别目标的 DNA-RNA 探针是通过商用 DNA-RNA 合成器合成的。DNA 探针和蛋白探针主要是结构不同。

(3) 合成探针

通过设计和制造合成探针或人造探针来模仿生物探针。例如，蛋白质工程技术可以用来构建一个特定的蛋白质探针，来模拟生物素的结合特性。生物素是水溶性的维生素 B，它可以有效绑定其他蛋白质和 DNA，可以用来和生物探针一起组成信号转换元件，我们后面会讨论到。

(4) 细胞探针

在一个细胞探针中，细胞就是探针。例如，一个经过基因改造的细菌就是一种细胞探针。细胞探针可以直接用来制造基于细胞的传感器(CBS)。微有机体比如细菌和真菌被培养之后用作环境毒素的指示器。

(5) 酶(生物催化剂)探针

一般来说，能够加速化学反应的蛋白质就是酶。酶被用作生物探针主要是基于它们特定的绑定性能，对于特殊化学物质(通常称为酶作用物)具有催化作用。一般地，有两种酶用作酶催化剂，氧化酶和脱氢酶。氧化酶是一种能够催化氧化-还原反应的酶，这涉及氧分子(O_2)作为电子接受者。在反应中，氧气最终还原为水(H_2O)。例如葡萄糖氧化(GO_x)酶用作电化学生物传感器来测量血糖。脱氢酶有助于从基底或化学物质中去除氢原子，并且将氢原子转化为受主。例如，电子中和依赖的葡萄糖脱氢酶(GDH)被认为是一种理想的中和类型酶传感器的组分。

13.2.3 探针-目标分子杂交

杂交是生物探针和具有高度特异性的目标分子之间的可逆化学反应。目标是用于检测的对象，例如蛋白质、DNA-RNA 或细胞。杂交是一种基于化学和分子的识别，涉及动态的、空间的、时间的分子重排。这些生物识别单元只针对特定的物质敏感，就像钥匙和锁机制一样。生物分子成对反应，一个称为目标(配合基)，另一个称为探针。现有的蛋白质互补结构(抗原-抗体)、核酸(DNA-RNA)、缩氨酸和合成探针(探针-配合基)是生物传感的关键因素。例如蛋白质、缩氨酸、DNA、RNA 和整个细胞组成了目标分子，可以通过利用类似的互补探针分子来检测。DNA 和 RNA 的分子杂交、蛋白免疫复合物的形成、缩氨酸和整个细胞是生物传感器的关键生物传感机制。

(1) 蛋白杂交

在蛋白杂交的例子中，蛋白探针(抗体)和目标(抗原)都是蛋白质。它是蛋白探针和有高度选择性的目标之间的可逆化学反应。反应涉及蛋白探针识别目标上的特定部分，并且与其绑定(图 13.9)。这些反应中的主要力量是氢键力、静电力、范德华力和疏水键力。抗原和抗体间结合的稳定性取决于抗体的化合价，就是抗体可以绑定到其抗原的手臂数量。有两个模型用来解释抗体-抗原的结合的方式。在钥匙-锁的模型中，抗体识别抗原上的关键点，就像一把特别的钥匙对一把锁一样(自然吻合)。在诱导-契合模型中，抗体上的结合点被诱导并调整吻合抗原上的关键点，然后与之绑定。

（2）DNA-RNA 杂交

在 DNA 杂交中，DNA 探针和目标都是 DNA 分子。杂交是互补组合的过程，单链核酸变为双链分子的过程。这是一个在探针 DNA 和具有高度选择性的目标 DNA 之间的可逆化学反应。DNA 杂交依据一个基本序列特异性方式发生在 DNA 探针和目标 DNA 之间。腺嘌呤（译者注：原文为腺苷）和胸腺嘧啶（A-T）以及鸟嘌呤和胞嘧啶（G-C）是探针和目标 DNA 分子的基本互补对（图 13.8 和图 13.10）。如同 DNA 一样，只是 RNA 的组成胸腺嘧啶（T）被尿嘧啶（U）取代了。

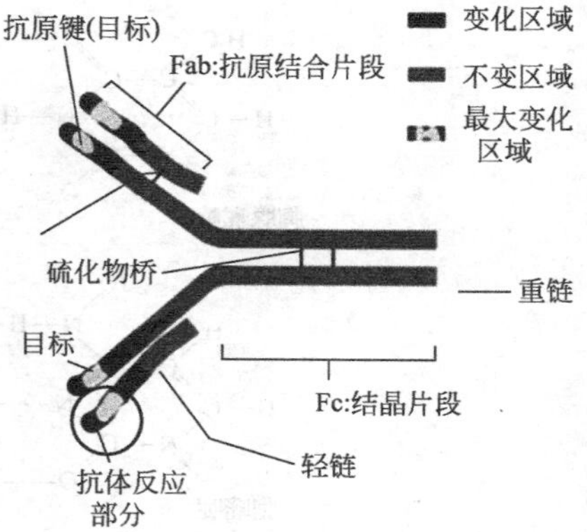

RNA 的杂交发生在 RNA 探针和目标 RNA 分子之间的腺嘌呤和尿嘧啶（A-U）以及鸟嘌呤和胞嘧啶（G-C）基本配对之间。合成的 DNA 和 RNA 探针同目标分子杂交在本质上是相同的。如图 13.11，DNA 或 RNA 杂交的主要力量是氢键力。

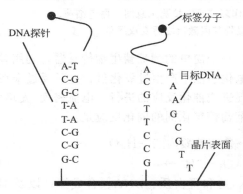

图 13.9 抗原分子机构示意图（免疫球蛋白）。抗原和抗体反应结合部位（抗原决定基）已圈出

（3）合成探针杂交

合成探针是合成的蛋白质和 DNA。它们和自然的蛋白质、DNA 探针在基本结构、功能及杂交机制上都类似。合成探针通过人工合成来实现特定用途。例如金黄色葡萄球菌有多个变种，很难通过单一的传统探针来识别。一个合成肠毒素 B 型 DNA 探针通过对 DNA 结构的修改，使其能够同时检测葡萄球菌的多个变种。

图 13.10 DNA 杂交示意图。
杂交发生在特定 DNA 分子序列之间（左图），非特定序列目标 DNA 不会被 DNA 探针识别(右图)

（4）细胞探针杂交

对于细胞探针，细胞探针分子是细胞表面的蛋白质和其他细胞成分，目标分子可以是环境污染物、药物或其他分子。例如，一些细菌本来是白色的，但是一旦受到环境污染物刺激以后会变成绿色。细菌细胞中被激活的成分称为报告基因，它将产生绿色蛋白质使细胞变成绿色。在一个清洁的环境中，细胞会保持白色。细胞颜色从白色变为绿色表示环境状态的一种污染（图 13.12）。细菌颜色改变的这种性质被用作基于细胞的传感器（CBS），用来进行环境污染的检测。不仅如此，在生物传感器装置表面上生长的细胞作为 CBS 还可以检测药理学过程，包括药物发现。

（5）酶（生物催化剂）反应

酶基本上是有特别生物催化功能的蛋白质。它在电化学系统中可加快化学反应的速度。不像蛋白质和 DNA 探针，酶只是暂时地结合到它们催化的一个或多个反

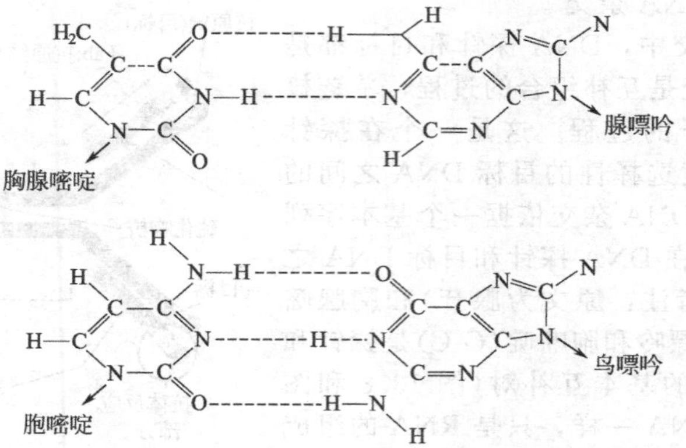

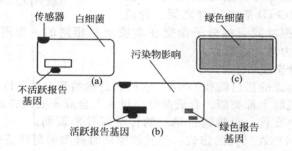

图 13.11　DNA 中碱基对之间氢键结合示意图（由 John W Kimball 博士提供，
http：//users. rcn. com/klimball. ma. ultranet/BiologyPages/）

图 13.12　（a)细菌、（b)用作环境污染检测示意图，白色细菌、
（c)在污染环境中报告基因激活之后变成绿色

应中的反应物上，然后加速化学反应。一个简单的葡萄糖生物传感器，利用葡萄糖氧化酶（GO_x）来催化氧化葡萄糖，在电化学池中产生过氧化氢，这可反过来在电极反应中产生电子。在反应中使用的酶促进或催化反应的进行。电流密度（安培计的）用来测量样品中的葡萄糖浓度。基于葡萄糖氧化剂的催化反应是：

$$\text{葡萄糖} + O_2 \xrightarrow{\text{酶}} \text{葡萄糖酸内酯} + H_2O_2 \tag{13.1}$$

$$H_2O_2 \longrightarrow O_2 + 2H^+ + e^- \tag{13.2}$$

因此，生物催化剂促进化学反应，这和蛋白质、DNA、合成探针以及细胞探针杂交不同。

13.3　信号转换

信号转换包括将生物信号转换为其他可以进行处理和电子显示的形式。一般来说，生物传感器中信号转换元件或转换器是生物探针与信号处理器之间的接口器件，它将生物信号转化为数字或模拟信号。信号转换器使用如下一个或多个技术：电化学、光学、声学、机电学、磁学和热学。

信号转换元件的开发包括选择合适的材料和结构，表面改性，以及应用信号转换技术。

接下来的章节描述了纳米材料及其结构（13.3.1 节）、表面改性、信号转换器件（13.3.2 节）及各种信号转换方法（13.3.3 节）的基本原理和进展。

13.3.1　信号转换元件中的纳米材料和纳米结构

尺寸在十亿分之一米（纳米）量级的材料称为纳米结构材料。它们展现出与体块材料截然不同的性质。纳米结构材料拥有的新颖特性使它存在很多可能的应用，包括制造纳米生物传感器中具有高灵敏度和特异性的先进信号转换元件。例如，磁性纳米粒子展现出超磁特性，能使信号转换更加高效[11]。半导体纳米粒子展现出共振隧穿和库伦阻塞效应[12]。在传统的探测系统中，生物传感和信号转换元件都比目标分子大得多。基于纳米材料的信号转换元件，比如 Si 纳米线、碳纳米管（CNT）和量子点(QD)一般都减小到了目标大小的尺寸，这样能得到更强大的探测功能。图 13.13 显示了各种目标和分子的尺寸。由图可以明显看出细胞和分子尺寸分别在微米和纳米的量级。

（1）纳米粒子

纳米粒子是指临界长度小于 100nm 并具有新奇特性的粒子。纳米粒子在纳米生物传感器中可作为高效率的信号转换元件。商业应用的纳米粒子有不同的种类，包括聚合物纳米粒子、金属纳米粒子、脂质体、微团（表面活化分子的聚集体）、量子点、树状聚物（重复枝状的分子），以及其他纳米集聚物（两性分子的成分，可产生纳米图案）。金纳米粒子和磁性纳米粒子广泛应用于制

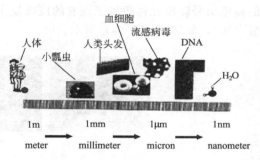

图 13.13　纳米尺寸物体的比较(来源：美国国家纳米技术基础设施网络，NNIN)

造高效的信号转换元件。生物分子（如 DNA、RNA 和蛋白质）具有优异的生物认知能力，它们与纳米尺度的粒子结合，可用于制造超小型化的生物电学传感器件。加入到 DNA 内部的金属纳米粒子增加了 DNA 热稳定性（图 13.14）。类似的，加入到 DNA 内部的磁性纳米粒子提供了独特的磁性特征。基于纳米粒子的信号转换方法比现有的技术更先进，它是一种不昂贵的、非侵害性的、探测生物分子的系统。

量子点(QD)是无机半导体纳米晶体。量子点的结构中自由电子限制在 3D 半导体矩阵里。它们一般都由 CdSe、CdTe、InTe 和 InAs 原子所构成。这类材料的典型特征是它们能被大量的小分子以及链接原子团改性，以优化出各种特定应用的功能。量子点能以共价键的形式接入生物分子，比如 DNA-RNA、抗体、多肽和小分子抑制剂[13]，用作荧光探针，展现出更好的亮度，光稳定性，具有更宽的激发光谱［图 13.15（b）和（c）］。库伦荷电效应存在于这些量子点的传输过程，也存在于通过 QD 最低量子能级的共振隧穿中[14]。量子点贡献出特殊的光学特性，比如粒子尺寸波长的荧光，能够在宽带发光传感器中转换信号。因此，量子点形式

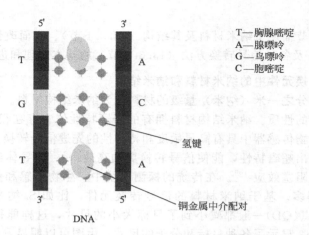

图 13.14　金属铜介质的 DNA 碱基配对图

的高级信号转换元件超越了现有的成像技术，后者采用了天然分子（如有机染料和蛋白质），如图 13.15（a）所示。

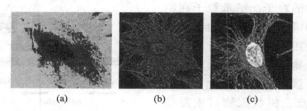

图 13.15　（a）传统的染料，（b）被 605nm 荧光量子点联合染料（中间）共同染色的微管细胞，（c）采用红色和绿色量子点复合物标记的细胞核和微管（由量子点公司授权）

透射电子显微镜（TEM）被用来描绘纳米粒子和微结构的特征。TEM 具有非常高的空间分辨率，能够获取形貌、晶格结构和缺陷的信息。

（2）线类纳米结构

硅纳米线（SiNW）和氧化锌（ZnO）纳米带是其他类型的纳米结构，可以应用于制造高效率信号转换元件。ZnO 纳米线是一种生物兼容材料，这是它的另一个优点。分子捆绑到纳米线上会极大地改变导电性。因此，基于硅和 ZnO 的信号转换元件能够探测低浓度的生物分子。基于硅和 ZnO 的信号转换元件还能探测单个细胞或分子，比传统的探测更加优越。

扫描电子显微镜（SEM）可用于描绘纳米结构的特征。它采用电子而非光波去生成放大的图像。电子束轰击样品的每个点，表面上的次级电子被轰击松动。探测器捕捉到这些电子并把信号传输到放大器上。最终的图像根据样品上各个点发射的电子数量所绘成。非导电样品需要在样品准备工作中用溅射镀膜机预先在表面溅射一层薄金。

（3）碳纳米管（CNT）

碳纳米管是用传统的石墨片卷成圆柱体状的石墨同心壳层。碳原子的晶格在圆周方向仍然连续。单层的石墨圆柱体被称为单壁碳纳米管（SWCNT），而多层同心石墨圆柱体则被称为多壁碳纳米管（MWCNT）（图 13.16）。SWCNT 和 MWCNT 展现出许多独特的性质，比如超强的电荷传输特性，化学稳定性，优良的机械性能[15]，大表面积使它相对于传统的探测系统更加优越。

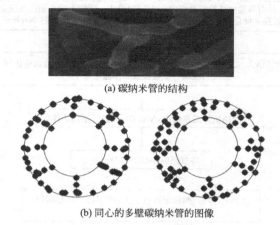

(a) 碳纳米管的结构

(b) 同心的多壁碳纳米管的图像

图 13.16　碳纳米管的图像

碳纳米管羧化（附着—COOH 基团）后连接到蛋白质或 DNA 分子探针上。可采用傅里叶变换红外光谱仪（FT-IR）测定—COOH 基团的存在。傅里叶变换红外光谱仪技术可用于测量大多数材料的红外（IR）吸收和发射光谱。这种技术在信噪比、分辨率、速度、探测极限方面存在优势。FT-IR 技术相对于其他光谱法的优点是：事实上所有的化合物在 IR 光谱范围内都显示出特有的吸收和发射的特性，基于这种性质，可以定量、定性地分析这些物质。

13.3.2　信号转换元件的表面改性和生物功能化

表面改性是在材料表面连接功能化的有机或无机材料分子的处理过程。其目的是为了特定的应用需要而提高表面属性。对于高效率的信号转换，除了选择高效率的信号转换元件外，合适的表面改性也是非常必要的。

在信号转换元件的表面连接或固定生物分子探针是制作基于核酸和蛋白质的生物传感器的一个重要步骤。DNA、RNA 和蛋白质通过疏水性和离子的相互作用可能成为被动的固定化。但是，非共价表面合适的吸收，定向和构造经常需要共价固定。一般功能基团参与的固定过程应该是快速的和选择性的，这些基团包括胺基（—NH$_2$）、羧基（—COOH）、羟基（—OH）、巯基（—SH）和醛基（CHO）基团。分子的表面密度应该进行优化。低密度的表面覆盖会获得相对较低的结合点频率。高密度可能会产生和目标分子不可接近的结合点。表面上分子探针的正确方向应该能方便探针与目标进行结合。对于高效率的固定，需要探针与目标最大的特定相互作用和最小的非特定相互作用。甲基硫醇、生物素、COOH、CONHS 和 NH$_2$ 端是建立共价键连接主要的功能团。二硫键的光子激活被证明可用于定位生物传感器表面的蛋白质固定。

例如，碳纳米管(CNT)的表面改性和生物功能化，以及生物分子目标的探测如下。

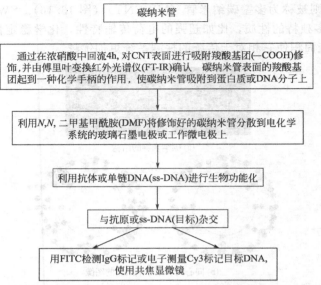

由图 13.17 可知，CNT 用 IgG 抗体功能化，用异硫氰酸荧光素（FITC）标记的 IgG 进行探测。

13.3.3 信号转换方法

生物信号通过各种信号转换技术转换为电信号、光信号和电磁场信号，这些技术描述如下：

- 电化学（电导率测定、电流测定、电势测定）
- 光学
- 声波
- 微机电（共振）
- 磁性
- 热学

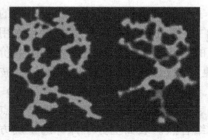

图 13.17 碳纳米管显示的蛋白质杂化，
采用 FITC-共轭抗体和共聚焦
显微镜可视化的图像
（由美国佐治亚理工学院封装研究中心授权）

（1）电化学

由电引起的化学反应被称为电化学反应。在电化学方法中，化学反应生成或消耗离子或电子，反过来造成传感器或周围环境的电特性发生改变（电流、电阻等）。电化学反应通过一个三电极的电化学池进行测量，这三个电极是一个生物传感改性的工作电极，一个 Ag/AgCl 参考电极和一个 Pt 对电极。例如，DNA 探测就是采用电化学方法进行的[16]。聚二甲基硅氧烷（PDMS）流体细胞（5μL 的体积）加压密封在一个 DNA 改性的 Si 样品（8mm×4mm）

和 Pt 对电极之间（图 13.18）。多壁碳纳米管分散在工作电极上进行高效的信号转换。DNA 探针连接到工作电极上，与测试样品中出现的 DNA 进行杂化，造成其阻抗的变化。蛋白质同样可以在电化学池中用电流测量的方法探测到。

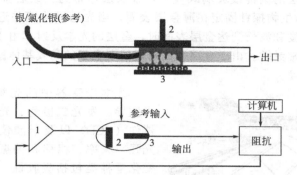

图 13.18 化学流体细胞生物传感器的三电极图示
（由威斯康星大学麦迪逊分校 Wei Cai 博士提供）
1—恒电势器；2—铂箔对电极；3—DNA 修饰的硅样品工作电极

微电化学探测是传统的大体积电化学生物探测系统的微型版本。它用于探测少量样品中低浓度的葡萄糖和其他生物分子。例如，利用 CNT 和溶胶-凝胶制造电化学系统中高效率的信号转换元件[17]。CNT 拥有优异的电荷传输性能，氧化锆-高氟化离子交换树脂的溶胶-凝胶密封能保护酶。羧化的 CNT 分散在工作电极上，随后氧化锆-高氟化离子交换树脂溶胶-凝胶密封的酶投射到 CNT 改性的工作电极上 [图 13.19（a）]。电化学池里，葡萄糖被酶催化发生氧化反应，产生过氧化氢，然后在电极区域又生成电子。葡萄糖浓度的电流测量结果被记录下来。微电化学系统的高灵敏度已被证实 [图 13.19（b）]。

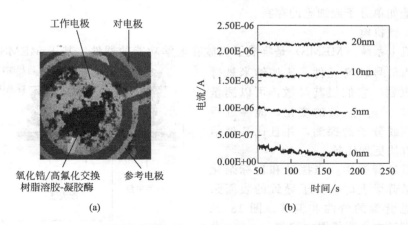

图 13.19 （a）用于探测葡萄糖的微电化学器件和（b）探测葡萄糖的电信号数据
（来源于佐治亚理工学院封装研究中心）

（2）光学

在光学信号转换方法中，生物探针和目标杂交信号被转换为光信号。例如，表面等离子体共振（SPR）就是一种先进的光信号转换技术。SPR 的基本外形包括一个涂覆有薄金属层的棱镜或玻璃载玻片，金属层通常为银或者金（图 13.20）。将 DNA 或蛋白质的生物探针固定在薄金层表面。当光通过棱镜并近似以满足等离子体共振条件的角度和波长到达金层表面时，金层的光学反射率由于其表面生物分子的存在而变得非常灵敏。由于金层表面附近导电电子的高效基体激发，光学反应获得了很高的灵敏度。

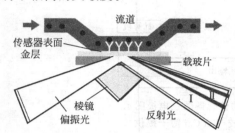

图 13.20 生物样品在金或银金属表面光学探测图（由西雅图华盛顿大学的 Charles T.Campbell 博士提供）

光学传感器中的光学元件包括光纤、光波导、发光二极管、光谱仪、电荷耦合器件（CCD）以及干涉仪。主要用来测量光强、频率、相移和偏振的变化。测量的变化量种类包括吸收性、荧光性、折射率以及散射率。表面等离子体共振对于探测生物分子的作用很大：①它们可以达到很高的灵敏度（纳摩尔或更少），②它们对样品无破坏性。光学转换技术提供了一组低成本的系统设备，用于探测重金属，特别是环境中有高毒性的砷[18]。在光学方法中，参考电极是不需要的，因此没有电磁干扰。

（3）声波

声波是一种应用于压电元件的波，比如电路中的石英晶体，其频率特性根据周围的环境而变化。在声波信号转换方法中，应用的 RF 会在压电元件中产生机械应力，从而引入表面声波（SAW）。SAW 通过电极接收，并转化为电压（图 13.21）。压电元件上探针与目标分子的杂化被转化为电压的变化。这种方法能够探测小质量如单分子或细胞的存在。

（4）微机电

微机电系统（MEMS）是集成了机械和电学功能的器件。基于 MEMS 的器件可以作为信号转换元件，比如纳米悬臂和微谐振器。它们极其灵敏，可以测量阿克（10^{-18} g）质量的变化，能够进行单个细胞或分子的探测，并且比其他信号转换方法更加优越。

在微悬臂梁中，当探针和目标杂化发生在悬臂梁上时，分子导致的表面张力引起悬臂梁的弯曲和偏移。图 13.22 为采用光学方法测量梁的偏移。

当一个电信号激励处于某个特定的频率时，微谐振腔和石英晶体可以发生

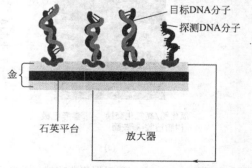

图 13.21 声波生物传感器探测石英平板上附着的探针和目标分子杂化引起的电压变化图示

同频率振动。当由于化学或生物分子的附着而引起质量增加时，器件振动的频率会发生变化。这种变化结果将以电的形式测量出来，并用来确定器件质量的增加量。在基于谐振的 MEMS 里，频率将会随着探针与目标分子杂化质量的变化而变化［图 13.23（c）和（d）］。

图 13.22 探测男性血液中前列腺特异抗体（PSA）的微悬臂梁器件（由美国加州大学伯克利分校的 Arun Majumdar 博士授权）

半导体和压电纳米结构比如单晶的氧化锌（ZnO）纳米带［图 13.23（a）和（b）］被用作灵敏的信号转换元件，能够探测单个分子或细胞。这些纳米带在带电生物分子存在的情况下会产生一种场效应，这些分子有蛋白质、缩氨酸、DNA 和 RNA[19]。可以把 ZnO 和 Si 纳米线作为高效的信号转换元件[20]。

ZnO纳米带 ZnO纳米线 Si微谐振腔

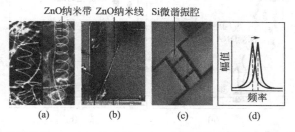

(a)　　　　　(b)　　　　　(c)　　　　　(d)

图 13.23 （a）单晶氧化锌（ZnO）纳米带，（b）安装在电极间的 ZnO 纳米线（由佐治亚理工学院的王中林博士提供），（c）Si 微谐振腔，电容或压电式 MEMS，（d）探测质量引起的 MEMS 频率变化（由佐治亚理工学院的 Farrokh Ayazi 博士授权）

（5）磁

在磁性信号转换方法中，应用了磁性纳米粒子。金属以及它们的氧化物如镍（Ni）、钴（Co）、Fe、Fe_3O_4 和 $y\text{-}Fe_2O_3$ 的磁性很容易测量。将它们合成为 $1\sim100nm$ 长度范围的磁性珠子或粒子。磁性纳米粒子被生物分子（如 DNA 或蛋白质）功能化，然后进行信号转换。探针与目标分子的杂化产生的磁力变化可以用原子力显微镜（AFM）探测到[21]。图 13.24（a）和（b）展示了抗体（探针）依附纳米粒子，并与抗原（目标）发生杂化。

在另外一个基于磁性的 DNA 探测中，链霉抗生素蛋白功能化的磁珠［图 13.25（b）］与生物素化的 DNA 杂化［图 13.25（a）］，杂化过程导致的电阻变化会被一个巨磁阻（GMR）元件探测到[22]。链霉抗生素蛋白是一种对生物素有很强吸附作用的蛋白质[23]。它对生物素有高吸附力，可用来连接生物素化的探针和酶。对于由各种金属元素薄层交替组成的某种材料，磁场中的 GMR 元件会表现出很大的阻值变化。

力放大生物传感器（FABS）中磁性粒子必须是光滑且为球形的，这样每个粒子的整个表面都能附着在悬臂的平滑表面上。不规则的粒子有效地减小了活化面积。粒子应该在磁场中发挥统一大小的力和最大信号的高磁矩。这种粒子必须能耐

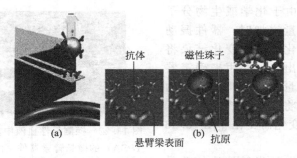

图 13.24　（a）磁性生物传感器和（b）被磁场吸引的标记有抗体的磁性粒子
（由华盛顿海军研究实验室纳米科学研究所的 Baselt 博士提供）

生理溶液的腐蚀，密度要低，初始无磁性以避免在溶液中凝结。

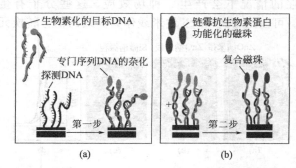

图 13.25　（a）目标 DNA 与探针 DNA 杂化图，（b）接着进行链霉抗生物素蛋白功能化的
磁珠与生物素的杂化（由葡萄牙里斯本超级理工学院，葡萄牙国立计算机系统与工程研究所
Daniel Graham、Hugo Ferreira、Paulo Freitas 提供[22]）

（6）热

热传感转换测量流体与温度变化。热学信号转换方法能够测量催化过程中产生的热量。热生物传感器被用来监测生物技术过程。热信号转换是一种热敏酶改性的分流分析。例如，一个微型化的热二进制转换涉及了一个流动注射分析系统，用来测定血液中葡萄糖的含量。当含有葡萄糖的样品通过固化有葡萄糖氧化酶和过氧化氢酶的圆柱时，血糖的浓度可以通过测量热量的变化来确定。热生物传感器甚至可以直接测量总量 $1\mu L$ 的血液样本[24]。

13.4　信号探测和电子处理

探测基本元件的设计、制作、表面修正和杂交以及信号转换方法已经在前述章节中提到。本节将涉及信号的处理、检测、SOP 封装与集成工艺。

对生物 SOP 而言，一些处理、检测组件是必不可少的，包括低功率特殊 IC 组件、高密度电荷元件和高效功率传输元件。

13.4.1　低功率 ASIC 和生物 SOP 的合成信号设计

由于系统复杂度越来越高，成本压力越来越大，电子器件的可见空间持续减小以及在特殊应用场合需要满足的高质量要求等因素的影响，ASIC 技术有了大幅度的发展。为混合信号函数设计的超低功率 IC 和新方案涉及了数字、模拟和传感器界面电子。这种设计和新方案都能有效地处理来自生物传感器和生物微电子器件的信号[25]。低功率、低电压混合信号、传感器以及遥感勘测装置的结构和电路都得到了极大的发展，并且都被集成到一个 SOP 平台中。

人体无线检测传感器需要收集和处理来自人体传感器检测到的数据，并将这些数据通过无线传输到中心监测和处理系统中。这种收集和处理技术在比利时的 IMEC 得到了极大发展[26]。一个典型的双通道生物电势无线接点可同时瞄准来自人体重要器官的两个身体信号，这些信号由便携式心电图（ECG，监视心脏活动）、肌动电流图（EMG，监测肌肉收缩）、脑电波（EEG，监测脑电波）和眼电图（EOG，监测眼睛运动）提供。在这个系统中，ASIC 的主要特点包括：

① 60μW 量级的超低功耗；

② 具备可设定放大截止频率和极度可调低截止频率，以适用于多种生物电势信号范围，如 EEG、ECG、EMG 和 EOG；

③ 低噪声；

④ 需要高共模抑制比（大于 120dB）来减少对微伏级范围信号产生的大共模干扰；

⑤ 能过滤由生物电势电极产生的直流 50mV 偏移。

在前述的例子中，生物 SOP 系统包括集成有两个单通道生物电势的 EEG、EMG、ECG 和 EOG 的读出 ASIC，这可以同时监测两个生物电势信号、一个商业微处理器和 2.4GHz 无线连接。它还包括一个适于人体的环状天线，来提供高达 10m 的信号范围。当使用棱柱或纽扣可充电电池时，该系统功率消耗约在 5～10mW 间，能够进行 12～24h 连续的测量。SOP 工艺可以将超薄无源器件、有源器件和可集成的天线集成到有机基板上。基于 MEMS 的生物传感器 SOP 典型的输出电路如图 13.26 所示。

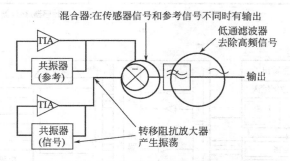

图 13.26　基于 MEMS 的生物传感器的传感部分和输出电路示意图
（由 Farrokh Ayazi 博士提供，佐治亚理工学院）

（1）高密度电荷结构元件：3D 电容器

带有可植入式的生物传感器和生物微电子器件的生物 SOP 需要连续的低功率来驱动组件和信号转换。例如，相比平板电容，3D 铁电电容的极化大大增加，原因是电容器侧边提供了另一部分的电荷，如图 13.27 所示。在硅 MOS IC 技术中，通过在电极下面的半导体表面刻蚀环形结构来增加每单位面积的电容量。三维电容器是一种有效储存电荷的器件，在航空、军事、卫星、生物医学、工业和通信电子中都有广泛的应用。

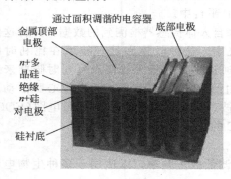

图 13.27　3D 电容器（由 Aden Dekker 等人提供。NXP 半导体和飞利浦应用技术部，荷兰）

（2）高效功率转换：微电极激发和感应遥感

生物 SOP 中另一个重要的系统处理元件是发电和信号传输。例如将生物传感器和生物微电子器件等小型化模块植入身体中，希望能提高生活水平。其中一个重要的问题是如何驱动这些模块并传输数据。目前人们正在研究如何减小功耗，如何从周围环境中如振动、热、光和水中提取能量。该方案需要进一步完善。如图 13.28（a）所示，在一个无线植入式微系统中，传感器、芯片上的信号调节电路和嵌入式微处理器连接起来。多数生物医学微系统的能量来源是通过外部射频连接[图 13.28（b）]获得的。系统和外部的通信基于感应耦合双向无线连接[27]。

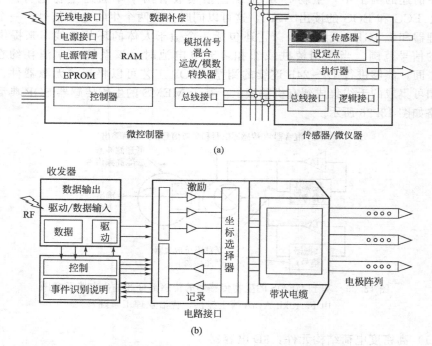

图 13.28　（a）无线集成微系统示意图和（b）同一微系统的可植入式版（由 Kensall 博士和 D. Wise 提供，密歇根大学）

13.4.2　生物 SOP 基板集成技术

（1）生物兼容封装

新一代的生物兼容性功能材料对于制造医学植入式传感器、生物传感器与生物芯片、组织支架等组成的生物 SOP 是第一重要的。为了在活体上得到应用，生物兼容性传感器以及生物芯片封装在生物兼容性、可靠性和生产上都需要材料具有特殊的性质和特征。

包括生物传感器和生物芯片在内的活体医学植入式元件不能与活体体内的组织或液体相互作用，不能促使活体产生炎症，也不对植入的受体或个体有毒性作用。植入式生物传感器和生物芯片应该在受体内保持惰性和稳定性。生物传感器和生物芯片在活体应用中也必须对腐蚀、Ph 值变化和化学反应保持惰性。感应单元或生物识别单元，如蛋白质、肽、酶、DNA-RNA，甚至全部细胞或组织，不管是在制造还是活体内或活体应用中，都必须保证结构和功能的完整性。

（2）微流体和纳米流体通道的集成

具有生物兼容性的聚二甲基硅氧烷（PDMS）和 LCPSOP 基板材料能实现引导生物流体流向的微流体通道，互连，以及制作如微阀门和微泵等机械构件和电子设备的界面接口。起支撑作用的聚合网状物交叉连接，以共价键的形式与基板结合。聚合网状物在水中有亲水性和水中不膨胀的特性。在水或人体体液的环境下，亲水性聚合物吸收水分子，器件的表面就形成一种水性界面。水层减小了湿摩擦、蛋白质的吸收和细胞的粘附。等离子处理得到的双层聚对二甲苯-PDMS 膜可增强对封装应用的保护能力。对于微电子、MEMS、液晶显示（LCD）和薄膜晶体管（TFT）等系统，MTMS 和 DMDES 的混合凝胶可为它们提供有效的抗湿气密封屏障。

（3）电磁和热干扰

植入式生物传感器和医学电子器件的使用很容易受干扰，因为它们暴露在各种电磁环境下，包括电源线、防盗门、手机、家庭电子设备和安全区。它们也很容易受到如 CT 和 MRI 医学扫描器件的干扰。因此我们必须小心地设计封装和制造，来防止电磁场对植入式医用电子器件的干扰。像除颤器等医用器件使用时会在高电压电路中产生较大的局部热量，温度的升高会导致 PCB 和/或电介质击穿，或者是 FET 和电容的失效。所以我们需要更先进的封装方案优化植入式器件。

13.5　总结和未来趋势

13.5.1　概述

在过去的 10 年里，生物传感器小型化技术的发展有了巨大的进步。主要是因为我们需要一种低成本、易操纵、小而快速、可靠、无标识的小型化生物传感器设备，并且能够用于电子探测生物分子如蛋白质、肽、酶、DNA、RNA 甚至全部细胞。目前，商业生物传感器体积都比较大，同时很昂贵，因此市场普及度低。具有全新特性的纳米材料，以及它们的微米和纳米结构的先进技术，加上分子生物和生物工程的发展，超微型化的 SOP 驱动电路技术，这些将引发生物传感器系统与产品发生革命性变化。另外，遗传工程的生物接收器与基因改造细胞将应用于未来的生物传感器中，构成生物识别组件的基本元件。生物传感器的商业价值看上去是非常大的。生物传感器和其他生物电子器件的 2009 全球市场是 82 亿美元，据估计年均增长率（AAGR）将达 6.3％。美国国家科学基金会预测基于纳米技术的产品，包括生物传感器，其市场在接下来的 20 年里将达到 1 万亿美元[28]。预计纳米生物传感器市场是 1 亿美元[29]。

　　带有无线通信系统的集成生物传感器有望从网络化和自主分析站提供高质量的信息。例如 Toumaz 的 Sensium 传感器交互界面平台[30]，它包括一个可重构传感器接口、一个含有微处理器核的数字时钟和一个 RF 收发模块。系统需要一个非常小的电池，保证可穿戴且不影响人体自由活动。该系统甚至能通过一个黏性膏体粘到人体上，称为"电子胶布"，它能够工作数周或几月而不需要给电池充电。

　　基于前面的讨论，我们有理由相信未来生物传感器的成功发展将主要依赖于超薄 SOP 基板中超薄嵌入式器件及其微米、纳米技术的应用。图 13.29 列出了集成技术所要面临的纳米生物传感器元件、微纳流体元件以及 SOP 的挑战。

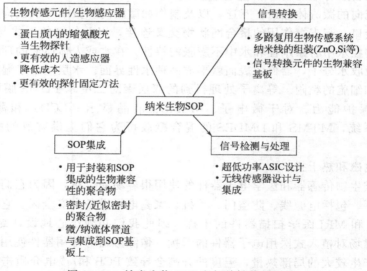

图 13.29　纳米生物 SOP 和相关挑战的图解

13.5.2　纳米生物 SOP 集成的挑战

　　研究 SOP 技术的集成生物传感器需要解决的挑战如下：

- 对集成 SOP 技术的电子和流体传感器的性能进行优化
- 对整体的生物传感器功能无害的小型化技术
- 开发用于嵌入式生物元件的有机兼容性基板
- 开发用于植入式器件封装的生物兼容性材料
- 开发能用于生物活体应用的无毒植入传感器器件
- 恰当地保留复杂的生物分子的特性与敏感度，去掉其固有的不稳定性
- 针对活体体内应用，研发无毒的可植入式传感器器件，比如目标药物传输、

MRI 造影剂以及病原体清洁
- 防止生物传感器发生生物淤积，比如蛋白质在生物活性界面上的附着、沉积
- 发展低成本新型生产工艺以适应大规模生产

参考文献

[1] D. Dell' Atti, S. Tomball, M. Minnie, and M Mascagni, "Detection of clinically relevant point mutations by a novel piezoelectric biosensor," *J. Biosensors and Bioelectronics*, 2006, vol. 27, no. 10, 2006, pp. 1876-79.

[2] A. R. Toppozada, J. Wright, A. T. Eldefrawi, M. E. Eldefrawi, E. L. Johnson, S. D. Emche, and C. S. Helling, "Evaluation of a fiber optic immunosensor for quantitating cocaine in coca leaf extracts," *Biosense Bioelectron*, vol. 12, no. 2, 1997, pp. 113-24.

[3] F. Nuwaysir, W. Huang, T. J. Albert, S. Jaz, K. Nuwaysir, A. Pitas, T. Richmond, T. Gorski, J. P. Berg, J. Ballin, M. McCormick, J. Norton, T. Pollock, T. Sumwalt, L. Butcher, D. Porter, M. Molla, C. Hall, F. Blattner, M. R. Sussman, R. L. Wallace, F. Cerrina, and R. D. Green, "Gene expression analysis using oligonucleotide arrays produced by maskless photolithography," *Genome Research*, vol. 12, no. 11, 2002, pp. 1749-55.

[4] C. Zhou, P. Pivarnik, A. G. Rand, and S. V. Letcher, "Acoustic standing-wave enhancement of a fiber-optic Salmonella biosensor," *Biosense Bioelectron*, vol 13, no. 5, 1998, pp. 495-500.

[5] J. Liu, G. D. Janagama, M. K. Iyer, R. R. Tummala, and Z. L. Wang, "ZnO nanobelts/wire for electronic detection of enzymatic hydrolysis of starch," *International Symposium and Exhibition on Advanced Packaging Materials—Processes, Properties and Interfaces*, Atlanta, USA, March 15-17, 2006, pp. 104-06.

[6] L. C. Shriver-Lake, B. L. Donner, and F. S. Ligler, "On-site detection of TNT with a portable fiber optic biosensor," *Environ. Sci. Technol.* vol. 31, 1997, pp. 837-41.

[7] F. Ragan, M. Meaney, J. G. Vos, B. D. MacCraith, and J. E. Walsh, "Determination of pesticides in water using ATR-FTIR spectroscopy on PVC/chloroparaffin coatings," *Anal. Chim. Acta*, vol. 334, 1996, pp. 85-92.

[8] R. A. Potyrailo, S. E. Hobbs, and G. M. Hieftje, "Near-ultraviolet evanescent-wave absorption sensor based on a multimode optical fiber," *Anal. Chem.* vol. 70, 1998, pp. 1639-45.

[9] D. James Weiland et al. "Retinal prosthesis testbed," University of Southern California (USC) website, http://bmes-erc.usc.edu/research/retinal-prosthesis-testbed.htm, 2007.

[10] C. J. Choi and B. T. Cunningham, "Single-step fabrication and characterization of photonic crystal biosensors with polymer microfluidic channel," *Lab Chip*, vol. 6, 2006, pp. 1373-80.

[11] S. I. Woods, J. R. Kirtley, S. Sun, and R. H. Koch, "Direct investigation of superparamagnetism in Co nanoparticle films," *Phys. Rev. Lett.*, vol. 87, no. 13, 2001, pp. 137205-1-1327205-4.

[12] D. K. Kaplan, V. A. Sverdlov, and K. K. Likharev, "Coulomb gap, coulomb blockade, and dynamic activation energy in frustrated single-electron arrays," *Phys. Rev. B.*, 2003, vol. 68, 2003, pp. 045321-1-045321-6.

[13] M. Han, X. Gao, J. Su, and Shuming Nie, "Quantum-dot-tagged microbeads for multiplexed optical coding of biomolecules," *Nature Biotechnology*, vol. 19, 2001, pp. 631-35.

[14] I. Shorubalko, P. Ramvall, H. Q. Xu, I. Maximov, W. Seifert, P. Omling, and L. Samuelson, "Coulomb blockade and resonant tunneling in etched and regrown Ga0.25 In 0.75As/InP quantum dots," *Semicond. Sci. Technol.* vol. 16, 2001, pp. 741-44.

[15] S. Ijima, "Helical microtubules of graphitic carbon," *Nature*, vol. 222, no. 354, 1991, pp. 56-58.

[16] W. Cai, J. R. Peck, D. W. van der Weide, and R. J. Hamers, "Direct electrical detection of hybridization at DNA-modified silicon surfaces," *Biosensors and Bioelectronics*, vol. 19, no. 9, 2004, pp. 1013-19.

[17] D. G. Janagama, J. Liu, P. M. Raj, M. K. Iyer, and R. R. Tummala, "Electrochemical Biosensors and microfluidics in organic system-on-package," *Proceedings of 57th Electronic Components and Technology Conference*, Reno, USA, May 2007 pp. 1550-55.

[18] C. Durrieu and C Tran-MinhOptical algal biosensor using alkaline phosphatase for determination of heavy metals, " *Ecol. Toxi. and Eviron. Safety*, vol. 51, no. 3, 2002, pp. 206-09.

[19] J. Liu, D. G. Janagama, P. M. Raj, M. K. Iyer, R. R. Tummala and Z. L. Wang, "Label-free protein detection by ZnO nanowire based biosensors", *Proceedings of 57th Electronic Components and Technology Conference*, Reno, USA, May 2007, pp. 1971-76.

[20] Yi Cui, W. Qingqiao, P. Hongkun, and C. M. Lieber, "Nanowire nanosensors for highly sensitive and selective detection of biological and chemical species," *Science*, vol. 17, no. 293, 2001, pp. 1289-92.

[21] D. R. Baselt, G. U. Lee, M. Natesan, S. W. Metzger, P. E. Sheehan, and R. J. Colten, "A biosensor based on magnetoresistance technology," *Biosensors and Bioelectronics*, vol. 13, 1998, pp. 731-39.

[22] D. L. Graham, H. A. Ferreira, and P. P. Freitas, "Magnetoresistive-based biosensors and biochips," *TRENDS in Biotechnology*, vol. 22, no. 9, 2004, pp. 1-8.

[23] P. R. Langer, A. A. Waldrop, and D. C. Ward, "Enzymatic synthesis of biotin labeling polynucleotides: novel nucleic acid affinity probe," *Proc. Natl. Acad. Sci USA*, vol. 78, 1981, pp. 6633-37.

[24] U. Harborn, B. Xie, R. Venkatesh, and B. Danielsson, "Evaluation of a miniaturized thermal biosensor for the determination of glucose in whole blood," *Clin Chim Acta*, vol. 267, no. 2, 1997, pp. 225-37.

[25] G. Wang, L. Wentai, S. Mohansankar, M. Zhou, J. D. Weiland, and M. S. Humayun, "A dual band wireless power and data telemetry for retinal prosthesis," *Proc. of 3rd International IEEE EMBS Conf. on Neural Engineering*, NY, USA, August 2006, pp. 4392-95.

[26] M. Quwerker, F. Pasyeer and N. Engin, "SAND: a modular application development platform for miniature wireless sensors," Proceedings of International Workshop on Wearable and implantable body sensor networks, Cambridge, MA, USA, April 2006, pp. 5.

[27] K. D. Wise, "Wireless integrated microsystems: coming breakthroughs in health care," *Proc. International Electron Devices Meeting*, San Francisco, USA, Dec. 11-13, 2006, pp. 1. 1. 1-1. 1. 8.

[28] "The projected market for biosensors and bioelectronics," BCC research market study report, April 2005.

[29] "The projected market for nanobio sensors," BCC research report ID: NANOO35A, December 2004.

[30] "Advance product information," Toumag Technology Limited. Ultra low power wireless body monitoring, *www. toumaz. com.*

缩 略 语

ACA	各向异性导电胶	DHL	硬件描述语言
ACF	各向异性导电薄膜	Discrete Component	分立式器件
ADC	模-数转换	DIP	双列直插式封装
AFE	模拟前端	DMA	直接内存访问
ALD	原子层沉积	DMD	数字微镜器件
ANN	人工神经网络	DOE	实验设计
ASIC	专用集成电路	DOT	缺陷性测试
ASIP	专用指令集处理器	DPM	动态电源管理
ASP	专用处理器	DPAM	动态随机存储器
ATE	加速热循环试验	DSL	数字用户线
ATE	自动测试设备	DSM	深亚微米
Balun	平衡-非平衡转换器	DSP	数字信号处理器
BBUL	不间断内置多层	DUT	被测试器件
BCB	双苯环丁烯	DVFS	动态电压和频率调节
BDV	击穿电压	EBG	电磁带隙
BEOL	后端互连	ECG	心电图
BGA	球栅阵列	EDA	电子设计自动化
BIT	内置测试	eDRAM	嵌入式 DRAM
BOF	柔性面上凸点	EEL	边发射激光
BOT	外置测试	EEG	脑电波
C	电容	EMC	电磁兼容
CBPA	背后贴装腔状天线	EMG	肌动电流图
CCD	电荷耦合器件	EMT	电模块测试
CMOS	互补金属氧化物半导体	EOCB	电光电路板
CMP	化学和机械抛光	EOG	眼电图
CMTS	电缆调制解调器终端系统	EVPD	斜面受光探测器
CNT	碳纳米管 COB 建设成本	FA	薄膜式黏合剂
CPW	共面波导	FABS	放大生物传感器
CSP	芯片级封装	FC-BGA	倒装芯片-球栅阵列封装
CTE	热膨胀系数	FEDRAM	铁电 DRAM
CVD	化学气相沉积	FEM	有限元法
CWDM	波分复用器	FET	场效应晶体管
DAC	数字至模拟转换器	FIP	工厂集成封装
DBG	磨前划片	Flash	闪存 EMI 电磁干扰
DRR	双行态传输线式共振器	FNM	流动网络建模
DBS	深度脑刺激	FPGA	现场可编程门阵列
DCA	直接芯片贴装	FSCSP	折叠-堆叠芯片级封装
DDR	双数据速率	FVM	有限体积法
DFB	分立式反馈激光器	FWHM	频分复用器
DfT	可测性设计	GPM	毛利率

GWBC	导波布拉格条件	NBTI	负偏压温度不稳定性
HASL	热风焊锡整平	NBP	需求导向的电源管理
HDI	高密度互连	NCA	非导电胶
HFSS	高频结构模拟器	NCF	非导电薄膜
HTCC	高温共烧陶瓷	NCE	非导电环氧
HVM	大批量生产	NEG	不易挥发的吸气剂
I/O	输入/输出	NF	噪声因子
IC	集成电路	OBT	基于振荡测试
ICA	各向同性导电胶	OECB	电光电路板
ILD	层间电介质	OSP	有机表面保护
IMC	金属间化合物	PA	功率放大器
INC	智能网络传输器	PBGA	周边球栅阵列
IOC	界面光耦合	PCB	印刷电路板
IPD	集成无源器件	PCM	相变材料
ITRS	半导体国际技术蓝图	PCMCIA	个人计算机存储卡国际协会
JLCC	J形引线芯片载体	PCR	聚合酶链式反应
KGD	已知优良的芯片	PDA	个人数据处理器
KGES	已知良好的嵌入基板	PD	功率探测器
KGEM	已知良好的嵌入式模块	PDN	配电网络
L	电感	PECVD	等离子增强化学气相沉积
LA	限幅放大器	PEV	等离子刻蚀通孔
LCD	液晶显示	PiP	封装内封装
LCF	低周期疲劳	PLL	锁相环
LCP	液晶聚合物	PMMA	聚甲基丙烯酸甲酯
Leadframe	引线框架	PND	电源分配网络
LGA	栅格阵列	PoP	封装上封装
LNA	低噪声放大器	Power Source	电源
LPCVD	低压化学气相沉积	PPE	聚苯醚
LPF	低通滤波器	PTF	聚合物厚膜
LSI	大规模集成	PTH	通孔插装
LTCC	低温共烧陶瓷	PVD	物理气相沉积
LTO	低温氧化层	PWB	印刷线路板
McASP	多声道音频串行端口	Q	品质因数
MCM	多芯片模块	QFP	四边扁平封装
MEMS	微机电系统	R	电阻
MFDM	多层有限差分法	RAM	随机存取存储器
MIM	金属-绝缘体-金属	RF	射频
MLC	多层陶瓷	RFID	射频标签
MMI	聚合物多模态干涉	ROM	只读存储器
MOCVD	有机金属化学气相沉积	RSM	响应面方法
MOST	硅上微探针接触技术	RTP	快速热处理
MQW	多量子阱	SCL	应力补偿层
MSI	中规模集成	SEM	扫描电子显微镜
MSM	金属-半导体-金属	SFDR	无杂散动态范围
MWCNT	多壁碳纳米管	SIP	系统封装

SMT	表面贴片技术	TVCC	变压器-反馈压控振荡器
SMD	表面贴装器件	UAV	无人驾驶飞行器
SMP	同步并行处理	UBM	凸点下金属
SND	信号分配网络	Ultra CSP	超尺寸芯片级封装
SNR	信噪比	ULSI	极大规模集成
SOB	板级封装	VCO	压控振荡器
SOC	片上系统	VCR	蒸汽压缩式制冷
SOP	系统级封装	VCSEL	垂直腔表面发射激光
SPB	选择性工艺偏差	VFM	不同频率微波
SPOT	规范性测试	VGC	体积光栅耦合器
SRAM	静态随机存取存储器	VIC	垂直叉指结构
SRF	自谐频率	VLSI	超大规模集成
SSC	焊柱互连	VNA	矢量网络分析仪
SSN	同步开关噪声	Wafer	晶圆
SWCNT	金属单壁碳纳米管	WAVE	广域垂直扩张
System Board	系统主板	WCDMA	宽带码分多路
TAB	载带自动键合	Wire Bond	引线键合
TCB	热压缩键合	WLAN	无线局域网
TCC	电容温度系数	WLM	线负载模型
TCR	电阻温度系数	WLP	晶圆级封装
TFT	薄膜晶体管	WLPI	晶圆级封装与互连
THD	总谐波失真	WLSOP	晶圆级系统封装
TIM	热界面材料	WOB	凸点上引线
TLB	平移旁视缓冲器	WOW	晶圆上晶圆
TMM	传输矩阵法	WSI	晶圆级封装
TSV	硅通孔		